河南省"十四五"
普通高等教育规划教材

物理化学

（下册）

郭宪吉　周利鹏
陈卫华　汪晓敏　等编

中国教育出版传媒集团

高等教育出版社·北京

内容提要

本书分为上、下两册。下册包括 8 章,分别是化学动力学基础、典型复杂反应的动力学、化学反应速率理论与分子反应动态学技术、特殊反应的动力学、表界面物理化学、电解作用与电极界面过程、能源电化学系统、胶体分散系统。本书力求做到浅显易懂,注重对细节问题的讲述和解释,以及书本知识与科研工作之间的联系。本书提供丰富的典型例题和习题,各章后附有知识点总结和拓展学习资料。

本书可作为高等学校化学类及近化学类专业物理化学课程教材,也可供其他专业师生及相关教学、科研人员参考使用。

图书在版编目(CIP)数据

物理化学. 下册 / 郭宪吉等编. -- 北京 :高等教
育出版社,2025. 5. -- ISBN 978-7-04-064607-8

Ⅰ. O64

中国国家版本馆 CIP 数据核字第 2025WH0511 号

WULI HUAXUE

策划编辑	李 颖	责任编辑	李 颖	封面设计	王凌波	版式设计	杜微言
责任绘图	李沛蓉	责任校对	张 然	责任印制	刘弘远		

出版发行	高等教育出版社	网 址	http://www.hep.edu.cn
社 址	北京市西城区德外大街 4 号		http://www.hep.com.cn
邮政编码	100120	网上订购	http://www.hepmall.com.cn
印 刷	唐山市润丰印务有限公司		http://www.hepmall.com
开 本	787 mm×1092 mm 1/16		http://www.hepmall.cn
印 张	29.25		
字 数	660 千字	版 次	2025 年 5 月第 1 版
购书热线	010-58581118	印 次	2025 年 5 月第 1 次印刷
咨询电话	400-810-0598	定 价	60.00 元

本书如有缺页、倒页、脱页等质量问题,请到所购图书销售部门联系调换

版权所有 侵权必究

物 料 号 64607-00

前　言

　　《物理化学》(上、下册)历经 4 个寒暑,终于完稿,其中《物理化学》(上册)(ISBN:978-7-04-061097-0)已于 2023 年 12 月出版。《物理化学》(下册)主要包括化学动力学、表界面物理化学及胶体化学等内容,共设 8 章(第 10~17 章)。

　　在本书编写过程中,为避免课程教学与现代科研实践相脱节,编者进一步完善相关知识体系。例如,在第 15 章"电解作用与电极界面过程"中,强化了电极界面过程与反应速率等动力学方面知识的联系。这一编写思想贯穿全书。

　　在第 14 章"表界面物理化学"中,引入了微孔结构分析的 H-K 法和介孔结构分析的 BJH 模型等知识点。同时,对吸附测量的静态法和动态法实验原理及实验装置进行了简要介绍。这些实验项目在编者求学时期均有开设(当时设有物理化学实验基础课和物理化学实验专业课,吸附测量属于专业课的内容),相应的实验装置由任课教师亲自搭建或组装,在实验过程中若装置出现问题,则需要学生参与拆装和维修,这对培养学生的动手能力和科学思维是大有裨益的。后来随着自动吸附仪的普及,这些实验项目即从专业课中移除了。郑州大学化学学院毕业生基本功扎实、素质优良,学习者在读完本科或研究生后,有可能到国内外知名高校或科研院所的催化课题组继续深造,这些课题组在不同年度可能承担针对不同催化反应的研究课题,因而学习者极有可能被要求亲自搭建针对所研究反应的催化装置。这种情况,编者时有所闻,而且编者在国外深造时,亦目睹过此种事例。实际上,吸附实验装置与气-固相催化反应装置在结构上存在一些相似之处,如果遇到要搭建反应装置的情况,学习者在掌握相关知识的基础上,便有可能从容应对。

　　第 16 章"能源电化学系统"主要介绍化学电源和超级电容器。虽然严格来讲,这章内容不属于"四新"课程的范畴,但是编者认为,它与"四新"课程的内涵有着紧密的联系。在第17章"胶体分散系统"中,引入了"量子点"知识点。量子点是胶体化学发展进程中一个里程碑式的成就。2023年诺贝尔化学奖即颁发给了对量子点的发现与合成做出贡献的3位科学家。

为更好地发挥课程的育人作用,本书重视科学研究前沿和科学思想的融入,对我国科技工作者在相关领域取得的重大成就进行了介绍。例如,在上册第1章中,说明了我国目前成为全球率先实现使用两种方法(定程圆柱声学原级测温方法和通过测量电阻中电子热运动功率的噪声测温方法)精确测定玻尔兹曼常数的国家,相关的创新技术是温度计量史上的重大变革,深刻影响着科学和技术的发展。在上册第9章中,介绍了我国在韦斯顿电池改进方面所取得的重大成果。韦斯顿电池是国际上确立的标准,具有重要意义。该电池拥有诸多优点,但显著缺点是抗震动性能差。我国科技工作者针对此缺陷,历经默默无闻的长久努力,始终坚守研究目标,最终取得重大突破,发明了可倒置、抗震动性能好、具有高精度的标准电池。在下册第15章提及深圳清华大学研究院研发的"单机500 kW直接电解海水制氢系统"示范装置已投入运行;在第16章提及大容量钠离子电池储能电站(十兆瓦时级)在我国建成并投入使用,这两项成果均是最近一两年内取得的。编者认为,这些科研成果的引入可以引导读者关注科学研究前沿动态,培养科学思维,提升学习兴趣。

本书的重要特色之一是包含丰富的例题。全书共有例题160余道,既有针对各知识点的典型题目,又有培养读者解决复杂问题能力的综合性题目,其中不乏灵活应用数学技巧或数学近似解决相关问题的案例。

关于教材的其他特色,恕不在此一一列举,有些已在上册前言中说明。读者只要仔细阅读,便能感悟。

应当指出的是,这套教材知识点比较丰富,如果全部讲解,显然会超过规定的学时。因此,在下册中编者对选学内容标注了星号,以便授课教师根据实际情况灵活选取。上册未做此类标注,使用者可根据需要自行选择。

《物理化学》(下册)由郭宪吉担任主编,周利鹏和陈卫华担任副主编,编写组成员有汪晓敏、李丹、杨得鑫和李保军。

在编写过程中,编者请教了郑州大学化学学院许多老师,并与在不同研究方向有专长的学者开展了深入讨论,对书稿中相关内容进行了修改和完善。其中,于明明教授审读聚合反应动力学知识点、魏东辉教授审读过渡态理论和分子反应动态学知识点、郭玮教授审读电极界面过程相关知识点,冯祥明副教授和唐帅副教授审读能源电化学系统相关知识点,杨晓梅教授审读表界面物理化学相关内容,此外,编者还与岳新政教授就胶体化学等方面的专门问题进行了许多有益的讨论。在此,恕不一一列举其他参与讨论和审读的老师。可以说,本书是郑州大学化学学院物理化学学科全体老师共同努力的成果。

北京师范大学祖莉莉教授审阅了全书,提出了很多宝贵的修改意见和富有建设性的建议。高等教育出版社李颖副编审为本书的出版给予了很多指导与帮助,付出了大量时间和辛劳。本书的编写得到了臧双全教授、郝新奇教授、李朝辉教授、武杰教授、李恺教授等一如既往的关心、鼓励和大力支持。在编写过程中,张建民教授提出了总体的指导意见,关新新教授审读了全书初稿,提供了宝贵建议。在此,一并向他们表示衷心的感谢。

与本书上册一样,在编写下册时,编者广泛参阅了国内外已有的物理化学教材与相关专著,以及《化学通报》《大学化学》等期刊上发表的有关物理化学方面的文章。本书的编写亦得益于编者认真聆听过沈文霞教授、侯文华教授、徐杰教授、刘寿长教授等讲授的物理化学课程。

由于编者水平有限,不妥甚至错误之处在所难免,恳请读者批评指正。

编　者

2024 年 10 月

目　录

第 10 章

化学动力学基础

10.1 引论

一、什么是化学动力学

1. 化学反应的两个基本问题

一个化学反应的实现,涉及两类基本问题。一类是反应的方向和限度问题,即反应在一定条件下能否发生,以及能够进行到何种程度,化学热力学能够很好地解决这类问题。另一类则是反应的现实性问题,即如何将一个有可能发生的反应转变为现实,反应进行快慢如何,以及各种因素怎样影响反应的速率等,这类问题依靠热力学是不能够解决的。

在热力学上,如果是恒温恒压条件,则可以用吉布斯自由能的改变值 ΔG 来衡量一个化学反应进行的趋势,ΔG 越负,反应进行的趋势越大。然而,反应趋势的大小与反应速率之间并无直接关系。举两个化学反应的例子即可说明这一点。(1) 在 298.15 K 和 $p^{\ominus}$ 时,反应: $H_2(g) + \dfrac{1}{2}O_2(g) \Longrightarrow H_2O(l)$,其 $\Delta_r G_m^{\ominus} = -237.2 \ kJ \cdot mol^{-1}$,表明该反应的趋势很大,而实际上,在此条件下,如果将 $H_2(g)$ 与 $O_2(g)$ 放在一起,当无明火时,两者几乎不发生反应。但是,如果升温到一定程度,反应则以爆炸方式瞬间完成。(2) 在 298.15 K 和 $p^{\ominus}$ 时,盐酸与氢氧化钠之间的中和反应: $HCl(aq) + NaOH(aq) \Longrightarrow NaCl(aq) + H_2O(l)$,其 $\Delta_r G_m^{\ominus} = -79.9 \ kJ \cdot mol^{-1}$,反应趋势明显小于氢与氧的化合生成水的反应,然而,该中和反应的速率非常快,在所给温度和压力条件下,瞬时即可完成。

表达反应速率的快慢,研究各种因素对反应速率的影响,以及研究化学反应过程的细节问题等,便构成了物理化学的另一个重要分支学科——化学动力学。

2. 化学动力学的研究对象、基本任务及主要分支

与经典热力学的研究对象不同,化学动力学的研究对象是性质随时间不断变化的非平衡的动态系统。

化学动力学的基本任务包括:(1)确定化学反应速率并表达化学反应速率的定量关系,研究各种因素(温度、浓度、催化剂、光、介质、离子强度等)对反应速率的影响;(2)揭示化学反应进行的机制和本质;(3)研究物质的结构与反应性能的关系及规律。

化学动力学的主要分支包括:宏观动力学、基元反应动力学、分子反应动力学(或称分子反应动态学)及反应速率理论等。依照化学学科不同的二级学科进行分类,则可分为无机反应动力学、有机反应动力学和聚合反应动力学等。若按照参加反应的物质的聚集状态进行划分,则概括为气相反应动力学、液相反应动力学、固相反应动力学、复相反应动力学等。

3. 化学动力学的研究目的

化学动力学往往是化工生产过程的决定性因素。

在大多数实际工作情况下,例如在生产化工产品时,人们总是希望反应进行得快一些。但像腐蚀、塑料老化等过程,则希望其进行得慢一些。研究化学动力学是为了更加精准地控制反应,使反应能够按照人们所期望的速率进行并高效地获得期望的产品。

二、化学动力学发展历史

相对于化学热力学来说,化学动力学发展较晚,其理论体系也不像前者那样完善。关于化学动力学的发展历史,在基础物理化学教材中,不可能占用较大篇幅介绍。化学动力学的发展过程已在本书"绪论"中给予了概括性描述。此外,读者应当了解化学动力学发展史上五个具有里程碑性的贡献。

第一个里程碑性的贡献是,1884 年范托夫得出的化学平衡常数随温度变化的公式,即

$$\frac{\mathrm{dln}K_p^{\ominus}}{\mathrm{d}T} = \frac{\Delta_r H_m^{\ominus}}{RT^2} \tag{10.1}$$

$$\frac{\mathrm{dln}K_c^{\ominus}}{\mathrm{d}T} = \frac{\Delta_r U_m^{\ominus}}{RT^2} \tag{10.2}$$

为什么上述化学热力学方程是化学动力学发展史上重要的里程碑呢? 因为

$$K_c^{\ominus} = \frac{k_+}{k_-} \tag{10.3}$$

结合化学热力学和动力学方面的基本知识,可知

$$\Delta_r U_m^\ominus = Q_V = E_{a,+} - E_{a,-} \tag{10.4}$$

式中，$E_{a,+}$和$E_{a,-}$分别是正、逆向反应的活化能。将式（10.3）和式（10.4）代入式（10.2），再将等式两端进行对照，则得

$$\frac{\mathrm{d}\ln k_+}{\mathrm{d}T} = \frac{E_{a,+}}{RT^2}, \quad \frac{\mathrm{d}\ln k_-}{\mathrm{d}T} = \frac{E_{a,-}}{RT^2}$$

上式即是阿伦尼乌斯经验方程的微分形式。而阿伦尼乌斯经验方程是宏观反应动力学发展阶段的重要成果，是化学动力学发展历史上第二个里程碑性的贡献。

链反应的发现是化学动力学发展过程中的又一个里程碑。1913 年，德国物理化学家博登施泰（M. Bodenstein，1871—1942）提出链反应概念。1918 年，针对 Cl_2 和 H_2 经光引发合成 HCl 的过程，博登施泰和能斯特进行了深入研究，阐明了该链反应机制，为链反应的研究提供了范例。20 世纪 20 年代后期，链反应的模式得到化学工作者的广泛认同，从而使化学动力学的研究由宏观层次深入微观层次。其中，英国化学家欣谢尔伍德（S. C. Hinshelwood，1897—1967）与苏联科学家谢苗诺夫（N. N. Semenov，1896—1986）因在链式反应及反应机制研究方面的重大贡献荣获 1956 年诺贝尔化学奖。

1935 年，艾林（H. Eyring，美国人，1901—1981）和波拉尼（M. Polanyi，英国人，1891—1976）等人在统计力学和量子力学的基础上，提出了有关化学反应速率的重要理论，即过渡态理论，此乃化学动力学发展历史上第四个里程碑性的贡献。

从 20 世纪 60 年代开始，赫施巴赫（D. R. Herschbach）、李远哲、波拉尼（J. C. Polanyi）、扎瑞（R. N. Zare）等科学家发展了交叉分子束、红外化学发光、激光诱导荧光等技术，使化学动力学研究跨入了一个崭新的阶段。这类研究对化学动力学理论的研究与发展有重要影响。赫施巴赫、李远哲、波拉尼三位科学家共同获得 1986 年诺贝尔化学奖。

10.2　化学反应速率的表示

众所周知，在平衡态热力学中并无时间观念。化学反应的热力学函数改变值只与化学反应的始态和终态有关，而与具体进行的过程无关。并且，热力学对于达到平衡的时间没有任何限制，只要时间足够长，化学反应系统即可达到平衡终态。化学反应动力学则不仅与化学反应的始态和终态有关，还与反应进行的过程有关，也即与反应进行的快慢有关，此乃化学反应动力学与平衡态化学热力学的重要区别。化学反应系统的热力学平衡性质不能给出化学动力学方面的信息。

不同的化学反应，其反应速率差别很大。有些反应进行得很慢，以致难以察觉，如岩石的风化等；有些反应则进行得很快，如强酸与强碱的中和反应，瞬间即可完成；而有些反应的速率比较适中，反应从开始到完成的时间，在几十秒至几十天之间，我们所遇到的大多数有机化学反应即属于这种情况。

经典动力学所涉及的化学反应基本上都是速率适中的反应，而由此得到的动力学基

本规律则具有重大意义。

在经典动力学中,对于某一给定的化学反应来说,其中一项重要工作即是表达反应物浓度或产物浓度随时间的变化关系(c-t),或反应速率与参加反应的物质浓度之间的关系(r-c),这些变化关系称为化学反应速率方程,又称动力学方程。要获得并讨论这些变化关系,首先应对反应速率进行定义。

一、平均速率

设有一反应为

$$\alpha R \longrightarrow \beta P$$

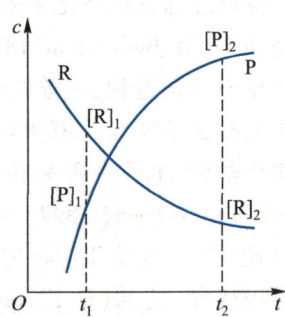

如图 10.1 所示,在时刻 t_1 时,反应物 R 和产物 P 的浓度分别为 $[R]_1$ 和 $[P]_1$,在时刻 t_2 时,它们的浓度分别为 $[R]_2$ 和 $[P]_2$。则以反应物 R 和产物 P 表示的平均速率分别为

$$\bar{r}_R = -\frac{[R]_2 - [R]_1}{t_2 - t_1}$$

$$\bar{r}_P = \frac{[P]_2 - [P]_1}{t_2 - t_1}$$

图 10.1　参与反应的物质浓度随时间的变化曲线

需要注意的是,当以 $\bar{r}_R$ 表示平均速率时,添加负号是为了使反应速率为正值,因为反应物浓度随时间在不断地降低,即 $[R]_2 < [R]_1$。

显然,平均速率的实用价值不大,因为它掩盖了反应速率随时间变化的趋势。不过,当反应进行得很慢时,仍可用于近似计算。

二、瞬时速率

仍以上述反应为例说明。如图 10.2 所示,在时刻 t 时,反应物 R 和产物 P 的浓度分别为 $[R]$ 和 $[P]$,相应地,在时刻 t 时,以反应物 R 和产物 P 表示的瞬时速率分别为

$$r_R = -\frac{d[R]}{dt}, \quad r_P = \frac{d[P]}{dt}$$

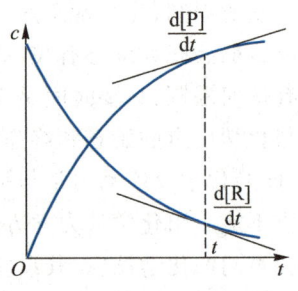

可见,在某时刻 t 时的瞬时速率,即是反应物或产物浓度 c 随时间 t 的变化关系曲线上在对应时刻 t 时所作切线斜率的绝对值。显然,瞬时速率随时间在不断地变化,一

图 10.2　瞬时速率的表示

般来说,它随时间而下降。读者不禁会问,在工业生产中要保持比较恒定的生产速率,应当怎么办?办法是,不断地补充反应物,同时不断地移走产物。这样,便可使反应速率维

持在比较恒定且较高的数值。

三、反应速率的规范表示

1. 反应进度随时间的变化率

当反应方程式中各反应物或产物的化学计量数不一致时,那么用各反应物或各产物浓度随时间的变化率所表示的反应速率便不会一致。为了解决这一问题,则需要使用反应进度 ξ 随时间 t 的变化率来表示反应速率。反应进度 ξ 已在第 1 章介绍过。

根据反应进度 ξ 的定义,结合具体的反应可知,尽管各反应物和产物的化学计量数 ν_B 不尽一致,但是,分别用各反应物及各产物表示的反应进度 ξ 却是一样的,因此用各反应物及各产物表示的反应进度 ξ 随时间 t 的变化率也必然是一样的。设化学反应方程式为

$$\alpha R \rightleftharpoons \beta P$$

则

$$\frac{d\xi}{dt} = -\frac{1}{\alpha} \frac{dn_R(t)}{dt} = \frac{1}{\beta} \frac{dn_P(t)}{dt} = \frac{1}{\nu_B} \frac{dn_B(t)}{dt}$$

那么,$\dfrac{d\xi}{dt}$ 是否就是反应速率的规范表示呢?实际上,国际纯粹与应用化学联合会(IUPAC)并不把 $\dfrac{d\xi}{dt}$ 称为反应速率,而是称为"转化速率"。对于体积一定的封闭反应系统,国际上统一采用单位体积的反应速率,即恒容反应速率。

2. 恒容反应速率

恒容反应速率的定义式为

$$r = \frac{1}{V} \frac{d\xi}{dt} \tag{10.5}$$

式中,V 为恒容反应系统的体积。对于前述反应,按照该定义式,则有

$$r = -\frac{1}{\alpha} \frac{dn_R(t)/V}{dt} = \frac{1}{\beta} \frac{dn_P(t)/V}{dt}$$

即

$$r = -\frac{1}{\alpha} \frac{d[R]}{dt} = \frac{1}{\beta} \frac{d[P]}{dt} \tag{10.6}$$

对于恒温恒容气相反应系统,当把各物质看作理想气体时,由于各反应物和各产物的分压与相应物质的物质的量浓度成正比,则式(10.6)中的物质的量浓度可以直接用相应的分

压来表示。

对于任一化学反应,设其反应方程式为

$$aA + fF + \cdots \Longrightarrow hH + kK + \cdots$$

在恒容条件下,则

$$r = -\frac{1}{a}\frac{d[A]}{dt} = -\frac{1}{f}\frac{d[F]}{dt} = \cdots = \frac{1}{h}\frac{d[H]}{dt} = \frac{1}{k}\frac{d[K]}{dt} = \cdots$$

r 的量纲为(浓度)·(时间)$^{-1}$。写成通式,则为

$$r = \frac{1}{\nu_B}\frac{d[B]}{dt}$$

式中,ν_B 为反应物或产物的化学计量数。对反应物,ν_B 取负号;对产物,ν_B 取正号。

如果上述反应是恒温恒容条件下的理想气体反应,则反应速率除了可用上述等价形式表示外,还可以用相应的分压随时间变化的等价形式来表示,即

$$r = -\frac{1}{a}\frac{dp_A}{dt} = -\frac{1}{f}\frac{dp_F}{dt} = \cdots = \frac{1}{h}\frac{dp_H}{dt} = \frac{1}{k}\frac{dp_K}{dt} = \cdots$$

r 的量纲为(压力)·(时间)$^{-1}$。写成通式,则为

$$r = \frac{1}{\nu_B}\frac{dp_B}{dt}$$

四、浓度随时间变化曲线($c-t$)的获取

反应物或产物浓度随时间的变化曲线,即 $c-t$ 曲线,可由化学分析法或物理分析法获得。

1. 化学分析法

随反应的进行,每隔一段时间,对反应系统中组分的浓度进行化学分析。分析时,首先要使取出的那部分试样即刻停止反应。停止反应的方式通常包括(1)骤冷,(2)撤去反应系统的催化剂(该法对均相催化反应系统不适合),(3)定量大幅度地冲稀反应系统,(4)加阻化剂等。

2. 物理分析法

应结合具体反应系统,先选择所监测的特征物理量,该物理量必须与反应系统中组分的浓度之间具有定量关系,两者之间最好是正比或反比关系。然后用特定仪器原位监测该物理量随时间的变化,通过换算即可获得浓度随时间的变化曲线($c-t$)。

两种方法相比较,化学分析法具有诸多缺陷,例如,操作烦琐,频繁进行定量分析实验可导致较大误差,存在试剂浪费现象,环境污染概率较大等。而物理分析法不仅可以避免上述问题,而且能够连续原位地测试。所以,在宏观动力学的研究与实验中,通常采用物理分析法,除非寻找不到合适的物理量。

例如蔗糖水解反应,其反应式为

$$C_{12}H_{22}O_{11}(蔗糖) + H_2O \xrightarrow{H^+} C_6H_{12}O_6(葡萄糖) + C_6H_{12}O_6(果糖)$$

反应系统中,蔗糖、葡萄糖和果糖都具有旋光性。蔗糖是右旋的。1 mol 蔗糖水解后,产生 1 mol 葡萄糖和 1 mol 果糖,葡萄糖是右旋的,果糖是左旋的,而且果糖的左旋程度大于葡萄糖的右旋程度。假如右旋为正,相应地左旋为负,则反应开始前,系统的旋光度最大,随着水解反应不断进行,系统的旋光度逐渐降低,当反应进行到底时,旋光度降低到最小,并且是负值。显然,旋光度能够反映蔗糖水解反应随时间进行的程度,而且旋光度与浓度之间具有明确的定量关系,所以,可将旋光度作为监测的物理量。通过测定反应系统的旋光度随时间的变化关系,即可表征蔗糖浓度随时间的变化情况。

10.3 化学反应速率方程

前面已指明,表示反应速率 r 与浓度 c 之间关系($r-c$)或浓度 c 与时间 t 之间关系($c-t$)的方程,称为化学反应速率方程,又称动力学方程。

速率方程有微分形式和积分形式两种,具体采用哪种形式需视不同反应和不同情况而定。通常,将微分形式称为"速率方程",而将积分形式称为"动力学方程"。

需要明确的是,化学反应速率方程必须由实验确定。虽然有时会从反应机理推导速率方程,但这种做法是为了验证拟定的反应历程是否合理,而不是为了获得速率方程。

基元反应的速率方程最为简单。

一、基元反应与非基元反应

1. 定义

如果一个化学反应,反应物分子在碰撞中相互作用直接转化为产物分子,则这种反应即为基元反应,简称元反应。简言之,基元反应是一步完成的反应。

值得注意的是,基元反应必须同时满足两个要素,一是反应物分子直接作用,二是有新产物生成。有些过程的反应物分子虽然经过直接作用但并没有生成新物质,则该过程不能称为基元反应,可将其称为"基元反应的非有效活化步骤",例如,分子碰撞后,仅发生了能量传递。

上面是关于基元反应的阐述。而我们所熟悉的许多化学反应,它们实际进行的具体过程,并不是按照其计量方程式所表示的那样,由反应物分子直接作用而生成产物分子。例如:

$$H_2 + Cl_2 \longrightarrow 2HCl$$

上述反应式并不表示 1 个氢分子和 1 个氯分子直接作用生成了两分子的 HCl,即它并不是一个基元反应。它只是表示 1 mol H_2 与 1 mol Cl_2 完全反应后可生成 2 mol HCl 这样一种计量结果,因此上述反应是非基元反应,可称为总包反应。

2. 举例说明

对于上述非基元反应,实验已经确证,它由如下 4 个基元步骤构成,即

(1) $Cl_2 \longrightarrow 2Cl\cdot$

(2) $Cl\cdot + H_2 \longrightarrow HCl + H\cdot$

(3) $H\cdot + Cl_2 \longrightarrow HCl + Cl\cdot$

$\cdots\cdots\cdots$

(4) $Cl\cdot + Cl\cdot + M \longrightarrow Cl_2 + M$

反应式中,M 是指器壁或第三体分子,用以传递能量,显然 M 是惰性的。上述 4 个步骤,每一步均是反应物分子直接作用转化为产物分子,所以每一步都是基元反应。

由此可见,一个非基元的总包反应需要经历若干个基元反应方可完成,这些基元反应按顺序进行的序列即代表了反应所经历的微观途径,在化学动力学上称为反应历程,或称反应机制。

如果一个总包反应的反应历程中包含两个或两个以上的基元反应步骤,那么该总包反应称为复杂反应;如果总包反应的历程中只有一个基元反应,则该基元反应的方程式与总包反应的是完全一样的,这样的总包反应称为简单反应。

3. 基元反应的速率方程

对于基元反应,其速率方程服从挪威科学家古德贝格(C. M. Guldberg,1836—1902)和瓦格(P. Waage,1833—1900)提出的质量作用定律。质量作用定律可表述为,基元反应的速率与各反应物浓度的幂的乘积成正比,其中各反应物浓度的幂指数为基元反应方程式中该反应物的化学计量数的绝对值。因此,基元反应的速率方程比较简单。

例如,上述反应历程中的基元反应(1),即

$$Cl_2 \longrightarrow 2Cl\cdot$$

其反应速率方程的微分形式为 $r = k[Cl_2]$。

基元反应(2),即

$$Cl\cdot + H_2 \longrightarrow HCl + H\cdot$$

其反应速率方程的微分形式为 $r = k[Cl\cdot][H_2]$。

需要明确的是,只有基元反应和简单反应才能直接使用质量作用定律,而非基元反应(或称复杂反应)则不能应用质量作用定律。例如:

$$H_2 + Cl_2 \Longrightarrow 2HCl$$

是一个复杂反应,它不能使用质量作用定律。假若应用质量作用定律,则得

$$r = k[H_2][Cl_2]$$

这实际是个错误的结果。实验表明上述复杂反应的速率方程为

$$r = k[H_2][Cl_2]^{\frac{1}{2}}$$

又如，H_2 与 I_2 反应的方程式为

$$H_2 + I_2 \Longrightarrow 2HI$$

实验表明该反应的速率方程为

$$r = k[H_2][I_2]$$

有人可能会认为，上述速率方程是直接应用质量作用定律的结果。实际上，由于检测到在反应过程中有 $I\cdot$ 存在，确认上述反应并不是简单反应，而是一个复杂反应，目前公认的反应历程为

$$I_2 \Longrightarrow 2I\cdot$$

$$H_2 + 2I\cdot \longrightarrow 2HI$$

这里需要再次强调的是，反应速率方程 $r = k[H_2][I_2]$ 是由实验得出的，并不是将总包反应直接应用质量作用定律的结果。两者一致只是一种巧合。

二、反应级数与反应分子数

1. 反应级数

如果一个反应的速率方程（$r - c$ 关系）可表示成如下形式：

$$r = k[A]^{\alpha}[F]^{\beta}[P]^{\gamma}\cdots$$

式中，$[A]$，$[F]$，$[P]$，$\cdots$ 分别为反应物或产物的浓度，在这里称为反应组元的浓度，对应的指数 $\alpha, \beta, \gamma, \cdots$ 是反应组元的级数，所有浓度项指数的代数和，则称为反应的级数，通常用 n 表示，即

$$n = \alpha + \beta + \gamma + \cdots$$

n 的大小可反映浓度对反应速率的影响程度。反应级数 n 可以是正数、负数，也可以是 0；可以是整数，也可以是分数（或小数）。有些反应的速率方程不能表示为 $r = k[A]^{\alpha}[F]^{\beta}[P]^{\gamma}\cdots$ 的形式，对这些反应而言，便无法用简单的数字表示其级数，或者说，这些反应没有明确级数。

2. 准级数反应

在反应速率方程中，如果某一组元的浓度远远大于其他组元的浓度，或者，出现在速

率方程中的催化剂浓度项可以认为在反应过程中没有变化,这样,浓度很高的那个组元浓度或催化剂浓度即可与速率系数 k 合并,这时,反应级数相应地下降,下降后的级数称为准级数,相应的反应称为准级数反应。例如:

$$r = k[A][F]$$

反应为二级反应。如果 $[A] \gg [F]$,则 $r = k'[F]$,其中 $k' = k[A]$。这时,反应为准一级反应。再如:

$$r = k[H^+][A]$$

其中,H^+ 为催化剂。将 $[H^+]$ 与 k 合并在一起,用 k' 表示,即 $k' = k[H^+]$。这时,速率方程式为

$$r = k'[A]$$

此时反应亦为准一级反应。

3. 反应分子数

在一个基元反应过程中,实际参加反应的分子数目称为反应分子数,或者说,分子数是指能引发反应发生所需要的最少分子数目。

根据反应分子数,基元反应(或简单反应)可以区分为单分子反应、双分子反应和三分子反应。四分子反应、五分子反应等,目前尚未发现。

显然,反应分子数只可能是简单的正整数,且目前只能是 1,2,3。

4. 反应级数与反应分子数的区别

反应级数与反应分子数是两个不同范畴的概念。它们的区别主要概括为以下两点。(1) 反应分子数只有对基元反应才有意义,反应级数则不然。(2) 反应分子数在目前只能是 1,2,3,反应级数则不然,可以是正数、负数,可以是整数、分数,也可以是 0。

三、反应速率系数 k

对于具有明确级数的反应,反应速率方程($r - c$ 关系)中的比例系数 k 称为速率系数,又称速率常数。

反应速率系数 k 的物理意义是,当反应组元的浓度均为单位浓度时,k 等于反应速率。因此,k 的数值与参与反应的物质浓度无关。当催化剂等其他条件确定时,k 的数值仅与温度 T 有关,或者说,k 仅仅是温度 T 的函数。

k 的单位随反应级数的不同而不同,所以对某一反应来说,从 k 的单位便可知悉其反应级数。

10.4 具有简单级数的反应和 n 级反应的动力学

这里先明确几个概念。

一、简单反应、复杂反应和简单级数反应

简单反应是指反应历程中只包含一个基元反应的总包反应。因此,该总包反应的反应方程式与反应历程中的基元反应方程式是等同的。

复杂反应是指其反应历程由两个或两个以上的基元反应以各种方式相互联系起来的反应。

什么是简单级数反应呢?它与简单反应有何关系?

如果一个反应的反应速率仅与反应物浓度有关,而与产物浓度无关,且各浓度项的指数 $\alpha, \beta, \gamma, \cdots$ 和反应级数 $n(n = \alpha + \beta + \gamma + \cdots)$ 都只是正整数或 0,而且该反应的逆向过程几乎不进行,则这样的反应就是简单级数反应。

显然,简单反应都是简单级数反应。但简单级数反应,不一定是简单反应,最为典型的例子便是 $H_2 + I_2 \rightleftharpoons 2HI$,实验表明它具有简单级数,为二级反应,但它是一个复杂反应。

在推证简单级数反应的动力学方程及动力学特征时,总是以简单反应为对象,但是,所得到的动力学规律对于具有相同级数的所有反应(无论基元反应、简单反应,还是复杂反应)都是适用的。这一点务须明白。

二、一级反应

1. 一级反应动力学方程的微分式和积分式

$$A \longrightarrow P$$

	A	P
$t = 0$	a	0
$t = t$	$a - x$	x

其中,a 是反应物 A 的初始浓度,x 是 t 时刻时反应物 A 减少的浓度,显然,x 等于产物 P 的浓度,$(a - x)$ 则是 t 时刻时反应物 A 剩余的浓度。

因为反应是一级简单反应,根据质量作用定律,得

$$r = \frac{\mathrm{d}x}{\mathrm{d}t} = -\frac{\mathrm{d}(a - x)}{\mathrm{d}t} = k_1(a - x) \tag{10.7}$$

式(10.7)是一级反应速率方程的微分形式。为了得到对应的线性特征关系,对式(10.7)进行不定积分,则

$$-\int \frac{\mathrm{d}(a-x)}{(a-x)} = \int k_1 \mathrm{d}t$$

即

$$-\ln(a-x) = k_1 t + I \tag{10.8}$$

式(10.8)是一级反应动力学方程的不定积分形式。式中,I 是不定积分常数。显然,以 $\ln(a-x)$ 对 t 作图,是一条直线,如图 10.3 所示,即反应物浓度的对数与时间 t 呈直线关系,这便是一级反应最基本的特征。

对式(10.7)进行定积分处理,则

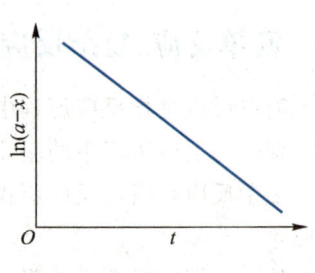

图 10.3 $\ln(a-x)$-t 线性关系示意图

$$\int_0^x \frac{\mathrm{d}x}{a-x} = \int_0^t k_1 \mathrm{d}t$$

$$\ln \frac{a}{a-x} = k_1 t \tag{10.9}$$

式(10.9)是一级反应动力学方程的定积分形式。如果用 $c_{A,0}$ 表示反应物 A 的初始浓度,用 $c_{A,t}$ 表示 t 时刻时 A 的浓度,则根据上式,可得

$$\ln \frac{c_{A,t}}{c_{A,0}} = -k_1 t \tag{10.10}$$

$$\frac{c_{A,t}}{c_{A,0}} = \mathrm{e}^{-k_1 t} \tag{10.11}$$

由上述公式可知,对于一级反应,当时间间隔 Δt 相同时,$\dfrac{c_{A,t}}{c_{A,(t-\Delta t)}}$ 或 $\ln \dfrac{c_{A,t}}{c_{A,(t-\Delta t)}}$ 是一个定值。这是一级反应动力学的又一重要特征,在解决相关问题时十分有用。

定义 $\dfrac{x}{a} = y$,则 $x = ay$,其中 y 为转化率,则式(10.9)可变为

$$\ln \frac{1}{1-y} = k_1 t \tag{10.12}$$

式(10.12)是一级反应动力学方程定积分形式的变形,有时比式(10.9)更为有用。

2. 一级反应的半衰期

反应物的浓度变化到初始浓度一半所需要的时间,即为半衰期,用 $t_{1/2}$ 表示。此时,$y = \dfrac{x}{a} = \dfrac{1}{2}$,代入式(10.12),得

$$t_{1/2} = \frac{\ln 2}{k_1} \qquad (10.13)$$

上式即是一级反应的半衰期公式。可见,一级反应的半衰期与初始浓度无关。还可进一步证明,反应物转化掉 3/4 的时间 $t_{3/4}$ 以及转化掉 7/8 的时间 $t_{7/8}$ 皆与初始浓度无关,而且

$$t_{1/2} : t_{3/4} : t_{7/8} = 1 : 2 : 3 \qquad (10.14)$$

对于一级反应来说,也经常使用"平均寿命"来表示反应进行的快慢。

假设反应物的初始浓度为 a,t 时刻时转化掉的反应物浓度为 x,则反应物剩余浓度为 $(a-x)$,$\dfrac{a-x}{a}$ 表示 t 时刻时尚未反应的反应物浓度占初始反应物浓度的分数。显然,它亦可看作 t 时刻时,一个反应物分子尚未反应的概率,而 $\left(\dfrac{a-x}{a}\right)\mathrm{d}t$ 则表示该反应物分子在 $t \to t+\mathrm{d}t$ 这个微小时间间隔内未发生反应的概率,平均寿命(一般用 τ 表示)则是 $0 \to \infty$ 的积分,即

$$\tau = \int_0^\infty \frac{a-x}{a}\mathrm{d}t$$

对于一级反应,因为

$$\frac{a-x}{a} = \mathrm{e}^{-k_1 t}$$

所以

$$\tau = \int_0^\infty \frac{a-x}{a}\mathrm{d}t = \int_0^\infty \mathrm{e}^{-k_1 t}\mathrm{d}t = \frac{1}{k_1}$$

将 $\tau = \dfrac{1}{k_1}$ 代入一级反应动力学方程的定积分式：$\ln\dfrac{c_{A,t}}{c_{A,0}} = -k_1 t$,则

$$c_{A,t} = \frac{1}{\mathrm{e}}c_{A,0}$$

即时间 τ 正好是反应物 A 的浓度变化到其初始浓度的 $\dfrac{1}{\mathrm{e}}$ 时的时间,这个时间亦称弛豫时间。

应当指出的是,除了一级反应之外,讨论平均寿命一般没有意义,所以只有对于一级反应,才使用"平均寿命"这一动力学量进行描述。

3. 一级反应速率系数的量纲

一级反应速率系数 k_1 的量纲为(时间)$^{-1}$。可见,在处理一级反应动力学时,反应物浓度无论采用何种单位,都不会影响反应速率系数 k_1 的值。此外,如果知道一个反应的

速率系数的量纲是(时间)$^{-1}$,即可判定该反应是一级反应。

4. 一级反应的实例

一级反应的例子是很多的。比较典型的反应有,放射性元素的蜕变、五氧化二氮的分解、顺丁烯二酸异构化为反丁烯二酸、阿司匹林的水解等。其他如药物在生物体内的吸收、代谢等过程,在许多情况下亦可近似地看作一级过程,所以掌握一级反应的特点在医药领域及医疗过程中亦具有重要的实际价值。例如,研究某种药物在血液中的衰减动力学过程,测得相应的实验数据,可以求算使该药物在血液中浓度不低于某一水平以维持治疗效果时,需间隔多长时间注射一次。这类科学实验及结果,对于医治疾病过程中药物的安全和有效使用至关重要。

5. 典型例题

例 10.1　某化学反应方程为 2A $\rightleftharpoons$ B,当 $t = \infty$ 时,反应物 A 的浓度为 0。产物 B 的浓度随时间的变化数据如下,试据此确定该反应的级数。

t/min	0	10	20	30	40	∞
[B]/(mol·dm^{-3})	0	0.089	0.153	0.199	0.231	0.312

解:首先进行数据转换。按照反应方程式 2A $\rightleftharpoons$ B 中反应物与产物的计量关系,将题目中不同时刻 t 时产物 B 的浓度转换为反应物 A 的浓度,并取对数。转换的结果如下:

t/min	0	10	20	30	40	∞
[A]/(mol·dm^{-3})	0.624	0.446	0.318	0.226	0.162	0
$\ln \dfrac{[A]}{\text{mol·dm}^{-3}}$	−0.472	−0.807	−1.146	−1.487	−1.820	—

可以用多种方式确定反应级数。例如,采用表中不同时刻 t 时反应物 A 浓度的对数值,按照下述公式计算 k 值:

$$\ln \frac{[A]_{t=t}}{[A]_{t=0}} = -kt$$

按各时刻 t 算得的 k 值近乎相等,表明该反应为一级反应。或者,以 $\ln \dfrac{[A]_{t=t}}{\text{mol·dm}^{-3}}$ 对时间 t 作图,得到直线特征,从而确定该反应为一级反应。或者,观察题中给出的各时间点,除了 $t = \infty$ 之外,相邻两个时刻的间隔 Δt 均相同,经计算,相邻两个时刻的反应物浓度之比值 $\dfrac{c_{A,t}}{c_{A,(t-\Delta t)}}$ 近乎相等,这也表明反应为一级反应。

例 10.2 CH_3NNCH_3 的气相分解反应

$$CH_3NNCH_3(g) \longrightarrow C_2H_6(g) + N_2(g)$$

为一级反应。在温度为 560 K 的密闭容器中，CH_3NNCH_3 的初压力为 21.3 kPa，1000 s 后容器中的总压力为 22.7 kPa，求该反应的速率系数 k 及半衰期 $t_{1/2}$。

解：用 p_0 表示 CH_3NNCH_3 的初压力，用 p_x 表示在 $t = 1000$ s 时产物 C_2H_6 和 N_2 的分压力，则在 $t = 1000$ s 时 CH_3NNCH_3 的分压力为 $p_0 - p_x$，相应地表示如下：

$$CH_3NNCH_3(g) \longrightarrow C_2H_6(g) + N_2(g)$$

$t = 1000$ s $\qquad p_0 - p_x \qquad\qquad p_x \qquad\qquad p_x$

因为 $t = 1000$ s 时的总压力为 22.7 kPa，故

$$p_0 + p_x = 22.7 \text{ kPa}$$

将 $p_0 = 21.3$ kPa 代入上式，得

$$p_x = 1.4 \text{ kPa}$$

则

$$p_0 - p_x = 19.9 \text{ kPa}$$

将该反应看作理想气体反应，且反应系统是恒温恒容的，则反应物初始浓度 a 与初始压力 p_0 成正比，而在 $t = 1000$ s 时反应物的浓度 $(a - x)$ 与反应物的压力 $(p_0 - p_x)$ 成正比，即

$$\ln \frac{a}{a - x} = \ln \frac{p_0}{p_0 - p_x} = k_1 t$$

$$\ln \frac{21.3 \text{ kPa}}{19.9 \text{ kPa}} = k_1 \times 1000 \text{ s}$$

$$k_1 = 6.799 \times 10^{-5} \text{ s}^{-1}$$

$$t_{1/2} = \frac{\ln 2}{k_1} = 1.019 \times 10^4 \text{ s}$$

三、准一级反应

蔗糖水解反应式为

$$C_{12}H_{22}O_{11} + H_2O \xrightarrow{H^+} C_6H_{12}O_6(果糖) + C_6H_{12}O_6(葡萄糖)$$

这个反应本身比较典型。首先，它是一个溶液反应系统，溶液中的溶剂同时也是反应物之

一;其次,它是一个均相催化反应系统,溶液中的 H^+ 是催化剂。而且,这个反应具有历史意义,它是化学动力学中最早进行定量化研究的反应。在 1850 年前后,德国科学家威廉米(L. F. Wilhelmy,1812—1864)即研究并建立了该反应的速率方程,它比质量作用定律的诞生(1867 年)还要早大约 20 年。此外,揭示反应速率与温度关系的阿伦尼乌斯经验方程亦是以该反应为对象总结出来的。

由实验得知,蔗糖水解反应的速率方程式为

$$r = k[H^+][H_2O][C_{12}H_{22}O_{11}]$$

显然,反应级数为 3。

H_2O 既是反应物,也是溶液反应系统的溶剂,相对于蔗糖的浓度 $[C_{12}H_{22}O_{11}]$ 来说,$[H_2O]$ 是很大的,假定 $[C_{12}H_{22}O_{11}] = 0.1$ mol·dm^{-3},即使 $C_{12}H_{22}O_{11}$ 完全转化,$[H_2O]$ 的下降还不足 0.2%,因此可以认为 $[H_2O]$ 基本不变。H^+ 作为反应系统的催化剂,其浓度 $[H^+]$ 在反应进程中亦基本恒定。所以,可以将反应速率方程式中的 $k[H^+][H_2O]$ 归并在一起,用 k^* 表示,这时反应速率方程式写为

$$r = k^*[C_{12}H_{22}O_{11}]$$

由此可见,反应级数由原来的三级降为一级。下降后的级数称为准级数。即蔗糖在酸性条件下的水解反应可以看成准一级反应。准一级反应具有一级反应的全部动力学特征。

前已述及,对于蔗糖水解反应来说,通过测定系统的旋光度随时间的变化,可获得相关动力学结果。下面举例说明。

例 10.3   配制浓度为 20% 的蔗糖水溶液。在 25 ℃ 时,对以 0.5 mol·dm^{-3} 乳酸作为催化剂时蔗糖水解过程的旋光度的变化进行连续监测,获得如下数据。试求算蔗糖水解反应的速率系数及半衰期。

t /min	α_t/(°)	$(\alpha_t - \alpha_\infty)$/(°)	$\ln[(\alpha_t - \alpha_\infty)/(°)]$
0	34.50	45.27	3.813
1435	31.10	41.87	3.735
4315	25.00	35.77	3.577
7070	20.16	30.93	3.432
11360	13.98	24.75	3.209
14170	10.61	21.38	3.062
16935	7.57	18.34	2.909
19815	5.08	15.85	2.763
29925	− 1.65	9.12	2.210
∞	− 10.77		

解：蔗糖水溶液在酸性条件下的水解反应是准一级反应,具有一级反应的所有动力学特征。其中,一级反应动力学方程的定积分形式为

$$\ln \frac{a}{a-x} = kt$$

式中,a 为反应物即蔗糖在 $t = 0$ 时的浓度;$(a-x)$ 为蔗糖在 $t = t$ 时的浓度。

在 10.2 节已述及,蔗糖水解时,溶液旋光度从右旋向左旋变化。在 $t = t$ 时的旋光度用 α_t 表示,水解完全时,旋光度用 α_∞ 表示,当温度固定时,α_∞ 为一定值。在相同条件下,溶液的旋光度与旋光性物质的浓度之间具有比例关系。因此,$(\alpha_0 - \alpha_\infty)$ 与蔗糖的初始浓度 a 呈比例关系,而 $(\alpha_t - \alpha_\infty)$ 与 t 时刻时蔗糖的浓度 $(a-x)$ 呈比例关系。故,上述动力学方程的定积分形式可写为

$$\ln \frac{\alpha_0 - \alpha_\infty}{\alpha_t - \alpha_\infty} = kt$$

变形得

$$k = \frac{1}{t} \ln \frac{\alpha_0 - \alpha_\infty}{\alpha_t - \alpha_\infty}$$

由表中数据可知,$\alpha_0 - \alpha_\infty = 45.27$。除了 $t = 0$ 和 $t = \infty$ 外,由表中一系列不同时刻 t 时的 $(\alpha_t - \alpha_\infty)$ 值,即可计算得到一系列的 k 值,取平均后即得蔗糖水解反应的速率系数,为 5.36×10^{-5} min^{-1}。进一步,可求半衰期,即

$$t_{1/2} = \frac{\ln 2}{k} = 12932 \text{ min}$$

.

将动力学方程的定积分形式再次变形,得

$$\ln(\alpha_t - \alpha_\infty) = \ln(\alpha_0 - \alpha_\infty) - kt$$

将 $\ln(\alpha_t - \alpha_\infty)$ 对时间 t 作图,可得一条直线,如图 10.4 所示,直线的斜率为 $-k$,由此亦可获得反应速率系数 k($k = 5.33 \times 10^{-5}$ min^{-1})。可见,作图法与计算后再求平均值的方法所得结果吻合很好。

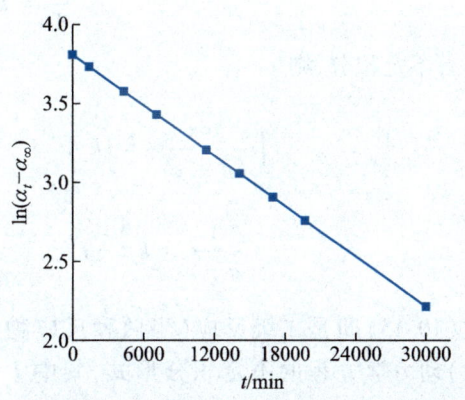

图 10.4 $\ln(\alpha_t - \alpha_\infty)$ -t 直线关系图

作图法不仅能够验证直线特征,而且由直线斜率获得的结果,相当于对所有实验数据对应的结果求了平均,因此使所得结果更为准确。在物理化学研究和实践中尤其在化学动力学的处理过程中,这种处理方法十分常见。

四、二级反应

二级反应比较常见。其中,在溶液中进行的许多有机化学反应已被证实是二级反应,如乙酸乙酯皂化反应、硝基苯的硝化反应等。气相反应,如氢与碘的化合反应、甲醛的热分解等,也是典型的二级反应。

1. 二级反应的形式

在前面已经指明,在推导简单级数反应的动力学方程及动力学特征时,均以简单反应(或基元反应)为对象进行。因此,这里所谓二级反应的形式也是针对简单二级反应(或称双分子反应)而言,包括两种形式:(1) $A + F \longrightarrow P + \cdots$ 和(2) $2A \longrightarrow P + \cdots$。

2. 动力学方程及特征

(A) 第一种反应形式

$$A + F \longrightarrow P + \cdots$$

按照质量作用定律,$r = k_2[A][F]$。下面推求其动力学方程的积分形式。

$$
\begin{array}{cccccc}
 & A & + & F & \longrightarrow & P + \cdots \\
t = 0 & a & & f & & 0 \\
t = t & a - x & & f - x & & x
\end{array}
$$

$$-\frac{\mathrm{d}(a-x)}{\mathrm{d}t} = -\frac{\mathrm{d}(f-x)}{\mathrm{d}t} = \frac{\mathrm{d}x}{\mathrm{d}t} = k_2(a-x)(f-x)$$

分两种情况讨论。

情况 1,当两种反应物初始浓度相等,即 $a = f$ 时,有

$$\frac{\mathrm{d}x}{\mathrm{d}t} = k_2(a-x)^2$$

进行不定积分,则

$$\int \frac{\mathrm{d}x}{(a-x)^2} = \int k_2 \mathrm{d}t$$

$$\frac{1}{a-x} = k_2 t + I \qquad (10.15)$$

式(10.15)即是二级反应(当两种反应物初始浓度相等时)动力学方程的不定积分形式,其中 I 是不定积分常数。它表明,反应物浓度的倒数与时间 t 呈直线关系,如图 10.5 所示,这是最基本的特征。

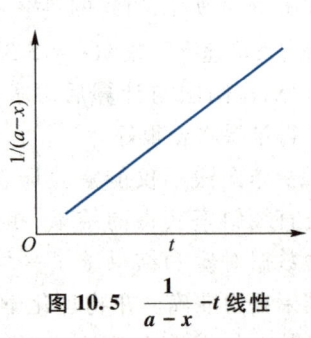

图 10.5 $\dfrac{1}{a-x}$–t 线性关系示意图

进行定积分(积分限为 $0 \to x, 0 \to t$),则

$$\int_0^x \frac{\mathrm{d}x}{(a-x)^2} = \int_0^t k_2 \mathrm{d}t$$

$$\frac{1}{a-x} - \frac{1}{a} = k_2 t \tag{10.16}$$

式(10.16)即是二级反应(当两种反应物初始浓度相等时)动力学方程的定积分形式。如果用 $c_{A,0}$ 表示反应物 A 的初始浓度,用 $c_{A,t}$ 表示 t 时刻时 A 的浓度,则基于上式,可得

$$\frac{1}{c_{A,t}} - \frac{1}{c_{A,0}} = k_2 t \tag{10.17}$$

式(10.16)变形,得

$$\frac{x}{a-x} = ak_2 t \tag{10.18}$$

令 $\dfrac{x}{a} = y$,y 为转化率,则 $x = ay$,代入式(10.18),得

$$\frac{y}{1-y} = ak_2 t \tag{10.19}$$

需要指出的是,用转化率表示的动力学方程即式(10.19),比较有用。当反应物的浓度随时间变化到初始浓度的一半时,$y = \dfrac{1}{2}$,代入式(10.19),得

$$t_{1/2} = \frac{1}{k_2 a} \tag{10.20}$$

式(10.20)即是二级反应的半衰期(或半寿期)公式。可见,二级反应的半衰期与初始浓度有关,$t_{1/2}$ 与初始浓度成反比,这与一级反应是不同的。进一步地,可得

$$t_{1/2} : t_{3/4} : t_{7/8} = 1 : 3 : 7 \tag{10.21}$$

二级反应速率系数 k_2 的量纲是(浓度)$^{-1}$(时间)$^{-1}$,这与一级反应也不同。对于一级反应,速率系数与浓度无关,也就是说,不论采用何种浓度单位,皆不影响 k_1 的数值。但对于二级反应,浓度的单位显然会影响 k_2 的数值。在国际单位制(SI)中,物质的量浓度的单位是 $\mathrm{mol \cdot m^{-3}}$,时间的单位是 s,而习惯上物质的量浓度单位采用 $\mathrm{mol \cdot dm^{-3}}$,时间可根据情况选用 s,min,h 等。如果 k_2 的单位分别用 $\mathrm{mol^{-1} \cdot dm^3 \cdot h^{-1}}$ 和 $\mathrm{mol^{-1} \cdot m^3 \cdot s^{-1}}$ 表示,两者在数字上(抛开单位)是三百六十万分之一或三百六十万倍的关系。

此外,在进行动力学实验操作时,二级反应与一级反应也存在差别。例如,若测定在不同时刻 t 时反应物的浓度 c,在记录二级反应动力学数据时,必须将反应实际开始的时刻作为零时刻。而对于一级反应,将反应开始后的任何一个时刻选取为零时刻,理论上皆

不会影响动力学的结果。

一级反应和二级反应都是常见反应,读者应认真归纳并总结两类反应在动力学上的差别,这对于学习和运用相关知识是大有裨益的。

情况 2,即形式为 $A + F \longrightarrow P + \cdots$ 的二级反应的另一种情况:两种反应物的初始浓度不一样($a \neq f$)。此时

$$\frac{\mathrm{d}x}{\mathrm{d}t} = k_2(a - x)(f - x) \tag{10.22}$$

进行不定积分,得

$$\frac{1}{a - f}\ln\frac{a - x}{f - x} = k_2 t + I \tag{10.23}$$

式中,I 是不定积分常数。显然,以 $\ln\dfrac{a - x}{f - x}$ 对时间 t 作图,是一条直线。对式(10.22)进行定积分,则

$$\frac{1}{a - f}\ln\frac{f(a - x)}{a(f - x)} = k_2 t \tag{10.24}$$

因为 $a \neq f$,所以半衰期对反应物 A 与反应物 F 是不一样的。

(B)第二种反应形式

$$2A \longrightarrow P + \cdots$$

$t = 0$ a 0

$t = t$ $a - x$ $\dfrac{1}{2}x$

当反应速率用反应物浓度随时间的变化表示时,按照恒容条件下反应速率的规范表示法及质量作用定律,可得

$$-\frac{1}{2}\frac{\mathrm{d}(a - x)}{\mathrm{d}t} = k_2(a - x)^2$$

$$\frac{\mathrm{d}x}{\mathrm{d}t} = 2k_2(a - x)^2 \tag{10.25}$$

上式进行不定积分,得

$$\frac{1}{a - x} = 2k_2 t + I \tag{10.26}$$

式中,I 是不定积分常数。上式表明,反应物浓度的倒数与时间 t 呈直线关系。

对式(10.25)进行定积分(积分限为 $0 \to x, 0 \to t$),并整理后得

$$\frac{1}{a - x} - \frac{1}{a} = 2k_2 t \tag{10.27}$$

如果用 $c_{A,0}$ 表示反应物 A 的初始浓度,用 $c_{A,t}$ 表示 t 时刻时 A 的浓度,则基于上式,可得

$$\frac{1}{c_{A,t}} - \frac{1}{c_{A,0}} = 2k_2 t \tag{10.28}$$

显然,这种形式的反应($2A \longrightarrow P + \cdots$),与有两种反应物参与且两种反应物初始浓度相等的反应:$A + F \longrightarrow P + \cdots$相比,它们的动力学方程是类似的,动力学特征亦相同。

3. 二级反应特点简单归结

(1)二级反应速率系数的量纲是(浓度)$^{-1}$(时间)$^{-1}$;(2)对于只有一种反应物参与,以及有两种反应物参与且两种反应物的初始浓度相等的二级反应,反应物浓度的倒数 $\frac{1}{a-x}$ 与时间 t 呈直线关系;(3)半衰期 $t_{1/2}$ 与初始浓度成反比,即 $t_{1/2} = \frac{1}{k_2 a}$;(4)$t_{1/2} : t_{3/4} : t_{7/8} = 1 : 3 : 7$。

4. 例题

例 10.4 某二级反应 $A + F \longrightarrow P + \cdots$,反应物 A 和 F 的初始浓度均为 $0.20 \text{ mol} \cdot \text{dm}^{-3}$,初始反应速率为 $5.0 \times 10^{-7} \text{ mol} \cdot \text{dm}^{-3} \cdot \text{s}^{-1}$。

(1)试求:

当分别以 $\text{mol}^{-1} \cdot \text{dm}^3 \cdot \text{s}^{-1}$ 和 $\text{mol}^{-1} \cdot \text{cm}^3 \cdot \text{min}^{-1}$ 为单位时的反应速率系数 k_2;

(2)求算半衰期 $t_{1/2}$。

解:(1)根据题意可得

$$r = k_2 [A][F] = k_2 [A]^2$$

将反应的初始速率 $r_0 = 5.0 \times 10^{-7} \text{ mol} \cdot \text{dm}^{-3} \cdot \text{s}^{-1}$ 和初始浓度 $[A]_0 = 0.20 \text{ mol} \cdot \text{dm}^{-3}$ 代入上式,可得

$$k_2 = 1.25 \times 10^{-5} \text{ mol}^{-1} \cdot \text{dm}^3 \cdot \text{s}^{-1}$$

或

$$k_2 = 1.25 \times 10^{-5} \times 10^3 \times 60 \text{ mol}^{-1} \cdot \text{cm}^3 \cdot \text{min}^{-1}$$

$$= 0.75 \text{ mol}^{-1} \cdot \text{cm}^3 \cdot \text{min}^{-1}$$

(2)半衰期

$$t_{1/2} = \frac{1}{k_2 [A]_0} = \frac{1}{1.25 \times 10^{-5} \text{ mol}^{-1} \cdot \text{dm}^3 \cdot \text{s}^{-1} \times 0.20 \text{ mol} \cdot \text{dm}^{-3}}$$

$$= 4.000 \times 10^5 \text{ s} = 6.667 \times 10^3 \text{ min}$$

例 10.5 乙酸乙酯皂化反应 $NaOH + CH_3COOC_2H_5 \Longrightarrow CH_3COONa + C_2H_5OH$,是典型的二级反应。$NaOH$ 的初始浓度 $a = 0.00980 \text{ mol} \cdot \text{dm}^{-3}$,$CH_3COOC_2H_5$ 的初始浓度 $f = 0.00486 \text{ mol} \cdot \text{dm}^{-3}$。在 298.15 K 时用化学分析法测得如下数据,求该反应的速率系数。

t/s	178	273	531	866	1510	1918	2401
$(a-x)/(10^{-3}\,\text{mol}\cdot\text{dm}^{-3})$	8.92	8.64	7.92	7.24	6.45	6.03	5.74
$(f-x)/(10^{-3}\,\text{mol}\cdot\text{dm}^{-3})$	3.98	3.70	2.97	2.30	1.51	1.09	0.80

　　解：对于二级反应,当两种不同反应物的初始浓度不相同时,其动力学方程的不定积分形式为

$$\ln\frac{a-x}{f-x} = (a-f)k_2 t + 常数$$

由题给数据计算出在不同时刻 t 时的 $\ln\dfrac{a-x}{f-x}$ 值：

t/s	178	273	531	866	1510	1918	2401
$\ln[(a-x)/(f-x)]$	0.807	0.848	0.981	1.147	1.452	1.711	1.971

以 $\ln\dfrac{a-x}{f-x}-t$ 作图,得直线,见图 10.6。直线的斜率为 $5.214\times10^{-4}\,\text{s}^{-1}$,由此可求得反应的速率系数,即 $k_2 = \dfrac{5.214\times10^{-4}\,\text{s}^{-1}}{a-f} = 0.106\,\text{mol}^{-1}\cdot\text{dm}^3\cdot\text{s}^{-1}$。

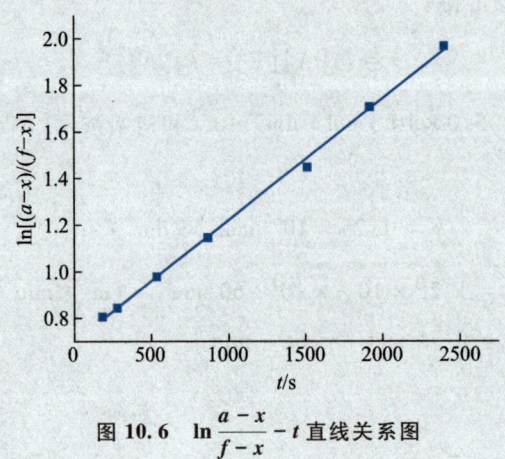

图 10.6　$\ln\dfrac{a-x}{f-x}-t$ 直线关系图

五、气相一级和二级反应在浓度用压力表示时的速率系数 k_p

1. k_p 与 k_1 及 k_2 的关系

　　我们知道,对于气相反应,压力也是一种浓度。将气体看作理想气体时,浓度用压力

表示时的速率系数与用物质的量浓度表示时的速率系数可能相同,也可能不同。

一级反应的速率系数与浓度单位无关。因此,对于一级理想气体反应,浓度用压力表示时的速率系数与浓度用物质的量浓度表示时的速率系数是相同的,即 $k_p = k_1$。而对于二级理想气体反应,两者并不相同。这也是二级反应与一级反应在动力学上的重要差别之一。

设双分子理想气体反应为

$$2A \longrightarrow P + \cdots$$

它当然是二级反应,根据质量作用定律,得

$$r = -\frac{1}{2}\frac{d[A]}{dt} = k_2[A]^2 \tag{10.29}$$

根据理想气体状态方程 $p_A = [A]RT$,则

$$[A] = \frac{p_A}{RT}$$

$$d[A] = \frac{dp_A}{RT}$$

将上述两个公式代入式(10.29),得

$$-\frac{1}{2RT}\frac{dp_A}{dt} = k_2\frac{p_A^2}{(RT)^2}$$

$$-\frac{1}{2}\frac{dp_A}{dt} = \frac{k_2}{RT}p_A^2 = k_p p_A^2$$

即

$$k_p = \frac{k_2}{RT} \tag{10.30}$$

式(10.30)中,k_p 是当浓度用压力表示时,二级理想气体反应的速率系数,显然,它与当浓度用物质的量浓度表示时的速率系数 k_2 是有差别的。

k_2 的量纲是(浓度)$^{-1}$(时间)$^{-1}$;k_p 的量纲是(压力)$^{-1}$(时间)$^{-1}$。

2. 例题

例 10.6　在一恒容均相反应系统中,某气态化合物分解 50% 所经历的时间与起始压力成反比。在 967 K,当起始压力为 39.20 kPa 时,分解反应的半衰期为 1520 s。试推断其反应级数,并计算 967 K 时的速率系数 k(对应浓度单位用 $mol \cdot dm^{-3}$,时间单位用 s 表示)。

解：可将该分解反应看作理想气体反应。由题意可知，半衰期与起始压力成反比，压力也是一种浓度，即表明半衰期与起始浓度成反比，故可判断该反应为二级反应。

$$t_{1/2} = \frac{1}{k_p p_0}$$

$$k_p = \frac{1}{t_{1/2} p_0} = \frac{1}{1520 \text{ s} \times 39.20 \times 10^3 \text{ Pa}} = 1.678 \times 10^{-8} \text{ Pa}^{-1} \cdot \text{s}^{-1}$$

由气相二级反应 k_p 与的 k_2 关系，$k_p = \dfrac{k_2}{RT}$，则

$$k_2 = k_p RT = 1.678 \times 10^{-8} \text{ Pa}^{-1} \cdot \text{s}^{-1} \times 8.314 \text{ J} \cdot \text{K}^{-1} \cdot \text{mol}^{-1} \times 967 \text{ K}$$

$$= 1.35 \times 10^{-4} \text{ m}^3 \cdot \text{mol}^{-1} \cdot \text{s}^{-1} = 0.135 \text{ dm}^3 \cdot \text{mol}^{-1} \cdot \text{s}^{-1}$$

六、三级反应

三级反应并不常见。气相三级反应为数很少，目前确立的三级反应都是有 NO 参与的反应。相比气相反应而言，溶液中的三级反应要多一些，如环氧乙烷在水中与氢溴酸的反应、在乙酸或硝基苯溶液中含有碳碳双键化合物的加成反应，等等。

三级反应虽然比较少，但三级反应的形式却相对比较丰富。下面仅以形式为 A + F + H ⟶ P + … 的简单反应为例，对其动力学方程及特征进行简要介绍和讨论。

1. 动力学方程及特征

仅针对各反应物初始浓度相等的情况进行讨论。

$$
\begin{array}{cccccc}
 & A & + & F & + & H & \longrightarrow & P & + & \cdots \\
t = 0 & a & & a & & a & & 0 \\
t = t & a-x & & a-x & & a-x & & x
\end{array}
$$

$$-\frac{\mathrm{d}(a-x)}{\mathrm{d}t} = \frac{\mathrm{d}x}{\mathrm{d}t} = k_3 (a-x)^3 \tag{10.31}$$

上式进行不定积分，则

$$\frac{1}{2(a-x)^2} = k_3 t + I \tag{10.32}$$

式中，I 是不定积分常数。上式表明，反应物浓度平方的倒数与时间 t 呈直线关系。

对式(10.31)进行定积分(积分限为 $0 \rightarrow x, 0 \rightarrow t$)，并经整理后，可得

$$\frac{1}{(a-x)^2} - \frac{1}{a^2} = 2k_3 t \tag{10.33}$$

如用 $c_{A,0}$ 表示 A 的初始浓度,用 $c_{A,t}$ 表示 t 时刻时 A 的浓度,则

$$\frac{1}{c_{A,t}^2} - \frac{1}{c_{A,0}^2} = 2k_3t$$

令 $\dfrac{x}{a} = y$,y 为转化率,则 $x = ay$,代入式(10.33),并经整理后得

$$\frac{y(2-y)}{(1-y)^2} = 2k_3a^2t \tag{10.34}$$

式(10.34)即是用转化率表示的动力学方程形式。

半衰期为

$$t_{1/2} = \frac{3}{2k_3a^2} \tag{10.35}$$

可见,半衰期与初始浓度的平方成反比。进一步可得

$$t_{1/2} : t_{3/4} : t_{7/8} = 1 : 5 : 21 \tag{10.36}$$

三级反应速率系数 k_3 的量纲为(浓度)$^{-2}$(时间)$^{-1}$,对气相三级反应,k_3 的量纲还可以是(压力)$^{-2}$(时间)$^{-1}$。

2. 三级反应特点简单归结

(1)三级反应速率系数的量纲是(浓度)$^{-2}$(时间)$^{-1}$;(2)对于只有一种反应物参与的三级反应,或者有多种反应物参与且各反应物初始浓度均相同的三级反应,反应物浓度平方的倒数 $\dfrac{1}{(a-x)^2}$ 与时间 t 呈直线关系;(3)半衰期 $t_{1/2}$ 与初始浓度的平方成反比,即 $t_{1/2} = \dfrac{3}{2k_3a^2}$;(4)$t_{1/2} : t_{3/4} : t_{7/8} = 1 : 5 : 21$。

七、零级反应

零级反应即反应速率与反应物浓度无关的反应。值得注意的是,零级反应均是复杂反应。

1. 动力学方程及半衰期

仍然用 a 表示反应物的初始浓度,用 x 表示 t 时刻时单位体积内反应物转化掉的物质的量,则在 t 时刻时反应物的浓度为 $(a-x)$,因此

$$r = -\frac{d(a-x)}{dt} = \frac{dx}{dt} = k_0 \tag{10.37}$$

$$x = k_0t \tag{10.38}$$

$$a - x = a - k_0 t \tag{10.39}$$

式(10.37)是零级反应速率方程的微分形式,式(10.38)和式(10.39)是其积分形式。可见,反应物浓度$(a - x)$和产物浓度x均与时间t呈线性关系。

由式(10.39)可知,当反应进行到底,即$(a - x) = 0$时,有

$$t = \frac{a}{k_0}$$

可见,对于零级反应,完成反应所需时间是有限的。当$x = \dfrac{a}{2}$时,则

$$t_{1/2} = \frac{a}{2k_0} \tag{10.40}$$

可见,零级反应的半衰期与初始浓度成正比。

2. 零级反应的特点总结

零级反应的特点可归纳如下:(1)反应速率等于速率系数;(2)反应速率系数k_0的量纲为(浓度)·(时间)$^{-1}$;(3)反应物和产物浓度均与时间呈直线关系;(4)完成反应所需时间有限;(5)半衰期与初始浓度成正比。

3. 说明

零级反应并不常见。已知的零级反应主要是酶催化反应及气-固相表面催化反应。这时,反应物总是过量的,反应速率取决于酶的浓度或单位催化剂表面的活性位点数目,而与反应物浓度无关。

例如,$N_2O(g)$在铂催化剂上的分解反应为

$$2N_2O(g) \xrightarrow{Pt} 2N_2(g) + O_2(g)$$

因为反应在铂催化剂表面上进行,反应速率与铂的表面状态密切相关。若铂表面已被吸附的N_2O分子所饱和,则再增加气相中N_2O的浓度,也不会改变铂表面的N_2O浓度,反应速率便不会改变,此时反应表现为零级。

另外,光化学反应初级过程的速率一般只与入射光的强度有关,而与反应物浓度无关,即光化学的初级过程亦表现为零级。

4. 例题

例 10.7 含有相同物质的量的 A、B 溶液,等体积混合,发生反应 A + B ⟶ C,当反应经过 1 h 后,A 消耗了 75%;当反应时间进行到 2 h 时,在下列情况下,A 还有多少未反应?
(1)当该反应对 A 为 1 级,对 B 为 0 级时;
(2)当该反应对 A、B 均为 1 级时;
(3)当该反应对 A、B 均为 0 级时。

解：（1）当该反应对 A 为 1 级，对 B 为 0 级时，则反应为一级反应，其动力学方程为

$$\ln \frac{1}{1-y} = k_1 t$$

将 $t = 1$ h 和 $y = 0.75$ 代入上式，得

$$k_1 = \ln 4 \ \text{h}^{-1}$$

当 $t = 2$ h 时，则

$$\ln \frac{1}{1-y} = \ln 4 \ \text{h}^{-1} \times 2 \ \text{h}$$

$$1 - y = 6.25\%$$

（2）当该反应对 A、B 均为 1 级时，则反应为二级反应。从题意可知，两反应物初始浓度相等，则

$$\frac{y}{1-y} = a k_2 t$$

将 $t = 1$ h 和 $y = 0.75$ 代入上式，得

$$k_2 = \frac{3}{a} \ \text{h}^{-1}$$

其中，a 是初始浓度。当 $t = 2$ h 时，则

$$\frac{y}{1-y} = a \times \frac{3}{a} \ \text{h}^{-1} \times 2 \ \text{h}$$

解得

$$y = 85.7\%, \quad 1 - y = 14.3\%$$

（3）当该反应对 A、B 均为 0 级时，则反应为零级反应。基于零级反应动力学方程的定积分形式 $x = k_0 t$，得

$$\frac{x}{a} = y = \frac{k_0 t}{a}$$

将 $t = 1$ h 和 $y = 0.75$ 代入上式，得

$$k_0 = 0.75 a \ \text{h}^{-1}$$

当 $t = 2$ h 时，则求得

$$y = 1.5, \quad 1 - y = -0.5$$

表明当 $t < 2$ h 时，A 已反应完。按零级反应计算，A 作用完毕所需时间为

$$t = \frac{a y}{k_0} = \frac{a \times 1.0}{0.75 a \ \text{h}^{-1}} = 1.33 \ \text{h}$$

八、n 级反应($n \neq 1$)

1. 动力学特征

这一小节的目的是,得到适合于不同级数(包括分数级数)反应的动力学方程、半衰期公式等相应的通式。

（A）速率方程

如果反应涉及多个反应物时,假定各反应物的起始浓度相等,起始浓度仍用 a 表示,t 时刻时反应物浓度的减少仍用 x 表示,则速率方程的微分形式为

$$r = -\frac{\mathrm{d}(a-x)}{\mathrm{d}t} = \frac{\mathrm{d}x}{\mathrm{d}t} = k_n(a-x)^n \tag{10.41}$$

定积分,得

$$\frac{1}{n-1}\left[\frac{1}{(a-x)^{n-1}} - \frac{1}{a^{n-1}}\right] = k_n t \quad (n \neq 1) \tag{10.42}$$

不定积分,得

$$\frac{1}{n-1}\frac{1}{(a-x)^{n-1}} = k_n t + I \quad (n \neq 1) \tag{10.43}$$

式中,I 是积分常数。显然,反应物浓度的 $(n-1)$ 次方的倒数即 $\dfrac{1}{(a-x)^{n-1}}$ 与时间 t 呈直线关系,这是 n 级反应最基本的特征。

（B）半衰期公式

$$t_{1/2} = \frac{2^{n-1}-1}{(n-1)k_n a^{n-1}} \tag{10.44}$$

上式可简写为

$$t_{1/2} = \frac{A}{a^{n-1}} \tag{10.45}$$

式中,A 为常数,$A = \dfrac{2^{n-1}-1}{(n-1)k_n}$。

（C）速率系数 k_n 的量纲

k_n 的量纲为(浓度)$^{1-n}$(时间)$^{-1}$。

需要明确的是,上述特征对于零级、二级、三级及分数级的反应均适用,但是,$n \neq 1$。当 $n = 1$ 时,速率方程的积分式在数学上不能成立,一级反应速率方程的积分式是对数形式。不过,速率系数的单位的表示形式对一级反应依然适用。

2. 例题

> 例 10.8 某反应 A $\longrightarrow$ P，A 的初始浓度 a 为 1 mol·dm^{-3}，初始速率 r_0 为 0.01 mol·dm^{-3}·s^{-1}。假定该反应为（1）零级，（2）一级，（3）二级，（4）三级，（5）2.5 级。试分别求算各级数反应的速率系数，半衰期和当 A 的浓度变化到 0.1 mol·dm^{-3}时所需时间。

解：已知 $a = 1$ mol·dm^{-3}，$r_0 = 0.01$ mol·dm^{-3}·s^{-1}。

（1）零级反应：$r_0 = k_0$，则

$$k_0 = 0.01 \text{ mol·dm}^{-3}\cdot\text{s}^{-1}$$

$$t_{1/2} = \frac{a}{2k_0} = \frac{1 \text{ mol·dm}^{-3}}{2 \times 0.01 \text{ mol·dm}^{-3}\cdot\text{s}^{-1}} = 50 \text{ s}$$

当 $a - x = 0.1$ mol·dm^{-3}时，由下述形式可求时间 t，即

$$a - x = a - k_0 t$$

$$t = \frac{a - (a - x)}{k_0} = \frac{1 \text{ mol·dm}^{-3} - 0.1 \text{ mol·dm}^{-3}}{0.01 \text{ mol·dm}^{-3}\cdot\text{s}^{-1}} = 90 \text{ s}$$

（2）一级反应：$r_0 = k_1 a$，则

$$k_1 = \frac{r_0}{a} = \frac{0.01 \text{ mol·dm}^{-3}\cdot\text{s}^{-1}}{1 \text{ mol·dm}^{-3}} = 0.01 \text{ s}^{-1}$$

$$t_{1/2} = \frac{\ln 2}{k_1} = \frac{0.693}{0.01 \text{ s}^{-1}} = 69.3 \text{ s}$$

当 $a - x = 0.1$ mol·dm^{-3}时，由下述积分式求时间 t，即

$$\ln \frac{a}{a - x} = k_1 t$$

$$t = \frac{1}{k_1} \ln \frac{a}{a - x} = \frac{1}{0.01 \text{ s}^{-1}} \ln \frac{1 \text{ mol·dm}^{-3}}{0.1 \text{ mol·dm}^{-3}} = 230.26 \text{ s}$$

（3）二级反应：$r_0 = k_2 a^2$，则

$$k_2 = \frac{r_0}{a^2} = \frac{0.01 \text{ mol·dm}^{-3}\cdot\text{s}^{-1}}{1 \text{ mol·dm}^{-3} \times 1 \text{ mol·dm}^{-3}} = 0.01 \text{ mol}^{-1}\cdot\text{dm}^3\cdot\text{s}^{-1}$$

$$t_{1/2} = \frac{1}{k_2 a} = \frac{1}{0.01 \text{ mol}^{-1}\cdot\text{dm}^3\cdot\text{s}^{-1} \times 1 \text{ mol·dm}^{-3}} = 100 \text{ s}$$

当 $a - x = 0.1\ \text{mol} \cdot \text{dm}^{-3}$ 时，由下述积分式求时间 t，即

$$\frac{1}{a - x} - \frac{1}{a} = k_2 t$$

$$t = \frac{1}{k_2} \left(\frac{1}{a - x} - \frac{1}{a} \right)$$

$$= \frac{1}{0.01\ \text{mol}^{-1} \cdot \text{dm}^3 \cdot \text{s}^{-1}} \left(\frac{1}{0.1\ \text{mol} \cdot \text{dm}^{-3}} - \frac{1}{1\ \text{mol} \cdot \text{dm}^{-3}} \right) = 900\ \text{s}$$

（4）三级反应：$r_0 = k_3 a^3$，则

$$k_3 = \frac{r_0}{a^3} = \frac{0.01\ \text{mol} \cdot \text{dm}^{-3} \cdot \text{s}^{-1}}{(1\ \text{mol} \cdot \text{dm}^{-3})^3} = 0.01\ \text{mol}^{-2} \cdot \text{dm}^6 \cdot \text{s}^{-1}$$

$$t_{1/2} = \frac{3}{2 k_3 a^2} = \frac{3}{2 \times 0.01\ \text{mol}^{-1} \cdot \text{dm}^3 \cdot \text{s}^{-1} \times (1\ \text{mol} \cdot \text{dm}^{-3})^2} = 150\ \text{s}$$

当 $a - x = 0.1\ \text{mol} \cdot \text{dm}^{-3}$ 时，由下述积分式求时间 t，即

$$\frac{1}{(a - x)^2} - \frac{1}{a^2} = 2 k_3 t$$

$$t = \frac{1}{2 k_3} \left[\frac{1}{(a - x)^2} - \frac{1}{a^2} \right]$$

$$= \frac{1}{2 \times 0.01\ \text{mol}^{-2} \cdot \text{dm}^6 \cdot \text{s}^{-1}} \left[\frac{1}{(0.1\ \text{mol} \cdot \text{dm}^{-3})^2} - \frac{1}{(1\ \text{mol} \cdot \text{dm}^{-3})^2} \right]$$

$$= 4950\ \text{s}$$

（5）2.5 级反应：使用 n 级（$n \neq 1$）反应动力学的相关公式的通式进行计算，$r_0 = k_{2.5} a^{2.5}$，则

$$k_{2.5} = \frac{r_0}{a^{2.5}} = \frac{0.01\ \text{mol} \cdot \text{dm}^{-3} \cdot \text{s}^{-1}}{(1\ \text{mol} \cdot \text{dm}^{-3})^{2.5}} = 0.01\ \text{mol}^{-1.5} \cdot \text{dm}^{4.5} \cdot \text{s}^{-1}$$

$$t_{1/2} = \frac{2^{n-1} - 1}{(n - 1) k_n a^{n-1}}$$

$$= \frac{2^{1.5} - 1}{1.5 \times 0.01\ \text{mol}^{-1.5} \cdot \text{dm}^{4.5} \cdot \text{s}^{-1} \times (1\ \text{mol} \cdot \text{dm}^{-3})^{1.5}} = 121.90\ \text{s}$$

当 $a - x = 0.1\ \text{mol} \cdot \text{dm}^{-3}$ 时，由下述积分式求时间 t，即

$$\frac{1}{n - 1} \left[\frac{1}{(a - x)^{n-1}} - \frac{1}{a^{n-1}} \right] = k_n t$$

$$t = \frac{1}{k_n} \left\{ \frac{1}{n-1} \left[\frac{1}{(a-x)^{n-1}} - \frac{1}{a^{n-1}} \right] \right\}$$

$$= \frac{1}{0.01 \text{ mol}^{-1.5} \cdot \text{dm}^{4.5} \cdot \text{s}^{-1}} \times \left\{ \frac{1}{1.5} \times \left[\frac{1}{(0.1 \text{ mol} \cdot \text{dm}^{-3})^{1.5}} - \frac{1}{(1 \text{ mol} \cdot \text{dm}^{-3})^{1.5}} \right] \right\}$$

$$= 2041.70 \text{ s}$$

从解答结果可以看出,在初始浓度和初始速率相同的情况下,反应级数越大,半衰期越长,消耗掉同样物质的量的反应物所需时间越长。

10.5　反应级数的确定

与确定反应速率方程一样,反应级数也必须由实验确定。到底是先确定速率方程呢还是先确定反应级数? 实际上,两者是相互依赖的,并无明确的先后顺序。在确定反应级数时,一般来说需要首先由实验获取参与反应的物质浓度随时间变化的关系曲线($c-t$),前已述及,获取的方法包括化学分析法和物理方法,由于化学分析法有诸多缺点,所以通常采用物理分析法。但应注意的是,当有副反应时,物理分析法也可能对所监测的物理量产生干扰而带来误差。

因温度对反应速率影响显著,故在测定反应物(或产物)浓度随时间的变化($c-t$)时,必须在恒温条件下进行。在应用静态法测定时,须将反应系统置于高精度恒温槽中。

当特征物理量、对应的监测仪器及反应温度确定后,即可进行实验,测定反应组元浓度 c 随时间 t 的变化。如本章 10.2 节所展示的图 10.1 和图 10.2 所示,一般来说,随着时间的推移,反应物浓度不断减小,而产物浓度不断增大。在时刻 t 时,$c-t$ 曲线上对应的切线斜率的绝对值即是该时刻的瞬时反应速率。

下面介绍几种常用的确定反应级数的方法。

一、微分法

所谓微分法,即基于速率方程的微分形式来确定反应级数的方法。如果各反应物浓度均相同,或者当只有一种反应物时,对于 n 级反应,其速率方程的微分形式为

$$r = -\frac{d[A]}{dt} = k[A]^n$$

那么,在 $c-t$ 曲线上任一点的切线斜率的绝对值,即是在对应浓度时的瞬时速率。如果将 $r = k[A]^n$ 两边取对数,则

$$\ln r = \ln k + n \ln [A]$$

显然,以 $\ln r$ 对 $\ln [A]$ 作图,可得一条直线,如图 10.7 所示,直线的斜率即是反应级数 n,

其截距为 $\ln k$。

这种方法在科研上运用得较为广泛,它对非整数级数的反应也是适用的。其缺点是较为烦琐,从获求 $c-t$ 曲线开始,需要多次作图才能得到最终结果,因此引入误差的概率较大。

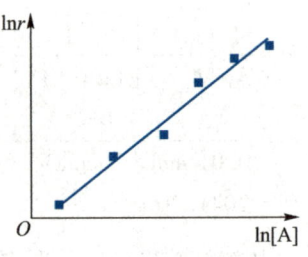

图 10.7　$\ln r$ 与 $\ln[A]$ 的
线性关系图

当然,也可以由有限的实验数据求得反应级数。当反应物浓度为 $[A]_1$ 时,反应速率为 $r_1 = k[A]_1^n$,当反应物浓度为 $[A]_2$ 时,反应速率为 $r_2 = k[A]_2^n$,分别取对数,可得

$$\ln r_1 = \ln k + n\ln[A]_1, \quad \ln r_2 = \ln k + n\ln[A]_2$$

上述两式联立,则

$$n = \frac{\ln r_1 - \ln r_2}{\ln[A]_1 - \ln[A]_2}$$

对于理想气体反应,则有

$$n = \frac{\ln r_1 - \ln r_2}{\ln p_1 - \ln p_2}$$

若反应物浓度(或压力)均为起始浓度(或起始压力),则对应的反应速率即是起始速率。这种方法称为起始速率法,它在微分法测定反应级数时更具有优势。

二、积分法

所谓积分法,即利用速率方程的积分形式来确定反应级数的方法。积分法又称尝试法,因为我们已经确定了简单级数(1 级、2 级、3 级和 0 级)和任意级数 n 级($n \neq 1$)反应的动力学方程积分形式,可将实验数据逐个代入进行尝试,检验哪个级数的反应适合,即可确定反应级数。根据尝试方式的不同,积分法又可分为两种:作图尝试法和计算尝试法。

1. 作图尝试法

这里,用 $[A]_t$ 表示在 t 时刻时反应物的浓度。假定反应是一级反应,则以 $\ln[A]_t - t$ 作图应是直线;假定是二级反应,则以 $\frac{1}{[A]_t} - t$ 作图应是直线;如此,等等。

反过来,如果以 $\ln[A]_t - t$ 作图是直线,则可判定反应是一级反应;如果以 $\frac{1}{[A]_t} - t$ 作图是直线,则判定反应是二级反应;如此,等等。

2. 计算尝试法

将实验得到的不同时刻 t 时反应物浓度代入某种级数的反应动力学方程的积分形式,如果计算得到的速率系数 k 值近乎为一定值,则该动力学方程对应的级数即为所求反应级数。

3. 积分法的局限性

积分法确定反应级数有时靠运气。当反应级数选取准确时,作图所得线性关系好,确定级数轻而易举。当级数选不准时,则需要反复进行尝试。而当实验数据范围较小时,不同级数间较难区分。

积分法主要适用于简单级数(一级、二级、三级和零级)的反应,对于非整数级数的反应,积分法并不方便。而且在使用积分法时,实验数据越多越好,至少需要 8 组数据,因此所需实验时间较长。否则,所确定的反应级数可靠性较低。

三、半衰期法

如果所有反应物的起始浓度都相等,且用 a 表示,则半衰期 $t_{1/2}$ 与起始浓度 a 及反应级数 n 之间的关系为

$$t_{1/2} = \frac{A}{a^{n-1}}$$

式中,A 是常数。这是在本章 10.4 节中得到的 n 级反应半衰期的通式,即式(10.45)。当反应物起始浓度为 a' 时,则半衰期 $t'_{1/2}$ 为

$$t'_{1/2} = \frac{A}{(a')^{n-1}}$$

两式相除,得

$$\frac{t_{1/2}}{t'_{1/2}} = \left(\frac{a'}{a}\right)^{n-1} \tag{10.46}$$

$$n = 1 + \frac{\ln\dfrac{t_{1/2}}{t'_{1/2}}}{\ln\dfrac{a'}{a}} \tag{10.47}$$

由此可见,取两个不同的起始浓度,分别测得反应的半衰期,即可利用式(10.47)求得反应级数。不过,在实际确定一个反应的级数时,为了确保结果准确,往往需要获得多组实验数据,然后通过求平均,得到反应级数。

如果将 n 级反应半衰期的通式两边取对数,则得

$$\ln t_{1/2} = \ln A + (1 - n)\ln a$$

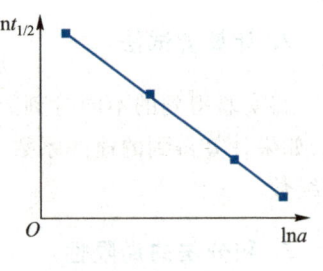

图 10.8　$\ln t_{1/2}$ 与 $\ln a$ 的
线性关系图

显然,取一系列不同的起始浓度 a,相应地测得一系列半衰期 $t_{1/2}$,分别取对数后,以 $\ln t_{1/2}$ 对 $\ln a$ 作图,可得一条直线,如图 10.8 所示,由直线的斜率可确定反应级数 n。这样得到的结果更为准确,因为通过作直线得到实验结果,相当于求平均,这是物理化学研究中经常采用的处理策略。

四、孤立法

假设反应速率方程为 $r = -\dfrac{\mathrm{d}[A]}{\mathrm{d}t} = k[A]^{\alpha}[F]^{\beta}[H]^{\gamma}$,其中 A、F、H 均为反应物,若保持 A 和 H 的浓度不变,单纯地改变 F 的浓度,或者监测 F 的浓度变化,便可利用前面所述方法确定 F 的级数;同理,保持 F 和 H 的浓度不变,单纯地改变 A 的浓度,或者监测 A 的浓度变化,则可确定 A 的级数;保持 A 和 F 的浓度不变,单纯地改变 H 的浓度,或者监测 H 的浓度变化,又可确定 H 的级数。当速率方程中所有组元的级数都确定了,则反应级数也就确定了。

显然,这种方法是把复杂情况简单化了。

值得注意的是,在实际操作中,只有使一些物质大大过量,才可保持它们的浓度基本不变,从而通过改变(或者监测)其他物质的浓度,确定对应的反应物级数。前面所述的半衰期法是确定各物质级数的重要方式,但需注意,半衰期是针对低浓度物质而言的,对于浓度过大的反应物并无半衰期可言。例如,当 A 和 F 大大过量而 H 作为低浓度的物质(即 $[A] \gg [H]$,$[F] \gg [H]$)时,则

$$t_{1/2}(H) = \frac{2^{n-1} - 1}{(n-1)k'_{H} a^{n-1}} = \frac{2^{n-1} - 1}{(n-1)k_{H}[A]^{\alpha}[F]^{\beta} a^{n-1}}$$

其中,$k'_{H} = k_{H}[A]^{\alpha}[F]^{\beta}$。

五、典型题目及其求解

例 10.9　氢气与一氧化氮的反应为

$$H_2 + NO \longrightarrow \frac{1}{2}N_2 + H_2O$$

根据实验得到如下数据。其中,p_0 表示反应物的起始压力,$\dfrac{\mathrm{d}p_0}{\mathrm{d}t}$ 表示起始反应速率。试求反应级数。

$p_0(H_2)$ = 53.3 kPa		$p_0(NO)$ = 53.3 kPa	
$p_0(NO)$/kPa	$-\dfrac{dp_0(NO)}{dt}$/(kPa·s^{-1})	$p_0(H_2)$/kPa	$\dfrac{dp_0(H_2)}{dt}$/(kPa·s^{-1})
47.8	20.2	38.4	21.3
39.9	13.7	27.3	14.6
20.2	3.33	19.6	10.5

解：这是应用微分法确定反应级数的例子。

先求反应对 NO 的级数。取表中左边数据中任意两组，代入下述公式：

$$n = \frac{\ln\left(-\dfrac{dp_1}{dt}\right) - \ln\left(-\dfrac{dp_2}{dt}\right)}{\ln p_1 - \ln p_2}$$

即可求得反应对 NO 的级数。取前两组数据，则

$$n = \frac{\ln 20.0 - \ln 13.7}{\ln 47.8 - \ln 39.9} = 2.094$$

取后两组数据，则

$$n = \frac{\ln 13.7 - \ln 3.33}{\ln 39.9 - \ln 20.2} = 2.078$$

还可以取第一组和第三组数据求算 n 值。由此可知，反应对 NO 的级数为 2。

再求反应对 H_2 的级数。取表中右边数据中任意两组，代入公式即可得到 n 值。取前两组数据，则

$$n = \frac{\ln 21.3 - \ln 14.6}{\ln 38.4 - \ln 27.3} = 1.107$$

取后两组数据，则

$$n = \frac{\ln 14.6 - \ln 10.5}{\ln 27.3 - \ln 19.6} = 0.9948$$

即反应对 H_2 的级数是 1。

反应的级数是 2 + 1 = 3。由此可确定反应的速率方程为

$$r = k[NO]^2[H_2]$$

例 10.10　将三甲胺和溴化正丙烷溶于溶剂苯中，其起始浓度均固定为 0.1 mol·dm^{-3}。将反应物分别放入几个玻璃瓶中，封口后，放置于 412.6 K 的恒温槽中，每隔一

段时间取出一瓶,快速使反应"冻结",之后分析其组成,结果如下。试确定该反应是一级反应还是二级反应,并求其反应速率系数。假定在实验条件下,反应仅向右进行。

瓶编号	反应时间 t/s	反应物反应掉的物质的量浓度 $x/(10^{-2}\ mol \cdot dm^{-3})$
1	780	1.12
2	2040	2.57
3	3540	3.67
4	7200	5.52

解: 显然,这是应用积分法确定反应级数的例子。

$$N(CH_3)_3\ +\ CH_3CH_2CH_2Br\ \longrightarrow\ (CH_3)_3(C_3H_7)N^+\ +\ Br^-$$

$$
\begin{array}{lcccc}
t=0 & a & a & 0 & 0 \\
t=t & a-x & a-x & x & x
\end{array}
$$

若尝试反应是一级反应,假设对 $N(CH_3)_3$ 是一级,对 $CH_3CH_2CH_2Br$ 是零级,或前者是零级,后者是一级,根据一级反应的动力学方程定积分形式,则

$$\ln \frac{a}{a-x} = k_1 t$$

$$k_1 = \frac{1}{t}\ln \frac{a}{a-x}$$

将 $a = 0.1\ mol \cdot dm^{-3}$ 及不同反应时间 t 时的 x 值代入上式,求得一系列的 k_1 值,分别为 $1.52 \times 10^{-4}\ s^{-1}$,$1.46 \times 10^{-4}\ s^{-1}$,$1.29 \times 10^{-4}\ s^{-1}$ 和 $1.12 \times 10^{-4}\ s^{-1}$。显然,它们之间相差较大,即 k_1 不是定值,故该反应不是一级反应。

若尝试反应为二级反应,根据二级反应动力学方程的积分形式,则

$$\frac{1}{a-x} - \frac{1}{a} = k_2 t$$

$$k_2 = \frac{1}{t}\left(\frac{1}{a-x} - \frac{1}{a}\right)$$

将 $a = 0.1\ mol \cdot dm^{-3}$ 及不同反应时间 t 时的 x 值代入上式,求得一系列的 k_2 值,分别为 $1.62 \times 10^{-3}\ mol^{-1} \cdot dm^3 \cdot s^{-1}$,$1.70 \times 10^{-3}\ mol^{-1} \cdot dm^3 \cdot s^{-1}$,$1.64 \times 10^{-3}\ mol^{-1} \cdot dm^3 \cdot s^{-1}$ 和 $1.71 \times 10^{-3}\ mol^{-1} \cdot dm^3 \cdot s^{-1}$。显然,它们之间相差不大,即 k_2 近乎定值,故判断该反应是二级反应。将上述结果求平均,得到该二级反应的速率系数 k_2 为 $1.67 \times 10^{-3}\ mol^{-1} \cdot dm^3 \cdot s^{-1}$。

例 10.11 在 780 K 及 $p_0 = 101.325$ kPa 时,某碳氢化合物气相热分解的半衰期为 2 s,当 p_0 降为 10.1325 kPa 时,半衰期为 20 s,求该反应的级数和反应速率系数。

解: 这是应用半衰期法确定反应级数的例子。

将该气相反应看作理想气体反应。当 $p_0 = 101.325$ kPa 时,$t_{1/2} = 2$ s;当 $p_0' = 10.1325$ kPa 时,$t_{1/2}' = 20$ s,则

$$n = 1 + \frac{\ln \dfrac{t_{1/2}}{t_{1/2}'}}{\ln \dfrac{a'}{a}} = 1 + \frac{\ln \dfrac{t_{1/2}}{t_{1/2}'}}{\ln \dfrac{p_0'}{p_0}} \approx 2$$

反应是二级反应。应用二级反应的半衰期公式 $t_{1/2} = \dfrac{1}{k_p p_0}$,可求 k_p,即

$$k_p = \frac{1}{p_0 t_{1/2}} = \frac{1}{101.325 \text{ kPa} \times 2 \text{ s}} = 4.93 \times 10^{-3} \text{ (kPa)}^{-1} \cdot \text{s}^{-1}$$

若以物质的量浓度代替压力,则速率系数为 k_2,即

$$\begin{aligned}
k_2 &= k_p RT \\
&= 4.93 \times 10^{-3} \text{ (kPa)}^{-1} \cdot \text{s}^{-1} \times 8.314 \text{ J} \cdot \text{K}^{-1} \cdot \text{mol}^{-1} \times 780 \text{ K} \\
&= 32.0 \text{ mol}^{-1} \cdot \text{dm}^3 \cdot \text{s}^{-1}
\end{aligned}$$

例 10.12 反应 $A + B + C \longrightarrow P + \cdots$ 在 300 K 时各组分的初始浓度及反应的初始速率 r_0 如下,其中浓度和时间为任意单位。试确定反应的级数。

$[A]/c^{\ominus}$	0.20	0.60	0.20	0.60
$[B]/c^{\ominus}$	0.30	0.30	0.90	0.30
$[C]/c^{\ominus}$	0.15	0.15	0.15	0.45
$100r_0$	0.60	1.81	5.38	1.81

解: 表中第一组和第二组数据反映了在保持 B 和 C 的浓度不变,当 A 的浓度增大 3 倍时,反应速率增加了近乎 3 倍,由此判断反应对 A 是一级。同理,从第一组和第三组数据可以判断反应对 B 是二级,从第二组和第四组数据可判断反应对 C 是零级。由此可知,该反应的级数为 3。

10.6　温度对反应速率的影响

　　反应速率不仅与反应系统中组元的浓度有关,而且与反应系统的温度有关。通常,温度升高,反应速率加快。也有为数不多的反应,其反应速率随温度的变化并不显著,甚至有些反应,温度升高反应速率反而下降。

　　温度对反应速率的影响程度可以使用反应速率的温度系数 γ 进行估算。对多数均相反应系统来说,温度每升高 10 K,反应速率增加 2~4 倍,即

$$\gamma = \frac{k_{T+10\ \text{K}}}{k_T} = 2 \sim 4$$

如果仅是粗略估算,则可根据上述式子获求温度对反应速率的影响程度。这个规律称为范托夫近似规则。

　　反应速率系数 k 与温度之间较严格的关系乃是阿伦尼乌斯经验方程。

一、阿伦尼乌斯经验方程

1. 阿伦尼乌斯经验方程的各种形式

　　1890 年,瑞典科学家阿伦尼乌斯在实验基础上总结得出反应速率系数随温度变化关系的经验公式,即

$$k = A\mathrm{e}^{-\frac{E_a}{RT}} \tag{10.48}$$

式(10.48)是阿伦尼乌斯经验方程的指数形式。其中,E_a 由实验获得,称作反应的实验活化能,又称阿伦尼乌斯活化能;A 为指前因子。当时认为,活化能 E_a 和指前因子 A 均与温度 T 没有关系。将式(10.48)两边取对数,得

$$\ln k = -\frac{E_a}{R}\frac{1}{T} + \ln A \tag{10.49}$$

式(10.49)是阿伦尼乌斯经验方程的对数形式。显然,以 $\ln k$ 对 $\frac{1}{T}$ 作图是一条直线。

　　若已知温度 T_1 时的反应速率系数 k_1,欲求温度 T_2 时的反应速率系数 k_2,则

$$\ln \frac{k_2}{k_1} = \frac{E_a}{R}\left(\frac{1}{T_1} - \frac{1}{T_2}\right) \tag{10.50}$$

式(10.50)是阿伦尼乌斯经验方程的定积分形式。

　　若将式(10.49)两边对 T 进行微商,可得阿伦尼乌斯经验方程的微分形式,即

$$\frac{\mathrm{d}\ln k}{\mathrm{d}T} = \frac{E_a}{RT^2} \tag{10.51}$$

2. 几点说明

（1）阿伦尼乌斯经验方程对于简单反应或复杂反应中的任一基元反应总是适用的，而且相应的活化能 E_a 具有明确的物理意义。

对于复杂反应，只要速率公式具有 $r = k[A]^{\alpha}[F]^{\beta}\cdots$ 的形式，一般仍然可以应用阿伦尼乌斯方程，但此时活化能 E_a 并不具有明确的物理意义，在数学上，E_a 可能是组成该复杂反应的各基元反应活化能的特定数学组合，此时的活化能 E_a 称作"表观活化能"。

（2）在温度 T 不是太高的情况下，以 $\ln k$ 对 $\frac{1}{T}$ 作图是一条直线，这说明在阿伦尼乌斯方程中，通常将活化能 E_a 看作与温度 T 无关的常数并无不妥。然而，当温度过高时，则会出现 $\ln k - \frac{1}{T}$ 的线性关系发生弯折的现象，这说明活化能 E_a 与温度 T 有一定关系。

二、温度对反应速率影响的类型

前已述及，对大多数反应来说，反应速率随温度升高是单纯增大的，同时，还有为数不多的反应并不遵守这样的规律，而且反应速率随温度变化的类型繁多。概括起来，反应速率随温度的变化通常有 5 种类型（见图 10.9）。

如图 10.9(a)所示，反应速率随温度升高而增大，并且速率系数 k 与反应温度 T 之间

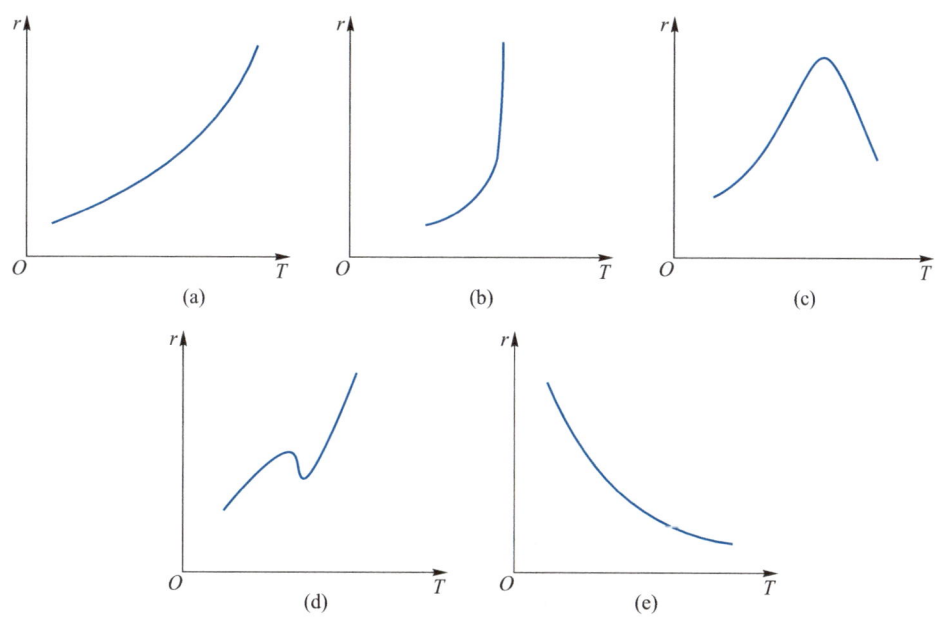

图 10.9 反应速率随温度变化的类型

符合阿伦尼乌斯经验方程,这种类型最为常见。图 10.9(b)所展示的类型属于爆炸反应类型。反应在一定温度范围内,速率变化并不明显,但当温度达到一定极限时,反应则以爆炸方式瞬间完成。图 10.9(c)所展示的类型在气－固相催化或酶催化反应中经常遇到。当温度不太高时,反应速率随温度升高而加快,当升高至一定温度时,催化剂烧结或酶受到破坏而部分失活或完全失活,致使反应速率下降。图 10.9(d)所展示的类型是,随温度的变化反应速率呈 N 形变化态势,这种情况可能是发生了副反应。图 10.9 的(b)、(c)和(d)所展示的类型均不符合阿伦尼乌斯经验方程。图 10.9(e)所示的是一个反常类型,比较少见。反应速率随温度升高而减小,而且服从阿伦尼乌斯经验方程,因此其对应的活化能 E_a 必然为负值,一氧化氮氧化成二氧化氮的反应属于这种情况。

三、温度对反应热力学和动力学影响的协同制衡策略

通常,反应速率随温度的变化遵循阿伦尼乌斯经验方程,即温度升高,反应速率增大。换言之,在动力学上,升温通常是有利的。而在热力学上,升温则在很多时候对正向反应并非有利。例如合成氨、合成甲醇等重要化工过程,由于反应本身是放热的,即 $\Delta_r H_m^\ominus < 0$,按照范托夫公式

$$\frac{\mathrm{d}\ln K_p^\ominus}{\mathrm{d}T} = \frac{\Delta_r H_m^\ominus}{RT^2}$$

当温度升高时,平衡常数 $K_p^\ominus$ 降低,平衡转化率亦降低。在实际生产中,当 $\Delta_r H_m^\ominus < 0$ 时,显然,升温在热力学和动力学上是针锋相对的。这时应当怎么办呢?

工业上,为了保持一定的生产效率,往往是在衡算时间成本与能量、原料成本关系的基础上,适当提高温度,牺牲一定的转化率而提高反应速率。同时,在确定温度升高的幅度时,必须考虑催化剂对温度的耐受情况。

四、典型题目及其求解

例 10.13 阿司匹林的水解为一级反应。在 373 K 时速率系数为 7.92 d^{-1},活化能为 56.484 kJ·mol^{-1}。求在 290 K 时水解 30% 所需时间。

解: T_1 = 373 K,$k_{373\ K}$ = 7.92 d^{-1},E_a = 56484 J·mol^{-1},T_2 = 290 K,$k_{290\ K}$ = ?
根据阿伦尼乌斯方程的定积分式,得

$$\ln \frac{k_{290\ K}}{k_{373\ K}} = \frac{E_a}{R}\left(\frac{1}{T_1} - \frac{1}{T_2}\right)$$

$$\ln \frac{k_{290\ K}}{7.92\ d^{-1}} = \frac{56484\ \text{J·mol}^{-1}}{8.314\ \text{J·K}^{-1}\text{·mol}^{-1}}\left(\frac{1}{373\ K} - \frac{1}{290\ K}\right)$$

求得　　　　　　　　　　　　$k_{290\,K} = 0.04313\ \mathrm{d^{-1}}$

已知 $y = 0.30$,根据一级反应动力学方程的定积分形式,则

$$\ln \frac{1}{1-y} = k_{290\,K}t$$

将 $y = 0.30$ 和 $k_{290\,K} = 0.04313\ \mathrm{d^{-1}}$代入上式,解得

$$t = 8.27\ \mathrm{d}$$

例 10.14　$N_2O_5(g)$ 的分解反应 $N_2O_5(g) \Longrightarrow N_2O_4(g) + \dfrac{1}{2}O_2(g)$,是一级反应。

实验测得该反应在不同温度时的速率系数值如下:

T/K	273.15	298.15	308.15	318.15	328.15	338.15
$k/(10^{-5}\ \mathrm{s^{-1}})$	0.0787	3.46	13.50	49.80	150.00	487.00

试求该反应的活化能。

解:将题中数据换算:

T/K	273.15	298.15	308.15	318.15	328.15	338.15
$\dfrac{1}{T}/(10^{-3}\ \mathrm{K^{-1}})$	3.66	3.35	3.25	3.14	3.05	2.96
$\ln(k/\mathrm{s^{-1}})$	-14.06	-10.27	-8.91	-7.61	-6.50	-5.32

可以利用作图法求解。以 $\ln(k/\mathrm{s^{-1}})$ 对 $\dfrac{1}{T}/\mathrm{K^{-1}}$ 作图,得到一条直线,见图 10.10,直

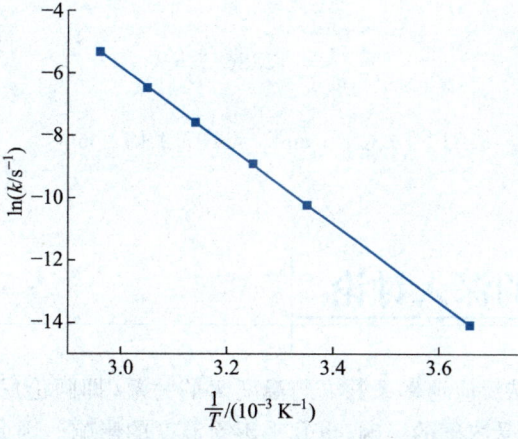

图 10.10　$\ln k - \dfrac{1}{T}$ 直线关系图

线的斜率为 -12.4×10^3 K。基于阿伦尼乌斯经验方程的对数形式[即式(10.49)]，可得

$$E_a = 8.314 \text{ J} \cdot \text{mol}^{-1} \cdot \text{K}^{-1} \times 12.4 \times 10^3 \text{ K} = 1.03 \times 10^5 \text{ J} \cdot \text{mol}^{-1}$$

也可以采用计算法求解。取两个不同温度下的 $\ln k$ 值作为一组，利用阿伦尼乌斯经验方程的定积分形式[即式(10.50)]求得 E_a 值，再取两组数据又可求得 E_a 值，依此进行，最后将所得的 E_a 值求平均。显然，这种求解方式比较烦琐，而且不易获得准确结果。

例 10.15   在 673 K 时，已知反应 $NO_2(g) \Longrightarrow NO(g) + \dfrac{1}{2}O_2(g)$ 可以进行完全，而且产物对反应速率无影响，实验证明它是二级反应，其速率方程的微分形式为 $r = -\dfrac{d[NO_2]}{dt} = k[NO_2]^2$，速率系数 k 与温度 T 之间的关系为 $\ln k = -\dfrac{12886.7 \text{ K}}{T} + 20.27$ [k 的单位为 $(\text{mol} \cdot \text{dm}^{-3})^{-1} \cdot \text{s}^{-1}$，$T$ 的单位为 K]。试求(1) 指前因子 A；(2) 实验活化能 E_a。

解：(1) 根据阿伦尼乌斯经验方程的对数形式，即

$$\ln k = -\frac{E_a}{R}\frac{1}{T} + \ln A$$

与题中所给公式进行对照，得 $\ln A = 20.27$

所以 $A = e^{20.27} \text{ mol}^{-1} \cdot \text{dm}^3 \cdot \text{s}^{-1} = 6.355 \times 10^8 (\text{mol} \cdot \text{dm}^{-3})^{-1} \cdot \text{s}^{-1}$

(2) 将阿伦尼乌斯经验方程的对数形式与题中所给公式进行对照，则

$$\frac{E_a}{R} = 12886.7 \text{ K}$$

所以 $E_a = 12886.7 \text{ K} \times 8.314 \text{ J} \cdot \text{K}^{-1} \cdot \text{mol}^{-1} = 107.1 \text{ kJ} \cdot \text{mol}^{-1}$

10.7   活化能的深入讨论

阿伦尼乌斯在总结反应速率系数 k 与温度 T 的关系(即阿伦尼乌斯经验方程)时，引入了活化能 E_a。E_a 不受浓度的影响，也几乎不受温度的影响。因此，E_a 是表达一个反应的反应速率的本征物理量。E_a 越小，反应速率越大；E_a 越大，反应速率越小。

然而，对于基元反应和复杂反应，两者的活化能在含义上有着重大差异。

一、基元反应的活化能

1890 年左右,阿伦尼乌斯在引入"活化能"的概念时,一度引发了广泛争论。20 世纪 20 年代,美国物理学家托尔曼(R. C. Tolman,1881—1948)从统计力学的角度对基元反应的活化能进行了定义,明确阐述了活化能的物理意义。但是,直到 70 年代才被人们广泛接受。

托尔曼给出的定义是,活化分子的平均能量与反应物分子的平均能量之差值,即为活化能。用数学形式表示,则为

$$E_a = \overline{E}_m^* - \overline{E}_m$$

式中,$\overline{E}_m$ 表示 1 mol 反应物分子的平均能量;$\overline{E}_m^*$ 表示活化的 1 mol 反应物分子的平均能量。对于 1 个反应物分子,则有

$$\varepsilon_a = \frac{\overline{E}_m^* - \overline{E}_m}{L} = \overline{\varepsilon}^* - \overline{\varepsilon}$$

ε_a 即表示 1 个具有平均能量 $\overline{\varepsilon}$ 的反应物分子要变成具有活化分子平均能量 $\overline{\varepsilon}^*$ 的分子所必须获得的能量。

在恒温恒容条件下,设正向为放热的某基元反应为

$$A \longrightarrow P$$

图 10.11 展示出该反应进程中参加反应的物质能量的变化。反应物 A 的能级线为 I,产物 P 的能级线为 II。在反应进程中,反应物 A 的能量从能级线 I 增大至 A^* 所处的水平,而后下降至能级线 II。显然,在这一反应进程中,反应物 A 需要克服一个能垒。此能垒值乃是反应物 A 要发生反应生成产物 P 所必须获得的最低能量,亦即活化能 E_a。正向反应是放热的,则逆向反应必定是吸热的。对于反应的逆向过程可以进行类似的分析。

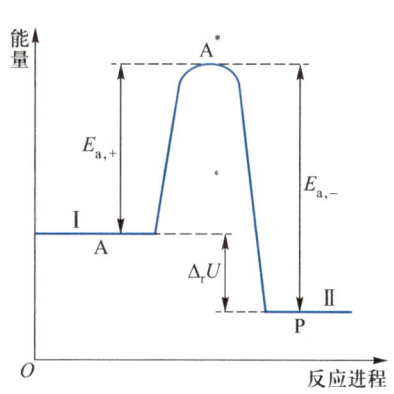

图 10.11 正向为放热型的基元反应进程中能量变化示意图

由于是恒温恒容条件,所以

$$Q_V = \Delta_r U = E_{a,+} - E_{a,-} \tag{10.52}$$

$$E_{a,+} = E_{a,-} + \Delta_r U \qquad E_{a,-} = E_{a,+} - \Delta_r U$$

式中,$\Delta_r U = Q_V < 0$。

显而易见,简单反应或基元反应的活化能可以用简单图形进行描述,所以简单反应或基元反应的活化能具有明确的物理意义。

二、复杂反应的活化能

复杂反应的活化能 E_a 无法用简单的图形表示,因此也就没有明确的物理意义。在数学上,E_a 可能是组成该复杂反应的各基元反应活化能的特定数学组合。具体的数学组合形式,则取决于各基元反应的速率系数与复杂的总包反应表观速率系数之间的关系,此关系可从复杂反应的反应历程推导而得。例如,从某复杂总包反应的历程推导出其表观速率系数与各基元反应速率系数的关系为

$$k_{表观} = \frac{k_1 k_2}{k_{-1}}$$

将上述等式两边的各速率系数分别用阿伦尼乌斯经验方程表达,则

$$A_{表观} \mathrm{e}^{-\frac{E_{a,表观}}{RT}} = \frac{A_1 \mathrm{e}^{-\frac{E_{a,1}}{RT}} A_2 \mathrm{e}^{-\frac{E_{a,2}}{RT}}}{A_{-1} \mathrm{e}^{-\frac{E_{a,-1}}{RT}}}$$

$$A_{表观} \mathrm{e}^{-\frac{E_{a,表观}}{RT}} = \frac{A_1 A_2}{A_{-1}} \mathrm{e}^{-\frac{(E_{a,1}+E_{a,2}-E_{a,-1})}{RT}}$$

将等式两边进行对照,即得

$$A_{表观} = \frac{A_1 A_2}{A_{-1}}$$

$$E_{a,表观} = E_{a,1} + E_{a,2} - E_{a,-1}$$

这样,复杂的总包反应的表观活化能 $E_{a,表观}$ 可由反应历程中各基元反应的活化能计算出来。不过,应当指出的是,这仅仅是一种估算方式,主要用于验证所拟定的反应历程是否合理。总包反应的表观活化能 $E_{a,表观}$ 必须以实验测定值为准。

三、活化能与温度的关系

1. E_a 与 T 有关的证据及活化能更为科学的定义

阿伦尼乌斯在总结得到 $k = A\mathrm{e}^{-\frac{E_a}{RT}}$ 这一经验方程时,认为活化能 E_a 与温度 T 无关,这与当温度 T 不是很高时的实验事实相符合,即在温度不太高的情况下,若以 $\ln k$ 对 $\frac{1}{T}$ 作图,则显示良好的直线关系。然而,当温度 T 升高到一定程度后再升温,便会发生 $\ln k - \frac{1}{T}$ 关系图线与原来的直线关系相偏离的现象,表明活化能与温度有一定关系,只不过当温度不太高时,活化能受温度影响的程度很小以至可以忽略罢了。在认为活化能与反应温度

T 有关这个前提下,应当采用 IUPAC 推荐的下述式(10.53)来定义活化能,才更为科学和准确。可用文字表述为,在某温度 T 时的活化能 E_a 与 $\ln k - \dfrac{1}{T}$ 关系图线上在对应温度 T 时的切线斜率成比例。数学形式为

$$E_a = -R \frac{\mathrm{d}\ln k}{\mathrm{d}\left(\dfrac{1}{T}\right)} \tag{10.53}$$

这里应当指出的是,20 世纪 30 年代建立了过渡态理论(本书将在第 12 章进行详细介绍),因此可以从理论计算得到基元反应的速率系数 k。当然,包括过渡态理论在内的任何理论均不能直接计算得出活化能,只有作 $\ln k - \dfrac{1}{T}$ 关系图线,由图线斜率获得的结果 E_a,方可称为活化能。不过,$\ln k - \dfrac{1}{T}$ 关系图中的速率系数 k 值既可由实验获得,又可由理论计算求得。如果 $\ln k - \dfrac{1}{T}$ 图中的 k 值来源于实验,则求得的 E_a 称为实验活化能,如果 $\ln k - \dfrac{1}{T}$ 图中的 k 值来源于理论计算,则求得的 E_a 为理论(或计算)活化能。

目前,有些研究文献在未研究反应速率系数 k 与温度 T 的关系情况下,根据几条理论假设,借助分子模型,直接获得基元反应活化能的数值。已有学者明确指出,这样得到的结果只能是估算活化能或预测活化能。

2. 三参量方程

三参量方程

$$k = BT^m \mathrm{e}^{-\frac{E}{RT}}$$

可称为改进的阿伦尼乌斯经验方程。式中,B,m 和 E 都是与温度无关的量,m 可以是正数、负数、整数或分数,有人建议将 E 称为能量因子。上式两边取对数,得

$$\ln k = \ln B + m\ln T - \frac{E}{RT}$$

进一步地,两边对 T 进行微商,则有

$$\frac{\mathrm{d}\ln k}{\mathrm{d}T} = \frac{E + mRT}{RT^2} \tag{10.54}$$

前面已得到阿伦尼乌斯经验方程的微分形式,即

$$\frac{\mathrm{d}\ln k}{\mathrm{d}T} = \frac{E_a}{RT^2}$$

它与式(10.54)进行对照,可得

$$E_a = E + mRT$$

可见,在温度 T 不太高时,$E_a \approx E$,此时,$\ln k$ 对 $\dfrac{1}{T}$ 作图是一条直线。

四、活化能 E_a 及温度 T 对 $\ln k - \dfrac{1}{T}$ 关系的影响

对于具有明确反应级数的反应来说,当所有组元的浓度均固定时,反应速率 r 与反应速率系数 k 成正比。根据阿伦尼乌斯经验方程,$k = Ae^{-\frac{E_a}{RT}}$,可见影响反应速率系数 k 值的因素有 3 个:温度 T、活化能 E_a 和指前因子 A。因为 E_a 位于方程的指数项,所以当温度 T 一定时,E_a 的影响远比 A 的影响强烈。在固定温度 T 和指前因子 A 的条件下,反应活化能 E_a 越小,速率系数 k 越大,E_a 越大,速率系数 k 则越小。在温度不是太高时,活化能 E_a 可近似看作与温度 T 无关,即 $\ln k$ 对 $\dfrac{1}{T}$ 作图是直线关系。下面主要讨论在线性范围内,反应活化能 E_a 及温度 T 对速率系数 k 影响的规律性。

如图 10.12 所示,图中 Ⅰ、Ⅱ、Ⅲ 分别代表活化能 E_a 差别较大的三个反应对应的 $\ln k - \dfrac{1}{T}$ 直线关系。因直线的斜率为 $-\dfrac{E_a}{R}$,故相应活化能的大小顺序为 $E_a(Ⅲ) > E_a(Ⅱ) > E_a(Ⅰ)$。

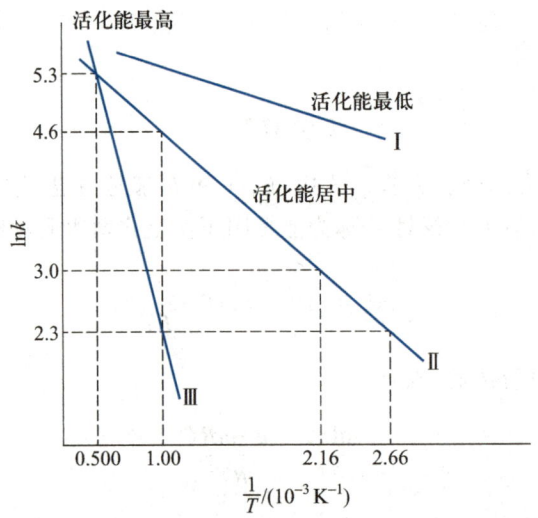

图 10.12　具有不同活化能 E_a 的反应的 $\ln k - \dfrac{1}{T}$ 关系图线

以Ⅱ为例,当反应温度处于低温区时,其温度 T 从 376 K 升高到 463 K,升温幅度为 87 K,相应的 $\frac{1}{T}$ 从 0.00266 K^{-1} 变为 0.00216 K^{-1}(见图 10.12 的横坐标),反应速率系数的对数值 $\ln k$ 从 2.3 变为 3.0(见图 10.12 的纵坐标),相应的速率系数 k 值从 10 增大到 20,即 k 值增大了一倍。而当反应处于高温区时,其温度 T 从 1000 K 升高到 2000 K,升温幅度为 1000 K,相应的 $\frac{1}{T}$ 从 1.00×10^{-3} K^{-1} 变为 0.500×10^{-3} K^{-1},反应速率系数的对数值 $\ln k$ 从 4.6 变为 5.3,相应的 k 值从 100 增大到 200,k 值也是增大了 1 倍。可见,对同一反应而言,k 随 T 的变化在低温区比较敏感。

对两个不同的反应而言,例如Ⅱ和Ⅲ,显然 $E_a(Ⅲ) > E_a(Ⅱ)$,当反应温度从 1000 K 升至 2000 K$\left(\text{横坐标量} \frac{1}{T} \text{从} 1.00 \times 10^{-3} \text{K}^{-1} \text{变为} 0.500 \times 10^{-3} \text{K}^{-1}\right)$时,反应Ⅲ的 $\ln k$ 值从 2.3 增加到 5.3,相应的 k 值从 10 增大到 200,增幅达 19 倍,而反应Ⅱ的 $\ln k$ 值从 4.6 增加到 5.3,相应的 k 值从 100 增大到 200,增幅仅 1 倍。可见,对活化能不同的两个反应来说,升温对活化能 E_a 较大的那个反应更为有利,即反应的活化能 E_a 越大,相应的速率系数 k 值随温度 T 的变化就越大。这一结论也可通过推证得到。根据阿伦尼乌斯经验方程的微分形式,则

$$\frac{\mathrm{d}\ln k_Ⅱ}{\mathrm{d}T} = \frac{E_a(Ⅱ)}{RT^2}, \quad \frac{\mathrm{d}\ln k_Ⅲ}{\mathrm{d}T} = \frac{E_a(Ⅲ)}{RT^2}$$

上述两式相减,并整理得

$$\frac{\mathrm{d}\ln \dfrac{k_Ⅲ}{k_Ⅱ}}{\mathrm{d}T} = \frac{E_a(Ⅲ) - E_a(Ⅱ)}{RT^2}$$

因为 $E_a(Ⅲ) > E_a(Ⅱ)$,所以当反应温度 T 升高时,$\dfrac{k_Ⅲ}{k_Ⅱ}$ 也必然增大,即 $k_Ⅲ$ 的增大程度大于 $k_Ⅱ$。

五、基元反应活化能的估算

对于复杂的总包反应,其反应历程中涉及的基元反应的活化能 E_a 实际上是难以从实验求得的。除了利用过渡态理论通过计算反应速率系数 k 并进而作 $\ln k - \frac{1}{T}$ 的直线关系图来求算活化能 E_a 外,还可以根据一些经验性规则,从基元反应所涉及的化学键的键能 ε 来估算其活化能 E_a。这种估算当然是比较粗糙的,但是能够较为便捷地获得结果,而且所得结果在讨论反应速率及验证反应历程方面具有重要价值。

对于基元反应 $A_2 + F_2 \longrightarrow 2AF$,在反应过程中,A—A 键和 F—F 键并不需要完全断

裂,而是先形成一个活化前驱体,该活化体一旦形成,便很快变为产物。因此,该基元反应的活化能约为 A—A 键和 F—F 键的键能之和的 30%,即

$$E_a = (\varepsilon_{A-A} + \varepsilon_{F-F}) \cdot L \times 30\%$$

应当注意,若键能直接采用 1 mol 量对应的数值,则上述计算式中不应出现阿伏伽德罗常数 L。

对于分子裂解为自由原子或自由基的基元反应,例如:

$$A_2 + M \longrightarrow 2A\cdot + M$$

其中,M 为第三体分子(下同)。反应需要完全断开 A — A 键,而且不再形成新的化学键,因此其活化能乃是 A—A 键的键能,即

$$E_a = \varepsilon_{A-A} \cdot L$$

对于有自由原子或自由基作为反应物参与的基元反应,例如:

$$A_2 + X\cdot \longrightarrow AX + A\cdot$$

因反应物中有自由原子,其比较活泼,故正向反应是放热反应,其活化能约为 A—A 键键能的 5.5%,若正向反应(即放热方向)的活化能用 $E_{a,+}$ 表示,则

$$E_{a,+} = \varepsilon_{A-A} \cdot L \times 5.5\%$$

假设该反应为恒温恒容条件下的理想气体反应,对于其逆向过程而言,则有

$$E_{a,-} = E_{a,+} - \Delta_r H_m + \sum_{\nu_B} \nu_B RT$$

式中,反应的恒压摩尔热效应 $\Delta_r H_m$ 可根据键焓估算。

对于自由原子或自由基复合的基元反应,例如:

$$2A\cdot + M \longrightarrow A_2 + M$$

因为复合反应发生时,只有键的形成,而不需要破坏任何键,所以其活化能为 0,即 $E_a = 0$。如果活性物种在复合反应前处于激发态,当复合成产物分子时回到基态,并释放出能量,则活化能可能出现负值。

*六、活化能为负值的基元反应

绝大多数基元反应的活化能是正值,零活化能基元反应主要是自由原子或自由基的复合反应。此外,某些基元反应却有负活化能,例如:

(1)有机物氧化机理中的高放热性基元反应,即

$$CH_3OO\cdot + HO_2\cdot \longrightarrow CH_3OOH + O_2$$

(2)$RO\cdot + NO \longrightarrow R\cdot + NO_2$ 　(R = Br、Cl、OH)

负活化能的实际价值亦备受关注。有人认为，负活化能反应在氧化燃烧过程中具有超催化作用。在我国，也有学者在 20 世纪八九十年代发表文章，专门介绍负活化能反应。

应当指出的是，负活化能的存在是简单碰撞理论和过渡态理论都不好解释的现象。这里，基于国内学者的文献，以基元反应 $HO_2 \cdot + NO \longrightarrow HO \cdot + NO_2$ 为例，进行简要的定性描述，以便读者能够认识和理解负活化能反应。

反应物 $HO_2 \cdot$ 是自由基，另一反应物 NO 通常认为是分子，但 NO 内的电子数为奇数，故有人把 NO 称为"潜自由基"。该反应的能垒或阈能为 0。如图 10.13 所示，当自由基粒子 $HO_2 \cdot$ 与潜自由基 NO 相互接近时，彼此吸引，不断释放能量，逐渐形成具有络合物形式的活化体 $HO \cdots O \cdots NO$。这种活化络合物，结构较为紧密，寿命亦比较长，因此其平均能量低于反应物分子的平均能量。

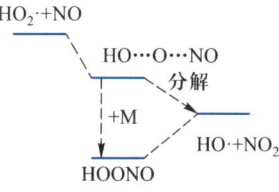

图 10.13　反应
$HO_2 \cdot + NO \longrightarrow HO \cdot + NO_2$
能量变化示意图

假如这种长寿命的活化络合物被第三体分子碰撞，它将变成稳定分子 HOONO。假如这时活化络合物未遭到第三体分子碰撞，它将分解生成产物 $HO \cdot + NO_2$，完成反应。按照托尔曼给出的活化能定义，活化体 $HO \cdots O \cdots NO$ 的平均能量与反应物分子 $HO_2 \cdot + NO$ 的平均能量之差，即是活化能。显然，该基元反应的活化能是一负值。

*10.8　基元反应的微观可逆性原理

一、微观可逆性原理

基元反应微观可逆性原理的基础是，力学中运动方程的时间反演对称性。简言之，在动力系的运动方程中，用时间的负值 $(-t)$ 代替 t，用速度的负值 $(-v)$ 代替 v，力学方程不变。在基元反应中，反应物分子的单次碰撞是力学行为，服从力学中的运动方程，具有时间反演对称性。

在化学动力学中可以将微观可逆性原理表述为，每个基元反应必定存在一个逆反应，而且逆反应进行时的路径与正向反应完全一样。换言之，基元反应的逆反应也必然是基元反应。

这个原理有何用途呢？首先，根据微观可逆性原理，可以判断一个反应是否为基元反应。例如，反应 $Pb(C_2H_5)_4 \Longrightarrow Pb + 4C_2H_5 \cdot$ 不可能是基元反应，因为其逆向反应不可能是基元反应。若逆向反应是基元反应，则是五分子反应，五分子反应目前尚未发现。

其次，该原理在拟定复杂的总包反应的反应机制时具有重要价值。微观可逆性原理对拟定反应机制有以下两方面的主要制约。（1）拟定的反应机制中任一基元反应的逆反应不应是不可能进行的反应；（2）总反应无论正向或逆向进行时，构成反应历程的基元反应的序列是完全相同的,只是进行的方向相反。当然,正、逆反应的速率控制步骤可能不同。这样,根据微观可逆性原理,可以判定一个复杂反应的反应机制是否有问题。例如,对二甲苯异构化为间二甲苯的反应,假设其反应机制为

$$\text{对二甲苯} \xrightarrow{k_1} \text{邻二甲苯}, \quad \text{邻二甲苯} \xrightarrow{k_2} \text{间二甲苯}, \quad \text{间二甲苯} \xrightarrow{k_3} \text{对二甲苯}$$

$$(\text{I})$$

则,异构化反应过程的正向反应历程为

$$\text{对二甲苯} \xrightarrow{k_1} \text{邻二甲苯}, \quad \text{邻二甲苯} \xrightarrow{k_2} \text{间二甲苯}$$

而异构化反应的逆向反应历程则可以是

$$\text{间二甲苯} \xrightarrow{k_3} \text{对二甲苯}$$

显然,上述异构化反应逆向进行时的反应途径并不是其正向进行时的逆途径,这便违反了微观可逆性原理对拟定反应机制的制约要求,因此,这个反应机制即机制(I)是不合理的。符合微观可逆性原理要求的反应机制为

$$\text{对二甲苯} \xrightarrow{k_1} \text{邻二甲苯}, \quad \text{邻二甲苯} \xrightarrow{k_2} \text{间二甲苯} \qquad (\text{II})$$

根据该反应机制,对二甲苯 $\longrightarrow$ 间二甲苯的反应历程为

$$\text{对二甲苯} \xrightarrow{k_1} \text{邻二甲苯}$$

$$\text{邻二甲苯} \xrightarrow{k_2} \text{间二甲苯}$$

间二甲苯 $\longrightarrow$ 对二甲苯的反应历程为

$$\text{间二甲苯} \xrightarrow{k_{-2}} \text{邻二甲苯}$$

$$\text{邻二甲苯} \xrightarrow{k_{-1}} \text{对二甲苯}$$

二、精细平衡原理

精细平衡原理是将微观可逆性原理应用于宏观化学平衡系统的结果。可以表述为,当一个总包反应达到平衡时,系统中每一个基元反应与其逆向反应也必然达到平衡,即每一个基元反应的速率一定等于其逆向反应的速率。

例如,一个总包反应 R 的反应历程中包含若干个基元反应。根据微观可逆性原理,对应于每一个基元反应,必定存在一个逆向的基元反应,正向基元反应与其逆向基元反应构成了对峙反应(或称可逆反应。对峙反应的概念及动力学特征将在第 11 章详细介绍。),即总包反应的历程中存在若干个对峙反应,其中任一对峙反应标记为 ER_B。在恒

温恒容条件下,当反应时间无限长时,总包反应与其逆向反应达到平衡,根据精细平衡原理,任一对峙反应 ER_B 也达到平衡,则

$$K_B = \frac{k_{B,+}}{k_{B,-}}$$

式中,K_B 是对峙反应 ER_B 的平衡常数,$k_{B,+}$ 和 $k_{B,-}$ 分别是其正、逆向基元反应的速率系数。

在微观动力学上,总包反应的进行过程即是基元反应按一定顺序依次进行的过程。从计量效果而言,假如该总包反应 R 进行了一次反应,则其反应历程中的每个对峙反应必须进行一定次数,而反应次数受总包反应计量方程的约束,实际上是要求每个对峙反应 ER_B 乘以它发生反应的次数 n_B 后相加,必须恰好与总包反应 R 等同,即

$$R = \sum_B n_B ER_B$$

我们知道,若化学反应之间存在加和关系,则平衡常数之间必然存在乘积关系。因此,总包反应 R 的平衡常数 K_R 与反应历程中各对峙反应 ER_B 的平衡常数 K_B 之间的关系为

$$K_R = K_1^{n_1} \cdot K_2^{n_2} \cdot K_3^{n_3} \cdot \cdots = \left(\frac{k_1}{k_{-1}}\right)^{n_1} \cdot \left(\frac{k_2}{k_{-2}}\right)^{n_2} \cdot \left(\frac{k_3}{k_{-3}}\right)^{n_3} \cdot \cdots$$

即

$$K_R = \prod_B \left(\frac{k_B}{k_{-B}}\right)^{n_B}$$

式中,k_B 和 k_{-B} 是反应历程中各步对峙反应的正向和逆向反应的速率系数。

从上面的阐述显而易知,微观可逆性原理与精细平衡原理是因果关系。

但必须注意,精细平衡原理与微观可逆性原理既有联系又有区别。虽然精细平衡原理是微观可逆性原理应用于化学平衡系统的结果,然而,微观可逆性原理本身与反应系统是否处于平衡是无关的。

10.9　综合性题目及其求解

例 10.16　(1) 在温度 T 时,实验测得某化合物在溶液中进行分解反应的数据如下:

$c_0/(\text{mol} \cdot \text{dm}^{-3})$	0.50	1.10	2.48
$t_{1/2}/\text{s}$	4280	885	174

试确定该化合物分解反应的级数。

(2) 实验发现,在恒温条件下 NO 分解反应的半衰期与 NO 的初始压力 p_0 成反比。不同温度时测得如下数据:

T/K	967	1030	1085
p_0/kPa	39.20	48.00	46.00
$t_{1/2}/s$	1520	212	53

求反应在 967 K 时的速率系数;求 $t = t_{1/2}$ 时,反应混合物中 N_2 的摩尔分数;求反应的活化能 E_a。设反应在密闭刚性容器中进行。

解: (1) 基于半衰期确定反应的级数,则

$$n = 1 + \frac{\ln \dfrac{t_{1/2}}{t'_{1/2}}}{\ln \dfrac{c'_0}{c_0}}$$

分别取两组数据,得到反应级数 n 的数值,取平均值后得,$n = 3$。

(2) 分解反应 $NO(g) \rightleftharpoons \frac{1}{2}N_2(g) + \frac{1}{2}O_2(g)$

根据题意,NO 分解反应的半衰期与 NO 的初始压力 p_0 成反比,由此可判断该分解反应是二级反应。基于二级反应半衰期公式 $t_{1/2} = \dfrac{1}{k_p p_0}$,得

$$k_p(967 \text{ K}) = 1.678 \times 10^{-8} \text{ Pa}^{-1} \cdot \text{s}^{-1}$$

根据 $k = k_p RT$,还可求得与物质的量浓度对应的速率系数 k 值,即

$$k(967 \text{ K}) = 1.678 \times 10^{-8} \text{ Pa}^{-1} \cdot \text{s}^{-1} \times RT$$
$$= 1.349 \times 10^{-4} \text{ m}^3 \cdot \text{mol}^{-1} \cdot \text{s}^{-1}$$

反应在密闭刚性容器中进行,符合恒温恒容条件,则

	$NO(g)$	$\rightleftharpoons$	$\frac{1}{2}N_2(g)$	$+$	$\frac{1}{2}O_2(g)$
$t = 0$	p_0		0		0
$t = t$	$p_0 - p$		$\frac{p}{2}$		$\frac{p}{2}$
$t = t_{1/2}$	$\frac{p_0}{2}$		$\frac{p_0}{4}$		$\frac{p_0}{4}$

显然,当 $t = t_{1/2}$ 时,$p_总 = p_0$。所以

$$x(N_2) = \frac{p(N_2)}{p_{总}} = \frac{\dfrac{p_0}{4}}{p_0} = 0.25$$

同理,根据表中对应于 1030 K 时的初始压力 p_0 和半衰期 $t_{1/2}$ 数据,可求得 $k_p(1030\ K) = 9.827 \times 10^{-8}\ Pa^{-1} \cdot s^{-1}$,对应的 $k(1030\ K)$ 为

$$k(1030\ K) = 9.827 \times 10^{-8}\ Pa^{-1} \cdot s^{-1} \times RT$$
$$= 8.415 \times 10^{-4}\ m^3 \cdot mol^{-1} \cdot s^{-1}$$

根据表中对应于 1085 K 时的初始压力 p_0 和半衰期 $t_{1/2}$ 数据,则可求得 $k_p(1085\ K) = 4.105 \times 10^{-7}\ Pa^{-1} \cdot s^{-1}$,对应的 $k(1085\ K)$ 为

$$k(1085\ K) = 4.102 \times 10^{-7}\ Pa^{-1} \cdot s^{-1} \times RT$$
$$= 3.700 \times 10^{-3}\ m^3 \cdot mol^{-1} \cdot s^{-1}$$

根据阿伦尼乌斯经验方程积分形式,则

$$\ln \frac{k(T_2)}{k(T_1)} = \frac{E_a}{R}\left(\frac{1}{T_1} - \frac{1}{T_2}\right)$$

分别代入前两组和后两组数据,得

$$E_a(1) = 240.62\ kJ \cdot mol^{-1}, \quad E_a(2) = 250.17\ kJ \cdot mol^{-1}$$
$$E_a(平均) = 245.40\ kJ \cdot mol^{-1}$$

例 10.17   在 Mn(Ⅱ)的催化下,某有机染料(CR)溶液被氧化剂(OX)氧化褪色,在一定 pH 条件下该反应具有较高的灵敏度和选择性,据此可建立催化动力学光度法以测定水样中的痕量锰。催化反应为

$$CR + OX \xrightarrow{\ Mn(Ⅱ)\ } 褪色产物$$

CR 褪色反应速率方程为

$$r = -\frac{dc_{CR}}{dt} = k c_{CR}^{\alpha} c_{OX}^{\beta} c_{Mn(Ⅱ)}^{\gamma}$$

已知系统中无 Mn(Ⅱ)时褪色反应不发生。反应过程中氧化剂大大过量。

(1)固定 Mn(Ⅱ)的浓度,改变 CR 溶液的初始浓度。在每一个 CR 的初始浓度时,测得溶液在两个固定时刻(即 $t = 6$ min 和 $t = 9$ min)的吸光度,发现当 CR 的初始浓度取不同的数值时,两个时刻的吸光度比值为定值。试据此确定 α 的值。

(2)实验表明,$\gamma = 1$。推求当固定时间间隔 Δt 时,相邻两时刻的吸光度比值与 Mn(Ⅱ)浓度之间的定量关系式。

分析：本题着重考察对一级反应动力学特征的掌握情况。在宏观动力学的研究中，一般来说，首要的任务是获得参与反应的物质浓度随时间的变化关系曲线（c-t）。就反应速率比较适中的化学反应而言，参与反应的物质浓度的测定目前主要采用物理分析法，而化学分析法由于存在诸多缺陷，一般不使用。这就要求，浓度与测定的特征物理量之间具有定量关系，而且最好呈正比（或反比）关系。在学习宏观动力学知识时，这种思想是首先必须确立的。当然，本题的目的并不是使用这种物理分析法求取参与反应的物质浓度 c 与时间 t 的变化关系，而是利用对应物理量与浓度之间的线性关系进行定量分析。动力学光度法是在光度法基础上衍生出来的一种测定待测组分浓度的方法。与一般的光度法相比，具有灵敏度高和选择性好等多种优势，而且可以有效扩大应用范围。当反应在催化剂作用下进行时，则相应地称为"催化动力学光度法"。当化学反应在动力学上对主要反应物呈零级或一级而对催化剂（如金属离子 M^{z+}）呈一级时，催化动力学光度法的适用性较好。在 Mn（Ⅱ）的催化作用下，有机染料 CR 可被氧化褪色，在一定 pH 时反应具有较高的灵敏度和选择性，据此可建立催化动力学光度法以测定痕量锰。题目将动力学基本知识与紫外-可见分光光度法知识相结合，比较典型。化学动力学知识除了作为解决化学反应速率和反应机制方面问题的有力工具之外，它在其他学科例如分析化学学科中所具有的特殊应用价值亦由此可见一斑。

解：（1）由题可知，反应过程中，OX 大大过量，因此其浓度的改变可予以忽略，当固定 $c_{\mathrm{Mn(Ⅱ)}}$ 时，反应速率方程可写为

$$r = -\frac{\mathrm{d}c_{\mathrm{CR}}}{\mathrm{d}t} = kc_{\mathrm{CR}}^{\alpha}c_{\mathrm{OX}}^{\beta}c_{\mathrm{Mn(Ⅱ)}}^{\gamma} = k'c_{\mathrm{CR}}^{\alpha}$$

式中，$k' = kc_{\mathrm{OX}}^{\beta}c_{\mathrm{Mn(Ⅱ)}}^{\gamma}$。根据朗伯-比尔定律 $A = \varepsilon d c_{\mathrm{CR}}$，则 $c_{\mathrm{CR}} = \dfrac{A}{\varepsilon d}$，代入上式，得

$$-\frac{\mathrm{d}A}{\mathrm{d}t} = (\varepsilon d)^{1-\alpha}k'A^{\alpha}$$

题中指出，当初始浓度 c_{CR} 取不同的数值时，两个时刻的吸光度比值为定值，表明当时间间隔相同时，两个时刻的浓度比值为定值，这符合一级反应动力学特征，因此

$$\alpha = 1$$

（2）因为 $\alpha = 1$，$\gamma = 1$，$r = -\dfrac{\mathrm{d}c_{\mathrm{CR}}}{\mathrm{d}t} = k^{*}c_{\mathrm{CR}}c_{\mathrm{Mn(Ⅱ)}}$，这里 $k^{*} = kc_{\mathrm{OX}}^{\beta}$，因此

$$-\frac{\mathrm{d}c_{\mathrm{CR}}}{c_{\mathrm{CR}}} = k^{*}c_{\mathrm{Mn(Ⅱ)}}\mathrm{d}t$$

将 $c_{\mathrm{CR}} = \dfrac{A}{\varepsilon d}$ 代入上述速率方程，得

$$-\frac{\mathrm{d}A}{A} = k^* c_{Mn(II)} \mathrm{d}t$$

当固定 $c_{Mn(II)}$ 时,上式进行不定积分,则

$$-\ln A = k^* c_{Mn(II)} t + I$$

其中,I 是积分常数。设在时刻 t 和 $t + \Delta t$ 时,系统的吸光度分别为 A_t 和 $A_{(t+\Delta t)}$,则

$$\ln \frac{A_t}{A_{(t+\Delta t)}} = k^* c_{Mn(II)} \Delta t$$

即

$$\frac{\ln \dfrac{A_t}{A_{(t+\Delta t)}}}{\Delta t} = k^* c_{Mn(II)}$$

或

$$\frac{\ln \dfrac{A_t}{A_{(t+\Delta t)}}}{\Delta t} = \ln k^* + \ln c_{Mn(II)}$$

上述 3 个公式即是吸光度与水溶液中痕量 $Mn(II)$ 的定量关系式。

主要知识点概述

(1) 化学动力学发展史上有五个里程碑性的贡献。

(2) 对于任一化学反应,在恒容条件下,反应速率的规范表示为

$$r = \frac{1}{\nu_B} \frac{\mathrm{d}[B]}{\mathrm{d}t}$$

其中 ν_B 为反应物或产物的化学计量数。如果是恒温恒容条件下的理想气体反应,则反应速率还可用相应的分压随时间变化的等价形式来表示,即

$$r = \frac{1}{\nu_B} \frac{\mathrm{d}p_B}{\mathrm{d}t}$$

(3) 在经典动力学中,对于某给定化学反应,表达反应物或产物浓度随时间的变化关系($c-t$)是一项重要工作。$c-t$ 曲线可由化学分析法或物理分析法获得。但是,化学方法存在操作烦琐、浪费试剂、污染环境及实验误差概率较大等缺陷。物理分析法能够避免这些缺陷,且可以实现连续原位分析。故在宏观动力学的研究与实验中,一般采用物理分析法,除非寻找不到合适的物理量。

(4) 基元反应是一步完成的反应。一个非基元的总包反应需要经历若干个基元反应方可完成,这些基元反应按顺序进行的序列即代表了反应所经历的微观途径,在化学动力学上称为反应历程或反应机制。

(5) 简单反应是指反应历程中只包含一个基元反应的总包反应。该总包反应方程式与反应历程中

基元反应方程式是等同的。

复杂反应是指其反应历程由两个或两个以上基元反应以各种方式相互联系起来的反应。

若一个反应的反应速率仅与反应物浓度有关,而与产物浓度无关,且各浓度项的指数 $\alpha, \beta, \gamma, \cdots$ 和反应级数 $n(n = \alpha + \beta + \gamma + \cdots)$ 都只是正整数或 0,而且该反应的逆向过程几乎不进行,则这样的反应是简单级数反应。

简单反应都是简单级数反应。但简单级数反应不一定是简单反应。

(6) 反应级数和反应分子数是两个不同范畴的概念。反应分子数只对基元反应才有意义,反应级数则不然;反应分子数目前只能是 1, 2, 3,反应级数则不然,可以是正数也可以是负数,可以是整数也可以是分数,还可以是 0。

(7) 关于一级反应,其速率系数的量纲是(时间) $^{-1}$;反应物浓度的对数 $\ln(a - x)$ 与时间 t 之间呈直线关系;当时间间隔相同时,$\dfrac{c_{A,t}}{c_{A,(t - \Delta t)}}$ 或 $\ln \dfrac{c_{A,t}}{c_{A,(t - \Delta t)}}$ 是一定值;半衰期及各分数衰期均与初始浓度无关,其半衰期 $t_{1/2} = \dfrac{\ln 2}{k_1}$;$t_{1/2} : t_{3/4} : t_{7/8} = 1 : 2 : 3$。

对于一级理想气体反应,浓度用压力表示时的速率系数 k_p 与用物质的量浓度表示时的速率系数 k_1 是相同的,即 $k_p = k_1$。

(8) 关于二级反应,其速率系数的量纲是(浓度) $^{-1}$(时间) $^{-1}$;对于只有一种反应物参与的二级反应,或者有两种反应物参与但两种反应物初始浓度相等的二级反应,反应物浓度的倒数 $\dfrac{1}{a - x}$ 与时间 t 之间呈直线关系;半衰期 $t_{1/2}$ 与初始浓度成反比,即 $t_{1/2} = \dfrac{1}{k_2 a}$;$t_{1/2} : t_{3/4} : t_{7/8} = 1 : 3 : 7$。

对于二级理想气体反应,浓度用压力表示时的速率系数 k_p 与用物质的量浓度表示时的速率系数 k_2 并不相同,$k_p = \dfrac{k_2}{RT}$。

(9) 已知的零级反应主要是酶催化反应和气–固相表面催化反应。光化学反应的初级过程也属于零级反应。

关于零级反应,其速率等于其速率系数;反应速率系数 k_0 的量纲为(浓度) · (时间) $^{-1}$;反应物或产物浓度均与时间 t 之间呈线性关系;完成反应所需时间有限;半衰期与初始浓度成正比,即 $t_{1/2} = \dfrac{a}{2k_0}$。

(10) 关于 n 级反应,其速率系数 k_n 的量纲为(浓度) $^{1-n}$(时间) $^{-1}$;反应物浓度 $(n - 1)$ 次方的倒数即 $\dfrac{1}{(a - x)^{n-1}}$ 与时间 t 之间呈直线关系;其半衰期公式为 $t_{1/2} = \dfrac{2^{n-1} - 1}{(n - 1) k_n a^{n-1}}$,可简写为 $t_{1/2} = \dfrac{A}{a^{n-1}}$。这些特征对于零级、二级、三级和分数级反应均适用,但是,$n \neq 1$。一级反应的动力学方程(即反应速率的积分式)为对数形式。不过,速率系数的单位的表示通式对一级反应依然适用。

(11) 在速率方程中,如果某组元浓度远大于其他组元浓度,或者,出现在速率方程中的催化剂浓度项,在反应过程中没有变化。此时,可将浓度很高的那个组元浓度或催化剂浓度与速率系数 k 合并,反应级数相应下降,下降后的级数称为准级数。准级数反应具有相同级数反应动力学的一切特征。

(12) 反应级数必须由实验确定。常用的确定反应级数方法包括微分法、积分法、半衰期法、孤立法等。

微分法在科研上应用较为广泛,它对非整数级数的反应也适用。其缺点是较为烦琐,从求取 $c - t$ 曲线开始,需要多次作图才能得到最终结果,因此引入误差的概率较大。

积分法主要适用于简单级数(一级、二级、三级和零级)反应,对于非整数级数反应,积分法并不方便。在使用积分法时,所需实验时间较长,$c-t$ 实验数据越多越好,至少需要 8 组数据。否则确定的反应级数可靠性较低。

(13) 阿伦尼乌斯方程是表示反应速率系数 k 与温度 T 之间较严格关系的经验方程。其指数形式为

$$k = A e^{-\frac{E_a}{RT}}$$

对数形式为

$$\ln k = -\frac{E_a}{R}\frac{1}{T} + \ln A$$

定积分形式为

$$\ln \frac{k_2}{k_1} = \frac{E_a}{R}\left(\frac{1}{T_1} - \frac{1}{T_2}\right)$$

微分形式为

$$\frac{\mathrm{d}\ln k}{\mathrm{d}T} = \frac{E_a}{RT^2}$$

(14) 阿伦尼乌斯经验方程对于简单反应或复杂反应中任一基元反应总是适用的,简单反应或基元反应的活化能 E_a 可以用简单图形明确展示。因此,简单反应及基元反应的活化能具有明确的物理意义。对于复杂反应,只要速率方程形如 $r = k[A]^\alpha[F]^\beta\cdots$,一般仍可应用阿伦尼乌斯经验方程,不过,此时活化能 E_a 无法用简单图形表示,因而也就不具有明确的物理意义,在数学上,E_a 可能是组成该复杂反应的各基元反应活化能的特定数学组合。具体的数学组合形式则取决于各基元反应速率系数与复杂总包反应表观速率系数之间的关系,此关系可从复杂反应的反应历程推导而得。复杂反应的活化能通常称为“表观活化能”。

(15) 当反应服从阿伦尼乌斯经验方程时,$\ln k - \frac{1}{T}$ 呈直线关系,直线斜率为 $-\frac{E_a}{R}$,可见活化能 E_a 越大,斜率绝对值越大;对同一反应而言,k 随 T 的变化在低温区比较敏感;对于两个不同反应,升温对 E_a 较大的那个反应有利,即反应活化能 E_a 越大,k 随 T 的变化就越大。

(16) 活化能 E_a 可以通过实验数据由阿伦尼乌斯经验方程求算得到。基元反应活化能亦可根据键能估算。估算规则为:反应 $A_2 + F_2 \longrightarrow 2AF$,活化能约为 A—A 键和 F—F 键键能之和的 30%;分子裂解为自由原子或自由基的反应,活化能为所断键的键能;有自由原子或自由基作为反应物参与的放热反应,活化能为参与反应的化学键键能的 5.5%;自由原子或自由基复合的反应,活化能通常为 0。

(17) 基元反应微观可逆性原理概括为,基元反应的逆向反应必然也是基元反应。精细平衡原理是将微观可逆性原理应用于宏观化学平衡系统的结果。可表述为,当总包反应达到平衡时,每个基元反应与其逆向反应也必然达到平衡。

科学问题

习题

10.1 某消炎药物的分解为一级反应，当它分解掉 30% 时，即确定为失效。已知该药物制剂的初始浓度为 $5.00\ g \cdot dm^{-3}$，在 25 ℃时放置 20 个月后，其浓度下降为 $4.20\ g \cdot dm^{-3}$。试求在 25 ℃时该药物制剂的有效期为多长？

10.2 已知环氧乙烷（C_2H_4O）的分解为一级反应。在 16.2 ℃的恒温条件下，$C_2H_4O(g)$ 的初始压力为 15533.39 Pa，$t = 18\ min$ 时，$C_2H_4O(g)$ 的压力变为 12352.32 Pa。试求该分解反应的速率系数 k 和半衰期 $t_{1/2}$。

10.3 已知放射性镭（$^{226}_{88}Ra$）的半衰期为 1590 年。定义 1 Bq（贝可勒尔）等于 1 s 时间内有 1 次核衰变。试求：

（1）该一级过程的速率系数；

（2）1 mg 的放射性强度（用 Bq 表示）。

10.4 反应 $2N_2O_5(g) \xlongequal{\quad} 4NO_2(g) + O_2(g)$ 在 25 ℃时的速率系数 k 为 $1.73 \times 10^{-5}\ s^{-1}$，速率方程为 $r = k[N_2O_5]$。

（1）求算在 25 ℃，$p(N_2O_5) = 10132.5$ Pa 时，12.0 dm^3 的反应器中，该反应的速率 r 及 $\dfrac{d[N_2O_5]}{dt}$；

（2）求算在（1）的反应条件下，1 s 时间内被分解的 N_2O_5 分子数目；

（3）若反应方程式写为 $N_2O_5(g) \xlongequal{\quad} 2NO_2(g) + \dfrac{1}{2}O_2(g)$，试求在（1）的反应条件下，反应速率系数 k 和反应速率 r 各为多少？设参加反应的气体均为理想气体。

10.5 在稀酸溶液中，蔗糖（$C_{12}H_{22}O_{11}$）依照下式发生水解反应：

$$C_{12}H_{22}O_{11} + H_2O \longrightarrow C_6H_{12}O_6(果糖) + C_6H_{12}O_6(葡萄糖)$$

当温度及酸的浓度固定时，反应速率与蔗糖浓度 $[C_{12}H_{22}O_{11}]$ 的一次方成正比。现有一溶液，1 dm^3 中含 0.300 mol $C_{12}H_{22}O_{11}$ 和 0.100 mol HCl，48 ℃时，在 20 min 内有 32% 的 $C_{12}H_{22}O_{11}$ 发生水解。试求：

（1）在该温度时反应的速率系数；

（2）初始时的反应速率及反应进行 20 min 时的反应速率；

（3）40 min 后有多少 $C_{12}H_{22}O_{11}$ 发生水解；

（4）要使 60% 的 $C_{12}H_{22}O_{11}$ 发生水解所需时间。

10.6 $N_2O_5(g)$ 的分解反应方程为 $N_2O_5(g) \xlongequal{\quad} N_2O_4(g) + \dfrac{1}{2}O_2(g)$。在某温度时，由实验测得

反应系统的压力增加值 Δp 与时间 t 的关系如下。

t/s	223	343	463	583	703	823	943	1063	1303	∞
$\Delta p/kPa$	12.7	18.0	22.4	26.1	29.0	31.5	33.6	35.4	38.1	44.1

试基于以上的实验数据,证明 $N_2O_5(g)$ 的分解为一级反应。

10.7　某消炎药物在人体血液中的分解是简单级数反应。如果在某时刻给患者注射一针该消炎药物,然后在不同时刻检测药物在血液中的浓度,得到如下所示的实验数据:

t/s	4	8	12	16
浓度/$[mg \cdot (100\ cm^3)^{-1}]$	0.480	0.326	0.222	0.151

试解答下述问题:

(1)确定该分解反应的级数,并给出确定的依据;

(2)求算反应的速率系数及半衰期;

(3)假设药物在血液中的浓度不低于 $0.370\ mg \cdot (100\ cm^3)^{-1}$ 时方为有效,求算应当注射第二针的时间。

10.8　已知反应 NADH + 酶 $\longrightarrow$ 酶-NADH 是二级反应,其在某温度时的速率系数 k 为 $1.2 \times 10^7\ mol^{-1} \cdot dm^3 \cdot s^{-1}$,假设 NADH 与酶的初始浓度均为 $100\ \mu\ mol \cdot dm^{-3}$,求在该温度时反应的半衰期。

10.9　已知 A + C $=$ D 是二级反应。A 和 C 的初始浓度皆为 $0.20\ mol \cdot dm^{-3}$,反应的初始速率为 $5.0 \times 10^{-7}\ mol \cdot dm^{-3} \cdot s^{-1}$,试按下述要求分别求算反应速率系数。

(1)以 $mol^{-1} \cdot dm^3 \cdot s^{-1}$ 为单位;

(2)以 $mol^{-1} \cdot cm^3 \cdot min^{-1}$ 为单位。

10.10　已知反应 $HOCH_2CH_2Cl + NaHCO_3 = HOCH_2CH_2OH + NaCl + CO_2(g)$ 为二级反应,且反应在 355 K 的恒温条件下进行,两种反应物的初始浓度均为 $1.2\ mol \cdot dm^{-3}$,反应经过 1.60 h 后取样分析,测得 $NaHCO_3$ 的浓度为 $0.109\ mol \cdot dm^{-3}$。试求:

(1)该反应的速率系数;

(2)当 $HOCH_2CH_2Cl$ 的转化率达 95%时反应所需时间。

10.11　某二级反应 2A $\longrightarrow$ C,其反应物 A 的起始浓度为 $0.50\ mol \cdot dm^{-3}$,半衰期为 60 min。

(1)求算该二级反应的速率系数 k;

(2)在 80 min 后,反应物 A 的浓度为多少?

10.12　对于二级反应:$\nu_A A + \nu_B B = \nu_P P + \cdots$,设反应物 A 和 B 的初始浓度分别为 $c_{A,0}$ 和 $c_{B,0}$,在时间 t 时的浓度分别为 $c_{A,t}$ 和 $c_{B,t}$,试推求当 $\dfrac{c_{A,0}}{c_{B,0}} \neq \dfrac{\nu_A}{\nu_B}$(这实际包含了 $c_{A,0}$ 和 $c_{B,0}$ 相同、化学计量数 ν_A 和 ν_B 不同以及 $c_{A,0}$ 和 $c_{B,0}$ 不同、ν_A 和 ν_B 相同的情况)时动力学方程定积分的一般形式。

10.13　气相二级反应:$2NO_2(g) + F_2(g) = 2NO_2F(g)$,在 300 K 时,将 2 mol 的 $NO_2(g)$ 与 3 mol 的 $F_2(g)$ 置入 $400\ dm^3$ 的反应容器中混合,已知该温度时反应的速率系数为 $38\ dm^3 \cdot mol^{-1} \cdot s^{-1}$,反应的速率方程为 $r = kc_{NO_2}c_{F_2}$。求算反应进行 10 s 后,反应器中 NO_2、F_2 和 NO_2F 的物质的量各为多少?

10.14　气相反应:$2A(g) = A_2(g)$ 为二级反应,当反应在不同时刻 t 时,测得反应系统的总压 $p_{总}$

如下所示(反应温度为 298.15 K)：

t/s	0	100	200	400	∞
$p_总/Pa$	41329.9	34397.2	31197.4	27331.1	20665.0

试求算反应速率系数 k_p 和 k_c。

　　10.15　某双分子反应：$A + B \longrightarrow P$，已知反应物 A 的初始浓度为 0.40 mol·dm^{-3}，反应物 B 的初始浓度为 0.80 mol·dm^{-3}，由实验得知，当反应进行 10 min 后，A 的浓度下降了 20%。试求：

　　(1) 该反应的速率系数 k；

　　(2) 反应物 A 的浓度下降 40% 所需要的时间。

　　10.16　乙酸乙酯皂化反应：$NaOH + CH_3COOC_2H_5 \rule[0.5ex]{2em}{0.4pt} CH_3COONa + C_2H_5OH$ 是典型的二级反应，已知 NaOH 的初始浓度($c_{A,0}$)为 0.00980 mol·dm^{-3}，$CH_3COOC_2H_5$ 的初始浓度($c_{B,0}$)为 0.00486 mol·dm^{-3}。在 298 K 时，采用容量滴定法测得在不同时刻 t 时 NaOH 和 $CH_3COOC_2H_5$ 的浓度数据如下所示，试求反应在 298 K 时的速率系数 k。

t/s	0	178	273	531	866	1510	1918	2401
$c_A/(10^{-3} \text{ mol}\cdot\text{dm}^{-3})$	9.80	8.92	8.64	7.92	7.24	6.45	6.03	5.74
$c_B/(10^{-3} \text{ mol}\cdot\text{dm}^{-3})$	4.86	3.98	3.70	2.97	2.30	1.51	1.09	0.80

　　10.17　习题 10.16 中的乙酸乙酯皂化反应，亦可采用电导测定法测得其速率系数。设在 298 K 时，将浓度为 0.0200 mol·dm^{-3} 的 NaOH 溶液与等浓度、等体积的 $CH_3COOC_2H_5$ 溶液混合，测得在不同时刻 t 时混合溶液的电导 G 值如下表所示。试求反应在 298 K 时的速率系数 k，并与习题 10.16 所得结果进行比较。

t/min	0	5	9	15	20	25
$G/(10^{-3} \text{ S})$	2.400	2.024	1.836	1.637	1.530	1.454

　　10.18　在 25 ℃ 时，对气相反应 $A(g) + F(g) \rule[0.5ex]{2em}{0.4pt} P(g)$ 的动力学进行研究，得知该反应对 A 是一级，对 F 是零级，且反应速率系数 k 等于 6.93×10^{-2} s^{-1}。现使反应开始时反应物 A 和 F 的分压分别为 1.00×10^4 Pa 和 1.00×10^2 Pa，试求算反应物 F 消耗掉一半所需要的时间？

　　10.19　气相反应：$A(g) + F(g) \longrightarrow C(g)$，在某温度时，保持 F 的初始压力(1.3 kPa)恒定不变，不断改变 A 的初始压力，测得反应的初始速率如下所示：

$p_{A,0}/kPa$	1.3	2.0	3.3	5.3	8.0	13.3
$r_0/(10^{-4} \text{ kPa}\cdot\text{s}^{-1})$	1.3	1.6	2.1	2.7	3.3	4.2

保持 A 的初始压力(1.3 kPa)恒定不变，不断改变 F 的初始压力，测得反应的初始速率如下所示：

$p_{F,0}/kPa$	1.3	2.0	3.3	5.3	8.0	13.3
$r_0/(10^{-4} \text{ kPa}\cdot\text{s}^{-1})$	1.3	2.5	5.3	10.7	19.6	42.1

　　(1) 假设反应系统中其他物质不影响反应速率，试求该反应对 A 和 F 的级数；

（2）求反应的总级数；

（3）求算用压力表示的反应速率系数 k_p；

（4）如果反应温度为 673 K，求算用物质的量浓度表示的速率系数 k_c。

10.20   由实验得知，在恒温恒容条件下，丁二烯二聚反应的反应速率仅与丁二烯的浓度有关，实验测得反应物浓度 c_A 及反应速率 r 随时间 t 的数据如下所示。试确定反应级数，并求反应速率系数。

t/min	10	30	50	70	85
$c_A/(\text{mol} \cdot \text{dm}^{-3})$	73.6	58.0	48.3	41.7	37.9
$r/(\text{mol} \cdot \text{dm}^{-3} \cdot \text{min}^{-1})$	0.96	0.59	0.40	0.29	0.27

10.21   对于反应：$2NOCl \Longrightarrow 2NO + Cl_2$，在反应开始时只含有 NOCl，并假设反应能够进行到底。在 200 ℃ 时，测得反应的动力学数据如下所示。试确定反应级数，并求反应的速率系数。

t/s	0	200	300	500
$c_{NOCl}/(\text{mol} \cdot \text{dm}^{-3})$	0.02	0.0159	0.0144	0.0121

10.22   1,2-二氯丙醇与 NaOH 在 30 ℃ 时发生环化反应。当两个反应物的初始浓度均为 0.475 $\text{mol} \cdot \text{dm}^{-3}$ 时，测得其半衰期为 4.80 min；当两个反应物的初始浓度均为 0.166 $\text{mol} \cdot \text{dm}^{-3}$ 时，其半衰期为 12.9 min。试据此确定反应的级数。

10.23 NO_2 分解反应方程式为 $NO_2(g) \Longrightarrow NO(g) + \frac{1}{2}O_2(g)$。现将 0.105 $gNO_2(g)$ 置于 1 dm^3 的恒容密闭容器中，并使温度恒定在 603 K。NO_2 分解反应的初速率为 0.0196 $\text{mol} \cdot \text{dm}^{-3} \cdot \text{h}^{-1}$，当 NO_2 的浓度下降至 0.00162 $\text{mol} \cdot \text{dm}^{-3}$ 时，反应速率降至初速率的一半。试求：

（1）反应级数；

（2）在 30 min 后 NO_2 的浓度。

10.24   HI 的气相分解反应计量方程式为 $2HI(g) \Longrightarrow H_2(g) + I_2(g)$，已知在 781.15 K 的恒温条件下，当 HI(g) 的初始压力为 10132.5 Pa 时，半衰期为 135 min，当 HI(g) 的初始压力为 101325 Pa 时，半衰期为 13.5 min。

（1）试确定该分解反应的级数；

（2）求算反应速率系数 k_p（以 $\text{Pa}^{-1} \cdot \text{s}^{-1}$ 表示）及 k_c（以 $\text{mol}^{-1} \cdot \text{dm}^3 \cdot \text{s}^{-1}$ 表示）。

10.25   在 1129 K 时，$NH_3(g)$ 在催化剂 W 表面发生分解反应，当 $NH_3(g)$ 的初始压力为 13330 Pa 时，100 s 后，$NH_3(g)$ 的分压力下降了 1800 Pa；当 $NH_3(g)$ 的初始压力为 26660 Pa 时，100 s 后，$NH_3(g)$ 的分压力下降了 1870 Pa。试确定 $NH_3(g)$ 在 W 表面发生分解反应的级数。

10.26   已知 $CO(CH_2COOH)_2$ 在水溶液中发生分解反应的活化能 E_a 为 97.61 $\text{kJ} \cdot \text{mol}^{-1}$。实验测得，在 283 K 时该分解反应的速率系数 $k_{283\,K}$ 为 1.08×10^{-4} s^{-1}，试求在 303 K 时该分解反应的速率系数 $k_{303\,K}$。

10.27   已知青霉素 G 的分解是一级反应。由实验得知，在温度为 37 ℃、43 ℃、54 ℃ 时，青霉素 G 的半衰期分别为 32.1 h、17.1 h、5.8 h。试求：

（1）该分解反应的活化能及指前因子；

（2）在温度为 298.15 K 时，青霉素 G 分解掉 10% 所需的时间。

10.28   邻硝基氯苯和对硝基氯苯的氨化反应均为二级反应。已知邻硝基氯苯氨化反应的活化能

$E_{a,1}$ 为 85.6 kJ·mol^{-1},指前因子 A_1 为 1.59×10^7 mol^{-1}·dm^3·s^{-1},对硝基氯苯氨化反应的活化能 $E_{a,2}$ 为 89.6 kJ·mol^{-1},指前因子 A_2 为 1.74×10^7 mol^{-1}·dm^3·s^{-1}。假设两个反应均在 503 K 时进行,试比较两个氨化反应的速率。

10.29 已知溴乙烷的分解是一级反应,该反应的活化能 E_a 为 229 300 J·mol^{-1},在 650 K 时反应的速率系数 k 为 2.14×10^{-4} s^{-1}。欲使反应在 600 s 时其转化率达到 90%,应将反应温度控制在多少?

10.30 总包反应 $H_2(g) + Cl_2(g) \Longrightarrow 2HCl(g)$ 的反应历程为

$$Cl_2 \longrightarrow 2Cl\cdot$$

$$Cl\cdot + H_2 \longrightarrow HCl + H\cdot$$

$$H\cdot + Cl_2 \longrightarrow HCl + Cl\cdot$$

$$Cl\cdot + Cl\cdot \longrightarrow Cl_2$$

试写出反应历程中各基元反应速率方程的微分形式,并利用微观可逆性原理及精细平衡原理,推求总包反应的平衡常数表示式。

10.31 假设将 100 个细菌置入 1 dm^3 的玻璃器皿内,器皿中有适宜的细菌生长介质,器皿安放在 40 ℃ 的恒温槽中。在不同时刻 t 时的细菌个数如下所示:

t/min	0	30	60	90	120
细菌数量/个	100	200	400	800	1600

(1) 估算在 180 min 后细菌的数目;
(2) 求算该动力学过程的级数;
(3) 估算经多长时间可获得 10^6 个细菌;
(4) 求算细菌繁殖的速率系数。

10.32 气相反应 $A(g) \Longrightarrow 2B(g) + C(g)$ 在 500 K 时进行。实验发现,反应速率仅与反应物 A 的浓度有关,与产物浓度无关,而且 A 的半衰期与其初始浓度无关。在 500 K 时,将纯 A 气体置于真空容器中,反应进行到 10 min 时容器内的总压为 200 kPa;当 A 全部转化为产物时,容器内的总压为 384 kPa。试求:

(1) 反应物 A 的初始压力;
(2) 反应速率系数及半衰期;
(3) 反应进行到 100 min 时反应物 A 的转化率。

10.33 已知在 673 K 时,分解反应 $NO_2(g) \Longrightarrow NO(g) + \frac{1}{2}O_2(g)$ 可进行完全。实验表明,反应速率仅与反应物浓度有关而与产物浓度无关,且反应是二级反应,速率方程为 $-\dfrac{d[NO_2]}{dt} = k[NO_2]^2$,反应速率系数 k 随温度 T 的变化关系为 $\ln \dfrac{k}{mol^{-1}\cdot dm^3\cdot s^{-1}} = -\dfrac{12886.7}{T/K} + 20.27$,其中 k 的单位是 mol^{-1}·dm^3·s^{-1},T 的单位是 K。

(1) 求算该反应的指前因子 A 和反应的活化能 E_a;
(2) 在 673 K 时,将 $NO_2(g)$ 置入反应器,其压力为 26660 Pa,发生上述分解反应,试求算当反应器中压力达 32000 Pa 时所需要的时间(将气体看作理想气体)。

10.34 将一定量的纯气体 A(g),置入一真空恒容容器中,发生如下反应:$A(g) \longrightarrow B(g) +$

2C(g)。设反应可以进行完全,在 323 K 恒温一段时间后开始计时,测得反应系统的总压随时间 t 的变化情况如下所示。试求该反应的级数和速率系数(将气体看作理想气体)。

$t/\min$	0	30	50	∞
$p_{总}/kPa$	53.33	73.33	80.00	106.66

10.35 在恒温恒容条件下,气相反应 A(g) + C(g) $\longrightarrow$ D(g) + E(g) 的速率方程为 $r = k_p p_A^{\alpha} p_C^{\beta}$,试基于下述实验数据,确定 α 和 β 的值。

第一组,$p_{A,0} = p_{C,0}$,在不同的起始总压 $p_{总,0}$ 下,测得反应物的半衰期 $t_{1/2}$ 如下:

$$p_{总,0}/kPa \qquad 47.4 \qquad 32.4$$
$$t_{1/2}/s \qquad 84 \qquad 176$$

第二组,$p_{C,0} \gg p_{A,0}$,在不同的 A 的起始压力 $p_{A,0}$ 下,测得反应的初始速率 r_0 如下:

$$p_{A,0}/kPa \qquad 40 \qquad 20.3$$
$$r_0/(kPa \cdot s^{-1}) \qquad 0.137 \qquad 0.034$$

10.36 在一恒温恒容反应器中进行反应:A(g) + 2B(g) $\longrightarrow$ P(g),反应的速率方程为 $r = k_p p_A^{\alpha} p_B^{\beta}$。由实验得知,当反应物 A 和 B 的起始分压分别为 $p_{A,0} = 10$ kPa 和 $p_{B,0} = 400$ kPa 时,反应进程中,$\ln p_A$ 随时间 t 的变化率与 p_A 无关;分别在 300 K 和 310 K 时测得反应物 A、B 的起始分压($p_{A,0}$,$p_{B,0}$) 与初始速率(r_0)的实验数据如下所示。试求:

(1) 速率方程式中的 α 和 β 值;

(2) 反应的活化能 E_a。

$p_{A,0}/kPa$	10	10	10
$p_{B,0}/kPa$	10	20	30
$r_0(300 \text{ K})/(kPa \cdot s^{-1})$	0.15	0.30	0.46
$r_0(310 \text{ K})/(kPa \cdot s^{-1})$	0.42	0.83	1.24

10.37 乙酸乙酯皂化是二级反应。某溶液中含有氢氧化钠(NaOH)和乙酸乙酯($CH_3COOC_2H_5$),初始浓度均为 0.01 mol·dm^{-3},在 298 K 时,反应经 10 min,有 39% 的 $CH_3COOC_2H_5$ 发生了反应,而在 308 K 时,反应经 10 min,有 55% 的 $CH_3COOC_2H_5$ 发生了反应。该反应的速率方程为 $r = k[NaOH][CH_3COOC_2H_5]$。试求:

(1) 298 K 时反应的速率系数;

(2) 308 K 时反应的速率系数;

(3) 反应的活化能 E_a;

(4) 288 K 时反应的速率系数。

10.38 环氧乙烷分解反应为一级反应,在 380 ℃ 时的半衰期是 363 min,反应的活化能是 217.57 kJ·mol^{-1}。试求该分解反应在 450 ℃ 时完成 75% 所需的时间。

10.39 酸催化反应 $Co(NH_3)_5F^{2+} + H_2O \xrightarrow{H^+} Co(NH_3)_5(H_2O)^{3+} + F^-$,已知该反应的速率方程为

$$r = k[Co(NH_3)_5F^{2+}]^{\alpha}[H^+]^{\beta}$$

当温度一定及起始浓度一定时,测得的分数寿期如下所示:

T/K	298	298	308
$[Co(NH_3)_5F^{2+}]_0/(mol \cdot dm^{-3})$	0.1	0.2	0.1
$[H^+]_0/(mol \cdot dm^{-3})$	0.01	0.02	0.01
$t_{1/2}/(10^2 \ s)$	36	18	18
$t_{3/4}/(10^2 \ s)$	72	36	36

试求：

（1）级数 α 及 β 值；

（2）反应速率系数 k 值；

（3）反应的实验活化能 E_a。

10.40 溶液中的某反应为 $A + F \longrightarrow P$，当 A 和 F 的初始浓度分别为 $[A]_0 = 1 \times 10^{-4} \ mol \cdot dm^{-3}$，$[F]_0 = 0.01 \ mol \cdot dm^{-3}$ 时，实验测得在不同温度下吸光度随时间的变化结果如下所示：

t/min	0	57	130	∞
298 K 时 A 的吸光度	1.390	1.030	0.706	0.100
308 K 时 A 的吸光度	1.460	0.542	0.210	0.110

当固定 $[A]_0 = 1 \times 10^{-4} \ mol \cdot dm^{-3}$，而改变 $[F]_0$ 时，实验测得在 298 K 时，$t_{1/2}$ 随 $[F]_0$ 的变化如下所示：

$[F]_0/(mol \cdot dm^{-3})$	0.01	0.02
$t_{1/2}/min$	120	30

假设反应的速率方程为 $r = k[A]^\alpha [F]^\beta$，试求：

（1）反应组元 A 和 F 的级数 α 和 β 值；

（2）反应速率系数 k 值；

（3）实验的活化能 E_a 的值。

10.41 在乙烯氧化制环氧乙烷的过程中，发生下述两个反应：

（a）$C_2H_4(g) + \dfrac{1}{2}O_2(g) \xrightarrow{k_a} C_2H_4O(g)$

（b）$C_2H_4(g) + 3O_2(g) \xrightarrow{k_b} 2\ CO_2(g) + 2H_2O(g)$

在 298 K 时，物质的标准摩尔生成吉布斯自由能数据如下所示：

物质	$C_2H_4O(g)$	$C_2H_4(g)$	$CO_2(g)$	$H_2O(g)$
$\Delta_f G_m^\ominus/(kJ \cdot mol^{-1})$	-13.1	68.1	-394.4	-228.6

在 Ag 催化剂上，研究上述反应的动力学时得知，反应（a）和反应（b）的级数完全一致，并且 $E_a(a) = 63.6 \ kJ \cdot mol^{-1}$，$E_a(b) = 82.8 \ kJ \cdot mol^{-1}$。可以设法使环氧乙烷 $[C_2H_4O(g)]$ 进一步氧化的速率极低。试解答下述问题：

（1）从热力学的角度，讨论乙烯氧化生产环氧乙烷的可能性；

（2）分别求算在 298 K 和 503 K 时，两反应的 $\dfrac{r_a}{r_b}$；

（3）从动力学的观点，讨论乙烯氧化生产环氧乙烷是否可行。并基于计算结果说明应怎样选择反应的温度。

第 10 章部分习题参考答案

第 11 章
典型复杂反应的动力学

在第 10 章,已经得到了简单级数反应的动力学方程及规律。除了零级反应外,在获得动力学方程和规律时,都是以相同级数的简单反应(或基元反应)为对象进行的。总的来看,简单级数反应动力学的处理、动力学规律及其应用都比较简单,并不存在明显的困难。当然,简单级数反应与简单反应并不等同。简单反应具有简单级数,但是,很多复杂反应也同样具有简单级数。在具体实践中,人们会遇到各种反应,有的反应是十分复杂的。关于复杂反应的定义在第 10 章已经给出。本章主要讨论几种典型的复杂反应,即由各基元反应以不同方式和次序组合而成的对峙反应、平行反应、连串反应、链反应等。

化学反应动力学中有一条明确的原理,即一个复杂反应中各基元反应的速率系数和动力学规律不因是否同时存在其他基元反应而有所差异,这个原理称为反应独立共存原理,它是化学动力学的唯象规律之一。不过,由于有其他反应产物相伴产生,不可避免地影响到反应组元的浓度,因而反应速率必然会受到影响。

本章首先依次介绍对峙反应、平行反应、连串反应的动力学处理策略、动力学方程和特征等,然后介绍复杂的链反应动力学及其近似处理方法。

11.1 对峙反应

所谓对峙反应,即是在正、反两个方向上都能进行的反应。严格来讲,任何反应都是对峙反应。对峙反应亦称可逆反应,但应注意,这里的可逆,并不同于热力学上的"可逆"概念。

例如:

$$A \underset{k_{-1}}{\overset{k_1}{\rightleftharpoons}} F \tag{1}$$

$$A \underset{k_{-2}}{\overset{k_1}{\rightleftharpoons}} F + H \tag{2}$$

$$A + F \underset{k_{-2}}{\overset{k_2}{\rightleftharpoons}} H + K \tag{3}$$

需要明确的是,本章所涉及的对峙反应,其正、逆向反应均为基元反应。因此,上述反应(1)、(2)和(3)分别为 1-1 级、1-2 级和 2-2 级对峙反应。为便于处理,这里仅选取正向和逆向具有相同级数的对峙反应进行讨论。

一、1-1 级对峙反应

$$A \underset{k_{-1}}{\overset{k_1}{\rightleftharpoons}} F$$

	A	F
$t = 0$	a	0
$t = t$	$a - x$	x
反应达平衡时	$a - x_e$	x_e

净的反应速率等于正向反应速率减去逆向反应速率,这是对峙反应的一个重要特征,也是处理对峙反应动力学的出发点。由于正向和逆向都是一级基元反应,所以净反应速率为

$$r = \frac{dx}{dt} = k_1(a - x) - k_{-1}x \tag{11.1}$$

显然,仅仅根据式(11.1)无法求解 k_1 和 k_{-1} 的值。当反应随时间的推移达到热力学平衡时,这时正、逆向反应仍在进行,但净的反应速率为 0,即正向反应速率等于逆向反应速率,于是

$$k_1(a - x_e) = k_{-1}x_e \tag{11.2}$$

或

$$\frac{x_e}{a - x_e} = \frac{k_1}{k_{-1}} \tag{11.3}$$

式(11.3)的左边是反应达平衡时,该对峙反应的产物浓度与反应物浓度之比,即为反应的平衡常数,所以

$$K = \frac{k_1}{k_{-1}} \tag{11.4}$$

式(11.1)与式(11.2)或式(11.4)联立,即可求得 k_1 和 k_{-1}。

现以式(11.1)与式(11.2)联立为例说明 k_1 和 k_{-1} 的具体求解。先将式(11.2)进行变形,得

$$k_{-1} = k_1 \frac{a - x_e}{x_e} \tag{11.5}$$

将式(11.5)代入式(11.1),得

$$\frac{\mathrm{d}x}{\mathrm{d}t} = k_1(a - x) - k_1 \frac{a - x_e}{x_e} x$$

整理得

$$\frac{\mathrm{d}x}{\mathrm{d}t} = \frac{k_1 a(x_e - x)}{x_e}$$

上式进行定积分后,得

$$k_1 = \frac{x_e}{ta} \ln \frac{x_e}{x_e - x}$$

式中,x 为 t 时刻产物 F 的浓度,x_e 为反应达到平衡时产物 F 的浓度,它们均可由实验测得。由此可求得 k_1 的值,再代入式(11.5),即可求算 k_{-1}。

如果知道对峙反应的平衡常数 K,则将式(11.1)与式(11.4)联立,同样可以方便地求得 k_1 和 k_{-1}。

在第 10 章已经述及,通常将速率方程的微分形式直接称为速率方程,而将其积分形式称为动力学方程。对于一个给定的 1 - 1 级对峙反应,因为其速率方程和动力学方程的形式已经确定,所以只要将求得的速率系数 k_1 和 k_{-1} 代入对应方程中,即得该给定 1 - 1 级对峙反应的速率方程或动力学方程的具体形式。显然,在对一个具体的反应进行动力学处理时,获求速率系数乃是核心任务,这也是求算反应速率系数的意义所在。例如,对于具有相同级数的不同反应,虽然它们的动力学方程和规律相同,但这并不意味着它们的动力学在宏观层面就没有差别了,它们之间的差别就在速率系数上,在相同温度时,它们的速率系数并不相同。在实际教学过程中,发现有不少初学者对"在化学动力学实验及练习题中常常要求获取反应速率系数"存有疑虑,通过这一段阐述,希望达到"拨云见日"的效果。

二、2 - 2 级对峙反应

$$A \quad + \quad F \quad \underset{k_{-2}}{\overset{k_2}{\rightleftharpoons}} \quad H \quad + \quad K$$

$t = 0$	a	f	0	0
$t = t$	$a - x$	$f - x$	x	x
反应达平衡时	$a - x_e$	$f - x_e$	x_e	x_e

假定反应物 A 和 F 的初始浓度相等,即当 $a = f$ 时,则

$$r = \frac{\mathrm{d}x}{\mathrm{d}t} = k_2(a - x)^2 - k_{-2} x^2 \tag{11.6}$$

当反应达到热力学平衡时

$$k_2(a - x_e)^2 = k_{-2} x_e^2 \tag{11.7}$$

或

$$K = \frac{k_2}{k_{-2}} = \frac{x_e^2}{(a - x_e)^2} \tag{11.8}$$

将式(11.6)与式(11.7)或式(11.8)联立,即可求得 k_2 和 k_{-2}。读者自己可进行运算,求得具体结果。

当反应物 A 和 F 的初始浓度不相等,即 $a \neq f$ 时,推求过程稍微复杂一些,读者可自己进行或参阅其他书籍。

三、对峙反应的特点

概括起来,对峙反应有如下特点:(1) 净速率等于正、逆向反应速率之差值。(2) 当反应达到热力学平衡时,正向反应速率等于逆向反应速率。(3) 对峙反应的平衡常数等于正向与逆向反应速率系数之比。(4) 众所周知,无论何种反应,反应物浓度的总体变化趋势是,随时间增长而降低,产物浓度的总体变化趋势是随时间增长而增加。对于对峙反应,反应组元浓度 c 随时间 t 的关系图如图 11.1 所示,包含(a)、(b)、(c)三种类型,不过(c)极其少见。可见,当反应达到热力学平衡后,反应物和产物浓度均不再随时间而变化。

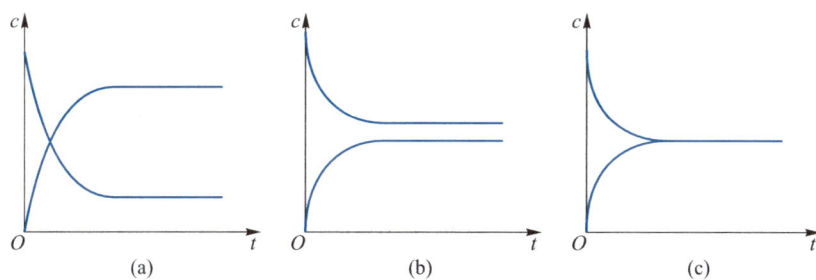

图 11.1 对峙反应的 $c - t$ 关系图

四、举例

例 11.1 在 298.15 K 时,某有机羧酸在 0.2 mol·dm^{-3}的 HCl 溶液中异构化为内酯的反应是 1-1 级对峙反应。当羧酸的起始浓度为 18.23(任意浓度单位)时,内酯浓度(与羧酸浓度单位相同)随时间的变化如下所示。试求正、逆向反应的速率系数 k_1 和 k_{-1}。

t/min	0	21	36	50	65	80	100	∞
内酯浓度	0	2.41	3.73	4.96	6.10	7.08	8.11	13.28

解: 题目已经指明,该异构化反应是 $1-1$ 级对峙反应。其速率方程为

$$\frac{\mathrm{d}x}{\mathrm{d}t} = k_1(a-x) - k_{-1}x$$

当反应达到热力学平衡时,正、逆向反应速率相等,即

$$k_1(a-x_e) = k_{-1}x_e$$

所以

$$\frac{k_1}{k_{-1}} = \frac{x_e}{(a-x_e)} = \frac{13.28}{18.23-13.28} = 2.68$$

即

$$k_{-1} = \frac{1}{2.68}k_1$$

将上式代入速率方程(即速率方程的微分形式),得

$$\frac{\mathrm{d}x}{\mathrm{d}t} = k_1(a-x) - \frac{1}{2.68}k_1x = k_1\left[a - \left(1 + \frac{1}{2.68}\right)x\right]$$

将 $a = 18.23$ 代入上式,并进行定积分得

$$\ln\frac{13.28}{13.28-x} = 1.373k_1t$$

将表中某时刻 t 时的内酯浓度 x 代入上述积分式,即可求得 k_1 值,将各个时刻求得的 k_1 值求平均,得

$$k_1 = 6.90 \times 10^{-3}\ \mathrm{min}^{-1}$$

将此值代入 $k_{-1} = \dfrac{1}{2.68}k_1$,得

$$k_{-1} = 2.58 \times 10^{-3}\ \mathrm{min}^{-1}$$

11.2　平行反应

　　所谓平行反应,是指反应物(反应物可以是一种,也可以是两种或三种)朝几个方向同时进行的反应。在适当加热时,氯酸盐朝两个方向的分解反应是平行反应的典型例子。总体上,平行反应在有机反应中较多。甲苯硝化同时产生邻硝基甲苯、对硝基甲苯和间硝基甲苯,以及氯苯和氯气反应同时产生对二氯苯和邻二氯苯,便是有机化学中典型的平行反应。

　　在平行反应中,通常将生成主产物的反应称为主反应,其余则为副反应。当平行反应

中各反应的级数相同时,在数学上的处理比较简单。为此,本书主要针对反应级数相同的平行反应进行讨论。

平行反应总的反应速率等于各平行反应的速率之和。这是平行反应的一个重要特征,也是处理平行反应动力学的出发点。

一、平行反应速率系数求算

以平行二级反应为例。由两个简单的二级反应组成的平行反应可写为

$$P_2 \xleftarrow{k_2} A \quad + \quad F \xrightarrow{k_1} P_1$$

$$
\begin{array}{ccccc}
t = 0 & 0 & a & f & 0 \\
t = t & x_2 & a - x_1 - x_2 & f - x_1 - x_2 & x_1
\end{array}
$$

$$r_1 = \frac{\mathrm{d}x_1}{\mathrm{d}t} = k_1(a - x_1 - x_2)(f - x_1 - x_2) \tag{11.9}$$

$$r_2 = \frac{\mathrm{d}x_2}{\mathrm{d}t} = k_2(a - x_1 - x_2)(f - x_1 - x_2) \tag{11.10}$$

因为总的反应的速率等于各平行反应的速率之和,所以

$$r = r_1 + r_2 = \frac{\mathrm{d}(x_1 + x_2)}{\mathrm{d}t} = (k_1 + k_2)(a - x_1 - x_2)(f - x_1 - x_2)$$

令 $x_1 + x_2 = x$,则

$$\frac{\mathrm{d}x}{\mathrm{d}t} = (k_1 + k_2)(a - x)(f - x) \tag{11.11}$$

定积分,得

$$\frac{1}{a - f}\ln\frac{f(a - x)}{a(f - x)} = (k_1 + k_2)t \tag{11.12}$$

如果两个反应物的初始浓度相等,即 $a = f$,则得到的动力学方程更为简单(读者可自己推导),即

$$\frac{1}{a - x} - \frac{1}{a} = (k_1 + k_2)t \tag{11.13}$$

根据式(11.12)或式(11.13),并不能求解出 k_1 和 k_2,要达到求解目的,还需要一个 k_1 与 k_2 之间的关系式。式(11.9)和式(11.10)相除,得

$$\frac{\dfrac{\mathrm{d}x_1}{\mathrm{d}t}}{\dfrac{\mathrm{d}x_2}{\mathrm{d}t}} = \frac{k_1}{k_2}$$

两个平行反应是同时开始并分别独立进行的。当开始时两平行反应的产物浓度均为 0,
则有

$$\frac{\frac{dx_1}{dt}}{\frac{dx_2}{dt}} = \frac{x_1}{x_2}$$

上述两式对照,即得

$$\frac{k_1}{k_2} = \frac{x_1}{x_2} \qquad (11.14)$$

显然,式(11.12)或式(11.13)与式(11.14)联立,即可求出 k_1 和 k_2。

二、平行反应动力学的特点及相关讨论

前已述及,平行反应的总速率等于各平行反应的速率之和。平行反应的这一特点,是
处理平行反应动力学的出发点。

从平行反应动力学处理过程可以看出,当平行反应中各反应级数相同时,总反应速率
系数 $k_{总}$,或称表观速率系数 $k_{表观}$,其表达也比较简单,即

$$k_{总} = k_{表观} = k_1 + k_2 + k_3 + \cdots = \sum_i k_i \qquad (11.15)$$

那么,总反应的活化能 $E_a(总)$〔或 $E_a(表观)$〕与各平行反应的活化能 E_i 之间具有怎
样的关系呢? 根据阿伦尼乌斯经验方程的微分形式,可知

$$\frac{E_a(总)}{RT^2} = \frac{E_a(表观)}{RT^2} = \frac{d\ln k_{总}}{dT}$$

将式(11.15)代入上式,得

$$\frac{E_a(总)}{RT^2} = \frac{E_a(表观)}{RT^2} = \frac{d\ln \sum_i k_i}{dT} = \frac{1}{\sum_i k_i} \frac{d\left(\sum_i k_i\right)}{dT}$$

$$= \frac{1}{\sum_i k_i} \frac{d\left(\sum_i A_i e^{-\frac{E_i}{RT}}\right)}{dT} = \frac{1}{\sum_i k_i} \frac{\sum_i A_i e^{-\frac{E_i}{RT}} E_i}{RT^2}$$

即

$$E_a(总) = E_a(表观) = \frac{\sum_i k_i E_i}{\sum_i k_i} \qquad (11.16)$$

前面对平行二级反应进行了处理,得到当两种反应物初始浓度不等或相等时的动力学方程,即式(11.12)和式(11.13)。如果对平行一级反应进行类似处理,则可得到动力学方程

$$\ln \frac{a}{a-x} = (k_1 + k_2)t \tag{11.17}$$

式中,a 是反应物初始浓度,x 是 t 时刻时反应物减少的浓度,k_1 和 k_2 是两平行一级反应的速率系数。读者可自行推证之。

显而易见,式(11.17)与在第 10 章得到的一级反应的动力学方程类似,而式(11.12)或式(11.13)与二级反应当两种反应物初始浓度不等或相等时的动力学方程类似。

也就是说,平行反应的动力学方程,与具有相同级数的简单级数反应动力学方程形式是相似的,只不过用总反应的速率系数代替简单级数反应的速率系数而已。

从式(11.14)可知,若要改变产物的比例,就要设法改变平行反应速率系数的比值 $\dfrac{k_1}{k_2}$,具体可采用下述两种措施来实现。这里,首先应指出的是,式(11.14)是在各平行反应级数相同的条件下得到的,所以下述措施也仅针对这一条件实施。(1)在反应系统中添加合适的催化剂。因催化剂具有选择性,对其中某一个平行反应具有突出的催化效果,从而使该反应的速率系数明显增大。(2)改变反应温度。具体采取升温还是降温措施,则需要比较平行反应之间活化能的大小,这对于由两个平行反应组成的反应系统来说比较方便。基于阿伦尼乌斯经验方程的微分形式可知,一般而言,升温对活化能较大的反应是有利的,而降温则有利于活化能较小的反应。如果反应系统由 3 个平行反应组成,且生成期望产物的那个反应的活化能的大小又处于其余两反应活化能之间,则不便于通过简单的升温或降温措施来增加期望产物的产量。

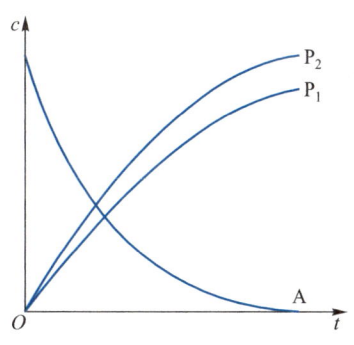

平行反应中,各反应组元浓度 c 随时间 t 的关系图如图 11.2 所示。可见,随反应时间的增长,反应物 A 的浓度逐渐减小,两平行反应的产物 P_1 和 P_2 的浓度逐渐增大,当 $t \to \infty$ 时,反应物 A 的浓度趋于 0,产物 P_1 和 P_2 的浓度则趋于恒定。

图 11.2　平行反应的 $c-t$ 关系图

三、举例

例 11.2　当以碘作催化剂时,氯苯与氯在二硫化碳溶液中进行的反应为

$$C_6H_5Cl + Cl_2 \longrightarrow HCl + o\text{-}C_6H_4Cl_2 \quad k_1$$
$$C_6H_5Cl + Cl_2 \longrightarrow HCl + p\text{-}C_6H_4Cl_2 \quad k_2$$

设在温度和催化剂的浓度一定时，C_6H_5Cl 和 Cl_2 在二硫化碳溶液中的起始浓度均为 $0.5\ mol \cdot dm^{-3}$，30 min 后有 15% 的 C_6H_5Cl 转化为 $o\text{-}C_6H_4Cl_2$，25% 的 C_6H_5Cl 转化为 $p\text{-}C_6H_4Cl_2$。试求算 k_1 和 k_2。

解： 在溶液中，C_6H_5Cl 与 Cl_2 反应同时生成 $o\text{-}C_6H_4Cl_2$ 和 $p\text{-}C_6H_4Cl_2$ 的反应是平行二级反应。

根据题意，反应开始时产物浓度均为 0。两种反应物起始浓度相等，均为 $0.5\ mol \cdot dm^{-3}$，即 $a = 0.5\ mol \cdot dm^{-3}$。反应 $t = 30\ min$ 时，产物 $o\text{-}C_6H_4Cl_2$ 的浓度 $x_1 = 0.5\ mol \cdot dm^{-3} \times 15\% = 0.075\ mol \cdot dm^{-3}$，产物 $p\text{-}C_6H_4Cl_2$ 的浓度 $x_2 = 0.5\ mol \cdot dm^{-3} \times 25\% = 0.125\ mol \cdot dm^{-3}$，$x = x_1 + x_2 = 0.2\ mol \cdot dm^{-3}$。将上述各值代入平行二级反应当反应物初始浓度相等时的动力学方程[式(11.13)]，即

$$\frac{1}{a-x} - \frac{1}{a} = (k_1 + k_2)t$$

则

$$\frac{1}{0.5\ mol \cdot dm^{-3} - 0.2\ mol \cdot dm^{-3}} - \frac{1}{0.5 mol \cdot dm^{-3}} = (k_1 + k_2) \times 30\ min$$

上述方程进行运算后，可得

$$k_1 + k_2 = 0.044\ (mol \cdot dm^{-3})^{-1} \cdot min^{-1}$$

而

$$\frac{k_1}{k_2} = \frac{x_1}{x_2} = \frac{0.075}{0.125} = 0.6$$

两式联立，求得

$$k_1 = 1.65 \times 10^{-2}\ (mol \cdot dm^{-3})^{-1} \cdot min^{-1}$$

$$k_2 = 2.75 \times 10^{-2}\ (mol \cdot dm^{-3})^{-1} \cdot min^{-1}$$

11.3 连串反应

由连续几个步骤构成的反应，前一步反应的产物是下一步反应的反应物，这类反应即为连串反应，或称连续反应。例如，三糖在酸性介质中的水解反应

$$C_{18}H_{32}O_{16} \xrightarrow{+\ H_2O} C_6H_{12}O_6 + C_{12}H_{22}O_{11} \xrightarrow{+\ H_2O} 3C_6H_{12}O_6$$

苯的连续加氢反应

$$C_6H_6 + 2H_2 \xrightarrow{k_1} C_6H_{10} + H_2 \xrightarrow{k_2} C_6H_{12}$$

都是典型的连串反应。

一、最简单的连串反应的动力学方程

因为连串反应在数学处理上相对复杂,故这里以最简单的连串反应(即由两个连续的单分子反应步骤组成的反应)为例进行说明。

$$A \xrightarrow{k_1} F \xrightarrow{k_2} P$$

$$t = 0 \qquad a \qquad\qquad 0 \qquad\qquad 0$$

$$t = t \qquad x \qquad\qquad y \qquad\qquad z$$

显然,$a = x + y + z$。连串反应中第一步反应的速率方程为

$$-\frac{\mathrm{d}x}{\mathrm{d}t} = k_1 x \tag{11.18}$$

定积分,得

$$-\int_a^x \frac{\mathrm{d}x}{x} = \int_0^t k_1 \mathrm{d}t$$

$$-\ln \frac{x}{a} = k_1 t \tag{11.19}$$

或

$$x = a\mathrm{e}^{-k_1 t} \tag{11.20}$$

由式(11.20)可知,测得反应时间 t 时反应物 A 的浓度 x,即可求得 k_1。

第二步反应的速率方程为

$$\frac{\mathrm{d}y}{\mathrm{d}t} = k_1 x - k_2 y \tag{11.21}$$

将式(11.20)代入式(11.21),得

$$\frac{\mathrm{d}y}{\mathrm{d}t} = k_1 a\mathrm{e}^{-k_1 t} - k_2 y$$

$$\frac{\mathrm{d}y}{\mathrm{d}t} + k_2 y = k_1 a\mathrm{e}^{-k_1 t}$$

等式两边同乘以 $\mathrm{e}^{k_2 t}$,得

$$\mathrm{e}^{k_2 t}\frac{\mathrm{d}y}{\mathrm{d}t} + k_2 y\mathrm{e}^{k_2 t} = k_1 a\mathrm{e}^{(k_2 - k_1)t}$$

上式左边是 $(y\mathrm{e}^{k_2 t})$ 对时间 t 的微商,即 $\dfrac{\mathrm{d}(y\mathrm{e}^{k_2 t})}{\mathrm{d}t}$,所以

$$\frac{d(y e^{k_2 t})}{dt} = k_1 a e^{(k_2 - k_1) t}$$

$$\int_0^y d(y e^{k_2 t}) = \int_0^t k_1 a e^{(k_2 - k_1) t} dt$$

因此
$$y e^{k_2 t} = \frac{k_1 a}{k_2 - k_1} [e^{(k_2 - k_1) t} - 1]$$

即
$$y = \frac{k_1 a}{k_2 - k_1} (e^{-k_1 t} - e^{-k_2 t}) \tag{11.22}$$

上式即是中间产物 F 的浓度 y 随时间 t 的变化关系式,前面已得到反应物 A 的浓度 x 随时间 t 的变化[即式(11.20)],现在仅剩下最终产物 P 的浓度 z 随时间 t 的变化关系需要解决。因为 $a = x + y + z$,所以

$$z = a - x - y = a - a e^{-k_1 t} - \frac{k_1 a}{k_2 - k_1} (e^{-k_1 t} - e^{-k_2 t})$$

即
$$z = a \left(1 - \frac{k_2}{k_2 - k_1} e^{-k_1 t} + \frac{k_1}{k_2 - k_1} e^{-k_2 t} \right) \tag{11.23}$$

二、连串反应的特征

连串反应的特征主要表现在参加反应的各组元浓度随时间的变化方面,其 $c - t$ 关系图(图 11.3)不同于其他类型的反应。由图可见,反应物 A 的浓度随时间增长是单调下降的,当 $t \to \infty$ 时,其浓度趋于 0;最终产物 P 的浓度随时间增长是单调上升的,当 $t \to \infty$ 时,其浓度趋于恒定;而中间产物 F 的浓度随时间增长先上升后下降,在反应进程中具有最大值。

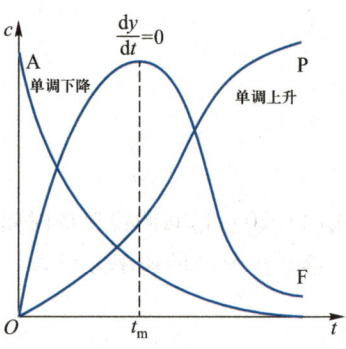

图 11.3　连串反应的 $c - t$ 关系图

三、中间产物浓度出现极值的时间和相应的最大浓度

从连串反应 $c - t$ 关系图可见,中间产物在某时刻 t 时出现最大浓度,这个时间可称为中间产物的最适宜时间,用 t_m 表示。因为

$$y = \frac{k_1 a}{k_2 - k_1} (e^{-k_1 t} - e^{-k_2 t})$$

当 y 有极值时,则

$$\frac{dy}{dt} = \frac{k_1 a}{k_2 - k_1} (k_2 e^{-k_2 t_m} - k_1 e^{-k_1 t_m}) = 0$$

解得

$$t_m = \frac{\ln k_2 - \ln k_1}{k_2 - k_1}$$

进而可得

$$y_m = a \left(\frac{k_1}{k_2}\right)^{\frac{k_2}{k_2 - k_1}}$$

四、处理连串反应动力学的一种常用近似方法

对于一级单向连串反应 $A \xrightarrow{k_1} F \xrightarrow{k_2} P$,结合式(11.22),可得

$$\frac{dz}{dt} = k_2 y = \frac{k_2 k_1 a}{k_2 - k_1}(e^{-k_1 t} - e^{-k_2 t})$$

如果 $k_1 \gg k_2$,则

$$k_2 - k_1 \approx -k_1 \qquad -k_2 a e^{-k_1 t} \approx 0$$

所以

$$\frac{dz}{dt} \approx k_2 a e^{-k_2 t}$$

此时,反应速率方程中只包含 k_2,而没有 k_1。这表明,整个反应由第二步反应控制,可将第二步反应称为速率控制步骤,简称为速控步,或速决步。换言之,反应速率可近似由慢步骤反应的速率代替,这种近似方法称为速控步近似或速决步近似。

如果 $k_2 \gg k_1$,则

$$k_2 - k_1 \approx k_2, \qquad -k_1 a e^{-k_2 t} \approx 0$$

所以

$$\frac{dz}{dt} \approx k_1 a e^{-k_1 t}$$

此时,整个反应的速率由第一步控制,第一步是慢步骤,即为速控步。

当采用速控步近似时,可使动力学的数学处理大大简化。需要注意的是,相比其他步骤,速控步进行得越慢,则这种近似处理的精度越高。

如果 k_1 与 k_2 相差不大,即当两个速率系数中任何一个都不可忽略时,只能设法利用数学知识求解 $\frac{dz}{dt}$。不过,一般这种情况比较罕见。

五、举例

例 11.3 已知一级连串反应 $A \xrightarrow{k_1} F \xrightarrow{k_2} P$ 的 $k_1 = 0.1 \ \text{min}^{-1}, k_2 = 0.2 \ \text{min}^{-1}$。开始时,反应物 A 的浓度 $a = 1 \ \text{mol} \cdot \text{dm}^{-3}$,中间产物 F 和最终产物 P 的浓度均为 0。试求中间产物浓度出现极值的时间 t_m 及此时各反应组元的浓度。

解：$t_m = \dfrac{\ln k_2 - \ln k_1}{k_2 - k_1} = \dfrac{\ln \dfrac{k_2}{k_1}}{k_2 - k_1} = \dfrac{\ln \dfrac{0.2}{0.1}}{0.2\ \text{min}^{-1} - 0.1\ \text{min}^{-1}} = 6.93\ \text{min}$

设各反应组元 A、F 和 P 的浓度分别用 x、y 和 z 表示。当 $t = t_m$ 时，有

$$x = ae^{-k_1 t} = ae^{-k_1 t_m} = 1\ \text{mol} \cdot \text{dm}^{-3} \times e^{-0.1 \times 6.93} = 0.50\ \text{mol} \cdot \text{dm}^{-3}$$

$$y = \frac{k_1 a}{k_2 - k_1}(e^{-k_1 t} - e^{-k_2 t}) = \frac{k_1 a}{k_2 - k_1}(e^{-k_1 t_m} - e^{-k_2 t_m})$$

$$= 1\ \text{mol} \cdot \text{dm}^{-3} \times \frac{0.1\ \text{min}^{-1}}{0.2\ \text{min}^{-1} - 0.1\ \text{min}^{-1}} \times (e^{-0.1 \times 6.93} - e^{-0.2 \times 6.93})$$

$$= 0.25\ \text{mol} \cdot \text{dm}^{-3}$$

$$z = a\left(1 - \frac{k_2}{k_2 - k_1}e^{-k_1 t} + \frac{k_1}{k_2 - k_1}e^{-k_2 t}\right)$$

$$= a\left(1 - \frac{k_2}{k_2 - k_1}e^{-k_1 t_m} + \frac{k_1}{k_2 - k_1}e^{-k_2 t_m}\right)$$

$$= 1\ \text{mol} \cdot \text{dm}^{-3} \times \left(1 - \frac{0.2}{0.2 - 0.1}e^{-0.1 \times 6.93} + \frac{0.1}{0.2 - 0.1}e^{-0.2 \times 6.93}\right)$$

$$= 0.25\ \text{mol} \cdot \text{dm}^{-3}$$

或者，直接通过 $z = a - x - y$ 求得结果，更为简单。

11.4　链反应中的直链反应

链反应是一类特殊的化学反应。其主要特点是，(1) 反应一旦开始，如果不加控制，就会像链条一样自动地发展下去；(2) 反应过程中交替和重复产生活性粒子，这些活性粒子主要是自由原子或自由基。

一、链反应的机制

链反应的机制一般包括如下三个步骤。

(1) 链引发：是指开始时依靠光、热、化学引发剂等措施产生自由原子或自由基等活性粒子的反应。该反应过程通常需要断裂稳定分子中的化学键，因此所需活化能较大。

(2) 链传递(或链增长)：自由原子或自由基等活性粒子与分子作用，在生成产物分子的同时，产生新的活性粒子。链传递在反应过程中反复和交替进行，使反应得以持续。

(3) 链终止：活性粒子(通常是两个及两个以上)碰撞到反应容器的器壁上，或与第三体分子相碰撞，能量被器壁或者第三体分子吸收，活性粒子复合形成稳定分子。

　　根据链传递步骤中一个活性粒子与分子作用产生的其他活性粒子是一个或多个的情况,链反应又分为直链反应和支链反应两类。所谓直链反应,即在链传递步骤中,每消耗一个活性粒子,又产生一个新的活性粒子,为一一对应关系。反应 $H_2 + Cl_2 \Longrightarrow 2HCl$ 即为典型的直链反应。所谓支链反应,即在链传递步骤中,每消耗一个活性粒子,能同时产生两个或两个以上新的活性粒子,使反应以树枝状支链的形式快速传递。实验证实,$H_2(g) + \frac{1}{2}O_2(g) \Longrightarrow H_2O(g)$ 属于支链反应。支链反应又称支链爆炸。

二、反应 $H_2 + Cl_2 \Longrightarrow 2HCl$ 的动力学

　　前已述及,$H_2 + Cl_2 \Longrightarrow 2HCl$ 是典型的直链反应。由实验得知,该反应的级数为 1.5 级,速率方程为

$$r = k[H_2][Cl_2]^{\frac{1}{2}}$$

反应的活化能 $E_a = 150 \ kJ \cdot mol^{-1}$。

1. 反应历程

　　要研究其微观动力学,拟定相应的反应历程,则需要检测反应进程中的活性物种。在反应进程中,利用电子顺磁共振波谱技术(EPR)检测到 $H\cdot$ 和 $Cl\cdot$ 的特征谱峰。基于这样的实验事实及基元反应的微观可逆性原理,拟定的该总包反应的反应历程为

$$Cl_2 \xrightarrow{k_1} 2Cl\cdot \tag{1}$$

$$Cl\cdot + H_2 \xrightarrow{k_2} HCl + H\cdot \tag{2}$$

$$H\cdot + Cl_2 \xrightarrow{k_3} HCl + Cl\cdot \tag{3}$$

$$\cdots\cdots\cdots$$

$$Cl\cdot + Cl\cdot + M \xrightarrow{k_4} Cl_2 + M \tag{4}$$

反应(1)是链引发过程,反应(2)和(3)是链传递过程,反应(4)是链终止过程。反应历程皆是在实验基础上人为拟定的,因此就有不正确的可能性。上述反应历程是否合理,必须进行验证,并接受长时间的实践检验。

　　要验证反应历程的合理性,首先从反应历程出发,推证反应的速率方程。当推证得到的速率方程与实验获得的速率方程一致时,再通过反应历程估算反应的活化能,如果估算得到的活化能与实验测得的活化能也比较吻合,则说明反应历程具有合理性。反之,只要其中一项与实验结果不一致,则反应历程便需要重新拟定。

　　在从反应历程推证速率方程时,为方便处理,需要进行适当的近似。前面在阐述连串

反应时,已对"速控步近似"作了介绍,在本节后面还将介绍并运用"平衡假设"。下面运用"稳态近似"推证反应 $H_2 + Cl_2 \rightleftharpoons 2HCl$ 的速率方程,这是一种常用的近似处理方法。

2. 应用稳态近似推证速率方程

所谓稳态近似,是指当反应进行一段时间后,反应系统基本上处于稳态,这时,各中间产物的浓度可认为保持不变。写成数学形式,即

$$\frac{d[\text{中间产物}]}{dt} = 0$$

通常,活泼的中间产物均可采用稳态近似进行处理。

从前述的反应历程可知,步骤(2)和(3)是生成 HCl 的反应,基于质量作用定律,可得

$$\frac{d[HCl]}{dt} = k_2[Cl\cdot][H_2] + k_3[H\cdot][Cl_2] \tag{a}$$

$[Cl\cdot]$ 和 $[H\cdot]$ 等活性物种的浓度不易测定,需要使用可测定的物质浓度来代替。运用稳态近似,则

$$\frac{d[H\cdot]}{dt} = k_2[Cl\cdot][H_2] - k_3[H\cdot][Cl_2] = 0$$

即

$$k_2[Cl\cdot][H_2] = k_3[H\cdot][Cl_2] \tag{b}$$

$$\frac{d[Cl\cdot]}{dt} = 2k_1[Cl_2] - k_2[Cl\cdot][H_2] + k_3[H\cdot][Cl_2] - 2k_4[Cl\cdot]^2 = 0 \tag{c}$$

(b)和(c)两式联立得

$$2k_1[Cl_2] = 2k_4[Cl\cdot]^2$$

即

$$[Cl\cdot] = \left(\frac{k_1}{k_4}[Cl_2]\right)^{\frac{1}{2}} \tag{d}$$

将式(b)和式(d)代入式(a),得

$$\frac{d[HCl]}{dt} = 2k_2[Cl\cdot][H_2] = 2k_2\left(\frac{k_1}{k_4}\right)^{\frac{1}{2}}[H_2][Cl_2]^{\frac{1}{2}}$$

根据总包反应的计量方程式,结合上述推证结果,得

$$r = \frac{1}{2}\frac{d[HCl]}{dt} = k_2\left(\frac{k_1}{k_4}\right)^{\frac{1}{2}}[H_2][Cl_2]^{\frac{1}{2}} = k_{\text{表观}}[H_2][Cl_2]^{\frac{1}{2}}$$

其中

$$k_{\text{表观}} = k_2\left(\frac{k_1}{k_4}\right)^{\frac{1}{2}}$$

可见,由拟定的反应历程所推导的速率方程与实验结果一致。

另外,还需要从反应历程估算反应的表观活化能,检验是否与实验结果相吻合。根据第 10 章介绍的基元反应活化能的估算规则,可得 $H_2 + Cl_2 \Longrightarrow 2HCl$ 的反应历程中各基元反应的活化能为

$$E_a(1) = 243 \text{ kJ} \cdot \text{mol}^{-1}$$

$$E_a(2) = 25 \text{ kJ} \cdot \text{mol}^{-1}$$

$$E_a(3) = 12.6 \text{ kJ} \cdot \text{mol}^{-1}$$

$$E_a(4) = 0$$

将 $k = Ae^{-\frac{E_a}{RT}}$ 代入 $k_{表观} = k_2\left(\dfrac{k_1}{k_4}\right)^{\frac{1}{2}}$ 中,得

$$A_{表观}e^{-\frac{E_a(表观)}{RT}} = A_2 e^{-\frac{E_a(2)}{RT}} \left[\frac{A_1 e^{-\frac{E_a(1)}{RT}}}{A_4 e^{-\frac{E_a(4)}{RT}}}\right]^{\frac{1}{2}}$$

等式两边对照,得

$$A_{表观} = A_2\left(\frac{A_1}{A_4}\right)^{\frac{1}{2}}$$

$$E_a(表观) = E_a(2) + \frac{1}{2}\left[E_a(1) - E_a(4)\right]$$

$$= 25 \text{ kJ} \cdot \text{mol}^{-1} + \frac{1}{2}\times(243 - 0) \text{ kJ} \cdot \text{mol}^{-1}$$

$$= 146.5 \text{ kJ} \cdot \text{mol}^{-1}$$

可见,由反应历程估算的活化能与实验结果($150 \text{ kJ} \cdot \text{mol}^{-1}$)也基本吻合。无论从推证速率方程的角度,还是从估算活化能的角度,都表明了该反应历程具有合理性。目前,学界对 $H_2 + Cl_2 \Longrightarrow 2HCl$ 的反应历程已基本没有争议。

假设微观上 H_2 与 Cl_2 的反应是两者直接碰撞而生成 HCl 的基元反应,而不是前面所描述的链式反应,则该直接的基元反应活化能估算为

$$E_a = (\varepsilon_{H-H} + \varepsilon_{Cl-Cl})L \times 30\%$$

$$= (435 + 243) \text{ kJ} \cdot \text{mol}^{-1} \times 30\%$$

$$= 203 \text{ kJ} \cdot \text{mol}^{-1}$$

该数值与实验测得的活化能($150 \text{ kJ} \cdot \text{mol}^{-1}$)偏离较大。反应显然应选择活化能较小的链反应方式进行。

假设链的引发从 H_2 开始,则链引发步骤的活化能为 H—H 键的键能,即 $435 \text{ kJ} \cdot \text{mol}^{-1}$,这个数值比 Cl—Cl 键的键能($243 \text{ kJ} \cdot \text{mol}^{-1}$)高很多。因此,链的引发总是从 Cl_2 开始而

不是从 H_2 开始。

三、反应 $H_2 + I_2 \rightleftharpoons 2HI$ 的动力学

实验表明,该反应为二级反应,速率方程为

$$r = \frac{1}{2} \frac{d[HI]}{dt} = k[H_2][I_2]$$

因为它具有简单级数,化学工作者一度被迷惑,认为它就是一个简单反应(或基元反应),直到后来确认其反应进程中有 $I\cdot$ 产生,而且 $H_2 + I_2 \longrightarrow 2HI$ 在动力学上是禁阻的,人们才又重新认真审视了这个反应,确定它是一个复杂反应,并提出其反应历程如下:

$$I_2 \underset{k_{-1}}{\overset{k_1}{\rightleftharpoons}} 2I\cdot \qquad 快 \tag{1}$$

$$H_2 + 2I\cdot \overset{k_2}{\longrightarrow} 2HI \quad 慢 \tag{2}$$

这个反应历程经历了长时间的争论,目前已得到大多数学者的认同。下面基于该反应历程,推证反应速率方程,检验其是否与实验得到的速率方程一致,从而验证反应历程是否合理。

因第二步是慢反应,可以采用速控步近似,即该慢步骤的反应速率可近似代替总的反应速率,所以

$$r = \frac{1}{2} \frac{d[HI]}{dt} = k_2[H_2][I\cdot]^2 \tag{a}$$

需要使用可测定物质的浓度代替 $[I\cdot]$,为此,采用稳态近似,得

$$\frac{1}{2} \frac{d[I\cdot]}{dt} = k_1[I_2] - k_{-1}[I\cdot]^2 - k_2[H_2][I\cdot]^2 = 0$$

$$[I\cdot]^2 = \frac{k_1[I_2]}{k_{-1} + k_2[H_2]} \tag{b}$$

将式(b)代入式(a),得

$$r = \frac{1}{2} \frac{d[HI]}{dt} = \frac{k_1 k_2[H_2][I_2]}{k_{-1} + k_2[H_2]}$$

反应历程中,步骤(1)是快平衡,而步骤(2)是慢反应,即 k_{-1} 很大而 k_2 很小,上式分母中忽略 $k_2[H_2]$,则

$$r = \frac{1}{2} \frac{d[HI]}{dt} = \frac{k_1 k_2[H_2][I_2]}{k_{-1}} = k_{表观}[H_2][I_2]$$

其中，$k_{表观} = \dfrac{k_1 k_2}{k_{-1}}$。可见，基于反应历程所推导的速率方程与实验结果是一致的，说明反应历程具有合理性。

由于反应历程中有一步是碘自由原子 I· 参与的快平衡反应，所以在表达 [I·] 时，还可以采用平衡假设。平衡假设是处理复杂反应动力学的又一重要近似方法。之所以是近似方法，是因为化学动力学所针对的是反应进行的系统，完全平衡的状态是不能够达到的。

由于反应历程中的第一步是对峙反应，而且是快步骤，因此可以近似认为，它能快速达成平衡。根据平衡假设，则

$$k_1 [I_2] = k_{-1} [I·]^2$$

$$[I·]^2 = \frac{k_1}{k_{-1}} [I_2]$$

第二步为慢反应，因此

$$r = \frac{1}{2} \frac{d[HI]}{dt} = k_2 [H_2][I·]^2 = \frac{k_1 k_2}{k_{-1}} [H_2][I_2]$$

可见，在处理反应 $H_2 + I_2 \Longrightarrow 2HI$ 的动力学时，采用平衡假设与稳态近似的效果是一样的，两者相比较，前者显然更为简单。但需说明的是，平衡假设主要适用于快平衡后面是慢反应的历程，即快平衡的正、逆向反应速率系数 k_1 和 k_{-1} 应远大于其后面的慢反应速率系数 k_2。此时，平衡假设和速控步近似两者联合起来进行推证。

3 种近似方法（稳态近似、平衡假设和速控步近似）相比较，平衡假设的应用要求相对较高。

只要反应历程中有活性中间产物（自由原子和自由基），即可应用稳态近似；只要反应历程中存在速率控制的慢步骤，即可应用速控步近似；只有当快速对峙反应后面跟随有慢反应步骤时，方可联合应用速控步近似和平衡假设推求速率方程。当然，单独应用平衡假设时，并不要求快速对峙反应后面跟随有慢反应步骤。

应当指出，关于反应 $H_2 + I_2 \Longrightarrow 2HI$ 的动力学，当温度较高时，有学者提出了另一种链式特征更加显著的反应历程（其中包含多个链传递步骤），同样可推导出与实验结果相吻合的速率方程，并且也经受了长时间的实践检验。有鉴于此，对于一个总包反应来说，几种反应历程并存也是可能的，当反应条件改变时，其主要历程有可能从其中一种转化为另一种。可见，反应历程本身及其影响因素比较复杂，拟定反应的历程，亦必然是一项艰难的工作。

四、举例

例 11.4 光气生成和解离的总反应式是 $CO + Cl_2 \Longrightarrow COCl_2$，其反应机制中包含如下基元反应：

$$(1)\ \ Cl_2 + M \xrightarrow{k_1} 2Cl\cdot + M$$

$$(2)\ \ Cl\cdot + CO \xrightarrow{k_2} COCl\cdot$$

$$(3)\ \ COCl\cdot \xrightarrow{k_3} Cl\cdot + CO$$

$$(4)\ \ COCl\cdot + Cl_2 \xrightarrow{k_4} COCl_2 + Cl\cdot$$

$$(5)\ \ COCl_2 + Cl\cdot \xrightarrow{k_5} COCl\cdot + Cl_2$$

$$(6)\ \ 2Cl\cdot + M \xrightarrow{k_6} Cl_2 + M$$

反应（1）、（6）及反应（2）、（3）均易达到平衡。对于光气的生成,反应（4）是速控步。对于光气的解离,反应（5）是速控步。试分别推求光气生成和解离的速率公式。

解：根据题意,无论是光气的生成还是解离,其反应历程中均存在速控步。根据速控步近似,对应的速控步的速率,即是正向或逆向的总速率。以 r_+ 表示光气的生成速率,以 r_- 表示光气的解离速率,则

$$r_+ = r_4 = k_4 [COCl\cdot][Cl_2] \tag{a}$$

$$r_- = r_5 = k_5 [COCl_2][Cl\cdot] \tag{b}$$

根据题意,反应（1）和（6）、反应（2）和（3）都是快平衡,而且在它们后面均跟随有慢反应步骤,可将速控步近似和平衡假设联立起来进行推证,即

$$k_1 [Cl_2] = k_6 [Cl\cdot]^2 \tag{c}$$

$$k_2 [Cl\cdot][CO] = k_3 [COCl\cdot] \tag{d}$$

即

$$[Cl\cdot] = \left(\frac{k_1}{k_6}\right)^{\frac{1}{2}} [Cl_2]^{\frac{1}{2}} \tag{e}$$

$$[COCl\cdot] = \left(\frac{k_1}{k_6}\right)^{\frac{1}{2}} \frac{k_2}{k_3} [Cl_2]^{\frac{1}{2}} [CO] \tag{f}$$

将式（f）和式（e）分别代入式（a）和式（b）,得

$$r_+ = \left(\frac{k_1}{k_6}\right)^{\frac{1}{2}} \frac{k_2 k_4}{k_3} [CO][Cl_2]^{\frac{3}{2}} = k_+ [CO][Cl_2]^{\frac{3}{2}}$$

$$r_- = k_5 \left(\frac{k_1}{k_6}\right)^{\frac{1}{2}} [COCl_2][Cl_2]^{\frac{1}{2}} = k_- [COCl_2][Cl_2]^{\frac{1}{2}}$$

11.5　链反应中的支链反应

在前面已经明确了什么是支链反应,并且指明 $H_2(g) + \dfrac{1}{2}O_2(g) \xlongequal{} H_2O(g)$ 是典型的支链反应。令人遗憾的是,该反应的历程至今尚未完全弄清楚。不过,反应进程中存在的主要基元反应和活性物种已经明晰。与直链反应机制类似,支链反应的机制也包含链引发、链传递和链终止步骤。与直链反应所不同的是,在支链反应的链传递步骤中,除了直链传递外,还存在支链传递。在支链传递中,自由原子或自由基产生的数目大于其消耗的数目,在一定条件下可使支链迅速增加,反应加快,因而有可能引发支链爆炸。

一、$H_2(g) + \dfrac{1}{2}O_2(g) \xlongequal{} H_2O(g)$ 机制中的主要基元反应

链引发 $\begin{cases} H_2 \longrightarrow 2H\cdot \\ H_2 + O_2 \longrightarrow HO_2\cdot + H\cdot \\ H_2 + O_2 \longrightarrow 2OH\cdot \end{cases}$

直链传递 $\begin{cases} H_2 + HO_2\cdot \longrightarrow H_2O + OH\cdot \\ OH\cdot + H_2 \longrightarrow H_2O + H\cdot \end{cases}$

支链传递 $\begin{cases} H\cdot + O_2 \longrightarrow OH\cdot + O\cdot \\ O\cdot + H_2 \longrightarrow OH\cdot + H\cdot \end{cases}$

链终止(气相销毁) $\begin{cases} H_2 + O\cdot + M \longrightarrow H_2O + M \\ 2H\cdot + M \longrightarrow H_2 + M \\ H\cdot + OH\cdot + M \longrightarrow H_2O + M \end{cases}$

链终止(器壁销毁) $\begin{cases} H\cdot + M(器壁) \longrightarrow 销毁 + M(器壁) \\ OH\cdot + M(器壁) \longrightarrow 销毁 + M(器壁) \end{cases}$

显然,在该反应机制中,既包含直链传递步骤,也包含支链传递步骤,而且直链传递与支链传递有可能交叉进行。

二、支链反应的反应速率与压力的关系

支链反应的反应速率与压力之间的关系相当独特。如图 11.4 所示,在压力较小时,粒子间的碰撞机会相当少,活性粒子很容易扩散至容器器壁而销毁,即活性粒子参与链传递反应的概率很小,因此反应比较平稳,不发生爆炸;而当压力增大到一定程度时则具有爆炸特性,因为随压力增大,反应粒子在容器中的有效碰撞次数增加,链的传递大大加速,

从而引发支链爆炸;继续增大压力,反应粒子浓度增大,在气相中往往发生三元碰撞而使活性粒子销毁,此种现象即是链的气相终止,这时反应又相对平稳,不发生爆炸;但当压力增大至更高时,反应粒子浓度很高,反应进行极快,短时间内大量放热,且热量不能及时逸散,又会引发热爆炸。

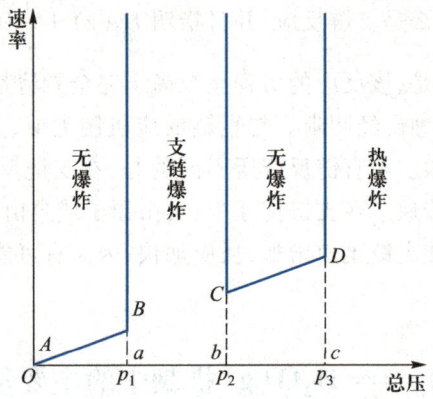

图 11.4　$H_2(g) + \dfrac{1}{2}O_2(g) \Longrightarrow H_2O(g)$ 的爆炸界限与压力的关系

*11.6　聚合反应

　　聚合反应是指将低相对分子质量的单体转化为高相对分子质量的聚合物的化学过程。1953 年,美国高分子科学家弗洛里(P. J. Flory,1910—1985)基于反应机制,将聚合反应划分为逐步聚合和链式聚合(通常简称为链聚合)两大类。

　　逐步聚合的单体是一种带有官能团的化合物。这里所谓"官能团"包含如下两方面的含义:(1)参加聚合的单体(聚合反应可以是两种或两种以上单体之间的反应,也可以是一种单体自身的反应)所带官能团之间能够相互发生反应;(2)单体所带官能团的数目应是 2 或 2 以上。因为只有这样,方能通过逐步聚合形成大分子聚合物。

　　在逐步聚合反应中,各步反应的速率系数及活化能均大致相同。存在于反应系统中的任意两个单体能够在任何时间发生交联,且聚合物的进一步聚合不受制于已经形成的链。其结果是,在反应初期,大部分单体即被消耗,主要聚合成二聚体、三聚体、四聚体等低聚体中间物。随着时间的增长,这些低聚体再继续反应,使聚合物的链长逐步增加,也就是说,官能团的数目不断减少,而产物的平均摩尔质量随时间而增大。显然,单体的转化率与时间的相关度并不大。

　　在链聚合反应中,包含链引发、链传递、链终止等步骤,其速率系数及活化能相差比较显著,单体随其与增长的高分子链的不断交联而被消耗掉。因为由大量单体构建的长链聚合物在短时间内即快速形成,所以随时间的延长,只是单体的转化率增加,聚合物的平均摩尔质量并没有变化。

一、逐步聚合及聚合度的概念

逐步聚合包括逐步缩聚和逐步加成聚合两种反应类型。除此之外,逐步聚合还有其他的类型,如加成缩合聚合等。

当逐步聚合通过缩合反应进行时,反应过程中有小分子生成,也就是说,其中的每一步都有小分子(例如 H_2O 分子)的消去。例如,羟基羧酸聚合成聚酯的反应:

$$HO—R—COOH + HO—R—COOH \longrightarrow H—(ORCO)_2—OH + H_2O$$

继续进行:

$$\longrightarrow H—(ORCO)_n—OH$$

反应进程可依据样品(用 A 表示,包含单体、二聚体、三聚体等)中官能团 —COOH 的浓度来确定,因为随着缩聚反应的不断进行,官能团 —COOH 逐步消失。显然,反应能够在含有任意数量单体单元的分子间进行。

在无催化剂时,上述缩聚反应看作对于官能团 —COOH(显然,其浓度为[A])和对于—OH 分别为一级的二级反应,即

$$r = -\frac{d[A]}{dt} = k[A][—OH]$$

因为无论是单体,还是二聚体、三聚体或多聚体,其两端的官能团均分别相同,而且反应活性相同,所以上述速率方程与如下方程等价:

$$r = -\frac{d[A]}{dt} = k[A]^2$$

前面已指出,在逐步聚合过程中,各步反应的速率系数 k 基本一致,即速率系数与链长无关。因此,上述速率方程的定积分形式为

$$\frac{1}{[A]_t} - \frac{1}{[A]_0} = kt$$

上式进行变换,得

$$[A]_t = \frac{[A]_0}{1 + kt[A]_0}$$

由此可得,在时间 t 时,已聚合的官能团 —COOH 的分数为

$$p = \frac{[A]_0 - [A]_t}{[A]_0} = \frac{kt[A]_0}{1 + kt[A]_0} \tag{11.24}$$

p 表示反应程度。式(11.24)与下式是等价的:

$$p = \frac{N_0 - N}{N_0} \qquad (11.25)$$

式中,N_0 为起始官能团的数目;N 为时间 t 时官能团的数目;$(N_0 - N)$ 则为时间 t 时已聚合的官能团数目。

聚合度是衡量聚合物分子大小的一个重要指标。若以重复单元数目为基准,聚合度即是聚合物分子链上的重复单元(或称链节)数目的平均值。聚合度通常用 n 表示。

以羟基羧酸聚合生成聚酯为例说明。若开始时有 1000 个 —COOH 基团,聚合反应结束时,在产品只检测到 10 个 —COOH 端基,则一个聚合物分子中平均包含 $100\left(= \frac{1000}{10}\right)$ 个单元。我们知道,$[A]_0$ 是样品的初始浓度,即单位体积内拥有的 —COOH 基团的物质的量,则在初始(即 $t = 0$)时,单位体积内包含的 —COOH 基团的数目为 $[A]_0 L$(其中,L 是阿伏伽德罗常数);当聚合反应进行到时间 t 时,单位体积内包含端基 —COOH 的分子数目为 $[A]_t L$,即单位体积内所拥有的 —COOH 基团的数目为 $[A]_t L$。因此

$$n = \frac{[A]_0 L}{[A]_t L} = \frac{[A]_0}{[A]_t} \qquad (11.26)$$

结合式(11.24),则有

$$n = \frac{1}{1 - p} \qquad (11.27)$$

二、链聚合和动力学链长

在 11.4 节和 11.5 节,介绍了气相链反应(包括直链反应和支链反应)。在链反应中,包含链引发、链传递和链终止步骤。首先由链引发步骤产生自由原子或自由基等活性物种,这些活性物种与稳定分子发生反应,产生另一个或多个其他活性物种,依次交替进行。活性物种是链反应中的链载体。

在链聚合反应中,也包含链引发、链传递、链终止等步骤。链引发产生活性自由基及离子等链载体。下面简要说明链聚合的反应机制。

设 Y 是引发剂,R· 是由 Y 引发产生的活性自由基,M 是合成聚合物的单体分子,M· 是与单体或其多聚体相对应的活性物种。

链引发　　　　　　　　　　$Y \longrightarrow R\cdot + R\cdot$

　　　　　　　　　　　　　$M + R\cdot \longrightarrow M_1\cdot$

链传递　　　　　　　　　　$M + M_1\cdot \longrightarrow M_2\cdot$

　　　　　　　　　　　　　$M + M_2\cdot \longrightarrow M_3\cdot$

　　　　　　　　　　　　　…………

$$M + M_{n-1} \cdot \longrightarrow M_n \cdot$$

链转移 $\qquad M_n \cdot + M \longrightarrow M_n + M \cdot$

链终止 $\qquad M_n \cdot + M_m \cdot \longrightarrow M_{n+m}$

当然,链终止还可通过歧化作用等途径实现,如 H 原子从一个链转移至另一个链等。

动力学链长 v 是指每个活性物种所消耗的单体单元数目,或者表述为,消耗的单体单元数目与链引发时生成的活性物种数目之比,即

$$v = \frac{消耗的单体单元数目}{链引发时生成的活性物种数目}$$

可以认为,动力学链长是指由 1 个引发的活性物种所生成的一个聚合物分子链中单体分子的平均数目。为此,可以用相应的速率表示动力学链长 v,即

$$v = \frac{链传递的速率}{活性物种的产生速率}$$

假定链传递速率与链的长度无关,则链传递的速率可表示为

$$r_p = k_p [M \cdot][M]$$

假定链传递的速率很大,则链引发步骤中的第一个反应即是速控步,它决定着整个反应的速率。这意味着,链引发步骤产生的活性物种,可被链传递步骤迅速消耗。链引发的速率为

$$r_i = k_i [Y]$$

根据链引发步骤中的第二个反应,则活性物种 $[M \cdot]$ 的产生速率为

$$\left(\frac{d[M \cdot]}{dt}\right)_{生成} = 2f k_i [Y]$$

其中,f 表示成功引发一个链的自由基 $R \cdot$ 的分数;2 表示在每个链引发步骤中形成 2 个 $M \cdot$。

在无链转移等其他链终止途径的情况下,即假设链终止只通过前述链终止步骤中所列的那个反应完成,则链终止的速率为

$$r_t = k_t [M \cdot]^2$$

链终止步骤中,$[M \cdot]$ 的消耗速率为

$$-\left(\frac{d[M \cdot]}{dt}\right)_{消耗} = 2k_t [M \cdot]^2$$

根据稳态近似:$\dfrac{d[M \cdot]}{dt} = 0$,则

$$\left(\frac{d[M \cdot]}{dt}\right)_{生成} - \left(\frac{d[M \cdot]}{dt}\right)_{消耗} = 0$$

即

$$2fk_i[Y] - 2k_t[M\cdot]^2 = 0$$

故活性物种$[M\cdot]$的产生速率可以等价地表示为

$$r_i = 2fk_i[Y] = 2k_t[M\cdot]^2$$

因此,动力学链长 v 可表示为

$$v = \frac{k_p[M\cdot][M]}{2k_t[M\cdot]^2} = \frac{k_p[M]}{2k_t[M\cdot]}$$

其中,k_p 是链传递的速率系数;k_t 是链终止的速率系数。

例 11.5 在酸催化条件下,乙二醇与对苯二甲酸的缩聚反应服从二级反应动力学规律,该反应受限于反应程度 $p\left(p = \dfrac{[A]_0 - [A]_t}{[A]_0}\right)$。两种单体的初始浓度均为 4.8 mol·dm^{-3}。在不同时刻 t 时,反应程度 p 的数据如下。试求:

(1) 反应速率系数;
(2) 反应的半衰期;
(3) 在 $t = 1$ h 时,单体的剩余浓度。

t/h	0	0.5	1.5	2.5
p	0	0.636	0.839	0.897

解:(1) 二级反应当两物种初始浓度相等时,其动力学方程的积分式为

$$\frac{1}{[A]_t} - \frac{1}{[A]_0} = kt$$

反应程度的表示式为

$$p = \frac{[A]_0 - [A]_t}{[A]_0}$$

上述两式联立,得

$$\frac{1}{1-p} = [A]_0 kt + 1$$

显然,以 $\dfrac{1}{1-p}$ 对 t 作图,是一条直线,直线的斜率为 $[A]_0 k$。将表中的数据转化为在不同时刻 t 时的 $\dfrac{1}{1-p}$ 值,即

t/h	0	0.5	1.5	2.5
$\dfrac{1}{1-p}$	1	2.747	6.211	9.709

以 $\dfrac{1}{1-p}$ 对 t 作图，直线的斜率为 $3.481\ \mathrm{h^{-1}}$，即 $[\mathrm{A}]_0 k = 3.481\ \mathrm{h^{-1}}$，因为 $[\mathrm{A}]_0 = 4.8\ \mathrm{mol \cdot dm^{-3}}$，所以 $k = 0.725\ \mathrm{dm^3 \cdot mol^{-1} \cdot h^{-1}}$。

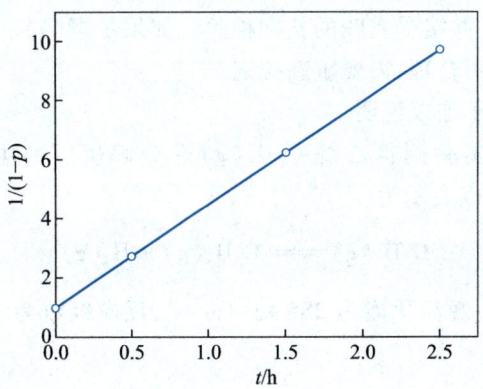

(2) $t_{1/2} = \dfrac{1}{k[\mathrm{A}]_0} = \dfrac{1}{0.725\ \mathrm{dm^3 \cdot mol^{-1} \cdot h^{-1}} \times 4.8\ \mathrm{mol \cdot dm^{-3}}} = 0.287\ \mathrm{h}$

(3) $\dfrac{1}{[\mathrm{A}]_t} - \dfrac{1}{[\mathrm{A}]_0} = kt$

将 $[\mathrm{A}]_0 = 4.8\ \mathrm{mol \cdot dm^{-3}}$、$k = 0.725\ \mathrm{dm^3 \cdot mol^{-1} \cdot h^{-1}}$ 和 $t = 1\ \mathrm{h}$ 代入上式，计算可得

$$[\mathrm{A}]_t = 1.07\ \mathrm{mol \cdot dm^{-3}}$$

*11.7　复杂反应的反应历程拟定

从微观上探求反应的进行并确定反应历程是化学动力学的一项重要任务。拟定一个总包反应的历程，是比较艰难而且需要反复酝酿的过程，通常依照如下步骤开展相关工作。

(1) 确定反应的计量方程式。

(2) 通过实验，确定各反应组元的级数及反应级数，确定反应速率方程的微分形式，测定反应的表观活化能。

(3) 利用顺磁共振波谱（EPR）和质谱（MS）仪等先进表征技术手段确定反应的中间

物种(如自由基和自由原子等活性粒子)。这项工作在确定反应历程时最有说服力,但往往也最困难,因为多数中间物种不稳定,寿命很短,因而不易捕获,亦不易检测。

(4) 参考前人所得相关反应历程的研究资料,根据有关物质的物质结构方面的知识,结合基元反应的微观可逆性原理,拟出可能的反应历程。

(5) 从拟出的反应历程出发,应用稳态近似、平衡假设及速控步近似等方法,推求反应的速率方程,比较所得结果与实验测定结果是否一致。

(6) 基于推导得出的速率方程,估算反应的活化能,并与实验测定的活化能进行比较。

(7) 如果步骤(5)、(6)与实验结果均一致,则表明所得反应历程具有合理性,但需进一步设计实验进行验证,并接受实践的长期检验。如果步骤(5)、(6)与实验结果不一致,则表明所拟反应历程并不合理,需要重新拟定。

下面以一个典型例子加以说明。

在 550~650 ℃ 时,实验测得乙烷 $C_2H_6(g)$ 热分解反应的主要产物是 $C_2H_4(g)$ 和 $H_2(g)$,其计量方程式可以表示为

$$C_2H_6(g) \Longrightarrow C_2H_4(g) + H_2(g)$$

由实验得知,该反应的表观活化能为 285 kJ·mol^{-1},反应级数为 1,在恒温恒容条件下的速率方程为

$$r = -\frac{\mathrm{d}p(C_2H_6)}{\mathrm{d}t} = kp(C_2H_6)$$

利用各种谱学表征手段,证实在反应进程中有活性物种 H·、CH_3·、C_2H_5·生成。根据上述实验事实,并基于微观可逆性原理,有人拟出该热解反应按如下链式历程进行:

链引发　　　　　　　　$C_2H_6 \xrightarrow{k_a} 2CH_3·$ 　　　　　　　　　　(a)

链传递　　　　$CH_3· + C_2H_6 \xrightarrow{k_b} CH_4 + C_2H_5·$ 　　　　　　(b)

　　　　　　　　$C_2H_5· \xrightarrow{k_c} C_2H_4 + H·$ 　　　　　　　　　(c)

　　　　　　$H· + C_2H_6 \xrightarrow{k_d} H_2 + C_2H_5·$ 　　　　　　　(d)

链终止　　　　　$H· + C_2H_5· \xrightarrow{k_e} C_2H_6$ 　　　　　　　(e)

要验证上述反应历程是否合理,首先需要从反应历程出发,运用稳态近似、平衡假设、速控步近似等近似方法推导速率方程,检验所得结果是否与实验结果一致。

由反应(c)可得

$$r = \frac{\mathrm{d}[C_2H_4]}{\mathrm{d}t} = k_c[C_2H_5·]$$ 　　　　　　　　(1)

由反应(d)可得

$$r = \frac{\mathrm{d}[H_2]}{\mathrm{d}t} = k_d[H·][C_2H_6]$$ 　　　　　　　　(2)

式(1)乘以式(2),得

$$r^2 = k_c k_d [C_2H_5 \cdot][H \cdot][C_2H_6] \tag{3}$$

根据稳态近似,则

$$\frac{d[CH_3 \cdot]}{dt} = 2k_a[C_2H_6] - k_b[CH_3 \cdot][C_2H_6] = 0 \tag{4}$$

$$\frac{d[H \cdot]}{dt} = k_c[C_2H_5 \cdot] - k_d[H \cdot][C_2H_6] - k_e[H \cdot][C_2H_5 \cdot] = 0 \tag{5}$$

$$\frac{d[C_2H_5 \cdot]}{dt} = k_b[CH_3 \cdot][C_2H_6] - k_c[C_2H_5 \cdot] + k_d[H \cdot][C_2H_6] - k_e[H \cdot][C_2H_5 \cdot]$$
$$= 0 \tag{6}$$

式(4)、式(5)、式(6)相加,得

$$k_a[C_2H_6] = k_e[H \cdot][C_2H_5 \cdot]$$

将上式代入式(3),并经整理可得

$$r = \left(\frac{k_a k_c k_d}{k_e}\right)^{\frac{1}{2}}[C_2H_6]$$

即

$$r = -\frac{d[C_2H_6]}{dt} = k_{表观}[C_2H_6]$$

这里,$k_{表观} = \left(\dfrac{k_a k_c k_d}{k_e}\right)^{\frac{1}{2}}$。由于反应是气相一级反应,将反应看作理想反应,则

$$-\frac{1}{RT}\frac{dp(C_2H_6)}{dt} = \frac{1}{RT}k_{表观}p(C_2H_6)$$

即

$$-\frac{dp(C_2H_6)}{dt} = k_{表观}p(C_2H_6)$$

这与实验测得的速率方程是一致的。由此可见,所拟反应历程具有合理性。

再从反应历程估算乙烷热解反应的活化能。在反应历程中,基元步骤(a)、(b)、(c)、(d)和(e)的估算活化能分别为 $E_a(a) = 351.5$ kJ·mol^{-1}、$E_a(b) = 33.5$ kJ·mol^{-1}、$E_a(c) = 167$ kJ·mol^{-1}、$E_a(d) = 29.3$ kJ·mol^{-1} 和 $E_a(e) = 0$。因为

$$k_{表观} = \left(\frac{k_a k_c k_d}{k_e}\right)^{\frac{1}{2}}$$

将阿伦尼乌斯经验方程即 $k = A e^{-\frac{E_a}{RT}}$ 代入上式,可得

$$A_{表观} \exp\left[-\frac{E_a(表观)}{RT} \right] = \left(\frac{A_a A_c A_d}{A_e} \right)^{\frac{1}{2}} \exp\left\{ -\frac{1}{2}\left[\frac{E_a(a) + E_a(c) + E_a(d) - E_a(e)}{RT} \right] \right\}$$

$$E_a(表观) = \frac{1}{2}\left[E_a(a) + E_a(c) + E_a(d) - E_a(e) \right]$$

$$= \frac{1}{2} \times (351.5 + 167 + 29.3 - 0) \text{kJ} \cdot \text{mol}^{-1}$$

$$= 274 \text{ kJ} \cdot \text{mol}^{-1}$$

这表明,从反应历程估算的活化能与实验测得的活化能(285 kJ·mol^{-1})也比较接近。从这个角度来看,所拟反应历程也是合理的。

例 11.6 N_2O_5 热分解反应的计量方程式可表示为 $N_2O_5 \longrightarrow 2NO_2 + \frac{1}{2}O_2$。实验得知,该反应的级数为 1,反应速率方程为 $r = k[N_2O_5]$。有人认为它是一个复杂反应,拟出的反应历程为

$$N_2O_5 \underset{k_{-1}}{\overset{k_1}{\rightleftharpoons}} NO_2 + NO_3$$

$$NO_2 + NO_3 \overset{k_2}{\longrightarrow} NO + O_2 + NO_2$$

$$NO + NO_3 \overset{k_3}{\longrightarrow} 2NO_2$$

试验证该反应历程的合理性。

解:要验证反应历程的合理性,需要从该反应历程出发,推导反应的速率方程,看看所得速率方程和反应级数是否与实验所得结果一致。

基于第一步反应,则反应速率为

$$r = k_1[N_2O_5] - k_{-1}[NO_2][NO_3] \tag{1}$$

在反应历程中出现的 NO_3 是活性物种,NO 是一种潜自由基,也可看作活性物种。根据稳态近似,当反应达到稳定态时,则

$$\frac{d[NO_3]}{dt} = 0, \qquad \frac{d[NO]}{dt} = 0$$

即

$$\frac{d[NO_3]}{dt} = k_1[N_2O_5] - k_{-1}[NO_2][NO_3] - k_2[NO_2][NO_3] - k_3[NO][NO_3] = 0$$

$$\tag{2}$$

$$\frac{d[NO]}{dt} = k_2[NO_2][NO_3] - k_3[NO][NO_3] = 0 \tag{3}$$

式(2)与式(3)联立,即式(2)-式(3),得

$$k_1[N_2O_5] = (k_{-1} + 2k_2)[NO_2][NO_3]$$

即

$$[NO_2][NO_3] = \frac{k_1}{k_{-1} + 2k_2}[N_2O_5] \tag{4}$$

将式(4)代入式(1),得

$$r = \left(k_1 - \frac{k_1 k_{-1}}{k_{-1} + 2k_2}\right)[N_2O_5] = \frac{2k_1 k_2}{k_{-1} + 2k_2}[N_2O_5] = k[N_2O_5]$$

式中,$k = \dfrac{2k_1 k_2}{k_{-1} + 2k_2}$。上述结果表明,从反应历程推得的速率方程与实验结果一致,反应级数与实验结果也一致,故所拟反应历程具有合理性。

在拟定反应历程时,除了要有反应级数方面的实验数据,并且要从反应速率的角度进行充分论证外,还应从能量和结构因素方面开展理论与实验研究。另外,在很多时候还要靠经验来实际完成。这里有一些经验性的规则,读者需要熟悉。(1)若反应级数大于3,因为四分子反应可能性很低,在气相中三分子反应也极少见,因此在速控步前必然存在着一些快平衡步骤;(2)若反应的某一组元的级数出现分数,通常表明在速控步之前存在着有关物质参与的解离平衡;(3)若反应的某一组元具有负级数,则表明该物质应是速控步前的平衡步骤的产物;(4)若某一组元在速率方程中存在,而在总反应的计量方程中并不存在,则该物质是催化剂;等等。

11.8　综合性题目及其求解

例 11.7　在定温定容封闭系统中进行的某一级连串反应 $A \xrightarrow{k_1} B \xrightarrow{k_2} C$,在不同时刻 t 时 A、B、C 的物质的量浓度如下(注:所有浓度单位均为 $mol \cdot dm^{-3}$)。试求 k_1 和 k_2。

t/min	$[A]/(mol \cdot dm^{-3})$	$[B]/(mol \cdot dm^{-3})$	$[C]/(mol \cdot dm^{-3})$
0	1.00	0	0
10	0.368	0.476	0.156
20	0.135	0.466	0.399
40	0.0183	0.243	0.748

解：

$$A \xrightarrow{k_1} B \xrightarrow{k_2} C$$

$t = 0$	$[A]_0$	0	0
$t = t$	x	y	z

$$x + y + z = [A]_0$$

$$x = [A_0] e^{-k_1 t} \tag{1}$$

$$y = \frac{k_1 [A]_0}{k_2 - k_1}(e^{-k_1 t} - e^{-k_2 t}) \tag{2}$$

由题中数据可知，$[A]_0 = 1 \ mol \cdot dm^{-3}$。将 $t = 10 \ min$、$t = 20 \ min$ 和 $t = 40 \ min$ 时的 x（即$[A]$）值代入式（1），可分别求得 k_1 的值，进行平均后得 $k_1 = 0.100 \ min^{-1}$。

由式（2）可知，t 时刻时：　$y_1 = \frac{k_1 [A]_0}{k_2 - k_1}(e^{-k_1 t} - e^{-k_2 t})$

$2t$ 时刻时：　$y_2 = \frac{k_1 [A]_0}{k_2 - k_1}(e^{-k_1 2t} - e^{-k_2 2t}) = \frac{k_1 [A]_0}{k_2 - k_1}(e^{-k_1 t} + e^{-k_2 t})(e^{-k_1 t} - e^{-k_2 t})$

两式相除得　　　　　　　　$\frac{y_2}{y_1} = e^{-k_1 t} + e^{-k_2 t} \tag{3}$

将 $t = 10 \ min$ 时的 y_1（即$[B] = 0.476 \ mol \cdot dm^{-3}$）和 $2t = 20 \ min$ 时的 y_2（即$[B] = 0.466 \ mol \cdot dm^{-3}$）代入上式，可得

$$\frac{0.466}{0.476} = e^{-k_1 t} + e^{-k_2 t}$$

将 $t = 10 \ min$ 和 $k_1 = 0.100 \ min^{-1}$ 代入，可得

$$k_2 = 0.0493 \ min^{-1}$$

同理，取 $t = 20 \ min$ 时的 y_1（即$[B] = 0.466 \ mol \cdot dm^{-3}$）和 $2t = 40 \ min$ 时的 y_2（即$[B] = 0.243 \ mol \cdot dm^{-3}$），代入式（3），可得

$$\frac{0.243}{0.466} = e^{-k_1 t} + e^{-k_2 t}$$

将 $t = 20 \ min$ 和 $k_1 = 0.100 \ min^{-1}$ 代入此式，可得

$$k_2 = 0.0476 \ min^{-1}$$

取平均值，得　　　　　　　$k_2 = 0.0485 \ min^{-1}$

例 11.8　平行反应

$$C \xleftarrow{k_2} A \xrightarrow{k_1} 2B$$

（1）试分别推求反应在 t 时刻时 B 和 C 的浓度 [B] 和 [C] 与初始时 A 的浓度 $[A]_0$ 之间的关系，并求 $\dfrac{[B]}{[C]}$ $\left(\text{已知积分式} \displaystyle\int e^{ax} dx = \dfrac{1}{a}e^{ax} + C\right)$。

（2）平行反应的有效速率系数 k_{eff} 为 $(k_1 + k_2)$，假定有效速率系数 k_{eff} 也满足阿伦尼乌斯经验方程，试推求有效活化能 E_{eff} 与各平行反应的速率系数和活化能 $(k_1, k_2, E_{a,1},$ $E_{a,2})$ 之间的关系，假如 $k_1 = 6.2\ \text{min}^{-1}$，$k_2 = 3.2\ \text{min}^{-1}$，$E_{a,1} = 35\ \text{kJ} \cdot \text{mol}^{-1}$，$E_{a,2} =$ $60\ \text{kJ} \cdot \text{mol}^{-1}$，试求算 E_{eff} 的值，并求算半衰期 $t_{1/2}$ 的值 $\left(\text{已知公式} \dfrac{d}{dx}e^{ax} = ae^{ax}\right)$。

（3）已知在 278 K 时，两个平行一级反应速率系数 k_1 和 k_2 分别为 6.2 min^{-1} 和 3.2 min^{-1}，试求当产物 B 和 C 的浓度相等时的温度（已知 $E_{a,1} = 35\ \text{kJ} \cdot \text{mol}^{-1}$，$E_{a,2} = 60\ \text{kJ} \cdot \text{mol}^{-1}$）。

解：（1）这是包含两个平行一级反应的复杂反应。对于反应物 A，则

$$-\frac{d[A]}{dt} = k_1[A] + k_2[A]$$

$$[A] = [A]_0 e^{-(k_1 + k_2)t}$$

对于产物 B，则

$$\frac{1}{2}\frac{d[B]}{dt} = k_1[A]$$

$$\frac{d[B]}{dt} = 2k_1[A]$$

$$d[B] = 2k_1[A]_0 e^{-(k_1 + k_2)t} dt$$

两边定积分（积分限：$0 \to t, 0 \to [B]$），应用题中所给积分公式，得

$$[B] = \frac{2k_1[A]_0}{-(k_1 + k_2)}e^{-(k_1 + k_2)t} - \frac{2k_1[A]_0}{-(k_1 + k_2)}$$

整理后，得

$$[B] = \frac{2k_1[A]_0}{k_1 + k_2}[1 - e^{-(k_1 + k_2)t}]$$

同理，对于产物 C，则有

$$\frac{d[C]}{dt} = k_2[A]$$

$$[C] = \frac{k_2[A]_0}{k_1 + k_2}[1 - e^{-(k_1 + k_2)t}]$$

故

$$\frac{[B]}{[C]} = \frac{2k_1}{k_2}$$

（2）

$$k_{eff} = k_1 + k_2$$

将阿伦尼乌斯经验方程代入上式各项,得

$$A_{eff}e^{-\frac{E_{eff}}{RT}} = A_1 e^{-\frac{E_{a,1}}{RT}} + A_2 e^{-\frac{E_{a,2}}{RT}}$$

两边对 T 进行微商,得

$$A_{eff}e^{-\frac{E_{eff}}{RT}}\frac{E_{eff}}{RT^2} = A_1 e^{-\frac{E_{a,1}}{RT}}\frac{E_{a,1}}{RT^2} + A_2 e^{-\frac{E_{a,2}}{RT}}\frac{E_{a,2}}{RT^2}$$

$$k_{eff}\frac{E_{eff}}{RT^2} = k_1\frac{E_{a,1}}{RT^2} + k_2\frac{E_{a,2}}{RT^2}$$

$$k_{eff}E_{eff} = k_1 E_{a,1} + k_2 E_{a,2}$$

$$E_{eff} = \frac{k_1 E_{a,1} + k_2 E_{a,2}}{k_{eff}} = \frac{k_1 E_{a,1} + k_2 E_{a,2}}{k_1 + k_2}$$

将 $k_1 = 6.2\ min^{-1}$、$k_2 = 3.2\ min^{-1}$、$E_{a,1} = 35\ kJ \cdot mol^{-1}$ 和 $E_{a,2} = 60\ kJ \cdot mol^{-1}$ 代入上式,计算可得

$$E_{eff} = 43.51\ kJ \cdot mol^{-1}$$

$$t_{1/2} = \frac{\ln 2}{k_{eff}} = \frac{\ln 2}{k_1 + k_2} = 0.074\ min$$

（3）在 278 K 时,$k_1 = 6.2\ min^{-1}$,$k_2 = 3.2\ min^{-1}$。从（1）已得知 $\frac{[B]}{[C]} = \frac{2k_1}{k_2}$,则在某一温度 T^* 时,使 $[B] = [C]$,则 $k_2^* = 2k_1^*$,根据阿伦尼乌斯方程的定积分形式,对于第一个平行反应,则

$$\ln\frac{k_1^*}{k_1} = \frac{E_{a,1}}{R}\left(\frac{1}{278} - \frac{1}{T^*}\right)$$

即

$$\ln\frac{k_1^*}{6.2\ min^{-1}} = \frac{35000\ J \cdot mol^{-1}}{R}\left(\frac{1}{278} - \frac{1}{T^*}\right) \qquad (a)$$

同理,对于第二个平行反应,则

$$\ln \frac{k_2^*}{3.2 \ \text{min}^{-1}} = \frac{60000 \ \text{J} \cdot \text{mol}^{-1}}{R} \left(\frac{1}{278} - \frac{1}{T^*} \right) \tag{b}$$

式(b) − 式(a),得

$$\ln \frac{k_2^*}{k_1^*} + \ln \frac{6.2 \ \text{min}^{-1}}{3.2 \ \text{min}^{-1}} = \frac{(60000 - 35000) \text{J} \cdot \text{mol}^{-1}}{R} \left(\frac{1}{278} - \frac{1}{T^*} \right)$$

将 $k_2^* = 2k_1^*$ 代入上述方程,解得

$$T^* = 318 \ \text{K}$$

例 11.9　设有如下复杂反应(其中包含平行、连串和对峙步骤,且每一步都是一级反应)

$$A \underset{k_2}{\overset{k_1}{\rightleftharpoons}} B \overset{k_4}{\longrightarrow} C$$
$$\underset{k_3}{\searrow}$$
$$C$$

已知,$k_1 = 0.109 \ \text{min}^{-1}$, $k_2 = 0.0752 \ \text{min}^{-1}$, $k_3 = 0.0351 \ \text{min}^{-1}$, $k_4 = 0.0310 \ \text{min}^{-1}$。又已知,当反应时间 $t = 12.9 \ \text{min}$ 时,$\theta_{A,t} = 6.89 \ \text{min}$, $\theta_{B,t} = 3.79 \ \text{min}$ $\left(\theta_{A,t} = \int_0^t \frac{[A]}{[A]_0} dt, \theta_{B,t} = \int_0^t \frac{[B]}{[A]_0} dt \right)$。如果 $[A]_0 = 5 \ \text{mol} \cdot \text{dm}^{-3}$,则当 $t = 12.9 \ \text{min}$ 时,反应物 A、中间产物 B 和最终产物 C 的物质的量浓度 $[A]$、$[B]$ 和 $[C]$ 各是多少?

解: 先分别将 $[A]$、$[B]$ 和 $[C]$ 对 t 进行微分,得

$$\frac{d[A]}{dt} = -k_1[A] - k_3[A] + k_2[B]$$

即

$$-\frac{d[A]}{dt} = (k_1 + k_3)[A] - k_2[B] \tag{a}$$

$$\frac{d[B]}{dt} = k_1[A] - k_2[B] - k_4[B]$$

即

$$\frac{d[B]}{dt} = k_1[A] - (k_2 + k_4)[B] \tag{b}$$

$$\frac{d[C]}{dt} = k_3[A] + k_4[B] \tag{c}$$

式(a)、式(b)、式(c)经变换后,分别积分,则有

$$- ([A] - [A]_0) = \int_0^t (k_1 + k_3)[A]dt - \int_0^t k_2[B]dt$$

即

$$[A]_0 - [A] = (k_1 + k_3)\int_0^t [A]dt - k_2\int_0^t [B]dt \tag{d}$$

$$[B] - [B]_0 = k_1\int_0^t [A]dt - (k_2 + k_4)\int_0^t [B]dt$$

即

$$[B] = k_1\int_0^t [A]dt - (k_2 + k_4)\int_0^t [B]dt \tag{e}$$

$$[C] = k_3\int_0^t [A]dt + k_4\int_0^t [B]dt \tag{f}$$

分别在式(d)、式(e)、式(f)两端同除以$[A]_0$,得

$$\frac{[A]_0 - [A]}{[A]_0} = (k_1 + k_3)\int_0^t \frac{[A]}{[A]_0}dt - k_2\int_0^t \frac{[B]}{[A]_0}dt$$

即

$$\frac{[A]_0 - [A]}{[A]_0} = (k_1 + k_3)\theta_{A,t} - k_2\theta_{B,t} \tag{g}$$

$$\frac{[B]}{[A]_0} = k_1\int_0^t \frac{[A]}{[A]_0}dt - (k_2 + k_4)\int_0^t \frac{[B]}{[A]_0}dt$$

即

$$\frac{[B]}{[A]_0} = k_1\theta_{A,t} - (k_2 + k_4)\theta_{B,t} \tag{h}$$

$$\frac{[C]}{[A]_0} = k_3\int_0^t \frac{[A]}{[A]_0}dt + k_4\int_0^t \frac{[B]}{[A]_0}dt$$

即

$$\frac{[C]}{[A]_0} = k_3\theta_{A,t} + k_4\theta_{B,t} \tag{i}$$

将 $k_1 = 0.109 \ \text{min}^{-1}$, $k_2 = 0.0752 \ \text{min}^{-1}$, $k_3 = 0.0351 \ \text{min}^{-1}$, $k_4 = 0.0310 \ \text{min}^{-1}$, $t = 12.9 \ \text{min}$, $\theta_{A,t} = 6.89 \ \text{min}$, $\theta_{B,t} = 3.79 \ \text{min}$, $[A]_0 = 5 \ \text{mol} \cdot \text{dm}^{-3}$ 代入上述式(g)、式(h)、式(i),可求得如下结果:

$$[A] = 1.46 \ \text{mol} \cdot \text{dm}^{-3}, \quad [B] = 1.74 \ \text{mol} \cdot \text{dm}^{-3}, \quad [C] = 1.80 \ \text{mol} \cdot \text{dm}^{-3}$$

例 11.10　硝酰胺在水溶液中的分解反应为

$$NO_2NH_2 \longrightarrow N_2O(g) + H_2O$$

实验测得其速率方程为

$$r_{\mathrm{NO_2NH_2}} = -\frac{\mathrm{d}[\mathrm{NO_2NH_2}]}{\mathrm{d}t} = k\frac{[\mathrm{NO_2NH_2}]}{[\mathrm{H_3O^+}]}$$

（1）在下述（a）、（b）、（c）3 种反应机制中，哪一种是合理的？并给出 k 的表达式。

（a）$\mathrm{NO_2NH_2} \xrightarrow{k_1} \mathrm{N_2O(g)} + \mathrm{H_2O}$

（b）$\mathrm{NO_2NH_2} + \mathrm{H_3O^+} \underset{k_{-1}}{\overset{k_1}{\rightleftharpoons}} \mathrm{NO_2NH_3^+} + \mathrm{H_2O}$　（快）

$\mathrm{NO_2NH_3^+} \xrightarrow{k_2} \mathrm{N_2O(g)} + \mathrm{H_3O^+}$　（慢）

（c）$\mathrm{NO_2NH_2} + \mathrm{H_2O} \underset{k_{-1}}{\overset{k_1}{\rightleftharpoons}} \mathrm{NO_2NH^-} + \mathrm{H_3O^+}$　（快）

$\mathrm{NO_2NH^-} \xrightarrow{k_2} \mathrm{N_2O(g)} + \mathrm{OH^-}$　（慢）

$\mathrm{H_3O^+} + \mathrm{OH^-} \xrightarrow{k_2} 2\mathrm{H_2O}$　（快）

（2）在实验温度和 pH 恒定的缓冲介质中，将反应在密闭的容器中进行，测得 $\mathrm{N_2O}$ 气体的压力 p 随时间 t 的变化数据为

t/min	0	5	10	15	20	25	∞
p/kPa	0	6.80	12.40	17.20	20.80	24.00	40.00

求 $\mathrm{NO_2NH_2}$ 分解反应的半衰期 $t_{1/2}$，并证明 $\lg t_{1/2}$ 与缓冲介质的 pH 呈线性关系。

解：（1）分别从 3 种反应机制出发，推求速率方程，检验推导出的速率方程与实验得到的速率方程是否一致，若一致，则说明对应的反应机制是合理的。

反应机制（a）只包含一个基元步骤，显然该机制所对应的速率方程与实验结果不一致，故可判定其不合理。

对于反应机制（b），当联合应用速控步近似和平衡态假设时，则

$$r = k_2[\mathrm{NO_2NH_3^+}]$$

$$k_1[\mathrm{NO_2NH_2}][\mathrm{H_3O^+}] = k_{-1}[\mathrm{NO_2NH_3^+}]$$

$$[\mathrm{NO_2NH_3^+}] = \frac{k_1[\mathrm{NO_2NH_2}][\mathrm{H_3O^+}]}{k_{-1}}$$

所以

$$r = k_2[\mathrm{NO_2NH_3^+}] = \frac{k_1 k_2[\mathrm{NO_2NH_2}][\mathrm{H_3O^+}]}{k_{-1}}$$

这与实验结果也不一致，故机制（b）也不合理。

对于反应机制(c),联合应用速控步近似和平衡态假设,则

$$r = k_2 [NO_2NH^-]$$

$$k_1 [NO_2NH_2] = k_{-1} [NO_2NH^-][H_3O^+]$$

$$[NO_2NH^-] = \frac{k_1 [NO_2NH_2]}{k_{-1} [H_3O^+]}$$

所以

$$r = k_2 [NO_2NH^-] = \frac{k_1 k_2 [NO_2NH_2]}{k_{-1} [H_3O^+]}$$

这与实验结果相一致,故反应机制(c)是合理的。由上述结果可知,k 的表达式为

$$k = \frac{k_1 k_2}{k_{-1}}$$

(2) 因为 pH 恒定,所以 $[H_3O^+]$ 为定值,即速率方程为 $r_{NO_2NH_2} = -\dfrac{d[NO_2NH_2]}{dt} =$

$k^* [NO_2NH_2]$,即转化为一级反应。其中,$k^* = \dfrac{k}{[H_3O^+]}$。一级反应动力学方程的定积

分形式为

$$\ln \frac{a}{a-x} = k^* t$$

反应容器为密闭的,即体积 V 一定,而且实验温度恒定,将 N_2O 看作理想气体时,气体产物的物质的量浓度与气体的压力成正比,则

$$a \propto (p_\infty - p_0), \quad (a-x) \propto (p_\infty - p_t)$$

故

$$\ln \frac{p_\infty - p_0}{p_\infty - p_t} = k^* t$$

即

$$k^* = \frac{1}{t} \ln \frac{p_\infty - p_0}{p_\infty - p_t}$$

分别将 $t = 5$ min,15 min,25 min 的数据代入上式,得

$$k^* = 0.0373 \text{ min}^{-1}, 0.0375 \text{ min}^{-1}, 0.0367 \text{ min}^{-1}$$

取平均,得

$$k^* = 0.0372 \text{ min}^{-1}$$

$$t_{1/2} = \frac{\ln 2}{k^*} = \frac{0.693}{0.0372 \text{ min}^{-1}} = 18.629 \text{ min}$$

因为 $t_{1/2} = \dfrac{\ln 2}{k^*} = \dfrac{0.693}{k^*}, k^* = \dfrac{k}{[H_3O^+]}$，所以

$$t_{1/2} = \frac{0.693}{k}[H_3O^+]$$

$$\lg t_{1/2} = \lg 0.693 - \lg k + \lg[H_3O^+]$$

$$\lg t_{1/2} = \lg 0.693 - \lg k - \text{pH}$$

表明，在反应温度一定时，$\lg t_{1/2}$ 与 pH 呈线性关系。

主要知识点概述

（1）反应独立共存原理是化学动力学的唯象规律。可表述为，复杂反应中各基元反应的速率系数和动力学规律不因是否同时存在其他基元反应而有所差异。

（2）对峙反应有如下特点：第一，净速率等于正、逆向反应速率之差值，该特点是处理对峙反应动力学的出发点；第二，反应达到热力学平衡时，正向反应速率等于其逆向反应速率；第三，对峙反应的平衡常数等于正、逆向反应速率系数之比；第四，当反应达到平衡后，反应物和产物浓度均不再随时间而变化。

第一个特点与第二个或第三个特点联合起来，可求得对峙反应正、逆向过程的速率系数。

（3）平行反应有如下特点：第一，总速率等于各平行反应的速率之和，该特点是处理平行反应动力学的出发点；第二，当平行反应中各反应的级数相同时，总反应速率系数 $k_{\text{总}}$ 等于各平行反应速率系数之

和，总反应活化能 $E_a(\text{总})$ 与各平行反应活化能 E_i 之间关系为 $E_a(\text{总}) = \dfrac{\sum\limits_i k_i E_i}{\sum\limits_i k_i}$；第三，当平行反应中各

反应的级数相同时，其反应动力学方程，与具有相同级数的简单级数反应动力学方程形式相似，只不过用总反应速率系数 $k_{\text{总}}$ 代替简单级数反应速率系数而已；第四，当两平行反应的级数相同，且开始时两平

行反应的产物浓度均为 0 时，则 $\dfrac{k_1}{k_2} = \dfrac{x_1}{x_2}$，其中 x_1 和 x_2 是某时刻 t 时两平行反应的产物浓度，在求算各平行反应的速率系数时，除动力学方程外，还需联立该方程，方能达到求解之目的；第五，随反应时间的增长，反应物浓度减小，各平行反应的产物浓度增大，当 $t \to \infty$ 时，反应物浓度趋于 0，产物浓度趋于恒定。

（4）根据平行反应的第四个特点，要改变两平行反应的产物比例，既可通过在反应系统中添加合适的催化剂实现，也可通过改变反应温度而达到目的。具体采取升温还是降温措施，则需要依据平行反应的活化能高低而确定，升温对活化能较大的那个反应是有利的，而降温则有利于活化能较小的那个反应。

若系统由 3 个平行反应组成,且生成期望产物的那个反应的活化能值介于其余两个反应活化能之间,则不能通过简单升温或降温来增加期望产物的产量。

(5) 最简单的连串反应,是由两个单分子反应步骤组成的反应。起始反应物的浓度 x 随时间 t 的变化关系为 $x = ae^{-k_1 t}$,中间产物浓度 y 随时间 t 的变化关系为

$$y = \frac{k_1 a}{k_2 - k_1}(e^{-k_1 t} - e^{-k_2 t})$$

最终产物的浓度 z 随时间 t 的变化关系为

$$z = a\left(1 - \frac{k_2}{k_2 - k_1}e^{-k_1 t} + \frac{k_1}{k_2 - k_1}e^{-k_2 t}\right)$$

其中,a 是起始反应物的初始浓度。

连串反应的特点是,起始反应物的浓度随时间增长单调下降,当 $t \to \infty$ 时,其浓度趋于 0;最终产物的浓度随时间增长单调上升,当 $t \to \infty$ 时,其浓度趋于恒定;而中间产物的浓度随时间增长先上升再下降,在反应进程中具有最大值。

中间产物的浓度出现极值的时间和相应的最大浓度分别为

$$t_m = \frac{\ln k_2 - \ln k_1}{k_2 - k_1}, \quad y_m = a\left(\frac{k_1}{k_2}\right)^{\frac{k_2}{k_2 - k_1}}$$

(6) 链反应的特点是,反应一旦开始,如果不加控制,便会像链条一样自动地发展下去;反应过程中交替和重复产生活性粒子。链反应机制中包含链引发、链传递和链终止等步骤。基于链传递步骤中一个活性粒子与分子作用产生其他活性粒子的情况,可将链反应分为直链反应和支链反应两类。在直链反应的链传递步骤中,每消耗一个活性粒子,又产生一个新的活性粒子,为一一对应关系。在支链反应的链传递步骤中,每消耗一个活性粒子,同时产生两个或两个以上新的活性粒子,使反应以树枝状支链形式快速传递。

(7) 复杂反应动力学的近似处理方法有,速控步近似、稳态近似和平衡假设。稳态近似,是指当反应进行一段时间后,系统基本处于稳态,各中间产物浓度不再随时间而变化。通常,活泼的中间产物均可采用稳态近似进行处理。速控步近似,是指反应历程中有一步反应最慢,可用此步骤的速率代替总反应的速率。平衡假设,是指反应历程中存在快速对峙反应时,其正、逆向反应速率近似相等。平衡假设与速控步近似常常联合使用,但需注意的是,只有当快平衡后面跟随有慢反应步骤时,方联合应用速控步近似和平衡假设推求速率方程。

(8) 聚合反应是指将低相对分子质量的单体转化为高相对分子质量的聚合物的化学过程。基于反应机制,可将聚合反应划分为逐步聚合和链聚合两大类。

在逐步聚合过程中,各步的速率系数及活化能均大致相同。在反应初期,大部分单体即被消耗,主要聚合成二聚体、三聚体、四聚体等低聚体中间物。随着时间继续增长,官能团的数目不断减少,产物的平均摩尔质量增大,不过单体的转化率与时间的相关度不大。

羟基羧酸聚合成聚酯属于逐步聚合反应,其动力学方程为

$$\frac{1}{[A]_t} - \frac{1}{[A]_0} = kt$$

在时间 t 时,已聚合的官能团 —COOH 的分数为

$$p = \frac{[A]_0 - [A]_t}{[A]_0} = \frac{kt[A]_0}{1 + kt[A]_0}$$

p 表示反应程度,而且

$$p = \frac{N_0 - N}{N_0}$$

其中,N_0 为起始官能团的数目;N 为时间 t 时官能团的数目;$(N_0 - N)$ 为时间 t 时已聚合的官能团数目。

聚合度是衡量聚合物分子大小的重要指标。聚合度 n 是聚合物分子链上的重复单元(或称链节)数目的平均值,$n = \dfrac{[A]_0}{[A]_t}$。结合 p 的表示式,则有 $n = \dfrac{1}{1 - p}$。

在链聚合反应进程中,包含链引发、链传递、链终止等步骤,其速率系数及活化能相差显著。随时间的延长,单体转化率及聚合物产率增加,而聚合物的平均摩尔质量并未变化。

在链聚合动力学中,动力学链长 ν 的定义是

$$\nu = \frac{\text{消耗掉的单体单元数目}}{\text{链引发时生成的活性物种数目}}$$

ν 也可表示为

$$\nu = \frac{\text{链传递的速率}}{\text{活性物种的产生速率}}$$

在无链转移等其他链终止途径的情况下,应用稳态近似,则得

$$\nu = \frac{k_p[M\cdot][M]}{2k_t[M\cdot]^2} = \frac{k_p[M]}{2k_t[M\cdot]}$$

(9) 推测反应历程的步骤为(a)确定反应计量方程式;(b)由实验确定反应级数及速率方程,并测定活化能;(c)由实验确定自由基和自由原子等反应中间物种;(d)拟出可能的反应历程;(e)从拟出的反应历程出发,推求反应速率方程;(f)估算反应的活化能;(g)若推得的速率方程及估算活化能均与实验结果一致,说明反应历程具有合理性,否则,反应历程需要重新拟定。

科学问题

习题

11.1   设有 1-1 级对峙反应 $A \underset{k_{-1}}{\overset{k_1}{\rightleftharpoons}} F$,已知 $k_1 = 0.006\ \text{min}^{-1}$,$k_{-1} = 0.002\ \text{min}^{-1}$,若反应开始时只有

A,其浓度为 1 mol·dm^{-3},试求:

(1) A 和 F 的浓度达到相等时需要的时间;

(2) $t = 100$ min 时 A 和 F 的浓度。

11.2 设某液相反应 A $\rightleftharpoons$ F 的正、逆向均为一级反应。已知:

$$\lg(k_1/\text{s}^{-1}) = -\frac{2000}{T/\text{K}} + 4.0$$

$$\lg K_{\text{平衡常数}} = \frac{2000}{T/\text{K}} - 4.0$$

反应开始时,$[A]_0 = 0.5$ mol·dm^{-3},$[F]_0 = 0.05$ mol·dm^{-3}。试求:

(1) 逆向反应的活化能;

(2) 在 400 K 时反应经 10 s 时间后,A 和 F 的浓度;

(3) 在 400 K 反应达平衡时,A 和 F 的浓度。

11.3 现有 1−1 级对峙反应 A $\underset{k_{-1}}{\overset{k_1}{\rightleftharpoons}}$ F,在某一温度时测得如下数据,已知反应开始时,F 的浓度为 0。试求:

(1) 反应的平衡常数;

(2) 正、逆向反应的速率系数。

$t/$s	0	45	90	225	360	585	∞
$[A]/($mol·dm$^{-3})$	1.00	0.892	0.811	0.623	0.507	0.399	0.300

11.4 现有 1−1 级对峙反应:D−R$_1$R$_2$R$_3$CBr $\underset{k_{-1}}{\overset{k_1}{\rightleftharpoons}}$ L−R$_1$R$_2$R$_3$CBr,其正、逆向反应的半衰期均为 $t_{1/2} = 10$ min。若开始时,D−R$_1$R$_2$R$_3$CBr 的物质的量为 1 mol,试求在 $t = 10$ min 后,生成 L−R$_1$R$_2$R$_3$CBr 的物质的量。

11.5 在高温时,CH$_3$COOH 的分解按下述平行反应的方式进行:

$$\text{CH}_2\!\!=\!\!\text{CO} + \text{H}_2\text{O} \xleftarrow{k_2} \text{CH}_3\text{COOH} \xrightarrow{k_1} \text{CH}_4 + \text{CO}$$

已知在 916 ℃ 时,$k_1 = 3.74$ s^{-1},$k_2 = 4.65$ s^{-1}。试求:

(1) CH$_3$COOH 分解掉 99% 所需的时间;

(2) 此时所得到的 CH$_2$=CO 的产量(以 CH$_3$COOH 分解的百分数表示)。

11.6 d−樟脑−3−羧酸(C$_{10}$H$_{15}$OCOOH)在乙醇溶液中分解成樟脑(C$_{10}$H$_{16}$O):

$$\text{C}_{10}\text{H}_{15}\text{OCOOH} \xrightarrow{k_1} \text{C}_{10}\text{H}_{16}\text{O} + \text{CO}_2$$

同时发生如下副反应:

$$\text{C}_{10}\text{H}_{15}\text{OCOOH} + \text{C}_2\text{H}_5\text{OH} \xrightarrow{k_2} \text{C}_{10}\text{H}_{15}\text{OCOOC}_2\text{H}_5 + \text{H}_2\text{O}$$

上述主、副反应均为一级反应。在 321 K 下的不同时间,各取 20.00 mL 反应溶液,用 0.0500 mol·dm^{-3} 的 Ba(OH)$_2$ 溶液滴定;另外,取 200 mL 反应溶液进行平行实验,每隔一定时间,测量所放出的 CO$_2$ 气体的质量,得到如下实验结果。试求 k_1 和 k_2。

$t/\min$	0	10	20	30
$V_{Ba(OH)_2}/mL$	20.00	16.26	13.25	10.68
m_{CO_2}/g	—	0.0841	0.1545	0.2095

11.7　设有平行一级反应：$F \xleftarrow{(2),k_2} A \xrightarrow{(1),k_1} D$，反应（1）和（2）对应于阿伦尼乌斯经验方程中的指前因子均为 10^{13} s^{-1}，活化能分别为 $E_a(1) = 108.8$ $kJ \cdot mol^{-1}$，$E_a(2) = 83.69$ $kJ \cdot mol^{-1}$。试求 1000 K 时产物 D 和 F 浓度的比值是 300 K 时的多少倍？

11.8　设有平行一级反应：$F \xleftarrow{k_2} A \xrightarrow{k_1} D$，已知 $k_1 = 0.1$ $\min^{-1}$，$k_2 = 0.2$ $\min^{-1}$，$[A]_0 = 1$ $mol \cdot dm^{-3}$，$[D]_0 = [F]_0 = 0$。试求在 $t = 10$ min 时，$[A]$、$[D]$ 和 $[F]$ 的值以及 $\dfrac{[D]}{[F]}$ 的值。

11.9　设有一级连串反应：$A \xrightarrow{k_1} F \xrightarrow{k_2} P$，已知 $k_1 = 0.1$ $\min^{-1}$，$k_2 = 0.2$ $\min^{-1}$，$[A]_0 = 1$ $mol \cdot dm^{-3}$，$[F]_0 = [P]_0 = 0$。试求 t_m 及在此时的 $[A]$、$[F]$ 和 $[P]$ 的值。

11.10　已知 2,3 – 4,6 二丙酮左罗糖（用 A 表示）在酸性溶液中水解形成抗坏血酸（用 B 表示），而且该反应是一级连串反应：

$$A \xrightarrow{k_1} B \xrightarrow{k_2} C$$

其中，C 是其他分解产物。实验测得，在 323 K 时，$k_1 = 0.42 \times 10^{-2}$ $\min^{-1}$，$k_2 = 0.20 \times 10^{-4}$ $\min^{-1}$。试求算在 323 K 时，生成抗坏血酸（B）的最适宜反应时间以及抗坏血酸（B）的最大产率。

11.11　设有连串反应：$A \xrightarrow{(1)} B \xrightarrow{(2)} C$，假设反应在下述两种情况下进行：

（1）$k_{(1),0} > k_{(2),0}$，且 $E_a(1) > E_a(2)$

（2）$k_{(1),0} < k_{(2),0}$，且 $E_a(1) > E_a(2)$

其中，$k_{(1),0}$ 和 $k_{(2),0}$ 分别是两个步骤的反应在 $\dfrac{1}{T} \rightarrow 0$ 时的速率系数。分别说明各情况在低温、高温下整体反应速率由哪一步控制？

11.12　某化合物 A 能分解成 B 和 C，实验测得在某温度时各组元浓度随时间变化的数据如下。试判断反应是平行反应、对峙反应，还是连串反应，并写出反应式。

t/h	0	10	20	30	40	50	60	∞
$[A]/(mol \cdot dm^{-3})$	1	0.368	0.135	0.0498	0.0183	0.00674	0.00243	0
$[B]/(mol \cdot dm^{-3})$	0	0.156	0.399	0.604	0.748	0.842	0.903	1
$[C]/(mol \cdot dm^{-3})$	0	0.476	0.466	0.346	0.234	0.151	0.095	0

11.13　气相反应 $Br_2(g) + H_2(g) \rightleftharpoons 2HBr(g)$ 的反应历程为

$$Br_2 + M \xrightarrow{k_1} 2Br\cdot + M \tag{1}$$

$$Br\cdot + H_2 \xrightarrow{k_2} HBr + H\cdot \tag{2}$$

$$H\cdot + Br_2 \xrightarrow{k_3} HBr + Br\cdot \tag{3}$$

$$H\cdot + HBr \xrightarrow{k_4} H_2 + Br\cdot \tag{4}$$

$$Br \cdot + Br \cdot + M \xrightarrow{k_5} Br_2 + M \tag{5}$$

试利用稳态近似方法,导出反应速率 $\dfrac{d[HBr]}{dt}$ 的表示式。

11.14 对反应 $2NO + O_2 \longrightarrow 2NO_2$ 进行研究,拟出一种可能的反应历程:

(1) $NO + NO \xrightarrow{k_1} N_2O_2$ $\qquad E_1 = 82 \text{ kJ} \cdot \text{mol}^{-1}$

(2) $N_2O_2 \xrightarrow{k_2} 2NO$ $\qquad E_2 = 205 \text{ kJ} \cdot \text{mol}^{-1}$

(3) $N_2O_2 + O_2 \xrightarrow{k_3} 2NO_2$ $\qquad E_3 = 82 \text{ kJ} \cdot \text{mol}^{-1}$

(1) 推导用 $\dfrac{d[NO_2]}{dt}$ 表示的速率方程;

(2) 如果由反应(1)生成的 N_2O_2 绝大部分又通过反应(2)转化为反应物 NO,而只有很少一部分通过反应(3)生成产物,试估算反应的表观活化能,并对反应的活化能为负值进行简要讨论。

11.15 由逐步聚合生成聚合物的过程,其速率系数 $k = 1.00 \text{ mol}^{-1} \cdot \text{dm}^3 \cdot \text{s}^{-1}$,起始单体浓度 $[A]_0 = 4.00 \times 10^{-3} \text{ mol} \cdot \text{dm}^{-3}$,试求在 $t = 1.5 \times 10^4 \text{ s}$ 时,该聚合反应的进程 p。

11.16 乙醛的热分解反应: $CH_3CHO \longrightarrow CH_4 + CO$,其微观机制为链反应机制。实验得知,反应过程中有 $CH_3CO \cdot$(简称为 S 自由基)和 $CH_3 \cdot$(简称为 R 自由基)生成。根据实验结果,拟出的可能反应机制为

链引发 $\quad CH_3CHO \xrightarrow{k_1} CH_3 \cdot + CHO$ $\qquad\qquad\qquad\qquad$ ①

链传递 $\quad CH_3 \cdot + CH_3CHO \xrightarrow{k_2} CH_4 + CH_3CO \cdot$ $\qquad\qquad$ ②

$\qquad\qquad CH_3CO \cdot \xrightarrow{k_3} CH_3 \cdot + CO$ $\qquad\qquad\qquad\qquad$ ③

链终止 $\quad CH_3 \cdot + CH_3 \cdot \xrightarrow{k_4} C_2H_6$ $\qquad$(RR 方式) $\qquad$ ④

$\qquad\qquad CH_3CO \cdot + CH_3CO \cdot \xrightarrow{k_5} CH_3COCOCH_3$ $\quad$(SS 方式) $\quad$ ⑤

$\qquad\qquad CH_3CO \cdot + CH_3 \cdot \xrightarrow{k_6} CH_3COCH_3$ $\qquad$(SR 方式) $\qquad$ ⑥

实验表明,当链引发方式相同,而链终止方式不同时,会引起总速率方程形式和反应级数不同。试证明:

(1) 若链终止为 RR 方式即反应历程由第①、②、③、④这 4 个反应依此构成时,反应级数为 $\dfrac{3}{2}$;

(2) 若链终止为 SS 方式即反应历程由第①、②、③、⑤这 4 个反应依此构成时,反应级数为 $\dfrac{1}{2}$。

11.17 有人拟出 $OCl^- + I^- \longrightarrow OI^- + Cl^-$ 的可能反应历程为

$$OCl^- + H_2O \underset{k_{-1}}{\overset{k_1}{\rightleftharpoons}} OH^- + HOCl \qquad 快平衡$$

$$HOCl + I^- \xrightarrow{k_2} HOI + Cl^- \qquad 速控步$$

$$OH^- + HOI \xrightarrow{k_3} OI^- + H_2O \qquad 快反应$$

(1) 试推求反应的速率方程;

（2）推求反应的表观活化能与各基元反应活化能之间的关系。

第 11 章部分习题参考答案

第 12 章
化学反应速率理论与分子反应动态学技术

阿伦尼乌斯方程($k = Ae^{-\frac{E_a}{RT}}$)表达了基元反应的速率系数与温度、活化能及指前因子之间的关系,在化学反应动力学的发展过程中起到重要作用。但它仅仅是一个唯象的经验定律,对活化能和指前因子等缺乏本质上的描述。

为了探求反应速率随温度变化的内在规律,并从理论上预测反应速率,人们借助气体分子运动理论,以及统计力学和量子力学理论,先后形成了针对基元反应的简单碰撞理论和过渡态理论。

与化学热力学理论相比,化学动力学理论的研究起步较晚,而且不论是简单碰撞理论还是过渡态理论,它们本身仍有诸多缺陷。可以说,化学反应速率理论目前依然处于不断发展和完善的阶段。

从 20 世纪中叶开始,随着反应速率理论研究的不断深入,以及激光、分子束、信号检测等技术手段和计算机技术的突破性发展,极大地推动了从微观角度研究化学反应动力学的进程。哈佛大学赫施巴赫等人利用分子束技术实现了在分子水平上研究粒子在一次碰撞行为中的变化,并将分子束技术与激光、光电子能谱、计算机等技术相结合,研究基元反应的细节问题,探究化学反应过程的微观作用机制,从而在微观层次上精确地揭示化学反应的基本规律。将分子束技术与激光技术、激光诱导荧光技术、红外化学发光技术等相结合,可研究指定能态粒子之间的反应(即态–态反应)行为。这些实验研究及化学反应速率理论,均是分子反应动态学的重要组成部分。相关实验结果,反过来可以检验反应速率理论的可靠性,为理论的改进提供实验基础。

本章先逐节介绍基元反应速率理论(包括简单碰撞理论、过渡态理论和单分子反应理论),再简要介绍分子反应动态学的实验技术及典型研究实例。

12.1　简单碰撞理论

简单碰撞理论是 20 世纪 20 年代在气体分子运动理论的基础上,由路易斯等人提出的。化学反应速率理论是针对基元反应的速率理论,而且,通常来说,发生碰撞时需要两个反应物分子,所以本节所述的简单碰撞理论实际上是指双分子基元反应的速率理论,称为双分子反应碰撞理论。

一、简单碰撞理论的模型和核心思想

简单碰撞理论以硬球碰撞为模型,也就是说,把反应物分子看作无内部结构的简单硬球。理论的核心思想是,两个反应物分子要发生反应生成产物,必须首先进行碰撞,而且碰撞后反应物分子的能量必须超过某一临界值。下面则围绕这一思路展开讨论。

二、碰撞直径和碰撞截面

两个分子在相互的作用力(当距离较远时以吸引力为主)下先靠近,当接近到一定程度时,分子间的斥力随着距离的减小而急剧增大,这时分子就改变原来的运动方向而相互远离。如此,便完成了一次碰撞。

在碰撞过程中,两个反应物分子(例如一个 A 分子和一个 F 分子)所能够接近到的极限程度即是彼此相互靠在一起。当 A 分子和 F 分子靠在一起时,如图 12.1 所示,其连心线长度是 d_{AF}。对于运动着的 A 分子和 F 分子,当两者质心的投影落在半径为 d_{AF} 的虚线圆的截面内,则均有可能发生碰撞。d_{AF} 亦称“碰撞直径”,在数值上等于 A 分子和 F 分子的半径之和。虚线圆的面积,则称为碰撞截面,在数值上等于 πd_{AF}^2。

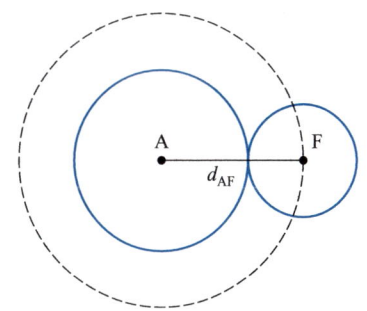

图 12.1　有效碰撞直径和有效碰撞截面

三、两个不同分子的互相碰撞频率

对于双分子基元反应:$A + F \longrightarrow P$,在反应过程中涉及两个不同分子间的互相碰撞。基于碰撞理论模型,将两个反应物分子 A 和 F 均看作没有内部结构的硬球,根据气体分子运动理论,当 A 分子与 F 分子碰撞时,其相对运动速率 v_r 为

$$v_r = \sqrt{v_A^2 + v_F^2}$$

其中
$$v_A = \sqrt{\frac{8RT}{\pi M_A}}, \quad v_F = \sqrt{\frac{8RT}{\pi M_F}}$$

所以

$$v_r = \sqrt{\frac{8RT}{\pi \mu}} \qquad (12.1)$$

式中,μ 为折合摩尔质量。μ 与 M_A 和 M_F 的关系为

$$\mu = \frac{M_A \cdot M_F}{M_A + M_F}$$

A 分子与 F 分子的互碰频率(用 Z_{AF} 表示),是指在单位体积单位时间内 A 分子与 F 分子的碰撞次数。显而易见,互碰频率 Z_{AF} 与碰撞截面的面积成正比,亦与单位体积内 A 分子及 F 分子的数目成正比,还与两个分子相对运动的速率 v_r 成正比,即

$$Z_{AF} = \pi d_{AF}^2 \frac{N_A}{V} \frac{N_F}{V} \sqrt{\frac{8RT}{\pi \mu}} \qquad (12.2)$$

$\dfrac{N_A}{V} = \dfrac{N_A L}{VL} = [A]L$,同理,$\dfrac{N_F}{V} = [F]L$,所以

$$Z_{AF} = \pi d_{AF}^2 L^2 \sqrt{\frac{8RT}{\pi \mu}} [A][F] \qquad (12.3)$$

四、两个相同分子的互碰频率

对于双分子反应:$2A \longrightarrow P$,在其反应过程中,两个相同的分子 A 互相碰撞,其碰撞频率如何表达呢? 根据气体分子运动理论,当两个 A 分子碰撞时,其相对运动速率 v_r 为

$$v_r = \sqrt{2v_A^2} = \sqrt{2}\sqrt{\frac{8RT}{\pi M_A}}$$

与两个不同分子(A 和 F)的互碰频率 Z_{AF} 表示式的推求类似,两个相同 A 分子的互碰频率(用 Z_{AA} 表示)为

$$Z_{AA} = \frac{\sqrt{2}}{2} \pi d_{AA}^2 \left(\frac{N_A}{V}\right)^2 \sqrt{\frac{8RT}{\pi M_A}} \qquad (12.4)$$

因为每次碰撞均需要两个 A 分子,为避免重复计算,所以在等式右边除以 2 后,得到上述结果。显然,上式也可写为

$$Z_{AA} = 2\pi d_{AA}^2 \left(\frac{N_A}{V}\right)^2 \sqrt{\frac{RT}{\pi M_A}} \qquad (12.5)$$

进一步地,式(12.4)和式(12.5)可变换为

$$Z_{AA} = 2\pi d_{AA}^2 L^2 \sqrt{\frac{RT}{\pi M_A}} [A]^2 \tag{12.6}$$

下面,基于式(12.6),举例计算分子的互碰频率 Z_{AA}。假定 $d_{AA} = 2 \times 10^{-10}$ m,$M_A = 40$ g·mol^{-1},$[A] = 0.5$ mol·dm^{-3},$T = 300$ K,则 $Z_{AA} = 3.207 \times 10^{36}$ m^{-3}·s^{-1},假如每次碰撞都能引起化学反应,而且将 1 mol 的分子数目近似看作 10^{23},则反应速率 r 为

$$r = 3.207 \times 10^{36} \text{ m}^{-3} \cdot \text{s}^{-1} = 3.207 \times 10^{13} \text{ mol} \cdot \text{m}^{-3} \cdot \text{s}^{-1}$$
$$= 3.207 \times 10^{10} \text{ mol} \cdot \text{dm}^{-3} \cdot \text{s}^{-1}。$$

这个反应速率数值是惊人的,通常情况下是不可能达到的。可见,并不是分子碰撞就能发生化学反应,只有碰撞分子的能量超过某一临界值时才能导致反应的发生。

五、硬球碰撞模型

以不同反应物的双分子基元反应 A + F ⟶ P 为对象进行说明。这里,只考虑在碰撞时 A 分子与 F 分子间相对运动的平动能 ε_r,因为它与化学反应所需能量密切相关。ε_r 的数学形式为

$$\varepsilon_r = \frac{1}{2}\mu v_r^2$$

式中,v_r 为 A 与 F 分子间的相对运动速度。

1. 碰撞参数

碰撞参数用以描述粒子碰撞的激烈程度,通常用 b 表示。为便于讨论,可假定 A 分子静止不动,F 分子以相对速度 v_r 向 A 分子运动,如图 12.2 所示。两球 A 与 F 的连心线长度(用 d_{AF} 表示)等于两球的半径之和。连心线与相对速度方向之间的夹角为 θ,通过 A 球的质心作一条与相对运动轨迹平行的直线,两平行线之间的距离即是碰撞参数 b。显然

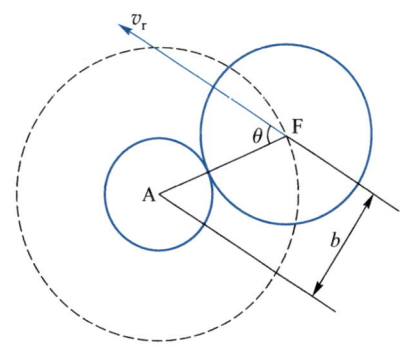

图 12.2　硬球碰撞模型

$$b = d_{AF}\sin\theta$$

b 越小,碰撞越激烈;b 越大,碰撞越不激烈。当 $\theta = 0°$ 时,$b = 0$,F 与 A 迎头相撞,最为激烈;当 $\theta = 90°$ 时,$b = d_{AF}$,两球一擦而过,是最不激烈的碰撞。碰撞参数 b 的数值介于 0 与 d_{AF} 之间。当 $b > d_{AF}$ 时,则不发生碰撞。

2. 反应阈能

简单碰撞理论认为,并非每一次碰撞都能引起化学反应,前面互碰频率的计算示例也印证了这一点。而只有当碰撞后反应物分子的能量超过某个临界值时,方能导致反应的发生。这个临界能称为反应阈能。从微观上讲,反应阈能是两个互碰分子的相对平动能在连心线上的分量 ε_r^* 所必须达到的最低值,用 ε_c 表示。换言之,$\varepsilon_r^* = \dfrac{1}{2}\mu(v_r\cos\theta)^2 \geqslant \varepsilon_c$,乃是反应发生的必要条件。

当反应物分子按摩尔计量时,反应阈能用 E_c 表示,显然

$$E_c = \varepsilon_c L$$

3. 反应截面

反应截面用 σ_r 表示,σ_r 的定义式为

$$\sigma_r = \pi b_r^2$$

式中,b_r 是碰撞参数的临界值,或称临界碰撞参数。也就是说,当碰撞参数为 b_r 时,恰好能引起化学反应。只有 $b \leqslant b_r$ 的碰撞才是导致化学反应发生的有效碰撞。

从反应截面 σ_r 的定义式可见,只要把 b_r 或 b_r^2 表达出来,即可得到 σ_r 的具体表达式。两个分子碰撞时的相对平动能为

$$\varepsilon_r = \frac{1}{2}\mu v_r^2$$

相对平动能在连心线上的分量为

$$\varepsilon_r^* = \frac{1}{2}\mu(v_r\cos\theta)^2 = \frac{1}{2}\mu v_r^2(1-\sin^2\theta) = \frac{1}{2}\mu v_r^2\left(1-\frac{b^2}{d_{AF}^2}\right)$$

当碰撞能引起化学反应时,则

$$\varepsilon_r^* \geqslant \varepsilon_c$$

即

$$\frac{1}{2}\mu v_r^2\left(1-\frac{b^2}{d_{AF}^2}\right) \geqslant \varepsilon_c$$

取“=”号,则

$$\frac{1}{2}\mu v_r^2\left(1-\frac{b_r^2}{d_{AF}^2}\right) = \varepsilon_c$$

所以

$$b_r^2 = d_{AF}^2\left(1-\frac{\varepsilon_c}{\varepsilon_r}\right) \tag{12.7}$$

将式(12.7)代入 σ_r 的定义式,得

$$\sigma_r = \pi d_{AF}^2 \left(1 - \frac{\varepsilon_c}{\varepsilon_r} \right) \qquad (12.8)$$

式(12.8)即是反应截面 σ_r 的表达式。可见,ε_c 越小,ε_r 越大,则反应截面 σ_r 越大,对反应越有利。当反应确定时,反应的阈能 ε_c 值是一定的,要增加反应截面 σ_r,则需要增加互碰分子的相对平动能 ε_r,升高温度乃是一种有效措施。

4. 有效碰撞分数

在前面,根据气体分子运动理论得到了分子互碰频率的表达式。互碰频率即是单位体积单位时间内,两异种或两同种分子间的碰撞次数。这些碰撞中只有一部分是有效的,有效碰撞方能导致反应的发生,而大多数碰撞都是无效的,不能引起化学反应。有效碰撞次数占总碰撞次数的比例即是有效碰撞分数,用 q 表示。

分子碰撞是否有效,与分子相对运动的平动能有关,只有相对运动的平动能在连心线上的分量大于或等于临界值时,方能引起化学反应。因此有效碰撞分数 q 实际是能量达到某一阈值的分子数占总分子数的比例。

根据麦克斯韦-玻尔兹曼速率分布律,在速率为 $v \to v + dv$ 的微小区间内的分子数占总分子数的比例为

$$\frac{dn}{N}(v \to v + dv) = \frac{m}{k_B T} e^{-\frac{mv^2}{2k_B T}} v \, dv$$

将速率 v 变换成能量 ε,因为 $\varepsilon = \frac{1}{2}mv^2$,所以 $v = \left(\frac{2\varepsilon}{m} \right)^{\frac{1}{2}}$,则有

$$\frac{dn}{N}(\varepsilon \to \varepsilon + d\varepsilon) = \frac{m}{k_B T} e^{-\frac{m \times 2\varepsilon/m}{2k_B T}} \left(\frac{2\varepsilon}{m} \right)^{\frac{1}{2}} \frac{d\varepsilon}{(2m\varepsilon)^{\frac{1}{2}}} = \frac{1}{k_B T} e^{-\frac{\varepsilon}{k_B T}} d\varepsilon$$

$\varepsilon \geqslant \varepsilon_c$ 的分子数为

$$n^*(\varepsilon \geqslant \varepsilon_c) = N \int_{\varepsilon_c}^{\infty} \frac{1}{k_B T} e^{-\frac{\varepsilon}{k_B T}} d\varepsilon = N e^{-\frac{\varepsilon_c}{k_B T}}$$

有效碰撞分数 q 为

$$q = \frac{n^*(\varepsilon \geqslant \varepsilon_c)}{N} = e^{-\frac{\varepsilon_c}{k_B T}}$$

或

$$q = e^{-\frac{E_c}{RT}}$$

式中,E_c 是当反应分子按摩尔计量时反应的阈能。

六、有效碰撞频率

碰撞频率乘以有效碰撞分数 q，即得有效碰撞频率。对双分子反应 $A + F \longrightarrow P$ 来说，基于式(12.3)，得

$$Z_{AF}(\text{有效}) = \pi d_{AF}^2 L^2 \sqrt{\frac{8RT}{\pi\mu}}\, e^{-\frac{E_c}{RT}}[A][F] \tag{12.9}$$

对双分子反应 $2A \longrightarrow P$ 来说，基于式(12.6)，得

$$Z_{AA}(\text{有效}) = 2\pi d_{AA}^2 L^2 \sqrt{\frac{RT}{\pi M_A}}\, e^{-\frac{E_c}{RT}}[A]^2 \tag{12.10}$$

七、碰撞理论的反应速率计算公式及相关讨论

对于基元反应：$A + F \longrightarrow P$，按照质量作用定律，则

$$r = -\frac{d[A]}{dt} = k[A][F] \tag{a}$$

又有

$$r = -\frac{d[A]}{dt} = -\frac{1}{L}\frac{d\left(\frac{N_A}{V}\right)}{dt} = \frac{1}{L}\left[-\frac{d\left(\frac{N_A}{V}\right)}{dt}\right] = \frac{Z_{AF}(\text{有效})}{L}$$

将式(12.9)代入上式，得

$$r = \pi d_{AF}^2 L \sqrt{\frac{8RT}{\pi\mu}}\, e^{-\frac{E_c}{RT}}[A][F] \tag{b}$$

式(a)与式(b)相比较，则

$$k = \pi d_{AF}^2 L \sqrt{\frac{8RT}{\pi\mu}}\, e^{-\frac{E_c}{RT}} \tag{12.11}$$

式(12.11)是以摩尔计量时碰撞理论的反应速率系数计算公式，式中的 μ 也是按摩尔计量时的折合质量，即折合摩尔质量。当以分子计量时，有

$$k = \pi d_{AF}^2 L \sqrt{\frac{8k_B T}{\pi\mu}}\, e^{-\frac{\varepsilon_c}{k_B T}} \tag{12.12}$$

相应地，式(12.12)中的 μ 是按分子计量时的折合质量。

对于基元反应 $2A \longrightarrow P$，同理可得对应的碰撞理论计算反应速率系数的公式(以摩

尔计量),即

$$k = 2\pi d_{AA}^2 L \sqrt{\frac{RT}{\pi M_A}} e^{-\frac{E_c}{RT}} \tag{12.13}$$

或以分子计量,有

$$k = 2\pi d_{AA}^2 L \sqrt{\frac{k_B T}{\pi m_A}} e^{-\frac{\varepsilon_c}{k_B T}} \tag{12.14}$$

显然,式(12.13)中的 M_A 是按摩尔计量时反应物 A 的质量,式(12.14)中的 m_A 是按分子计量时反应物分子的质量。毫无疑问,式(12.11)与式(12.12)是等效的,式(12.13)与式(12.14)是等效的。

为了表明阿伦尼乌斯活化能 E_a 与阈能 E_c 的关系,并方便与阿伦尼乌斯经验方程进行比较,以式(12.11)为对象,两边取对数,得

$$\ln k = -\frac{E_c}{RT} + \frac{1}{2}\ln T + \ln B$$

式中,B 包含了所有与温度 T 无关的量。上式两边对温度 T 进行微商,得

$$\frac{d\ln k}{dT} = \frac{E_c}{RT^2} + \frac{1}{2T}$$

上式与阿伦尼乌斯经验方程的微分形式 $\left(\dfrac{d\ln k}{dT} = \dfrac{E_a}{RT^2} \right)$ 进行比较,得

$$E_c = E_a - \frac{1}{2}RT \tag{12.15}$$

式(12.15)表明,反应阈能 E_c 并不完全等同于阿伦尼乌斯活化能 E_a,而是略有差异。当温度 T 不高时,$E_c \approx E_a$。另外,活化能 E_a 与温度 T 是略有关系的,而阈能 E_c 与温度 T 完全无关,仅仅取决于反应本性。阈能 E_c 目前还无法直接求算,需利用上述关系式由活化能 E_a 求得。

将式(12.15)分别代入式(12.11)和式(12.13),得

$$k = \pi d_{AF}^2 L \sqrt{\frac{8RTe}{\pi \mu}} e^{-\frac{E_a}{RT}} \tag{12.16}$$

$$k = 2\pi d_{AA}^2 L \sqrt{\frac{RTe}{\pi M_A}} e^{-\frac{E_a}{RT}} \tag{12.17}$$

式(12.16)和式(12.17)也是碰撞理论的反应速率系数计算公式。将式(12.16)与阿伦尼乌斯经验方程的指数形式($k = Ae^{-\frac{E_a}{RT}}$)进行比较,可得

$$A = \pi d_{AF}^2 L \sqrt{\frac{8RTe}{\pi\mu}} \tag{12.18}$$

将式(12.17)与阿伦尼乌斯经验方程的指数形式进行比较,则

$$A = 2\pi d_{AA}^2 L \sqrt{\frac{RTe}{\pi M_A}} \tag{12.19}$$

显然,从式(12.18)和式(12.19)可以知道阿伦尼乌斯经验方程中的指前因子具体包含哪些内容。

八、应用碰撞理论的计算示例

例 12.1　实验测得基元反应:$H_A + H_B H_C \longrightarrow H_A H_B + H_C$ 的活化能 $E_a = 31.4$ kJ · mol^{-1},指前因子 $A = 8.45 \times 10^{10}$ mol^{-1} · dm^3 · s^{-1}。另外已知 H 及 H_2 的直径分别为 7.4×10^{-11} m、2.5×10^{-10} m。试用(1)阿伦尼乌斯经验公式和(2)碰撞理论的计算公式分别求算上述反应在 300 K 条件下的速率系数,并比较这两个结果。

解:这个反应是 $A + F \longrightarrow P$ 型的双分子基元反应。

(1)根据阿伦尼乌斯经验公式

$$k = Ae^{-\frac{E_a}{RT}} = 8.45 \times 10^{10}\ mol^{-1} \cdot dm^3 \cdot s^{-1} \times e^{-\frac{31400\ J \cdot mol^{-1}}{8.314\ J \cdot K^{-1} \cdot mol^{-1} \times 300\ K}}$$

$$= 2.880 \times 10^5\ mol^{-1} \cdot dm^3 \cdot s^{-1}$$

(2)根据前面得到的碰撞理论计算公式

$$k = \pi d_{AF}^2 L \sqrt{\frac{8RT}{\pi\mu}} e^{-\frac{E_c}{RT}}$$

已知 $d_{AF} = \dfrac{7.4 \times 10^{-11}\ m + 2.5 \times 10^{-10}\ m}{2} = 1.62 \times 10^{-10}$ m,$\pi = 3.14$,$L = 6.02 \times 10^{23}\ mol^{-1}$,$R =$

8.314 J · K^{-1} · mol^{-1},$T = 300$ K,$\mu = \dfrac{1.01 \times 10^{-3}\ kg \cdot mol^{-1} \times 2.02 \times 10^{-3}\ kg \cdot mol^{-1}}{1.01 \times 10^{-3}\ kg \cdot mol^{-1} + 2.02 \times 10^{-3}\ kg \cdot mol^{-1}} = 6.73 \times$

10^{-4} kg · mol^{-1},$E_c = E_a - \dfrac{1}{2}RT = 31.4$ kJ · $mol^{-1} - \dfrac{1}{2} \times 8.314$ J · K^{-1} · $mol^{-1} \times 300$ K $=$

30153 J · mol^{-1},则计算可得

$$k = 856.9\ m^3 \cdot mol^{-1} \cdot s^{-1} = 8.569 \times 10^5\ dm^3 \cdot mol^{-1} \cdot s^{-1}$$

显然,由碰撞理论计算得到的速率系数比由阿伦尼乌斯经验公式所得结果大。表明,在这个例子中,碰撞理论计算结果与实验结果不是十分吻合。

例 12.2 在 840 K 时,某物质的气相热分解反应为双分子基元反应,反应的实验活化能 E_a 为 186.2 kJ·mol^{-1}。设该气态反应物分子的碰撞直径为 0.50 nm,其摩尔质量为 $M_A = 30$ g·mol^{-1},试计算当该反应物浓度为 1.45×10^{-2} mol·dm^{-3} 时的反应速率。

解:依题意,反应为 2A $\longrightarrow$ P 型的双分子基元反应,按质量作用定律,则

$$r = k[A]^2$$

题中已给出,$[A] = 1.45 \times 10^{-2}$ mol·dm^{-3},因此,只要求出 k 值,即可求得反应速率 r。根据前面得到的计算 k 的公式,即

$$k = 2\pi d_{AA}^2 L \sqrt{\frac{RT}{\pi M_A}} e^{-\frac{E_c}{RT}}$$

其中,$d_{AA} = 0.5$ nm $= 5 \times 10^{-10}$ m,$M_A = 30 \times 10^{-3}$ kg·mol^{-1},$E_c = E_a - \frac{1}{2}RT = 186.2$ kJ·mol$^{-1} - \frac{1}{2}R \times 840$ K $= 182708$ J·mol^{-1},$T = 840$ K。所以

$$k = 1.118 \times 10^{-3} \text{ m}^3 \cdot \text{mol}^{-1} \cdot \text{s}^{-1} = 1.118 \text{ dm}^3 \cdot \text{mol}^{-1} \cdot \text{s}^{-1}$$

$$r = k[A]^2 = 1.118 \text{ dm}^3 \cdot \text{mol}^{-1} \cdot \text{s}^{-1} \times (1.45 \times 10^{-2} \text{ mol} \cdot \text{dm}^{-3})^2$$

$$= 2.351 \times 10^{-4} \text{ mol} \cdot \text{dm}^{-3} \cdot \text{s}^{-1}$$

九、方位因子

简单碰撞理论的模型为硬球碰撞,即把反应物分子看作没有内部结构的刚性硬球。从前面的讨论可以看出,碰撞理论仅考虑了硬球碰撞的能量因素,而忽略了发生反应的分子的结构与性质。所以,对于结构比较简单的分子参与的基元反应,简单碰撞理论的计算结果与实验值能够令人满意地吻合。但是,对于许多分子结构比较复杂的气体反应及在溶液中进行的反应,碰撞理论的计算值与实验结果常常有显著的偏差。

对于结构较为复杂的分子,当将其看作刚性硬球进行碰撞时,按理论计算认为其可以达到活化状态,但实际上只有在某一方位上的碰撞方可发生反应。这样,计算值与实验结果的偏离便可得到解释。因此,按碰撞理论计算出的有效碰撞频率,需要乘以一个因子 P 才是实际有效的。基于此,速率系数 k 的理论计算形式可写为

$$k = PA e^{-\frac{E_a}{RT}}$$

式中,P 称为方位因子或概率因子。

需要说明的是,方位因子 P 很难从理论上直接计算求得,它只能将理论计算得到的速率系数 $k_{理论}$ 与实验获得的速率系数 $k_{实验}$ 进行比较后而得出,即

$$P = \frac{k_{\text{实验}}}{k_{\text{理论}}}$$

P 的数值通常在 $10^{-9} \sim 1$。

为什么 $k_{\text{理论}}$ 与 $k_{\text{实验}}$ 之间有如此显著的偏差呢？主要原因可概括如下：(1) 分子碰撞的方位因素。碰撞理论把反应物分子看作没有内部结构的硬球，只考虑其碰撞时的相对平动能在连心线上的分量是否达到阈值。而实际上，参与反应的分子可能具有较为复杂的结构，仅在某些方位上的碰撞才是有效的。(2) 能量的传递可能影响活化分子发生反应。碰撞后具有较高能量的活化分子需要把能量传递到能引起化学反应的化学键上，在此过程中，如果它又与其他分子发生碰撞而失去部分能量，则可能变成普通分子，导致反应无法继续进行。(3) 分子结构的位阻效应亦对反应的有效进行产生影响。对于结构复杂的分子，能引起反应的化学键可能位于内部，虽然碰撞发生在合适的方位，而且碰撞的能量也达到了反应的要求，但在该化学键的附近因有较大的基团，阻碍了该键与其他分子的直接碰撞，从而影响了反应的进行。

以上只是对造成反应速率的理论计算值与实验值之间产生偏差的各种可能原因的简单罗列，而且，可能原因也不止上述几种。由此看来，方位因子 P 的物理意义并不十分明确，故 P 也无法从理论上进行计算。

十、简单碰撞理论的意义及缺陷

反应速率理论的主要目的，乃是从理论上预测反应速率。而简单碰撞理论从分子水平上解决了碰撞频率的求算问题，在引入反应阈能的概念后，从统计的角度得到有效碰撞分数，碰撞频率乘以有效碰撞分数，即是反应速率。可见，碰撞理论为从微观角度计算反应速率提供了途径。同时，碰撞理论对阿伦尼乌斯经验方程中的指数项、指前因子和活化能等赋予了较为明确的物理意义。

总的来说，碰撞理论为双分子基元反应描绘了一幅虽然粗糙但又比较明确的物理图像，在反应速率理论的发展过程中起到不容忽视的作用。

然而，由于简单碰撞理论采用的模型过于粗糙，致使理论本身也存在诸多不足。主要表现为：(1) 对于许多反应，反应速率系数的理论计算值与实验值相差较大，需要引入方位因子 P 加以校正，而 P 的数值难以从理论上计算；(2) 碰撞理论提出了阈能概念，虽然阈能 E_c 的物理意义较为明确，但它必须由实验活化能 E_a 计算得到，这表明简单碰撞理论只是一个半经验的速率理论。

12.2　过渡态理论

过渡态理论是 20 世纪 30 年代在统计力学和量子力学理论的基础上，由艾林和波拉尼等人提出的。过渡态理论是化学动力学发展过程中重要的里程碑。

一、过渡态理论的模型和核心思想

过渡态理论基于假想的势能面而建立。该理论认为反应物粒子间相互作用的势能是粒子间相对位置的函数，在反应进程中，反应系统的势能不断地变化，依据量子力学原理可以绘出反应系统势能变化的势能面图，并由此获得最佳反应路径。

理论的核心思想是，反应物分子要发生反应生成产物，不是仅仅通过碰撞就能完成的，而是需要经历一个由反应物分子以一定构型存在的过渡态，而形成这个过渡态需要提供一定的能量，因此过渡态又称活化络合物。在势能面图上最佳反应路径的最高点即是活化络合物所在的位置，这则意味着，反应物分子要变成产物分子，必须越过一个势能垒，这个势能垒就相当于活化能。但与其他路径相比，这个位置又比其他可能的中间态的位置要低，也就是说它是势能面图上所有可能的各中间态的势阱，因此活化络合物是具有最低势能的一种中间态。活化络合物与反应物之间可以按照达成热力学平衡的方式进行处理；而在通常情况下，活化络合物一旦越过势能垒后，就会分解变为产物分子，反应速率则由活化络合物分解生成产物的步骤来决定。

有学者认为，应当对"过渡态"与"活化络合物"加以区分。因为这两者还是有细微差别的，活化络合物是指在势能面的反应路径上势能最高位置附近由反应物物种形成的原子簇，而过渡态则是其临界构型。

二、原子间的相互作用

从微观上看，化学反应即是分子破裂成原子，原子重新组合成新分子的过程。要从微观角度描绘反应进程中反应系统的势能面图，则须首先了解原子间相互作用的知识。

根据量子力学原理，两个原子间相互作用的势能是两个原子间距离的函数，即

$$E = f(r)$$

对于力学守恒系统，作用力 F 可写为

$$F = -\frac{\partial f(r)}{\partial r}$$

式中，r 为原子的核间距。对于双原子系统，只有一个核间距 r，即势能 E 与核间距 r 是一一对应关系；而对于多原子系统，则有多个核间距，即势能 E 是关于核间距 r 的多元函数。

在这里，我们主要关心的是原子间发生反应的系统。对于双原子系统（A + B），由 r_{AB} 即可确定 A 与 B 的相对位置。因此，双原子系统的势能 E 随核间距 r_{AB} 的变化用二维的平面图便可描述。例如，德国科学家海特勒（W. H. Heitler，1904—1981）和伦敦（F. London，1900—1954）在求解 H_2 的薛定谔方程时，得到两个近似波函数 ψ_S 和 ψ_A，并分别绘制出与两个波函数对应的势能曲线 E_S 和 E_A。势能曲线即是系统的能量与氢原子核间距 r_{H-H} 的关系曲线。

如图 12.3 所示,E_S 代表与波函数 ψ_S 相对应的势能曲线。可见,当 $r_{H-H} \to \infty$ 时,势能 $E = 0$,而当 $r_{H-H} = r_0$ 时,势能 $E = D_e$,为最低。显然,波函数 ψ_S 对应于成键状态,代表了在两个 H 原子靠近时,两个原子中因电子自旋反平行而形成稳定 H_2 的状态,图中 r_0 是 H_2 分子中两个 H 原子的平衡核间距,D_e 是把 H_2 分子拆分成两个自由 H 原子所需要的能量。通常,H_2 分子处于基态,即处于 $v = 0$ 的振动状态,具有 $\frac{1}{2}h\nu$ 的能量(即零点振动能),故实际把 H_2 分子拆分成两个自由 H 原子所需要的解离能为 D_0。换言之,D_e 与 D_0 之间相差 $\frac{1}{2}h\nu$。当 $r_{H-H} < r_0$ 时,势能随核间距的减小而急剧增大。

图 12.3 中 E_A 代表与波函数 ψ_A 相对应的势能曲线。可见当两个 H 原子相互靠近时,系统的势能单调地上升,两个 H 原子间非但不能形成化学键,反而因排斥作用相互远离。因此,波函数 ψ_A 对应于非成键状态(或称反键状态)。

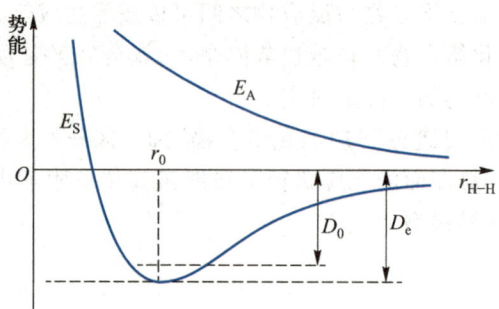

图 12.3　两个氢原子间相互作用的势能曲线

三、最简单的势能图——莫尔斯势能曲线

从前面的讨论可知,系统的势能函数原则上可通过量子力学理论获得,但这种方法比较烦琐,而且对多原子系统来说,要获得比较完整的势能函数,仍然存在诸多困难。所以,在许多情况下,可采用经验公式来代替。

对于双原子系统,其势能是双原子核间距的函数,而双原子系统只有一个核间距,因此双原子系统的势能曲线最为简单。而莫尔斯势能公式是描述双原子分子系统的势能与两原子间距离关系的最常用经验公式,可表述为

$$E_p(r) = D_e \left[e^{-2a(r-r_0)} - 2e^{-a(r-r_0)} \right]$$

式中,D_e 是势能曲线的阱深;r 是两原子间的距离;r_0 是分子中两原子间的平衡核间距;a 是与键振动有关的常数。a 值可由光谱数据简单确定,a 值大小取决于双原子分子基态的振动频率 ν_0、分子的折合质量及势能曲线的阱深 D_e。

显然,当 $r = r_0$ 时,势能 $E_p(r) = -D_e$。利用莫尔斯势能公式即可绘制势能曲线,如图 12.4 所示。其中,D_e、D_0、ν_0 等数值可从光谱数据获得。

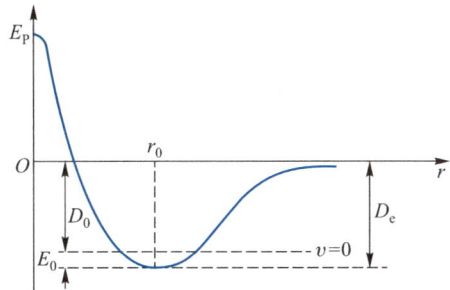

图 12.4　利用莫尔斯势能公式绘制的双原子系统的势能曲线

四、三原子反应系统的势能面

从前面的讨论可知,反应系统势能图涉及的总独立变量数为 $(f + 1)$,其中 f 为描述原子相对位置的独立变量数。现以下述基元反应为例说明:

$$A + BC \longrightarrow AB + C$$

按照过渡态理论的思想,该基元反应进行的细节可以表述为

$$A + BC \Longleftrightarrow (A{\cdots}B{\cdots}C)^* \longrightarrow AB + C$$

当单原子分子 A 与双原子分子 BC 接近时,B—C 键开始减弱,而 A—B 键开始形成,系统则形成中间态(应当注意:"中间态"的说法未必合适,因为这个状态是随反应进程而不断变换的),其能量亦逐步升高,当能量达到最高时,该中间态便是活化络合物 $(A{\cdots}B{\cdots}C)^*$,此时 B—C 键并未完全断开,A—B 键也未完全形成。随时间的推移,活化络合物 $(A{\cdots}B{\cdots}C)^*$ 进一步发生分解,随着 C 原子的逐步远离,即形成稳定的 AB 分子。

这是一个三原子的反应系统,描述其势能需要三个参数,即

$$E_p = E_p(r_{AB}, r_{BC}, r_{AC}) \quad \text{或} \quad E_p = E_p(r_{AB}, r_{BC}, \angle ABC)$$

显然,该反应系统的势能 E_p 涉及的自变量数 $f = 3$,总的独立变量数为:$f + 1 = 4$。因此,该系统的势能需要用四维空间来描述,这当然是不现实的。

1. A 与 BC 发生共线作用的势能面

如果描述反应系统势能 E_p 的三个自变量参数中其中一个被固定,此时 E_p 仅是另外两个自变量的函数,则势能变化可以用三维空间中的一个曲面表示,势能图便不难绘制。若固定 $\angle ABC = 180°$,即 A 与 BC 发生共线作用,则活化络合物分子 $(A{\cdots}B{\cdots}C)^*$ 也必然为线形分子。此时,在三维空间绘制的势能图,如图 12.5 所示。

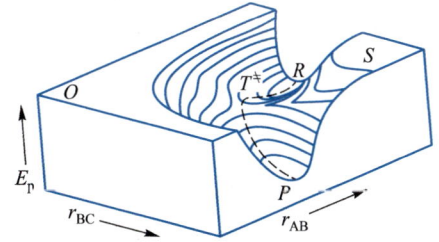

图 12.5　三原子反应系统共线作用时的势能图

　　显然,上述三维势能图的表面是凹凸不平的。凸处势能相对较高,凹处势能相对较低。这个凹凸不平的曲面称为势能面。

　　在上述三维直角坐标系中,以竖直轴作为势能 E_p 的坐标,另外两个轴分别表示 A⋯B 和 B⋯C 的核间距 r_{AB} 和 r_{BC},图中的虚线 RT^*P 为反应坐标。由图可见,势能面形如马鞍,马鞍的鞍点即 T^* 点是活化络合物(A⋯B⋯C)* 的位置,这个位置处于稳定的反应物分子(A + BC)与稳定的产物分子(AB + C)之间的较低能量通道上。从反应物 R 到产物 P,沿着反应坐标 RT^*P 看过去,活化络合物所在的位置显然是能量的最高点,它的能量比稳定的反应物分子和稳定的产物分子都高得多。如果沿着垂直于反应坐标的方向(即沿 SO 线)看过去,活化络合物(A⋯B⋯C)* 的位置 T^* 点则为能量的最低点,它比两侧的能量都低。正因为活化络合物(A⋯B⋯C)* 处于这样一个特殊位置,它的变化动态具有明显的特点,即沿虚线 RT^*P(反应坐标)变化,(A⋯B⋯C)* 向前可分解形成产物,若后退,则可返回至原来的反应物。

2. 势能面的投影图

　　如果把上述立体图投影到纸面上,则得到图 12.6,该图即是势能面的投影图。图中的曲线为等势能线,它们就像在地图上表示地形高低的等高线那样,故势能面的投影图又称等势能线图。图中每条曲线都由势能相等的点构成,线上的数字大小表示势能的高低。等势能线的密集程度表示势能变化的陡度,势能线越密,表示势能变化越快,势能线越疏,则势能变化越平缓。

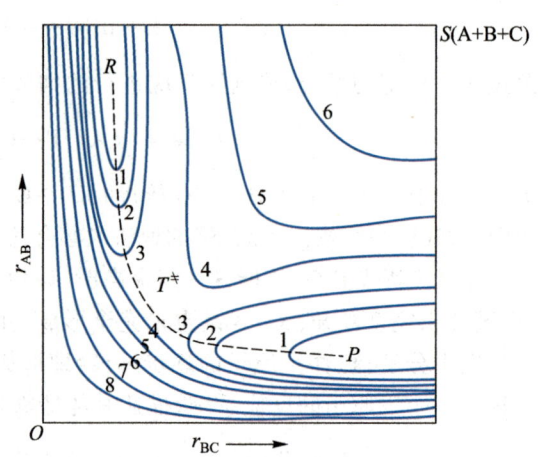

图 12.6　势能面的等势能线图

　　由图 12.6 可见,在靠近坐标原点(O 点)一侧,随着原子核间距变小,势能急剧上升,形成一个陡峭的势能峰;在与坐标原点相反的 S 点方向,随着原子间核间距的增大,势能缓慢上升,该能量高原的最高处即是 A、B 和 C 完全分离形成 3 个孤立原子时的势能。化学反应从图中的 R 点开始,沿着能量最低路径(图中的虚线),经活化络合物所在位置 T^* 点,最终生成产物而到达 P 点。图中的虚线即是反应坐标。这条虚线的特征一目了然,而且能够真实地反映三维立体势能面上展现的所有信息。

3. 反应途径的势能

　　如果将势能面上的曲线 RT^*P 在水平方向的投影作为横坐标,此即反应坐标,以势能为纵坐标,将沿反应路径 RT^*P 各个点的势能描绘出来,就得到反应途径的势能图(图12.7)。因为它可以看作在势能面上沿曲线 RT^*P 剖切形成的,故又称势能面的剖面图。

由图可见,虽然从反应物 A + BC 到产物 AB + C 的反应途径是一条能量最低通道,但要完成反应,则必须逾越一个势能垒 E_b。势能垒 E_b 的存在从本质上说明了阿伦尼乌斯活化能(或实验活化能)的物理意义。E_b 是活化络合物 $(A\cdots B\cdots C)^{\neq}$ 的最低势能与反应物 $(A + BC)$ 的最低势能之差值,而图中的 E_0 则是两者零点能之差值。

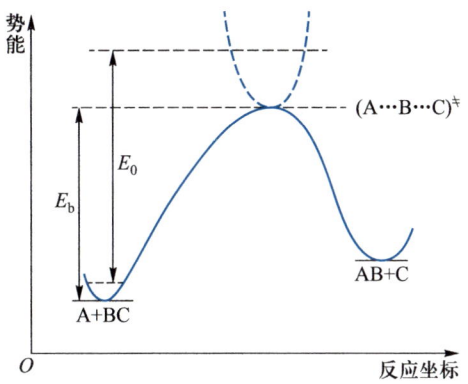

图 12.7　势能面的剖面图

4. A 与 BC 发生非共线作用时的半经验处理方法

原则上,势能面可依据量子力学方面的计算确定。有了势能面,即可获得 E_b 和 E_0 的值,这在过渡态理论中具有十分重要的意义。但实际上,即使是只涉及三个 H 原子的系统,量子力学的计算也存在诸多困难,更何况三原子发生非共线作用的情况,其计算难度可想而知。当 A 与 BC 发生非共线作用时,其势能图如前面所述,需要用四维空间来描述。这又是一个极其棘手的问题。为解决这些问题,可采用近似方法。其中一种近似方法是由艾林和波拉尼提供的,他们利用伦敦在价键理论基础上提出的描述三原子系统量子力学势能近似式,采用半经验的方法绘制势能面。绘制的势能面称为 London – Eyring – Polanyi 势能面,简称 LEP 势能面。限于篇幅,更为详细的介绍在此不予展开,有兴趣的读者可参阅有关资料。

五、分子的运动方式及其与反应的关系

为揭示反应过程中能量变化的本质,须从微观角度分析分子的各种运动形式、自由度及其可能对反应的发生所产生的影响。

1. 运动方式及其自由度

分子的运动形式包括核运动、电子运动、振动、转动和平动。

无论哪种分子,都存在 3 个平动自由度。对于单原子分子,没有转动和振动。对于双原子分子,包含 2 个转动自由度和 1 个简谐振动。对于含有 n 个原子的线形多原子分子,有 2 个转动自由度和 $(3n - 5)$ 个振动自由度。对于含有 n 个原子的非线形多原子分子,则有 3 个转动自由度和 $(3n - 6)$ 个振动自由度。

3 种运动方式(平动、转动和振动)中,振动的能级间隔最大,平动的能级间隔最小。

2. 运动方式对反应的影响

对一个稳定分子来说,分子自身的各种运动形式(平动、转动和振动)均不会对分子

本身的结构产生实质性影响。但对于具有较高能量的活化络合物分子,振动则有可能引发其分解而生成产物。对于双原子活化络合物分子,其唯一的简谐振动即能引发分子的分解,这个简谐振子每振动一次,就使活化络合物分子越过势能垒而发生分解反应。对于多原子的活化络合物分子,其不对称伸缩振动由于无回收力,能导致该络合物分子发生分解,而其他振动模式对分解反应则没有贡献。

六、反应速率系数 k 的计算形式

前面在描述过渡态理论的思想时已经指出,(1)活化络合物与反应物之间可快速达成热力学平衡,而且,在通常情况下,反应物分子一旦越过势能垒后,就不再返回,即活化络合物将继续分解形成产物;(2)该分解过程的速率决定了整个反应的速率。这两点实际上是在计算反应速率时过渡态理论所引入的两个重要假设。

1. 计算反应速率系数的统计热力学形式

基于上述两个假设,三原子系统发生共线反应时的细节可表示为

$$\text{A} + \text{BC} \xrightarrow{K_c^{\neq}} (\text{A}\cdots\text{B}\cdots\text{C})^{\neq} \xrightarrow{k} \text{AB} + \text{C}$$

其中,前一个单元是快平衡,后一个是速率控制单元。在通常情况下,反应物分子在转变为活化络合物后,即会向产物转化。快平衡的标准平衡常数表示式为

$$(K_c^{\neq})^{\ominus} = \frac{[(\text{A}\cdots\text{B}\cdots\text{C})^{\neq}]/c^{\ominus}}{[\text{A}]/c^{\ominus} \cdot [\text{BC}]/c^{\ominus}}$$

因此

$$[(\text{A}\cdots\text{B}\cdots\text{C})^{\neq}] = (K_c^{\neq})^{\ominus}(c^{\ominus})^{1-n}[\text{A}][\text{BC}] \tag{12.20}$$

式中,n 为反应物的分子数之和,这里 $n = 2$。因为活化络合物的分解是速率控制单元,所以总的反应速率 r 为

$$r = \nu_{\neq}[(\text{A}\cdots\text{B}\cdots\text{C})^{\neq}] \tag{12.21}$$

式中,$\nu_{\neq}$ 是导致活化络合物发生分解的不对称伸缩振动的频率,其数值很小,可假定 $h\nu_{\neq} \ll k_{\text{B}}T$。将式(12.20)代入式(12.21),得

$$r = \nu_{\neq}(K_c^{\neq})^{\ominus}(c^{\ominus})^{1-n}[\text{A}][\text{BC}] = k[\text{A}][\text{BC}]$$

所以

$$k = \nu_{\neq}(K_c^{\neq})^{\ominus}(c^{\ominus})^{1-n} = \nu_{\neq}K_c^{\neq} \tag{12.22}$$

式中,$K_c^{\neq}$ 是经验平衡常数。

假设反应是理想气体反应,基于统计热力学求算化学反应平衡常数的公式,对于三原

子系统(A + BC)发生共线作用时的快平衡步骤,则有

$$K_c^{\neq} = \frac{[(A\cdots B\cdots C)^{\neq}]}{[A][BC]} = \frac{\dfrac{f_{\neq}^{\ominus}}{L}}{\dfrac{f_A^{\ominus}}{L} \cdot \dfrac{f_{BC}^{\ominus}}{L}} \cdot \exp\left(-\frac{E_0}{RT}\right)$$

即

$$K_c^{\neq} = \frac{[(A\cdots B\cdots C)^{\neq}]}{[A][BC]} = \frac{f_{\neq}^{\ominus} L}{f_A^{\ominus} \cdot f_{BC}^{\ominus}} \cdot \exp\left(-\frac{E_0}{RT}\right) \tag{12.23}$$

式中,$f^{\ominus}$ 是不包含体积 V 和零点能的配分函数,依照本书第 7 章由统计热力学求算化学反应平衡常数公式的推证过程可知,$f^{\ominus}$ 的单位是 $mol \cdot m^{-3}$,$mol \cdot dm^{-3}$ 或 $mol \cdot cm^{-3}$,$L = 6.02 \times 10^{23}$;E_0 是活化络合物 $(A\cdots B\cdots C)^{\neq}$ 的零点能与反应物 $(A + BC)$ 的零点能之差值,这里,活化络合物及反应物分子的数目均为 1 mol 的量,即 6.02×10^{23}。E_0 相当于第 7 章由统计热力学求算化学反应平衡常数公式[式(7.54)]中的 $\Delta_r U_{0,m}^{\ominus}$。

现将配分函数 $f_{\neq}^{\ominus}$ 中相当于活化络合物分子中不对称伸缩振动的贡献分离出来,则

$$f_{\neq}^{\ominus} = (f_{\neq}^*)^{\ominus} \frac{1}{1 - \exp\left(-\dfrac{h\nu_{\neq}}{k_B T}\right)}$$

式中,$(f_{\neq}^*)^{\ominus}$ 是去除不对称伸缩振动的贡献后活化络合物分子的配分函数。前面已指出,$h\nu_{\neq} \ll k_B T$,即 $\dfrac{h\nu_{\neq}}{k_B T} \ll 1$,所以

$$\frac{1}{1 - \exp\left(-\dfrac{h\nu_{\neq}}{k_B T}\right)} \approx \frac{k_B T}{h\nu_{\neq}}$$

$$f_{\neq}^{\ominus} = (f_{\neq}^*)^{\ominus} \frac{k_B T}{h\nu_{\neq}}$$

即

$$K_c^{\neq} = \frac{(f_{\neq}^*)^{\ominus} L}{f_A^{\ominus} \cdot f_{BC}^{\ominus}} \cdot \frac{k_B T}{h\nu_{\neq}} \exp\left(-\frac{E_0}{RT}\right)$$

将上式代入式(12.22),得

$$k = \frac{k_B T}{h} \cdot \frac{(f_{\neq}^*)^{\ominus} L}{f_A^{\ominus} \cdot f_{BC}^{\ominus}} \exp\left(-\frac{E_0}{RT}\right) \tag{12.24}$$

式(12.24)即是由过渡态理论求算反应速率系数的统计热力学形式,由此求得的 k 值又称绝对反应速率系数。式中,k_B 是玻尔兹曼常数,h 是普朗克常数。$\dfrac{k_B T}{h}$ 通常称为普适常

数,单位是 s^{-1},常温下,其数量级为 10^{13} s^{-1}。

可以将式(12.24)推广到其他基元反应,一般写为

$$k = \frac{k_B T}{h} \cdot \frac{(f_{\neq}^*)^{\ominus} L^{(n-1)}}{\prod_B f_B^{\ominus}} \exp\left(-\frac{E_0}{RT}\right) \tag{12.25}$$

式中,n 为反应物的分子数,n 值取 1,2,3。式中的 E_0 为

$$E_0 = E_b + \left[\frac{1}{2}h\nu_{0,\neq} - \frac{1}{2}h\nu_0(反应物)\right]L \tag{12.26}$$

E_b 可从反应系统的势能面得到。$\prod_B f_B^{\ominus}$ 表示所有反应物分子的不包含体积 V 和零点能的配分函数 $f_B^{\ominus}$ 的连乘积。

例如,对于基元反应

$$A(单原子分子) + B(单原子分子) \longrightarrow P$$

$$k = \frac{k_B T}{h} \cdot \frac{[(f_t^{\ominus})^3 (f_r^{\ominus})^2]_{\neq} L}{(f_t^{\ominus})^3_A (f_t^{\ominus})^3_B} \exp\left(-\frac{E_0}{RT}\right)$$

单原子分子 A 与单原子分子 B 反应时,形成活化络合物 $(A\cdots B)^{\neq}$,$(A\cdots B)^{\neq}$ 的振动相当于一个单维简谐振子,该振动用于 $(A\cdots B)^{\neq}$ 的分解,故在配分函数项中不再出现。对于如下基元反应:

$$A(N_A,非线形多原子分子) + B(N_B,非线形多原子分子) \longrightarrow P$$

除了平动外,非线形多原子分子 A 有 3 个转动自由度,有 $(3N_A - 6)$ 个振动自由度,非线形多原子分子 B 也有 3 个转动自由度,有 $(3N_B - 6)$ 个振动自由度。A 与 B 形成的活化络合物无疑也是非线形的多原子分子,除了 3 个平动和 3 个转动自由度外,它总共有 $[3(N_A + N_B) - 6]$ 个振动自由度,其中一个用于活化络合物的分解,剩余的振动自由度为 $[3(N_A + N_B) - 7]$,则

$$k = \frac{k_B T}{h} \cdot \frac{\{(f_t^{\ominus})^3 (f_r^{\ominus})^3 (f_V^{\ominus})^{[3(N_A+N_B)-7]}\}_{\neq} L}{[(f_t^{\ominus})^3 (f_r^{\ominus})^3 (f_V^{\ominus})^{(3N_A-6)}]_A \cdot [(f_t^{\ominus})^3 (f_r^{\ominus})^3 (f_V^{\ominus})^{(3N_B-6)}]_B} \exp\left(-\frac{E_0}{RT}\right)$$

显而易见,基于过渡态理论,原则上根据分子的光谱数据即可计算得到配分函数,而且根据量子力学理论获得势能面并由此可以得到 E_0 的值,因此并不需要任何动力学实验数据,就可以求算出反应的速率系数。所以,过渡态理论又称绝对反应速率理论。

2. 计算反应速率系数的热力学形式

经典热力学理论用于讨论和处理与热力学平衡态有关的问题,而活化络合物是在讨论反应过程的非平衡态问题时提出的。从前面的叙述可知,过渡态理论的一个重要假设是,反应物分子与活化络合物分子之间可以快速建立起一个平衡,它实际是基于活化络合

物分子分解为产物的速率很慢这一认知上的一种假设。尽管络合物的分解很慢,但毕竟在不断地进行着。如果认为它与反应物分子之间存在平衡的话,也只能是一种稳态平衡。基于该平衡假设,这里则存在一个平衡常数 $K^{\ominus}$,而 $K^{\ominus}$ 与标准吉布斯自由能的改变值之间存在一个桥梁关系: $\Delta_r^{\neq} G_m^{\ominus}(c^{\ominus}) = -RT\ln(K_c^{\neq})^{\ominus}$,这一桥梁关系可进一步地将描述系统状态变化的热力学函数改变量与描述反应进程的速率系数联系起来,即用热力学函数的改变值来表达基元反应的速率。

仍以三原子系统的共线反应为对象,即

$$A + BC \xrightarrow{K_c^{\neq}} (A\cdots B\cdots C)^{\neq} \xrightarrow{k} AB + C$$

$$(K_c^{\neq})^{\ominus} = \frac{[(A\cdots B\cdots C)^{\neq}]/c^{\ominus}}{[A]/c^{\ominus} \cdot [BC]/c^{\ominus}} = K_c^{\neq} c^{\ominus}$$

式中, $K_c^{\neq}$ 为经验平衡常数。将上式推广至任意的基元反应,则有

$$(K_c^{\neq})^{\ominus} = K_c^{\neq}(c^{\ominus})^{n-1}$$

式中, n 为反应分子数(n 只能取 1,2,3)。根据桥梁关系式,则

$$\Delta_r^{\neq} G_m^{\ominus}(c^{\ominus}) = -RT\ln(K_c^{\neq})^{\ominus} = -RT\ln[K_c^{\neq}(c^{\ominus})^{n-1}]$$

式中, $\Delta_r^{\neq} G_m^{\ominus}(c^{\ominus})$ 是当浓度取物质的量浓度时的标准摩尔吉布斯自由能的改变值。上式变换,得

$$K_c^{\neq} = (c^{\ominus})^{1-n}\exp\left[-\frac{\Delta_r^{\neq} G_m^{\ominus}(c^{\ominus})}{RT}\right] \tag{12.27}$$

在前面,已得到求算反应速率系数的统计热力学形式,即

$$k = \frac{k_B T}{h} \cdot \frac{(f_{\neq}^*)^{\ominus} L}{f_A^{\ominus} \cdot f_{BC}^{\ominus}}\exp\left(-\frac{E_0}{RT}\right)$$

令 $\dfrac{(f_{\neq}^*)^{\ominus} L}{f_A^{\ominus} \cdot f_{BC}^{\ominus}}\exp\left(-\dfrac{E_0}{RT}\right) \approx K_c^{\neq}$,则

$$k = \frac{k_B T}{h} K_c^{\neq} \tag{12.28}$$

将式(12.27)代入式(12.28),则

$$k = \frac{k_B T}{h}(c^{\ominus})^{1-n}\exp\left[-\frac{\Delta_r^{\neq} G_m^{\ominus}(c^{\ominus})}{RT}\right] \tag{12.29}$$

因为 $\Delta_r^{\neq} G_m^{\ominus}(c^{\ominus}) = \Delta_r^{\neq} H_m^{\ominus}(c^{\ominus}) - T\Delta_r^{\neq} S_m^{\ominus}(c^{\ominus})$,则

$$k = \frac{k_B T}{h}(c^{\ominus})^{1-n}\exp\left[\frac{\Delta_r^{\neq} S_m^{\ominus}(c^{\ominus})}{R}\right] \cdot \exp\left[-\frac{\Delta_r^{\neq} H_m^{\ominus}(c^{\ominus})}{RT}\right] \tag{12.30}$$

式(12.29)和式(12.30)即是由过渡态理论计算反应速率系数的热力学形式。

需要说明的是,式(12.29)和式(12.30)既适用于理想气体基元反应,又可应用于凝聚相基元反应。

3. 补偿效应

从计算反应速率系数的热力学形式[式(12.30)]可以看出,反应速率不仅与活化焓有关,而且与活化熵有关,两者对反应速率的影响刚好相反。所以,有的反应虽然活化焓(其值近似于活化能的值)很高,但其活化熵可能很高,故反应仍然能以较大速率进行。

4. 活化焓 $\Delta_r^{\neq} H_m^{\ominus}$ 与阿伦尼乌斯活化能 E_a 之间的关系

活化焓 $\Delta_r^{\neq} H_m^{\ominus}$ 与阿伦尼乌斯活化能 E_a 是不同的,二者不仅物理含义不同,而且数值亦不相同。下面推求 $\Delta_r^{\neq} H_m^{\ominus}$ 与 E_a 的值之间的关系。

因为 $k = \dfrac{k_B T}{h} K_c^{\neq}$,而 $K_c^{\neq} = (K_c^{\neq})^{\ominus} (c^{\ominus})^{1-n}$,所以

$$k = \frac{k_B T}{h} (K_c^{\neq})^{\ominus} (c^{\ominus})^{1-n}$$

两边取对数,得

$$\ln k = \ln \frac{k_B (c^{\ominus})^{1-n}}{h} + \ln T + \ln (K_c^{\neq})^{\ominus}$$

两边对 T 进行微商,则

$$\frac{d\ln k}{dT} = \frac{1}{T} + \frac{d\ln (K_c^{\neq})^{\ominus}}{dT}$$

将范托夫公式 $\dfrac{d\ln (K_c^{\neq})^{\ominus}}{dT} = \dfrac{\Delta_r^{\neq} U_m^{\ominus}}{RT^2}$ 代入上式,则得

$$\frac{d\ln k}{dT} = \frac{1}{T} + \frac{\Delta_r^{\neq} U_m^{\ominus}}{RT^2} = \frac{RT + \Delta_r^{\neq} U_m^{\ominus}}{RT^2}$$

将上式与阿伦尼乌斯经验方程的微分形式 $\left(\dfrac{d\ln k}{dT} = \dfrac{E_a}{RT^2} \right)$ 进行比较,则有

$$E_a = \Delta_r^{\neq} U_m^{\ominus} + RT$$

即

$$E_a = \Delta_r^{\neq} H_m^{\ominus} - \Delta(pV)_m + RT$$

上式即是 E_a 与 $\Delta_r^{\neq} H_m^{\ominus}$ 关系的一般形式。对于理想气体反应,因为 $\Delta(pV)_m = (1-n)RT$,则

$$E_a = \Delta_r^{\neq} H_m^{\ominus} + nRT$$

对于凝聚相反应,因 $\Delta(pV)_m$ 很小,可忽略,则

$$E_a = \Delta_r^{\neq} H_m^{\ominus} + RT$$

式中,n 是基元反应的反应物分子数。

5. 速率系数的热力学形式与阿伦尼乌斯经验方程的比较

分两种情况进行比较。

(1) 对于理想气体反应,因为 $E_a = \Delta_r^{\neq} H_m^{\ominus} + nRT$,则

$$\Delta_r^{\neq} H_m^{\ominus} = E_a - nRT$$

$$k = \frac{k_B T}{h}(c^{\ominus})^{1-n} \exp\left[\frac{\Delta_r^{\neq} S_m^{\ominus}(c^{\ominus})}{R}\right] \cdot \exp\left[-\frac{\Delta_r^{\neq} H_m^{\ominus}(c^{\ominus})}{RT}\right]$$

所以

$$k = \frac{k_B T}{h}(c^{\ominus})^{1-n} e^n \exp\left[\frac{\Delta_r^{\neq} S_m^{\ominus}(c^{\ominus})}{R}\right] \cdot \exp\left(-\frac{E_a}{RT}\right)$$

上式与阿伦尼乌斯经验方程($k = A e^{-\frac{E_a}{RT}}$)进行比较,得

$$A = \frac{k_B T}{h}(c^{\ominus})^{1-n} e^n \exp\left[\frac{\Delta_r^{\neq} S_m^{\ominus}(c^{\ominus})}{R}\right]$$

(2) 对于凝聚相反应,$E_a = \Delta_r^{\neq} H_m^{\ominus} + RT$,则

$$\Delta_r^{\neq} H_m^{\ominus} = E_a - RT$$

将上述关系代入下式:

$$k = \frac{k_B T}{h}(c^{\ominus})^{1-n} \exp\left[\frac{\Delta_r^{\neq} S_m^{\ominus}(c^{\ominus})}{R}\right] \cdot \exp\left[-\frac{\Delta_r^{\neq} H_m^{\ominus}(c^{\ominus})}{RT}\right]$$

则有

$$k = \frac{k_B T}{h}(c^{\ominus})^{1-n} e \cdot \exp\left[\frac{\Delta_r^{\neq} S_m^{\ominus}(c^{\ominus})}{R}\right] \cdot \exp\left(-\frac{E_a}{RT}\right)$$

上式与阿伦尼乌斯经验方程进行比较,得

$$A = \frac{k_B T}{h}(c^{\ominus})^{1-n} e \cdot \exp\left[\frac{\Delta_r^{\neq} S_m^{\ominus}(c^{\ominus})}{R}\right]$$

可以看出,指前因子 A 与活化熵有关。

*七、穿透因子 α 及隧道效应

在势能图上,化学反应过程可看作反应物分子在势能面上沿反应路径(或反应坐标)

的运动过程,并且要求反应分子的能量达到活化的能量而形成活化络合物时才能进行。不过,有时反应物分子的能量虽然达到了要求,但反应亦未必能够发生。基于过渡态理论,活化络合物分子既可向前分解为产物,又可向后退回到反应物。

用穿透因子 α 来表示活化络合物能够分解形成产物的概率或分数。α 也常称为传递系数。对于大多数反应来说,α 接近于 1,但有两类反应的 α 值显著地偏离 1。一类是两个自由原子的气相复合反应或其逆向反应,另一类是包含电子能态转换的反应,如顺反异构化反应。两类反应的穿透因子 α 均远小于 1。另外,高能反应的穿透因子 α 一般也很小。

然而,在某些情况下,穿透因子 α 也可能大于 1,这可归结为量子力学中的隧道效应,即粒子在其能量低于势能垒时,亦可能出现在势能垒的另一侧。例如,H 原子参加的反应,其量子隧道效应就比较显著。

*八、过渡态与飞秒技术

过渡态或活化络合物是瞬时存在的,其持续时间可能只有皮秒(10^{-12} s)或飞秒(10^{-15} s)量级。

一般认为,20 世纪 70 年代,时间分辨率在微秒(10^{-6} s)量级,能够对 10^{-3} s 以下的快速反应进行测试。到了 80 年代,时间分辨率已达皮秒、飞秒量级,可以观测和获得反应动态过程的演变信息。在这一时期,泽维尔(A. H. Zewail,1946—2016)使用超短激光"照相"技术直接观测化学反应中的超快过程,由此建立了飞秒化学。泽维尔发展了极为精巧的飞秒泵浦-探测技术,利用该技术,对一系列光驱动的化学反应进行了飞秒分辨的实验研究。他开创性地观测到 ICN 的光解离反应(ICN $\longrightarrow$ I + CN)在 I—N 键即将断裂时的过渡态。这个反应在 2×10^{-13} s 内即可完成。

九、应用过渡态理论的计算示例

例 12.3   实验证明丁二烯气相二聚反应速率系数 k 与温度 T 的关系为

$$k/(\mathrm{mol}^{-1} \cdot \mathrm{dm}^3 \cdot \mathrm{s}^{-1}) = 9.2 \times 10^9 \exp\left(-\frac{23960}{T/\mathrm{K}}\right)$$

已知此反应 $\Delta_r^{\neq} S_m^{\ominus} = -60.79 \ \mathrm{J} \cdot \mathrm{mol}^{-1} \cdot \mathrm{K}^{-1}$,丁二烯的直径为 5.00×10^{-10} m。分别利用(1)碰撞理论和(2)过渡态理论,计算此反应在 600 K 时的指前因子 A,并讨论计算结果。

解: 将题中给出的反应速率系数 k 与温度 T 的关系与阿伦尼乌斯经验方程进行对照,可得

$$\frac{E_a}{R} = 23960 \ \mathrm{K}$$

$$E_a = 199203 \ \text{J} \cdot \text{mol}^{-1}$$

$$A = 9.2 \times 10^9 \ \text{mol}^{-1} \cdot \text{dm}^3 \cdot \text{s}^{-1}$$

（1）按碰撞理论计算。丁二烯二聚反应属于 $2A \longrightarrow P$ 型双分子反应，其反应速率系数的计算形式为

$$k = 2\pi d_{AA}^2 L \sqrt{\frac{RT}{\pi M_A}} \mathrm{e}^{-\frac{E_c}{RT}} = 2\pi d_{AA}^2 L \sqrt{\frac{RTe}{\pi M_A}} \mathrm{e}^{-\frac{E_a}{RT}}$$

与阿伦尼乌斯经验方程进行对照，则

$$A = 2\pi d_{AA}^2 L \sqrt{\frac{RTe}{\pi M_A}}$$

式中，$d_{AA} = 5.00 \times 10^{-10}$ m，$M_A = 54.1 \times 10^{-3}$ kg $\cdot$ mol^{-1}。将这些数据代入上式，可得

$$A = 2.67 \times 10^8 \ \text{mol}^{-1} \cdot \text{m}^3 \cdot \text{s}^{-1} = 2.67 \times 10^{11} \ \text{mol}^{-1} \cdot \text{dm}^3 \cdot \text{s}^{-1}$$

（2）按过渡态理论计算，则

$$k = \frac{k_B T}{h}(c^\ominus)^{1-n} \exp\left[\frac{\Delta_r^{\neq} S_m^\ominus(c^\ominus)}{R}\right] \cdot \exp\left[-\frac{\Delta_r^{\neq} H_m^\ominus(c^\ominus)}{RT}\right]$$

因为反应是气相双分子反应，则 $\Delta_r^{\neq} H_m^\ominus = E_a - 2RT$，将此关系代入上式中，得

$$k = \frac{k_B T}{h}(c^\ominus)^{-1} \mathrm{e}^2 \exp\left[\frac{\Delta_r^{\neq} S_m^\ominus(c^\ominus)}{R}\right] \cdot \exp\left(-\frac{E_a}{RT}\right)$$

与阿伦尼乌斯经验方程进行对照，则

$$A = \frac{k_B T}{h}(c^\ominus)^{-1} \mathrm{e}^2 \exp\left[\frac{\Delta_r^{\neq} S_m^\ominus(c^\ominus)}{R}\right]$$

将 $\Delta_r^{\neq} S_m^\ominus = -60.79$ J $\cdot$ mol^{-1} $\cdot$ K^{-1}，$T = 600$ K 等数据代入上式，求得

$$A = 6.160 \times 10^{10} \ \text{mol}^{-1} \cdot \text{dm}^3 \cdot \text{s}^{-1}$$

比较可知，由碰撞理论计算得到的指前因子 A 值大于由过渡态理论计算得到的 A 值。

例 12.4 在不同的温度下测定 $N_2O_5(g)$ 分解反应的速率系数，得到如下数据：

T/K	273	298	318	338
k/s^{-1}	7.83×10^{-7}	3.33×10^{-5}	5.00×10^{-4}	5.00×10^{-3}

利用这些数据，求算在 273 K 时的 E_c、$\Delta_r^{\neq} H_m^\ominus$ 和 $\Delta_r^{\neq} S_m^\ominus$。

解：首先,利用阿伦尼乌斯经验方程的定积分形式

$$\ln\frac{k_2}{k_1} = \frac{E_a}{R}\left(\frac{1}{T_1} - \frac{1}{T_2}\right)$$

基于题中不同温度下的反应速率系数数据,求得活化能 E_a。

$$E_a = 103 \text{ kJ} \cdot \text{mol}^{-1} \quad (\text{平均值})$$

$$E_c = E_a - \frac{1}{2}RT$$

$$= 103 \text{ kJ} \cdot \text{mol}^{-1} - \frac{1}{2} \times 8.314 \text{ J} \cdot \text{K}^{-1} \cdot \text{mol}^{-1} \times 273 \text{ K}$$

$$= 101.9 \text{ kJ} \cdot \text{mol}^{-1}$$

$N_2O_5(g)$ 分解反应是气相反应(反应物分子数 $n = 1$),所以

$$\Delta_r^{\neq}H_m^{\ominus} = E_a - nRT = E_a - RT$$

$$= 103 \text{ kJ} \cdot \text{mol}^{-1} - 8.314 \text{ J} \cdot \text{K}^{-1} \cdot \text{mol}^{-1} \times 273 \text{ K} = 100.7 \text{ kJ} \cdot \text{mol}^{-1}$$

过渡态理论的热力学计算形式为

$$k = \frac{k_B T}{h}(c^{\ominus})^{1-n}\exp\left[\frac{\Delta_r^{\neq}S_m^{\ominus}(c^{\ominus})}{R}\right] \cdot \exp\left[-\frac{\Delta_r^{\neq}H_m^{\ominus}(c^{\ominus})}{RT}\right]$$

将 $T = 273$ K, $k = 7.83 \times 10^{-7}$ s^{-1}, $\Delta_r^{\neq}H_m^{\ominus} = 100.7$ kJ $\cdot$ mol^{-1} 等数据代入上式,得

$$\Delta_r^{\neq}S_m^{\ominus} = 7.8 \text{ J} \cdot \text{K}^{-1} \cdot \text{mol}^{-1}$$

例 12.5 我们知道,对许多反应来说,按简单碰撞理论所求得的反应速率系数 k,与实验值相差很大,所以在碰撞理论中需要引入方位因子 P 来修正这种偏差,而 P 很难从理论上计算。这是碰撞理论的重大缺陷。简单碰撞理论中所出现的这种问题,主要是理论所采用的模型过于粗糙而没有考虑分子的内部结构所导致的。过渡态理论从反应分子的微观结构出发,考虑了反应进程中分子结构的变化,因此,对多数反应来说,由过渡态理论公式计算的反应速率系数 k,都能与实验值相吻合。由此可见,利用过渡态理论即可对碰撞理论中的方位因子 P 进行估算,也就是说,在应用简单碰撞理论时,可以结合过渡态理论解决 P 的值,以弥补碰撞理论的不足。试采用过渡态理论估算(1) 两个单原子分子反应系统(A + B $\longrightarrow$ 产物)和(2) 一个单原子分子与一个双原子分子反应系统(A + BC $\longrightarrow$ 产物,非共线作用)的方位因子 P。

解：(1) 对于基元反应：A + B $\longrightarrow$ 产物,按照过渡态理论假设,其反应细节表示为

$$A + B \Longrightarrow (A \cdots B)^{\neq} \longrightarrow 产物$$

单原子分子 A 和 B 各自都没有转动和振动,只有 3 个平动自由度,活化络合物分子是双原子分子,除了 3 个平动自由度外,还有 2 个转动自由度和 1 个振动自由度,其中振动用于活化络合物的分解。按照过渡态理论的统计热力学计算形式,则

$$k = \frac{k_B T}{h} \cdot \frac{f_{\neq}^* L^{(n-1)}}{\prod\limits_B f_B} \exp\left(-\frac{E_0}{RT}\right) = \frac{k_B T}{h} \cdot \frac{f_{t,\neq}^3 \, f_{r,\neq}^2 L}{f_{t,A}^3 \, f_{t,B}^3} \exp\left(-\frac{E_0}{RT}\right)$$

这里应当注意的是,为简洁明了,直接用 f 代替了 $f^{\ominus}$。另一基元反应也照此处理。

假定不同的分子,它们的同一种运动形式(如平动)在每个自由度上的配分函数值相差不大,在数量级上是相同的。换言之,可以认为不同分子的 f_t 都相同,f_r 都相同,f_V 也都相同。从各种运动的配分函数 f 与温度 T 的依赖关系可知,f_t 的值为 $10^{8\sim9}$ cm^{-1},f_r 的值为 $10^{1\sim2}$,f_V 的值为 $10^{0\sim1}$。前面也已指出,在通常温度下,$\dfrac{k_B T}{h}$ 约为 10^{13} s^{-1}。则

$$k \approx 10^{13} \times \frac{10^{2\sim4} \times 6.02 \times 10^{23}}{(10^{8\sim9})^3} \exp\left(-\frac{E_0}{RT}\right)$$

$$= 6.02 \times 10^{13\sim14} \exp\left(-\frac{E_0}{RT}\right) \quad (\text{mol}^{-1} \cdot \text{cm}^3 \cdot \text{s}^{-1})$$

因为我们认为,过渡态理论计算结果与实验结果是吻合的,所以实际的指前因子 $A = 6.02 \times 10^{13\sim14}$ mol$^{-1} \cdot$ cm$^3 \cdot$ s^{-1}。在碰撞理论中,把两个单原子之间的反应当作硬球之间的碰撞进行处理,计算结果并不会发生偏差,这种考虑是合理的。因此,对于基元反应 A + B ⟶ 产物,由碰撞理论计算的指前因子 Z^0(这里,Z^0 不是碰撞频率,只是用它表示由碰撞理论获得的指前因子)必然等于 A,即 $A = 6.02 \times 10^{13\sim14}$ mol$^{-1} \cdot$ cm$^3 \cdot$ s^{-1}。故该基元反应的方位因子 $P = 1$。

$Z^0 = 6.02 \times 10^{13\sim14}$ mol$^{-1} \cdot$ cm$^3 \cdot$ s^{-1},可以作为双分子碰撞反应的基准使用,当使用过渡态理论的统计热力学形式估算出某具体的双分子反应的指前因子 A 值后,将 A 值除以 $6.02 \times 10^{13\sim14}$ mol$^{-1} \cdot$ cm$^3 \cdot$ s^{-1},即得该双分子反应的方位因子 P。

(2)对于基元反应 A + BC ⟶ 产物,按照过渡态理论假设,其反应细节表示为

$$A + BC \rightleftharpoons (A \cdots B \cdots C)^{\neq} \longrightarrow 产物$$

因为反应为非共线作用,所以活化络合物分子 $(A \cdots B \cdots C)^{\neq}$ 为非线形分子。除了 3 个平动自由度外,该活化络合物分子还有 3 个转动自由度和 3 个振动自由度,其中 1 个振动用于络合物的分解。按照在(1)中给出的假定和思路,则

$$k = \frac{k_B T}{h} \cdot \frac{f_{t,\neq}^3 \, f_{r,\neq}^3 \, f_{v,\neq}^2 L}{f_{t,A}^3 \, f_{t,BC}^3 \, f_{r,BC}^2 \, f_{v,BC}} \exp\left(-\frac{E_0}{RT}\right)$$

$$= 10^{13} \times \frac{10^{1\sim2} \times 10^{0\sim1} \times 6.02 \times 10^{23}}{10^{24\sim27}} \exp\left(-\frac{E_0}{RT}\right)$$

$$= 6.02 \times 10^{12 \sim 13} \exp\left(-\frac{E_0}{RT}\right) \quad (\text{mol}^{-1} \cdot \text{cm}^3 \cdot \text{s}^{-1})$$

即　　　　　　　　$A = 6.02 \times 10^{12 \sim 13} \ \text{mol}^{-1} \cdot \text{cm}^3 \cdot \text{s}^{-1}$

因此,该反应的方位因子为

$$P = \frac{6.02 \times 10^{12 \sim 13} \ \text{mol}^{-1} \cdot \text{cm}^3 \cdot \text{s}^{-1}}{6.02 \times 10^{13 \sim 14} \ \text{mol}^{-1} \cdot \text{cm}^3 \cdot \text{s}^{-1}} \approx 10^{-1}$$

十、过渡态理论的优势与不足

与碰撞理论相比,过渡态理论具有如下优势:(1)原则上根据参加反应的粒子的光谱数据及基于量子力学理论描绘的反应系统势能面图,即可计算反应的速率系数,而无须实验活化能数据;(2)已经知道,对于许多反应,简单碰撞理论的计算值与实验值存在较大偏差,因此需要引入方位因子 P 来校正,而实际上 P 很难计算。然而,应用过渡态理论可以估算方位因子 P 的值,由此可以弥补简单碰撞理论的这一不足。

此外,过渡态理论对阿伦尼乌斯经验方程中的指前因子 A 的内涵进行了明确,认为它与活化熵有关,从而可以利用所谓的"补偿效应"解释化学反应的一些现象;过渡态理论基于势能面图,亦能形象地表明反应进行的路径是一条能量最低的通道,以及反应为什么需要活化能,等等。

过渡态理论也存在诸多不足,主要表现是:(1)对于复杂的多原子反应系统,绘制势能面图存在困难;(2)由于对反应进程中活化络合物的了解还很少,其光谱数据亦难以直接由实验获取,故目前主要靠推测开展一些工作,再与类似的稳定分子对照,估算出活化络合物分子的转动惯量、振动频率等微观数据;(3)在应用过渡态理论的热力学形式时,需要知道活化熵($\Delta_r^{\neq}S_m^{\ominus}$)数据,目前主要依靠推测得到活化络合物的构型,然后由统计热力学的方法计算得到 $\Delta_r^{\neq}S_m^{\ominus}$。凡此种种,必然使过渡态理论的应用受到很大限制。

不过,应当说明的是,随着理论计算的发展,目前通过理论计算的方式已可以获得活化络合物的构型,并得到转动惯量、振动频率等微观数据。

12.3　单分子反应速率理论

基于简单碰撞理论的思想,我们知道,反应要发生,分子间必须进行碰撞,通过碰撞产生活化分子,活化分子方可进一步转变为产物分子。按照过渡态理论,分子发生碰撞后,须形成活化络合物才能进一步反应形成产物。由此看来,一个反应的发生,碰撞过程是必须经历的。而碰撞则至少需要两个分子,所以严格来讲,真正意义上的单分子反应并不存在。但是,简单的一级反应(即一级基元反应)确实存在。如何看待并解释这种矛盾现象呢?

从 20 世纪 20 年代开始,针对单分子反应,相继建立了各种理论,以解释上面提到的矛盾。这里仅选择介绍几种具有代表性的单分子反应理论。

单分子反应理论,实际并不是一种独立的理论。它是针对单分子反应,在简单碰撞理论或过渡态理论的基础上进行了某些修正的理论,因此可以对单分子反应的进程进行比较客观的描绘。

一、林德曼单分子反应理论

1. 单分子气相反应的细节

1922 年,林德曼(F. A. Lindemann,1886—1957)针对单分子反应 $A \longrightarrow P$,提出其反应进行的细节:

$$A + A \underset{k_{-1}}{\overset{k_1}{\rightleftharpoons}} A^* + A \tag{1}$$

$$A^* \overset{k_2}{\longrightarrow} P \tag{2}$$

林德曼认为,按(1)的正向进行的是碰撞活化过程,A^* 是由同种分子 A 发生碰撞产生的活化分子,即 A^* 获得的能量来源于碰撞。基于碰撞理论,碰撞活化过程的速率系数为

$$k_1 = 2\pi d_{AA}^2 L \sqrt{\frac{k_B T}{\pi m_A}} e^{-\frac{\varepsilon_c}{k_B T}}$$

林德曼还认为,碰撞形成的活化分子 A^* 并不立即转变成产物,此时它要进行分子内部的传能过程,以便把能量集中到要破裂的化学键上。这段从碰撞活化到发生转变的时间差,称为时滞。在时滞期间,A^* 也有可能消活化,重新变成普通分子。碰撞活化与消活化之间存在一个平衡。

可见,林德曼单分子反应理论乃是碰撞理论与时滞假设的结合。它能够解释某些单分子反应为什么在不同压力下展现不同的级数。

2. 单分子反应的级数

气相单分子反应(如乙醚在 773 K 左右的热分解反应)在高压下为一级反应,而在低压下则表现为二级反应。在从一级向二级进行过渡时,反应速率存在"降变"现象,这是林德曼单分子反应过程的重要特征。

基于林德曼提出的单分子反应过程的细节,当以产物 P 的浓度随时间的变化表示反应速率时,则

$$\frac{d[P]}{dt} = k_2[A^*]$$

将 A^* 看作中间态,按照稳态近似,则

$$\frac{d[A^*]}{dt} = k_1[A]^2 - k_{-1}[A][A^*] - k_2[A^*] = 0$$

$$[A^*] = \frac{k_1[A]^2}{k_{-1}[A] + k_2}$$

$$\frac{d[P]}{dt} = \frac{k_1 k_2 [A]^2}{k_{-1}[A] + k_2} \tag{12.31}$$

如果 $k_2 \ll k_{-1}[A]$,即 A^* 变成产物的速率远小于其消活化的速率,则

$$\frac{d[P]}{dt} = \frac{k_1 k_2 [A]}{k_{-1}} \tag{12.32}$$

反应表现为一级。如果 $k_2 \gg k_{-1}[A]$,即 A^* 变成产物的速率远大于其消活化的速率,则式(12.31)变为

$$\frac{d[P]}{dt} = k_1[A]^2 \tag{12.33}$$

显然,此时反应表现为二级。

对一些单分子气相反应而言,在高压(p_A 很大)时,反应物浓度 $[A]$ 很大,反应物分子碰撞次数多,A^* 消活化速率大,则反应表现为一级;如果该反应在低压(p_A 很小)下进行,此时由于反应物浓度 $[A]$ 较小,A^* 与 A 发生碰撞而消活化的机会也少,相对来说,活化分子 A^* 转变为产物 P 的速率大,因此表现为二级反应。

应当指出的是,对于结构比较复杂的单分子反应,碰撞活化后的时滞较长,在转变为产物之前很可能与其他分子碰撞而消活化,因此,即使在低压下,也常常表现为一级反应;而结构简单的单分子反应在低压下则表现为二级反应。

根据式(12.32),令 $\dfrac{k_1 k_2}{k_{-1}} = k_{表观}$,则

$$\frac{d[P]}{dt} = k_{表观}[A]$$

根据式(12.33),若令 $k_1[A] = k_{表观}$,则

$$\frac{d[P]}{dt} = k_{表观}[A]$$

根据式(12.31),并令 $\dfrac{k_1 k_2 [A]}{k_{-1}[A] + k_2} = k_{表观}$,则

$$\frac{d[P]}{dt} = k_{表观}[A] \tag{12.34}$$

当将气体看作理想气体时,则反应物 A 的物质的量浓度$[A]$与其压力 p_A 成正比。如果以 $\ln k_{表观} - \ln p_A$ 作图,所得曲线如图 12.8 所示。

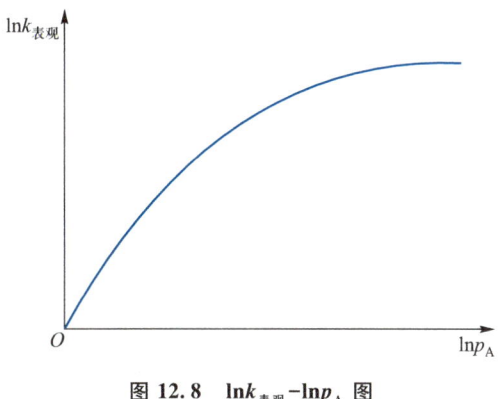

图 12.8 $\ln k_{表观}-\ln p_A$ 图

由图可见,反应在低压下为二级反应,在高压下为一级反应,在低压与高压之间是一个级数逐渐变化的过渡区,即降变区。

应当注意的是,图 12.8 中纵、横坐标相交处并非坐标原点。

3. 主要问题

林德曼单分子反应理论在定性方面与实际吻合较好,其主要问题表现在定量方面。在定量上,林德曼单分子反应理论的计算结果与实验结果往往有不容忽视的偏离,即由理论计算所得的速率系数值与基于实验得到的值存在较为明显的偏差。

*二、欣谢尔伍德理论和 RRK 理论

1. 欣谢尔伍德理论

前面已述及,林德曼单分子反应理论的定量结果与实验结果有偏离。这是什么原因造成的呢? 我们知道,林德曼单分子反应理论即是简单碰撞理论与时滞假设的结合。而简单碰撞理论将反应分子看作没有内部结构的硬球,其碰撞活化过程仅考虑相对平动能在连心线上的分量超过阈能(反应临界能)ε_c 的情况。事实上,分子是有内部结构的,除了平动之外,还有各种振动和转动。例如,反应分子的碰撞可能激发其振动,从而引起化学变化。这样,活化分子实际有所增加。据此,1926 年,欣谢尔伍德在林德曼提出的单分子反应理论基础上,针对碰撞活化过程进行了改进。当反应分子振动自由度为 s 时,基于统计力学等相关知识,可得碰撞活化过程的速率系数 k_1 为

$$k_1 = \frac{2\pi d_{AA}^2 L \sqrt{\dfrac{k_B T}{\pi m_A}}}{(s-1)!} \left(\frac{\varepsilon_c}{k_B T}\right)^{s-1} \exp\left(-\frac{\varepsilon_c}{k_B T}\right) \tag{12.35}$$

它与简单碰撞理论计算速率系数 k_{AA} 的形式［即式（12.14）］相比，多了乘积项 $\dfrac{1}{(s-1)!}\left(\dfrac{\varepsilon_c}{k_B T}\right)^{s-1}$，这在一定程度上解决了林德曼单分子反应理论在定量上与实验结果偏离的问题。但是，依然与实验结果有较大差别。在很多情况下，将实验数据代入式（12.35）计算得到的 s 值小于分子实际的简谐振子数。

欣谢尔伍德理论，也常称林德曼-欣谢尔伍德理论。

2. RRK 理论

1927 年，卡塞尔（L. S. Kassel）、赖斯（O. K. Rice）和拉姆斯佩格（H. C. Ramsperger）在林德曼单分子反应理论的基础上，针对活化分子 A^* 分解形成产物过程的速率系数 k_2，给出了更为精确的计算方法。他们提出分子内传能的假设，即在活化分子的所有振动自由度中假设有 s 个可以参与分子内传能。基于统计力学，计算分子在一定能量下将高于反应势能垒的能量分配到反应坐标上的概率（反应坐标上对应简谐振子的能量必须大于反应阈能，才能反应），进而计算反应速率系数 k_2。k_2 的计算式为

$$k_2 = A\left(\frac{\varepsilon - \varepsilon_c}{\varepsilon}\right)^{s-1} \tag{12.36}$$

式中，系数 A 近似等于振动频率，为 $10^{13} \sim 10^{14}\ s^{-1}$。

在此基础上，可求算单分子反应的表观速率系数。

不过，在许多情况下，该理论的计算值与实验值仍然有较显著的偏差。

三、RRKM 理论

20 世纪 50 年代，著名化学家马库斯（R. A. Marcus）改进了 RRK 理论，将 RRK 理论纳入过渡态理论的范畴，就是现今所谓的 RRKM 理论。它是目前与实验结果比较吻合的单分子反应理论。由于 RRKM 理论涉及的知识面很广，这里只能就某些方面进行简要介绍。在 RRKM 理论中，单分子反应的细节表示为

$$A + A \underset{k_{-1}}{\overset{k_1}{\rightleftharpoons}} A^* + A \tag{1}$$

$$A^* \xrightarrow{k_2(E^*)} (A^*)^{\neq} \xrightarrow{k^{\neq}} P \tag{2}$$

可以看出，该理论对活化分子 A^* 转变为产物 P 的过程作了修改。A^* 要转变为产物，须先转变为活化络合物 $(A^*)^{\neq}$，A^* 向 $(A^*)^{\neq}$ 的转变过程，即相当于林德曼单分子反应理论中的时滞。与上述反应细节相对应的一个重要假设是，A 转变为产物的充要条件是分子内部的总能量大于某一临界能，这一假设意味着分子能量可以在总能固定条件下的所有可及的振动量子态间快速自由传递（即所谓分子内的能量随机化），因而分子内部能量传递要比 A^* 转变为产物的速率快得多。

RRKM 理论的核心是计算 k_2 的值。该理论认为，k_2 是 E^* 的函数，A^* 所获得的能量 E^* 越大，反应速率则越大，当 $E^* <$ 能垒 E_b 时，$k_2 = 0$；而当 $E^* > E_b$ 时，$k_2 = k_2(E^*)$。相应地，RRKM 理论一个重要亮点是，$k_2(E^*)$ 的计算采用微正则系综的过渡态理论，由于这是马库斯首先建立的，所以微正则系综过渡态理论又称为微正则系综的 RRKM 理论。

显而易见，RRKM 理论在应用碰撞理论的基础上，又吸收了过渡态理论的思想。但与艾林和波拉尼等人建立的过渡态理论又有所差别。基于 RRKM 理论，活化分子 A^* 一旦形成过渡态分子 $(A^*)^{\neq}$，就要向产物转变，而不再返回。

综上所述，在单分子反应理论的发展过程中，先后形成了多个理论，包括林德曼单分子反应理论、欣谢尔伍德理论、RRK 理论、RRKM 理论等，后面几种皆是在林德曼单分子反应理论的基础上建立的。其中，RRKM 理论具有计算方法先进、适用范围广、与实验结果符合较好等诸多优势。

当然，RRKM 理论亦并非完美无缺。随着分子束等技术的广泛和有效应用，研究发现一些有机分子特别是大而结构复杂分子的反应，并不完全符合 RRKM 理论。

*12.4 分子反应动态学及其实验技术简介

一、研究分子反应动态学的实验技术发展概述

自 20 世纪下半叶以来，人们开始应用先进实验手段和新的理论方法研究化学反应的快慢及机制，这标志着化学动力学研究跨入了一个崭新的阶段，分子反应动态学（又称分子反应动力学）由此诞生。也因此，从化学动力学的角度考虑，可将化学反应划分为三个层次：（1）总包反应，（2）基元反应，（3）态-态反应，即从指定能态反应物到指定能态产物的反应。基元反应进行的细节问题及态-态反应，均是分子反应动态学的重要研究内容。

分子反应动态学的发展与分子束技术特别是交叉分子束技术及其在气相基元反应中的应用是分不开的。交叉分子束技术可以研究在单次碰撞时，相互作用的分子的物理和化学行为，以及这类行为的速率。

分子束技术最早诞生于 1911 年，当时称为分子射线。20 世纪 20 年代，德国物理学家施特恩（O. Stern, 1888—1969）首先使用分子束技术验证了气体分子运动理论中的麦克斯韦速率分布律。他与格拉赫（W. Gerlach, 1889—1979）合作，利用分子束方法研究了多原子磁矩和质子磁矩，并通过氢原子和氦分子束产生干涉，测量了这些粒子的动量和波长之间的德布罗意关系。这些研究工作是施特恩获得 1943 年诺贝尔物理学奖的重要支撑。几乎在同一时期，波拉尼（M. Polanyi）设想通过两束分子发生碰撞，以获取化学反应速率理论中涉及的反应截面信息，但限于当时的实验条件，未能成功。分子束技术真正用于化

学反应的研究是从 50 年代才开始的。1954 年,穆恩(P. B. Moon)等人成功地将分子束技术应用于研究 $Cs + CCl_4$ 系统的反应动力学。随后在五六十年代,泰勒(E. H. Taylor)、戴茨(S. Datz)、赫施巴赫、格林(E. F. Greene)、伯恩斯坦(R. B. Bernstein)等利用交叉分子束方法相继研究了与碱金属相关的一系列反应的动力学,得到产物分子的角度分布、平动能分布、活化络合物分子的寿命、反应截面与碰撞能量之间的关系等信息。

相比在物理学上的应用,分子束方法在化学上的应用相对滞后,其主要原因是在分子检测方面存在极大困难。在交叉分子束实验中,散射至检测区域的分子数目为每秒几十个甚至只有几个,这对检测来说是巨大挑战。20 世纪五六十年代,化学工作者使用的检测手段主要是表面电离计,由于碱金属原子的电离势较小,它对碱金属及其化合物的响应相当灵敏,所以当时所研究的反应系统绝大多数是碱金属原子参与的反应,这在分子束化学反应动力学发展的早期阶段形成了耀眼的“碱金属时代”。当时,也曾尝试采用质谱技术来检测和鉴别产生的粒子,但背景干扰过大,不便于获取必要的信息。

后来,李远哲和赫施巴赫亲自设计了高效率且可转动的电子轰击装置,采用差分抽真空办法及深冷阱措施,克服了背景干扰大的缺陷,凭借高灵敏度可转动的四极质谱仪测试了很多基元反应产物的角度分布和速度分布,获得了精确而可靠的研究结果,从而使交叉分子束散射实验的研究范围扩展至非碱金属反应系统,如 $H + Cl_2$ 和 $Cl + Br_2$ 等。伯恩斯坦曾明确地指出,随后所进行的一系列相关研究工作大部分都是利用此种电子轰击电离-质谱仪实验装置完成的。

除了分子束外,激光也是研究分子反应动态学的重要实验手段。纵观分子反应动态学的研究工作,涉及的实验方法相当多。其中,交叉分子束、红外化学发光、激光诱导荧光是三种主要方法。

二、交叉分子束实验方法

1. 交叉分子束技术的主要研究内容和意义

交叉分子束技术能够提供最重要的实验数据,是研究分子碰撞行为的基本手段。

当碰撞使反应分子的化学结构发生变化,散射分子是新生的产物分子时,这样的碰撞散射行为即称为反应散射。因此,在反应散射实验中进行的是真正的基元化学反应。对反应散射的研究可以使人们大大加深对基元反应的认识。具体包括如下六个方面。

(1) 直接观察产物分子,并测定基元反应的速率。因为反应在单次碰撞条件下发生,检测仪直接检测的是一次碰撞的产物分子,从而可有效避免对多次碰撞反应的中间产物的人为猜测,这对研究基元反应的细节具有重大意义。

测定基元反应速率是交叉分子束实验的又一优势。在反应散射实验中可以获得反应散射的角度分布和相对平动能分布,由此可求求反应截面和相对平均速率。反应截面 σ_r 小于碰撞截面,前者与后者的比值即是碰撞时发生反应的概率。反应截面 σ_r 与反应分子的相对平均速率 v_r 之乘积即为反应速率系数 k。

（2）通过考察各种因素如分子束强度、速率等对反应散射结果的影响，可从微观上获取反应动力学的各种重要信息。

改变分子束的强度，可获得反应速率与分子数密度之间的定量关系，从而确定反应的分子性，即宏观上所谓的反应级数。

通过改变分子束的速率，可获得反应速率与反应物分子的平动能之间的关系。结果表明，某些反应对反应物分子的平动能有最低要求，低于此值，检测不到产物分子，此值与活化能及反应速率理论中的反应阈能是密切相关的。

（3）可以从微观上考察平行基元反应的速率大小及其动力学现象。在分子反应动态学中，将平行反应称为反应通道，两个反应通道的反应截面之比，即为反应通道的概率之比，等于平行反应的速率之比。

各反应通道在动力学上的差异也可通过反应散射实验反映出来。例如，在一定能量下，只有某一个反应通道能进行反应，当能量增加到一定程度后，另外的反应通道方能发生反应。

（4）可以探测基元反应的中间态寿命，从而确定反应进行的模式。通过对反应散射的角度分布和速率分布进行分析，可以绘制微分反应截面图，或者在质心坐标系中绘制产物分子的通量－速度－角度等量线图。如果等量线图（或微分反应截面图）呈现向前或向后的不对称分布，则意味着中间态的寿命很短，小于转动周期，此类反应为直接反应模式；如果等值图（或微分反应截面图）呈现前后对称分布，则意味着中间态的寿命较长，可达几个转动周期，这样的反应属于形成活化络合物的反应模式。

（5）研究态-态反应。态-态反应是许多新兴学科的建立与发展必不可少的理论基础，态-态反应动力学是分子反应动态学发展的新阶段，也是该领域目前的研究重点。但研究态-态反应常常需要将分子束技术与激光等技术相结合来进行。分子束技术可以选定反应物分子的平动能，并测定产物分子的平动能分布，激光技术可以选定反应物分子的转动和振动等能态，并获得产物分子在转动和振动等能态上的分布信息，由此可以深入量子态层次了解反应动力学的规律。

（6）分子束可以研究在气－固相界面处发生的化学、物理行为。分子束在固体表面的散射是研究气体与固体相互作用的一种方法。它可以在分子水平上揭示气体在固体表面的吸附、脱附以及表面催化过程的本质，也可以作为表面结构分析的工具使用。它可以获得散射粒子的角度分布、速率分布及在表面的停留时间分布；可以研究单束分子与固体表面的相互作用，也可以研究两束分子在固体表面上的反应等。

2. 交叉分子束实验装置

如图 12.9 所示，交叉分子束实验装置主要包括分子束的产生系统、检测系统及真空系统。

（1）分子束产生的部件。分子束产生的部件称为分子束源，它主要包括溢流源和超声喷管源两类。

溢流源就是一个加热炉。将反应物放入炉内加热，使之变成蒸气，然后从出口处的小

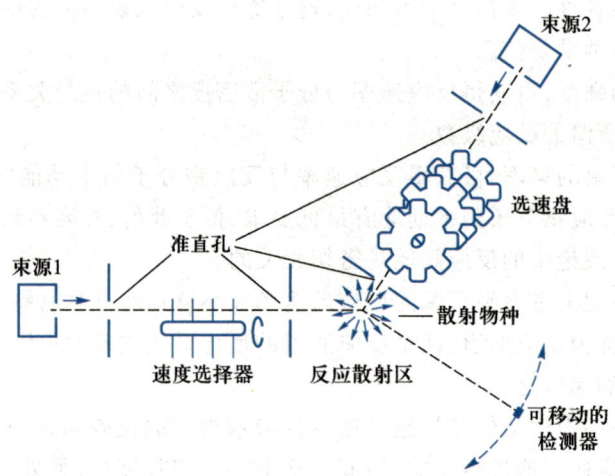

图 12.9　交叉分子束实验装置示意图

孔溢出。小孔的尺寸小于溢流源内分子热运动的平均自由程,因而从小孔出来的气体反应物可以形成自由分子流,亦即分子束。

溢流源产生的分子束,束流强度低,分子运动速度大小不一,即速率分布范围较宽。为了使进入反应室的分子具有较窄的速率分布,需要使用选速器进行选速。选速器由一系列带有齿孔的圆盘组成,每个圆盘上有数目不等的齿孔。经过选速后,分子束强度又会大幅衰减。

应用超声喷管源,可将分子束的强度提高几个数量级。在喷管源内,压力很高的反应物气体忽然以超声速向真空中进行绝热膨胀,分子随机的热运动即转变为有序的束流,此时分子束的速率分布范围较窄,通常不需要选速。改变喷管源内气体的压力,即可改变分子的运动速率。

(2) 交叉分子束实验的反应散射区。两束分子交叉的部位及其附近区域是反应散射区。稀薄的两束分子交叉,只有很小一部分能发生碰撞,有效碰撞数目则更少,而且分子碰撞后可能散射到各个方向,其信号往往比背景噪声还要弱,所以检测技术就成为分子束实验成败的关键。

(3) 交叉分子束实验的检测系统。检测系统主要包括散射分子的强度和角度分布检测、平动能分布检测,以及初生态产物分子的振动和转动能态分析等。

在检测散射分子的强度时,电子轰击离子化四极质谱仪是具有代表性的检测器。它不仅灵敏度高,而且可以分辨质量数。当检测器围绕散射中心转动时,则可以测定散射分子的角度分布。

速度分析的目的是获得产物分子的平动能分布。它是基于飞行时间技术(TOF)建立的分析方法。在散射产物分子进入检测器的窗口前面,设置一个高速转动的斩流器,用来产生脉冲的产物分子流。斩流器与检测器之间的距离是自己设定的,在每次实验时,这个距离均可以根据实际情况进行调节。应用飞行时间技术测定并记录产物分子通过斩流器到达检测器的时刻。由于产物分子在速率上的差异,分子到达检测器窗口的时刻并不相同。飞行时间等于飞过的距离除以速率,因而飞行时间谱可转化为按速率分布的实验结果,并由此得到产物分子的平动能分布。

在散射区周围设置有诸多窗口,用检测仪检测来自散射粒子辐射出的光学信号,由此可以分析产物分子的振动和转动能态。激光诱导荧光技术也是产物分子能态分析的常用手段。激光诱导荧光技术即是利用可调谐的激光光束将待检测的产物分子选择性地"抽运"到电子激发态,激发态分子随后放出荧光而跃迁回到基态。这样诱发的荧光称为激光诱导荧光。通过测定荧光强度,可以获得产物分子内部能态(振动和转动等)的分布信息。

另外,可以通过散射区周围设置的窗口,射入特定波长的激光束,使反应物分子束通过共振吸收,激发到某一指定的量子态,达到选态的目的。例如,Sr 与 HF 的反应是吸热的,常温下不能进行,但是如果用激光技术将 HF 的振动由 $v = 0$ 转变为 $v = 1$ 的状态,反应即可进行而生成 SrF。

通过上述两个自然段的概括性描述,可以勾画出交叉分子束实验研究态–态反应的基本思想。

(4)真空系统。为消除背景对检测信号的干扰,并保证分子束源能正常工作,须将反应散射室维持超高真空。在交叉分子束实验中,一般采用分级抽空的方式达到所需的真空度要求。

3. 基元反应的研究示例——直接反应模式

根据交叉分子束实验中散射产物分子的强度、角度和速率分析结果,可以在质心坐标系中绘制产物分子的通量–速度–角度等量线图。根据等量线图,可以定性地判断反应中间态的相对寿命,推定反应进行的模式。

(1)向前散射。基元反应 $K + I_2 \longrightarrow KI + I\cdot$ 和 $K + Br_2 \longrightarrow KBr + Br\cdot$ 的通量–速度–角度等量线图表明,其产物分子呈向前散射特征,由此可以判断,反应的中间态寿命很短。在反应时,产生的中间态还未来得及转动,反应过程即已完成。例如,对于反应 $K + I_2 \longrightarrow KI + I\cdot$,为了简便,这里仅展示反应产物 KI 散射的示意图,见图 12.10。这类基元反应的细节可以概括为,一个反应物粒子(如 K 原子)在与另一个反应物粒子(如 I_2 分子或 Br_2 分子)作用时,能将后者的一个原子夺取而形成产物,并沿原来的方向继续前进。这种向前散射的直接反应模式被形象地称为抢夺模型。在碰撞反应过程中,K 原子将 I_2(或 Br_2)中的一个 I(或 Br)夺取,而另一个原子似乎并无感知,有一种与己无关的意味,因而这种反应模式又称旁观者模型。

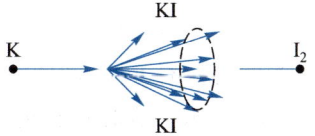

图 12.10 向前散射的直接反应($K + I_2 \longrightarrow KI + I\cdot$)示意图

（2）向后散射。基元反应 $K + CH_3I \longrightarrow KI + CH_3 \cdot$ 和 $H \cdot + Cl_2 \longrightarrow HCl + Cl \cdot$ 的通量–速度–角度等量线图表明,产物分子呈向后散射特征。这说明,反应的中间态寿命也很短,在反应进程中,对应的中间态也根本来不及转动,反应即已完成。例如,反应 $K + CH_3I \longrightarrow KI + CH_3 \cdot$,产物 KI 散射的示意图如图 12.11 所示。这类基元反应的细节可以描述为,当一个反应物粒子(如 K 原子)在前进过程中与另一个反应物粒子(如 CH_3I 分子)碰撞而相互作用时,斥力很大,致使前者在获得后者的一个原子而生成产物分子后,强烈地向后回弹。这种向后散射的直接反应模式称为回弹模型。

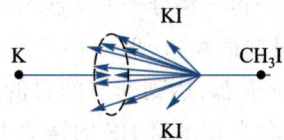

图 12.11   向后散射的直接反应($K + CH_3I \longrightarrow KI + CH_3 \cdot$)示意图

4. 基元反应的研究示例——形成络合物模式

基元反应 $Cs + RbCl \longrightarrow CsCl + Rb$ 和 $O \cdot + Br_2 \longrightarrow OBr + Br \cdot$ 符合形成活化络合物的典型反应模式,在它们的通量–速度–角度等量线图上,产物分子以 $\theta = 90°$ 的轴呈前后对称散射,表明此类反应在反应进程中所形成的中间态寿命较长,可达转动周期的数倍,在经历若干次转动后会迷失方向,随后在分解过程中所形成的产物分子,等概率地分布在各个方向上。例如,反应 $Cs + RbCl \longrightarrow CsCl + Rb$,产物 CsCl 散射的示意图见图 12.12。

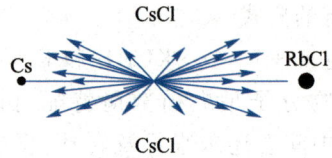

图 12.12   形成络合物的反应($Cs + RbCl \longrightarrow CsCl + Rb$)示意图

三、红外化学发光技术

应用红外化学发光技术研究分子反应动态学的代表性科学家是多伦多大学的波拉尼(J. C. Polanyi),他与赫施巴赫、李远哲共同获得了 1986 年诺贝尔化学奖。

分子束技术只能确定反应释放的能量在产物的平动能和内部能量之间的分配。红外化学发光技术是分子束实验的重要辅助检测手段,能够获得初生态产物分子在转动和振动等能态上的分布信息,因此在研究态–态反应时具有重要实际意义。其原理是,当处于振动和转动激发态的产物分子向低能态跃迁时会发射红外光,通过记录并分析这些红外光信号,即可获得初生态产物分子的能态分布信息。

分子束-红外化学发光实验装置如图 12.13 所示,反应散射室与高效抽真空系统相连,压力可以维持在 0.01 Pa 以下,同时,散射室的器壁用液氮冷却。实验时,分子束 A 与分子束 BC 在高真空度的反应散射室内发生交叉、碰撞并反应,生成的产物分子根本来不及再次碰撞,即被抽走,或在冷的器壁上"失活"而变成基态。"失活"过程即是处于振动和转动激发态的初生态产物分子向低能态进行跃迁的过程,跃迁时发出的辐射若处于红外光区,则称红外化学发光。反应散射室内的周围安装有很多反射镜,用来收集这些红外辐射,再经聚焦后,用光谱仪进行分析,由此可以推算初生态产物分子在各转动能、振动能及平动能之间的相对分布。

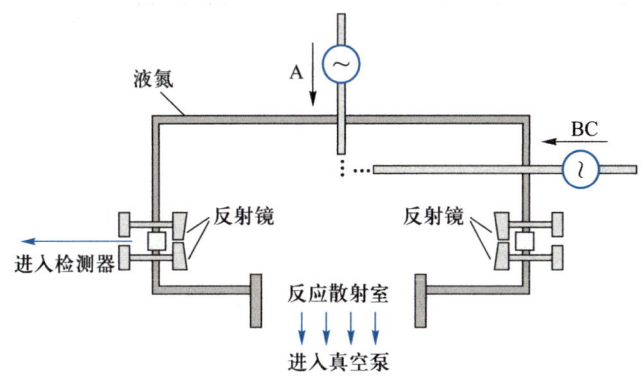

图 12.13 分子束-红外化学发光实验装置示意图

波拉尼及其合作者应用这种技术研究了一系列态-态反应动力学,其中最为出色的工作是对基元反应 $Cl\cdot + HI \longrightarrow HCl + I\cdot$ 的研究。通过对产物分子 HCl 在"失活"过程中发出的微弱红外辐射进行测量与分析,不但确定了初生态产物分子 HCl 的振动能态分布,而且获得了 HCl 分子的转动能态分布,并得到不同量子态的态-态反应的速率系数。

四、激光诱导荧光技术

激光诱导荧光技术的开拓者是斯坦福大学的扎雷(R. N. Zare)教授。激光诱导荧光通常在可见光区域,对应的是分子的电子能态之间的跃迁。在荧光光谱上可以得到电子能态跃迁时振动能级的变化,即观察到振动分辨的荧光光谱峰。如果分辨率足够高,还可观察到振动谱带的转动精细结构,获得电子基态或激发态上的振动或转动能级分布情况。因此,利用激光诱导荧光技术,可以确定产物分子在电子基态或激发态上振动和转动能级的初始分布状况。该技术与交叉分子束技术相结合,还可以得到产物分子的角度分布信息。交叉分子束-激光诱导荧光实验装置(如图 12.14 所示)主要由三部分组成:(1) 可调激光器,用来产生一定波长的激光;(2) 真空反应室,交叉分子束在其中发生碰撞并反应;(3) 检测及数据处理设备。

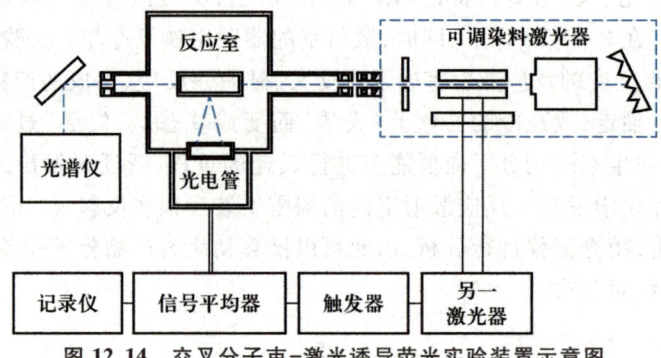

图 12.14   交叉分子束−激光诱导荧光实验装置示意图

主要知识点概述

（1）简单碰撞理论以硬球碰撞为模型，即把反应分子看作无内部结构的简单硬球。理论的核心思想是，两个反应物分子要发生反应生成产物分子，必须先进行碰撞，而且碰撞后反应物分子的能量必须超过某一临界值。

碰撞理论涉及的重要概念包括碰撞直径、碰撞截面、互碰频率、碰撞参数、临界碰撞参数、反应阈能、反应截面、有效碰撞分数等。其中，碰撞参数 b 表示碰撞的激烈程度，b 越小，碰撞越激烈；临界碰撞参数 b_r 即是恰能引发化学反应的碰撞参数，只有 $b \leqslant b_r$ 的碰撞才是引发反应发生的有效碰撞；反应截面用 σ_r 表示，σ_r 越大，对反应越有利。对于 $A + F \longrightarrow P$ 型的双分子反应而言，反应截面 σ_r 与碰撞直径 d_{AF}、两反应物分子的相对平动能 ε_r、反应阈能 ε_c 之间的关系为

$$\sigma_r = \pi d_{AF}^2 \left(1 - \frac{\varepsilon_c}{\varepsilon_r} \right)$$

对于给定反应，其 ε_c 是确定的，显然，只要提高 ε_r，便可增大反应截面 σ_r。通常，升高温度是提高 ε_r 的有效措施。

（2）反应阈能 E_c 并不等同于阿伦尼乌斯活化能 E_a，两者关系为 $E_c = E_a - \frac{1}{2}RT$。当温度 T 不高时，$E_c \approx E_a$。活化能 E_a 与温度 T 有一定关系，而阈能 E_c 与温度 T 完全无关，仅取决于反应本性。阈能 E_c 目前无法直接求算，尚需由活化能 E_a 求得。

（3）对于双分子反应：$A + F \longrightarrow P$，由碰撞理论计算其反应速率系数 k 的公式为

$$k = \pi d_{AF}^2 L \sqrt{\frac{8RT}{\pi\mu}} \, \mathrm{e}^{-\frac{E_c}{RT}}$$

或

$$k = \pi d_{AF}^2 L \sqrt{\frac{8k_B T}{\pi\mu}} \, \mathrm{e}^{-\frac{\varepsilon_c}{k_B T}}$$

其中，μ 是折合摩尔质量或折合分子质量。

对于双分子反应：$A + A \longrightarrow P$，由碰撞理论计算其反应速率系数 k 的公式为

$$k = 2\pi d_{AA}^2 L \sqrt{\frac{RT}{\pi M_A}} e^{-\frac{E_c}{RT}}$$

或

$$k = 2\pi d_{AA}^2 L \sqrt{\frac{k_B T}{\pi m_A}} e^{-\frac{\varepsilon_c}{k_B T}}$$

（4）将碰撞理论计算反应速率系数的公式与阿伦尼乌斯经验方程进行比较，可知阿伦尼乌斯经验方程中的指前因子 A 具体包含哪些内容。对于 $A + F \longrightarrow P$，则

$$A = \pi d_{AF}^2 L \sqrt{\frac{8RTe}{\pi \mu}}$$

对于 $A + A \longrightarrow P$，则有

$$A = 2\pi d_{AA}^2 L \sqrt{\frac{RTe}{\pi M_A}}$$

（5）碰撞理论的意义为：为双分子基元反应描绘了一幅虽然粗糙但又比较明确的物理图像；对阿伦尼乌斯经验方程中的指数项、指前因子和活化能等赋予了较为明确的物理意义。

然而，由于简单碰撞理论所采用的模型过于粗糙，致使理论本身存在一些重大缺陷。例如，对于许多反应，速率系数的计算值与实验值相差较大，需要引入方位因子 P 加以校正，而 P 值难以从理论上直接计算；碰撞理论引入了"阈能"概念，虽然阈能 E_c 的物理意义明晰，但它需要由实验活化能 E_a 计算得到，这表明简单碰撞理论只是半经验的。

（6）过渡态理论基于假想的势能面而建立。其思想是，反应物分子要发生反应生成产物，不是仅仅通过碰撞就能完成，而需要经历一个由反应物分子以一定构型存在的过渡态，形成这个过渡态需要提供一定的能量，因此过渡态又称活化络合物。在势能面图上最佳反应路径的最高点是活化络合物所在的位置，即反应物分子要变成产物分子，必须越过一个势能垒，这个势能垒相当于活化能。但与其他路径相比，这个位置又比其他可能的中间态位置要低，即它是势能面图上所有可能的各中间态的势阱，因此活化络合物是具有最低势能的中间态。

应用过渡态理论处理基元反应有两点基本假设：（a）活化络合物与反应物之间可按照达成热力学平衡的方式对待；（b）通常，活化络合物一旦越过势能垒后，就会分解变为产物，反应速率取决于活化络合物分解生成产物的速率。

（7）势能面上从反应物到产物的最低能量途径，即势能面上经历过渡态的那条虚线路径，称为反应坐标。反应坐标是从反应物到产物进程中所涉及的各原子位置变化的一种表示。以反应坐标为横坐标，势能为纵坐标，将沿反应路径各个点的势能描绘出来，即得反应途径的势能图。显然，要完成反应，必须逾越一个势能垒 E_b。势能垒 E_b 的存在从本质上说明了阿伦尼乌斯活化能的物理意义。

（8）由过渡态理论计算共线三原子反应系统 $[A + BC \underset{k}{\rightleftharpoons} (A \cdots B \cdots C)^{\neq} \longrightarrow AB + C]$ 速率系数的统计热力学形式为

$$k = \frac{k_B T}{h} \cdot \frac{(f_{\neq}^*)^{\ominus} L}{f_A^{\ominus} \cdot f_{BC}^{\ominus}} \exp\left(-\frac{E_0}{RT}\right)$$

（9）由过渡态理论计算反应速率系数的热力学形式为

$$k = \frac{k_B T}{h} (c^{\ominus})^{1-n} \exp\left[-\frac{\Delta_r^{\neq} G_m^{\ominus}(c^{\ominus})}{RT}\right]$$

或
$$k = \frac{k_B T}{h}(c^{\ominus})^{1-n}\exp\left[\frac{\Delta_r^{\neq}S_m^{\ominus}(c^{\ominus})}{R}\right]\cdot\exp\left[-\frac{\Delta_r^{\neq}H_m^{\ominus}(c^{\ominus})}{RT}\right]$$

若是理想气体反应,则 $\Delta_r^{\neq}H_m^{\ominus} = E_a - nRT$,于是得

$$k = \frac{k_B T}{h}(c^{\ominus})^{1-n}e^n\exp\left[\frac{\Delta_r^{\neq}S_m^{\ominus}(c^{\ominus})}{R}\right]\cdot\exp\left(-\frac{E_a}{RT}\right)$$

与阿伦尼乌斯经验方程比较,则

$$A = \frac{k_B T}{h}(c^{\ominus})^{1-n}e^n\exp\left[\frac{\Delta_r^{\neq}S_m^{\ominus}(c^{\ominus})}{R}\right]$$

如果是凝聚相反应,则 $\Delta_r^{\neq}H_m^{\ominus} = E_a - RT$,可得

$$k = \frac{k_B T}{h}(c^{\ominus})^{1-n}e\cdot\exp\left[\frac{\Delta_r^{\neq}S_m^{\ominus}(c^{\ominus})}{R}\right]\cdot\exp\left(-\frac{E_a}{RT}\right)$$

与阿伦尼乌斯经验方程的比较,得

$$A = \frac{k_B T}{h}(c^{\ominus})^{1-n}e\cdot\exp\left[\frac{\Delta_r^{\neq}S_m^{\ominus}(c^{\ominus})}{R}\right]$$

（10）与碰撞理论相比,过渡态理论有如下优势:（a）原则上根据参加反应的粒子的光谱数据并基于量子力学理论描绘的反应系统的势能面图,即可计算速率系数,而不需要实验活化能的数据;（b）对许多反应而言,简单碰撞理论的计算值与实际值偏离较大,因此需引入方位因子 P 进行校正,而 P 值很难计算,应用过渡态理论则可估算 P 值,从而弥补简单碰撞理论的这一缺陷;（c）从过渡态理论可知,阿伦尼乌斯方程中的指前因子 A 与活化熵有关,由此可利用"补偿效应"解释化学反应的有关现象;（d）势能面图能形象地表明反应进行的路径是一条能量最低的通道,以及反应为什么需要活化能。

过渡态理论的不足:（a）对于复杂的多原子反应系统,绘制势能面图存在困难;（b）对活化络合物缺乏深入了解,活化络合物的光谱数据亦难以由实验直接获取;（c）在应用过渡态理论的热力学形式时,需要知道活化熵（$\Delta_r^{\neq}S_m^{\ominus}$）数据,目前主要依靠推测得到活化络合物的构型,再由统计力学方法求得 $\Delta_r^{\neq}S_m^{\ominus}$。

（11）在单分子反应理论的发展过程中,先后形成了多个理论,包括林德曼单分子反应理论、欣谢尔伍德理论、RRK 理论、RRKM 理论等。其中,林德曼单分子反应理论是最基本的,其他理论皆是在林德曼单分子反应理论的基础上建立的。

林德曼单分子反应理论是碰撞理论与时滞假设的结合,能够解释单分子反应为什么在不同压力下呈现不同级数。随压力降低,反应由一级反应逐渐转变为二级反应,这种现象称为单分子反应速率的"降变",它是林德曼机制的重要特征。

RRKM 理论吸收了过渡态理论的观点,认为活化分子 A^* 要转变为产物,须首先变为活化络合物 $(A^*)^{\neq}$,A^* 向 $(A^*)^{\neq}$ 的转变过程,相当于林德曼分子反应理论中的时滞。RRKM 理论具有计算方法先进、适用范围广、计算值与实验值吻合较好等优势。

（12）分子反应动态学是在分子水平上研究基元反应的行为。基元反应进行的细节问题以及态–态反应（即指定量子态的反应物到指定量子态的产物的反应）,是分子反应动态学的重要研究内容。

研究分子反应动态学的主要技术手段包括交叉分子束、红外化学发光技术、激光诱导荧光技术。

科学问题

习题

12.1 在 298 K 和压力为 $p^{\ominus}$ 的 N_2 气氛中，已知 $[N_2] = 0.040 \ mol \cdot dm^{-3}$，碰撞截面的面积为 $0.43 \ nm^2$，$m_{N_2} = 28.02 \times 1.661 \times 10^{-27} \ kg$。试求 N_2 与 N_2 分子间的碰撞频率 $Z_{N_2N_2}$ 为多少？

12.2 在 $T = 300$ K 时，将 $1 \ g \ N_2$ 与 $0.1 \ g \ H_2$ 在体积为 $1.00 \ dm^3$ 的密闭容器内混合，已知 N_2 分子和 H_2 分子的碰撞直径分别为 $3.50 \times 10^{-10} \ m$ 和 $2.50 \times 10^{-10} \ m$，试求算在该容器内两种分子间的互碰频率 $Z_{N_2H_2}$。

12.3 两个甲基自由基 $CH_3 \cdot$ 复合为乙烷分子（C_2H_6）的反应为基元反应，在反应过程中无须第三个分子参与。已知 $CH_3 \cdot$ 的碰撞直径为 $3.08 \times 10^{-10} \ m$；可将该反应的阈能 E_c 近似看作 0，概率因子 P 看作 1。试求算在 $T = 300$ K 时反应的速率系数 k，单位分别以 $mol^{-1} \cdot m^3 \cdot s^{-1}$ 和 $mol^{-1} \cdot dm^3 \cdot s^{-1}$ 表示。

12.4 对于气相基元反应 $Cl \cdot + H_2 \longrightarrow HCl + H \cdot$，已知 H_2 和 Cl 的摩尔质量分别为 $M_{H_2} = 0.00202 \ kg \cdot mol^{-1}$ 和 $M_{Cl} = 0.0355 \ kg \cdot mol^{-1}$，$H_2$ 分子和 Cl 原子的直径分别为 $d_{H_2} = 0.15 \ nm$ 和 $d_{Cl} = 0.20 nm$。

（1）基于简单碰撞理论，计算在 350 K 时阿伦尼乌斯方程中的指前因子 A；

（2）实验测得在 250~450 K 范围内，其 $lg[A/(mol^{-1} \cdot dm^3 \cdot s^{-1})] = 10.08$，试求算在 350 K 时的概率因子 P。

12.5 对于基元反应 $NO + O_3 \longrightarrow NO_2 + O_2$，已知反应物分子的直径分别为 $d_{NO} = 2.8 \times 10^{-10} \ m$，$d_{O_3} = 4.0 \times 10^{-10} \ m$。

（1）试利用简单碰撞理论计算 500 K 时阿伦尼乌斯方程中的指前因子 A；

（2）已知此反应的 A 实验值为 $8 \times 10^8 \ dm^3 \cdot mol^{-1} \cdot s^{-1}$，试计算概率因子 P。

12.6 在 $T = 300$ K 时，基元反应 $A + B \longrightarrow P$ 的速率系数 $k = 1.18 \times 10^5 (mol \cdot cm^{-3})^{-1} \cdot s^{-1}$，反应的活化能 $E_a = 40 \ kJ \cdot mol^{-1}$。已知 A 分子和 B 分子的直径分别为 0.3 nm 和 0.4 nm，A 和 B 的相对分子质量均为 50。

（1）试求算反应的有效碰撞分数 q；

（2）估算反应的概率因子 P。

12.7 在 $T = 298$ K 时，设有两个相同级数的基元反应 A 和 B，其速率系数的关系为 $\dfrac{k_A}{k_B} = 10$，假设这两个反应的活化焓 $\Delta_r^{\neq} H_m^{\ominus}$ 相等，试求两个反应的活化熵 $\Delta_r^{\neq} S_m^{\ominus}$ 之差值。

12.8 实验测得某液相单分子重排反应($A \longrightarrow P$)在 393 K 时的速率系数为 1.806×10^{-4} s^{-1},在 413 K 时为 9.140×10^{-4} s^{-1}。试求:

(1)该反应的阿伦尼乌斯活化能 E_a;

(2)该反应在 393 K 时的活化焓 $\Delta_r^{\neq} H_m^{\ominus}$ 及活化熵 $\Delta_r^{\neq} S_m^{\ominus}$。

12.9 已知在 440~660 K 的温区范围内,某基元反应的速率系数 k 与温度 T 的关系为

$$\lg[k/(mol^{-1} \cdot cm^3 \cdot s^{-1})] = 9.96 - \frac{43.04 \text{ kJ} \cdot mol^{-1}}{RT}$$

设 $\Delta_r^{\neq} H_m^{\ominus} \approx E_a$,试求 600 K 时的活化熵 $\Delta_r^{\neq} S_m^{\ominus}$。

12.10 双环戊烯的气相热分解反应是基元反应,在 483 K 时的速率系数 $k(483 \text{ K}) = 2.05 \times 10^{-4}$ s^{-1},在 545 K 时的速率系数 $k(545 \text{ K}) = 1.86 \times 10^{-2}$ s^{-1}。已知 $k_B = 1.38 \times 10^{-23}$ $J \cdot K^{-1}$,$h = 6.626 \times 10^{-34}$ $J \cdot s$。

(1)指出该基元反应的级数;

(2)求反应的活化能 E_a;

(3)将活化焓 $\Delta_r^{\neq} H_m^{\ominus}$ 看作与活化能 E_a[已在(2)中求出]相等,利用 545 K 时的速率系数 k 值,求 545 K 时的活化熵 $\Delta_r^{\neq} S_m^{\ominus}$。

12.11 某气相基元反应:$A + F \longrightarrow P$,已知在 298 K 时的速率系数 $k_p = 2.777 \times 10^{-5}$ $Pa^{-1} \cdot s^{-1}$,在 308 K 时的速率系数 $k_p = 5.55 \times 10^{-5}$ $Pa^{-1} \cdot s^{-1}$。如果粒子 A 和粒子 F 的半径分别为 $r_A = 0.36$ nm 和 $r_F = 0.41$ nm,它们的摩尔质量分别为 $M_A = 28$ $g \cdot mol^{-1}$ 和 $M_F = 71$ $g \cdot mol^{-1}$。试求在 298 K 时:

(1)该反应的概率因子 P;

(2)反应的活化焓 $\Delta_r^{\neq} H_m^{\ominus}$、活化熵 $\Delta_r^{\neq} S_m^{\ominus}$ 和活化吉布斯自由能 $\Delta_r^{\neq} G_m^{\ominus}$。

12.12 某有机化合物在乙醇溶液中不稳定,会发生分解,且该分解反应是基元反应。实验测得该基元反应在一系列不同温度时的速率系数如下表所示:

T/K	248	252	256	260	264
$k/(10^{-4} s^{-1})$	1.22	2.31	4.39	8.50	14.3

试求:

(1)该分解反应的实验活化能 E_a;

(2)在 298 K 时的活化焓 $\Delta_r^{\neq} H_m^{\ominus}$、活化熵 $\Delta_r^{\neq} S_m^{\ominus}$ 和活化吉布斯自由能 $\Delta_r^{\neq} G_m^{\ominus}$。

12.13 对于两个单原子分子间的基元反应,按照过渡态理论及其假设,该基元反应的细节可表示如下:

$$A + B \rightleftharpoons (A \cdots B)^{\neq} \longrightarrow P$$

(1)试写出该基元反应速率系数的统计力学计算形式;

(2)计算形式中的 E_0 相当于活化能,试从该统计力学的计算形式,写出阿伦尼乌斯方程中指前因子 A 的具体形式;

(3)设每个平动自由度的配分函数为 $f_t = 10^8$ cm^{-1},每个转动自由度的配分函数为 $f_r = 10$,每个振动自由度的配分函数为 $f_v = 1$,计算在 500 K 时的指前因子 A 值。

12.14 对于气相基元反应 $A(g) + B(g) \longrightarrow AB(g)$,其中 A 和 B 均为单原子分子。试分别用简单碰撞理论和过渡态理论的统计方式写出速率系数的计算形式。在何种条件下,两者计算形式完全相同?

12.15 对于气相单分子反应 $A \longrightarrow P$,试基于林德曼提出的单分子反应进行的机制:

$$A + A \underset{k_{-1}}{\overset{k_1}{\rightleftharpoons}} A^* + A$$

$$A^* \xrightarrow{k_2} P$$

推证在高压(p_A 很大)时,反应表现为一级,在低压(p_A 很小)时,反应表现为二级。

12.16 基于林德曼提出的单分子反应机制,推证得到的单分子反应速率方程为

$$\frac{\mathrm{d}[P]}{\mathrm{d}t} = \frac{k_1 k_2 [A]^2}{k_{-1}[A] + k_2} \tag{a}$$

当浓度(或压力)很高时,因为 $k_{-1}[A] \gg k_2$,所以

$$\frac{\mathrm{d}[P]}{\mathrm{d}t} = \frac{k_1 k_2}{k_{-1}}[A] = k_\infty[A]$$

在高浓度(或高压)与低浓度(或低压)极限之间,若定义 $\dfrac{1}{[A]}\dfrac{\mathrm{d}[P]}{\mathrm{d}t} = k_{单}$,则基于式(a),得

$$k_{单} = \frac{k_1 k_2 [A]}{k_{-1}[A] + k_2}$$

因 $\dfrac{k_1 k_2}{k_{-1}} = k_\infty$,故上式经变换,可得

$$\frac{1}{k_{单}} = \frac{1}{k_\infty} + \frac{1}{k_1[A]}$$

有学者在 $T = 740$ K 时,从顺 2-丁烯异构化为反 2-丁烯这个单分子反应中得到如下实验数据:

$[A]/(\mathrm{mol \cdot dm^{-3}})$	2.5×10^{-6}	3.0×10^{-6}	6.0×10^{-6}	1.20×10^{-5}	5.90×10^{-5}
$k_{单}/\mathrm{s^{-1}}$	1.05×10^{-5}	1.14×10^{-5}	1.43×10^{-5}	1.65×10^{-5}	1.82×10^{-5}

试求 k_∞ 和 k_1。

第 12 章部分习题参考答案

第 13 章
特殊反应的动力学

特殊反应包括：（1）极快速反应；（2）溶液中进行的反应；（3）光化学反应；（4）催化反应；（5）振荡反应。下面分别就它们的实验方法、动力学处理和动力学特征等进行简要介绍。

13.1　极快速反应的实验方法

经典动力学所涉及的化学反应基本都是速率适中的反应，对于这类反应的动力学测定，采用通常的物理或化学分析法。对于一般的快速反应，如果在充分降低反应物浓度后，反应速率可以减慢至能用通常的物理或化学分析法来准确地确定物质的浓度时，则仍可尝试用传统的测试方法来研究其动力学。但是，对于极快速反应（如酸碱中和反应），在测试其反应速率时，传统的测量方法就无能为力了。因此，需要开拓和应用特殊的测量技术。

对于快速反应的研究，早在 20 世纪 40 年代末，英国科学家诺里什（R. G. W. Norrish，1897—1978）和波特（G. Porter，1920—2002）就开创了闪光光解技术，后来人们又相继发展了阻碍流动技术和化学弛豫法等。这里按照各种技术建立的时间先后顺序简要介绍测试快速反应速率的部分方法。

一、闪光光解技术

闪光光解技术是测定快速反应的有效手段。闪光光解技术的优势是，它具有极高的时间分辨率。相比于阻碍流动技术和弛豫法等其他手段，当使用闪光管时，可测试半衰期为 10^{-6} s 的一级快速反应。闪光光解是研究快速化学反应动力学的基本实验方法。若用超短脉冲激光设备代替闪光管，时间分辨率则可达飞秒（10^{-15} s）量级。进一步地，用飞秒激光脉冲激发惰性气体，则可获得阿秒（10^{-18} s）量级的激光脉冲，即时间分辨率更高。

闪光光解技术的实验装置（见图 13.1）及实验原理叙述如下。将反应物置于一根长度大约为 1 m 的圆形石英管中，该圆形管作为反应池，管两端为平面窗口。与反应管相平行，安放有一个(或数个)石英制闪光管(图 13.1 中闪光管 1)，管中充有惰性气体，闪光管与已充电的电容器相连。合上开关后，电容器放电，闪光管则随即产生能量很高、持续时间很短的可见或紫外强闪光。一般来说，闪光持续时间(以光强度降至一半时的时间度量)取决于能量耗散的高低，能量耗散越低，则持续时间越短。当采用激光技术时，持续时间可达飞秒甚至阿秒量级。这对于研究极快速反应动力学是十分有利的。在强闪光被反应物吸收的瞬间，会引起电子激发，产生化学反应。图中的闪光管 2 起着探针作用，在反应物被闪光管 1 所激发后的某一时刻，闪光管 2 发射闪光，并被参与反应的物质所吸收，然后由反应池右侧的摄谱仪检测，以判断物质所处的状态。

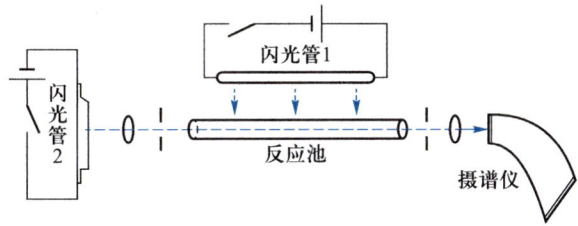

图 13.1　闪光光解实验示意图

　　为避免干扰反应，作为探针的闪光管 2 发出的闪光要比闪光管 1 弱，但为保证检测效果，强度又不能太弱。

　　光解反应的产物主要是自由基或自由原子，因此也可通过顺磁波谱等谱学手段进行测定，并依靠这类谱学手段监测自由基随时间的衰变行为。闪光光解技术对鉴定寿命很短的自由基十分有用。

　　为扫描闪光管 2 发射闪光后的吸收光谱，通常采用两种方式避免信噪问题。一种是连续测试光谱中的某一个窄带；另一种是在指定时刻测定完整的光谱，为研究随时间的变化，则需要多次设定延迟时间而进行相应实验。显然，前者操作简便、节省时间，而后者能获得更为完整的信息。

　　从上面的叙述可知，闪光光解技术也是研究分子反应动态学的有效手段。其关键在于，借助超短激光脉冲使时间分辨率提高至皮秒－飞秒量级。因为分子振动周期及基元反应过程中分子的碰撞时间、能量传递过程、中间过渡态的寿命和转动周期等往往都在这个量级，所以通过提高时间分辨率至皮秒－飞秒量级，便可追踪基元反应的细节。结合激光诱导荧光技术，化学工作者已可以在皮秒－飞秒时间间隔内直接观察基元反应及其过渡态。这也显示了"飞秒化学"的重大意义。1999 年，泽维尔因在飞秒化学方面的卓著工作而获得诺贝尔化学奖。

*二、阻碍流动技术

　　对于某些快速的溶液反应系统，反应物在混合瞬间即已发生很大程度的反应，则可采用阻碍流动技术测试其反应速率。也就是说,对于混合未完全但是已混合部分其反应已完成的快速反应,其反应动力学的测试可以采取这种技术。

如图 13.2 所示,在反应前,两种反应物溶液分别置于容器 A 和容器 B 中。如果将两容器的活塞同时快速下推,两种溶液则在极短时间(如 10^{-3} s)内于反应器 C 中快速混合并在 D 中发生反应。由于反应很快,不可能进行化学分析,必须使用快速照相手段或自动记录谱仪,拍摄或记录与浓度呈线性关系的物理量(如旋光度、电导或电导率、荧光强度等)的变化,然后再进行数据处理。读者不难理解,当反应液 A 与 B 连续地通过反应器时,它们在 D 中发生部分反应并达到稳态,从 D 的下方流出的是产物与未反应的反应物的液态溶液。通过控制施加于活塞上的压力可以控制反应液的流速,通过实验记录并进行

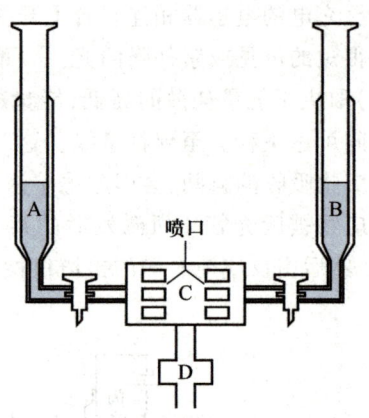

图 13.2 阻碍流动实验技术示意图

数据处理,可以获得相应的反应物和产物的浓度。对于同一反应系统,反应液的流速不同,相应的反应物和产物的浓度则各不相同。

这种实验技术,要求混合时间必须小于反应物的半衰期。

例如,有一溶液相快速简单反应:

$$A + B \xrightarrow{k_2} P(充分搅拌)$$

当反应达到稳态时,反应物和产物的浓度分别为[A]、[B]和[P],则有

$$\frac{d[P]}{dt} = k_2[A][B]$$

假设反应器(体积为 V/dm^3)内产物 P 产生的速率等于从反应器出口流出 P 的速率,若出口处液体的流速为 $R/(\mathrm{dm}^3 \cdot \mathrm{s}^{-1})$,则,按照质量衡算可得

$$k_2[A][B]V = R[P]$$

于是,在准确测定反应物浓度([A]、[B])和产物浓度([P])后,便可获得反应的速率系数 k_2。

三、弛豫方法

1. 方法原理

弛豫是指一个化学反应平衡系统因受外部因素的快速扰动而偏离原来的平衡,在新的条件下趋向于达到新平衡的过程。显然,在扰动的瞬间,反应物浓度和产物浓度与达到

新平衡时的浓度偏离最大,随着时间的推移,这种偏离逐渐减小。弛豫时间是指反应系统在趋向于新平衡过程中,使反应物或产物浓度与达成新平衡时的浓度偏离值减小至扰动瞬间的浓度偏离值的$\dfrac{1}{e}$时所需的时间。

弛豫法又称松弛法,它是在 20 世纪 50 年代由德国科学家艾根(M. Eigen,1927—2019)等人创立的。其原理是,给予已达平衡的快速对峙反应系统一个突然的温度(或浓度等)改变,使系统偏离平衡状态,然后通过监测能够表征浓度变化的某个物理量的变化数据,测得弛豫时间,从而计算出快速对峙反应的正、逆向反应速率系数。

给予化学平衡系统施加的扰动信号并不局限于温度和浓度,也可以是电场和超声等。施加扰动信号的方式可以是脉冲式、周期式或阶跃式。

2. 以酸碱中和反应为例说明

酸碱中和反应可写为

$$H^+ + OH^- \underset{k_{-1}}{\overset{k_2}{\rightleftharpoons}} H_2O$$

它是对峙反应,其正向为二级反应,逆向为一级反应。设 H^+ 和 OH^- 的初始浓度分别为 a 和 f,反应进行到某时刻 t 时,它们消耗的浓度为 x,则速率方程为

$$\frac{dx}{dt} = k_2(a-x)(f-x) - k_{-1}x$$

由于 k_2 很大,因此其动力学不能用通常的物理或化学方法进行测定。当反应达到平衡(这个平衡称为老平衡)时,进行扰动。扰动后,原平衡被打破。此时,反应系统又要趋向于新的平衡状态(称为新平衡)。设在达成新平衡时,产物的浓度为 x_e,显然反应物消耗的浓度亦为 x_e,则

$$k_2(a-x_e)(f-x_e) = k_{-1}x_e \tag{13.1}$$

假定在扰动后某时刻 t,与初始浓度(a 或 f)相比,反应物消耗的浓度为 x,它与达成新平衡时反应物消耗的浓度 x_e 之差为 Δx。Δx 是扰动后某时刻 t 时,与新平衡浓度的差值,可用图表示如下:

显然,$\Delta x = x - x_e$　或　$x = \Delta x + x_e$,则

$$\frac{d(\Delta x)}{dt} = \frac{dx}{dt} = k_2(a-x)(f-x) - k_{-1}x$$

即　　$$\frac{d(\Delta x)}{dt} = k_2[(a-x_e) - \Delta x][(f-x_e) - \Delta x] - k_{-1}(\Delta x + x_e)$$

将上式与式(13.1)联立,得

$$\frac{d(\Delta x)}{dt} = -[k_2(a - x_e) + k_2(f - x_e) + k_{-1}]\Delta x + k_2(\Delta x)^2$$

因 Δx 很小,忽略其平方项,可得

$$\frac{d(\Delta x)}{dt} = -[k_2(a - x_e) + k_2(f - x_e) + k_{-1}]\Delta x$$

进一步变形,得

$$-\frac{d(\Delta x)}{\Delta x} = [k_2(a - x_e) + k_2(f - x_e) + k_{-1}]dt$$

定积分,得

$$\int_{\Delta x_0}^{\Delta x}\left[-\frac{d(\Delta x)}{\Delta x}\right] = \int_0^t[k_2(a - x_e) + k_2(f - x_e) + k_{-1}]dt$$

$$\ln\frac{\Delta x_0}{\Delta x} = [k_2(a - x_e) + k_2(f - x_e) + k_{-1}]t$$

显然, $\dfrac{1}{k_2(a - x_e) + k_2(f - x_e) + k_{-1}}$ 具有时间的量纲,令其等于 τ ,则

$$\ln\frac{\Delta x_0}{\Delta x} = \frac{t}{\tau}$$

当 $\dfrac{\Delta x_0}{\Delta x} = e$,即 $\dfrac{\Delta x}{\Delta x_0} = \dfrac{1}{e}$ 时,有

$$t = \tau = \frac{1}{k_2(a - x_e) + k_2(f - x_e) + k_{-1}}$$

显而易知, τ 是扰动后当反应物消耗的浓度与达成新平衡时反应物消耗的浓度之差值($\Delta x = x - x_e$)达到扰动瞬间相应浓度之差值(Δx_0)的 $\dfrac{1}{e}$ (约等于 36.8%)时的时间,这个时间即为弛豫时间。

用弛豫技术可以测定弛豫时间 τ ,由此可获得 k_2 与 k_{-1} 的关系式,再与方程 $k_2(a - x_e)(f - x_e) = k_{-1}x_e$ 联立,即可求得 k_2 和 k_{-1} 。

对于其他形式的快速对峙反应,同理可以导出相应的弛豫时间表达式,其结果列于表 13.1 中。

表 13.1 几种简单快速对峙反应弛豫时间的表达式

对峙反应	弛豫时间 τ (其中, a 和 f 是反应物 A 和 F 的初始浓度; x_e 为反应达平衡时,反应物消耗掉的浓度,也即产物浓度)
$A \underset{k_{-1}}{\overset{k_1}{\rightleftharpoons}} P$	$\dfrac{1}{k_1 + k_{-1}}$

续表

对峙反应	弛豫时间 τ（其中，a 和 f 是反应物 A 和 F 的初始浓度；x_e 为反应达平衡时，反应物消耗掉的浓度，也即产物浓度）
$A + F \underset{k_{-1}}{\overset{k_2}{\rightleftharpoons}} P$	$\dfrac{1}{k_2[(a-x_e)+(f-x_e)]+k_{-1}}$
$A \underset{k_{-2}}{\overset{k_1}{\rightleftharpoons}} G + H$	$\dfrac{1}{k_1+2k_{-2}x_e}$
$A + F \underset{k_{-2}}{\overset{k_2}{\rightleftharpoons}} G + H$	$\dfrac{1}{k_2[(a-x_e)+(f-x_e)]+2k_{-2}x_e}$

3. 举例

例 13.1 醋酸的解离反应为 $1-2$ 级对峙反应，表示为

$$CH_3COOH \underset{k_{-2}}{\overset{k_1}{\rightleftharpoons}} CH_3COO^- + H^+$$

（1）试推导该反应的弛豫时间 τ 与 k_1 和 k_{-2} 之间的关系；

（2）若醋酸的初始浓度为 $0.1\ \text{mol} \cdot \text{dm}^{-3}$，$k_1 = 7.8 \times 10^5\ \text{s}^{-1}$，$k_{-2} = 4.5 \times 10^{10}\ (\text{mol} \cdot \text{dm}^{-3})^{-1} \cdot \text{s}^{-1}$，试求弛豫时间。

解：（1）

$$CH_3COOH \underset{k_{-2}}{\overset{k_1}{\rightleftharpoons}} CH_3COO^- + H^+$$

$t = 0$	a	0	0
$t = t$	$a - x$	x	x
$t = t_e$	$a - x_e$	x_e	x_e
扰动后	$a - x_e - \Delta x$	$x_e + \Delta x$	$x_e + \Delta x$

这里 $\Delta x = x - x_e$。

$$\frac{\mathrm{d}x}{\mathrm{d}t} = \frac{\mathrm{d}(\Delta x)}{\mathrm{d}t} = k_1(a - x_e - \Delta x) - k_{-2}(x_e + \Delta x)^2$$

$$= k_1(a - x_e) - k_1\Delta x - k_{-2}x_e^2 - 2k_{-2}x_e\Delta x - k_{-2}\Delta x^2$$

因为 $k_1(a - x_e) = k_{-2}x_e^2$，所以

$$\frac{\mathrm{d}(\Delta x)}{\mathrm{d}t} = -k_1\Delta x - 2k_{-2}x_e\Delta x - k_{-2}\Delta x^2$$

因 Δx 很小，故包含 Δx^2 的项可忽略，所以

$$\frac{\mathrm{d}(\Delta x)}{\mathrm{d}t} = -(k_1 + 2k_{-2}x_e)\Delta x$$

即
$$-\frac{\mathrm{d}(\Delta x)}{\Delta x} = (k_1 + 2k_{-2}x_e)\mathrm{d}t$$

定积分

$$\int_{\Delta x_0}^{\Delta x} -\frac{\mathrm{d}(\Delta x)}{\Delta x} = \int_0^t (k_1 + 2k_{-2}x_e)\mathrm{d}t$$

$$\ln\frac{\Delta x_0}{\Delta x} = (k_1 + 2k_{-2}x_e)t$$

当 $\dfrac{\Delta x_0}{\Delta x} = \mathrm{e}$，即 $\dfrac{\Delta x}{\Delta x_0} = \dfrac{1}{\mathrm{e}}$ 时，所需时间为弛豫时间 τ，即

$$\tau = \frac{1}{k_1 + 2k_{-2}x_e}$$

(2) $K = \dfrac{k_1}{k_{-2}} = \dfrac{7.8 \times 10^5\,\mathrm{s}^{-1}}{4.5 \times 10^{10}\,(\mathrm{mol \cdot dm^{-3}})^{-1} \cdot \mathrm{s}^{-1}} = 1.73 \times 10^{-5}\,\mathrm{mol \cdot dm^{-3}}$

即
$$K = \frac{x_e^2}{0.1\,\mathrm{mol \cdot dm^{-3}} - x_e} = 1.73 \times 10^{-5}\,\mathrm{mol \cdot dm^{-3}}$$

可得
$$x_e = 1.31 \times 10^{-3}\,\mathrm{mol \cdot dm^{-3}}$$

$$\tau = \frac{1}{k_1 + 2k_{-2}x_e}$$

$$= \frac{1}{7.8 \times 10^5\,\mathrm{s}^{-1} + (2 \times 4.5 \times 10^{10} \times 1.31 \times 10^{-3})\,\mathrm{s}^{-1}} = 8.43 \times 10^{-9}\,\mathrm{s}$$

13.2　溶液中进行的反应

一、引论

　　许多化学反应是在溶液中进行的。化学反应在溶液中与在气相中进行是迥然不同的。不过,在第 10 章中给出的有关化学动力学的基本概念对两类反应皆是适用的。

　　溶液反应系统比气相反应系统要复杂得多。在气相中,分子之间相距很远,因而分子间的相互作用并不重要,在很多情况下,可以将反应系统当作理想气体的混合物进行处理。而当反应在溶液中进行时,由于存在大量溶剂,反应物分子并不像在气相中那样可以在空间比较自由地运动,溶剂分子不可避免地会与作为溶质的反应物分子及产物分子发生相互作用,而且有时候溶剂本身也是反应物之一。因此,在溶液中进行的反应动力学要

比气相反应动力学复杂,相应的影响因素也更多。虽然化学动力学的基本概念对于溶液中进行的反应同样适用,但是,有关气相反应的动力学规律是否可以应用于溶液中进行的反应? 能否应用由气相反应得到的动力学理论来预测溶液中的反应速率? 溶剂如何影响反应的速率,以及同一反应在气相中与在溶液中进行是否具有相同的反应机制? 等等,这一系列的问题都是我们必须面对的。要回答这些问题,则需要了解溶液反应的基本特征及基本规律,这些知识亦是构成溶液反应动力学的基础。

二、溶液反应的分类

对于溶液反应,按照是否使用催化剂,可以分为一般溶液反应和溶液催化反应两类。

一般溶液反应,是指反应系统中无须添加催化剂的反应。而且,反应的中间产物和最终产物对反应速率均无明显影响。基于作为反应物的物种在溶液中呈现的结构状态和带电荷情况,又分为溶液相分子反应(如在乙酸乙酯和石油醚中,环戊二烯与马来酸酐的加成反应)、溶液相离子反应(例如强酸与强碱的中和反应)、溶液相分子与离子间的反应(如乙酸乙酯皂化反应)和溶液相自由基反应(如溶液中的链式聚合反应)等。

对于溶液催化反应,根据催化剂与溶液反应系统是否处于同一相中,又分为溶液均相催化反应与溶液多相催化反应两类。溶液均相催化反应是指催化剂与反应系统均处于同一液相的反应,多数络合催化反应及在质子酸或质子碱的溶液中进行的酸催化或碱催化反应属于此种类型。例如,在盐酸存在时蔗糖的水解反应,在浓硫酸存在时环己酮肟的液相贝克曼重排反应,以及在异辛烷溶液中以 $PdCl_2$ 作催化剂由乙烯合成醋酸乙烯的反应,均是典型的实际例子。溶液多相催化反应则是指催化剂与溶液反应系统分别处于不同的相,其中液－固相催化反应系统(即参与反应的反应物和产物处于同一溶液相中,而催化剂是固相)最为常见。例如,以钛硅分子筛作催化剂,以过氧化氢为氧化剂进行的有机物氧化反应,即是典型的例子。

有关催化反应动力学行为将在本章后面进行介绍。本节着重介绍一般溶液反应的动力学影响因素及动力学特征。

三、溶液反应动力学影响因素及动力学特征

1. 溶剂对反应速率的影响

与气相反应相比,在溶液中进行的反应最显著的表现即是有溶剂存在,这将导致在溶液中进行的反应与气相反应的动力学行为具有差别,并且前者比后者复杂。研究溶剂对溶液反应的速率影响,主要是通过比较同一反应在不同溶剂中的反应速率来进行的。

溶剂对反应速率的影响分为物理效应和化学效应两大类。其中,溶剂的化学效应主要包括:(1)溶剂本身作为反应物或产物直接参与反应(如蔗糖水解反应);(2)溶剂分子的催化作用(如水、甲醇等溶剂分子对甲酰胺及其衍生物分子内氢转移具有催化作

用）。溶剂的物理效应则主要包括如下五个方面：

（1）溶剂介电常数的影响。对于有离子参与的反应，溶剂介电常数可影响离子间的相互作用，介电常数越大，离子间引力越小。所以，介电常数较大的溶剂通常不利于离子间的化合反应，却有利于分子解离为正、负离子的反应。

（2）溶剂化的影响。通常，反应物、中间化合物和产物均可以不同程度地与溶剂形成溶剂化物。若反应物分子与溶剂分子形成的溶剂化物比较稳定，则会降低反应速率；若因溶剂化作用，使活化络合物的能量降低，则能加快反应速率。

（3）溶剂极性的影响。若生成物的极性比反应物大，则极性溶剂能加快反应速率。若反应物的极性比产物大，则极性溶剂会使反应速率减慢。

（4）溶剂黏度的影响。溶剂黏度主要对由扩散控制的反应有较大影响。当然，溶剂黏度亦会影响反应物分子间的碰撞频率，从而减缓（当使用较高黏度的溶剂时）或加快（当使用较低黏度的溶剂时）反应速率。

（5）氢键的影响。某些质子溶剂（如 H_2O、ROH 等）可与反应物或产物形成氢键而影响反应速率。

溶剂对反应动力学的影响实际上是一个十分复杂的问题。溶剂不仅可以影响反应速率，而且对于按两个以上机制进行竞争的反应，按不同机制进行的反应速率可能因溶剂的不同而产生显著差异，换言之，同一个化学反应在不同的溶剂中可能按不同的反应机制进行，导致反应速率有较大差别。

需要指出的是，某些反应物分子所进行的反应，其反应速率因溶剂的不同而差异很小，而且与气相反应相近。例如，在 298.15 K 时，N_2O_5 的分解反应在气相中的反应速率系数 k 为 3.38×10^{-5} s^{-1}，活化能 E_a 为 103.3 kJ $\cdot$ mol^{-1}；在溶剂分别为 CH_3NO_2、$CHCl_3$ 和 CCl_4 的溶液中，其反应速率系数 k 分别为 3.13×10^{-5} s^{-1}、3.72×10^{-5} s^{-1} 和 4.09×10^{-5} s^{-1}，活化能 E_a 分别为 102.5 kJ $\cdot$ mol^{-1}、102.5 kJ $\cdot$ mol^{-1} 和 101.3 kJ $\cdot$ mol^{-1}。

2. 笼效应和一次遭遇

在溶液反应系统中，由于溶剂是大量的，一方面，溶剂分子阻挡了反应物分子之间的遭遇；另一方面，溶剂分子环绕在反应物分子周围，犹如一个又一个溶剂笼把反应物分子包围起来，使同一溶剂笼中的反应物分子能够进行多次碰撞，直至该反应物分子通过溶剂分子的间隙挤出溶剂笼，进入另一溶剂笼中，这种过程称为一次遭遇。在一次遭遇中，反应物分子在笼中停留的时间一般为 $10^{-12} \sim 10^{-11}$ s，进行 100~1000 次碰撞，碰撞频率与气相反应的相当，因而发生反应的机会也较多。不过，在溶液反应系统中，碰撞频率的具体计算十分困难。

当然，在一次遭遇中，反应物分子有可能发生反应，也可能不发生反应。

对于一般的化学反应来说，其活化能在 40~400 kJ $\cdot$ mol^{-1}，相比较，扩散过程的活化能要小得多，即分子的扩散很快，此时反应过程是速控步，故笼效应对反应速率影响并不大；不过，对有自由原子或自由基参与的反应来说，其活化能很小，一次碰撞就有可能使反应发生，这时，分子的扩散起着决定作用，溶剂的笼效应起着阻碍反应的作用。

笼效应是弗兰克(J. Franck,1882—1964)和拉宾诺维奇(E. Rabinowitch)于 20 世纪三四十年代提出的,所以又称为弗兰克－拉宾诺维奇效应。笼效应的存在是溶液反应所具有的重要基本特征。

*四、溶液相分子反应

1. 溶液相分子反应的动力学

溶液相分子反应可看作由以下 3 个步骤构成:(1) 反应物分子扩散与接触,即反应物分子通过扩散,穿越溶剂笼壁后,相互接近;(2) 发生化学反应,即反应物分子在溶剂笼中遭遇时相互作用生成产物分子;(3) 产物扩散,即反应生成的产物分子从溶剂笼中挤出,向周围扩散。

一般来说,扩散过程的活化能不大,远小于化学反应的活化能。因此,整个过程的速率通常由化学反应步骤所控制。然而,当溶剂的黏度较大时,反应物分子扩散比较缓慢,特别是对活化能不大的反应,则反应速率将由扩散步骤所决定。

根据上述分析,若反应物分子 A 和 B 在溶液中发生反应,A 和 B 须在同一溶剂笼中相遇形成"遭遇对(AB)"。具体反应过程可描述如下:

$$A + B \underset{k_{-d}}{\overset{k_d}{\rightleftharpoons}} (AB) \overset{k}{\longrightarrow} P$$

其中,k_d 为扩散过程的速率系数,k_{-d} 为"遭遇对(AB)"分离过程的速率系数,k 为"遭遇对(AB)"发生反应的速率系数。

当反应过程达到稳定态后,根据稳态近似,则

$$\frac{d[(AB)]}{dt} = k_d[A][B] - k_{-d}[(AB)] - k[(AB)] = 0$$

$$[(AB)] = \frac{k_d[A][B]}{k_{-d} + k} \tag{13.2}$$

反应速率表示为

$$r = k[(AB)] \tag{13.3}$$

将式(13.2)代入式(13.3),得

$$r = k\frac{k_d[A][B]}{k_{-d} + k} = k_{表观}[A][B] \tag{13.4}$$

其中

$$k_{表观} = \frac{kk_d}{k_{-d} + k} \tag{13.5}$$

如果 $k \gg k_{-d}$，即"遭遇对（AB）"的形成较为缓慢（例如在黏度较大的溶剂中，即会出现这种情况），而"遭遇对（AB）"转变成产物 P 这一步骤很快，换言之，"遭遇对（AB）"一旦形成，就立刻发生反应生成产物，则

$$k_{表观} = k_d \tag{13.6}$$

这种情况，称反应为扩散控制反应。

如果 $k_{-d} \gg k$，即"遭遇对（AB）"反应生成产物 P 这一步骤的活化能较大，则

$$k_{表观} = \frac{k k_d}{k_{-d}} = kK \tag{13.7}$$

式中，K 是反应物与"遭遇对（AB）"之间达成平衡时的平衡常数。上式表明，反应物与"遭遇对（AB）"之间达成的平衡基本不受化学反应的影响。总反应的速率取决于"遭遇对（AB）"变成产物 P 这一步的速率，这时，反应称为活化控制反应或动力学控制反应。

下面先讨论前一种情况，即扩散控制反应。

2. 扩散控制反应动力学分析

为便于讨论问题，可设想如下模型（见图 13.3）。假若 A 分子不动（A 分子一经消耗，即可立刻得到补充），B 分子只要进入以 A 的球心为中心，以 R_{AB}（$R_{AB} = R_A + R_B$）为半径的圆形球面内，便可与 A 分子发生反应。其中，R_A 和 R_B 分别为 A 分子和 B 分子的半径。因为是扩散控制反应，即化学反应步骤速率很快，因而在 A 的邻近区域内 B 分子的浓度降低，形成浓度梯度，故 B 分子将通过球面（图中的虚曲线所示）以一定流量向 A 分子扩散。

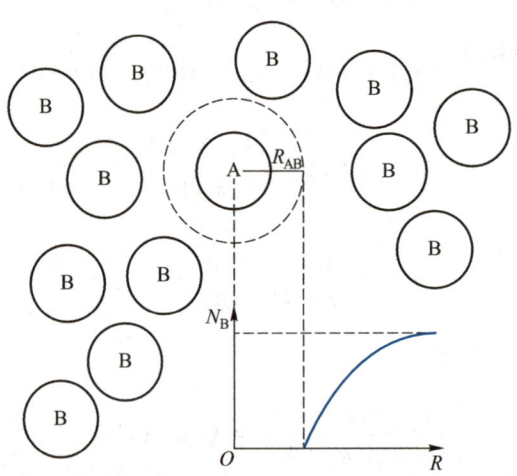

图 13.3 由扩散控制的反应模型

根据菲克扩散第一定律（菲克扩散定律及随后引入的爱因斯坦扩散系数公式将在第 17 章中详细介绍），在单位时间内通过单位截面的 B 分子向着 A 分子扩散的流量 J 与距

离球面为 R 处的浓度梯度 $\dfrac{dN_B}{dR}$（浓度梯度为负值,其中 N_B 为单位体积内 B 分子的数目）成正比,即

$$J = -D_B \frac{dN_B}{dR} \tag{13.8}$$

上式中,等号右边添加负号是为了使流量 J 为正值,D_B 是 B 分子的扩散系数,可看作单位浓度梯度时的流量。根据爱因斯坦(A. Einstein)扩散系数公式,D_B 的表示式为

$$D_B = \frac{k_B T}{6\pi\eta R_B}$$

式中,k_B 为玻尔兹曼常数;R_B 为溶质 B 分子的半径;η 为溶剂的黏度。通过以 A 为球心、以 R 为半径的球面的 B 分子的流量为

$$I_B = 4\pi R^2 J = -4\pi R^2 D_B \frac{dN_B}{dR}$$

因此有

$$\frac{I_B}{R^2}dR = -4\pi D_B dN_B \tag{13.9}$$

当 $R = R_{AB}$ 时,$N_B = 0$;当 $R = \infty$ 时,N_B 为本体中 B 的浓度 N_B^0。以此设定积分限,对上式进行积分,即

$$\int_{R_{AB}}^{\infty} \frac{I_B}{R^2}dR = \int_0^{N_B^0} -4\pi D_B dN_B$$

$$I_B = 4\pi D_B R_{AB} N_B^0$$

对 1 个 A 分子来说,I_B 即是在单位时间内与 B 分子的反应速率。事实上,A 分子不止 1 个,设 A 的本体浓度为 N_A^0,故假设 A 分子不动时,与扩散进来的 B 分子进行反应的速率 r_{A+B} 为

$$r_{A+B} = 4\pi D_B R_{AB} N_B^0 N_A^0$$

同理,若假设 B 分子不动,则 B 分子与扩散进去的 A 分子进行反应的速率 r_{B+A} 为

$$r_{B+A} = 4\pi D_A R_{AB} N_B^0 N_A^0$$

实际上,A 分子与 B 分子均具有显著的扩散趋势,所以总反应速率为

$$r = r_{A+B} + r_{B+A} = 4\pi(D_A + D_B)R_{AB} N_A^0 N_B^0 \tag{13.10}$$

上式与式(13.4)对照,并结合式(13.6),得

$$k_{表观} = k_d = 4\pi(D_A + D_B)R_{AB} \tag{13.11}$$

将爱因斯坦扩散系数公式 $\left(D_A = \dfrac{k_B T}{6\pi\eta R_A}, D_B = \dfrac{k_B T}{6\pi\eta R_B}\right)$ 代入式(13.11),并经整理得

$$k_{表观} = k_d = \frac{2k_B T}{3\eta}\frac{(R_A + R_B)^2}{R_A R_B}$$

若 $R_A \approx R_B$,则上式可简化为

$$k_{表观} = k_d = \frac{8k_B T}{3\eta} \tag{13.12}$$

式中,η 是溶剂的黏度;k_B 是玻尔兹曼常数,$k_B = 1.38 \times 10^{-23}$ J·K^{-1}。η 的单位是 Pa·s,显然,式(13.12)中,$k_{表观}$ 和 k_d 的单位均是分子$^{-1}$·m^3·s^{-1}。若使 $k_{表观}$ 和 k_d 的单位变为 mol^{-1}·m^3·s^{-1},则上式变换为

$$k_{表观} = k_d = \frac{8Lk_B T}{3\eta} \tag{13.13}$$

式中,L 为阿伏伽德罗常数。由于溶剂的黏度 η 与温度 T 的关系与阿伦尼乌斯经验方程类似,即

$$\eta = A e^{\frac{E_a}{RT}}$$

于是对于扩散控制的溶液分子反应,便有

$$k_{表观} = k_d = \frac{8Lk_B T}{3A} e^{-\frac{E_a}{RT}} \tag{13.14}$$

式中,E_a 为扩散过程(或称输运过程)的活化能。显然,基于式(13.14),可获得当反应为扩散控制时的活化能 E_a。E_a 越小,扩散控制的反应速率越大。而当反应为扩散控制时,其 E_a 通常较小,即低活化能是扩散控制反应的重要特性。对于大多数有机溶剂,E_a 约为 10 kJ·mol^{-1},而对于常温下的水介质,$E_a \approx 19$ kJ·mol^{-1}。

3. 活化控制反应(或称动力学控制反应)

对于非扩散控制反应(即活化控制反应),其速率取决于"遭遇对(AB)"转变为产物的步骤。由于化学反应的活化能远高于扩散过程的活化能,所以"遭遇对(AB)"中只有一小部分可发生化学反应转变为产物。因此,活化控制反应的速率系数要远小于扩散控制反应的速率系数。由于在溶液系统中,分子间相互作用较强,分子的配分函数不便于简单地表示并计算。因此,在应用过渡状态理论求算速率系数时,很难通过其统计热力学形式达到目的,而只能应用过渡状态理论速率系数 k 的热力学计算形式。

根据过渡状态理论的假设,当溶液相分子反应过程为活化控制反应时,以双分子反应为例,可表示如下:

$$A + B \xrightleftharpoons{K_a^{\neq}} [(AB)]^{\neq} \xrightarrow{k} P$$

根据过渡态理论的热力学处理方式,则

$$k = \frac{k_B T}{h} K_c^{\neq}$$

对于实际的溶液相反应,$K_c^{\neq}$ 并不是常数,而 $K_a^{\neq}$ 才是常数,即

$$K_a^{\neq} \approx (K_a^{\neq})^{\ominus} = \frac{a^{\neq}}{a_A a_B} = \frac{\dfrac{c^{\neq}}{c^{\ominus}}}{\dfrac{c_A}{c^{\ominus}} \dfrac{c_B}{c^{\ominus}}} \frac{\gamma^{\neq}}{\gamma_A \gamma_B} = K_c^{\neq}(c^{\ominus})^{n-1} \frac{\gamma^{\neq}}{\gamma_A \gamma_B}$$

式中,n 为反应物的分子数之和,这里,$n = 2$。因此

$$k = \frac{k_B T}{h} K_c^{\neq} = \frac{k_B T}{h}(c^{\ominus})^{1-n} K_a^{\neq} \frac{\gamma_A \gamma_B}{\gamma^{\neq}} \tag{13.15}$$

当把溶液看作理想溶液时,$\gamma_i = 1$,令此时,$k = k_0$,则上式可表示为

$$k = k_0 \frac{\gamma_A \gamma_B}{\gamma^{\neq}} \tag{13.16}$$

式中,反应物的活度因子 γ_A 和 γ_B 均可以由实验来测定,而 $\gamma^{\neq}$ 是活化络合物的活度因子,不便于由实验确定,其值往往通过与相同或相近构型的物质比较而估计得到。

基于 $\Delta_r^{\neq} G_m^{\ominus} = -RT\ln K_a^{\neq} = \Delta_r^{\neq} H_m^{\ominus} - T\Delta_r^{\neq} S_m^{\ominus}$,则式(13.15)可表示为

$$k = \frac{k_B T}{h}(c^{\ominus})^{1-n} \frac{\gamma_A \gamma_B}{\gamma^{\neq}} \exp\left(\frac{\Delta_r^{\neq} S_m^{\ominus}}{R}\right) \exp\left(-\frac{\Delta_r^{\neq} H_m^{\ominus}}{RT}\right) \tag{13.17}$$

因为是溶液相反应,$E_a = \Delta_r^{\neq} H_m^{\ominus} + RT$,则

$$k = \frac{k_B T}{h} e(c^{\ominus})^{1-n} \frac{\gamma_A \gamma_B}{\gamma^{\neq}} \exp\left(\frac{\Delta_r^{\neq} S_m^{\ominus}}{R}\right) \exp\left(-\frac{E_a}{RT}\right) \tag{13.18}$$

式(13.18)与阿伦尼乌斯方程进行比较,可得

$$A = \frac{k_B T}{h} e(c^{\ominus})^{1-n} \frac{\gamma_A \gamma_B}{\gamma^{\neq}} \exp\left(\frac{\Delta_r^{\neq} S_m^{\ominus}}{R}\right)$$

当溶液中参与反应的分子及活化络合物的极性均较低时,通常可从反应物分子及产物分子的结构来推测活化络合物分子的结构。活化络合物分子的结构信息是求算 $\Delta_r^{\neq} S_m^{\ominus}$ 的基础。

五、溶液相离子反应——原盐效应

离子反应并非只存在于溶液相反应系统,气相离子反应也是客观存在的。不过,气相离子反应所要求的条件较为苛刻。相比较,溶液相离子反应则容易实现,而且反应速率通常很快。前面刚刚讨论过溶液相分子反应。对于溶液相分子反应系统,当溶液浓度较稀时,实际可以直接用浓度代替活度,即不必考虑浓度修正问题。然而,对于溶液相离子反应,由于静电吸引和静电排斥等因素,离子间的相互作用则不可忽视,即使溶液浓度较稀时,对应于反应系统中各物质的浓度项,也均须使用活度来表示。

按照过渡态理论,在溶液中,离子 A^{z_A} 与 B^{z_B} 的反应可表示为

$$A^{z_A} + B^{z_B} \underset{}{\overset{K_a^{\neq}}{\rightleftharpoons}} [(A\cdots B)^{z_A + z_B}]^{\neq} \xrightarrow{k} P$$

按照与前面类似的处理方式,可得

$$k = \frac{k_B T}{h} K_c^{\neq} = \frac{k_B T}{h} (c^{\Theta})^{1-n} K_a^{\neq} \frac{\gamma_A \gamma_B}{\gamma^{\neq}}$$

以无限稀释时的溶液为参考态,这时,$\gamma_i = 1$,并令 $k = k_0$,则上式可表示为

$$k = k_0 \frac{\gamma_A \gamma_B}{\gamma^{\neq}} \tag{13.19}$$

式(13.19)两边取对数,则

$$\lg \frac{k}{k_0} = \lg \gamma_A + \lg \gamma_B - \lg \gamma^{\neq} \tag{13.20}$$

结合德拜－休克尔极限公式:$\lg \gamma_i = -A z_i^2 \sqrt{I}$,可得

$$\lg \frac{k}{k_0} = -A[z_A^2 + z_B^2 - (z_A + z_B)^2] \sqrt{I}$$

上式经整理后,则有

$$\lg \frac{k}{k_0} = 2 z_A z_B A \sqrt{I} \tag{13.21}$$

显然,以 $\lg \dfrac{k}{k_0}$ 或 $\lg k$ 对 $\sqrt{I}$ 作图,应得直线关系,如图 13.4 所示,直线的斜率与 z_A 和 z_B 有关。当斜率不等于零时,离子强度 I 对反应速率则有重要影响。

在稀溶液中,离子强度对反应速率的影响称为原盐效应。由式(13.21)可知,(1) 当 z_A 与 z_B 同号时,$z_A z_B > 0$,$\lg \dfrac{k}{k_0} > 0$,k 随 I 的增大而增大(见图 13.4),为正原盐效应,反应

$S_2O_8^{2-} + I^- \longrightarrow P$ 即属于此种情况;(2) 当 z_A 与 z_B 异号时,$z_A z_B < 0$,$\lg \dfrac{k}{k_0} < 0$,k 随 I 的增大而减小(见图 13.4),为负原盐效应,反应 $Fe^{2+} + Co(C_2O_4)_3^{3-} \longrightarrow P$ 属于这种情况;(3) 当反应物之一为不带电荷的中性分子时,$z_A z_B = 0$,$\lg \dfrac{k}{k_0} = 0$,则 k 不随 I 的变化而改变(见图 13.4),为零原盐效应,蔗糖 $+ OH^- \longrightarrow$ 转化糖,就属于此类情况。

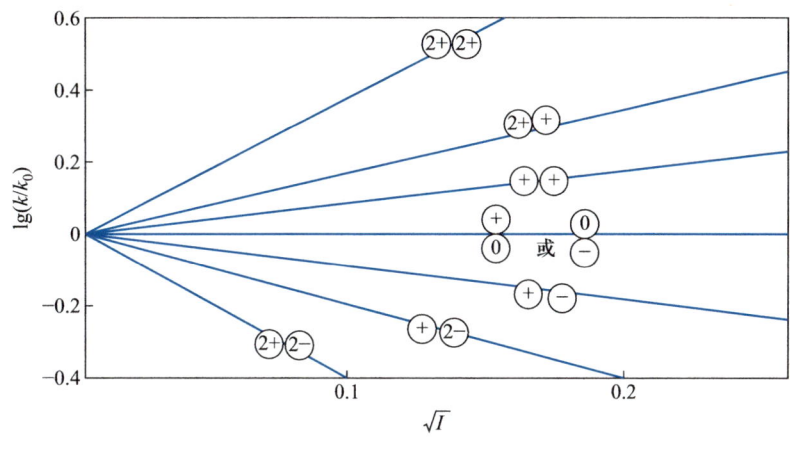

图 13.4   原盐效应

由于德拜 – 休克尔极限公式在 $I < 0.01 \text{ mol} \cdot \text{kg}^{-1}$ 时才严格成立,所以当离子强度增大至一定值,特别是当有高价离子存在时,$\lg k$ 随 $\sqrt{I}$ 的变化会偏离直线关系。另外,当产物与反应物所带电荷不同时,则溶液的离子强度在反应进程中可发生显著变化,例如上述第(1)类和第(2)类情况的反应,其速率系数会随反应进程而发生改变。

这里,需要指明的是,研究原盐效应对探究溶液中反应进行的机制问题具有意义。对于反应机制未知的反应,可以通过研究速率系数随离子强度的变化来确定 $z_A z_B$ 的符号,从而为探讨反应机制提供有用信息。

13.3   光化学反应

一、引论

1. 什么是光化学反应

光化学反应包含两类化学过程。其一是,在光的作用下进行的化学反应,相对于这类光反应,普通的化学反应常称为"热反应"或"暗反应";其二是,由于化学反应产生了激发态粒子,该激发态粒子在跃迁到基态时能放出光辐射的过程,这一化学过程,又称化学发光。

光化学反应与人们的日常生活关系较为密切。例如,塑料老化、照相术、染料褪色、臭氧的形成等,都与光化学反应有关,特别是植物的光合作用,它是以叶绿素为光敏剂的光敏反应,为人类社会提供了赖以生存的物质基础。由此可见,学习与掌握有关光化学反应及其动力学的知识是非常重要的。

光化学现象很早即为人们所知悉。1727 年,人们观察到在日光照射下银盐的褪色现象,从而有意识地提出由于光的作用而引发化学变化的观点。之后,这一观点相继被 18世纪后半叶和 19 世纪的一系列重大发现和发明所印证。然而,光化学成为有理论基础的科学直到 20 世纪下半叶才真正建立,光化学的研究也相伴迅速发展。

光之所以能激发某些化学反应,是由于光具有波粒二象性。基于光的粒子模型,可将光束看作光子流,而光子是具有能量的,一个光子的能量 ε 为

$$\varepsilon = h\nu = \frac{hc}{\lambda}$$

2. 光化学反应的特征

通过比较光化学反应与热反应的异同,可以将光化学反应所具有的特征展现出来。

光化学与热化学虽然属于不同的化学领域,但是,就化学作用的本质来说,两类化学反应其实并无差别。因此,采用分子中电子云分布和电子的重新排布来解释反应过程中某一步骤中所观察到的化学变化,对热反应和光化学反应都是适用的。

光化学反应与热反应又有许多不同之处。为了阐明有关的不同点,读者应当明白,光化学反应要发生,反应物分子应首先吸收光子而转变成激发态分子,因此从微观上来看,在光作用下的反应是激发态分子的反应,这是光化学反应的基本特征。而热反应通常是基态分子的反应。

我们知道,在恒温恒压而且非膨胀功(W_f)等于 0 时,只有 $\Delta G < 0$ 的反应才能自动进行,但是在光作用下, $\Delta G > 0$ 的反应有时也能进行,这是光化学反应与热反应的重要区别,也是光化学反应的重要特征之一。对于 $\Delta G > 0$ 的反应,如果通过光照将光能供给反应系统,就可以增加反应物的吉布斯自由能从而使反应的 ΔG 值改变符号。或者,将光能看作非膨胀功,这种情况下只要 $\Delta G < W_f$,反应即可发生。例如,植物的光合作用:

$$6CO_2 + 6H_2O \xrightarrow{\text{叶绿素},h\nu} C_6H_{12}O_6 + 6O_2$$

在无光照时,此反应的 $\Delta G = 2878.6 \ kJ \cdot mol^{-1}$,反应不能进行。但在光作用下,叶绿素吸收光,传递给反应物,可使反应向右进行。

通常,光化学反应具有比热反应更高的选择性。这是因为,特定物质只吸收特定频率的光,不同频率的光可以有选择地引发不同的反应。

与热反应系统相对照,在光化学反应系统中,激发态反应物与中间态物质及产物之间

很难达成真正的热力学平衡。当一个处于热力学平衡的对峙反应受到固定光强度的单色光作用时,若反应物之一吸收该波长的光,正向反应速率增加,原来的热力学平衡即被破坏。当正向反应速率与逆向反应速率相等时,系统重新达成"平衡",这时的"平衡"组成与原来的平衡组成并不相同,可将"新的平衡"称为"光稳态"或"光化学平衡态",而并非真正的热力学平衡态。温度对热反应的平衡常数影响显著,但在固定光强度下,温度对"光化学平衡"常数则几乎没有影响。

当光化学的初级过程是物理过程时,其变化速率比较显著,产生的激发态分子寿命极短,为 $10^{-8} \sim 10^{-7}$ s,它们很容易以辐射形式(产生荧光或磷光)或以无辐射形式进行衰变。所以,只有当处于激发态的反应物进行化学反应的速率相当大时,才能使整个光化学反应过程得以有效进行。也因此,人们所观察到的光化学反应的初始过程,反应速率均比较快。相比较,一般热反应的速率是比较慢的。当然,光化学反应速率快,与光化学反应的活化能较小也有密切关系。

二、光化学最基本的知识和基本定律

在太阳光中,能引发化学反应的光是紫外光(波长为 150~400 nm)和可见光(波长为 400~750 nm),而红外光(波长大于 750 nm)通常不能引发化学反应。

众所周知,光具有波粒二重性。光束可看作光子流,即量子流。1 个光量子(简称光子)的能量为 $\varepsilon = h\nu$,1 mol 光子的能量为 1 爱因斯坦(Einstein),用 u 表示,即

$$u = L\varepsilon = Lh\nu = Lh\frac{c}{\lambda} = \frac{0.1197}{\lambda} \text{ J} \cdot \text{m} \cdot \text{mol}^{-1}$$

光化学基本定律包括光化学第一定律、光化学第二定律和朗伯－比尔定律。

光化学第一定律又称格罗塔斯－德拉帕尔定律。格罗塔斯(C. J. D. Grotthus)和德拉帕尔(F. Draper)指出,只有被分子吸收的光才能引发化学反应,换言之,如有光化学反应发生,则引起化学变化的光一定是被分子吸收的那部分,而不是被反射或被透射的部分。从该定律可以知道,研究吸收光谱,有助于了解光化学反应。

光化学第二定律又称斯塔克－爱因斯坦定律。斯塔克(J. Stark)和爱因斯坦(A. Einstein)指出,在光化学反应的初级过程中,一个被吸收的光子,只活化一个分子。根据该定律可知,要活化 1 mol 反应物,则需要 1 mol 光子。

朗伯－比尔定律描述的是被溶液吸收的光强度与溶液浓度之间的关系。该定律可具体表述为,平行的单色光通过浓度为 c、长度为 d 的均匀系统时,未被吸收的透射光强度 I_t 与入射光强度 I_0 之间的关系为

$$I_t = I_0 e^{-\kappa cd}$$

式中,κ 为摩尔吸光系数。若定义吸光度 A 为 $\lg \dfrac{I_0}{I_t}$,并令 $\dfrac{\kappa}{2.303} = \varepsilon$,则

$$A = \frac{\kappa c d}{2.303} = \varepsilon c d$$

为了衡量光化学反应的效率,这里引入了量子效率和量子产率的概念。

所谓量子效率,是指对于某一指定的光化学反应,其反应掉的反应物分子数与吸收光子数的比值,用 ϕ 表示,即

$$\phi = \frac{\text{反应物消失的分子数}}{\text{吸收的光子数}} = \frac{\text{反应物消失的物质的量}}{\text{吸收光子的物质的量}}$$

实际上,光化学反应的量子效率 ϕ 可能大于 1,也可能小于 1,这是否与光化学第二定律相矛盾呢? 并不矛盾。$\phi > 1$,是因为在初级过程中,活化了一个分子,而在次级过程中,又使许多反应物分子发生反应。例如,对于链反应 $H_2 + Cl_2 \xrightarrow{h\nu} 2HCl$,其初级光化学反应为: $Cl_2 \xrightarrow{h\nu} 2Cl\cdot$,毫无疑问,该初级过程 $\phi = 1$。然而,该初级过程仅是总包反应的一个链引发步骤,随后必然进行链的传递,使反应物分子 H_2 和 Cl_2 不断地变为 HCl 分子,也就是说 1 个光子可引发 1 个链反应,其量子效率因此可高达 10^6。$\phi < 1$,是因为在初级过程中被光子活化的分子,还没有来得及反应,便发生了分子内或分子间的传能过程而失去活性。

所谓量子产率,是指生成产物的分子数与吸收光子数的比值,用 ϕ^* 表示,即

$$\phi^* = \frac{\text{生成产物的分子数}}{\text{吸收的光子数}} = \frac{\text{生成产物的物质的量}}{\text{吸收光子的物质的量}}$$

由于受化学反应方程式中化学计量数的影响,对于光化学反应即便是初级光化学反应,其量子效率 ϕ 与量子产率 ϕ^* 的值都有可能不相等。例如,对于反应 $2HBr \xrightarrow{h\nu} H_2 + Br_2$,其量子效率是量子产率的 2 倍。

穆尔(J. W. Moore)等人在其著作中,将上述量子效率和量子产率的定义式统一起来,定义量子产率为消失的反应物分子数或生成的产物分子数与吸收的光子数之比值。不过,同样存在因反应方程式中反应组元之间化学计量数不同而导致它们的量子产率不同的问题。

在处理光化学反应动力学时,常常采用下述形式定义量子产率:

$$\phi^* = \frac{r}{I_a}$$

式中,r 为反应速率,可由实验测定;I_a 为吸收光的速率,由露光计测得。相比前面对量子产率的定义,显然,这种定义具有较大优势。

*三、光的吸收与电子跃迁及分子能态

我们知道,分子的能量由分子的平动能和分子的内部能量构成。在分子内部,按转

动、振动、电子运动和核运动的次序,其对应的能级依次增大。在前面已经指出,光化学反应实质上是激发态分子的反应。所以,在光化学反应过程中,基态分子首先吸收光子变为激发态分子。但是,当分子吸收光子后,转动和振动已是激发态而电子运动仍处于基态的分子依然不会发生化学变化。而只有用较高的能量,使分子中的电子处于激发态时,激发态电子发生得失,才能实现化学变化。下面介绍与分子能态相关的电子激发态重度的概念。

分子中电子跃迁时,分子光谱项中的电子自旋重度 M 定义为 $M = 2S + 1$,其中 S 是分子中电子的总自旋量子数,M 表示分子中电子的总自旋角动量在 z 方向上分量的多重可能值(简称重度)。通常,在基态时,分子中电子自旋都是成对的(自旋成对一定是自旋反平行的,除 O_2 等分子外,大多数基态分子属于这种情况),则 $S = 0$,$M = 1$,即在 z 方向上只有一种可能性,这种状态称为单重态或单线态,简称 S 态。通常,分子基态为 S_0 态。如图 13.5 所示,当一个电子被激发至高能级轨道后,若其自旋方向与原先在基态轨道相同,即这两个电子依然是自旋反平行的,则激发态的 $S = 0$,$M = 1$,分子仍属单重态,即 S 态,根据激发后电子的能级高低,可用 S_1,S_2,$\cdots$ 表示,分别称为第一激发单重态、第二激发单重态······

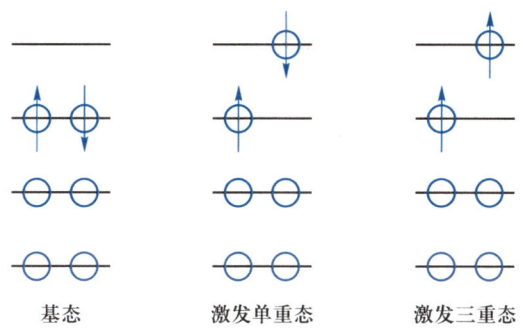

图 13.5 分子的重度

基态 　　　 激发单重态 　　　 激发三重态

仍然如图 13.5 所示,当一个电子被激发至高能级轨道后,若两个电子呈自旋平行状态,则激发态的 $S = 1$,$M = 3$,即电子总自旋角动量在 z 方向上有三个分量,这种状态称为激发三重态或三线态,简称 T 态。根据激发后电子的能级高低,可用 T_1,T_2,$\cdots$ 表示,分别称为第一激发三重态、第二激发三重态······

根据量子力学原理,电子激发态系统的能量为

$$E = E_1 + E_2 + J_{1,2} - K_{1,2}$$

式中,$J_{1,2}$ 为库仑积分;$K_{1,2}$ 为交换积分。当电子自旋反平行时,$K_{1,2} = 0$,而当电子自旋平行时,$K_{1,2} \neq 0$。因此,T 激发态的能量总是低于 S 激发态的能量,即 T_1 态能量低于 S_1 态能量,T_2 态能量低于 S_2 态能量,如此等等,如图 13.6 所示。当然,也可以定性地解释为,在 T 激发态时,处于不同轨道的两个电子自旋平行,两个

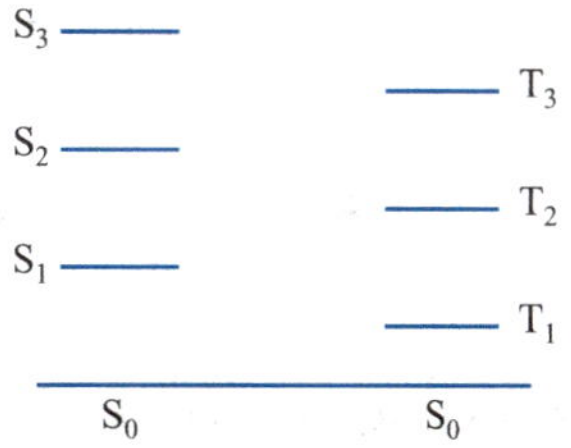

S_3 —　　　　　　　　 — T_3

S_2 —

S_1 —　　　　　　　　 — T_2

　　　　　　　　　　　 — T_1

S_0 ——　　　 S_0 ——

图 13.6 单重态与三重态能级高低示意图

电子趋向于互相回避,换言之,两个电子轨道在空间重叠较少,电子的平均间距较长,因而相互排斥作用小于电子自旋反平行时的情况,导致 T 激发态能量低于相同激发态的 S 态能量。

但是,$S_0 \rightarrow S$ 激发态的概率要比 $S_0 \rightarrow T$ 激发态的概率大。这既是实验结果,也遵从量子力学中的电子跃迁规则,即 $\Delta S = 0$ 的跃迁是允许的,而 $\Delta S \neq 0$ 的跃迁是禁阻的,换言之,$S_0 \rightarrow S$ 激发态的跃迁是允许的,而 $S_0 \rightarrow T$ 激发态的跃迁则是禁阻的。这种规则通常称为跃迁选择定则,或称跃迁选律。其根源在于跃迁过程中角动量守恒及光子自旋为 1。

分子中的电子跃迁时必然伴随着转动和振动能级的改变,因转动能量的热力学贡献小,故可不予考虑。因此,电子跃迁时所伴随的振动能级变化便形成了吸收光谱的振动精细结构。与电子跃迁不同,当分子中的一个电子态变至另一电子态时,例如 $S_0 \rightarrow S_1$,则从基态 S_0 的振动能级 $v = 0$ 至 S_1 态中任何一振动能级($v = 0$、$v = 1$、$v = 2$ 等)的跃迁均有可能。那么在这些允许的跃迁当中,究竟哪一种跃迁的概率最大呢？这需要依据 Franck-Condon 原理作出判断。关于 Franck-Condon 原理,在此不再阐述,读者可参阅有关专著。

*四、光物理过程

在光化学反应过程中,基态分子首先吸收光子变为激发态分子,随后进行的过程既包含光化学步骤,又包含光物理步骤。虽然将它们分为光化学和光物理过程并不十分科学和严谨,但为了讨论的方便,还是有一定益处的。所谓光物理过程,乃是物质与光作用时所发生的非化学变化过程。

1. 激发态能量的衰减方式

处于电子激发态的分子具有很高的能量,有利于化学反应。但这并不意味着,激发态分子一定会发生化学变化。激发态分子寿命很短,为 $10^{-8} \sim 10^{-7}$ s,因此常常会在发生化学变化之前就通过各种光物理方式,使其能量衰减。图 13.7 展示出激发态分子能量的各种衰减方式。显然,发生化学反应也是能量衰减方式之一,一般称为光化学猝灭过程。

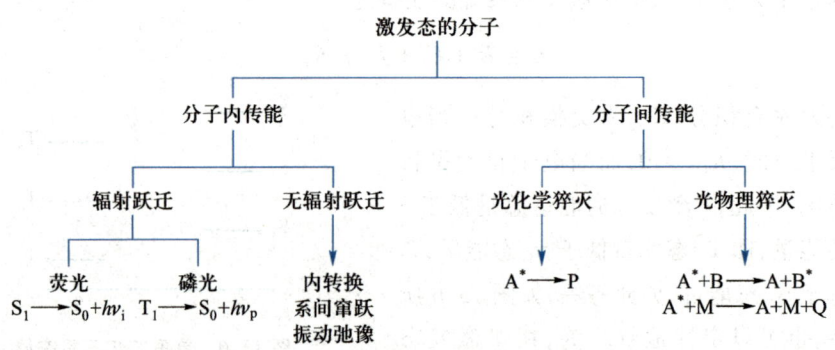

图 13.7　激发态分子能量的衰减方式

如图 13.7 所示,激发态分子能量衰减的光物理过程包括分子内传能和分子间传能两类,分子间传能主要是光物理猝灭,即激发态分子 A^* 与另一分子 B 碰撞,或 A^* 与反应器壁 M 相碰,交换能量后,其本身转变为普通分子。各种分子内传能方式均属于光物理过程,分为辐射跃迁和无辐射跃迁两类。激发态分子的各种光物理过程可用图 13.8 所示的雅布隆斯基(Jablonski)简图说明。

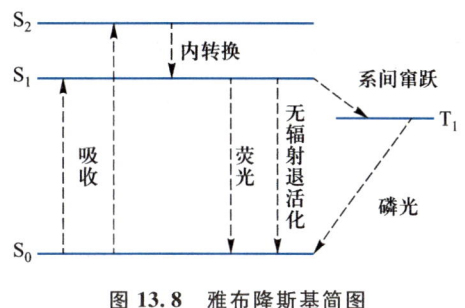

图 13.8　雅布隆斯基简图

2. 辐射跃迁

辐射跃迁是指激发态分子通过辐射光子而退化至基态的过程。当处于较高激发态时,会通过内转换以及振动弛豫等无辐射方式先回到低激发态。所以,辐射光子的辐射跃迁总是由 S_1 或 T_1 激发态的 $v = 0$ 振动能级向着 S_0 态进行。激发态分子从 S_1 态跃迁至 S_0 态所辐射的光称为荧光,即

$$S_1 \longrightarrow S_0 + h\nu\,(荧光)$$

荧光寿命很短,约为 10^{-8} s,一旦切断光源,荧光亦随之消失。激发态分子从 T_1 态跃迁至 S_0 态所辐射的光称为磷光,即

$$T_1 \longrightarrow S_0 + h\nu\,(磷光)$$

磷光寿命较长,有时可以持续数秒甚至更长。不过,荧光的强度比磷光的大,这是荧光在应用上远比磷光广泛的原因。

3. 无辐射跃迁

无辐射跃迁是指发生在激发态分子内部的无光子辐射的能量衰变过程,主要包括内转换、系间窜跃、振动弛豫等。

如图 13.8 所示,内转换(简写为 IC)是指跃迁时重度 M 不发生改变的无辐射跃迁过程,如 $S_2^{v'=0} \xrightarrow{\text{IC}} S_1^{v=n}$。如果在无辐射跃迁过程中重度发生改变,则称为系间窜跃(简写为 ISC),如 $S_1^{v=0'} \xrightarrow{\text{ISC}} T_1^{v=n}$,或 $T_2^{v=n'} \xrightarrow{\text{ISC}} S_1^{v=m}$。

所谓振动弛豫(简写为 VR),是指在同一能态中处于高振动能级的激发态分子,将其振动能转变为平动能,或快速传递给介质而回到较低振动能级的过程。通常,振动弛豫过程是很快的。

如图 13.8 所示,当激发态分子从 S_1 态跃迁至 S_0 态时,如果无辐射,则可以称此过程为无辐射退活化过程。

上述辐射跃迁和无辐射跃迁的各种光物理过程,均属激发态分子通过分子内传能进行能量衰减的方式。

显而易见,在雅布隆斯基图(图 13.8)中,不仅包含激发态分子通过分子内传能的各种光物理过程进行的能量衰减,也包含基态分子激发为激发态的过程。

4. 分子间传能的光物理过程——光物理猝灭

激发态分子 A^* 通过与器壁 M 或与其他分子 B 进行碰撞而退化为普通分子 A,能量被器壁吸收,或被分子 B 吸收并有可能转变成活化态分子 B^*。这即是光物理猝灭,其中器壁 M 或物质 B 称为光物理猝灭剂。光物理猝灭过程可表示如下:

$$A^* + M \longrightarrow A + M, 或 A^* + B \longrightarrow A + B^* (或 B)$$

五、光化学过程

光化学过程主要是指在光的作用下产生的激发态分子发生化学变化的过程,其基本类型介绍如下。

(1)激发态分子直接发生解离反应,可以表示为

$$A^* \longrightarrow P + T$$

其中,P 和 T 可以是自由原子、自由基或小分子。反应 $(C_2H_4)^* \longrightarrow C_2H_2 + H_2$ 即是典型例子。

(2)激发态分子直接发生异构化(或重排),可以表示为

$$(AB)^* \longrightarrow (BA)$$

在可见光中的紫色光照射下,邻硝基苯甲醛转化为邻位亚硝基苯甲酸的过程即为例子。

(3)激发态分子通过碰撞而发生解离反应,可以表示为

$$A^* + M \longrightarrow P + T + M$$

其中,P 和 T 为解离产物。反应 $I_2^* + Ar \longrightarrow 2I\cdot + Ar$ 即为例子。

(4)激发态分子通过碰撞而发生异构化(或重排)反应,可以表示为

$$(AB)^* + M \longrightarrow (BA) + M$$

反应 $1\text{-丁烯}^* + C_4H_8 \longrightarrow 2\text{-丁烯} + C_4H_8$ 即为例子。

(5)激发态分子与其他分子作用后发生反应。这类反应的特点是,激发态分子与另一非激发态分子发生碰撞后,两者均发生变化。例如,NOCl 分子吸收光子变成激发态分子后,再与普通 NOCl 分子作用而发生分解反应,即

$$NOCl^* + NOCl \longrightarrow 2NO + Cl_2$$

另外,在光照条件下,处于激发态的分子与普通分子作用后形成二聚体的反应也属于此种类型。

(6)电子转移反应。例如,在溶液反应系统中,离子或分子吸收光子后,将其电子转

移给邻近的溶剂分子。这种情况在卤素离子参与的溶液光化学反应系统中比较常见,其初级光化学反应过程为

$$X^-(在水中) + h\nu \longrightarrow X + H_2O^-$$

(7)光敏反应。有些物质对光不敏感,其本身不能直接吸收某种波长的光,以驱动光化学反应的发生。但是,如果在反应系统中加入某种物质,它能吸收该种波长的光,并将光能传递给反应物,促使反应发生,而外加的这种物质在反应的前后并未发生改变,这种物质称为光敏剂(或感光剂),相应的反应则称为光敏反应,或感光反应。光敏反应在光化学反应中是比较常见的一类反应。

例如,在碱性溶液中,要使 $K_4Fe(CN)_6$ 在光照条件下发生氧化反应,可使用 Fe^{3+} 作为光敏剂。再例如,UO_2^+ 对紫外光敏感,它能吸收紫外光,并将光能传递给草酸,使草酸发生分解反应。显然,该分解反应是光敏反应。根据草酸分解的数量可以测得紫外光强度,这即是二氧化铀草酸盐露光计的工作原理。

植物的光合作用也是典型的光敏反应,植物体内的叶绿素是相应的光敏剂,即

$$6CO_2 + 6H_2O \xrightarrow{\text{叶绿素},h\nu} C_6H_{12}O_6 + 6O_2$$

六、光化学反应动力学

相较于热反应,光化学反应的动力学处理及其速率方程要复杂一些。光化学反应初级过程的速率仅与入射光的强度 I_a 有关,而与物质的浓度无关。

对于光化学的初级过程,若是化学变化,则在动力学上,对反应物呈零级。

1. 最简单的光化学反应例子

设有一光化学反应:

$$A_2 \xrightarrow{h\nu} 2A$$

其反应历程为

$$A_2 + h\nu \longrightarrow A_2^* \qquad 初级过程$$

$$A_2^* \xrightarrow{k_2} 2A \qquad 次级过程$$

$$A_2^* + A_2 \xrightarrow{k_3} 2A_2 \qquad 次级过程$$

产物 A 的生成速率

$$r = \frac{1}{2}\frac{d[A]}{dt} = k_2[A_2^*]$$

用稳态近似求解中间态 A_2^* 的浓度 $[A_2^*]$。该光化学反应的初级过程是光物理过程,其速

率仅与入射光的强度有关。所以

$$\frac{d[A_2^*]}{dt} = I_a - k_2[A_2^*] - k_3[A_2^*][A_2] = 0$$

由此可得

$$[A_2^*] = \frac{I_a}{k_2 + k_3[A_2]}$$

则

$$r = \frac{1}{2}\frac{d[A]}{dt} = k_2[A_2^*] = \frac{k_2 I_a}{k_2 + k_3[A_2]}$$

量子产率为

$$\phi^* = \frac{r}{I_a} = \frac{k_2}{k_2 + k_3[A_2]}$$

2. 氯仿气相光化学氯化反应动力学

氯仿气相光化学氯化的总反应式为

$$Cl_2 + CHCl_3 + h\nu \longrightarrow CCl_4 + HCl$$

研究表明,其反应历程为

初级过程　（a）$Cl_2 + h\nu \xrightarrow{k_1} 2Cl\cdot$

次级过程　$\begin{cases} (b)\ Cl\cdot + CHCl_3 \xrightarrow{k_2} CCl_3\cdot + HCl \\[2mm] (c)\ CCl_3\cdot + Cl_2 \xrightarrow{k_3} CCl_4 + Cl\cdot \\[2mm] (d)\ 2CCl_3\cdot + Cl_2 \xrightarrow{k_4} 2CCl_4 \end{cases}$

可见,初级过程（a）是化学变化。该初级过程的反应级数为零级,其反应速率为

$$r_{(a)} = \frac{1}{2}\frac{d[Cl\cdot]}{dt} = k_1 I_a$$

而次级过程（b）的反应速率为　　$r_{(b)} = \frac{d[CCl_3\cdot]}{dt} = k_2[Cl\cdot][CHCl_3]$

次级过程（c）的反应速率为　　$r_{(c)} = \frac{d[CCl_4]}{dt} = k_3[CCl_3\cdot][Cl_2]$

次级过程（d）的反应速率为　　$r_{(d)} = \frac{d[CCl_4]}{dt} = 2k_4[CCl_3\cdot]^2[Cl_2]$

则总反应的速率为 $r_{CCl_4} = \dfrac{d[CCl_4]}{dt} = k_3[CCl_3\cdot][Cl_2] + 2k_4[CCl_3\cdot]^2[Cl_2]$

为求得 $[CCl_3\cdot]$，对中间物种 $CCl_3\cdot$ 和 $Cl\cdot$ 作稳态近似处理，即

$$\frac{d[CCl_3\cdot]}{dt} = k_2[Cl\cdot][CHCl_3] - k_3[CCl_3\cdot][Cl_2] - 2k_4[CCl_3\cdot]^2[Cl_2] = 0$$

$$\frac{d[Cl\cdot]}{dt} = 2k_1I_a - k_2[Cl\cdot][CHCl_3] + k_3[CCl_3\cdot][Cl_2] = 0$$

上述两式联立，得 $[CCl_3\cdot] = \left(\dfrac{k_1I_a}{k_4[Cl_2]}\right)^{\frac{1}{2}}$，则

$$r_{CCl_4} = \frac{d[CCl_4]}{dt} = k_3\left(\frac{k_1I_a}{k_4[Cl_2]}\right)^{\frac{1}{2}}[Cl_2] + 2k_1I_a$$

$$= k_3\left(\frac{k_1I_a}{k_4}\right)^{\frac{1}{2}}[Cl_2]^{\frac{1}{2}} + 2k_1I_a$$

当压力不是很低时，$2k_1I_a$ 可忽略，因此有

$$r_{CCl_4} = \frac{d[CCl_4]}{dt} = k_3\left(\frac{k_1I_a}{k_4}\right)^{\frac{1}{2}}[Cl_2]^{\frac{1}{2}} = kI_a^{\frac{1}{2}}[Cl_2]^{\frac{1}{2}}$$

量子产率为

$$\phi^* = \frac{r_{CCl_4}}{I_a} = kI_a^{-\frac{1}{2}}[Cl_2]^{\frac{1}{2}}$$

其中，$k = k_3\left(\dfrac{k_1}{k_4}\right)^{\frac{1}{2}}$。

3. 光敏反应动力学例子

对于气相光敏反应 $H_2 + CO \xrightarrow{Hg,h\nu} HCHO$，其反应历程为

$$Hg + h\nu \longrightarrow Hg^*$$

$$Hg^* + H_2 \xrightarrow{k_1} 2H\cdot + Hg$$

$$H\cdot + CO \xrightarrow{k_2} HCO\cdot$$

$$HCO\cdot + H_2 \xrightarrow{k_3} HCHO + H\cdot$$

$$2HCO\cdot \xrightarrow{k_4} HCHO + CO$$

基于上述反应历程,可得总反应速率为

$$r = \frac{d[HCHO]}{dt} = k_3[HCO\cdot][H_2] + k_4[HCO\cdot]^2$$

为求 $[HCO\cdot]$,分别对中间物种 Hg^*、$H\cdot$ 和 $HCO\cdot$ 作稳态近似处理,具体如下:

$$\frac{d[Hg^*]}{dt} = I_a - k_1[Hg^*][H_2] = 0$$

则
$$[Hg^*] = \frac{I_a}{k_1[H_2]} \qquad (13.22)$$

$$\frac{d[H\cdot]}{dt} = 2k_1[Hg^*][H_2] - k_2[H\cdot][CO] + k_3[HCO\cdot][H_2] = 0$$

$$\frac{d[HCO\cdot]}{dt} = k_2[H\cdot][CO] - k_3[HCO\cdot][H_2] - 2k_4[HCO\cdot]^2 = 0$$

上述两式联立得

$$2k_1[Hg^*][H_2] = 2k_4[HCO\cdot]^2$$

即
$$[HCO\cdot]^2 = \frac{k_1}{k_4}[Hg^*][H_2] \qquad (13.23)$$

式(13.23)与式(13.22)联立,得

$$[HCO\cdot] = \left(\frac{I_a}{k_4}\right)^{\frac{1}{2}} \qquad (13.24)$$

所以

$$r = \frac{d[HCHO]}{dt} = k_3[HCO\cdot][H_2] + k_4[HCO\cdot]^2 = k_3\left(\frac{I_a}{k_4}\right)^{\frac{1}{2}}[H_2] + I_a$$

量子产率为

$$\phi^* = \frac{r}{I_a} = k_3 k_4^{-\frac{1}{2}} I_a^{-\frac{1}{2}}[H_2] + 1$$

*七、大气环境光化学反应动力学

地球大气层是因重力而围绕着地球的一层混合气体,其主要成分是氮气和氧气,同时含有少量其他气体。大气层的主要作用在于,保护地球表面免受太阳光尤其是紫外光的直接照射,并避免在同一天内出现极端温差的情况。显然,大气层的存在,是人类和其他生物体在地球上生存不可或缺的条件。大气层并没有明确的边界,直至距离地球表面 1000 km 处

仍有稀薄的气体和基本粒子,但由于地球引力的作用,其大部分气体集中于距离地表 100 km 以下的位置。

随着离开地表由低到高的高度不同,一般将大气层分为对流层、平流层、中间层、热层和散逸层等。这里,仅就平流层(或称同温层)和对流层气体在光作用下的一些重要化学过程的有关动力学问题作简要的描述和讨论。

1. 平流层中臭氧层空洞的产生与预防

在距离地面 10~50 km 的区域是寒冷、干燥的平流层区,其中有一层臭氧,称为臭氧层,能够吸收宇宙射线和紫外光,从而可有效避免对人类和地球上其他生物体的辐射伤害。

当臭氧层中某一区域的臭氧含量降低至一定程度时,即称为臭氧空洞。造成臭氧空洞的主要原因是,在平流层中发生了下述两类反应。

(1)氯氟烃化合物如氟利昂(CF_2Cl_2)等,进入平流层后,在光照条件下产生氯自由原子($Cl\cdot$),该物种作为催化剂,使 O_3 不断地被破坏(每个 $Cl\cdot$ 大约可破坏 10 万个 O_3 分子)。其反应机制为

$$CF_2Cl_2 \xrightarrow{h\nu} Cl\cdot + CF_2Cl\cdot$$

$$Cl\cdot + O_3 \longrightarrow ClO\cdot + O_2$$

$$O\cdot + ClO\cdot \longrightarrow Cl\cdot + O_2$$

净反应为 $$O\cdot + O_3 \longrightarrow 2O_2$$

除了氯氟烃类化合物外,溴氟烃类化合物(如 CF_2Br_2)在光照时能产生溴自由原子($Br\cdot$),它亦可作为催化剂,使 O_3 遭受破坏,其反应机制同上。此外,甲基氯仿(CH_3CCl_3)和甲基溴(CH_3Br)等含氢的氯化物或溴化物以及四氯化碳(CCl_4)等,均具有破坏臭氧层的作用。

(2)氮氧化物(如 N_2O)在光照条件下分解产生具有奇电子数的 NO,使 O_3 不断地被破坏。其反应机制如下:

$$N_2O \xrightarrow{h\nu} N\cdot + NO$$

$$NO + O_3 \longrightarrow NO_2 + O_2$$

$$NO_2 + O\cdot \longrightarrow NO + O_2$$

净反应为 $$O\cdot + O_3 \longrightarrow 2O_2$$

因此,为保护平流层中的臭氧层,必须有效控制氯氟烃、溴氟烃类化合物和氮氧化物等的排放。

2. 光化学烟雾污染——VOCs – NO$_x$ 系统光化学反应

从前面的叙述可知,在平流层,臭氧对于保护人类和地球上的其他生物体具有重要意

义。然而,在地球表面附近的大气中,若存在 O_3,将会对人类和其他有生命意识的生物体的健康带来危害。另外,O_3 能损伤植物的叶片,影响植物生长,降低农作物的产量。

含有挥发性有机物(简写为 VOCs)和氮氧化物(NO_x)的大气,在紫外光的照射下,能发生一系列复杂的化学反应,产生如 O_3、过氧乙酰硝酸脂类及过氧化氢等强氧化性物质,这些产物与反应物的混合物称为"光化学烟雾"。O_3 是光化学烟雾中最主要和最危险的组分,其含量在 90% 以上,因此光化学烟雾也称 O_3 污染。目前对光化学烟雾的研究主要集中于对流层大气中 O_3 浓度的积累方面。

光化学烟雾的形成是一个极为复杂的化学过程。化学工作者曾就其形成过程,先后提出过多种反应机制,有的机制甚至包含上百个化学反应。这里主要讨论在过氧烷基自由基($RO_2 \cdot$)存在时 O_3 的形成机制问题。

首先应当明确,氮氧化物 NO_x 是形成 O_3 的重要前体污染物。O_3 与 NO_x 之间存在快速的光化学循环过程,该循环过程对于对流层中 O_3 产生和消耗起着驱动作用。

挥发性有机物(VOCs)中的烷烃通过摘氢反应产生烷基自由基($R \cdot$),$R \cdot$ 在大气中 O_2 的作用下,可迅速形成 $RO_2 \cdot$。在对流层大气条件下,$RO_2 \cdot$ 与 NO 之间可以进行下列反应:

$$RO_2 \cdot + NO \longrightarrow RO \cdot + NO_2$$

或

$$RO_2 \cdot + NO + M \longrightarrow RONO_2 + M$$

通常,$RO_2 \cdot$ 与 NO 按上述第一个反应进行而生成 NO_2,然后按如下反应路径进行光解,并进一步形成 O_3:

$$NO_2 + h\nu \longrightarrow NO + O \cdot$$

$$O \cdot + O_2 + M \longrightarrow O_3 + M$$

上述反应的净结果是,无须消耗 NO 和 NO_2 即可形成 O_3。而在无 $RO_2 \cdot$ 存在时,NO 向 NO_2 的转化则主要是通过 NO 与 O_3 的反应进行,此时净的化学变化中并无 O_3 生成,因此便不会造成 O_3 的积累。由此可见,对流层大气中 $RO_2 \cdot$ 的存在对 O_3 的生成和积累是至关重要的。

13.4 催化反应概述

一、引论

讨论催化反应及其动力学,必然要涉及催化剂和催化作用的概念。1894 年,物理化学之父奥斯特瓦尔德给出如下定义:催化剂是一种能够改变一个化学反应的速率,但又不会作为反应物形成该反应最终产物的物质。在这个表述中,"改变"二字意味着催化剂具有加速或抑制两方面的作用。催化剂的这种作用则称为催化作用。当催化剂起着加速反应进行的作用时,则称为正催化剂;而当催化剂起着抑制反应的作用时,则称为负催化剂。通常,如不特别说明,都是指正催化剂。

催化剂与现代化学工业的蓬勃发展密切相关。据统计,80%以上的现代重要化工过程(如合成氨、合成甲醇、高分子定向聚合反应过程等)都离不开催化剂。因而,可以一语双关地说,催化剂是现代物质文明的"催化剂"。

二、催化反应的分类

通常,可基于反应系统中的催化剂与参与反应的物质所处的相态,将催化反应进行分类。

当催化剂与参与反应的物质处于同一个相时,称为均相催化反应。当催化剂与参与反应的物质均为气相时,则称为气相均相催化反应,例如 NO 分子催化的 O_3 破坏反应 $(O\cdot + O_3 \xrightarrow{NO} 2O_2)$。当催化剂与参与反应的物质均为同一液相时,则称为液相均相催化反应,例如以盐酸作催化剂时蔗糖的水解反应。

当催化剂与参与反应的物质处于不同的相时,反应称为多相催化反应,或异相催化反应。由参与反应的气体物质与固体催化剂组成的反应系统称为气-固相催化反应,这是一类常见并且是一类极其重要的反应,例如合成氨、合成甲醇过程等。当参与反应的物质是液态混合物,而催化剂是固体时,则称为液-固相催化反应,例如以钛硅分子筛作催化剂以过氧化氢作氧化剂时,某些有机物的氧化反应。

应当指出的是,上述分类并不是绝对的。例如,高压聚乙烯是在超高压(> 2000 atm)和无溶剂的情况下合成的,反应开始时属于超临界状态下的气相均相反应(其催化剂为氧),聚合物一旦生成后,反应即转变为在液体聚合物中进行的无催化剂的液相均相反应。再例如酶催化反应。绝大部分已知的酶是蛋白质,蛋白质是一类大分子化合物,其质点的直径在 10~100 nm,酶均匀地分散于水溶液中形成大分子溶液(均相),但反应则是从反应物在酶表面的积累开始的(多相),因而兼具均相和多相性质。

均相催化反应与多相催化反应相比较,虽然它们的催化机制并不完全相同,但就反应物与催化剂之间的作用本质而言,却是相同的。

三、催化剂的组成

实际使用的催化剂,无论是多相的还是均相的,很多都由多种组分构成。根据各组分在催化剂中的作用,可以作如下定义。

(1)主催化剂。它是起催化作用的根本性物质。例如,在合成氨催化剂中,铁即是主催化剂。无论催化剂中有无 K_2O 和 Al_2O_3,金属铁总有催化活性,只不过在没有 K_2O 和 Al_2O_3 时,其活性较低,使用寿命较短而已。如果催化剂中无铁的话,则没有任何活性。

（2）共催化剂。催化剂中某两个组分当其中任何一种单独存在时，其催化活性均很低，但当这两个组分共存时，其催化活性则很高，这两个组分即互为共催化剂。例如在低压合成甲醇催化剂 $Cu - ZnO - Al_2O_3$ 中，Cu 与 ZnO 就互为共催化剂。因为，单独的 Cu 或单独的 ZnO，都只显示很低的催化活性，而当 Cu 与 ZnO 两者组合后，则具有显著的催化活性。

（3）助催化剂。在催化剂中加入的另一些物质，其本身不具有催化活性或活性极低，但能改善催化剂的部分性质。助催化剂主要包括结构型助催化剂和电子型助催化剂两类。能改善活性组分的分散度和热稳定性的助剂称为结构型助催化剂，合成氨催化剂中的 Al_2O_3 即属于此类。能改变主催化剂的电子性质，提升催化活性及选择性的助剂则称为电子型助催化剂，合成氨催化剂中的 K_2O 属于此类。此外，还有晶格缺陷助催化剂和扩散助催化剂等。

（4）催化剂载体。载体是固体催化剂所特有的组分，它起着增大表面积，提高热稳定性和机械强度的作用，有时又作为共催化剂而发挥作用。它与助催化剂的重要区别是，载体在催化剂中的含量较高。

四、催化剂的活性和选择性

1. 催化剂的活性

催化剂的活性是指催化剂将反应物加速转化为产物的能力，可采用多种不同的基准表示。

1966 年，斯坦福大学科学家布旦提（M. Boudart, 1924—2012）引入了转换频率（turnover frequency，简写为 TOF），TOF 是指在一定反应条件下，在单位时间内，单个活性中心上发生催化反应的次数，或转化的反应物分子数目。在研究催化剂的作用时，TOF 是一个极其重要的参数。对于已知活性组分的催化剂，例如加氢过程的催化剂 Pd/Al_2O_3，其活性组分为 Pd，但，并不是所有的 Pd 原子均暴露于催化剂表面而参与催化过程，不过这时通常将所有的 Pd 原子都当作活性中心，测定并计算 TOF 值。在测定 TOF 值时，需要排除扩散和反应物浓度的影响，所以常常在低转化率（< 10%）下进行。

然而，催化作用是复杂的。对于很多催化体系，由于无法确认具体的催化活性中心，故无法获得 TOF 值。对于这种情况，常用单位质量或单位体积催化剂在单位时间内转化的原料量或生成产物的数量来表示催化剂的活性。例如，对于合成甲醇催化剂，可用每小时每克催化剂所产生的甲醇数量（$g \cdot g^{-1} \cdot h^{-1}$）或每小时每毫升催化剂所产生的甲醇数量（$g \cdot mL^{-1} \cdot h^{-1}$）表示其活性。这些活性表示方式虽然在理论上不够严格，但在实际中比较常用，而且使用起来比较方便。

固体催化剂的催化作用是一种表面现象，催化活性与固体的比表面积、表面上活性中心的性质及单位表面积上活性中心的数量有关。为了描述不同催化剂的催化活性的差异，也常用比活性来表示。比活性是指单位表面积的催化剂在一定的时间内转化的反应物数量。

对一个特定反应而言,催化剂的催化活性与相应反应的反应条件紧密相关,为了排除反应物浓度或压力等的影响,有时也采用催化反应速率方程式中的速率系数 k 来表示催化剂的活性。当然,速率系数 k 与反应系统的温度是密切相关的,为了进一步排除温度的影响,可以采用活化能 E_a 来表示催化剂的活性,因为通常认为,温度对活化能没有影响。活化能 E_a 越低,催化活性则越高。

2. 催化剂的选择性

选择性是催化剂的一项重要性质。催化剂的选择性主要有两方面的含义。一方面,不同类型的反应需选用不同的催化剂,即便是同一类型的反应,其催化剂也不一定相同,例如 SO_2 的氧化使用 V_2O_5 作催化剂,乙烯的氧化则用 Ag 作催化剂;另一方面,相同反应物在不同的催化剂上,很可能得到不同的产物。例如,以乙醇为反应物,使用 Cu 作催化剂在 $473 \sim 523$ K 时得到乙醛;使用 Al_2O_3 作催化剂在 $623 \sim 633$ K 时得到乙烯;使用 $ZnO - Cr_2O_3$ 作催化剂在 $673 \sim 723$ K 时则得到丁二烯。

即催化剂只对某一特定的反应具有催化效果或较优的催化效果,而不是加速所有热力学上可能的反应。

在实际应用中,常用一定条件下某一反应物转化的总量中,用于转化为目标产物的量所占的百分数来表示催化剂的选择性,即

$$选择性 = \frac{转化成指定产物时某反应物所消耗的量}{该反应物转化的总量} \times 100\%$$

例如,以某固体酸作催化剂催化环己酮肟气相贝克曼重排反应,在一定条件下己内酰胺的选择性可达 85%,说明在该条件下用于生成己内酰胺的环己酮肟的量占环己酮肟转化总量的 85%,另外有 15% 的环己酮肟由于转化成其他副产物而消耗掉。

选择性与转化率和收率之间具有一定关系。转化率的定义为

$$转化率 = \frac{某反应物反应掉的量}{该反应物的加入量} \times 100\%$$

收率的定义为

$$收率 = \frac{生成指定产物时某反应物所消耗的量}{该反应物的加入量} \times 100\%$$

显然

$$选择性 = \frac{收率}{转化率} \times 100\%$$

毫无疑问,对任何一种工业催化剂而言,都要求其具有足够高的选择性。

五、催化作用的本质

对于化学反应,催化剂能加快其反应速率。但是,对于一个热力学上不能进行的化学反应,使用适当的催化剂能不能使其变得能够进行呢?答案是否定的,即催化剂不能够改变化学反应的方向。只有对于热力学上能够进行的化学反应,使用催化剂才有意义;而对于热力学上不能够进行的反应,寻找催化剂则是徒劳的。就对峙反应来说,催化剂并不能改变反应的平衡状态和平衡常数,即催化剂以同样的倍数增大正向反应和逆向反应的速率,所以寻找催化剂可以从正向或逆向两个方向进行。一个对某反应的正向反应有效的催化剂,也必然对其逆向反应有效。例如,工业上合成甲醇的反应为

$$CO + 2H_2 \rightleftharpoons CH_3OH$$

为加快该反应的速率,则需要较高的反应温度,此时反应物和产物均为气态,显然正向反应属于体积缩小的反应,依据热力学的知识可知,高压条件对合成甲醇是有利的,然而通过高压反应来评价和筛选催化剂很不方便。根据前面所述,可以通过甲醇分解反应来筛选催化剂,甲醇分解反应由于在常压下进行,试验比较方便。在寻找到比较合适的催化剂之后,再在合成甲醇所需的高压条件下进行催化剂配方的优化试验。

催化剂之所以能加快反应速率,笼统地讲,是由于催化剂参与反应,改变了反应历程,降低了反应活化能。例如,在无催化剂存在时,某反应是一个简单反应,即

$$A + B \longrightarrow AB \quad （简单反应）$$

而当有催化剂存在时,反应则分步进行。即当使用催化剂 K 加速其进行时,反应历程变为

$$A + K \underset{k_{-1}}{\overset{k_1}{\rightleftharpoons}} AK$$

$$AK + B \overset{k_2}{\longrightarrow} AB + K$$

若前一步反应很快达到平衡,则根据平衡假设,可得

$$k_1[A][K] = k_{-1}[AK]$$

即

$$[AK] = \frac{k_1}{k_{-1}}[A][K]$$

当第二步反应是慢步骤时,则整个反应的速率由该慢步骤决定,即

$$r = k_2[AK][B] = \frac{k_1 k_2}{k_{-1}}[A][K][B] = k_{表观}[A][B]$$

其中,$k_{表观} = \frac{k_1 k_2}{k_{-1}}[K]$。应用阿伦尼乌斯经验方程,将各基元反应的速率系数变换,得

$$k_{表观} = \frac{A_1 A_2}{A_{-1}} [\text{K}] \exp\left(-\frac{E_1 + E_2 - E_{-1}}{RT}\right)$$

近似地,也将 $k_{表观}$ 用阿伦尼乌斯经验方程表示,则

$$k_{表观} = A_{表观} \exp\left(-\frac{E_a}{RT}\right)$$

因此,催化反应的表观活化能可近似地表示为

$$E_a = E_1 + E_2 - E_{-1}$$

如图 13.9 所示,在无催化剂存在时,反应沿着活化能较高的途径进行,其活化能为图中的 E_0;而在有催化剂存在的情况下,反应则沿着活化能较低的途径进行,该途径包含两个较低的能峰 E_1 和 E_2,其表观活化能为 E_a。显然,$E_a < E_0$。

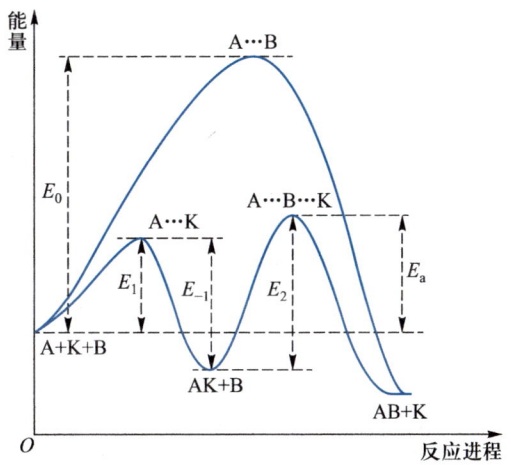

图 13.9　非催化反应与催化反应的反应途径和活化能

我国催化专家吴越先生在其著述的《催化化学》中指出,在有催化剂存在时,反应物分子可进行有效离子化、自由基化或配位作用,从而加快反应的进行,这是探讨催化作用化学本质的一个重要切入点。例如,当氢分子被氧化剂 Tl(Ⅲ) 所氧化时,在不使用催化剂时,反应按下述历程进行:

$$\text{H}_2 \longrightarrow \text{H}^+ + \text{H}^-$$

$$\text{H}^- + \text{Tl}(Ⅲ) \longrightarrow \text{H}^+ + \text{Tl}(Ⅰ)$$

此时,H_2 异裂步骤的活化能很高。其净反应是

$$\text{H}_2 + \text{Tl}(Ⅲ) \longrightarrow 2\text{H}^+ + \text{Tl}(Ⅰ)$$

研究表明,Cu(Ⅱ) 及其配合物是该反应的良好催化剂,相应的催化反应按下述历程进行:

$$\text{Cu}(Ⅱ) + \text{H}_2 \xrightarrow{\text{慢}} \text{CuH}^+ + \text{H}^+$$

$$CuH^+ + Tl(III) \xrightarrow{\text{快}} Cu(II) + H^+ + Tl(I)$$

其中,在催化剂 $Cu(II)$ 作用下,H_2 的异裂是速控步,相比非催化的异裂反应来说,该催化反应步骤的活化能则显著降低,因而有利于加快活性氢物种的形成,从而加快总反应的速率。其净反应亦为

$$H_2 + Tl(III) \longrightarrow 2H^+ + Tl(I)$$

应当指出,催化剂能使反应活化能降低,导致反应加速,这种说法并不符合所有的实验事实。对某些催化反应来说,其活化能的改变并不显著,或几乎没有改变,甚而活化能还有增加,但反应确实加速了。例如,对于 CO 的低温催化氧化反应,当分别以 Co_3O_4 纳米粒子和 Co_3O_4 纳米棒作催化剂时,活化能几乎不变,但相较于前者,后者相应的催化反应速率却显著增加。所以说,实际上,催化剂的作用本质尚未完全搞清楚。由此可以想象,催化反应动力学问题也是比较复杂的。

六、催化作用相关例题

NO 是大气的重要污染物之一。它催化 O_3 分解,破坏臭氧层;NO 在空气中易被氧化为 NO_2,在对流层中,氮的氧化物(如 NO 和 NO_2)参与产生光化学烟雾。空气中 NO 最高允许含量不超过 $5\ mg \cdot L^{-1}$。为此,人们一直在努力寻找高效催化剂,将 NO 分解为 N_2 和 O_2。

例 13.2　(1) 试用热力学理论粗略判断 NO 在常温下能否自发分解(已知 N_2、O_2 和 NO 的解离焓分别为 $941.7\ kJ \cdot mol^{-1}$、$493.7\ kJ \cdot mol^{-1}$ 和 $631.8\ kJ \cdot mol^{-1}$)。

(2) 有学者以负载 Cu 的 ZSM-5 分子筛为催化剂,对 NO 进行催化分解并获得良好效果。实验发现,在高温下,当氧压很低时,Cu/ZSM-5 催化剂对 NO 的催化分解为一级反应。考察催化剂活性使用固定床反应装置。反应气体(NO)由惰性载气(He)带入催化剂床层,发生催化反应。某试验混合气中 NO 的体积分数为 4.0%,混合气流速为 $4.0 \times 10\ mL \cdot min^{-1}$(已换算成标准状况),673 K 和 723 K 时,反应 20 s 后,测得平均每个活性中心上 NO 分解的分子数分别为 1.91 和 5.03。试求 NO 在该催化剂上分解反应的活化能。

(3) 在上述条件下,设催化剂表面活性中心(Cu^+)含量为 $1.0 \times 10^{-6}\ mol$,试计算 NO 在 723 K 时分解反应的转化率。

(4) 对 NO 在该催化剂上的分解反应提出如下反应历程:

$$NO + M \longrightarrow NO\text{—}M \qquad (1) \quad k_1$$
$$2NO\text{—}M \longrightarrow N_2 + 2O\text{—}M \qquad (2) \quad k_2$$
$$2O\text{—}M \rightleftharpoons O_2 + 2M \quad (\text{快平衡}) \qquad (3) \quad k_3, k_{-3}$$

M 表示催化剂活性中心,NO 为弱吸附,NO—M 浓度可忽略。试根据上述机理和 M 的物料平衡,推导反应的速率方程,并解释当 O_2 分压很低时,总反应表现出一级反应动力学特征。

解：（1）应当指出的是，解离焓与键焓有区别，解离焓是指拆散气态化合物中的化学键生成气态原子所需能量，由光谱数据获得。而热力学上的键焓是一个平均值。

$$\Delta_r H_m = \sum H(\text{反应物}) - \sum H(\text{产物})$$

$$= \left[631.8 - \frac{1}{2}(941.7 + 493.7) \right] kJ \cdot mol^{-1} = -85.9 \ kJ \cdot mol^{-1}$$

因为反应前后气体的物质的量不变，而且两种气体的等温混合熵变也很小，即 $\Delta_{mix}S = -R \sum n_B \ln x_B = 5.76 \ J \cdot mol^{-1}$，所以可认为 $\Delta_r S_m \approx 0$。因此

$$\Delta_r G_m = \Delta_r H_m - T\Delta_r S_m \approx \Delta_r H_m = -85.9 \ kJ \cdot mol^{-1}$$

表明反应可自发进行。

（2）$r(673 \ K)/r(723 \ K) = k(673 \ K)/k(723 \ K)$

$$\ln \frac{k_{673}}{k_{723}} = \frac{E_a}{R} \left(\frac{1}{723} - \frac{1}{673} \right)$$

可得
$$E_a = 78.35 \ kJ \cdot mol^{-1}$$

（3）20 s 内通过催化剂床层的 NO 的体积和分子数分别为

$$\frac{4.0 \times 10}{60} \times 20 \times 4.0\% = 0.533 \ mL$$

$$\frac{0.533}{22400} \times 6.02 \times 10^{23} = 1.432 \times 10^{19}$$

在 723 K 时，20 s 内在催化剂上转化掉的 NO 的分子数为

$$5.03 \times 1.0 \times 10^{-6} \times 6.02 \times 10^{23} = 3.03 \times 10^{18}$$

所以，NO 分解反应的转化率为

$$y = \frac{3.03 \times 10^{18}}{1.432 \times 10^{19}} = 21.2\%$$

（4）
$$r = -\frac{d[NO]}{dt} = k_1[NO][M] \tag{a}$$

催化剂表面总活性中心数一定，即总活性位浓度 [*] 一定。因 M 的物料平衡，则

$$[*] = [M] + [O—M] + [NO—M]$$

又因 [NO—M] 可忽略，便有

$$[*] = [M] + [O—M] \tag{b}$$

反应（3）是快平衡，所以

$$k_3[\text{O—M}]^2 = k_{-3}[\text{O}_2][\text{M}]^2$$

即

$$[\text{O—M}] = \left(\frac{k_{-3}}{k_3}\right)^{\frac{1}{2}}[\text{M}][\text{O}_2]^{\frac{1}{2}} = [\text{M}][\text{O}_2]^{\frac{1}{2}}K^{\frac{1}{2}}$$

将上式代入式(b),得 $[*] = [\text{M}] + [\text{M}][\text{O}_2]^{\frac{1}{2}}K^{\frac{1}{2}}$,即

$$[\text{M}] = \frac{[*]}{1 + [\text{O}_2]^{\frac{1}{2}}K^{\frac{1}{2}}}$$

将上述结果代入式(a),得

$$r = -\frac{\text{d}[\text{NO}]}{\text{d}t} = k_1[\text{NO}][\text{M}] = k_1[\text{NO}]\frac{[*]}{1 + [\text{O}_2]^{\frac{1}{2}}K^{\frac{1}{2}}}$$

当 O_2 的压力很低时,上式右端的分母近似为 1,即

$$r = -\frac{\text{d}[\text{NO}]}{\text{d}t} = k_1[\text{NO}][\text{M}] = k_1[\text{NO}][*] = k_1[*][\text{NO}] = k[\text{NO}]$$

表明此时总反应表现出一级反应。

13.5 均相催化反应

一、酸碱催化反应

酸碱催化反应包括多相酸碱催化反应和均相酸碱催化反应两类。其中,均相酸碱催化反应是一类已被广泛和深入研究过的反应,积累了丰富的信息,并得到了一些可靠的规律。酸碱催化反应又可划分为狭义酸碱催化反应和广义酸碱催化反应两种情况。

*1. 狭义酸碱催化反应

反应通过 H^+ 作为酸或者 OH^- 作为碱的催化作用而完成,这种酸碱催化反应即是狭义酸碱催化反应,又称特殊酸碱催化反应。在水溶液中,其反应速率可以表示为

$$r = k_0[\text{反应物}] + k_{\text{H}^+}[\text{H}^+][\text{反应物}] + k_{\text{OH}^-}[\text{OH}^-][\text{反应物}] = k[\text{反应物}]$$

式中

$$k = k_0 + k_{\text{H}^+}[\text{H}^+] + k_{\text{OH}^-}[\text{OH}^-] \tag{13.25}$$

式(13.25)中,k_0 为无催化剂时的速率系数;k_{H^+} 称为 H^+ 的催化系数;k_{OH^-} 称为 OH^- 的催化

系数。当反应为 H^+ 催化时,可忽略其中的第三项;当反应为 OH^- 催化时,可忽略其中的第二项。

H^+ 催化的反应通常表示为

$$A(反应物) + H^+ \longrightarrow P(产物) + H^+$$

在酸性溶液中,$k_0 \ll k_{H^+}$,所以,反应速率近似为

$$r = k_{H^+}[H^+][反应物]$$

由于反应过程中,H^+ 浓度不变,故可以将 $[H^+]$ 与 k_{H^+} 合并,即

$$r = k_{H^+}[H^+][反应物] = k[反应物]$$

其中,k 为反应速率系数。显然,k 与 H^+ 的催化系数 k_{H^+} 之间的关系为

$$k = k_{H^+}[H^+] \tag{13.26}$$

将 H^+ 的活度因子 γ 近似看作 1,式(13.26)两边取常用对数,并根据 pH 的定义,得

$$\lg k = \lg k_{H^+} - pH \tag{13.27}$$

上式表明,以 $\lg k$ 对 pH 作图,可得一条直线,直线的斜率为 -1,这即是酸催化反应的典型特征。

OH^- 催化的反应通常表示为

$$A(反应物) + OH^- \longrightarrow P(产物) + OH^-$$

在碱性水溶液中,无催化剂时的速率系数 k_0 远低于 OH^- 的催化系数 k_{OH^-},即 $k_0 \ll k_{OH^-}$,所以,反应速率可近似表示为

$$r = k_{OH^-}[OH^-][反应物]$$

净反应中,OH^- 并不消耗,所以当系统中 OH^- 的浓度确定时,可将 $[OH^-]$ 与 k_{OH^-} 合并,即

$$r = k_{OH^-}[OH^-][反应物] = k[反应物]$$

而 $[OH^-] = \dfrac{K_w}{[H^+]}$,所以

$$k = k_{OH^-}\frac{K_w}{[H^+]}$$

上式两边取常用对数,得

$$\lg k = \lg k_{OH^-} + \lg K_w + \lg \frac{1}{[H^+]}$$

将 H^+ 的活度因子 γ 近似看作 1,按照 pH 的定义,则

$$\lg k = \lg k_{OH^-} + \lg K_w + pH \tag{13.28}$$

上式表明,以 $\lg k$ 对 pH 作图,可得一条直线,直线的斜率为 $+1$,此乃碱催化反应的典型特征。

前已述及,酸碱催化反应速率系数 k 的通式[即式(13.30)]为

$$k = k_0 + k_{H^+}[H^+] + k_{OH^-}[OH^-]$$

若将等式两边取对数,并近似认为等式右边的最大项起主导作用,则可得知,当非催化反应、酸催化反应以及碱催化反应分别起主导作用时,其速率系数的对数 $\lg k$ 与 pH 之间的关系。显然,在任一种情况下,$\lg k$ 与 pH 之间均存在线性关系,但其斜率不同,分别为 0、-1 和 $+1$。

*2. 广义酸碱催化反应

广义酸碱催化反应,又称一般酸碱催化反应,是指那些对溶液中的所有酸种(或碱种),包括质子(或氢氧根离子)及未解离的酸(或碱)分子都显示催化作用的反应。它与狭义酸碱催化反应的区分,可以通过在不同缓冲溶液中测定反应速率来判别。例如,对于酸催化反应,具体地,可以配制两种溶液,使它们的 H^+ 浓度相同,但它们的另一酸种的浓度不同,如果反应是狭义酸催化反应,则反应在两种溶液中的速率应近似相等;如果是广义酸催化反应,则反应在两种溶液中的速率有较明显的差别,显然,在另一酸种浓度较大的溶液中,反应速率必然较大。狭义碱催化反应和广义碱催化反应的区分,与之类似。

广义酸碱催化反应,主要包括布朗斯特(Brönsted)酸碱催化反应和路易斯(Lewis)酸碱催化反应。这里仅介绍布朗斯特酸碱催化反应,关于路易斯酸碱催化反应,读者可参阅有关专著。

布朗斯特酸、碱的定义是,凡能给出质子的物质,则称为布朗斯特酸;凡能接受质子的物质,则称为布朗斯特碱。

如果作为酸催化剂的布朗斯特酸是一弱酸(BH),它在催化过程中可以释放质子,BH 的解离平衡为

$$BH \rightleftharpoons B^- + H^+$$

则相应的催化反应过程可以表示为

$$A(反应物) + BH \xrightarrow{k_{BH}} P(产物)$$

其反应速率方程为

$$r = k_{BH}[BH][反应物] \tag{13.29}$$

式中,k_{BH} 为布朗斯特酸催化系数。根据系统的物料平衡,则

$$[B]_{总} = [B^-] + [BH] \tag{13.30}$$

当 BH 解离达到平衡时,有

$$K_a = \frac{[H^+][B^-]}{[BH]} \qquad (13.31)$$

式(13.30)与式(13.31)联立,并进行变换后,得

$$[BH] = \frac{[B]_总[H^+]}{K_a + [H^+]} \qquad (13.32)$$

将式(13.32)代入式(13.29),得

$$r = k_{BH}[B]_总 \frac{[H^+]}{K_a + [H^+]}[反应物] \qquad (13.33)$$

显然,布朗斯特酸催化反应的速率与溶液中 H^+ 浓度(或 pH)有关。当反应过程中溶液的 pH 保持恒定时,反应在表观上为一级反应,即

$$r = k[反应物] \qquad (13.34)$$

其表观速率系数为

$$k = k_{BH}[B]_总 \frac{[H^+]}{K_a + [H^+]} \qquad (13.35)$$

当固定系统的 pH 为某一值时,取不同浓度的布朗斯特酸 BH(即$[B]_总$不同),测得一系列表观速率系数 k 值,以 k-$[B]_总$ 作图,得到一条通过原点的直线,其斜率为 $\frac{k}{[B]_总}$;再固定系统的 pH 为另一值,采用同样的方法,可得另一条直线及其斜率。由此,可在宽泛的 pH 范围内进行一系列实验。将一系列 $\lg \frac{k}{[B]_总}$ 对相应的 pH 作图,得到如图 13.10 所示的曲线。

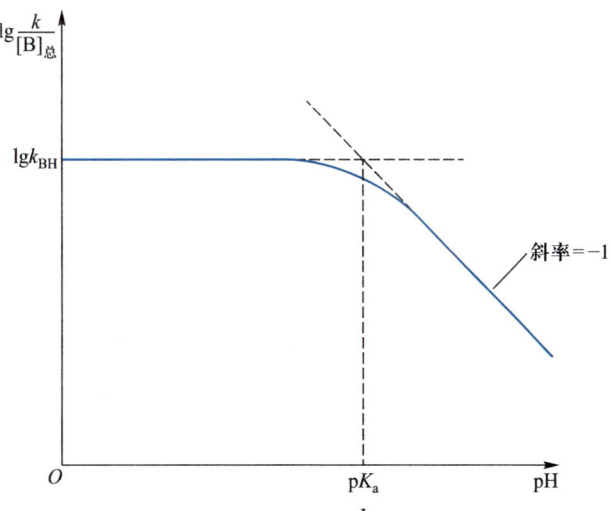

图 13.10 布朗斯特酸催化时 $\lg \dfrac{k}{[B]_总}$ 随 pH 变化的关系图

由式(13.35)出发,结合图 13.10,可分两种情况进行一些讨论。当 $[H^+] \gg K_a$,即 pH 相对较小时,式(13.35)可近似为

$$k = k_{BH} [B]_{总}$$

因此
$$\lg \frac{k}{[B]_{总}} = \lg k_{BH} \tag{13.36}$$

显然,此时 $\lg \dfrac{k}{[B]_{总}}$ 与 pH 无关,以 $\lg \dfrac{k}{[B]_{总}}$ - pH 作图,所得直线的斜率为 0(见图 13.10 中曲线的水平部分),并可从直线的截距求得布朗斯特酸催化系数 k_{BH}。

当 $[H^+] \ll K_a$ 时,式(13.35)可近似为

$$k = k_{BH} [B]_{总} \frac{[H^+]}{K_a}$$

因此
$$\lg \frac{k}{[B]_{总}} = \lg \frac{k_{BH}}{K_a} + \lg[H^+] \tag{13.37}$$

将 H^+ 的活度因子 γ 近似看作 1,根据 pH 的定义,上式可进一步变换为

$$\lg \frac{k}{[B]_{总}} = \lg k_{BH} - \lg K_a - pH \tag{13.38}$$

可见,此时,$\lg \dfrac{k}{[B]_{总}}$ 与系统的 pH 有关,以 $\lg \dfrac{k}{[B]_{总}}$ - pH 作图,所得直线的斜率为 - 1,见图 13.10 中在 pH 较高时图线的倾斜直线部分。

将式(13.36)与式(13.38)联立,并建立方程,即

$$\lg k_{BH} = \lg k_{BH} - \lg K_a - pH$$

由此可得

$$pH = -\lg K_a$$

定义 $(-\lg K_a) = pK_a$,则

$$pH = pK_a$$

可见,若将图 13.10 中的水平直线与倾斜直线分别延伸,两条延伸直线将交于一点,交点处对应的 pH 即等于 pK_a。

综上,如果某反应是布朗斯特酸催化反应,其表观反应速率系数的对数 $\lg k$ 与 pH 之间的关系形如图 13.10 中所示那样,则可认为不存在狭义的酸、碱催化作用。

如果作为碱催化剂的布朗斯特碱用 B 表示,它在催化过程中接受质子,则相应的催化反应过程可以表示为

$$A(反应物) + B \xrightarrow{k_B} P(产物)$$

通过与布朗斯特酸催化过程类似的推证和讨论,得到相应的反应速率表示式为

$$r = k_B[\text{反应物}][B]_{总}\frac{K_a}{K_a + [H^+]} \tag{13.39}$$

式中,K_a 为布朗斯特碱 B 的共轭酸 BH^+ 的解离平衡常数,该解离平衡为

$$BH^+ \Longrightarrow B + H^+$$

由式(13.39)可见,当反应过程中溶液的 pH 保持恒定时,反应在表观上为一级反应,其表观速率系数为

$$k = k_B[B]_{总}\frac{K_a}{K_a + [H^+]}$$

以 $\lg\dfrac{k}{[B]_{总}}$ - pH 作图,在 pH 较低(即 $[H^+] \gg K_a$)时,$\lg\dfrac{k}{[B]_{总}}$ 与 pH 之间呈直线关系,直线的斜率为 + 1;在 pH 较高(即 $[H^+] \ll K_a$)时,$\lg\dfrac{k}{[B]_{总}}$ 与 pH 之间呈水平直线关系,即直线的斜率为 0,如图 13.11 所示。若将图中的倾斜直线与水平直线分别延伸,两条延伸直线将交于一点,交点处对应的 pH 即等于 pK_a。

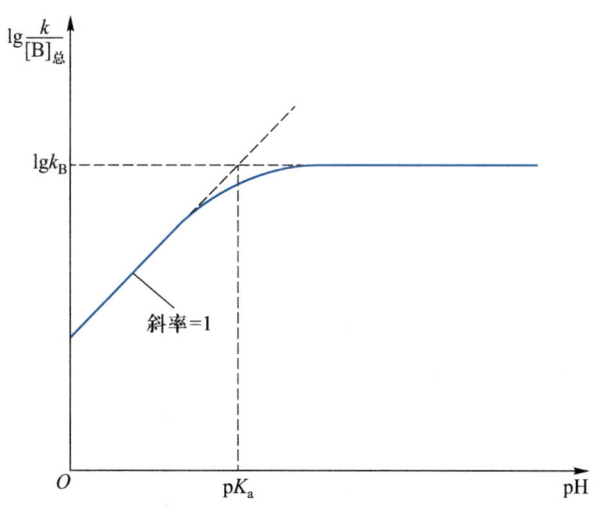

图 13.11　布朗斯特碱催化时 $\lg\dfrac{k}{[B]_{总}}$ 随 pH 变化的关系图

如果某反应是布朗斯特碱催化反应,其表观反应速率系数的对数 $\lg k$ 与 pH 之间的关系形如图 13.11 中所示那样,则可认为不存在狭义的酸、碱催化作用。

3. 布朗斯特法则

在介绍布朗斯特(Brönsted)法则之前,先简要提及线性自由能变化关系。以过渡态

理论为前提,并关联反应过程热力学和动力学的特点,通过动力学研究可求得反应物与活化络合物之间的近似化学平衡过程的有关热力学函数的改变量,由此便可获取有关活化络合物的本质和结构信息。线性自由能变化关系正是在广泛关联这方面实验数据基础上得到的能很好地描述反应过程的半经验规律。布朗斯特酸碱催化法则即是该规律的典型表现之一。

在广义酸碱催化反应(如布朗斯特酸碱催化反应)中,对于一个给定反应,酸催化系数 k_{BH} 通常与催化剂的酸强度有关。酸强度(即酸失去质子的趋势)可以由其解离平衡常数 K_a 来衡量。实验表明,酸催化系数 k_{BH} 与酸的解离常数 K_a 之间具有定量关系,即

$$k_{BH} = G_a K_a^{\alpha} \tag{13.40}$$

或

$$\lg k_{BH} = \lg G_a + \alpha \lg K_a \tag{13.41}$$

式中,G_a 和 α 均是与反应种类、反应条件等有关的常数。由式(13.41)可知,以 $\lg k_{BH} - \lg K_a$ 作图可得一直线,直线的斜率为 α,截距为 $\lg G_a$。

对于碱催化反应,碱催化系数 k_B 与碱的解离常数 K_b 之间具有定量关系,即

$$k_B = G_b K_b^{\beta} \tag{13.42}$$

在水溶液中,碱 B 的解离平衡为

$$B + H_2O \Longleftrightarrow BH^+ + OH^-$$

解离平衡常数 K_b 为

$$K_b = \frac{[BH^+][OH^-]}{[B]}$$

式(13.42)两边取对数,得

$$\lg k_B = \lg G_b + \beta \lg K_b \tag{13.43}$$

显然,以 $\lg k_B - \lg K_b$ 作图可得一条直线,直线的斜率为 β,截距为 $\lg G_b$。其中,G_b 和 β 也都是与反应种类、反应条件等有关的常数。

上述式(13.40)、式(13.41)、式(13.42)和式(13.43)均称为布朗斯特酸碱催化法则。其中,α、β 均为正值,其值为 0~1。

应当指出,上述涉及广义酸碱催化的分析和论述,均限于稀水溶液系统。若是浓溶液或非水溶液,则需要引入活度以及酸函数 H_0,方可进行合理的讨论。

二、均相络合催化

络合催化是 20 世纪后半叶才蓬勃发展起来的,不过,在最近几十年的时间内取得了显著进步。众所周知,配位化学是化学领域中最活跃的前沿学科之一。而络合催化作用则汲取了配位化学和化学键理论方面的成就,并随着这些理论的发展而与时俱进。可以

说,无论在理论方面还是在实际应用中,络合催化都是极具前途的研究方向。

关于络合催化反应,既涉及狭义的以络合物为催化剂的反应,又包括广义的络合催化反应,即催化剂本身并非络合物,而反应物分子在反应过程中通过络合方式活化。下面的讨论主要针对广义的络合催化。

过渡金属及其离子有很强的络合能力。因此,从广义上讲,很多络合催化剂是过渡金属的有机化合物或过渡金属的盐类。对于络合催化的研究,可以通过均相催化反应来认识多相催化活性中心的本质和催化作用机制。

概括而言,络合催化的作用本质是,在反应过程中催化剂与反应基团直接络合形成中间络合物,从而使反应基团活化。

络合催化的作用机制是,反应分子与配位数不饱和的络合物直接络合,配体随即转移插入相邻的键中,使空位恢复,然后又重新进行络合和插入反应。络合催化过程中的这种"空位中心"与固体催化剂的"表面活性中心"具有类似的作用。

乙烯在 $PdCl_2$ 和 $CuCl_2$ 的水溶液中氧化转化为乙醛的反应(称为 Wäcker 氧化反应)是典型的络合催化反应。其第一步反应为

$$C_2H_4 + PdCl_2 + H_2O \longrightarrow CH_3CHO + Pd + 2HCl$$

然后 $CuCl_2$ 将 Pd 氧化为 $PdCl_2$,同时,生成的 CuCl 又被较快地氧化为 $CuCl_2$,即

$$2CuCl_2 + Pd \longrightarrow 2CuCl + PdCl_2$$

$$2CuCl + 2HCl + \frac{1}{2}O_2 \longrightarrow 2CuCl_2 + H_2O$$

这是一个包含两个催化剂的催化反应系统。其中,Cu(Ⅰ,Ⅱ)起着将电子从 Pd(0) 传递到氧的催化剂的作用,Pd(Ⅱ)则在反应中接受电子。总反应式为

$$C_2H_4 + \frac{1}{2}O_2 \longrightarrow CH_3CHO$$

实验表明,当溶液中 H_3O^+ 和 Cl^- 浓度适中时,该反应的速率方程为

$$r = -\frac{d[C_2H_4]}{dt} = k\frac{[PdCl_4^{2-}][C_2H_4]}{[H_3O^+][Cl^-]^2}$$

反应的可能机制是,$PdCl_2$ 在 Cl^- 浓度很高的溶液中以 $[PdCl_4]^{2-}$ 形式存在,该络离子强烈地与 C_2H_4 作用,形成另一络离子 $[C_2H_4PdCl_3]^-$,反应式为

$$[PdCl_4]^{2-} + C_2H_4 \xrightleftharpoons{k_1} [C_2H_4PdCl_3]^- + Cl^- \tag{1}$$

接着,络离子 $[C_2H_4PdCl_3]^-$ 与 H_2O 作用,发生配位基置换反应,即

$$[C_2H_4PdCl_3]^- + H_2O \xrightleftharpoons{k_2} [PdCl_2(H_2O)(C_2H_4)] + Cl^- \tag{2}$$

[$PdCl_2(H_2O)(C_2H_4)$]中配位的 H_2O 发生解离,则

$$[PdCl_2(H_2O)(C_2H_4)] + H_2O \overset{k_3}{\rightleftharpoons} [PdCl_2(OH)(C_2H_4)]^- + H_3O^+ \tag{3}$$

最后,经插入反应和络离子内部重排而形成乙醛,即

$$[PdCl_2(OH)(C_2H_4)]^- \xrightarrow{k_4,慢} Cl-Pd-CH_2-CH_2-OH + Cl^- \tag{4}$$

$$Cl-Pd-CH_2-CH_2-OH \xrightarrow{快} HCl + Pd + CH_3CHO \tag{5}$$

在上述步骤(4)中,由于发生配体的邻位插入反应,使空位恢复,继续脱除一个 Cl^-,又产生一个空位中心。反应(1)、(2)和(3)是快速对峙平衡,(4)是速控步。因此,可将速控步近似和平衡假设联合起来应用,推求速率方程,以验证上述反应机制的合理性。

均相络合催化反应具有反应条件温和、催化效率高等优点,但是,它也有明显的缺点,即催化剂与反应系统的分离困难,这当然是所有均相催化反应系统都面临的问题。所以,目前均相络合催化剂的固相化仍是一个重要的研究方向。

13.6 酶催化反应

众所周知,酶是生物体内的一类天然蛋白质,所以酶也常称为酶蛋白。但是,并非所有的蛋白质都是酶。人们对酶的兴趣,不单单是因为它在生物学上的重要性,还在于它在各种生物化学反应中的催化作用,更重要的是,它具有极高的催化效率,以及极高的催化选择性(即酶的催化专一性)。酶催化反应,又称酶促反应,显然应归属于生物催化的范畴。根据酶的催化专一性,通常将酶分为六大类,即氧化还原酶、转移酶、水解酶、聚合酶、异构酶和连接酶。在每一大类中,又可根据具体的情况分成若干个亚类。在酶催化反应动力学研究中,也可根据底物(在讨论酶催化反应时常将反应物称为底物)的数目来进行分类。

酶催化是介于均相与非均相催化之间的一类催化作用,因此将其与均相催化反应分开讨论。酶催化的作用过程,既可以看作底物与酶先形成中间化合物,而后再分解转变为产物的过程,又可以看作在酶蛋白的表面上首先吸附底物,然后再进行反应的过程。

一、酶催化反应的特点

与通常的催化反应相比,酶催化反应具有以下突出特点。

(1) 催化活性和催化效率极高。通常,酶催化剂的活性比非酶催化剂的活性高出几个甚至十几个数量级。例如,295 K 时,在过氧化氢酶的作用下,过氧化氢分解反应的速率为 $8.5 \times 10^7 \text{ mol} \cdot \text{dm}^{-3} \cdot \text{s}^{-1}$;而以 Fe^{2+} 作为催化剂时,在相同温度下该分解反应的速率仅为 $56 \text{ mol} \cdot \text{dm}^{-3} \cdot \text{s}^{-1}$。

（2）选择性高，此特点在生物学上称为酶的专一性。酶催化反应的选择性高于任何非酶催化反应的选择性。酶具有双重选择性，一是底物专一性，即特定的酶只能催化一种或一类特定底物的反应，在某些情况下，可以利用这种专一性将立体异构体（如 D - 乳酸与 L - 乳酸的光学对映体）区分开；二是作用专一性，即特定的酶只催化某个特定反应，例如，脲酶只能将尿素迅速转化成氨和二氧化碳，而对其他反应则没有任何活性。

（3）反应条件温和。一般情况下，酶催化反应在常温、常压条件下进行。

（4）兼具均相催化和多相催化的特征。

（5）反应历程比较复杂。

（6）受温度、pH 和溶液的离子强度影响较大。其中，温度对酶催化反应影响比较特殊。随着温度升高，反应速率先上升，当达到极大值后又下降。这是由于酶是蛋白质，温度升高易变性而失活。

二、酶催化反应历程

这里仅介绍单一底物的酶催化反应动力学。米夏埃利斯（L. Michaelis）和门腾（M. L. Menten）等人研究了酶催化反应动力学，1913 年他们提出了 Michaelis - Menten 酶催化反应机制，可以表示如下：

$$E+S \underset{k_{-1}}{\overset{k_1}{\rightleftharpoons}} ES \xrightarrow{k_2} E+P$$

其中，E、S、ES、P 分别代表游离酶、底物、中间化合物和产物。该机制表明，酶（E）与底物（S）先形成中间化合物（ES），然后再进一步转变为产物（P），并释放出酶。当反应速率用产物浓度随时间的变化率表示时，则

$$r = \frac{d[P]}{dt} = k_2[ES] \tag{13.44}$$

中间化合物的浓度[ES]可利用稳态近似来解决，即当反应达到稳定态时，有

$$\frac{d[ES]}{dt} = k_1[E][S] - k_{-1}[ES] - k_2[ES] = 0$$

由上式可得

$$[ES] = \frac{k_1[E][S]}{k_{-1} + k_2} \tag{13.45}$$

令 $K_M = \dfrac{k_{-1} + k_2}{k_1}$，则式（13.45）可写为

$$[ES] = \frac{[E][S]}{K_M} \tag{13.46}$$

或
$$K_M = \frac{[E][S]}{[ES]} \tag{13.47}$$

将式(13.46)代入式(13.44),得

$$r = \frac{d[P]}{dt} = \frac{k_2[E][S]}{K_M} \tag{13.48}$$

因为加入反应系统中的酶的数量通常很少,而且反应过程中一部分酶与底物结合形成了中间化合物 ES,所以剩余的游离酶浓度[E]很低,不容易测定,故式(13.48)使用起来并不方便。下面将对式(13.48)进行变换,并在此基础上讨论单一底物情况下酶催化反应的级数。

三、酶催化反应的级数及速率曲线

设酶的原始浓度为[E]$_0$,当反应开始后,一部分转变为中间化合物 ES。当反应达到稳定态后,设中间化合物的浓度为[ES],游离酶的浓度为[E],则根据酶守恒方程,有

$$[E] = [E]_0 - [ES]$$

将上式代入式(13.46),得

$$[ES] = \frac{[E][S]}{K_M} = \frac{([E]_0 - [ES])[S]}{K_M}$$

上式重排,得

$$[ES] = \frac{[E]_0[S]}{K_M + [S]}$$

所以

$$r = \frac{d[P]}{dt} = k_2[ES] = \frac{k_2[E]_0[S]}{K_M + [S]} \tag{13.49}$$

当底物浓度很低,即[S]$\ll K_M$ 时,则 $r = \frac{d[P]}{dt} = \frac{k_2[E]_0[S]}{K_M}$,反应对底物 S 呈一级;当底物浓度很高,即[S]$\gg K_M$ 时,则 $r = \frac{d[P]}{dt} = k_2[E]_0$,反应速率只与酶的初始浓度有关,而与底物浓度无关,即反应对底物 S 呈零级。

以反应速率 r 为纵坐标,底物浓度[S]为横坐标,作图可得酶催化反应速率曲线,如图 13.12 所示。可见,当[S]$\to \infty$ 时,反应速率趋向于极大值,$r = r_m = k_2[E]_0$;当 $r = \frac{r_m}{2}$ 时,[S]$= K_M$。若将 $r = \frac{r_m}{2} = \frac{1}{2}k_2[E]_0$ 代入式(13.49),经运算后,亦可得到这一结果。

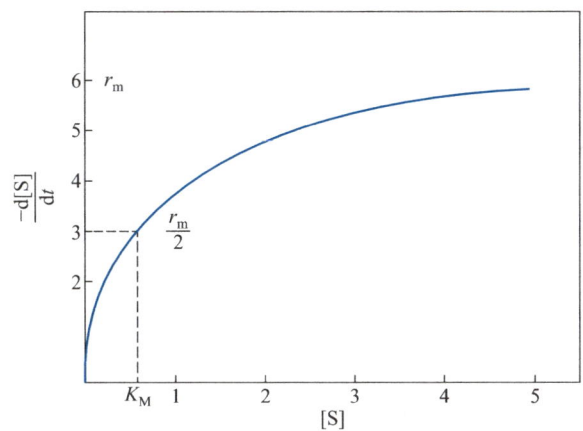

图 13.12 典型酶催化反应速率与底物浓度的关系

为纪念米夏埃利斯和门藤对酶催化反应研究的贡献,通常将 K_M 称为 Michaelis 常数(或米氏常数),式(13.49)称为 Michaelis - Menten 公式,ES 称为 Michaelis - Menten 络合物。

米氏常数 K_M 和酶催化反应的最大速率 r_m 是酶催化反应的两个特征量,如何由实验获取这两个量呢?

将式(13.54)与 $r_m = k_2[E]_0$ 联立,即

$$\begin{cases} r = \dfrac{k_2[E]_0[S]}{K_M + [S]} \\ r_m = k_2[E]_0 \end{cases}$$

可得

$$\frac{r}{r_m} = \frac{[S]}{K_M + [S]}$$

重排后,则有

$$\frac{1}{r} = \frac{K_M}{r_m}\frac{1}{[S]} + \frac{1}{r_m} \tag{13.50}$$

显然,以 $\dfrac{1}{r} - \dfrac{1}{[S]}$ 作图,可得一条直线,如图 13.13 所示,从直线的斜率和截距即可求得 K_M 和 r_m。这种方法称为 Lineweaver - Burk 作图法,又称双倒数法。另外,将直线外推至与横坐标相交,从交点$\left(\dfrac{1}{r} = 0\right)$处,也可获得 K_M 值,该直线与横轴交点处的横坐标值等于 $-\dfrac{1}{K_M}$,即

$$\frac{1}{[S]} = -\frac{1}{K_M}。$$

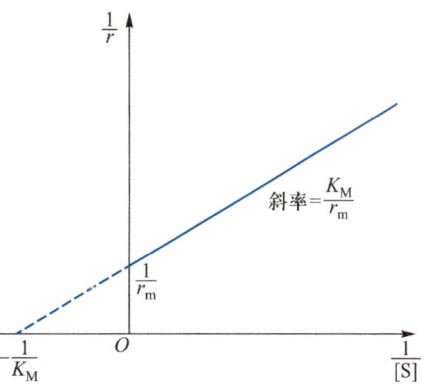

图 13.13 Lineweaver - Burk 作图法

四、酶的抑制作用

对于酶催化反应,一些外加物质可影响其反应速率。如果使反应速率降低,则称该物质为酶抑制剂,如果使反应速率增大,则称该物质为酶激活剂。毫无疑问,酶激活剂也包括能改变无活性的酶前体(称为酶原),使之转变为活性酶的物质。酶激活剂和酶抑制剂分别与通常的催化剂中助催化剂和催化剂毒物的作用类似,当然,这种比拟可能并不十分恰当。这里主要讨论酶抑制剂及其抑制作用。

研究酶的抑制机制,对于了解生理过程及药物作用机制均具有重要意义。抑制作用有多种,其中之一是竞争性抑制。竞争性抑制剂与底物分子在结构上具有相似性,它能够占据酶上的活性中心,但几乎不发生化学反应。因为抑制剂占据酶上的活性中心,因而与底物形成竞争性关系。若以 I 表示抑制剂,则酶催化反应机制及酶抑制剂的作用机制可表示为

$$S + E \underset{k_{-1}}{\overset{k_1}{\rightleftharpoons}} ES \overset{k_2}{\longrightarrow} E + P$$

$$+$$

$$I$$

$$k_3 \left\|\, k_{-3}\right.$$

$$EI$$

基于酶守恒方程

$$[E]_0 = [E] + [ES] + [EI]$$

若令 $K_M = \dfrac{[E][S]}{[ES]}$,$K_I = \dfrac{[E][I]}{[EI]}$,则

$$[E]_0 = \frac{K_M[ES]}{[S]} + [ES] + \frac{[E][I]}{K_I} = \frac{K_M[ES]}{[S]} + [ES] + \frac{K_M[I][ES]}{K_I[S]}$$

$$[ES] = \frac{[E]_0}{\dfrac{K_M}{[S]} + 1 + \dfrac{K_M[I]}{K_I[S]}}$$

$$r = \frac{d[P]}{dt} = k_2[ES] = \frac{k_2[E]_0}{\dfrac{K_M}{[S]} + 1 + \dfrac{K_M[I]}{K_I[S]}} \qquad (13.51)$$

显然,当[S]很大时,反应表现为零级,此时 $r = r_m = k_2[E]_0$,这与无抑制剂时所得结果相同。基于 $k_2[E]_0 = r_m$,可将式(13.51)变换为

$$r = \frac{r_m [S]}{[S] + K_M \left(1 + \dfrac{[I]}{K_I}\right)} \qquad (13.52)$$

或

$$\frac{1}{r} = \frac{K_M}{r_m} \cdot \left(1 + \frac{[I]}{K_I}\right)\frac{1}{[S]} + \frac{1}{r_m} \qquad (13.53)$$

显然,若以 $\dfrac{1}{r} - \dfrac{1}{[S]}$ 作图,也可得一条直线,直线的截距与无抑制剂时相同,但两种情况下的斜率不同。

从式(13.52)或式(13.53)可知,在有抑制剂的情况下,当 $r = \dfrac{r_m}{2}$ 时,$[S] = K_M\left(1 + \dfrac{[I]}{K_I}\right)$,它是在无抑制剂的情况下当 $r = \dfrac{r_m}{2}$ 时 $[S]$ 值的 $\left(1 + \dfrac{[I]}{K_I}\right)$ 倍。因为,在无抑制剂的情况下当 $r = \dfrac{r_m}{2}$ 时,$[S] = K_M$。

五、酶催化反应相关例题

例 13.3 过氧化氢酶普遍存在于能呼吸的生物体内,可催化过氧化氢分解为水和氧气,使细胞免受过氧化氢的毒害。然而,有关过氧化氢酶催化过氧化氢分解的动力学机制尚未取得共识,目前至少提出 3 种可能的机制。若用 E 表示过氧化氢酶,S 表示过氧化氢底物,ES 表示酶与底物形成的中间化合物,P 表示反应产物。其中,机制 I 为

$$E + S \xrightarrow{k_1} ES$$

$$ES + S \xrightarrow{k_2} E + P$$

机制 II 为

$$E + S \underset{k_{-1}}{\overset{k_1}{\rightleftharpoons}} ES$$

$$ES + S \xrightarrow{k_2} E + P$$

机制 III 为

$$E + S \xrightarrow{k_1} ES$$

$$ES + S \xrightarrow{k_2} ESS \xrightarrow{k_3} E + P$$

在机制 III 中,ESS 为酶与底物的三元复合物。

（1）根据上述机制，分别导出反应速率 r 与底物浓度 $[S]$ 之间的关系。

（2）在 298.15 K 时进行过氧化氢酶催化过氧化氢分解反应动力学实验，结果表明，$r \propto [S]^{1.5}$，试分析并判断上述哪种机制最适合解释该实验结果。

（3）已知在过氧化氢酶存在时，反应 $H_2O_2 \Longrightarrow H_2O + \dfrac{1}{2}O_2$ 的活化能为 8.36 kJ·mol^{-1}，当无酶催化剂存在时，其活化能为 71.06 kJ·mol^{-1}。反应速率系数符合阿伦尼乌斯经验方程，且指前因子与催化剂是否存在无关。试计算在 298.15 K 当有催化剂存在时反应速率是无催化剂时的倍数。

（4）关于过氧化氢酶对正、逆向反应速率的影响，下列哪种说法是正确的？

（A）正向反应速率增加的倍数大于逆向反应速率增加的倍数；

（B）逆向反应速率增加的倍数大于正向反应速率增加的倍数；

（C）正、逆向反应速率增加的倍数相同；

（D）数据不足，无法判断。

解： 这个题目与酶催化反应相关，但它实则是反应动力学方面的综合性题目，涉及从反应历程推求反应动力学方程的处理方法、阿伦尼乌斯经验方程的应用及催化作用基本知识等多个知识点。解答如下：

（1）基于机制 I，则

$$r = \frac{d[P]}{dt} = k_2[ES][S]$$

针对中间化合物 ES，利用稳态近似，则有

$$\frac{d[ES]}{dt} = k_1[E][S] - k_2[ES][S] = 0 \tag{a}$$

根据酶守恒方程，得

$$[E] = [E]_0 - [ES] \tag{b}$$

式中，$[E]_0$ 为酶的初始浓度。（a）、（b）两式联立，得

$$[ES] = \frac{k_1[E]_0}{k_1 + k_2} \tag{c}$$

将式（c）代入速率方程：$r = \dfrac{d[P]}{dt} = k_2[ES][S]$，得

$$r = \frac{d[P]}{dt} = \frac{k_1 k_2[E]_0}{k_1 + k_2}[S]$$

基于机制 II，得

$$r = \frac{d[P]}{dt} = k_2[ES][S]$$

对中间物 ES 进行稳态近似,则

$$\frac{\mathrm{d}[\mathrm{ES}]}{\mathrm{d}t} = k_1[\mathrm{E}][\mathrm{S}] - k_{-1}[\mathrm{ES}] - k_2[\mathrm{ES}][\mathrm{S}] = 0 \tag{d}$$

(d)、(b)两式联立,得

$$[\mathrm{ES}] = \frac{k_1[\mathrm{E}]_0[\mathrm{S}]}{k_{-1} + (k_1 + k_2)[\mathrm{S}]} \tag{e}$$

将式(e)代入速率方程: $r = \dfrac{\mathrm{d}[\mathrm{P}]}{\mathrm{d}t} = k_2[\mathrm{ES}][\mathrm{S}]$,得

$$r = \frac{\mathrm{d}[\mathrm{P}]}{\mathrm{d}t} = k_2[\mathrm{ES}][\mathrm{S}] = \frac{k_1 k_2[\mathrm{E}]_0[\mathrm{S}]^2}{k_{-1} + (k_1 + k_2)[\mathrm{S}]}$$

基于机制Ⅲ,得

$$r = \frac{\mathrm{d}[\mathrm{P}]}{\mathrm{d}t} = k_3[\mathrm{ESS}]$$

对中间物 ES 和 ESS 分别进行稳态近似,则

$$\frac{\mathrm{d}[\mathrm{ES}]}{\mathrm{d}t} = k_1[\mathrm{E}][\mathrm{S}] - k_2[\mathrm{ES}][\mathrm{S}] = 0 \tag{f}$$

$$\frac{\mathrm{d}[\mathrm{ESS}]}{\mathrm{d}t} = k_2[\mathrm{ES}][\mathrm{S}] - k_3[\mathrm{ESS}] = 0 \tag{g}$$

(f)、(g)两式联立,得

$$k_1[\mathrm{E}][\mathrm{S}] = k_2[\mathrm{ES}][\mathrm{S}] = k_3[\mathrm{ESS}]$$

由上述等式,得

$$[\mathrm{E}] = \frac{k_3[\mathrm{ESS}]}{k_1[\mathrm{S}]} \tag{h}$$

$$[\mathrm{ES}] = \frac{k_3[\mathrm{ESS}]}{k_2[\mathrm{S}]} \tag{i}$$

酶守恒方程为

$$[\mathrm{E}]_0 = [\mathrm{E}] + [\mathrm{ES}] + [\mathrm{ESS}] \tag{j}$$

将式(h)和式(i)代入式(j),得

$$[\mathrm{E}]_0 = \frac{k_3[\mathrm{ESS}]}{k_1[\mathrm{S}]} + \frac{k_3[\mathrm{ESS}]}{k_2[\mathrm{S}]} + [\mathrm{ESS}]$$

$$[ESS] = \frac{[E]_0[S]}{\left(\dfrac{1}{k_1} + \dfrac{1}{k_2}\right)k_3 + [S]} \tag{k}$$

将式(k)代入反应速率方程：$r = \dfrac{d[P]}{dt} = k_3[ESS]$，得

$$r = \frac{d[P]}{dt} = k_3[ESS] = \frac{k_3[E]_0[S]}{\left(\dfrac{1}{k_1} + \dfrac{1}{k_2}\right)k_3 + [S]}$$

（2）根据在前面基于各反应机制导出的速率方程可知，如果反应按机制 I 进行，反应级数为 1，与实验结果不符，故该反应机制不适合。

如果反应按机制 II 进行，则

$$r = \frac{d[P]}{dt} = \frac{k_1 k_2[E]_0[S]^2}{k_{-1} + (k_1 + k_2)[S]}$$

当 $k_{-1} \ll (k_1 + k_2)[S]$ 时，反应级数为 1；而当 $k_{-1} \gg (k_1 + k_2)[S]$ 时，反应级数则为 2；当 k_{-1} 与 $(k_1 + k_2)[S]$ 相差不是太大时，反应级数则为 1~2。因此，反应有可能按机制 II 进行。

如果反应按机制 III 进行，则

$$r = \frac{d[P]}{dt} = \frac{k_3[E]_0[S]}{\left(\dfrac{1}{k_1} + \dfrac{1}{k_2}\right)k_3 + [S]}$$

当 $[S]$ 很小时，反应级数为 1；而当 $[S]$ 很大时，反应级数为 0；当 $[S]$ 适中时，反应级数应为 0~1。故该反应机制不适合。

（3）阿伦尼乌斯方程的对数形式为

$$\ln k = \ln A - \frac{E_a}{RT}$$

由题意知，无论有无催化剂时，反应的 $\ln A$ 相同，反应温度均为 $T = 298.15$ K，而 E_a(催化) $= 8.36$ kJ $\cdot$ mol^{-1}，E_a(非催化) $= 71.06$ kJ $\cdot$ mol^{-1}，则

$$\ln \frac{k_{催化}}{k_{非催化}} = -\frac{E_a(催化) - E_a(非催化)}{RT}$$

$$\ln \frac{k_{催化}}{k_{非催化}} = -\frac{(8.36 - 71.06)\ kJ \cdot mol^{-1}}{8.314\ J \cdot K^{-1} \cdot mol^{-1} \times 298.15\ K} = 25.294$$

$$\frac{k_{催化}}{k_{非催化}} = 9.66 \times 10^{10}$$

（4）（C）。

*13.7 B-Z 振荡反应

一、化学振荡现象及其发生的条件

一个机械系统,例如钟摆,可以围绕其平衡位置发生振荡。但对于一个化学反应,人们的表观认知可能是,它不能超越其平衡位置。然而,实践中发现,在一些化学反应系统中,确实存在相关物质的浓度随时间或空间发生周期性变化的现象。例如,当以铈离子作催化剂时,柠檬酸在酸性条件下被溴酸钾氧化时可呈现化学振荡现象,系统在淡黄色与无色两种状态之间进行周期性转换。

这种化学反应现象在被苏联科学家别洛索夫(B. P. Belousov)和柴波廷斯基(A. M. Zhabotinskii)等人研究并报道后,引起了学界的兴趣和关注。随后,人们又相继发现并研究了另一些具有化学振荡现象的含溴酸盐的反应系统。由于别洛索夫和柴波廷斯基的历史性贡献,人们便将这类反应统称为 B-Z 振荡反应。

化学振荡反应展现的是一种宏观层次的时空有序现象,它并不违反热力学基本定律,它与非平衡态热力学是密切相关的。化学振荡的发生和维持,须满足三个先决条件。首先,反应系统应当是敞开系统,此时系统可与环境不断地进行物质和能量交换,使系统一直远离平衡,始终保持 $\Delta_r G$ 为较负,这样便有足够的驱动力使反应进行;另外,非平衡可以产生有序结构。其次,从动力学分析来看,原来处于均匀无序的状态,必须失稳才能产生新的稳定有序结构,这就要求,动力学过程中须存在非线性反馈机制,产物能加速反应,即包含自催化反应步骤(关于自催化反应,可参阅有关专著)。最后,系统须存在两个稳定态,即具有双稳定性。普里高金将那些在敞开系统而且远离平衡的条件下,通过能量耗散和内部的非线性动力学机制形成并维持的宏观时空有序结构称为"耗散结构"。化学振荡即是一种耗散结构。

下面,以一个典型的化学振荡反应作为例子,进行相关的动力学讨论。

二、化学振荡反应的典型实例及其动力学

在铈离子的催化下,丙二酸(简写为 MA)与溴酸根离子(BrO_3^-)之间的氧化还原反应为振荡反应。对应的总反应方程式为

$$3BrO_3^- + 5MA + 3H^+ \rightleftharpoons 3BrMA + 2HCOOH + 4CO_2 + 5H_2O$$

上述反应式仅仅是一个计量方程,并不能反映实际的反应历程。

实验操作如下。取容量为 1 L 的烧杯,在磁力搅拌条件下,加入 600 mL 水,60 mL 浓硫酸,20 g 丙二酸(MA),7.8 g 溴酸钾,0.7~0.8 g 硝酸铈铵[$(NH_4)_2Ce(NO_3)_6$]和足量

的试亚铁灵 $[0.025\ mol \cdot L^{-1}\ Fe(phen)_3SO_4]$（为了便于显色,通常取 1 mL 或更多）。这样,便可观察到振荡现象。

1972 年,美国俄勒冈大学的科学家菲尔德(R. J. Field)、科洛斯(E. Körös)和诺伊斯(R. M. Noyes)经过深入研究,提出了该振荡反应的历程,简称为 FKN 机制。在此机制中,可把基元反应划分为 3 个序列。在进行动力学处理时,为简便起见,在各基元反应中,并不将 H^+ 视为特定的反应物物种。对于相关反应而言,即使其反应速率与 $[H^+]$ 有关,但因浓度通常较高,可以认为 $[H^+]$ 基本恒定,从而可将 $[H^+]$ 并入速率系数项。因此,在书写反应速率方程时,可不考虑 H^+。

反应序列 I

$$BrO_3^- + Br^- \xrightarrow{2H^+} HBrO_2 + HOBr \tag{1}$$

$$HBrO_2 + Br^- \xrightarrow{H^+} 2HOBr \tag{2}$$

其中,$HBrO_2$ 是中间体。上述反应过程可大量消耗 Br^-,其产生的 HOBr 进一步反应,可使丙二酸(MA)被溴化为 BrMA,即

$$HOBr + Br^- \xrightarrow{H^+} Br_2 + H_2O \tag{2a}$$

$$Br_2 + MA \xrightarrow{-H^+} BrMA + Br^- \tag{2b}$$

反应序列 II

$$BrO_3^- + HBrO_2 \xrightarrow{H^+} 2BrO_2 + H_2O \tag{3a}$$

$$BrO_2 + Ce(III) \xrightarrow{H^+} HBrO_2 + Ce(IV) \tag{3b}$$

上述反应是自催化步骤。当 Br^- 消耗到一定程度即 $HBrO_2$ 累积到一定程度时,BrO_3^- 方按上述反应式进行反应,并使反应不断加速。同时,Ce(III)被氧化为 Ce(IV)。此外,$HBrO_2$ 的累积亦受到下述反应的制约:

$$2HBrO_2 \xrightarrow{-H^+} BrO_3^- + HOBr \tag{4}$$

反应序列 III

$$BrMA + 4Ce(IV) + 2H_2O \xrightarrow{-5H^+} Br^- + HCOOH + 2CO_2 + 4Ce(III) \tag{5a}$$

$$HOBr + HCOOH \underset{}{\overset{快}{\rightleftharpoons}} Br^- + CO_2 + H^+ + H_2O \tag{5b}$$

显然,反应(5a)并不是基元反应,应是一系列反应步骤的总结果。

对于中间态物种 $HBrO_2$ 和 BrO_2,采用稳态近似处理。下面,在应用稳态近似法书写相应的方程时,均采用简化方式。其中,$r_1 = k_1[BrO_3^-][Br^-]$,$r_2 = k_2[HBrO_2][Br^-]$,如此等等。于是,有

$$\frac{d[HBrO_2]}{dt} = r_1 - r_2 - r_{3a} + r_{3b} - 2r_4 = 0$$

$$\frac{d[BrO_2]}{dt} = 2r_{3a} - r_{3b} = 0$$

上述两个方程联立,得

$$r_1 - r_2 + r_{3a} - 2r_4 = 0 \tag{13.54}$$

上式是一个关于$[HBrO_2]$的二次方程,容易求解。下面分两种情况进行讨论。当$r_1 \gg r_4$时,忽略掉$2r_4$,可得

$$[HBrO_2]_{SS} = \frac{k_1[BrO_3^-][Br^-]}{k_2[Br^-] - k_{3a}[BrO_3^-]} \tag{13.55}$$

式中,$[HBrO_2]_{SS}$表示反应达到稳定态时$HBrO_2$的浓度。分析可知,$r_1 \gg r_4$发生在$[Br^-]_{SS}$相对高的情况下。既然$r_1 \gg r_4$,则$[BrO_3^-]$很小,因此在上式的分母中,可以忽略掉$k_{3a}[BrO_3^-]$。此时的$[HBrO_2]_{SS}$,用$[HBrO_2]_{SS,小}$表示,上式则变换为

$$[HBrO_2]_{SS,小} = \frac{k_1[BrO_3^-]}{k_2} \tag{13.56}$$

当$r_1 \ll r_4$时,则由式(13.54)可得如下结果:

$$[HBrO_2]_{SS} = \frac{k_{3a}[BrO_3^-] - k_2[Br^-]}{2k_4} \tag{13.57}$$

分析可知,$r_1 \ll r_4$主要发生在$[Br^-]_{SS}$低的情况下,于是在上式分子中可以忽略$k_2[Br^-]$。此时,$[HBrO_2]_{SS}$较大,用$[HBrO_2]_{SS,大}$表示之,式(13.57)则变换为

$$[HBrO_2]_{SS,大} = \frac{k_{3a}[BrO_3^-]}{2k_4} \tag{13.58}$$

上述结果表明,$HBrO_2$和Br^-的稳态浓度$[HBrO_2]_{SS}$和$[Br^-]_{SS}$,以一种特定的方式进行耦合,即当$[Br^-]_{SS}$越过一个临界值时,$[HBrO_2]_{SS}$的表达式则突然转换为另一种形式。基于式(13.55)的分母及式(13.57)的分子,则Br^-的临界稳态浓度$[Br^-]_{SS,临界}$为

$$[Br^-]_{SS,临界} = \frac{k_{3a}[BrO_3^-]}{k_2} \tag{13.59}$$

由此可见,当Br^-的稳态浓度$[Br^-]_{SS}$大于式(13.59)中的临界浓度$[Br^-]_{SS,临界}$时,式(13.57)因为其分子为负值变得没有意义,所以$HBrO_2$的稳态浓度$[HBrO_2]_{SS}$须应用式(13.55)表达。同样,当$[Br^-]_{SS}$低于式(13.59)中的临界浓度$[Br^-]_{SS,临界}$时,式(13.55)因为其分母为负值变得没有意义,此时$HBrO_2$的稳态浓度$[HBrO_2]_{SS}$则须应用式(13.57)表达。

$[HBrO_2]_{SS}$ 在两个表达式[式(13.55)和式(13.57)]之间的转换,则产生了振荡现象。当然,表观上,振荡现象的发生是 Ce(Ⅳ)物种与 Ce(Ⅲ)物种的比例 $\left[\dfrac{Ce(Ⅳ)}{Ce(Ⅲ)}\right]$ 和其他物种的稳态浓度共同作用的结果。而能使系统失稳的非线性反馈步骤则由 $[Br^-]_{SS}$ 控制,即 $[Br^-]$ 是进行化学振荡的关键因素。

就反应序列而言,序列Ⅲ对化学振荡的进行起着重要作用。假若只有反应序列Ⅰ和序列Ⅱ,那就是一般的自催化反应,不会产生振荡现象。正是由于反应序列Ⅲ,导致在不断消耗有机物(BrMA)的同时,重新获得 Br^- 和 Ce(Ⅲ),方使反应再次启动,并形成周期性振荡现象。

图 13.14 展示的是 $\lg\dfrac{[Br^-]}{c^{\ominus}}$ 和 $\ln\dfrac{[Ce(Ⅳ)]}{[Ce(Ⅲ)]}$ 随时间的振荡曲线。

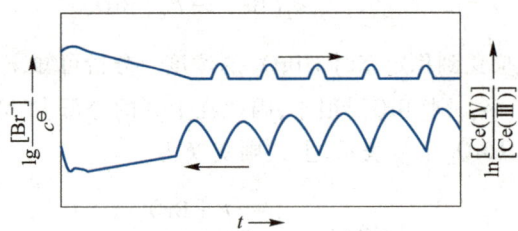

图 13.14   B – Z 振荡反应中相关物种浓度随时间振荡的示意图

三、几种典型的化学振荡模型

关于 B – Z 振荡反应的机制,虽然很多科学工作者进行了大量而且卓有成效的研究工作,提出了一些模型,而且有些反应机制也得到了化学同仁的认可,但有关"产生时空有序现象"的完美机制仍然处于不断的探索之中。这里简要介绍有关振荡反应机制的几种典型模型。

1. 洛特卡 – 沃特拉模型

20 世纪 20 年代,美国统计学和物理化学家洛特卡(A. J. Lotka,1880—1949)和意大利科学家沃尔特拉(V. Volterra,1860—1940)为解释亚德里亚海域阜姆港附近鱼类的变化规律提出了该模型,并将其应用于 B – Z 振荡反应的动力学研究中。

洛特卡和沃尔特拉认为,从反应物 A 到产物 P,反应机制为

(1a) $A + X \xrightarrow{k_1} 2X$

(1b) $X+Y \xrightarrow{k_2} 2Y$

(1c) $Y \xrightarrow{k_3} P$

总反应为

$$A \longrightarrow P$$

显然,反应包含两个自催化步骤[即(1a)和(1b)]。

针对亚得利亚海域两种鱼类随时间而交替出现的现象,设 A 是鱼类的营养物质(例如虾),反应(1a)即表示鱼 X 吃掉 A 而增殖,反应(1b)则表示鱼 Y 吃掉鱼 X 而增殖,反应(1c)表示鱼 Y 消亡并转变为产物 P。

也可以形象地把 A、X 和 Y 比作草、羊和狼。羊(X)吃草(A)而增殖,随后狼(Y)吃羊(X)而增殖,最终狼(Y)也消亡,变成腐烂物(P)。

对中间产物 X 和 Y 来说,应用稳态近似,则

$$\frac{d[X]}{dt} = -k_1[A][X] + 2k_1[A][X] - k_2[X][Y] = 0$$

$$\frac{d[Y]}{dt} = -k_2[X][Y] + 2k_2[X][Y] - k_3[Y] = 0$$

上述两式分别经整理后,得

$$\frac{d[X]}{dt} = k_1[A][X] - k_2[X][Y] = 0 \tag{13.60}$$

$$\frac{d[Y]}{dt} = k_2[X][Y] - k_3[Y] = 0 \tag{13.61}$$

解得 X 和 Y 的稳态浓度$[X]_{ss}$和$[Y]_{ss}$分别为

$$[X]_{ss} = \frac{k_3}{k_2}, \quad [Y]_{ss} = \frac{k_1[A]}{k_2} \tag{13.62}$$

当[A]固定时,基于式(13.60)和式(13.61),可以解析[X]和[Y]分别随时间的变化关系,见图 13.15 所示的两条曲线。显然,[X]和[Y]均随时间呈现周期性振荡。

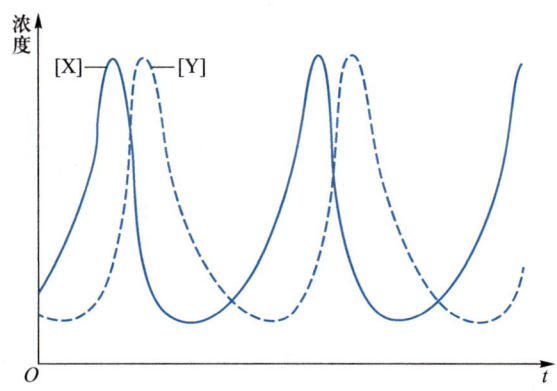

图 13.15　洛特卡－沃尔特拉模型的物质浓度随时间变化关系

要使振荡发生并维持,则须使反应系统敞开。通过不断地补充反应物 A,使系统一直

远离平衡,这样便可驱使反应持续进行下去。开始时反应进行得并不快,不过随着时间的推移,通过反应(1a),生成并积累了一定量的 X,X 具有催化作用,又可自催化反应(1a),使 X 的量激增。随着 X 的生成,反应(1b)也随之发生,开始时反应(1b)较慢,Y 的量也很少,但反应生成的 Y 具有催化作用,又可自催化反应(1b),使 Y 的量激增。然而,在大量生成 Y 时,也加剧了 X 的消耗,使反应(1a)的速率下降,生成 X 的量也下降,随后反应(1b)的速率下降,这样又使 X 的消耗减少,X 又开始积累,导致反应(1a)再次加速,随后反应(1b)也再次加速。如此反复,[X]和[Y]即随时间呈现周期性变化,且两者的相位不同。

现将式(13.65)与式(13.66)相除后,再结合式(13.67),得

$$\frac{d[X]}{d[Y]} = \frac{k_1[A][X] - k_2[X][Y]}{k_2[X][Y] - k_3[Y]} = -\frac{k_2[X]([Y] - [Y]_{ss})}{k_2[Y]([X] - [X]_{ss})}$$

上式重排,则

$$d[X]\left(1 - \frac{[X]_{ss}}{[X]}\right) = -d[Y]\left(1 - \frac{[Y]_{ss}}{[Y]}\right)$$

上式两边进行不定积分,得

$$[X] - [X]_{ss}\ln[X] + [Y] - [Y]_{ss}\ln[Y] = K \tag{13.63}$$

式中,K 是不定积分常数,K 值取决于[X]和[Y]的初值。基于式(13.63),可描绘出在取不同的[X]和[Y]的初值(相应的 K 值不同)时,[Y]与[X]之间的关系,如图 13.16 所示。可见,其呈现一系列封闭的环状曲线,简称封闭环。

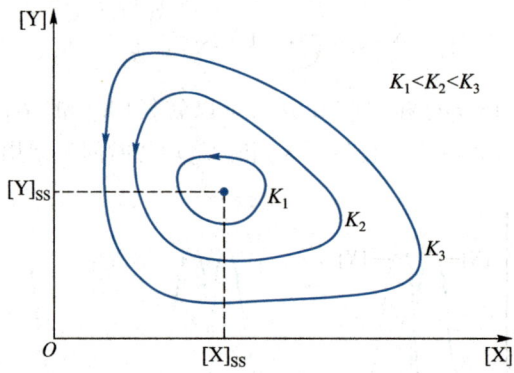

图 13.16　洛特卡－沃尔特拉模型的[Y]随[X]变化的封闭曲线

需要指明的是,图 13.16 所示的封闭环并不是稳定的极限环,因为任何小的扰动,相当于 K 值发生变化,都将导致闭合曲线发生变化。而实验中观察到的化学振荡现象可以是稳定的,初始条件的微小变化最终应当是趋于稳定的极限环。也就是说,洛特卡－沃尔特拉模型并不能够模拟实际的化学振荡现象。但是,也不能因此就否定洛特卡－沃尔特拉模型的重大意义和价值。该模型在化学振荡反应领域活跃了大约 50 年,在此期间内也曾提出过其他模型,但基本都是洛特卡－沃尔特拉模型的变形。

2. 布鲁塞尔模型

1968 年,普里高金和勒菲弗(R. Lefever)提出了在敞开系统中包含三分子自催化反应步骤的机制,具体表示为

(2a) $A \xrightarrow{k_1} X$

(2b) $B + X \xrightarrow{k_2} Y + D$

(2c) $2X+Y \xrightarrow{k_3} 3X$

(2d) $X \xrightarrow{k_4} P$

因为反应系统是敞开的,所以反应物 A 和 B 的浓度[A]、[B]均可人为地控制为基本恒定。D 和 P 为最终产物。X 和 Y 是中间产物,[Y]与[X]的关系可由稳态近似法获得。其中,(2c)是三分子反应,而且是自催化反应。前已述及,反应过程包含自催化步骤是形成化学振荡这种"耗散结构"的先决条件。正是这个三分子的自催化步骤导致在数学处理上能形成稳定的极限环,如图 13.17 所示。然而,实际上,三分子的自催化反应极为少见,因此布鲁塞尔模型并不具有实际价值。但该模型概念清晰,数学处理也相对简单,因而在各种专著和教材中经常被引用。

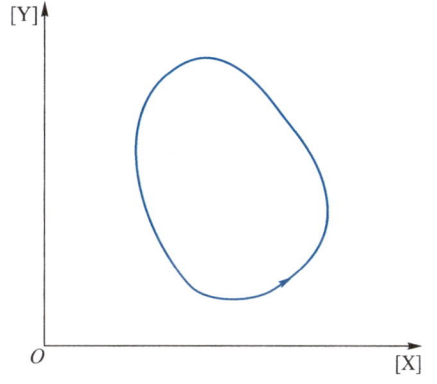

图 13.17 布鲁塞尔模型的稳定极限环示意图

3. 俄勒冈模型

1974 年,俄勒冈大学的菲尔德、科洛斯和诺伊斯等人针对在铈离子催化下溴酸盐氧化有机物种这类典型的振荡反应,在 FKN 机制的基础上,提出了包含 5 个反应步骤的简化模型,即所谓的俄勒冈模型。5 个反应步骤分列如下:

(3a) $A + Y \xrightarrow{k_1} X+P$

(3b) $X+Y \xrightarrow{k_2} 2P$

(3c) $A + X \xrightarrow{k_3} 2X+2Z$

(3d) $2X \xrightarrow{k_4} A + P$

(3e) $Z + B \xrightarrow{k_5} fY$

由于详细的机制并没有完全弄清楚,故步骤(3e)中的系数 f 需要根据具体的实验来确定。不过,通常取值约为 0.5。

显然,俄勒冈模型是对前面已述及的 FKN 机制的进一步阐明。其中,A 表示 BrO_3^-,X 表示 $HBrO_2$,Y 表示 Br^-,Z 表示 Ce^{4+},P 表示 HOBr(惰性产物),B 表示所有可被氧化的有机物。使用俄勒冈模型进行动力学处理并经计算机模拟,所得结果与实验结果基本吻合。

主要知识点概述

(1) 研究快速反应动力学的方法主要有弛豫法、闪光光解法和阻碍流动技术。

(2) 弛豫法又称松弛法。其原理是,对于已达平衡的快速对峙反应系统,若使浓度等变量发生一个突然改变,系统则偏离平衡,然后用能够表征浓度变化的某个物理量的监测手段测定弛豫时间 τ,从而计算出快速对峙反应的正、逆向反应速率系数。对于 $1-1$ 级对峙反应,$\tau = \dfrac{1}{k_1 + k_{-1}}$;对于 $1-2$ 级对峙反应,$\tau = \dfrac{1}{k_1 + 2k_{-2}x_e}$。

对平衡系统施加的扰动不局限于浓度,也可以是温度、电场和超声等。

(3) 闪光光解法具有极高的时间分辨率。当使用闪光管时,可测试半衰期为 10^{-6} s 的一级快速反应。若使用超短脉冲激光设备代替闪光管,则时间分辨率甚至可达飞秒(10^{-15} s)量级。

(4) 与气相反应相比,在溶液中进行的反应最显著的表现是有大量溶剂存在,这势必导致在溶液中进行的反应与气相反应相比,它们的动力学行为具有差别,并且在溶液中进行的反应比较复杂。溶剂对反应速率的影响分为物理效应和化学效应两大类。其中,溶剂的化学效应主要有溶剂本身作为反应物直接参与反应以及溶剂分子的催化作用。

(5) 在理解溶液中进行的反应动力学过程时,有两个重要的概念需要重视,即"笼效应"和"一次遭遇"。笼效应的存在是溶液反应所具有的重要基本特征。

在溶液反应系统中,溶剂是大量的,一方面,溶剂分子阻挡了反应物分子之间的遭遇;另一方面,溶剂分子环绕在反应物分子周围,犹如一个又一个溶剂笼把反应物分子包围起来,使同一溶剂笼中的反应物分子能够进行多次碰撞,直至该反应物分子通过溶剂分子间隙挤出溶剂笼,进入另一溶剂笼中,这种过程称为一次遭遇。在一次遭遇中,反应物分子在笼中停留时间为 $10^{-12} \sim 10^{-11}$ s,进行 $100 \sim 1000$ 次碰撞,碰撞频率与气相反应相当,因而发生反应的机会也较多。不过,在溶液反应系统中,碰撞频率的具体计算十分困难。

对于一般的反应过程,其活化能为 $40 \sim 400$ kJ·mol^{-1},相比较,扩散过程的活化能要小得多,即分子的扩散很快,此时反应过程是速控步,因此笼效应对反应速率的影响并不大;对于有自由原子或自由基参与的反应,其活化能很小,一次碰撞就有可能使反应发生,这时,分子的扩散则起着决定作用,因此溶剂的笼效应起着阻碍反应的作用。

(6) 溶液相分子反应:若反应物分子 A 和 B 在溶液中发生反应,A 和 B 须在同一溶剂笼中相遇形成"遭遇对(AB)"。基于化学反应步骤活化能的大小,可将反应系统划分为扩散控制反应和活化控制反应两类。

(7) 溶液相离子反应——原盐效应。在稀溶液中,离子强度对反应速率的影响称为原盐效应,其定量关系式为

$$\lg \frac{k}{k_0} = 2z_A z_B A\sqrt{I}$$

显然,以 $\lg \frac{k}{k_0}$ 或 $\lg k$ 对 $\sqrt{I}$ 作图,是直线关系,直线斜率与 z_A 和 z_B 有关。当 z_A 和 z_B 同号时,$z_A z_B > 0$,$\lg \frac{k}{k_0} > 0$,k 随 I 增大而增大,为正原盐效应;当 z_A 和 z_B 异号时,$z_A z_B < 0$,$\lg \frac{k}{k_0} < 0$,k 随 I 增大而减小,为负原盐效应;当 $z_A z_B = 0$ 时,$\lg \frac{k}{k_0} = 0$,k 不随 I 变化而改变,为零原盐效应。

对于反应机制不明确的反应,可以通过研究速率系数随离子强度的变化来确定 $z_A z_B$ 的符号,从而为探讨反应机制提供有用信息。

(8) 在太阳光中,能引发化学反应的是紫外光和可见光,而红外光通常不能引发化学反应。

(9) 光化学反应与热化学反应虽属于不同的化学领域,但就化学作用的本质来说,两类反应其实并无差别。但是,光化学反应又表现出一些不同于热反应的特征。(a) 从微观上来看,在光作用下的反应是激发态分子的反应,这是光化学反应的基本特征。而热反应通常是基态分子的反应。(b) 对于热反应而言,在恒温恒压而且非膨胀功(W_f)等于 0 的条件下,只有当 $\Delta G < 0$ 时,反应才能发生。但是在光作用下,$\Delta G > 0$ 的反应有时也能进行,这是光化学反应与热反应的重要区别。对于 $\Delta G > 0$ 的反应,若通过光照将光能供给于反应系统,即可增加反应物的自由能从而使反应的 ΔG 值改变符号。或者,将光能看作非膨胀功,这种情况下只要 $\Delta G < W_f$,反应即可发生。(c) 光化学反应通常具有比热反应更高的选择性。因为,特定物质只吸收特定频率的光,不同频率的光可以有选择地引发不同的反应。(d) 与热反应相对照,在光化学反应系统中,激发态反应物与中间态物质及产物之间很难达成真正的热力学平衡。在固定光强度下,温度对"光化学平衡"常数几乎无影响。(e) 初始的光化学反应步骤速率均较快。相比较,热反应的速率通常比较慢。

(10) 光化学第一定律是,只有被分子吸收的光才能引发化学反应。光化学第二定律是,在光化学反应的初级过程中,一个被吸收的光子,只活化一个分子。根据该定律可知,要活化 1 mol 反应物,则需要 1 mol 即 1 爱因斯坦光子。

对于某一指定光化学反应,量子效率是指反应掉的反应物分子数与吸收光子数的比值,用 ϕ 表示。量子产率是指生成产物的分子数与吸收光子数的比值,用 ϕ^* 表示。实际的光化学反应,其量子效率 ϕ 可能大于 1,也可能小于 1。$\phi > 1$,是由于在初级过程中,活化了一个分子,而在次级过程中,又使许多反应物分子发生反应。$\phi < 1$,是因为在初级过程中被光子活化的分子,还未来得及反应,便发生了分子内或分子间传能过程而失去活性。因受化学反应方程式中化学计量数的影响,对于光化学反应,其量子效率 ϕ 与量子产率 ϕ^* 的值有可能不等。

在处理光化学反应动力学时,通常采用下述形式来定义量子产率 φ^*,即

$$\phi^* = \frac{r}{I_a}$$

(11) 处于电子激发态的分子具有很高的能量,有利于化学反应。而发生化学反应也是能量衰减的方式之一,一般称为光化学猝灭过程。另外,激发态分子能量的衰减还包括分子内传能和分子间传能两类物理方式。分子间传能主要是光物理猝灭。分子内传能方式又细分为辐射跃迁和无辐射跃迁两种。其中,辐射跃迁是指激发态分子通过辐射光子而退化至基态的过程。当激发态分子从 S_1 态跃迁至 S_0 态时所辐射的光称为荧光,即

$$S_1 \longrightarrow S_0 + h\nu \,(\text{荧光})$$

当激发态分子从 T_1 态的低能态跃迁至 S_0 态时所辐射的光称为磷光,即

$$T_1 \longrightarrow S_0 + h\nu(磷光)$$

荧光与磷光相比,荧光寿命很短,约为 10^{-8} s,磷光寿命较长,有时可持续数秒甚至更长。不过,荧光的强度比磷光的大。

(12) 有些物质本身不能直接吸收某种波长的光,使光化学反应发生。若在反应系统中加入某种物质,它能吸收该波长的光,并将光能传递给反应物,促使反应发生,而外加的这种物质在反应前后并未发生改变,这种物质即为光敏剂(或感光剂),相应的反应称为光敏反应或感光反应。植物光合作用是典型的光敏反应,叶绿素是光敏剂。

(13) 通常认为,催化作用的本质是,催化剂参与反应,改变了反应历程,降低了反应活化能,从而加快了反应的进行。

(14) 按照催化剂与参与反应的物质是否处于同一个相中,可将催化反应划分为均相催化反应和多相催化反应两类。

(15) 通常,将酸碱催化反应划分为狭义酸碱催化反应和广义酸碱催化反应。

狭义酸碱催化反应,又称特殊酸碱催化反应,指反应通过 H^+ 作为酸催化剂或者 OH^- 作为碱催化剂而完成。狭义酸催化反应的特征是,以 $\lg k$ 对 pH 作图,可得一条直线,直线的斜率为 -1;狭义碱催化反应的特征是,以 $\lg k$ 对 pH 作图,亦得直线关系,直线的斜率为 $+1$。其中,k 是反应速率系数。

广义酸碱催化反应,主要包括布朗斯特(Brönsted)酸碱催化反应和路易斯(Lewis)酸碱催化反应。布朗斯特酸强度(即酸失去质子的趋势)由其解离平衡常数 K_a 来衡量。酸催化系数 k_{BH} 与酸的解离常数 K_a 之间具有如下定量关系:

$$\lg k_{BH} = \lg G_a + \alpha \lg K_a$$

其中,G_a 和 α 是与反应种类、反应条件有关的常数。以 $\lg k_{BH} - \lg K_a$ 作图可得一直线。对于碱催化反应,碱催化系数 k_B 与碱的解离常数 K_b 之间具有如下关系:

$$\lg k_B = \lg G_b + \beta \lg K_b$$

式中,G_b 和 β 是与反应种类、反应条件有关的常数。以 $\lg k_B - \lg K_b$ 作图可得直线。上述两式称为布朗斯特酸碱催化法则。

(16) 关于络合催化的作用机制,可概括地表述为,在反应过程中,催化剂与反应基团直接络合形成中间络合物,使反应基团活化。较为具体的描述是,反应物分子与配位数不饱和的络合物直接配合,配体随即转移插入相邻的键中,使空位恢复后,再重新进行络合和插入反应。

络合催化过程中的"空位中心"和固体催化剂的"表面活性中心"具有类似作用。对于络合催化的研究,往往通过均相催化反应,来认识多相催化活性中心的本质和催化作用机制。

(17) 酶催化反应具有的特点是:催化活性和催化效率极高;选择性极高;反应条件温和,通常在常温、常压下进行;兼具均相催化和多相催化的特征;反应历程比较复杂;受温度、pH 和溶液的离子强度影响较大。

(18) Michaelis - Menten 酶催化反应机制可表示为

$$E + S \underset{k_{-1}}{\overset{k_1}{\rightleftharpoons}} ES \overset{k_2}{\longrightarrow} E + P$$

反应速率方程为

$$r = \frac{d[P]}{dt} = k_2[ES] = \frac{k_2[E]_0[S]}{K_M + [S]}$$

当[S]很小时,则 $r = \dfrac{\mathrm{d}[P]}{\mathrm{d}t} = \dfrac{k_2[E]_0[S]}{K_M}$,反应对底物 S 呈一级;当[S]很大时,则 $r = \dfrac{\mathrm{d}[P]}{\mathrm{d}t} = k_2[E]_0$,反应只与酶的初始浓度有关,即反应对底物 S 呈零级。酶催化反应的最大速率为:$r_m = k_2[E]_0$。

Michaelis 常数 K_M 和酶催化反应最大速率 r_m 是两个重要的量,可通过 Lineweaver – Burk 作图法(双倒数法)获取。相应的方程为

$$\frac{1}{r} = \frac{K_M}{r_m}\frac{1}{[S]} + \frac{1}{r_m}$$

以 $\dfrac{1}{r}$ – $\dfrac{1}{[S]}$ 作图可得一条直线,从直线的斜率和截距即可求得 K_M 和 r_m。

(19)化学振荡反应展现的是一种宏观层次的时空有序现象。按照普里高金的耗散结构理论,化学振荡即是一种耗散结构。化学振荡的发生须满足三个条件。首先,反应系统应当是敞开系统,且远离平衡态;其次,反应过程存在非线性反馈机制,产物能加速反应,即包含自催化步骤;最后,系统具有双稳定性。

科学问题

习题

13.1　水的解离反应为

$$H_2O \underset{k_{-1}}{\overset{k_1}{\rightleftharpoons}} H^+ + OH^-$$

假设在一个小的电导池中盛放纯水,采用特殊技术手段使水的温度突然由 15 ℃跃升至 25 ℃后,测得其弛豫时间 $\tau = 3.7 \times 10^{-5}$ s。已知在 25 ℃时,水的离子积常数 $K_w^{\ominus} = 1.0 \times 10^{-14}$。求水的解离反应正、逆向的速率系数 k_1 和 k_{-1}。

13.2　在 25 ℃,某溶剂的黏度 $\eta = 3.26 \times 10^{-4}$ kg·m^{-1}·s^{-1}。已知 I 原子在该溶剂中的复合反应为扩散控制的反应。试求在该条件下,I 原子复合反应的速率系数。

13.3　在 25 ℃时,下述反应:

$$[Co(NH_3)_5(H_2O)]^{3+} + Br^- \underset{k_{-2}}{\overset{k_2}{\rightleftharpoons}} [Co(NH_3)_5(Br)]^{2+} + H_2O$$

其平衡常数 $K = 0.37$,逆向反应速率系数为 $k_{-2} = 6.3 \times 10^{-6}$ s^{-1}。试分别求算在下述条件下正向反应的速率系数:

（1）在离子强度极低的稀溶液中反应；

（2）在 0.1 mol·dm^{-3} 的 NaClO$_4$ 溶液中反应。

13.4   在某波长的光照射下，发生下述光化学反应：

$$HN_3 + H_2O + h\nu \longrightarrow N_2 + NH_2OH$$

当吸收光的强度 $I_a = 1.00 \times 10^{-7}$ E·dm^{-3}·s^{-1}，照射 39.38 min 后，由实验得知，N$_2$ 和 NH$_2$OH 的浓度均为 24.1 × 10^{-5} mol·dm^{-3}。试求量子产率 ϕ^*。（1 E 是指 1 爱因斯坦。）

13.5   在某测定光化学量子效率的实验中，反应物质暴露于由功率为 1.00 W 的激光光源产生的波长为 490 nm 的光中，暴露时间为 2700 s。实验结果表明，有 60 % 的入射光被吸收，同时有 3.44 mmol 的反应物发生了分解。试求量子效率 ϕ。

13.6   在光照条件下，肉桂酸可发生溴化反应生成二溴肉桂酸。在某温度时，当用波长为 435.8 nm、强度为 0.0014 J·s^{-1} 的光照射 18.4 min 后，实验测得有 7.5 × 10^{-5} mol 的 Br$_2$ 发生了反应。已知溶液吸收光的量为入射光的 80.1%。试求量子效率 ϕ。

13.7   在 H$_2$ 与 Cl$_2$ 生成 HCl 的光化学反应中，设照射光的波长为 4.8 × 10^{-7} m，已知该光化学反应的量子效率为 10^6。试计算在此波长的光照射下，当系统吸收 1 J 的辐射能后，可生成多少摩尔的 HCl？

13.8   学界拟定出乙醛（CH$_3$CHO）的光解历程如下：

$$CH_3CHO + h\nu \xrightarrow{k_1} CH_3\cdot + CHO \tag{1}$$

$$CH_3\cdot + CH_3CHO \xrightarrow{k_2} CH_4 + CH_3CO\cdot \tag{2}$$

$$CH_3CO\cdot \xrightarrow{k_3} CO + CH_3\cdot \tag{3}$$

$$CH_3\cdot + CH_3\cdot \xrightarrow{k_4} C_2H_6 \tag{4}$$

其中，CHO 表示由反应形成的少量各种物质。试基于上述反应历程，推导 CO 的生成速率表达式，并给出 CO 的量子产率表达式。

13.9   使用汞灯照射溶解于 CCl$_4$ 溶液中的氯气和正庚烷（C$_7$H$_{16}$）。Cl$_2$ 因吸收了 I_a（单位为 mol·dm^{-3}·s^{-1}）的辐射，引起的链反应历程如下：

链引发 $$Cl_2 + h\nu \xrightarrow{k_1} 2Cl\cdot$$

链传递 $$Cl\cdot + C_7H_{16} \xrightarrow{k_2} HCl + C_7H_{15}\cdot$$

$$C_7H_{15}\cdot + Cl_2 \xrightarrow{k_3} C_7H_{15}Cl + Cl\cdot$$

链终止 $$C_7H_{15}\cdot \xrightarrow{k_4} 链中断$$

试推导 $-\dfrac{d[Cl_2]}{dt}$ 的表达式。

13.10   乙烯在 PdCl$_2$ 和 CuCl$_2$ 的水溶液中氧化转化为乙醛的反应（Wäcker 法）是典型的络合催化反应例子。其反应机制已展示在 13.5 节的"均相络合催化"中。试由此推导其速率方程为

$$-\frac{d[C_2H_4]}{dt} = k\frac{[PdCl_4^{2-}][C_2H_4]}{[H_3O^+][Cl^-]^2}$$

13.11　某酸催化反应表示为：$A + F \xrightarrow{H^+} P$。已知该反应的速率方程为

$$\frac{d[P]}{dt} = k[H^+][A][F]$$

若两个反应物的起始浓度相等，且为 0.01 mol·dm^{-3}，在 pH = 2、T = 298 K 时，反应的半衰期为 1 h，设其他条件均保持不变，在 T = 288 K 时，半衰期为 2 h。试求算在 298 K 时：

（1）反应的速率系数 k 值；

（2）反应的活化吉布斯自由能、活化熵和活化焓 $\left(\text{已知}\dfrac{k_B T}{h} \approx 10^{13} \text{ s}^{-1}\right)$。

13.12　已知，在无催化剂存在时，某反应的活化能为 184.1 kJ·mol^{-1}，在以 Au 作催化剂时，该反应的活化能为 104.6 kJ·mol^{-1}。当该反应在 503 K 进行时，阿伦尼乌斯经验方程中的指前因子 A（非催化）值是 A（催化）值的 10^8 倍。试估算当以 Au 为催化剂时的反应速率比非催化的大多少倍。

13.13　在酸溶液中，当 H$^+$ 作催化剂时，丙酮与碘的反应表示为

$$CH_3COCH_3 + I_2 \xrightarrow{H^+} CH_3COCH_2I + HI$$

已知 H$^+$ 的催化系数 k_{H^+} = 4.48 × 10^{-4} mol^{-1}·dm^3·s^{-1}。试分别求算当 [H$^+$] = 0.05 mol·dm^{-3} 和 [H$^+$] = 0.10 mol·dm^{-3} 时，该反应的速率系数。

13.14　碳酸酐酶是一种含锌金属酶，它能催化血红细胞中 CO$_2$ 的水合反应，该反应式为

$$CO_2(g) + H_2O(l) \longrightarrow HCO_3^-(aq) + H^+(aq)$$

当在 pH = 7.1、T = 273.5 K、酶浓度为 2.3 nmol·dm^{-3} 时，测得如下实验数据：

[CO$_2$]/(mmol·dm^{-3})	1.25	2.5	5	20
r/(mmol·dm^{-3}·s^{-1})	2.78 × 10^{-2}	5.00 × 10^{-2}	8.33 × 10^{-2}	0.167

试确定该酶催化反应的最大速率 r_m 和米氏常数 K_M。

13.15　某酶催化反应，符合 Michaelis – Menten 酶催化反应历程，即

$$E + S \underset{k_{-1}}{\overset{k_1}{\rightleftharpoons}} ES \xrightarrow{k_2} E + P$$

在 [E]$_0$ = 2.0 g·dm^{-3} 的条件下，实验测得，当底物浓度 [S] = 2.0 × 10^{-3} mol·dm^{-3} 时，反应速率 r = 13 × 10^{-5} mol·dm^{-3}·s^{-1}；当底物浓度 [S] = 20.0 × 10^{-3} mol·dm^{-3} 时，反应速率 r = 38 × 10^{-5} mol·dm^{-3}·s^{-1}。试求：

（1）该酶催化反应的米氏常数 K_M 和最大速率 r_m；

（2）中间络合物生成产物的速率系数 k_2。

已知酶的摩尔质量为 M = 5 × 10^4 g·mol^{-1}。

第 13 章部分习题参考答案

第 14 章

表界面物理化学

14.1 引论

毫无疑问,表界面物理化学所涉及的是多相系统。在两相之间密切接触的过渡区域即是界面(interface),其厚度一般为几个分子层的厚度。若其中一相为气相,则称该界面为表面(surface)。不过在实践中,表面一词通常泛指各种界面,因此可将表面与界面这两者看作等同的,无须严格区分。

位于表面的分子所处的环境及受力情况与两相内部分子的环境及受力情况并不相同,因而表面层的性质与相本体的性质也必然有所差异。这种差异会导致一系列独特的表面性质。对于单组分系统,这些表面特性主要源于同一物质在不同相中的密度不同;而对于多组分系统,这些特性则源于表面层的组成与任一相的组成均不相同。表面性质在化学、物理学、生物学、材料学、环境科学、地质学、气象学和土壤学等学科领域有着重要的意义和广泛的应用。

这里,以某纯物质的液-气两相界面为例,说明表面层分子与体相内部分子受力情况的差异,以及由此导致的表面现象。在液体与其蒸气两相系统中,液相内部的分子受到来自四面八方的作用力,在各个方向的作用力是均衡的,彼此可以完全抵消,即净作用力大小为零;由于液相与气相在密度上的差异,对于处在液体表面的分子,来自下方液体分子的作用力远大于气相中分子对其的作用力,两者并不能够相互抵消,这必然导致表面分子受到指向液体内部的净作用力。因此,液体表面的分子有自发进入液体内部的趋势,换言之,液体具有缩小其表面积的自发趋势。相应地,若要增加液体的表面积,就要将液体内部的分子转移至表面,这需要克服拉向液体内部的作用力而做功(称为表面功),这又必然使系统表面的能量增加。显然,表面积越大,表面现象则越显著。故而,对于一定体积的孤立液滴,其形态总是球状的(这是一个颇具代表性的典型例子)。因为只有这样,才可使它的表面积最小,表面能量最低,液滴最稳定。

前面已述及,由于表面分子与体相分子所处的环境不同,导致许多特殊的物理化学现象产生。这些现象包括表面张力、表面吸附、毛细管现象、过饱和蒸气、过饱和溶液、纳米粒子的表面效应等。随着认识的不断深入,与表面有关的应用得到快速发展,于是建立了表面科学。近几十年来,表面科学发展迅速,其知识体系宏阔,内容极为丰富,并已成为当今十分令人关注的学科分支。然而,在本书中,只能利用一章的有限篇幅选择性地介绍一些基本概念和一些基本知识。在这一章的前半部分,主要概述液-气表面的物理化学现象及应用;在后半部分,则主要概述固-气表面的物理化学现象及应用。其中,也涉及液-液和固-液表面现象及应用。

14.2　表面张力和表面吉布斯自由能

一、表面张力

1. 表面张力现象及表面张力定义

观察液体的表面,似乎处处存在着一种张力。例如,液体表面看起来是绷紧的,这是由于液-气表面包着液体。再例如,汞在玻璃上呈球状,在玻璃管内呈凸起状,即沿着管壁呈现出汞与玻璃分离的现象;而水在玻璃管内呈凹月状,即沿着管壁呈现出液态水向上爬的现象。下面,我们再按图 14.1 所示做一个实验。

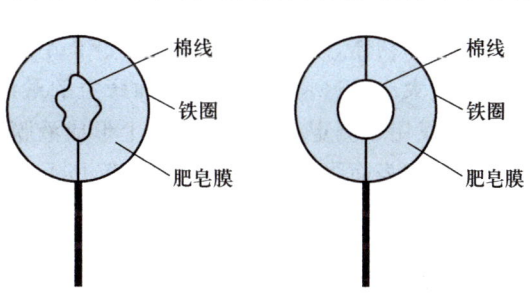

图 14.1　表面张力演示实验

取一刚性铁圈,内系一个棉线环。如图 14.1 所示,左边代表整个装置从盛有肥皂水的盆内刚刚捞出来的状况,可见铁圈内形成了一层肥皂液薄膜。当刺破棉线圈内的肥皂液薄膜后,棉线便迅速绷紧成圆形(右图)。这表明,在棉线圆圈的各个位置处均存在背向圆心的作用力,牵拉着棉线。

上述这些绷紧现象表明,液体表面确实存在着一种张力。作用于单位长度边界线上的这种力,即为表面张力,用 γ 表示,其单位是 $N \cdot m^{-1}$。

表面张力的作用方向可以归结为两点:(1)作用于表面的任一条边界,垂直于边界,指向表面的中心并与表面相切;(2)作用于液体表面上任一条线的两侧,垂直于该线,沿着液面拉向两侧。显然,对于第(2)点,通常情况下,其净作用力为零。因此,一般只关注第(1)点即可。

需要说明的是,表面张力不只存在于液-气界面,只要是两相界面,包括固-气界面、固－液界面、固－固界面和液－液界面等,均存在表面张力。不过,目前,在通常情况下,只有液体的表面张力(即液－气表面张力)可以由实验直接测定。

2. 液体表面张力的测定

如图 14.2 所示,金属框架内有一肥皂液膜,右侧有一质量可忽略的金属丝,它可自由滑动,在力 F 的作用力下,设其处于平衡,因肥皂膜有上、下两个表面,故

$$F = \gamma \times 2L = 2\gamma L \tag{14.1}$$

式中,γ 为肥皂液的表面张力;L 是可滑动的金属丝长度。

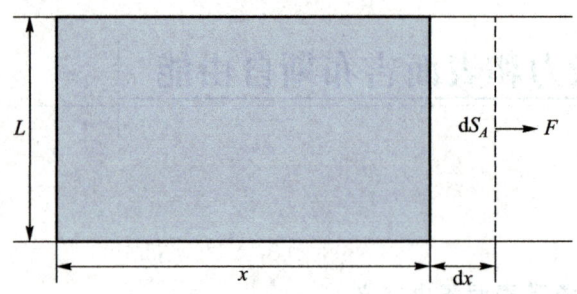

图 14. 2　肥皂膜拉伸实验

如果将图 14.2 所示的装置顺时针旋转 90°,也就是将该金属框架吊起来,而且撤去作用力 F。由于金属丝受到肥皂液的表面张力作用,金属丝会向上移动。若在金属丝上悬挂一定质量的物体,则可使金属丝保持静止不动。根据悬挂物体的重量,便可获得肥皂液的表面张力大小。这是测定液体表面张力的最简单方法。不过,这种方法具有很大局限性,它通常仅用于测定能在金属框架上形成液膜的溶液。

测定液体表面张力的方法主要有 Wilhelmy 吊片法、躺滴法、毛细管上升法、滴重法、Du Noüy 环法、最大泡压法等。读者可参阅有关专著。

3. 表面功

在图 14.2 所示的实验中,如将金属丝移动 $\mathrm{d}x$ 的距离,相应地,液膜的表面积增加 $\mathrm{d}S_A$(双面)。在恒温恒压及组成恒定时,使表面积可逆地增加 $\mathrm{d}S_A$,所需要对系统做的非膨胀功,即为表面功(这在本章引论中已经提及),用 δW_f 表示。结合式(14.1),用数学形式表示,则有

$$\delta W_\mathrm{f} = F\mathrm{d}x = 2\gamma L\mathrm{d}x = \gamma \mathrm{d}S_A \tag{14.2}$$

进一步变换,得

$$\gamma = \frac{\delta W_\mathrm{f}}{\mathrm{d}S_A} \tag{14.3}$$

从式(14.3)可知,γ 是在恒温恒压及组成恒定的条件下,当增加单位表面积时所必须对系

统做的可逆表面功。在前面,曾用 γ 表示表面张力。这说明表面张力与增加单位表面积时的可逆表面功这两者在数值上具有特殊的等效关系,在后面将给予具体说明。

> **例 14.1** 在 298 K 及常压条件下,将 1 L 水,通过喷雾分散形成直径均为 1 μm(10^{-6} m)的雾滴,试计算至少需要做多少功。(已知水的表面张力 $\gamma = 0.07214$ N·m^{-1},并且可以忽略分散前液体的表面积。)

解: 1 L 水的体积为 0.001 m^3,半径为 r 的小雾(液)滴的体积和表面积分别为 $V = 4/3\pi r^3$ 和 $S_A = 4\pi r^2$,其中 $r = 5 \times 10^{-7}$ m。0.001 m^3 的水分散成小液滴的个数为 $0.001/V$。因此有

$$W_f = \gamma \Delta S_A = \gamma \times (0.001/V) \times S_A = 0.07214 \times [0.001/(4/3\pi r^3)] \times 4\pi r^2 = 432.84 \text{ J}$$

表 14.1 给出了一些常见物质的表面张力。在常见液体中,水的表面张力大于有机物的表面张力。液态金属的表面张力最大,其次是离子键化合物,而极性共价键化合物和非极性共价键化合物的表面张力则较小。

表 14.1 常见物质的表面张力

物质	温度/K	γ/(N·m^{-1})	物质	温度/K	γ/(N·m^{-1})
	293	0.07288	苯(l)	293	0.02888
H_2O(l)	298	0.07214	甲苯(l)	293	0.0284
	303	0.07140	己烷(l)	293	0.0235
甲醇(l)	293	0.02255	Hg(l)	293	0.4865
乙醇(l)	293	0.02239	$NaNO_3$(l)	581(熔点)	0.1166
正丁醇(l)	293	0.0246			

温度升高时,分子间引力减弱,故表面张力一般随温度升高而降低。

安东诺夫(Antonoff)指出,当两种液体互相饱和时所形成的两液相之间的表面张力 γ_{12},是两种饱和液体的表面张力之差,即 $\gamma_{12} = \gamma_1 - \gamma_2$,这个经验性规律称为安东诺夫规则。例如,由于 Hg 与 H_2O 几乎完全不互溶,所以在 293 K 时,Hg - H_2O 的界面张力可由表 14.1 给出的数据直接计算得到,为 0.4136 N·m^{-1}。

二、表面吉布斯自由能

1. 当有表面功时热力学的 4 个基本公式

通过本书上册的学习,我们知道,对于具有固定质量的组成可变的均相热力学系统,与吉布斯自由能 G 相关的基本公式为 $dG = -SdT + Vdp + \sum \mu_B dn_B$,这种形式的表达式共

有 4 个，它们均只适用于系统没有非膨胀功（即 $\delta W_f = 0$）的情况。从此式可知，系统的 G 是 T、p 和 n_B 的函数，而 T、p 是 G 的特征变量。其他 3 个热力学函数（U、H 和 A）亦分别是它们相应的特征变量及组成 n_B 的函数。

对于涉及相界面的系统，如包含液－气界面的溶液，实际上，溶液与界面区具有不可分割性，当系统本体的组成发生改变时，会引起相界面面积的改变（关于这一点，等学习了后面的表面吸附知识后，读者便会完全清楚），此时必然伴随有表面功产生，当相界面的面积有一个微小的变化 dS_A 时，表面功亦是微小量，即 γdS_A。表面功是非膨胀功，故热力学的 4 个基本公式应当进一步修正为（应当特别注意，式中 S 是熵函数，而 S_A 表示表面积，二者不可混淆。）

$$dU = TdS - pdV + \sum \mu_B dn_B + \gamma dS_A \tag{14.4}$$

$$dH = TdS + Vdp + \sum \mu_B dn_B + \gamma dS_A \tag{14.5}$$

$$dA = -SdT - pdV + \sum \mu_B dn_B + \gamma dS_A \tag{14.6}$$

$$dG = -SdT + Vdp + \sum \mu_B dn_B + \gamma dS_A \tag{14.7}$$

从上述关系式，可以推得

$$\gamma = \left(\frac{\partial U}{\partial S_A}\right)_{S,V,n_B} = \left(\frac{\partial H}{\partial S_A}\right)_{S,p,n_B} = \left(\frac{\partial A}{\partial S_A}\right)_{T,V,n_B} = \left(\frac{\partial G}{\partial S_A}\right)_{T,p,n_B} \tag{14.8}$$

从式（14.8）可以看出，在保持相应特征变量及组成不变的情况下，系统增加单位表面积所导致的系统相应热力学函数的增值是等价的，这些增值分别称为比表面热力学能、焓、亥姆霍兹自由能和吉布斯自由能，这是比表面能的广义含义。在狭义上，可将与吉布斯自由能相关的偏微商定义为比表面能，即把 γ 称作比表面吉布斯自由能，简称比表面自由能，单位是 $J \cdot m^{-2}$。

2. 表面张力与比表面吉布斯自由能的区别与联系

从前面的阐述可知，表面张力和比表面吉布斯自由能是分别从力学和热力学的角度讨论同一表面现象时所采用的物理量，两者使用同一符号表达，它们的数值相同，量纲亦相同。但是，它们的物理意义不同，单位亦不相同。

3. γ——一个具有重要意义的状态函数

对照式（14.3）与式（14.8），可见，由式（14.3）过渡到式（14.8），实际是将与途径有关的量（δW_f）替换成了吉布斯自由能的增量（dG），即是将 δW_f 替换成了状态函数的改变量，也即

$$\gamma = \frac{dG}{dS_A}$$

因此,γ 是一个特定的热力学函数。对于 G 适用的关系式同样适用于 γ,例如:

$$G^s = \gamma = H^s - TS^s$$

$$\left(\frac{\partial G^s}{\partial p}\right)_T = \left(\frac{\partial \gamma}{\partial p}\right)_T = V^s$$

应当注意的是,将 γ 写成 G^s 主要是强调,γ 是由表面引起的每单位表面积的额外吉布斯自由能。

三、比表面积

1. 比表面积的定义

在第 13 章曾经提及比表面积的概念,但并未给出其定义,更未对这一概念的意义进行描述。

对于固态物质或液态物质,比表面积有两种常用的定义形式。一种是单位质量的物质所具有的表面积;另一种是单位体积的物质所具有的表面积。即

$$S_w = \frac{S_A}{w}, \quad S_V = \frac{S_A}{V}$$

式中,w 和 V 分别为物质的总质量和总体积;S_A 为物质的总表面积。比表面积是衡量催化剂和催化材料性能的一种重要数据。对于液体物质和非孔固体材料,比表面积可用来表征物质的分散程度。目前,测定固体物质比表面积的常用方法是 BET 法,该方法的原理将在本章后面进行介绍。

2. 分散度与物质比表面积的关系

下面以一个例题说明。

例 14.2   将半径为 r 的球形大液滴分割成半径 $r_1 = \frac{r}{10}$ 的小液滴,试求分割后液滴的总表面积与原液滴的表面积之比。

解: 球形大液滴的表面积为

$$S_A = 4\pi r^2$$

分割前后,液滴的总体积不变,即

$$V = \frac{4}{3}\pi r^3$$

分割后,小液滴的数目为

$$n_1 = \frac{\frac{4}{3}\pi r^3}{\frac{4}{3}\pi r_1^3} = 1000$$

分割后,小液滴的总表面积为

$$S_{A,1} = n_1 4\pi r_1^2 = 1000 \times 4\pi \left(\frac{r}{10}\right)^2 = 10 \times 4\pi r^2$$

因此有

$$\frac{S_{A,1}}{S_A} = \frac{10 \times 4\pi r^2}{4\pi r^2} = 10$$

若将半径为 r 的球形大液滴分割成半径为 $r_n = \dfrac{r}{10^n}$ 的小液滴,则

$$\frac{S_{A,n}}{S_A} = 10^n$$

由此可见,一定体积的物质,分割得越细小,分散度越高,表面积越大,其比表面积也必然越大。

四、表面张力与温度的关系

基于热力学的基本关系式(14.7),因为 γ 和熵 S 均为状态函数,在恒压且组成不变的条件下,吉布斯自由能 G 则仅仅是温度 T 和表面积 S_A 的函数,基于麦克斯韦关系式,则

$$\left(\frac{\partial \gamma}{\partial T}\right)_{S_A, p, n_B} = -\left(\frac{\partial S}{\partial S_A}\right)_{T, p, n_B} \tag{14.9}$$

上述等式的右边是负值,这是因为在恒温恒压且组成不变的条件下,表面积越大,则系统的分散程度越高,熵值也越大。因此,等式左边也必定是负值,即表面张力 γ 随温度升高而降低。

关于表面张力 γ 随温度变化的定量关系,曾提出过一些经验式,有代表性的是下式:

$$\gamma V_m^{\frac{2}{3}} = k(T_c - T - 6.0) \tag{14.10}$$

式中,V_m 为液体的摩尔体积;k 为普适常数;T_c 为临界温度。

当温度升高时,大多数的液体的表面张力减小。但是也有例外,例如少数金属熔体的表面张力随温度的升高而增大。

14.3 弯曲液面的性质和亚稳态

一、弯曲液面的附加压力

1. 球形液面的附加压力及其计算形式

由于存在表面张力,液体有缩小比表面积、降低其能量的趋势。如果液面是弯曲的,这种紧缩趋势将对弯曲液面产生压力,称为附加压力,用 p' 表示。附加压力的方向总是指向弯曲液面的球心。显然,凸液面的附加压力指向液体内部,而凹液面的附加压力指向气相。

如图 14.3 所示,毛细管内有一活塞,其质量忽略不计,在毛细管的底端形成半径为 r 的小液滴,达到平衡时,液滴内的压力 $p_内$ 等于外压 p_0 加上附加压力 p',即

$$p_内 = p_0 + p'$$

或

$$p' = p_内 - p_0$$

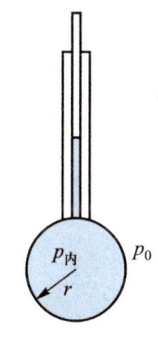

图 14.3　液体附加压力的实验

在活塞上方,除了外压 p_0,需要施加额外的压力,以克服附加压力 p' 而对液滴做功。在恒温条件下,将活塞向下移动微小的距离,毛细管内液体的体积减小 dV,相应地,液滴体积可逆地增加 dV,其表面积可逆地增加 dS_A,此过程环境通过下移活塞所消耗的功等于系统增加的表面能,即

$$(p_内 - p_0)dV = p'dV = \gamma dS_A$$

也即

$$p' = \gamma \frac{dS_A}{dV} \tag{14.11}$$

球形液滴的外表面积 $S_A = 4\pi r^2$,则 $dS_A = 8\pi r dr$,球形液滴的体积 $V = 4/3\pi r^3$,则 $dV = 4\pi r^2 dr$,将 dS_A 和 dV 的表示式代入式(14.11),则有

$$p' = \frac{\gamma 8\pi r dr}{4\pi r^2 dr} = \frac{2\gamma}{r} \tag{14.12}$$

可以看出,附加压力 p' 与液滴的表面张力 γ 成正比,与液面的曲率半径 r 成反比,曲率越小,附加压力越大,附加压力的方向总是指向球心。如果是空气中的液泡,则有两个弯曲液面,曲率半径几乎相同,附加压力为相同曲率半径的液滴的 2 倍,即

$$p' = \frac{4\gamma}{r}$$

*2. 杨 – 拉普拉斯公式

由于杨(T. Young,英国人,1773—1829)和拉普拉斯(P. S. marquis de Laplace,法国人,1749—1827)的贡献,诞生了杨 – 拉普拉斯(Young-Laplace)公式。该公式给出了附加压力与弯曲液面的曲率之间的一般关系,其简要的推导过程如下。

在任意弯曲液面上取小矩形 $ABCD$,其面积为 xy。曲面边缘 AB 和 BC 弧的曲率半径分别为 R_1'、R_2'。作曲面的两个相互垂直的正截面,交线 OZ 为 O 点的法线。若曲面沿法线方向移动 dz,曲面扩大到 $A'B'C'D'$,则 x 与 y 各增加 dx 和 dy(图 14.4)。

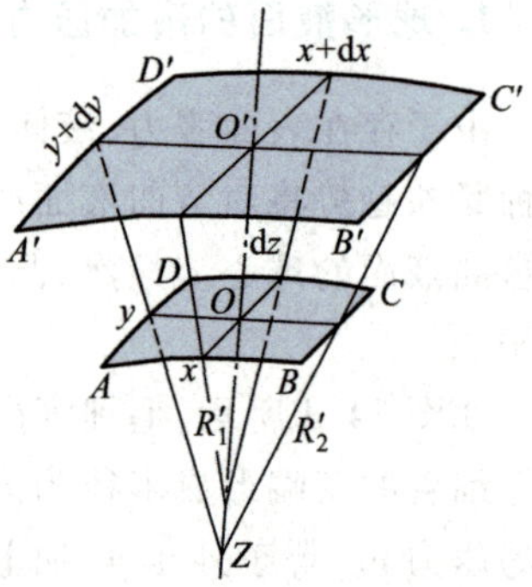

移动后曲面面积增量为

$$dS_A = (x + dx)(y + dy) - xy = xdy + ydx + dydx$$

图 14.4 推导杨 – 拉普拉斯公式时涉及的液体曲面示意图

因为 $dydx \approx 0$,所以表面积增加所需要的功为

$$W_f = \gamma dS_A = \gamma(xdy + ydx)$$

克服附加压力需做功为

$$W_e = p'dV = p'xydz$$

因为 $W_f = W_e$,所以

$$\gamma(xdy + ydx) = p'xydz \qquad (14.13)$$

由相似三角形,可得

$$\frac{x + dx}{R_2' + dz} = \frac{x}{R_2'}, \quad \frac{y + dy}{R_1' + dz} = \frac{y}{R_1'}$$

即

$$dx = \frac{x}{R_2'}dz, \quad dy = \frac{y}{R_1'}dz \qquad (14.14)$$

将式(14.14)代入式(14.13),可得

$$p' = \gamma\left(\frac{1}{R_1'} + \frac{1}{R_2'}\right) \qquad (14.15)$$

若曲面为球形,$R_1' = R_2' = r$,则式(14.15)变为式(14.12),这两个公式均称为杨 – 拉普拉斯公式。其中,式(14.15)是杨 – 拉普拉斯公式的一般形式,而式(14.12)是杨 – 拉普拉斯公式的特殊形式。

例 14.3 已知在 20 ℃ 时水的表面张力为 0.0728 N·m^{-1},计算直径为 1×10^{-5} cm 的小水滴及气泡的附加压力。

解:小液滴内部的附加压力为

$$p' = 2\gamma/r = \left[2 \times 0.0728/(0.5 \times 10^{-7}) \right] \text{ Pa} = 2.91 \times 10^{6} \text{ Pa}$$

气泡内部的附加压力为

$$p' = 2 \times 2\gamma/r = \left[2 \times 2 \times 0.0728/(0.5 \times 10^{-7}) \right] \text{ Pa} = 5.82 \times 10^{6} \text{ Pa}$$

3. 毛细管现象

如果将毛细管插入液体中,由于表面张力的作用,液面将上升或下降,液面上升或下降与液体能否润湿毛细管管壁有关。由附加压力引起的液面在管内外的高度具有差异,这即是毛细管现象。

图 14.5 为玻璃毛细管插入水中所导致液面变化的示意图。大气压为 p,毛细管半径为 R,管内液面的曲率半径为 r,管内水柱的高度为 h,达到平衡时管内液体产生的净压力与弯曲液面的附加压力相等,即

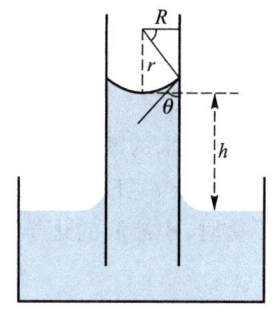

图 14.5 细玻璃管插入水中导致液面变化的示意图

$$p' = \Delta\rho g h = \frac{2\gamma}{r} \tag{14.16}$$

式中,$r = R/\cos\theta$;$\Delta\rho = \rho_{水} - \rho_{空气}$;$\theta$ 为液 – 气界面与固 – 液界面之间的夹角,即接触角。由于液体的密度远大于气体的密度,气体密度可忽略,因此式(14.16)可写为

$$h = \frac{2\gamma\cos\theta}{\rho g R} \tag{14.17}$$

如果液体不能润湿毛细管壁,即液体与管壁之间为非亲和性的,则毛细管内液面发生下降,下降的高度也可用式(14.17)计算,这时计算出的 h 为负值。

例 14.4 汞对玻璃表面完全不润湿,如果将直径为 2 mm 的玻璃毛细管插入盛有足量汞的烧杯内,计算毛细管内汞液面的相对位置。已知汞的密度为 1.35×10^{4} kg·m^{3},表面张力为 0.520 N·m^{-1}。

解:完全不润湿,接触角为 180°,根据式(14.17),则

$$h = \frac{2\gamma\cos180°}{\rho g R} = \frac{2 \times 0.520 \times (-1)}{1.35 \times 10^{4} \times 9.81 \times 1 \times 10^{-3}} \text{ m} = -7.85 \times 10^{-3} \text{ m}$$

二、弯曲液体的饱和蒸气压

弯曲液面使液体具有附加压力,导致液体的性质随曲率半径而变化。例如,在外压 p_0 时,平面水所受到的压力等于外压 p_0,而小水滴所受压力等于外压 p_0 加上弯曲液面的附加压力,这势必导致在相同温度时小液滴比平面液体具有更大的饱和蒸气压。

在定温条件下,将 1 mol 液态水分散成半径为 r 的小液滴,分散前后液体的总体积 V_m 不会改变。该过程的吉布斯自由能函数的变化值为

$$\Delta G_m = \mu_r - \mu = V_m \Delta p = V_m(p_0 + p' - p_0) = V_m p' \tag{14.18}$$

式中,μ_r 和 μ 分别为小液滴和平面水的化学势。将式(14.18)与附加压力的计算公式[即式(14.12)]联立,并经变换后得

$$\Delta G_m = \mu_r - \mu = \frac{2\gamma M}{r\rho} \tag{14.19}$$

式中,M 是水的摩尔质量;ρ 是水的密度。

在外压 p_0 下,平面水的饱和蒸气压为 p_0,设小液滴的饱和蒸气压为 p_r,则在液-气两相平衡时,小液滴的化学势和平面液体的化学势表达式分别为

$$\mu_r = \mu^\ominus + RT\ln\frac{p_r}{p^\ominus}, \quad \mu = \mu^\ominus + RT\ln\frac{p_0}{p^\ominus}$$

上述两式相减,得

$$\mu_r - \mu = RT\ln\frac{p_r}{p_0} \tag{14.20}$$

式(14.20)与式(14.19)联立,可得

$$RT\ln\frac{p_r}{p_0} = \frac{2\gamma M}{r\rho} \tag{14.21}$$

式(14.21)即为开尔文(Kelvin)公式。在温度和外压确定的条件下,液体的表面张力 γ 和密度 ρ 为固定值。应当明确的是,这里的 R 是摩尔气体常数,$M/\rho = V_m$,V_m 即为液体的摩尔体积。对于凸面液体,曲率半径 r 为正;对于凹面液体,曲率半径 r 为负。因此,从开尔文公式可知,液滴越小,其饱和蒸气压越大;对于液体中的气泡,界面是凹面,其内部的饱和蒸气压力小于平面液体的蒸气压,而且对于凹液面,半径越小,饱和蒸气压越小。

基于式(14.21),可以推出两种不同曲率半径的液滴或球状凹液面的蒸气压之比的计算形式,即

$$RT\ln\frac{p_1}{p_2} = \frac{2\gamma M}{\rho}\left(\frac{1}{r_1} - \frac{1}{r_2}\right) \tag{14.22}$$

开尔文公式可以解释很多现象。如过饱和水蒸气,如果水蒸气系统非常纯净,没有凝

结中心,虽然该水蒸气已对平面的水达到饱和,但要形成小液滴,则需要远高于平面水的蒸气压,此时蒸气压对于从无到有的极微小液滴而言很难达到饱和,这就是过饱和水蒸气存在的原因。在过饱和水蒸气中,一旦引入凝结中心,即会快速凝结,形成液态水,因为已经绕过了小液滴从无到有的极微小过程,这就是人工降雨的原理。对于液体的沸腾,由于在液体中的小气泡内,蒸气压小于平面液体的蒸气压,气泡越小,泡内的蒸气压越低。在沸点时,虽然平面水的饱和蒸气压等于外压,但在沸腾时,内部的气泡必然经历从无到有、从小变大的过程,而且液体本身存在压力,外压加上液体本身的压力要远高于液体内极微小气泡的蒸气压,致使气泡难以形成和逸出,从而形成过热液体,进而出现暴沸现象。通常在液体内加入沸石,可以避免暴沸现象的发生。因为沸石是多孔物质,当将沸石加入液体时,可带入具有一定曲率半径的空气泡,它作为沸腾中心,可避免液体出现过热。通常,空气在水中有一定溶解度,但随着温度升高其溶解度降低,会在内部形成气泡,从而可避免过热及暴沸现象。然而,有机溶剂溶解空气的能力较差,所以在蒸馏有机溶剂时需要加入沸石或进行快速搅拌,以避免形成过热液体而出现暴沸现象。

三、亚(介)稳状态

从上面的阐述可知,在洁净系统中,要形成一个新相是颇为困难的。由于新相难以产生,便会导致各种过饱和现象,如过热液体、过冷液体、过饱和蒸气、过饱和溶液等,这些即是亚稳状态,或称介稳状态。人工降雨,加沸石防止暴沸,金属的淬火与退火等,均与亚稳状态的形成与破坏有关。

> **例 14.5** 如果在水中仅有半径为 1×10^{-3} mm 的空气泡,计算在常压下,水的沸腾的温度。已知水在正常沸点时的表面张力为 0.0589 N·m^{-1},设该数值在沸点附近变化不大,摩尔汽化焓为 40.4 kJ·mol^{-1}。

解: 根据式(14.12),计算水中空气泡受到的附加压力为

$$p' = \frac{2\gamma}{r} = \frac{2 \times 0.0589}{1 \times 10^{-6}} \text{ Pa} = 1.18 \times 10^5 \text{ Pa}$$

基于克-克方程,即

$$\ln \frac{p_2}{p_1} = \frac{\Delta H}{R} \left(\frac{1}{T_1} - \frac{1}{T_2} \right)$$

代入数值,则有

$$\ln \frac{1.01 + 1.18}{1.01} = \frac{40400}{8.314} \left(\frac{1}{373} - \frac{1}{T_2} \right)$$

解得

$$T_2 = 396.6 \text{ K}$$

14.4 液体－液体界面的性质

一、液体的铺展

液体在另一液体的表面能否铺展,主要取决于液体自身的表面张力、另一液体的表面张力及两种液体之间的界面张力。图 14.6 是液体 1 在液体 2 表面上铺展的剖面示意图。在液体 1、2 和空气的三相相交处,有 $\gamma_{1,2}$、$\gamma_{1,空气}$、$\gamma_{2,空气}$ 三个表面张力的作用,如果 $\gamma_{2,空气} > \gamma_{1,2} + \gamma_{1,空气}$,则液体 1 可以在液体 2 上铺展开。通常,水与空气界面的张力远大于有机液体与空气界面的张力,因此大多数有机液体能够铺展在水的表面上。

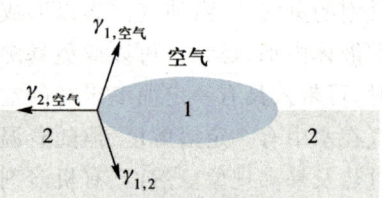

图 14.6　液体 1 在液体 2 表面上
铺展的剖面示意图

例 14.6　一个半径 $r = 2$ cm 的小圆柱形玻璃杯,里面盛有水银,将一滴水滴在水银表面上,问水能否在水银表面上铺展? 假定水能在水银表面上铺展,求铺展过程吉布斯自由能的改变值。已知 $\gamma_{汞,空气} = 0.483$ N $\cdot$ m^{-1},$\gamma_{水,空气} = 0.0728$ N $\cdot$ m^{-1},$\gamma_{汞,水} = 0.375$ N $\cdot$ m^{-1}。

解:由于 $\gamma_{汞,空气} > \gamma_{汞,水} + \gamma_{水,空气}$,水能够在水银表面铺展。因而,可以在汞面上覆盖水,以减少汞的挥发。

因为水在圆柱形玻璃杯的汞面上铺展,使汞－空气界面消失,产生了同样面积的汞－水界面和水－空气界面,所以铺展过程吉布斯自由能的改变值为

$$\Delta G = \gamma \Delta S_A = (\gamma_{汞,水} + \gamma_{水,空气} - \gamma_{汞,空气})\Delta S_A$$
$$= [(0.375 + 0.0728 - 0.483) \times \pi \times (2 \times 10^{-2})^2]J$$
$$= -4.42 \times 10^{-5} J$$

二、单分子表面膜(不溶性表面膜)

1774 年,富兰克林(B. Franklin,1706—1790)在其论文中提到,将 4.9 cm^3 的油脂放到水面上,可以迅速使起伏的水面平静下来,并令人吃惊地蔓延开来,使 2000 m^2 的水面像玻璃一样光滑。由于所形成的油膜厚度约为 2.5 nm,相当于一个分子层的厚度,因而这种膜被称为单分子表面膜。后来的研究表明,很多难溶性有机物均能在水面上形成单分子膜,故这种单分子表面膜又称不溶性表面膜。

通常,制作单分子表面膜是将成膜材料先溶解于适当的有机溶剂中形成铺展溶液,再将铺展溶液滴加到底液上面,待溶剂挥发之后,表面上即留下一层单分子表面膜。成膜材料的分子一般同时具有亲水和亲油基团,如碳链很长的直链醇或直链羧酸,它们在水中的溶解度极低。铺展溶液的溶剂要求较高,具体地,它要对成膜材料有良好的溶解性、在底液上易铺展,且易挥发并且密度小于底液。

在液体表面上形成单分子膜可以减缓液体的挥发,这一点,对于干旱地区具有重要实际意义。例如,在干旱缺水地区,可以在水库或池塘的水面上覆盖单分子膜,以减少水的蒸发。

需要注意的是,有些单分子膜的两亲性有机分子可呈紧密排列状,而有些并不呈紧密排列状。在 20 世纪初,朗缪尔(I. Langmuir,美国人,1881—1957,因在表面科学领域的突出贡献,荣获 1932 年的诺贝尔化学奖)通过实验认为,紧密的单分子表面膜的结构排列是,两亲性长链有机物(例如 $C_{14} \sim C_{18}$ 的脂肪酸)的亲水性基团朝向水,而其非极性的碳链竖直地指向空气。换言之,这种紧密排列的单分子膜即是定向排列的单分子膜。

在液体表面形成的定向排列的单分子膜还可用于测定分子的截面积和分子长度等分子结构参数,具体见例 14.7。

例 14.7 将硬脂酸的苯溶液(浓度为 $0.1 \ mg \cdot mL^{-1}$)逐滴滴加在面积为 $500 \ cm^2$ 的水面上,调整滴加速率为 20 s/滴,测量每滴溶液苯挥发所需的时间,发现挥发时间明显变长时所消耗的溶液体积为 1.06 mL,计算硬脂酸分子的截面积和分子长度。已知硬脂酸的相对分子质量为 284,密度为 $0.9408 \ g \cdot mL^{-1}$。

解:挥发时间明显变长,说明此时硬脂酸已在水面上形成定向排列的紧密单分子膜,与本章后面 14.7 节中图 14.14 所示的排列方式完全类似,则硬脂酸分子的截面积 σ 为

$$\sigma = \frac{S_A}{n \times 6.023 \times 10^{23}} = \frac{500 \times 10^{-4}}{\frac{1.06 \times 0.1 \times 10^{-3}}{284} \times 6.023 \times 10^{23}} \ m^2 = 2.22 \times 10^{-19} \ m^2$$

分子长度为

$$\delta = \frac{V}{S_A} = \frac{\frac{1.06 \times 0.1 \times 10^{-3}}{0.9408} \times 10^{-6}}{500 \times 10^{-4}} \ m = 2.25 \times 10^{-9} \ m$$

三、表面压

在液面上形成的不溶性单分子表面膜,会对无膜区域产生压力。例如,将两根完全相同的小细木棒平行地放置在干净的水面上,在两者之间的区域滴加 1~2 滴油酸,两根木棒会迅即被推向相反的方向。若在液面上有一轻薄的浮片,其长度是 L,其右侧始终是干

净的底液,当在浮片左侧的液面上形成不溶性表面膜时,由于成膜分子在液面上的运动,会对浮片施加推力,推动浮片向无膜区域发生移动。单位长度上的这种推力用 π 表示,即为表面压。表面膜对浮片所施加的推力是 πL。若膜推动浮片移动了 dx 的距离,则所做的功是 $\pi L dx$。设干净底液的比表面自由能是 γ_0,形成表面膜的比表面自由能为 γ,浮片移动使表面膜的面积增加了 $L dx$,故此系统的自由能减少值为 $(\gamma_0 - \gamma) L dx$,这亦是系统所做的功,即 $\pi L dx = (\gamma_0 - \gamma) L dx$,因此 $\pi = \gamma_0 - \gamma$。这说明表面压 π 的数值等于纯液体的表面张力与其表面上形成不溶性单分子膜后的表面张力之差。

原则上讲,任何测定表面张力的方法都可用来测定表面压 π,但最常用的方法是朗缪尔膜天平法(图 14.7)。

如图 14.7 所示,K 为盛满水的浅盘(浅盘预先涂有石蜡),AA 是云母浮片,悬挂在一根与扭力天平刻度盘相连的钢丝上,AA 的两端用极薄的铂箔与浅盘相连。XX 是可移动的边,用来清扫水面,并围挡表面膜,使膜具有一定的表面积。在 XXAA 内滴加油,当油在水面上铺展开时,可以在

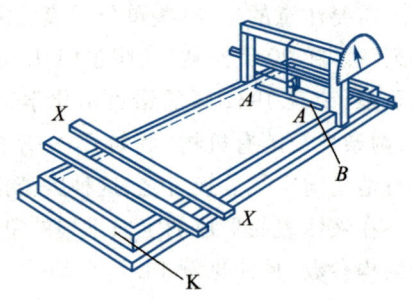

图 14.7   朗缪尔膜天平

扭力天平的刻度盘上读出表面膜施加在 AA 边上的推力,并由此得到表面压 π。该方法的灵敏程度比一般的测量表面张力的方法高一个数量级,可达 1×10^{-5} N·m^{-1}。

四、表面膜的若干应用简介

1. 辅助推定分子结构

由不同分子结构的物质所形成的膜状态不同,故作为一种辅助方法,可以利用朗缪尔膜天平测定出表面压 π 随 a(这里的 a 是指每个膜分子平均占据的表面积)变化的数据,来推定分子的结构。例如,鲛肝醇和鲨肝醇这两个二元醇分子便是利用它们的 $\pi - a$ 数据,并结合已知结构的相应二元酸分子表面膜的 $\pi - a$ 数据,推测出了它们的分子结构。

2. 测定成膜物质的相对分子质量

在低表面压时,成膜分子间距较大,即每个分子平均所拥有的面积较大,分子间的相互作用则较小,此时膜的行为类似于气体。当表面压 π 趋于 0 时,其状态方程可表示为

$$\lim_{\pi \to 0} \pi S_A = nRT \tag{14.23}$$

若以 πS_A 对 π 作图,并将所得图线外推至与纵轴相交,交点处的纵坐标值(即截距)即是 nRT。由此可求得成膜物质的物质的量 n。成膜物质的质量已知,这样,即可求得成膜物质的相对分子质量。

很多可形成单分子表面膜的蛋白质,可以采用此种方法测定其相对分子质量,测定结

果与渗透压方法的相一致。

3. 膜在化学反应中的作用

膜的化学作用主要包括两点：一是指成膜物质和与其接触的其他相物质之间发生的化学反应；二是指成膜物质对与膜接触的其他相物质发生反应时的其他化学作用，例如催化作用。

应当注意的是，有时膜在化学反应中的作用仅是物理作用。

与在液相本体的化学反应相比，在膜上进行的化学反应，其平衡位置会发生移动，虽然化学反应的标准热力学平衡常数与反应是否在膜上进行无关。不过，膜的表面电荷、亲－疏水性会造成对反应物或产物的吸附作用不同，引起物质的表面浓度与体相浓度有较大差异，导致化学平衡的位置发生移动。这就使造成了一些在溶液本体中无法进行的反应，有可能在膜表面进行。

*14.5 其他表面膜及膜反应器

一、大分子膜和双分子层膜

大分子化合物（包括蛋白质）亦可以在液体表面成膜。由于大分子的分子链很长，分子间相互作用力强，会使一些能溶于系统中某一液相的大分子在两液相界面上形成稳定的膜。例如，能溶于水的聚乙烯醇和聚丙烯酸均可在油－水界面上形成能够稳定存在的膜。

一般，生物体内的界面都是油－水型的，故许多有关蛋白质膜的研究工作是在生物体外借助油－水界面而开展的。

那么，什么是双分子层膜呢？若在水溶液中安放一块开有小孔的疏水性隔板，则脂质（又称脂类，是脂肪及类脂的总称）分子会自动在孔内形成一个双分子层膜，也称双层脂质膜。因为生物膜的骨架是类脂双分子膜，故双层脂质膜为生命过程的模拟提供了一个重要平台。

不过，生命系统中的重要过程均是在各种生物膜上实现的，若脱离了真实生物膜的特定环境，许多过程则难以进行。由于生命系统十分奥秘，人们迄今并未完全掌握生物膜的作用特性。因此，通过各种技术制备人工生物膜，并探究膜的功能，乃是当今化学和生物化学工作者的重要工作之一。

有关生物膜的相关知识，读者可参阅有关专著。

二、L－B膜

20 世纪 20 年代，朗缪尔将水面上定向排列的不溶性单分子膜转移至固体基质板上。

30 年代,朗缪尔的学生布洛特(K. B. Blodgett,美国人,1898—1979)将此项工作发展成为定向排列的多分子层结构的膜,这种膜称为 L-B 膜,亦称组装膜。

L-B 膜的特征是:(1) 具有高度各向异性的层结构;(2) 具有较高规整度的分子排列;(3) 具有纳米尺寸厚度的薄膜,而且厚度可控。

L-B 膜的组装是通过将一块固体基质板在已形成定向排列的不溶性单分子膜(参考后面的图 14.14)的液体中多次浸拉而完成的。通过如下不同的浸拉方式,可组装成不同结构形式的 L-B 膜。

(1) 将固体基质板从含有紧密排列的单分子膜的区域浸入,然后从无膜区域拉出,如此反复多次,即完成 L-B 膜的组装。由于从有膜区域浸入时,单分子层的憎水基部分与基质板接触并粘在板表面,当拉出时,液体表面的单分子膜即已转移至板上。如此反复浸拉后,便在基质板上组装成板-尾-头-尾-头型 L-B 膜。其中,头是指亲水基,尾是指憎水基部分的端部,下同。

(2) 将固体基质板从有膜区域浸入,再从有膜区域拉出,如此反复浸拉多次,便可在基质板上组装成板-尾-头-头-尾型 L-B 膜。

(3) 将固体基质板从无膜区域浸入,然后从有膜区域拉出,如此反复浸拉多次,可在基质板上组装成板-头-尾-头-尾型 L-B 膜。

上述 3 种 L-B 膜类型,请读者自己绘制出其结构性示意图。

由于 L-B 膜的构建提供了在分子水平上控制排列方式的手段,这使得根据需要组建分子的聚集体成为可能,进而为制备实用的分子电子器件、非线性光学器件、光电器件和仿生器件等开辟了新天地。目前,世界各国对于 L-B 膜的研究均极为重视。

三、膜反应器

依据膜作用的特性与优点,目前已开发出多种实用的无机膜和有机膜反应器。若按膜是否具有催化性能,可分为催化膜和惰性膜反应器;若按膜的渗透性能,可分为选择性渗透膜和非选择性渗透膜反应器。膜反应器具有突出优势,例如,采用多孔玻璃复合膜进行乙烷脱氢反应,原料气和吹扫气在膜两侧同向流动,在 390 ℃时,乙烷转化率比平衡转化率高 7 倍。

14.6   固体-液体界面

在固体表面滴加某些液体,液体可以在固体表面铺展,并形成固体-液体界面,同时,原来的固体-空气表面消失,这是液体对固体的润湿过程。在自然界,润湿过程广泛存在,而且与动、植物的水分及各种养分的吸收密切相关。此外,润湿过程还广泛地应用于润滑、洗涤、印染、采油、材料制备等领域。

读者可以仔细想一想,润湿是不是有以下 3 种情况?即黏湿、浸湿和铺展。应当注意的是,这里的润湿与后面所述的液体能否对固体发生润湿,两者意义并不完全相同。

在固体表面,液体取代气体,但液体又不能完全展开的过程称为黏湿;固体浸入液体的过程称为浸湿;铺展则是液体在固体表面形成薄层的过程。液体在固体表面的接触角 θ 的大小可衡量液体对固体表面的润湿情况。具体如下:液体在固体表面的接触角 $90° < \theta \leqslant 180°$,即发生黏湿;接触角 $0° < \theta \leqslant 90°$,可发生浸湿;铺展则要求接触角 $\theta \approx 0°$。显然,铺展要求最高。换言之,如果液体在固体表面能够铺展,则该液体也必然能够黏湿和浸湿该固体表面。

接触角 θ 的概念将在本节后面进行介绍。

一、黏湿功(work of adhesion)

设单位表面积的液体与单位表面积的固体相接触,发生如图 14.8 所示的黏湿过程。原来的固－气和液－气表面(皆为单位面积)均消失,并形成了单位面积的固－液界面。该过程的吉布斯自由能变化值 ΔG 为

$$\Delta G = \gamma_{s-l} - \gamma_{l-g} - \gamma_{s-g} = W_a \quad (14.24)$$

在等温等压可逆条件下,单位面积的液面与固体表面黏湿时对外所做的功是最大功,等于吉布斯自由能变化值,该最大功用 W_a 表示,即为黏湿功,它是液体黏湿固体的一种量度。$W_a < 0$,则液体能够黏湿固体;黏湿功越大,表明液体越能黏湿固体,液－固结合得越牢。例如,农药在植物叶面上的附着强度,即取决于黏湿功的大小。

应当注意的是,在上面的叙述中,黏湿功 W_a 的大小均是指其绝对值。

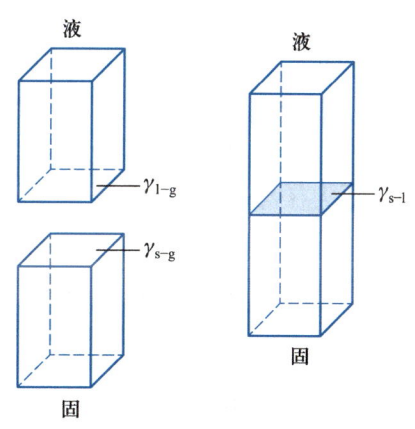

图 14.8 液体在固体上的黏湿过程示意图

二、浸湿功(work of immersion)

在等温等压的可逆条件下,将具有单位表面积的固体浸入液体中,原来的固－气表面消失,转化成了单位面积的固－液界面(图 14.9)。该过程的功定义为浸湿功,用 W_i 表示。该过程的吉布斯自由能变化值 ΔG 为

$$\Delta G = \gamma_{s-l} - \gamma_{s-g} = W_i \quad (14.25)$$

显然,该过程的吉布斯自由能变化值等于浸湿功。如果 $W_i \leqslant 0$,则表明液体能够浸湿固体表面。

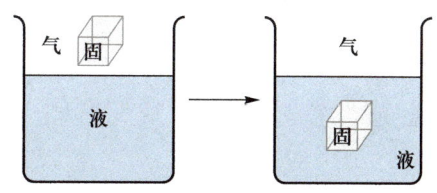

图 14.9 固体在液体中的浸湿过程示意图

三、铺展系数(spreading coefficient)

如图 14.10 所示,在等温等压条件下,当液体滴加到固体表面后,如果最终形成了单位面积的固-液界面,用 ab 表示,同时形成同样面积的液-气表面,而且使同样面积的固-气表面消失,则该过程的吉布斯自由能变化值 ΔG 为

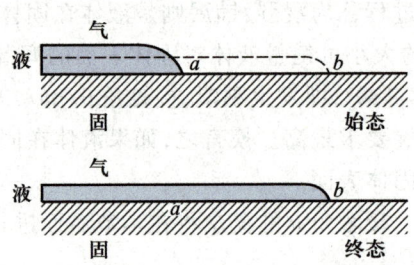

图 14.10   液体在固体表面的铺展

$$\Delta G = \gamma_{s-l} + \gamma_{l-g} - \gamma_{s-g}$$

将 ΔG 的减少(即 $-\Delta G$)定义为铺展系数 S,则

$$S = -\Delta G = \gamma_{s-g} - \gamma_{s-l} - \gamma_{l-g} \tag{14.26}$$

若 $S \geq 0$,即 $\Delta G \leq 0$,则液体能够在固体表面铺展开。例如,将农药喷洒在植物叶面上时,若铺展系数越大,则药液在叶面上的铺展性越好,农药喷洒的效果越好。

这里有个问题值得读者去思考。因为,目前只有液-气表面张力 γ_{l-g} 可以直接由实验测定,而其他表面张力如 γ_{s-l}、γ_{s-g} 等均不能由实验直接测定。但是,在式(14.24)、式(14.25)和式(14.26)中,除了 γ_{l-g} 外,还包含了不能由实验测定的表面张力 γ_{s-l} 和 γ_{s-g},那么这些式子及所定义的黏湿功 W_a、浸湿功 W_i 和铺展系数 S 有什么意义呢?

四、接触角(contact angle)

在固体表面上,滴加小液滴,小液滴会呈现两种形态,如图 14.11 所示。在气、液、固三相交界点 O 处,液-气(l-g)与固-液(s-l)界面张力之间的夹角称为接触角,通常用 θ 表示。

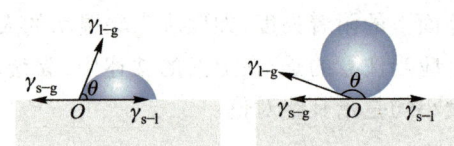

图 14.11   接触角与界面张力的关系

由图 14.11 中左侧的图可见,在交点 O 处,有三个方向的表面张力。显然,这三个作用力都有缩小各自表面积的趋势。在水平方向上的合力决定了 O 点的移动方向,如果合力方向指向左面,则液滴铺展;反之液滴收缩。达到平衡时,合力为零,即

$$\gamma_{s-g} - \gamma_{s-l} - \gamma_{l-g}\cos\theta = 0$$

变换,得

$$\cos\theta = \frac{\gamma_{s-g} - \gamma_{s-l}}{\gamma_{l-g}} \tag{14.27}$$

式(14.27)最早是由杨(T. Young)推导出来的,因此也称为杨氏润湿方程。接触角的大小反映了液体对固体表面的润湿性能,是衡量液体对固体表面润湿程度的重要参数。通常以 90° 为分界线,若接触角大于 90°,说明液体不能润湿固体,如汞在玻璃表面上的情形;若接触角小于 90°,则液体能够润湿固体,如水在洁净玻璃表面上的情形;如果接触角为 0°,则为完全润湿;如果接触角为 180°,则为完全不润湿。

应当指出的是,接触角是可以由实验直接测量的。

基于式(14.24)、式(14.25)和式(14.26),并结合式(14.27),可得由接触角 θ 和 γ_{l-g} 计算黏湿功、浸湿功和铺展系数的关系式:

$$W_a = -\gamma_{l-g}(\cos\theta + 1) \tag{14.28}$$

$$W_i = -\gamma_{l-g}\cos\theta \tag{14.29}$$

$$S = \gamma_{l-g}(\cos\theta - 1) \tag{14.30}$$

现在,你对前面提出的那个问题清楚了吗?

14.7 表面活性物质和表面活性剂

一、溶液的表面吸附现象

由于受到溶质分子的影响,溶液的表面张力与纯溶剂的表面张力相比有差别,如图 14.12 所示。

如果溶质分子与溶剂分子的作用力强于溶剂分子间的作用力,则使溶质分子更多地进入溶液本体,造成表面的溶质分子的浓度低于本体浓度,并且溶液的表面张力升高。溶质分子在表面与在本体中浓度不同的现象称为"溶液的表面吸附"。对于表面浓度降低的,称为"负吸附",发生负吸附的溶质主要为无机盐、无机酸、无机碱等,这类物质称为非表面活性物质。该类物质的浓度与溶液表面张力之间的关系如图 14.12 中曲

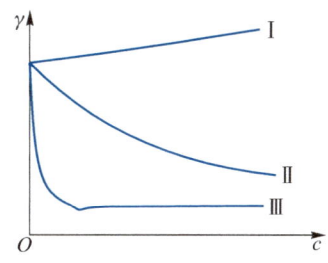

图 14.12 不同类型溶质的溶液浓度与表面张力之间的关系

线 I 所示,即表面张力随溶质浓度升高而缓慢增大,这是因为溶质的离子极易溶剂化,欲将这些高度溶剂化的物质转移至表面,亦即当增加单位表面积时,则需要相当大的能量,其中包括克服静电作用所消耗的能量。

另一种情况是,溶质分子与溶剂分子的作用力小于溶剂分子间的作用力,这将导致溶质分子更多地留在溶液表面,并且溶液的表面张力减小。醇、醛、羧酸、酯、胺等有机物溶于水,溶质在表面富集,发生正吸附,并使溶液的表面张力下降,其浓度与表面张力之间的

关系如图 14.12 中曲线 Ⅱ 所示。这类溶质称为表面活性物质。

特劳贝(Traube)的研究表明,同一种表面活性物质在低浓度时,表面张力的降低与浓度成正比;不同的有机羧酸同系物,在相同的浓度时,每增加一个 CH_2,其表面张力降低效应平均增加 3.2 倍左右,这是所谓的特劳贝规则(见图 14.13)。

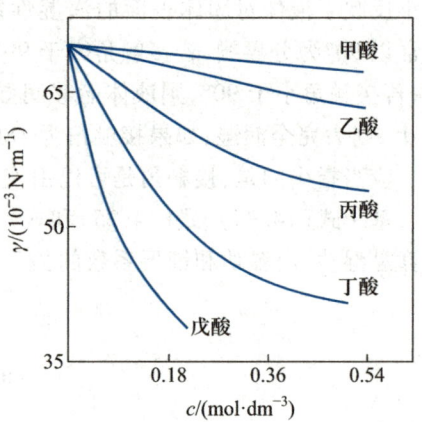

图 14.13 短链脂肪酸水溶液的表面张力与浓度关系

对于图 14.12 中的第 Ⅱ 类曲线,表面张力与浓度的关系可用希仕科夫斯基(Szyszkowski)提出的经验公式描述,即

$$\frac{\gamma_0 - \gamma}{\gamma_0} = b\ln\left(\frac{c/c^\ominus}{a} + 1\right) \quad (14.31)$$

式中,γ_0 和 γ 分别为溶剂和溶液的表面张力;$c^\ominus$ 为标准浓度,即 $1\ mol \cdot L^{-1}$;a 为溶质的特性常数,不同的溶质其值不同;b 为有机化合物同系物的特性经验常数,对于有机同系物,有大致相同的数值。对数 $\ln(1+x)$ 展开成级数形式为

$$\ln(1+x) = x - \frac{1}{2}x^2 + \frac{1}{3}x^3 - \cdots$$

当 x 很小时,可略去高次项,因此有

$$\ln(1+x) = x$$

比照上述数学处理及结果,对于式(14.31),当浓度 c 很低时,则可转换为

$$\frac{\gamma_0 - \gamma}{\gamma_0} = b\frac{c/c_0}{a} = kc \quad (14.32)$$

即

$$\gamma_0 - \gamma = Kc$$

显然,这与特劳贝规则一致。

第三种情况是,物质浓度与溶液表面张力之间的关系如图 14.12 中曲线 Ⅲ 所示,即很低的浓度就可以引起表面张力的迅速下降。对应这种情况的物质,则是所谓的表面活性剂。表面活性剂一般具有双亲性的结构特点,既有疏水端,又有亲水端。如长链硬脂酸钠,其疏水端为烷基,亲水端为羧酸根离子。亲水端趋向于进入溶液,而疏水端趋向于脱离溶液进入空气,因此有很大趋势存在于液 - 气表面处,即在表面上发生富集。

二、吉布斯吸附公式

由于表面吸附现象的存在,导致溶液的表面浓度和本体不一致,这种差别称为表面吸附或表面过剩。1878年,吉布斯应用热力学方法,导出了表面过剩 Γ 的计算公式(具体推导过程,见本章后面的附录)为

$$\Gamma = -\frac{c}{RT} \cdot \frac{\mathrm{d}\gamma}{\mathrm{d}c} \tag{14.33}$$

式(14.33)即是吉布斯吸附公式。式中,c 为溶液本体浓度;γ 是溶液的表面张力。表面过剩 Γ 的定义是,在单位面积的表面层中所含溶质的物质的量与具有相同数量溶剂的溶液本体中所含溶质的物质的量之差值。

如果表面张力随溶质的浓度增大而增大,即 $\mathrm{d}\gamma/\mathrm{d}c > 0$,则表面过剩 Γ 为负值,此时发生负吸附,如含无机矿物质的水。如果溶质浓度增大而表面张力减小,即 $\mathrm{d}\gamma/\mathrm{d}c < 0$,则此时发生正吸附,即溶质在表面层的浓度高于本体浓度,表面过剩 Γ 为正值,如表面活性剂的水溶液。

在使用吉布斯吸附公式时,需要 $\mathrm{d}\gamma/\mathrm{d}c$ 的具体值,一般可通过两种方式获得。(1)实验测定。测定不同浓度 c 时的表面张力 γ,以 γ 对 c 作图,然后通过作切线求出某浓度下的 $\mathrm{d}\gamma/\mathrm{d}c$ 值。(2)通过归纳,得出表面张力与浓度的关系式,然后通过求导,得到 $\mathrm{d}\gamma/\mathrm{d}c$ 的值。长链脂肪酸、脂肪醇等水溶液的表面张力与浓度的定量关系前人已经得到,可供使用。

对于两亲性的脂肪酸,当在水中的浓度达到一定数值后,它在表面层中的表面过剩为一定值,该值与本体浓度无关,并且与它的碳氢链的长度也无关,因此认为,此时脂肪酸分子在表面已经形成饱和的单分子层排列方式,这种排列必然是,极性的羧基朝向水而非极性的碳链竖直地指向空气的紧密排列,如图14.14所示,这种结构形式又称定向的表面单分子层结构。当然,这种结构形式是一种理想的情况,实际情况与此并不完全吻合。

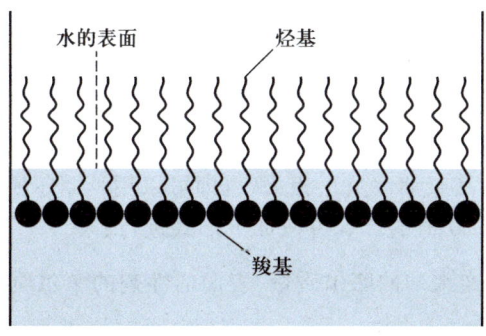

图14.14 脂肪酸分子在水溶液表面达到饱和吸附时的定向排列

当达到饱和吸附时,按照表面过剩定义式,减数部分与被减数部分相比,可以忽略,因此此时表面过剩(用 Γ^∞ 表示)近似于单位面积的表面层中有机酸分子的物质的量。

据此,可以计算长链有机酸分子的截面积(σ),即

$$\sigma = 1/(L\Gamma^\infty) \tag{14.34}$$

式中,L 为阿伏伽德罗常数;Γ^∞ 是当达到饱和吸附时的表面过剩。

三、表面活性剂

前面已对表面活性剂作了定义。所谓表面活性剂,即是加入很少的量就能使溶液表面张力急剧下降的物质。

通常情况下,表面活性剂是含有亲水的极性基团和憎水的非极性碳链或碳环的双亲性有机化合物。

按照化学结构来划分,表面活性剂分为离子型表面活性剂和非离子型表面活性剂两大类。离子型表面活性剂又分为阳离子型、阴离子型和两性型表面活性剂。阳离子型表面活性剂的典型代表是季铵盐;阴离子型表面活性剂主要有羧酸盐、硫酸酯盐、磺酸盐、磷酸酯盐;两性型表面活性剂主要有氨基酸型和甜菜碱型。阴离子型表面活性剂与阳离子型表面活性剂一般不能混用,因为它们之间容易生成沉淀,从而失去表面活性作用。非离子型表面活性剂主要有聚氧乙烯型和多元醇型。

1. 表面活性剂的效率和有效值

使水的表面张力明显降低所需要的表面活性剂的浓度称为表面活性剂的效率。显然,所需浓度越低,表面活性剂的性能越好,效率越高。

能将水的表面张力降低到的最小值可以表征表面活性剂的能力,这个最小值又称表面活性剂的有效值。

表面活性剂的效率与有效值在数值上常常是相反的。例如,当憎水基的链长增加时,效率提高,而链长增至一定程度后,有效值则降低。

2. 表面活性剂的亲水和亲油性能

表面活性剂种类繁多,对于如何选择表面活性剂的问题,目前还缺乏有效的理论指导。格里芬(Griffin)提出了用亲水亲油性平衡(hydrophile-lipophile balance,HLB)值来表示表面活性剂的亲水性和亲油性的相对强弱。如果要比较的表面活性剂的亲油性基团均为烷基,则其碳链长度与其亲油性呈正相关,也即可以用其摩尔质量表示亲油性。对于非离子型表面活性剂,其 HLB 值的计算可按如下形式进行:

$$HLB = (亲水基的摩尔质量/表面活性剂的摩尔质量) \times 20$$

例如,完全亲水的聚乙二醇,其 HLB = 20,而完全疏水的石蜡,其 HLB = 0,非离子型表面活性剂按亲水性和亲油性的相对强弱,其 HLB 值为 0 ~ 20。

表面活性剂的 HLB 值越大,其亲水性越强;HLB 值越小,其亲油性越强;若 HLB 值在 10 左右,则其亲水亲油性能比较均衡。

若非离子型表面活性剂的 HLB 值在 2~6,则可作油包水(W/O)型乳状液的乳化剂;其 HLB 值在 8~10 可作润湿剂;其 HLB 值在 12~18 可作水包油(O/W)型乳状液的乳化剂,也可作洗涤剂或增溶剂(见表 14.2)。

表 14.2 非离子型表面活性剂的 HLB 值与性能对应关系

HLB 值	应用
2~6	W/O 乳化剂
8~10	润湿剂
12~14	洗涤剂,O/W 乳化剂
16~18	增溶剂,O/W 乳化剂

此外,戴维斯(Davies)提出,可以把表面活性剂分解成一些基团,每个基团对 HLB 值均有贡献,而且贡献值是确定的。据此,表面活性剂的 HLB 值计算形式为

$$HLB = 7 + \sum 亲水基的 HLB 值 - \sum 亲油基的 HLB 值$$

一些基团的 HLB 值列于表 14.3 中。

表 14.3 一些基团的 HLB 值

亲水基团	HLB 值	亲油基团	HLB 值
$—SO_4Na$	38.7	$—CH_2—$	0.475
—COOK	21.1	$—CH_3$	0.475
—COONa	19.1	$=CH—$	0.475
$—SO_3Na$	11	$—\overset{\mid}{\underset{\mid}{CH}}$	0.475
—COOH	2.1		
—OH(自由的)	1.9		
—O—	1.3		

例 14.8 利用表 14.3 中的数值,计算十二烷基磺酸钠的 HLB 值。

解:十二烷基磺酸钠由 1 个 $—SO_3Na$、1 个 $—CH_3$ 和 11 个 $—CH_2—$ 构成,因此

$$HLB = 7 + 11 - (0.475 + 11 \times 0.475) = 12.3$$

应当注意的是,虽然 HLB 值能够指导表面活性剂的选择,但是其计算还只是经验性的。

表面活性剂在水中的溶解度随着其亲水性的增强而增大。因而,表面活性剂的亲水亲油性亦可用其溶解度来衡量。离子型表面活性剂的溶解度随温度升高而缓慢升高,当到达一定温度后,其溶解度会迅速增加,该转变温度称为 Krafft 点。Krafft 点是离子型表面活性剂的特征值,它表示表面活性剂应用时的温度下限,只有当温度高于 Krafft 点时,表面活性剂才能更大程度地发挥作用。例如,十二烷基硫酸钠和十二烷基磺酸钠的 Krafft 点分别约为 8 ℃和 70 ℃,显然,后者在室温下的表面活性作用不够理想。

对于非离子型表面活性剂,如聚氧乙烯类,其亲水基为聚氧乙烯基,升高温度有可能破坏聚氧乙烯基与水的氢键结合,使溶解度下降,甚至有不溶物析出。发生混浊的最低温度称为浊点。浊点是非离子型表面活性剂的特征值,多数该类型表面活性剂的浊点在 70~100 ℃。聚氧乙烯是由环氧乙烷经开环聚合得到的高相对分子质量均聚物。当环氧乙烷的物质的量相同时,表面活性剂的碳氢链越长,浊点越低,亲油性越强;当碳氢链相同时,环氧乙烷的加成数越大,也即表面活性剂分子中氧乙烯基的数目越多,则浊点越高,亲水性越强。因而,可用浊点衡量非离子型表面活性剂的亲水亲油性。

3. 胶束与临界胶束浓度

表面活性剂是双亲性分子,能够在溶液的表面发生吸附而富集。当在溶液中的浓度逐渐增加并达到某一值时,则表面活性剂分子在表面形成定向排列的紧密单分子层。此时,在溶液内部,表面活性剂分子的疏水端也相互靠拢,三三两两地聚集在一起,形成聚集体,这种多分子聚集体称为胶束。随着浓度继续增大,大量的表面活性剂分子聚集在一起,形成不同形状的胶束(图 14.15)。常见的胶束形状有球状、层状和棒状。胶束的形态主要取决于表面活性剂分子的几何形状,特别是亲水、亲油端的截面积。表面活性剂的疏水基被包在胶束内部,亲水基在外与水分子接触,形成稳定的结构。

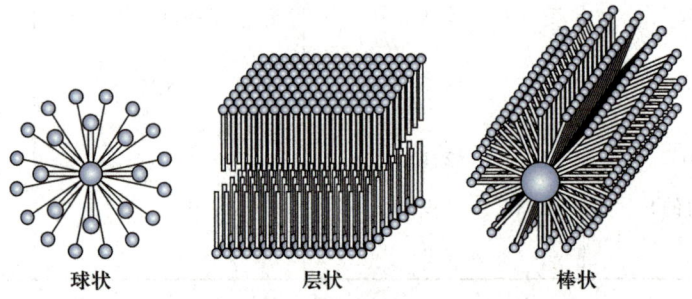

球状 　　　　　层状 　　　　　棒状

图 14.15　表面活性剂形成的不同形状的胶束

表面活性剂分子在溶液内开始形成胶束时的浓度,称为临界胶束浓度(简写为 CMC)。CMC 通常是一个浓度范围,在 CMC 范围前后,溶液性质会发生变化,例如,在表面张力对浓度的关系曲线上会出现转折(图 14.16)。若继续增大表面活性剂浓度,则表面张力不再降低,但溶液内部的胶束数量增多,体积增大。相应地,溶液的电导率、渗透压、去污能力等性质均在 CMC 范围前后发生明显转折。可以通过测量这些物理量随表面活性剂浓度的变化来测定临界胶束浓度。通常,表面活性剂的临界胶束浓度很小,为 $0.001 \sim 0.02\ \text{mol} \cdot \text{L}^{-1}$。

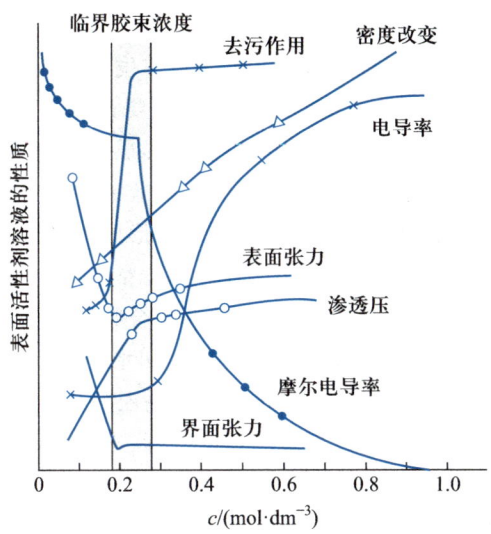

图 14.16　表面活性剂溶液的性质与浓度之间的关系

4. 表面活性剂的作用

（1）润湿作用及起泡作用。在生产或生活中，经常需要改变固体表面的性质，例如，把不润湿的表面变为亲水的，或者使表面变得疏水，这些都可以通过表面活性剂的作用实现。下面举一些例子予以说明。

例子一：很多时候，由于开采的矿石所含的有效矿物含量较低，冶炼前通常需要提高矿物的品位。具体做法是，先将粗矿石粉碎，加入盛水的浮选池中，再加入极性基团能与有效矿物发生作用的表面活性剂，有效矿物粒子被表面活性剂包围，其非极性基团朝外，形成憎水性界面。向池中加入发泡剂（发泡剂也是一种表面活性剂），并从池底鼓气，产生气泡，有效矿粉附着在气泡上，上升至浮选池表面，从而被收集，矿渣则留在池底，定期清除即可。这便是浮选法富集矿物的原理。

例子二：农药通常溶解于水形成水溶液后，再喷洒到植物的叶面上。然而，植物的叶面是蜡状的，水溶性药液并不能在其上面很好地铺展，而是极易在植物叶面上形成小液滴滑落到地面，这样会大大降低农药的喷洒效果。若在药液中加入少量的表面活性剂，则可以增强药液对叶面的润湿性，从而大大提高药剂在受药表面的附着性和最终沉积量。

例子三：对于棉布，纤维表面羟基的亲水作用使其很容易被水浸湿，不能够防雨。在采用表面活性剂处理棉布表面后，表面活性剂的极性基团与纤维表面的羟基作用，而非极性的憎水基团朝向空气，当棉布与雨水接触时，接触角变大，棉布表面即由亲水性转变为疏水性，由此便可起到防水作用。

（2）增溶作用。非极性的碳氢化合物，如烷烃、烯烃等在水中的溶解度非常小。在水中加入表面活性剂后，这些非极性化合物的溶解度增大；当表面活性剂的浓度达到临界胶束浓度时,非极性化合物的溶解度迅速增大。

增溶作用的大小通常与表面活性剂的临界胶束浓度呈负相关,临界胶束浓度越小,缔合数越大,增溶量就越高。表面活性剂的增溶作用主要是由于形成的胶束内部结构是非极性的,使非极性化合物易于结合在胶束内部,这是形成增溶现象的本质。当表面活性剂的浓度达到临界胶束浓度时,方能表现出显著的增溶效果。

非极性化合物被表面活性剂增溶后,从外观上看形成的系统与真溶液类似。但是,这类系统与真溶液必然有着本质上的差别,因为增溶后,整个系统的依数性并没有发生明显的变化。已经用现代表征技术证明,增溶的非极性化合物以"整团"形式存在于表面活性剂的胶束中,而不是以单个分子均匀地分散于溶剂(如水)中。

增溶作用的应用非常广泛。例如,采用肥皂或洗衣粉去除油污时,增溶起着重要作用;对于石油的二次开采,增溶作用是主要的性能指标;在人体内,脂肪的吸收需要胆汁的增溶才能顺利实现;等等。

（3）乳化作用及乳状液。所谓乳状液,是指两种互不相溶的液体经机械振荡后所形成的分散系统。这种分散系统的表面自由能很高,在热力学上是不稳定的。因此,要使乳状液能够较为稳定地存在,必须设法降低系统的表面自由能。常用的方法是加入作为乳化剂的表面活性剂,此即表面活性剂的乳化作用。乳化剂分子的一端亲水,另一端亲油。在乳状液中,乳化剂分子在水、油两相的界面定向排列,如图 14.17 所示,极性基团指向水,非极性基团指向油,从而降低表面张力,增加乳状液的稳定性。另外,乳化剂分子紧密地定向排列在油－水界面上,形成一层保护膜,阻止了水包油型乳状液中的油滴(或油包水型乳状液中的水滴)的自动聚集,使乳状液趋于稳定。乳状液相关内容将在第 17 章详细介绍。

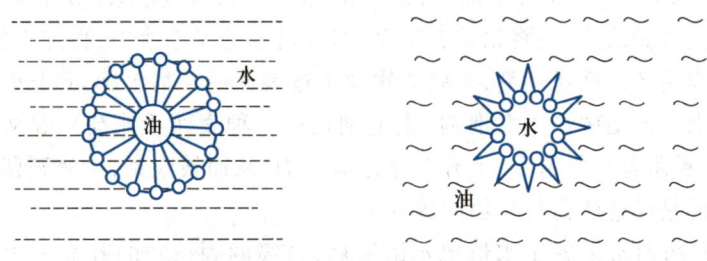

图 14.17　乳状液示意图

（4）洗涤作用。洗涤在现代生产和生活中应用广泛。洗涤过程是借助洗涤剂,将液体或固体污垢从某一固体表面清除的过程。在此过程中,使用洗涤剂以减弱污物与固体表面的附着作用,另外施以机械力搅动,使污垢与固体表面分离并悬浮于液体介质中,最后用水将污物冲走。

液体油污以铺展的油膜附着在物品表面,在洗涤时主要通过"卷缩机理"去除。当加入含有表面活性剂的水溶液后,由于具有低的表面张力,它能快速在物品表面铺展,润湿物品。原来铺展在物品表面的油膜逐渐卷缩成油珠,最后被冲洗而离开物品表面进入液相,继而被表面活性剂乳化并分散于洗涤液中。固体污垢的去除机理与液体污垢的去除机理不同,主要是因为固体污垢和液体污垢与固体表面的黏附性质不同。固体污垢在固体表面的黏附情况要复杂得多,主要靠分子间的吸附作用。在洗涤过程中,表面活性剂水溶液首先将固体污垢及物品的表面都润湿,表面活性剂分子吸附到固体污垢和物品表面上,由于表面活性剂形成的吸附层加大了污垢粒子与物品表面间的距离,从而削弱了它们之间的吸附作用。对于液体-固体复合型的污垢,其去除机理与固体污垢类似,表面活性剂降低污垢与固体表面的作用,从而可使污垢脱落。

目前在洗涤过程中,主要使用合成洗涤剂。合成洗涤剂的作用过程,包括污物从固体表面脱落,污物颗粒悬浮于溶液中。这就需要洗涤剂的成分满足如下要求:① 对固体表面具有良好的润湿性;② 能减弱污物与固体表面之间的作用力;③ 有一定的起泡作用,能及时把去除掉的污物分散;④ 保护清洁的固体表面,防止污物再次吸附。所以,合成洗涤剂的成分除了主要的表面活性剂外,还要加入具有乳化、起泡作用的表面活性剂,以及增强水溶液碱性的物质如硅酸盐、磷酸盐等。

(5)模板作用。在溶液中,表面活性剂会形成形态各异的胶束,因此在合成化学上可作为合成多孔材料的模板剂。

1961 年,英国化学家博耳(R. M. Barrer,1910—1996)等人将有机季铵碱类表面活性剂引入沸石合成系统中,制得一系列高硅铝比和全硅沸石微孔分子筛,孔直径 < 2 nm。季铵碱阳离子填充在分子筛的孔道内,在沸石分子筛的合成过程中起着模板作用,因而被称作模板剂。随后,Mobil 公司的研究人员将季铵盐、有机胺作为模板剂,合成出以 ZSM-5 为代表的一批高硅微孔分子筛。20 世纪 80 年代,联合碳化物公司的研究人员利用有机胺和季铵盐成功地合成出一类全新的分子筛——磷酸铝分子筛。

1992 年,Mobil 公司的研究人员利用阳离子型表面活性剂合成出介孔材料,孔直径在 2~50 nm。表面活性剂和无机物种在溶液中混合,在表面活性剂与无机物种的作用(这种作用力可以是静电力、氢键作用、共价键等)下,无机物种在表面活性剂形成的聚集体上自组装,通过陈化或水热步骤提高无机物种的缩合度,形成稳定的中间产物,之后经过滤、洗涤、干燥等步骤,得到有机-无机复合物,最后通过焙烧或溶剂萃取去除其中的表面活性剂,即可得到多孔材料(图 14.18)。当前,随着介孔材料合成的快速发展,所采用的表面活性剂已拓展至多种类型,并已合成出氧化物、碳基、有机-无机杂化、MOFs 等众多类型的多孔材料,在光学、磁学、智能材料和催化等领域展现出诱人的应用前景,已成为化学、物理、材料、生物等领域的研究热点。

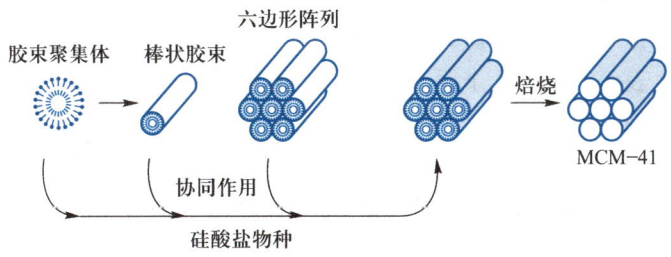

图 14.18　表面活性剂作为模板剂制备介孔材料的示意图

14.8　固体表面的吸附

　　固体表面的原子或分子与液体表面的原子或分子所处的环境类似,位于固体表面的粒子,因周围粒子对它的作用力不平衡,使固体表面亦具有表面张力和表面自由能。而且由于固体不能流动,固体表面不能像液体表面那样通过降低表面积来降低表面自由能。但是,固体表面能够吸附碰撞到其上面的粒子,将这些粒子聚集在固体表面,释放吸附热,以降低固体的表面能。

　　固体表面的吸附现象很早就已被发现,并被应用于生产实际中。在 18 世纪,即有人注意到热的木炭冷却后,能够捕集几倍于自身体积的气体。在制糖工业中,利用活性炭脱色除杂,以获得洁净的蔗糖。随着现代工业的发展,吸附的应用越来越广泛。吸附已作为常规技术手段应用于空气净化、污水处理、物质分离等方面。例如,在喷漆过程中,会有大量的有机溶剂逸出,采用活性炭处理排放的气体,既能够减少环境污染,又可回收有价值的溶剂;采用分子筛对有机溶剂进行深度脱水,可将产品中水的含量控制在 10^{-6} 量级;从高炉废气中回收一氧化碳和二氧化碳,从炼厂废水中脱除酚等有害物质,均可采用吸附技术。利用多孔固体选择性地吸附流体中的一种或几种组分,从而使混合物分离的方法称为吸附操作,它是分离和净化气体以及分离液体混合物的重要单元操作。在催化反应中,反应物在催化剂表面的吸附以及产物在催化剂表面的脱附,与催化作用过程密切相关,认识催化作用则需要对催化剂表面的吸附进行深入研究。此外,吸附亦是表征固体样品的比表面积和孔结构的重要技术基础。

　　鉴于固体表面的吸附在生产实践和日常生活中的重要性,有必要对固体表面吸附的基本理论、研究方法及应用进行介绍。下面分别阐述固体表面吸附的概念、分类、吸附作用理论以及在催化领域中的一些应用。

*一、固体表面性质

1. 固体表面的不均匀性

　　对于一块理想晶体,其表面原子结构与内部原子结构及周期性是一致的。然而实际上,固体表面的结构不同于固体内部,一般要经过 4~6 个原子(分子)层之后,才能与内部相同。因而,固体表面区域有几个原子(分子)层的厚度。

　　从原子水平上看,固体表面是不均匀的,除了平台原子外,还存在着多种不同的情况,如台阶原子、扭结原子、位错原子和表面附加原子等。这些不同类型的表面原子,其配位数不同,化学行为也不相同,导致其吸附热及催化活性亦有很大差别。

2. 固体表面组成与体相不同

　　固体表面除了原子排布与体相的不同之外,表面组成也往往不同于体相,两者有可能具有较大差别。例如,固溶体合金的表面,溶质原子有可能在表面富集,这种现象称为表面偏聚,反之则称为反偏聚。这种现象的产生主要源于两个因素,一是表面自由能具有趋向于最小的趋势;二是吸附质的作用,这种作用与固体材料(如固溶体合金)在形成时的环境有较人关系。其结果是,某一组分向表面迁移,从而形成了表面偏聚。表面组成不同于体相,这会造成其在吸附及催化性能上的差异,在研究吸附、催化等表面行为时需要特别重视。

3. 固体表面粒子移动困难

固体表面不同于液体表面。固体表面不易变形,不能通过收缩,减小外表面积,以降低表面能。这使固体在通常情况下只能通过吸附其他粒子来降低其表面能。

固体表面原子由于与内部原子间的作用力强及扩散能垒高,因而迁移比较困难。但是固体表面的原子也并非静止不动的,它也能够迁移,只不过这种迁移比较缓慢。固体表面的原子可以从一个格位迁移至另一个格位上,随着温度的升高,越来越多的原子获得足够的能量而被活化,能够沿表面进行扩散。固体表面原子的扩散系数与温度密切相关,随着温度升高扩散系数急剧增加。固体的扩散作用发生显著转变的温度,或者说,固体物质开始呈现显著扩散作用时的温度,称为泰曼温度(Tammann temperature)或烧结温度。泰曼温度与固体的熔点(T_m)间存在一定的关系。例如,对于金属而言,泰曼温度为 $0.3 \sim 0.4 T_m$,而盐类和硅酸盐的泰曼温度则分别为 $0.57 T_m$ 和 $0.8 \sim 0.9 T_m$。在泰曼温度以上,固体表面原子的扩散现象变得较为显著。

二、表面吸附

吸附一词于 1881 年即已开始使用,用于描述气体在自由表面的凝聚。吸附不同于吸收,吸附只发生在表面,吸收是指物质进入固体或液体之中。例如,氯化钙吸收水分子形成水合物,即是一种吸收作用。实际上,吸附和吸收有时是同时发生的。

一般而言,吸附包括在表面的吸附和在孔内的毛细凝聚两部分。通常将被吸附的物质称为吸附质,发生吸附作用的固体称为吸附剂。

吸附的发生主要是吸附质分子与固体吸附剂表面的原子或分子发生相互作用所致。根据相互作用的性质,可以将吸附分为物理吸附和化学吸附。当表面上存在不平衡的物理力时发生物理吸附,而当表面原子与吸附质形成化学键或准化学键时则为化学吸附。物理吸附的吸附热与吸附质的液化热相近,一般为每摩尔几百到几千焦耳。化学吸附的吸附热比物理吸附的吸附热大得多,这是化学吸附的基本特征,显然也是化学吸附与物理吸附的重要区别。化学吸附热的数值接近于化学反应热,一般在 $42\ kJ \cdot mol^{-1}$ 以上。化学吸附是单层、定域化的吸附。大量光谱数据表明,当发生化学吸附时,吸附质与固体吸附剂表面形成了化学键。化学吸附时需要活化能,因而温度升高,化学吸附或解吸速率加快。物理吸附时吸附质的分子结构不发生显著变化,且物理吸附可以是多层的,以至于吸附质能够充满孔内空间。物理吸附通常是可逆的,不需要活化能,因而吸附或解吸速率不受温度的影响。物理吸附的吸附速率很快,能够快速达到平衡。不过应当注意的是,在很小的孔内,物理吸附速率可能受扩散速率限制,这也是采用探针分子物理吸附测量多孔材料的结构参数时,在微孔区需要较长时间才能达到吸附平衡的主要原因。与化学吸附不同,物理吸附没有特定性,能够自由地吸附在各种固体物质的整个表面,因而,物理吸附广泛用于固体材料的表面积和孔结构性质的测量。物理吸附与化学吸附的主要区别见表 14.4。

表 14.4 物理吸附与化学吸附的主要区别

物理吸附	化学吸附
范德华力	化学键力
单层或多层	单层
无选择性	有选择性
吸附热较小,接近于液化热	吸附热较大,接近于化学反应热(> 42 kJ $\cdot$ mol^{-1})
吸附速率快	吸附速率可快可慢
不需要活化能	有活化能
可逆,抽真空即可去除	去除时常常需要加热并抽真空脱附
分子整体的吸附	常发生解离,形成原子或自由基
受固体吸附剂的影响不大	固体吸附剂有强烈影响

三、固体 – 气体吸附曲线

气相中的分子可以被吸附至固体表面,同时已被吸附的分子也可脱附回到气相。在一定条件下,当吸附速率与脱附速率相等时,达到吸附平衡。当吸附达平衡时,单位质量的固体吸附剂所吸附的吸附质气体的物质的量或吸附质气体的体积称为吸附量,用 a 表示。显然

$$a = \frac{n}{m}$$

或

$$a' = \frac{V}{m}$$

式中, n 是固体吸附剂所吸附的吸附质气体的物质的量; V 是物质的量为 n 的吸附质气体换算为标准状况下的体积; m 是固体吸附剂的质量。在吸附曲线中,也经常使用 V 代表吸附量。

对于固体 – 气体系统,吸附量 a (或 V)是温度 T 和压力 p 的函数。在吸附量、T、p 这三个物理量中,往往固定其中一个,表达另外两个变量之间的关系的曲线统称为吸附曲线。

1. 吸附等压线

维持吸附质气体的平衡压力 p 恒定,表达吸附量 a(或 V)与温度 T 之间的关系曲线称为吸附等压线。无论物理吸附还是化学吸附均为放热过程(关于这一点,在本节后面将专门说明),因而温度升高这两类吸附的吸附量均下降。物理吸附速率快,易于达到平衡;而化学吸附由于需要活化能,在温度较低时,往往难以达到平衡,随着温度的升高吸附速率加快,吸附量上升,直至达到吸附平衡,吸附量随着温度继续升高又会下降。图 14.19 为氢气在金属 Ni 上的等压吸附线,可以看出,H_2 在 Ni 表面出现了化学吸附。在低温阶段是物理吸附,氢分子与 Ni 表面的范德华力是吸附作用力,吸附热接近 H_2 的液化热,在该阶段升温导致吸附量下降;继续

升温,活化的 H_2 在 Ni 表面解离成氢原子,与 Ni 原子结合形成 Ni—H,放出反应热;随着温度升高,化学吸附量增加,直至物理吸附完全转化为化学吸附,之后温度继续升高,化学吸附的氢发生脱附,吸附量下降。氢分子在 Ni 表面发生化学吸附所需克服的活化能一部分来自物理吸附热,所以氢分子发生解离化学吸附所需的活化能小于氢分子的解离能,这便是 Ni 作为优良加氢催化剂的原因。

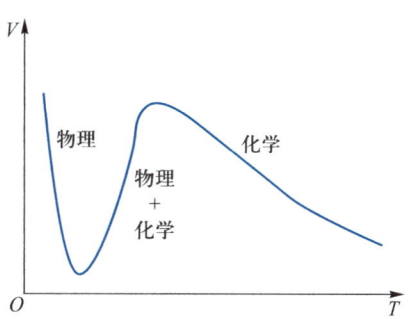

图 14.19　氢气在金属 Ni 上的吸附等压线

2. 吸附等量线

将吸附量固定,表达吸附温度 T 与吸附质气体平衡压力 p 之间的关系曲线称为吸附等量线。在绘制吸附等量线时,一般以温度 T 作为横坐标,以压力 p 作为纵坐标。p 与 T 的关系可以用克 - 克方程表示,并可用该方程计算吸附热 Q。即

$$\left(\frac{\partial \ln p}{\partial T}\right)_a = \frac{Q}{RT^2} \tag{14.35}$$

必须注意的是,虽然吸附是放热过程,但是习惯上,Q 取正值,其数值大小可用来衡量吸附作用的强弱。基于式(14.35)可知,在吸附等量线上,p 随 T 的升高而增加。

3. 吸附等温线

固定温度 T 时,表达吸附量 a(或 V)与吸附质气体平衡分压 p 之间的关系曲线即是吸附等温线。1985 年,国际纯粹与应用化学联合会(IUPAC)建议将物理吸附等温线分为 6 种类型。2015 年,IUPAC 对原有的分类进一步地细化,Ⅰ类、Ⅳ类吸附等温线增加了亚分类。下面简要介绍这 6 种类型的吸附等温线。

(1)Ⅰ型吸附等温线。吸附等温线的横坐标通常采用比压 p/p_0 表示,其中 p 是吸附质气体的平衡压力,p_0 是吸附质在对应的固定温度时的饱和蒸气压。Ⅰ型吸附等温线如

图 14.20 所示。由图可见,该类型的吸附等温线在低压区随压力下降而迅速弯向横轴。在越过低压区后,随压力增加,吸附曲线呈水平或近水平状,吸附量接近一个极限值。Ⅰ型吸附等温线也称朗缪尔吸附等温线。

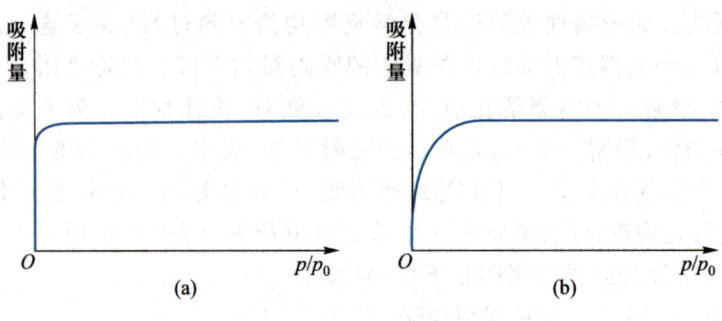

图 14.20   Ⅰ 型吸附等温线

活性炭和沸石分子筛的吸附等温线通常呈现这种形式。这些固体具有丰富的微孔(其孔直径通常小于 2.5 nm),孔内表面积远大于外表面积。在比压较低时,随压力增加,由于发生微孔内吸附,吸附量迅速上升。这是因为在狭窄的微孔(相当于分子尺寸)内,固体吸附剂与吸附质分子间的相互作用增强,从而导致在很低压力下的微孔填充。吸附量趋于饱和是因受到吸附质气体能进入的微孔体积的制约。(a)型吸附等温线对应于只具有极为狭窄微孔的材料,材料的孔直径一般小于 1 nm。(b)型吸附等温线对应于孔大小分布范围相对较宽的微孔材料,材料的孔直径扩展至 2.5 nm。

(2) Ⅱ型吸附等温线。通常,这种类型的吸附等温线对应于非多孔性固体表面发生的多分子层吸附,如图 14.21 所示。在比压约为 0.3 时,第一层吸附大致完成,随着压力增大,开始形成第二层,在平衡压力为饱和蒸气压(即比压为 1)时,吸附层数无限大。布鲁诺(S. Brunauer)、埃麦特(P. H. Emmett)和泰勒(E. Teller)从理论上导出这种等温线的方程,称为 BET 方程(将在本章后面介绍),故这种类型的吸附等温线也称 BET 等温线。例如,非多孔性金属氧化物吸附氮气或水蒸气,其吸附等温线属于此种类型。

(3) Ⅲ型吸附等温线。在憎液性固体表面发生多分子层吸附,或者固体吸附剂表面与吸附质分子的相互作用很弱时,吸附等温线则呈现为这种类型(图 14.22)。例如,水蒸气在石墨表面上的吸附,以及水蒸气在经憎水处理过的非多孔性金属氧化物上的吸附属

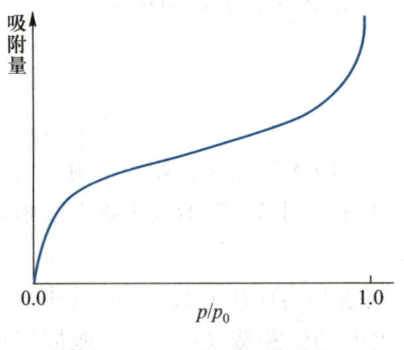

图 14.21   Ⅱ 型吸附等温线

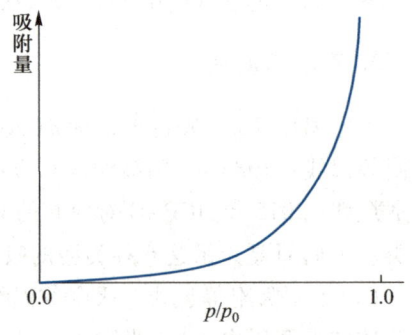

图 14.22   Ⅲ 型吸附等温线

于这种情况。由图可见,这种吸附在低压区的吸附量较少,比压越高,吸附量则越大。

(4) Ⅳ型吸附等温线。介孔类吸附剂材料(如氧化物凝胶、工业吸附剂和介孔分子筛)的吸附等温线属于这种类型,如图 14.23 所示。由图可见,当比压达某一数值附近时,吸附质发生毛细凝聚,吸附量迅速上升。在比压较高时,由于介孔内的吸附已经结束,吸附只发生在外表面上,曲线变得平坦。典型的Ⅳ型吸附等温线特征是最终形成吸附饱和的平台,但其平台可长可短,有时短到只有拐点。当孔直径超过一定的临界值(4 nm)时,吸、脱附等温线发生回滞,形成回滞环[图 14.23(a)],即吸附曲线(沿着向上箭头的方向)与脱附曲线(沿着向下箭头的方向)不能够重合。具有较小孔直径的介孔材料,其吸附和脱附曲线完全可逆,没有回滞环[图 14.23(b)]。

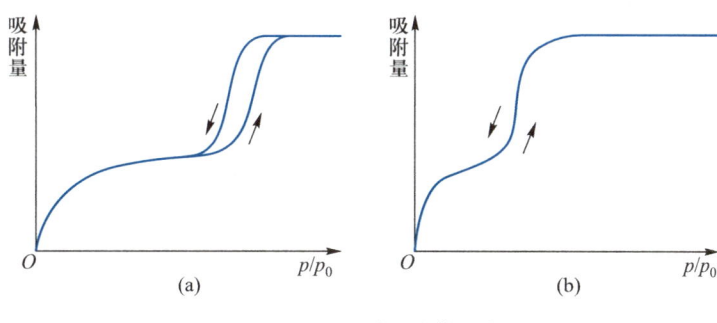

图 14.23　Ⅳ型吸附等温线

(5) Ⅴ型吸附等温线。发生在多孔固体上,而且固体吸附剂表面与吸附质分子的相互作用很弱(在这一点上,同Ⅲ型吸附等温线的物质)时,会出现这种等温线,如图 14.24 所示。例如,水蒸气在活性炭或经憎水化处理过的硅胶上的吸附属于此种情况。由图可见,在相对压力较低时,Ⅴ型吸附等温线形状与Ⅲ型的极为类似,这是固体吸附剂表面与吸附质气体间的相互作用较弱所致。在更高的比压下,存在一个拐点,这表明成簇的分子填充了孔道。吸附 – 脱附等温线上亦出现了回滞环。

(6) Ⅵ型吸附等温线。Ⅵ型吸附等温线又称阶梯型吸附等温线,其典型特征是,具有台阶状的可逆吸附过程,如图 14.25 所示。非极性的吸附质气体在化学性质均匀的非多孔固体表面上吸附时,常呈现这种形式。例如,将炭在 2700 ℃ 以上进行石墨化处理后,吸

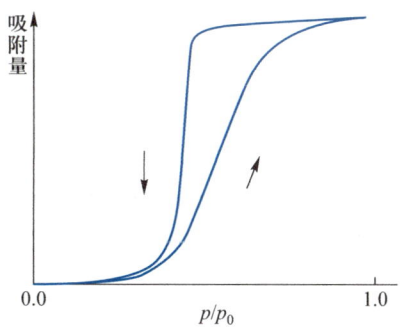

图 14.24　Ⅴ型吸附等温线

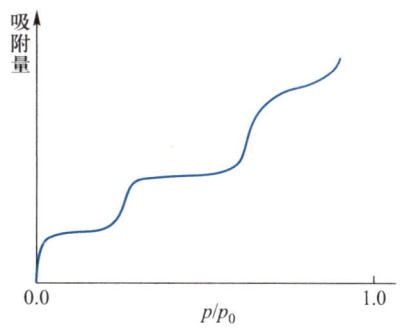

图 14.25　Ⅵ型吸附等温线

附氮气的情况。这种吸附等温线是先形成第一层二维有序的分子层,再吸附第二层,第二层显然受第一层的影响,因而呈现阶梯状。

四、气体吸附理论或吸附等温式

基于前面的阐述可知,不同的吸附质气体在不同的固体表面上发生吸附,得到各种不同的吸附等温线,这些吸附等温线的形状反映了固体的表面结构、孔结构及固体－吸附质相互作用等信息。

在对吸附等温线进行研究的基础上,人们提出了一些理论假设,导出了对应的解析方程,这些假设和推导结果构成了不同的吸附作用理论,如朗缪尔单分子层吸附理论、BET多分子层吸附理论等。

1. 朗缪尔单分子层吸附理论

1916 年,朗缪尔从动力学观点出发,提出固体对气体的吸附理论,给出朗缪尔单分子层吸附等温式。朗缪尔做了以下基本假定:(1) 气体在固体表面的吸附作用是吸附与脱附这两个相反过程达到动态平衡时的结果;(2) 固体表面是均匀的;(3) 每个吸附位上只能吸附一个分子,且只限于单层吸附,分子只有碰撞到空白表面上,才能被吸附;(4) 被吸附分子之间的相互作用可以忽略。

在一定温度下,被吸附分子在固体表面上所占据的分数称为覆盖度,用 θ 表示。基于动力学观点,并根据基本假定,则吸附速率正比于表面空白度 $(1-\theta)$ 和吸附质气体的压力 p,即

$$r_{\mathrm{ads}} = k_1(1-\theta)p$$

脱附速率 r_{des} 正比于表面覆盖度 θ,即

$$r_{\mathrm{des}} = k_2\theta$$

当达到吸附平衡时,吸附速率与脱附速率相等,即

$$k_1(1-\theta)p = k_2\theta$$

上式进行整理后,得

$$\theta = \frac{k_1 p}{k_2 + k_1 p} = \frac{bp}{1 + bp} \tag{14.36}$$

式中,$b = k_1/k_2$,称为吸附作用系数,表示吸附的强弱。式(14.36)即为朗缪尔吸附等温方程式。

设 n 和 V 分别为气体平衡压力为 p 时被吸附气体的物质的量和在标准状况下的体积,n_{m} 和 V_{m} 分别为形成单层饱和吸附时被吸附气体的物质的量和在标准状况下的体积,基于覆盖度 θ 的定义,则有

$$\theta = \frac{n}{n_{\mathrm{m}}} = \frac{V}{V_{\mathrm{m}}} \tag{14.37}$$

对于式(14.36),当气体压力很低或吸附作用很弱时,$bp \ll 1$,$\theta \approx bp$,结合式(14.37)可知,此时,吸附气体的体积与平衡压力成正比,这与 I 型吸附等温线的低压部分相吻合。当压力较高时,$bp \gg 1$,则 $\theta \approx 1$,即吸附气体的体积不再随气体平衡压力的增加而改变。这与 I 型吸附等温线的高压段相吻合。

将式(14.37)代入式(14.36)并经重排后,得

$$\frac{p}{V} = \frac{1}{bV_m} + \frac{p}{V_m} \tag{14.38}$$

显然,以 p/V 对 p 作图,可得一直线,直线的斜率为 $1/V_m$,截距为 $1/(V_m b)$,由此便可求出 V_m 和 b。

如果采用氮气作吸附质,则 p 为氮气压力,V 为实际吸附量。V_m 为单层饱和吸附量,b 是与吸附热相关的系数。在不同的氮气压力 p 下测出氮气的实际吸附量 V,基于式(14.38),以 p/V 对 p 作图得到一条直线,该直线的斜率的倒数即为单层饱和吸附量 V_m,进而由氮分子的截面积可求算比表面积,称为朗缪尔比表面积。朗缪尔比表面积对于微孔分析具有重要意义。

例 14.9 CO 在 2.52 g 活性炭上的吸附量(已换算成标准状况下的体积)如下所示,试计算在单位质量的活性炭上 CO 的单层饱和吸附量。

$p/(10^4\ \mathrm{Pa})$	1.33	2.61	4.12	6.40	7.22	8.00
V/cm^3	10.2	18.4	26.4	36.2	39.0	41.6

解:基于式(14.38),以 p/V 对 p 作图(相应数据如下),得到一条直线,证明该吸附符合朗缪尔单分子层模型。

$\dfrac{p}{V}/(10^4\ \mathrm{Pa \cdot cm^{-3}})$	0.130	0.142	0.156	0.177	0.185	0.192
$p/(10^4\ \mathrm{Pa})$	1.33	2.61	4.12	6.40	7.22	8.00

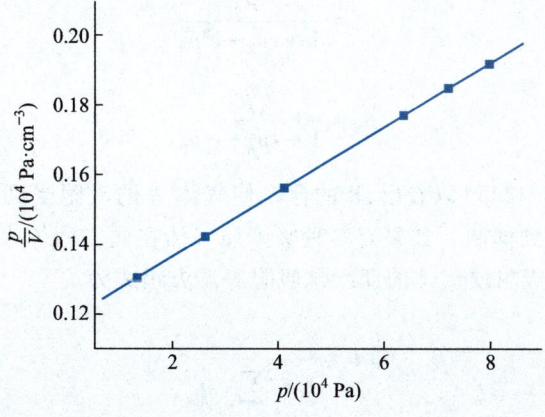

直线的斜率为 $0.0093\ cm^{-3}$,则

$$V_{m} = 1/斜率 = 108\ cm^{3}$$

在单位质量的活性炭上,CO 的单层饱和吸附量为

$$(108 / 2.52)\ cm^{3} \cdot g^{-1} = 42.7\ cm^{3} \cdot g^{-1}$$

应当指出的是,朗缪尔吸附等温方程式用于描述单层吸附和 I 型吸附等温线,但是该方程不适用于处理多层物理吸附,也不适用于描述其他类型的吸附等温线。对 I 型吸附等温线进行处理可得比表面积,但不能确定是物理吸附还是化学吸附。当发生的吸附是化学吸附时,其数值则表示活性表面积,这对负载型金属催化剂的金属表面积测量是有意义的。

如果 A、B 两种吸附质气体在固体表面上同时发生吸附,则 A 的吸附速率为

$$r_{ads,A} = k_{1,A}(1 - \theta_{A} - \theta_{B})p_{A}$$

式中,$k_{1,A}$ 为 A 的吸附速率系数;θ_{A} 和 θ_{B} 分别为 A 和 B 在固体表面上的覆盖度;p_{A} 为 A 的分压。A 的脱附速率为

$$r_{des,A} = k_{2,A}\theta_{A}$$

吸附达平衡时,吸附速率等于脱附速率,因此

$$\frac{\theta_{A}}{1 - \theta_{A} - \theta_{B}} = \frac{k_{1,A}}{k_{2,A}}p_{A} = cp_{A} \tag{14.39}$$

式中,c 为气体 A 的吸附速率系数与脱附速率系数的比值,即吸附作用系数。同理,当 B 达到吸附平衡时,则有

$$\frac{\theta_{B}}{1 - \theta_{A} - \theta_{B}} = \frac{k_{1,B}}{k_{2,B}}p_{B} = c'p_{B} \tag{14.40}$$

联立式(14.39)和式(14.40),可得

$$\theta_{A} = \frac{cp_{A}}{1 + cp_{A} + c'p_{B}} \tag{14.41}$$

$$\theta_{B} = \frac{c'p_{B}}{1 + cp_{A} + c'p_{B}} \tag{14.42}$$

从式(14.41)和式(14.42)可以看出,B 的存在使气体 A 的吸附受到抑制,同样 A 的存在亦使气体 B 的吸附受到抑制。如果有多种吸附质气体在同一固体表面上发生竞争吸附,则分压为 p_{i} 的第 i 种吸附质气体的朗缪尔吸附等温方程式为

$$\theta_{i} = \frac{c_{i}p_{i}}{1 + \sum_{i} c_{i}p_{i}} \tag{14.43}$$

2. BET 多分子层吸附理论

1938 年,布鲁诺、埃麦特和泰勒在朗缪尔单分子层吸附理论的基础上,得到描述多分子层的吸附理论,即 BET 多分子层吸附理论(简称 BET 理论),给出了多分子层吸附公式,简称 BET 方程。

BET 理论承袭了朗缪尔理论的如下观点:吸附作用是吸附和脱附两个相反过程达到平衡时的结果;固体表面是均匀的;被吸附的分子之间无相互作用。但是,BET 理论并没有接受"吸附是单分子层的"这一观点。BET 理论认为,吸附是多分子层的,而且第一层吸附与第二层吸附不同,因为相互作用的对象不同,第一层是吸附质气体与固体表面直接发生作用,第二层及以上各层之间分子作用的对象相同,故第一层的吸附热效应与第二层及以上各层的吸附热亦不相同,第二层及以上各层的吸附热效应与吸附质气体的液化热相近。

当吸附达到平衡时,吸附总量等于各层吸附量之和。在上述基础上,推导出 BET 吸附等温方程式(具体推导过程见本章附录)为

$$V = \frac{V_m C p}{(p_0 - p)\left[1 + (C-1)p/p_0\right]} \tag{14.44}$$

式中,V 和 V_m 分别是当气体压力为 p 时气体的平衡吸附量和当固体表面形成单层饱和吸附时的吸附量(吸附量均换算成标准状况下的体积);p_0 是测量温度下吸附质气体凝聚为平面液体时的压力,也即吸附质的饱和蒸气压;C 是与吸附热有关的常数。该方程包含 C 和 V_m 两个常数,所以又称 BET 二常数方程。

BET 方程式的主要应用是,测定固体物质的比表面积(即单位质量固体的表面积,单位是 $m^2 \cdot g^{-1}$)。将式(14.44)重排,得

$$\frac{p}{V(p_0 - p)} = \frac{1}{V_m C} + \frac{C-1}{V_m C}\frac{p}{p_0} \tag{14.45}$$

由式(14.45)可知,若以 $p/[V(p_0 - p)]$ 对 p/p_0 作图,则得一条直线,直线的斜率为 $(C-1)/(V_m C)$,截距为 $1/(V_m C)$,因此有

$$V_m = \frac{1}{斜率 + 截距}$$

可见,从直线的斜率和截距值,可以十分方便地求得吸附质气体在固体表面的单层饱和吸附量 V_m。结合吸附质分子的截面积 σ,即可计算出固体的比表面积 S_{BET}。如果 V_m 的单位取 cm^3,则 S_{BET} 的计算形式为

$$S_{BET} = \frac{V_m \times 6.023 \times 10^{23}\ mol^{-1}}{22400\ cm^3 \cdot mol^{-1}} \times \frac{\sigma}{m} \tag{14.46}$$

式中,σ 为吸附质分子的截面积;m 为固体的质量。

例 14.10 在 $-196\ ℃$(即 77 K),采用 N_2 作吸附质,在新鲜制备的氧化铝上,氮气在不同平衡压力下,其标准状况下的体积数据如下:

$p/(10^4\ \text{Pa})$	0.889	1.218	1.618	2.083	2.744	3.370
V/cm^3	35.60	37.14	38.68	40.40	44.78	48.95

已知在 $-196\ ^\circ\text{C}$ 时,液氮的饱和蒸气压为 $9.8899 \times 10^4\ \text{Pa}$,氮分子的截面积为 $0.1620\ \text{nm}^2$,氧化铝样品的质量为 $0.4016\ \text{g}$,试计算该氧化铝的比表面积。

解:基于 BET 方程[式(14.45)],以 $p/[V(p_0-p)]$ 对 p/p_0 作图,有关数据及所作图如下:

$(p/p_0) \times 10^2$	8.989	12.319	16.359	21.061	27.745	34.075
$\dfrac{p}{V(p_0-p)}\Big/(10^{-3}\ \text{cm}^{-3})$	2.774	3.783	5.057	6.604	8.575	10.56

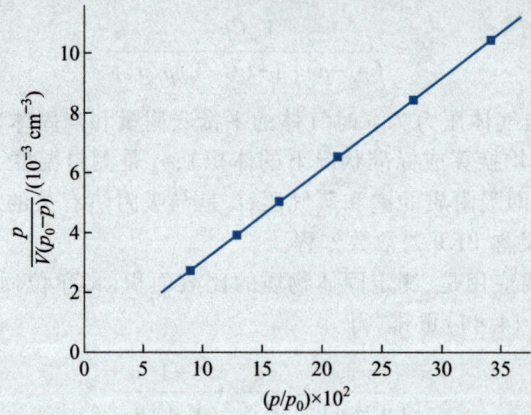

直线的斜率为 $3.055 \times 10^{-2}\ \text{cm}^{-3}$,截距为 $3.42 \times 10^{-3}\ \text{cm}^{-3}$,所以

$$V_\text{m} = \left[\frac{1}{(30.55 + 3.42) \times 10^{-3}}\right]\ \text{cm}^3 = 29.4\ \text{cm}^3$$

$$S_\text{BET} = \frac{V_\text{m} \times 6.023 \times 10^{23}\ \text{mol}^{-1}}{22400\ \text{cm}^3 \cdot \text{mol}^{-1}} \times \frac{\sigma}{m}$$

$$= \left(\frac{29.4 \times 6.023 \times 10^{23}}{22400} \times \frac{0.162 \times 10^{-18}}{0.4016}\right)\ \text{m}^2 \cdot \text{g}^{-1} = 318.9\ \text{m}^2 \cdot \text{g}^{-1}$$

BET 方程的前提是多分子层物理吸附。当吸附质气体的压力很低(比压 $p/p_0 < 0.05$)时,无法建立起多层物理吸附,甚至连单层吸附也未完全建立;当压力过高(比压 $p/p_0 > 0.35$)时,因毛细管凝聚现象变得显著,会破坏建立的吸附平衡,使测定结果偏高。因而,BET 方程通常只适用于 $p/p_0 = 0.05 \sim 0.35$,在该范围内 BET 方程显示线性关系,通过作图获得直线的斜率和截距,即可进一步计算固体的比表面积。对于微孔材料,由于在很低的

压力下即可完成吸附,因此,BET 方程的线性范围会向低压方向移动。例如,对于孔直径极小的分子筛,线性范围移至 $p/p_0 = 0.005 \sim 0.01$。对于不同类型的材料,其 p/p_0 的选择需要根据实际情况调整,方可使 BET 方程的线性关系良好。通过 BET 方程求取比表面积成为目前国际上通用的方法,对应的比表面积称为 BET 比表面积,即 S_{BET}。对于无孔固体粉末样品,大量的实验数据表明,采用 BET 方程测得的结果与其他物理方法测得的比表面积一致;此外,采用不同吸附质,得到的 BET 比表面积亦比较一致。这些实验结果均是 BET 吸附理论可靠性的有力证据。

在 BET 方程中,C 值是与吸附热有关的常数,其数值的大小影响着等温线的形状。以 V/V_m 对 p/p_0 作图,得到一簇形状不同的吸附等温线,如图 14.26 所示。当 C 值大于 2 时,与 II 型吸附等温线相吻合;当 C 值小于 2 时,与 III 型吸附等温线相吻合。IV 型和 V 型吸附等温线分别是 II 型、III 型吸附等温线的修正形式。这说明 BET 吸附理论在数学形式上适合大部分实验测定的吸附等温线类型。

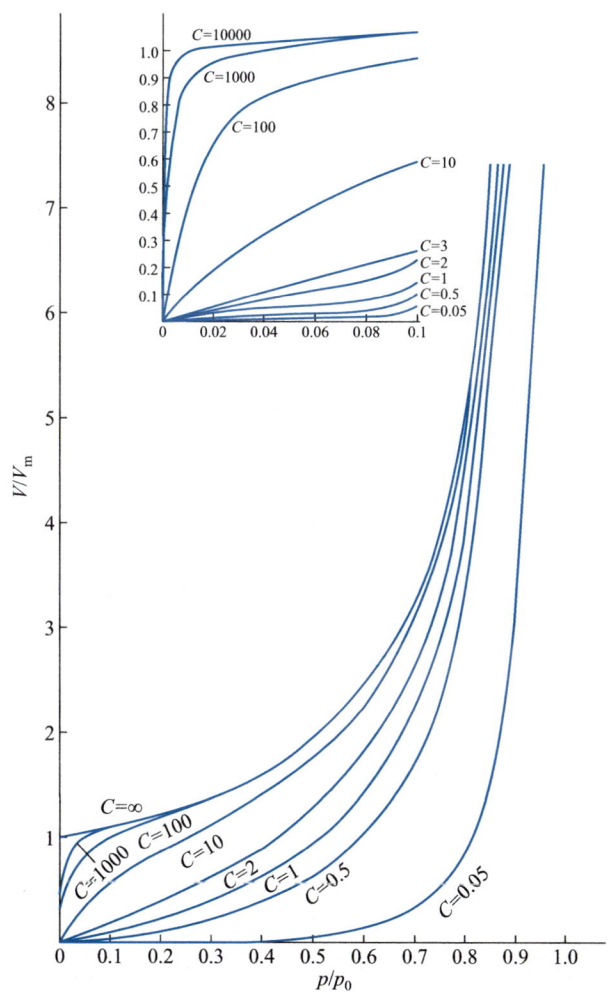

图 14.26 以 BET 方程 C 值为参数的吸附等温线

3. 弗伦德利希吸附等温式

很多吸附实验表明,在低压范围内,吸附量与吸附质气体压力呈线性关系,随着压力的升高,吸附曲线逐渐发生弯曲(见图 14.27)。

弗伦德利希(S. H. Freundlich,奥地利人,1880—1941)归纳这些实验数据后,给出吸附量 a 与吸附质气体平衡压力之间的经验关系式,即

$$a = kp^{1/n} \qquad (14.47)$$

式中,k 和 n 均是与吸附剂、吸附质种类和温度等有关的常数,通常 n 大于 1。如果式(14.47)两边取对数,则

$$\ln a = \ln k + \frac{1}{n}\ln p \qquad (14.48)$$

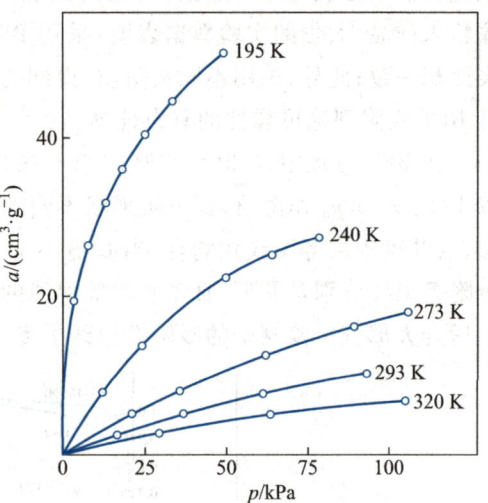

图 14.27　CO 在炭上的吸附

显然,以 $\ln a$ 对 $\ln p$ 作图,可得一条直线。

弗伦德利希吸附等温式是一个经验式,它既可用于物理吸附,又可用于化学吸附。而且,弗伦德利希吸附等温式被广泛地应用于固体吸附剂在溶液中的吸附。在溶液中的吸附,以浓度 c 代替压力 p 即可。

弗伦德利希吸附等温式的特征是,没有饱和吸附值。

4. 焦姆金吸附等温式

吸附量 a 与吸附质气体的平衡压力的对数呈线性关系,即

$$a = k\ln(bp) \qquad (14.49)$$

式(14.49)即是焦姆金(Temkin)吸附等温式。式中,k 和 b 均是与吸附热有关的常数。该吸附等温式只适用于中等覆盖度的化学吸附。在处理工业催化过程的相关问题时,经常会使用该等温式。

*五、吸附量和吸附等温线的测量

吸附不仅是催化过程的基本步骤,也是研究固体表面性质的常用技术手段。吸附等温线可以揭示有关固体材料结构方面的信息。吸附量与吸附等温线的测量实际是一回事,只不过,吸附等温线需要多次测试,通过测试固体吸附剂在吸附质气体的不同压力下的吸附量数据后,方能绘制。其测试方式大致可分为静态测量法和动态测量法两类。其中,静态测量法又包括体积法和重量法。

1. 静态测量法

体积法测量吸附等温线时,需要测量的是吸附质气体的压力和被吸附气体的量。其中,被吸附气体的量可从系统的压力和体积计算得到。固体样品的表面通常吸附了水分子等外来物质,因此需要预先在较高温度和较高真空度条件下进行处理,使水分子等脱附后,固体表面才能吸附特定的物质(如氮气),以确保测量的准确性。

具有确定体积的测量设备应用于吸附测量已有很长的历史,目前仍有实验室采用此类装置进行实验。图 14.28 所示为具有代表性的该类吸附装置的示意图,其中 1 在加热处理时代表加热介质(如水或甲基硅油),而在进行氮气吸附时则是液氮。装置包括真空系统、吸附气体进样系统、水银压力计(或其他压力测试装置),以及可拆卸的玻璃样品管和加热设备等。操作时,将精确称量过的固体样品装入样品管,连接到装置上,整个系统的体积预先经过精确校准。在抽真空条件下进行加热,以对固体样品表面进行清洁处理。之后,将适量的吸附质气体(如氮气)从储气瓶 4 引入系统,把气体看作理想气体,开始时氮气气体的量可从系统的体积和压力计算得到,达到吸附平衡后,固体吸附了一定量的气体,未被吸附的气体量亦可从系统的体积和压力计算得到,两者的差值即是被固体样品所吸附的量。为了获得完整的吸附等温线,通常在恒定温度下,逐渐增加吸附质气体压力,以获得不同压力下的气体吸附量。

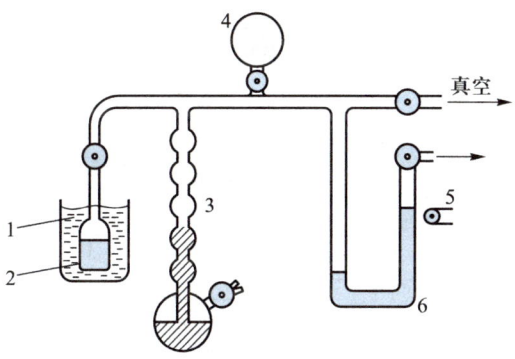

1—加热介质或液氮;2—固体吸附剂;3—量气管;4—储气瓶;5—测高仪;6—压力计

图 14.28　体积法对应的吸附测量装置示意图

现代科学仪器公司设计制造了完全自动化的吸附测量设备。这些商品化的仪器除样品管外均由金属件构成,使用的是质量流量计、高精度的温度控制器和压力传感器、无油电磁阀、可大幅度减小死体积的集成管路。实验时,将称量过的固体样品装入样品管,样品管连接到吸附仪器上,之后对样品表面进行清洁处理,实际是,将样品管加热到一定的温度并抽真空,在真空条件下保持一段时间。在进行吸附量测试时,将已知量的纯吸附质气体(如氮气)引入系统,固体表面吸附一部分气体,达到平衡后,系统内未被吸附的氮气的量可从系统的压力和系统的体积计算获知,被固体吸附剂所吸附的氮气的量便由此获得。样品管和测量系统的死体积可以预先用氦气测定。为获得完整的吸附等温线,通常将样品保持在恒定的温度下,逐渐增加氮气的压力,测量不同压力下的吸附量。

重量法测定与体积法类似。仅有的差别是,在重量法中,吸附气体的量是通过称量固体样品在吸附前后的量直接相减而得到的。早期的重量法采用石英弹簧秤,近年来电子天平应用普及,已有商品化的仪器供应。重量法不需要测量死体积,但是在高压下需要进行浮力校正。当吸附质气体分子质量较大时,重量法的测量结果更为精确。

2. 动态测量法

动态测量法包括连续流动法和双气路法等。动态测量法具有无须死体积测量和设备简单、灵活等优点。一般可自行设计安装,操作方便。

图 14.29 是双气路法实验装置示意图,并假设在实验时使用氮气作为吸附质气体。测量前先用载气在高温条件下对样品进行脱气处理(即吹扫),脱气完成后冷却至室温。等载气的基线稳定后,在吸附温度下让混合气(其中,氮气的分压可知)通过样品管,直至达到吸附平衡(在液氮温度下,氮气吸附达到平衡通常需 15 min 左右)。之后,切换六通阀,移去液氮冷阱,使样品升温,被吸附的氮气发生脱附,热导池对混合气中氮气浓度的变化产生响应,在记录仪上显示吸附峰及脱附峰。通过计算峰面积,校正后可得吸附量。改变混合气中吸附质气体(即氮气)的分压,测量在不同氮气分压下的吸附量,即可获得吸附等温线。

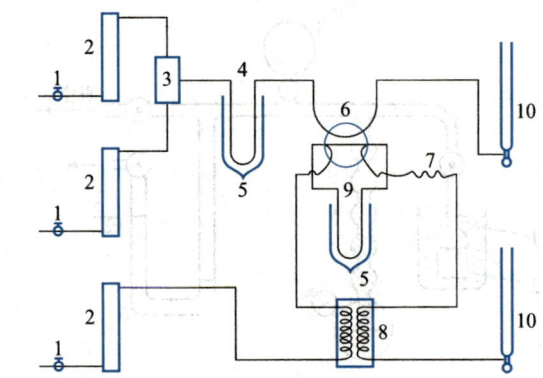

1—稳流阀;2—流量计;3—混合器;4—净化管;5—冷阱;6—六通阀;
7—热交换管;8—热导池;9—吸附管;10—流量计

图 14.29　双气路法装置示意图

3. 说明

应当指出的是,用于测量化学吸附的吸附仪与物理吸附仪在设计方面有些差别。通常化学吸附量要比物理吸附量小得多,因此化学吸附仪的死体积比物理吸附仪的小。测量化学吸附时对样品的预处理要求比较苛刻,相应的预处理系统的配置要高于物理吸附仪,以确保在固体样品表面发生强吸附的外来分子能够被彻底清除掉。在测量化学吸附量时,通常需要在吸附达平衡后,抽真空脱除可逆的物理吸附部分,再进行化学吸附量的测定。

*六、固体材料的孔结构

固体材料的孔系统出初级颗粒中的孔及初级颗粒堆积形成的孔组成。堆积孔包括二级粒子中初级颗粒间的空隙及二级粒子间的空隙。1971 年,国际纯粹与应用化学联合会(IUPAC)建议按照孔直径的大小将孔分为 3 类,即微孔(micropore),孔直径 d 小于 2 nm;中孔(mesopore),又称介孔,孔直径 d 在 2~50 nm;大孔(macropore),孔直径 d 大于 50 nm。对于微孔,由于孔壁的相互作用位能较大,吸附量随着吸附质气体压力增加而显著增加。在介孔内,则发生毛细凝聚现象,可出现特征的回滞环。

总比表面积的测量依赖于精确给出当吸附质分子单层覆盖固体表面时所需要的吸附质气体的量。在形成单层饱和吸附时,吸附质分子的数目乘以吸附质分子的截面积即得固体的总表面积。单层饱和吸附量的获求,可采用前面阐述的朗缪尔单分子层吸附公式或 BET 方程来进行,在此不再赘述。

1. 微孔结构的分析

微孔材料在吸附与催化领域中具有重要地位,其应用十分广泛。活性炭、结晶形分子筛属于典型的微孔材料。此外,采用特殊方法制备的氧化物、金属和盐类等都可以是微孔结构的材料。下面仅介绍分析微孔结构最常用的 H－K 法,其他方法可参考相关专著。1983 年,霍瓦特(G. Horvath)和卡瓦佐伊(K. Kawazoe)发展了从吸附等温线计算碳分子筛材料微孔分布的方法,即 H－K 法。该方法假定:(1)吸附质分子充满给定尺寸的微孔需要一定的压力,如果吸附质气体的压力小于该压力,则微孔完全是空的,反之则被完全充满;(2)吸附质气体在热力学上的行为符合二维理想气体。通过热力学分析,得

$$RT\ln(p/p_0) = U_0 + P_a \qquad (14.50)$$

式中,U_0 表示吸附剂－吸附质的相互作用位能;P_a 表示吸附质分子之间的相互作用位能。对于式(14.50)中右边的位能,利用描述石墨层间吸附质分子位能的计算公式(Everett-Powl 公式)表达,即可得到 H－K 方程。鉴于 H－K 方程及其推求过程均比较复杂,故在此省略。后来又有科学工作者对 H－K 方程进行了修正。

目前,通常使用的是修正后的 H－K 方程。修正后的 H－K 方程不仅可用于裂缝形孔,也可应用于圆柱孔和球孔。

霍瓦特和卡瓦佐伊通过实验证实,基于 N_2、CH_2Cl_2、丁烷、苯等不同吸附质测得的碳分子筛的吸附等温线,当采用 H－K 法确立该碳分子筛样品的孔大小分布时,所得结果的一致性良好。

图 14.30 是利用 H－K 方程及修正后的 H－K 方程确立的某八面沸石分子筛的微孔分布图。由图可见,前者的峰形弥散且对称性较差,而后者的峰形尖锐且对称性良好,显然改进的方程要优于原方程。

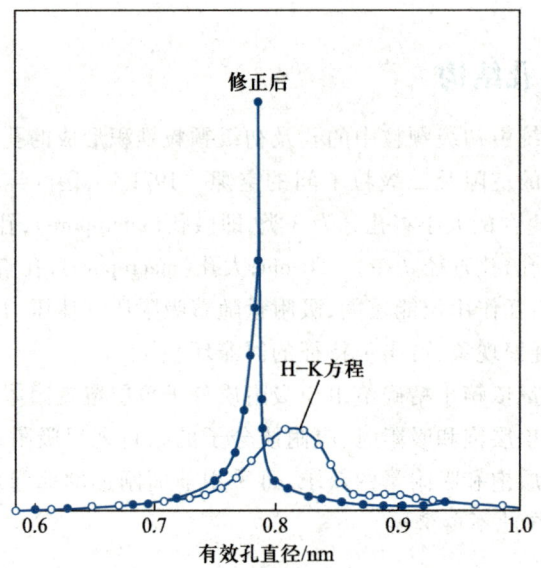

图 14.30 八面沸石分子筛的微孔分布

2. 介孔结构的分析

由巴雷特(E. P. Barrett)、乔伊纳(L. G. Joyner)和哈伦达(P. P. Halenda)提出的 BJH 法是处理介孔结构的经典方法。

在处理过程中,忽略吸附膜对液体化学势的贡献,并采用简单的几何方法。基于开尔文公式(14.21),可得

$$r_k = - \frac{2\gamma V_m}{RT\ln \frac{p}{p_0}} \qquad (14.51)$$

式中,r_k 为发生毛细凝聚时液面的曲率半径。虽然毛细凝聚的液面为凹面,但此时 r_k 已变为正值,因为式中右端添加了负号。实际上,为使问题简化,通常取接触角 $\theta = 0°$,即把液面看作半球面,因此 r_k 即为发生毛细凝聚的孔的半径。式中,γ、V_m、p_0 分别为吸附质液体的表面张力、摩尔体积、饱和蒸气压(对应于平面液体)。在吸附等温线的测量中,当发生毛细管凝聚现象时,孔壁上已经覆盖了一层吸附质分子的膜,其厚度为 t。假定为圆柱孔,则孔半径 r_p 等于 r_k 与吸附膜平均厚度 t 之和,即 $r_p = r_k + t$。假定吸附膜厚度 t 只与相对压力有关,则 t 的计算公式为

$$t = t_m \frac{n}{n_m} \qquad (14.52)$$

式中,t_m 为单层吸附膜的厚度;显然 n/n_m 表示在给定压力下的平均吸附膜的层数,可由获得的统计层数与相对压力的关系曲线得出。对于 N_2 吸附质,$t_m = 0.354$ nm,该值与固

体吸附剂无关。在计算出 r 和 t 后,采用下式计算孔体积:

$$\Delta V_j = R_j \Big[\Delta v_j - (t_{j-1} - t_j) \sum_{j=1} C_j A_j \Big] \quad (14.53)$$

式中,ΔV_j 为第 j 组孔的孔体积,Δv_j 为第 j 组孔实测的吸附体积。孔的表面积 A_j 表示为

$$A_j = \frac{2\Delta V_j}{\bar{r}_{p,j}} \quad (14.54)$$

R_j、C_j 与孔半径 r 及膜厚度 t 之间的关系亦均有具体表示式(表示式省略)。$\bar{t}_j$ 和 $\bar{r}_{p,j}$ 的计算式为

$$\bar{t}_j = \frac{t_j + t_{j-1}}{2} \quad (14.55)$$

$$\bar{r}_{p,j} = \frac{r_{p,j} + r_{p,j-1}}{2} \quad (14.56)$$

利用上述方程可计算出孔直径的体积分布和面积分布。具体步骤为

(1)基于等温线,按孔大小分为 N 组孔;

(2)从最大孔(最高比压)开始,由式(14.51)和式(14.52)分别计算每组孔的两端点比压下的 $r_{k,j-1}$ 和 $r_{k,j}$ 及 t_{j-1} 和 t_j,然后进一步计算 $\bar{r}_{p,j}$ 和 $\bar{t}_j$;

(3)由吸脱附等温线计算该组孔的实测吸附体积 Δv_j;

(4)由式(14.53)和式(14.54)分别计算该组孔的孔体积 ΔV_j 和该组孔的表面积 A_j;

(5)求算孔分布。

应当注意的是,在利用 BJH 法求算孔径分布时需要满足如下假定:(1)孔道是刚性的,而且是规则的(如圆柱形孔);(2)没有微孔;(3)没有很大的孔,在最高压力处,所有孔隙均可被吸附质充满。

3. 说明

无论是 H－K 模型还是 BJH 模型,手工计算它们相应的孔结构参数均颇为烦琐。计算机技术的发展为这类计算提供了很大方便。目前商品化的测试仪器提供相关程序,便于自动计算并获得结果。除了介绍的这两种最常用的模型外,还有适用于不同孔结构的其他模型。可以根据固体材料的具体孔结构特征,选择适合的模型。

七、吸附作用的本质

在前面,叙述和讨论了固体表面发生吸附作用的现象、吸附等温线类型及吸附作用的主要理论。对吸附现象的深入理解需要进一步了解气体分子在固体表面发生吸附时的驱动因素和影响因素,也就是吸附作用的本质。气体分子碰撞到固体表面后,被吸附在固体表面,按照吸附质分子与表面间的作用力形式,可分为物理吸附和化学吸附。关于物理吸

附和化学吸附,在前面已有阐述,下面再概要性地描述一下。

物理吸附的作用力为范德华力,包括定向力、诱导力和色散力 3 种形式。这类吸附没有电子转移,无化学键的破坏与形成。物理吸附无选择性,任何气体皆可被吸附在任何固体表面,通常,越容易液化的气体越易于被吸附。

化学吸附的本质是固体表面与被吸附物种之间形成了化学键,因此吸附有选择性。吸附剂固体与吸附质之间的作用力很强,吸附热数值大(> 42 kJ·mol^{-1})。这类吸附只能是单层的,而且脱附困难。化学吸附本质上与化学反应类似,吸附需要活化能,因而随着温度升高,吸附速率加快。

由于物理吸附与化学吸附在本质上存在差别,因而可以利用特定的光谱表征手段进行鉴别,化学吸附通常会产生新的谱带,而物理吸附通常只能使吸附分子的特征谱带发生一些位移或强度上的改变。

虽然物理吸附与化学吸附在本质上不同,但这两种吸附又存在一些联系。例如,朗缪尔吸附等温式可用于这两类吸附,不过当用于物理吸附时,吸附必须是单层的;两类吸附的吸附热均可采用克 - 克方程计算;物理吸附和化学吸附能够同时发生,例如氢分子在贵金属 Pd 表面,能以分子氢的形式吸附,而且可能发生多层吸附,这属于物理吸附,有一些氢分子在 Pd 表面发生解离,以氢原子的状态吸附在 Pd 的表面,这是化学吸附。在实际的吸附过程中,应同时考虑这两种吸附状态。此外,在一定条件下,物理吸附会转变为化学吸附。例如,H_2 在 Ni 表面上的吸附,在低温时,低能量分子占比大,物理吸附是主要的。随着温度的升高,高能量分子比例增大,活化分子数目迅速增加,物理吸附量减少,化学吸附量增加。而且,在物理吸附过程中,只要提供少许活化能,即可转变为化学吸附。换言之,化学吸附的活化能远低于 H_2 的解离能。因此,Ni 是优良的加氢催化剂。当然,它亦是优良的脱氢催化剂。

在固体表面发生的吸附过程为自发过程,即在该过程中系统的吉布斯自由能降低($\Delta G < 0$)。当气体分子在固体表面发生吸附时,气体分子由自由的三维运动转化为表面层的二维运动,即运动自由度降低,或者说气体分子由混乱的运动转变为较为有序的运动,因此熵值减小($\Delta S < 0$)。根据等温条件下热力学关系式 $\Delta G = \Delta H - T\Delta S$ 可知,该过程的 $\Delta H < 0$,即吸附属于放热过程。虽然吸附是放热,但是习惯上将吸附热取为正值,这一点与热力学上热的取号是不同的,读者需要注意。

化学吸附热大于物理吸附热,吸附热的大小可以衡量吸附的强弱。对于化学吸附,如果吸附热太小,吸附分子的活化程度低,反应活性也低;如果吸附热太大,则吸附很强,吸附分子难以从固体表面脱附,长时间占据着固体表面,因而成为固体表面的毒物。显然,对于固体催化剂,当反应物分子在其表面吸附时的吸附热为中等时,即反应物分子的吸附既不是太强又不是太弱时,催化剂的性能则最优。

吸附热与其他过程的热类似,可分为微分吸附热和积分吸附热。等温条件下,在固体表面吸附一定量的气体所放出的热,即为积分吸附热。实验结果表明,积分吸附热与表面的覆盖度有关,随着覆盖度的增加,积分吸附热的增加幅度并不一样。

在固体表面,当吸附一定量的气体后,再吸附微小量气体所放出的热量 δQ 与吸附气

体的量 δa 的比值,即是微分吸附热,用数学形式 $(\delta Q/\delta a)_T$ 表示。微分吸附热随着表面覆盖度的增加而减少。这种现象与积分吸附热随覆盖度的变化是等效的,在本质上也是一脉相承的。本质上,这种现象与表面的不均匀性有关,吸附首先发生在表面缺陷程度最高、最活泼的位点,随着覆盖度的增加,活泼的位点逐步被完全占据,吸附只能发生在缺陷程度低的不活泼位点上,此时被吸附气体发生吸附时的活化能增加,吸附热降低。吸附热与覆盖度之间的关系比较复杂,有些系统的吸附热与覆盖度存在对数关系,有些系统的吸附热与覆盖度的关系没有特定规律。吸附热可以直接用量热计测定,也可以基于吸附等量线,通过克-克方程[式(14.35)]计算。

影响吸附的因素除了固体的表面性质和吸附质的种类外,其他主要因素即是温度和压力。由于吸附为放热过程,随着温度的升高,吸附量逐渐下降。对于物理吸附,温度应控制在沸点附近,才能发生显著的吸附。随着压力的升高,吸附量和吸附速率均增加。一般而言,吸附质的沸点越高或者说其饱和蒸气压越低,则其越易于在固体表面上发生吸附和凝聚,吸附量即越大,因此凝聚热越大。

若吸附质气体与固体表面能够发生化学作用,则有利于吸附。例如,酸性气体分子易于在碱性固体表面发生吸附;反之,碱性分子也易于在酸性固体表面发生吸附。含硫、含砷化合物容易造成贵金属催化剂的中毒,这类化合物分子中硫和砷的孤对电子易与金属的空轨道配位,发生电子转移,形成强的化学吸附,从而造成催化剂中毒。

八、固体表面对溶液中溶质的吸附

当溶液与固体表面接触时,溶质会被吸附到固体表面,这即是通常所说的固体对溶液的吸附作用。然而,液体在固体表面的吸附比较复杂。除了溶质的吸附外,也会发生溶剂的吸附,一般两者兼有,只是程度不同而已。例如,活性炭从色素水溶液中吸附的色素多于吸附的水,因此可以使用活性炭使溶液脱色。但是,如果把活性炭放入色素的乙醇溶液中,由于活性炭对乙醇的吸附作用大于对色素的吸附,故活性炭不能用于乙醇溶液中色素的脱除。

利用各物质在固体表面吸附能力的不同,选用适当的固体吸附剂,可将溶液中各种组分加以分离,这即是液相色谱法的基本原理。

在固-液界面上的吸附,吸附的溶质可以是电解质,也可以是非电解质。基于溶质在固体表面的状态,吸附可分为分子吸附和离子吸附两类。分子吸附是指整个分子被吸附在固-液界面上,此时,被吸附物质是非电解质或弱电解质的分子型物质。离子吸附是指固体吸附剂在强电解质溶液中对溶质离子的吸附,该类吸附根据吸附形式又可分为离子选择吸附和离子交换吸附。离子选择吸附是指固体吸附剂从电解质溶液中选择性地吸附与其组成有关的离子,如胶体粒子的表面吸附。固体吸附剂从电解质溶液中吸附某种离子的同时,将吸附剂表面上的同号离子等电荷量地置换到溶液中的过程称为离子交换吸附(简称离子交换),如离子交换树脂和沸石分子筛的离子交换过程。

将定量的固体吸附剂加入已知浓度和质量的某溶液中,在吸附进行过程中,首先需要判断吸附是否达到了平衡,这可以基于溶液中对应组分的浓度是否随时间而继续发生变化来判断。当吸附达平衡后,根据溶液中溶质浓度的变化可求得该固体吸附剂对溶质的吸附量,这种吸附量是表观吸附量。由于溶剂分子的吸附不可避免,要测定溶质分子的绝对吸附量则是颇为困难的。吸附动力学模拟通常使用准一级和准二级吸附动力学方程。在给定的条件下,如果吸附质在固体表面的吸附速率与在给定时间内的吸附增量成正比,则为一级吸附;如果吸附速率与在给定时间内的吸附增量的平方成正比,则为二级吸附。

在一定温度下,将不同浓度下的吸附量对溶液浓度作图,得到吸附等温线。可以采用前面得到的有关气体在固体表面的吸附等温式描述,例如,弗伦德利希吸附等温式在固体对溶液吸附方面的应用较为广泛,此时其表达式为

$$\lg a = \lg k + \frac{1}{n}\lg c$$

式中,a 和 c 分别为表观吸附量和平衡时溶质的浓度。在定温下对于一定的系统而言,k 和 n 均为常数。此外,有些溶液系统的吸附可用朗缪尔吸附等温式表示,也有一些溶液系统的吸附可用 BET 方程表示。

不过,应当指出的是,这些吸附等温式在固体对溶液吸附方面的应用均是经验性的,吸附等温式中的常数亦无明确的物理意义。

14.9   表面催化反应

一、固体表面催化反应的一般步骤

在固体催化剂表面发生的反应,为复相催化反应。参与复相催化反应的物质可以是液相的,也可以是气体物质。其中,气体反应物和气体产物在固体催化剂上所组成的反应,即气-固相表面催化反应,在工业催化中比较常见。通常,复相催化反应包括以下 5 个基本步骤:

(1) 反应物分子扩散至固体催化剂表面附近;

(2) 反应物分子被吸附在固体催化剂表面;

(3) 吸附在固体催化剂表面上的反应物分子发生反应;

(4) 产物分子从固体催化剂表面脱附;

(5) 产物分子从固体催化剂表面扩散至气体或溶液本体中。

复相催化反应的速率取决于最慢的步骤。上述步骤中究竟哪一步为决速步骤,需要根据具体情况进行具体分析。通常,反应物和产物的扩散,也即步骤(1)和(5),并不是反应的缓慢步骤,可以通过强化扩散的措施来确认扩散是否为决速步骤。在液-固相催化反应中,反应物的扩散阻力要远大于气体反应物,需要特别关注。

步骤(2)和(4),也即吸附和脱附步骤,有可能是缓慢步骤。对于多数情况,步骤(3),也

即表面反应,是整个过程的决速步骤。表面反应步骤的速率反映了催化剂活性中心的催化活性。催化活性是固体催化剂最重要的性质之一,如何准确测量该数据显得尤为重要。

二、固体催化剂的活性表面、吸附热与催化活性

反应物分子在固体表面的化学吸附与催化作用密切相关,通过研究吸附态的分子与表面的作用及吸附态分子之间的相互作用,有助于理解固体催化剂的作用本质。近几十年来,随着高真空技术及光谱和衍射技术等的发展,特别是低能电子衍射技术(LEED)和高分辨电子能量损失谱(HREELS)的出现,使化学吸附成为表面化学的独立领域,极大地促进了催化学科的发展。

分子在固体表面的吸附和反应在很大程度上取决于所暴露的固体表面。由于固体表面的不均匀性,并非所有表面部位都具有催化活性,只有特定的表面部位在催化反应中才表现出高的催化活性,实际上具有催化活性的表面部位只占一小部分。例如,Fe 催化剂的(111)晶面,在合成氨的反应中表现出远高于其他晶面的活性,但(111)晶面只占 Fe 催化剂很少一部分(通常 < 0.1%)。(111)晶面是 Fe 催化氨合成反应的活性中心,在该晶面上化学吸附的反应物分子,能够有效地发生反应并转化为氨分子,而吸附在其他晶面的反应物分子转化为氨分子的速率则非常缓慢。为了提高氨合成催化剂的活性,已发展了多种提高活性晶面占比的制备技术。

反应物分子在固体表面的吸附强弱与催化活性之间的关系密切,并呈现一定的规律性。以甲酸(HCOOH)在金属催化剂上分解为 H_2 和 CO_2 的反应为例,该反应的机制是,甲酸分子吸附在金属催化剂表面,生成类甲酸盐的中间物种后,再分解生成产物。甲酸的吸附热越大,所形成的中间物种越稳定。若以催化剂的催化活性对相应的吸附热作图,则得火山型曲线,如图 14.31 所示。这说明,在发生中等强度吸附的金属 Ir 和 Pt 上,其催化活性最高。弱的化学吸附,对反应物分子活化程度低,生成中间物种的速率较慢,因而相应催化剂的活性较低;而过强的吸附所形成的中间物种分解困难,亦使催化活性较低。

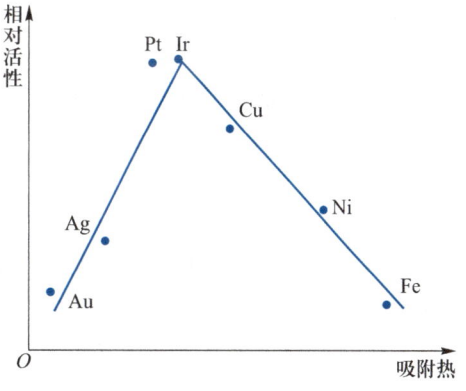

图 14.31 甲酸分解反应催化活性与甲酸在催化剂上的吸附热的关系

*三、气体分子在固体催化剂表面的吸附形态

气体分子在固体催化剂表面所形成的化学吸附具有多种形态,不同形态的化学吸附物种在反应中的活性存在差异。气体分子的吸附形态,可以通过吸脱附技术并结合各种

光谱技术进行确定。例如,氢分子在金属 Pd 表面发生解离吸附,以金属-氢物种(M-H)存在。在阶梯的 Pd 表面,氢分子首先在阶梯棱附近的平面吸附,生成带有负电荷的物种,随着覆盖度的提高,氢分子吸附在平面上,形成了带弱正电荷的物种。带负电荷的物种是加氢和 $H_2 - D_2$ 交换反应的活性中心。

CO 分子偶极矩大,在金属表面,主要通过金属与碳端作用形成吸附,通过光谱可以确定所形成的不同吸附物种。例如,CO 在 Pd(111)晶面上吸附,形成 3 个谱带,从高波数到低波数,依次对应 $Pd_1 - CO$、$Pd_2 - CO$ 和 $Pd_3 - CO$ 物种;在低温时这些物种以分子形式存在,随着温度升高,CO 分子发生解离吸附,在金属表面形成碳物种和氧物种,可通过红外光谱、紫外光电子能谱(ultraviolet photo-electron spectroscopy,UPS)、X 射线光电子能谱技术(X-ray photo-electron spectroscopy,XPS)等进行鉴别,不同物种的反应性能并不相同。

四、气-固相表面催化反应动力学

气-固相表面催化反应动力学的主要目的是,建立反应速率与各可控变量之间的定量关系,并给出反应机制。动力学的研究结果是催化反应器设计的基本依据,同时可为探索催化反应的本质提供重要线索,并为改进和开发高效催化剂提供有用的信息。表面催化反应动力学是当前催化领域的一个研究热点。目前,气-固相表面催化反应动力学研究最常用的方法是稳态流动法。关联数据最常用的动力学方程有指数型和 LHHW(Lang-muir-Hinshelwood-Hougen-Watson)型方程。前者为经验性的,主要用于工程设计;后者又称双曲线型动力学方程,是在假设催化反应经历吸附—表面反应—脱附的基础上建立起来的,该方法可以很好地关联动力学数据,并能够为反应机制的研究提供定量数据,其应用较为广泛。有关催化反应动力学研究方法的系统性知识,读者可参阅相关专著。

前已述及,气-固相表面催化反应一般包含 5 个基本步骤。如果决速步骤不同,则获得的速率方程并不相同。如果采用足够大的流速及尽可能小的催化剂颗粒,以消除扩散传质对反应的影响,而且当吸附-脱附过程亦可快速地建立起平衡时,则在催化剂上的表面反应便是整个过程的速控步。下面的讨论均是基于表面反应为速控步而进行的。表面反应速率与固体表面吸附的反应分子的浓度成正比,也即与吸附分子在固体表面上的覆盖度 θ 成正比,固体表面的覆盖度 θ 可通过吸附等温式来表达。因而,可以通过吸附等温方程式来建立气-固相表面催化反应的速率方程。下面基于两种表面反应类型,分别进行阐述。

1. 表面单分子反应

(1)表面单分子反应的机制及速率方程推导。反应过程在催化剂表面经历吸附、反应、脱附 3 个步骤,即

$$A + —S— \rightleftharpoons A—S— \quad (表面吸附步骤)$$
$$A—S— \longrightarrow X—S— \quad (表面反应步骤)$$
$$X—S— \rightleftharpoons X + —S— \quad (表面脱附步骤)$$

A 和 X 分别为反应物分子和产物分子,S 代表催化剂表面的活性中心。

假定表面吸附及脱附步骤均可快速达成平衡,而表面反应为速控步,则反应速率与反应物分子 A 在催化剂表面上的覆盖度成正比,即

$$r = k\theta_A$$

如果 A 在催化剂表面的吸附符合朗缪尔吸附等温式,而且产物 X 的吸附很弱,则

$$\theta_A = \frac{bp_A}{1 + bp_A}$$

因此,反应的速率方程可写为

$$r = -\frac{dp_A}{dt} = k\frac{bp_A}{1 + bp_A} \tag{14.57}$$

（2）讨论。如果 A 在固体表面的吸附很弱,也即 b 值很小,或者如果气相中 A 的压力很低,则 $bp_A \ll 1$,那么式(14.57)可简化为

$$r = kbp_A \tag{14.58}$$

此时,反应速率 r 与 A 的压力成正比,也即反应为一级反应。

与上述正好相反的情况是,A 分子在固体表面的吸附很强,也即 b 值很大,或者气相中 A 的压力很高,则 $bp_A \gg 1$,那么式(14.57)可简化为

$$r = k$$

此时,反应速率 r 与 A 在气相中的压力无关,也即反应表现为零级反应。这时,在反应过程中可以观察到,反应物 A 的压力随时间而线性下降,产物 X 的压力随时间而线性上升。这类表面反应比较常见,例如 NH_3 在催化剂 W 表面的分解反应。

如果吸附强度适中,或者反应在压力适中的情况下进行,则反应速率 r 用式(14.57)表示,即反应级数为 0~1。

如果产物分子 X 在催化剂表面也发生吸附,则朗缪尔吸附等温式为

$$\theta_A = \frac{b_A p_A}{1 + b_A p_A + b_X p_X}$$

那么,反应速率方程为

$$r = -\frac{dp_A}{dt} = k\frac{b_A p_A}{1 + b_A p_A + p_X p_X} \tag{14.59}$$

由上式可知,产物分子或反应系统中其他分子在催化剂表面上的吸附,可导致反应速率的下降。

在某些情况下,式(14.59)可进一步地化简。例如,如果反应物 A 的压力很低,或者如果反应物 A 的吸附较弱,则 $b_A p_A \ll 1 + b_X p_X$,那么式(14.59)可简化为

$$r = \frac{kb_Ap_A}{1 + b_xp_x} \tag{14.60}$$

例如,N_2O 在银催化剂上分解为 N_2 和 O_2,分解产物 O_2 的吸附会抑制该反应,其反应速率的相关讨论与上述类似。

如果 X 是强吸附,则 $b_xp_x \gg 1 + b_Ap_A$,那么基于式(14.59),有

$$r = \frac{k_1b_Ap_A}{1 + b_Ap_A + b_xp_x} \approx \frac{k_1b_Ap_A}{b_xp_x} = k\frac{p_A}{p_x} \tag{14.61}$$

可见,反应速率 r 与反应物 A 的分压成正比,与产物 X 的分压成反比。例如,NH_3 在贵金属 Pd 催化剂表面的分解反应为

$$2NH_3 \rightleftharpoons N_2 + 3H_2$$

其反应速率方程为

$$r = -\frac{dp(NH_3)}{dt} = k\frac{p_{NH_3}}{p_{H_2}}$$

这说明,分解产生的 H_2 在催化剂 Pd 表面发生了强吸附,抑制了催化剂的活性。

综上可知,对同一反应,在不同条件下,会有不同的反应速率表达式。

这里涉及一个不可回避的问题,即催化剂中毒问题。对于一些不是反应物的物质,其在催化剂表面发生强烈的吸附,产生抑制反应进行的效果,即是催化剂中毒。除了上述例子中的 H_2 在催化剂 Pd 表面的强烈吸附可造成 Pd 中毒外,对于 Pd 等贵金属加氢反应催化剂,含硫、含氮化合物均会引起催化剂中毒,使催化活性迅速下降;在合成氨反应中,CO、H_2S 等会造成铁催化剂中毒而使活性下降。因而,针对这些反应过程,需要预先有效地净化反应原料,将催化剂毒物的浓度控制在催化剂可耐受的浓度以下,以避免催化剂中毒。

2. 表面双分子反应

表面双分子反应有两类可能的机制。一类机制是,两种反应物分子在固体表面发生吸附,邻近吸附位的两种反应物种的吸附态之间发生反应生成产物,该历程称为朗缪尔 - 欣谢尔伍德历程,简称为 L - H 历程。大多数固体表面的双分子反应属于此类型。另一类机制是,一种反应物分子被吸附在固体表面,生成的吸附物种与气相中的另一种反应物分子发生反应,该历程的主要贡献者是里迪尔(E. K. Rideal),因此通常称为里迪尔历程。

(1) L - H 历程及其反应速率方程。表面反应进行的机制为

$$A + B + \text{—S—S—} \rightleftharpoons \text{—S(A)—S(B)—} \quad \text{(表面吸附步骤)}$$

$$\text{—S(A)—S(B)—} \longrightarrow \text{—S(C)—S(D)—} \quad \text{(表面反应步骤)}$$

$$\text{—S(C)—S(D)—} \rightleftharpoons C + D + \text{—S—S—} \quad \text{(表面脱附步骤)}$$

基于朗缪尔吸附理论,则

$$\theta_A = \frac{b_A p_A}{1 + b_A p_A + b_B p_B} \qquad \theta_B = \frac{b_B p_B}{1 + b_A p_A + b_B p_B}$$

因为表面反应为速控步,所以反应速率方程为

$$r = k\theta_A\theta_B = \frac{kb_A b_B p_A p_B}{(1 + b_A p_A + b_B p_B)^2} \tag{14.62}$$

(2)L-H历程的反应速率方程讨论。若固定反应物B(或A)的分压,则从方程(14.62)可以得知,反应速率随另一反应物A(或B)压力的增加出现一个极值,在压力较低时随着压力的增加,反应速率增加,随后出现最大值,之后随着压力的增加,反应速率下降,如图14.32所示。

如果B是强吸附,则 $b_B p_B \gg 1 + b_A p_A$,那么反应速率方程(14.62)变换为

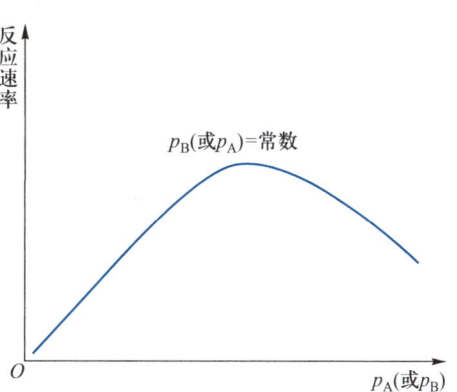

图14.32 符合L-H历程的双分子反应速率随反应物压力变化示意图

$$r = \frac{kb_A b_B p_A p_B}{(1 + b_A p_A + b_B p_B)^2} = \frac{kb_A p_A}{b_B p_B} \tag{14.63}$$

从式(14.63)可以看出,反应速率与强吸附反应物的分压成反比,与另一反应物的分压成正比。

(3)里迪尔历程及其反应速率方程。所谓里迪尔历程,是指吸附态的某种分子(例如A分子)与气相中的另一种分子(例如B分子)发生反应,可表示为

$$A + —S— \rightleftharpoons A—S— \qquad (表面吸附步骤)$$
$$A—S— + B \longrightarrow X + —S— \qquad (表面反应步骤)$$

其中,X为产物分子。通常,B分子也会在催化剂表面上发生吸附,只是吸附态的B分子不与吸附态的A分子发生反应而已。因表面反应是速控步,所以反应速率方程为

$$r = k\theta_A p_B = \frac{kb_A p_A p_B}{1 + b_A p_A + b_B p_B} \tag{14.64}$$

如果B分子不在催化剂表面上吸附,则上述的反应速率方程变为

$$r = \frac{kb_A p_A p_B}{1 + b_A p_A} \tag{14.65}$$

基于式(14.65),如果 p_B 保持恒定不变,则随着 p_A 的增加,反应速率趋向于一极限值,如图14.33所示。

综合上述关于 L－H 历程和里迪尔历程的讨论结果可知,在表面反应为速控步并保持 p_B 恒定不变的前提下,如果反应速率与发生吸附的物质 A 的分压 p_A 的关系曲线上出现最大值,则该表面双分子反应遵从 L－H 历程;如果随着 p_A 增加,反应速率趋向于某一极限速率,则遵从里迪尔历程。

在固体催化剂表面进行的气－固相催化反应还有其他一些情况,例如反应物吸附或产物脱附为速控步,或者各步的速率比较接近,或者吸附不符合朗缪尔等温方程式,等等。对于这些情况下的速率方程式,有兴趣的读者可以自己思考并试着进行推导。

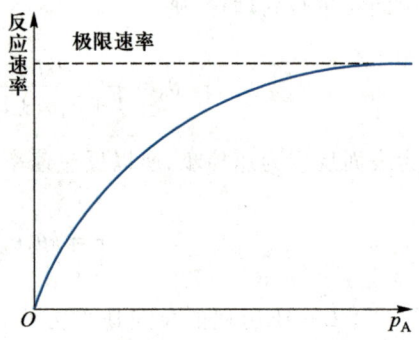

图 14.33 符合里迪尔历程的反应速率随压力 p_A 变化的示意图(p_B 不变)

附录

吉布斯吸附公式和 BET 方程的推导

主要知识点概述

(1) 表面或界面是指密切接触的两相之间的过渡区,有几个分子层的厚度。位于表面的分子所处的环境及受力情况与两相内部分子的环境及受力情况并不相同,这会导致一系列独特的表面现象,如表面张力、表面吸附、毛细管现象、过饱和蒸气、过饱和溶液、纳米粒子的表面效应等。

(2) 观察液体表面,可察觉到液体表面处处存在着一种张力。作用于单位长度边界线上的这种力,即为表面张力,用 γ 表示,其单位是 $N \cdot m^{-1}$。

表面张力的作用方向是,作用于表面的任一条边界,垂直于该边界,指向表面的中心并与表面相切。

表面张力不只存在于液体表面,只要是两相界面,包括固－气界面、固－液界面、固－固界面和液－液界面等,均存在表面张力。不过,目前只有液－气表面张力可由实验直接测定。

(3) 比表面能的广义定义为

$$\gamma = \left(\frac{\partial U}{\partial S_A}\right)_{S,V,n_B} = \left(\frac{\partial H}{\partial S_A}\right)_{S,p,n_B} = \left(\frac{\partial A}{\partial S_A}\right)_{T,V,n_B} = \left(\frac{\partial G}{\partial S_A}\right)_{T,p,n_B}$$

在狭义上,可将与吉布斯自由能相关的偏微商定义为比表面能。

(4) 表面张力和比表面能使用同一符号(γ)表达,两者的数值相同,量纲亦相同。但是,两者的物理意义不同,单位亦不相同。在讨论表界面热力学时,γ 当作比表面能使用;在讨论相界面间的相互作用时,γ 当作表面张力使用。

一般,表面张力随温度 T 升高而降低。

(5) 当弯曲液面为球面时,其附加压力的计算形式为

$$p' = \frac{2\gamma}{r}$$

r 为曲率半径,附加压力的方向总是指向曲面的球心。如果是空气中的气泡,则有两个弯曲液面,曲率半径几乎相同,附加压力的计算式为

$$p' = \frac{4\gamma}{r}$$

(6) 当细玻璃管与液体相接触时,则基于液体与玻璃之间的接触角,液面在管内发生上升或下降,相应的高度计算式为

$$h = \frac{2\gamma\cos\theta}{\rho g R}$$

R 为玻璃管半径。h 数值的正或负,表示液面的上升或下降。

(7) 弯曲液面上蒸气压 p_r 的计算式(即开尔文公式)为

$$RT\ln\frac{p_r}{p_0} = \frac{2\gamma M}{r\rho}$$

p_0 表示水平液面上的蒸气压,曲率半径 r 对凸液面和凹液面分别取正值和负值。

开尔文公式可以解释过饱和蒸气、人工降雨、过热液体、加沸石防止发生暴沸,以及蒸气在多孔固体表面被吸附时在细孔道内易发生毛细凝聚等现象。

(8) 黏湿功为 $W_a = \Delta G = \gamma_{s-l} - \gamma_{l-g} - \gamma_{s-g}$,是指在等温等压可逆条件下,单位面积的液面与固体表面黏湿时对外所做的最大功。它是液体黏湿固体的一种量度。

浸湿功为 $W_i = \Delta G = \gamma_{s-l} - \gamma_{s-g}$,它是液体在固体表面上取代气体能力的量度。

铺展系数为 $S = -\Delta G = \gamma_{s-g} - \gamma_{s-l} - \gamma_{l-g}$。若 $S \geqslant 0$,即 $\Delta G \leqslant 0$,则液体能够在固体表面铺展开。

(9) 接触角计算公式为

$$\cos\theta = \frac{\gamma_{s-g} - \gamma_{s-l}}{\gamma_{l-g}}$$

若接触角 $\theta > 90°$,说明液体不能润湿固体;若 $\theta < 90°$,则液体能够润湿固体。如果 θ 为 $0°$,则为完全润湿;如果 θ 为 $180°$,则完全不润湿。

因为液体表面张力 γ_{l-g} 和接触角 θ 均可由实验直接测定,所以按照接触角的计算公式,$(\gamma_{s-g} - \gamma_{s-l})$ 的值可基于实验结果经计算得到。这一点是十分有意义的。

(10) 吉布斯吸附公式为

$$\Gamma = -\frac{c}{RT}\frac{\mathrm{d}\gamma}{\mathrm{d}c}$$

表面过剩 Γ 是指在单位面积的表面层中所含溶质的物质的量与具有相同数量溶剂的溶液本体中所含

溶质的物质的量之差值。c 为溶液本体浓度，γ 是溶液的表面张力。当 $d\gamma/dc < 0$，即当溶质是表面活性物质时，发生正吸附；而当 $d\gamma/dc > 0$，即当溶质是非表面活性物质时，则发生负吸附。

（11）加入少量溶质就能使溶液表面张力急剧下降，这类溶质即是表面活性剂。表面活性剂是双亲性的有机物，既含有亲水性的极性基团，又具有疏水性的非极性碳链或碳环。表面活性剂分为离子型和非离子型两大类。能使水的表面张力发生明显降低时所需表面活性剂的浓度称为表面活性剂的效率。

表面活性剂分子能够在溶液表面富集，当其在表面的浓度达到最大时，则形成定向排列的单分子层，其排列方式是，亲水基团朝向水而疏水的碳链竖直地指向空气的紧密排列，因此可通过表面过剩 Γ^∞ 计算分子的截面积等结构参数。此时，在溶液内部，表面活性剂分子的疏水基相互靠拢，三三两两地聚集在一起，形成胶束；随着浓度的继续增加，大量的表面活性剂分子会聚集在一起，形成形状各异的大体积胶束。表面活性剂在溶液内形成胶束时所需要的最低浓度范围，称为临界胶束浓度（CMC）范围。

表面活性剂主要具有润湿、起泡、增溶、乳化、洗涤和作为模板剂等作用。

（12）由于能溶于水，表面活性剂可通过溶液表面吸附的方式形成定向排列的紧密单分子层。如果双亲性分子的疏水基过大或者疏水基碳链过长，则它在水中几乎不能溶解，这时它在水面上定向排列的紧密单分子层即不能通过溶液表面吸附方式来完成，但是可以通过在水面上滴加该有机物在某种溶剂中形成的铺展溶液的方式来产生。它与吸附膜一样，亦是定向排列的单分子膜，称为不溶性表面膜。不溶性表面膜具有表面压，表面压可以通过朗缪尔膜天平实现较为精确的测量。

（13）固体表面吸附的发生主要是由于吸附质分子与固体吸附剂表面的原子或分子发生相互作用。根据相互作用性质，吸附可分为物理吸附和化学吸附。

物理吸附的作用力为范德华力，其吸附热较小，接近于吸附质的液化热。吸附无选择性，任何气体皆可被吸附在任何固体表面上。吸附可以是单层的，也可以是多层的。物理吸附没有电子转移，无化学键的破坏与形成。吸附不需要活化能，吸附速率受温度的影响很小，吸附和脱附均很快。

化学吸附的本质是固体表面与被吸附物种之间形成了化学键，因此吸附有选择性。吸附剂固体与吸附质之间的作用力强，吸附热大。这类吸附只能是单层的，且脱附困难。化学吸附本质上与化学反应有类似性，吸附时需要活化能，因而随温度升高吸附速率加快。

（14）在固体表面发生的吸附过程为自发过程，$\Delta G < 0$。当气体分子在固体表面发生吸附时，气体分子由自由的三维运动转化为表面层的二维运动，即运动自由度降低，因此 $\Delta S < 0$。根据 $\Delta G = \Delta H - T\Delta S$ 可知，$\Delta H < 0$，即吸附属于放热过程。虽然吸附是放热，但习惯上将吸附热取为正值。

（15）朗缪尔吸附等温式是一个理想的吸附方程。它表达了在均匀固体表面上，被吸附分子之间没有相互作用，并且吸附是单分子层情况下吸附达到平衡时的规律性。它在吸附理论中所起的作用类似于气体运动理论中的理想气体定律，因此具有重大意义。

朗缪尔吸附等温式为

$$\theta = \frac{k_1 p}{k_2 + k_1 p} = \frac{bp}{1 + bp}$$

$$\frac{p}{V} = \frac{1}{bV_m} + \frac{p}{V_m}$$

显然，以 p/V 对 p 作图，可得一直线，直线斜率为 $1/V_m$，截距为 $1/(V_m b)$，由此便可求出 V_m 和 b。V_m 是吸附质气体在固体表面的单层饱和吸附量，由此值可计算固体的比表面积。

如果 A、B 两种气体在固体表面同时发生吸附，则朗缪尔吸附等温式为

$$\theta_A = \frac{cp_A}{1 + cp_A + c'p_B} \quad \theta_B = \frac{c'p_B}{1 + cp_A + c'p_B}$$

显然,B 的存在使 A 的吸附受到抑制,同样 A 的存在亦使 B 的吸附受到抑制。

(16) BET 吸附理论承袭了朗缪尔吸附理论关于固体表面是均匀的和被吸附分子之间无相互作用的观点。但 BET 理论认为,吸附是多分子层的,而且第一层吸附与第二层吸附不同,因为相互作用的对象不同。第一层的吸附热效应与第二层及以上各层亦不相同,第二层及以上各层的吸附热效应与吸附质的液化热相近。BET 方程为

$$\frac{p}{V(p_0-p)} = \frac{1}{V_m C} + \frac{C-1}{V_m C} \frac{p}{p_0}$$

以 $p/[V(p_0-p)]$ 对 p/p_0 作图可得直线,直线斜率为 $(C-1)/(V_m C)$,截距为 $1/(V_m C)$,因此

$$V_m = \frac{1}{斜率 + 截距}$$

有了 V_m,结合吸附质分子的截面积 σ,即可计算出固体的比表面积 S_{BET},即

$$S_{BET} = \frac{V_m \times 6.023 \times 10^{23}\ mol^{-1}}{22400\ cm^3 \cdot mol^{-1}} \times \frac{\sigma}{m}$$

(17) 吸附等温线的测量技术大致可分为静态法和动态法两类。其中,静态法又包括体积法和重量法。

固体样品的表面通常吸附了水分子等外来物质,因此需要预先在较高温度和较高真空度条件下进行处理,或者用惰性气体吹扫足够长时间,使水分子等脱附后,固体表面才能吸附特定的物质(如氮气),以确保测量的准确性。

(18) 按照孔直径的大小可将孔分为 3 类,即微孔(micropore),孔直径 d 小于 2 nm;介孔(mesopore),孔直径 d 为 2~50 nm;大孔(macropore),孔直径 d 大于 50 nm。

进行微孔结构分析常用 H-K 法,而 BJH 法是介孔结构分析的经典方法。

(19) 吸附热大小可以衡量吸附的强弱程度。一种理想的催化剂必须能够吸附反应物,使它活化,因此吸附不应太弱,否则难以达到活化效果。不过,吸附亦不应太强,否则被吸附物不易解吸,成为催化剂毒物,使催化剂快速丧失活性。理想的催化剂,其吸附强度应适中,并且反应物的吸附和产物的脱附均应较快。

(20) 在固体催化剂表面发生的反应,为复相催化反应。通常,复相催化反应包括① 反应物分子扩散至固体表面附近,② 反应物分子被吸附在固体表面上,③ 反应物分子在固体表面上发生反应,④ 产物分子从固体表面上脱附,⑤ 产物分子从固体表面附近扩散至系统本体等 5 个基本步骤。其中,每一步骤都有可能成为整个过程的决速步骤。

若催化剂表面上的反应是整个过程的速控步,则可以通过吸附等温式来建立表面催化反应的速率方程。

(21) 对于表面单分子反应,当表面反应为决速步骤时,则基于朗缪尔吸附等温方程式,得到的速率方程为

$$r = k \frac{b p_A}{1 + b p_A}$$

若 A 的吸附很弱,或者气相中 A 的压力很低,则 $b p_A \ll 1$,速率方程可简化为

$$r = k b p_A$$

即反应速率 r 与 A 的压力成正比,反应为一级反应。若 A 的吸附很强,或者 A 的压力很高,则 $b p_A \gg 1$,

速率方程可简化为

$$r = k$$

即反应速率 r 与 A 的压力无关,反应表现为零级反应。

(22) 表面双分子反应有两类可能的历程。两种反应物分子 A 和 B 在固体表面发生吸附,邻近吸附位的两种反应物的吸附态之间发生反应生成产物,此即 L - H 历程;一种反应物分子 A 被吸附在固体表面形成吸附物种,与气相中另一反应物分子 B 发生反应,此乃里迪尔历程。

在表面反应为速控步并保持 p_B 不变的前提下,如果反应速率与发生吸附的物质 A 的分压 p_A 的关系曲线上出现极大值,则该反应遵从 L - H 历程;若随着 p_A 的增加,反应速率趋向于某一极限速率,则反应遵从里迪尔历程。

科学问题

习题

14.1　常压下,水的表面能 $\gamma(J \cdot m^{-2})$ 与温度 $T(℃)$ 的关系为 $\gamma = (7.564 \times 10^{-2} - 1.4 \times 10^{-4} T)$。在 10 ℃,在水的体积不变的条件下,可逆地将水的表面积增加 1 m^2,计算该过程的 W、Q、ΔU、ΔH、ΔA 和 ΔG。

14.2　20 ℃时苯蒸气凝结成雾,其液珠半径为 10^{-6} m,试计算饱和蒸气压比正常值增加的百分数(已知 20 ℃时液体苯的密度为 879 kg·m^{-3},相对分子质量为 78,表面张力为 28.9×10^{-3} N·m^{-1})。

14.3　20 ℃时水的表面张力为 72.8×10^{-3} N·m^{-1},蒸气压为 2.34 kPa。某水滴的蒸气压为 2.40 kPa,计算此水滴的半径及水滴表面的附加压力。

14.4　20 ℃时,一个直径为 1 cm 的肥皂泡在空气中要保持不破裂,其泡内气体压力应为多大? 已知 20 ℃时纯水的表面张力为 72.8×10^{-3} N·m^{-1}。由于肥皂溶入而使水的表面张力下降 80%,大气压力按 101.325 kPa 计。

14.5　20 ℃、101.3 kPa 下,将直径为 0.1 mm 的玻璃毛细管插入水中,已知 20 ℃时水的表面张力为 72.8×10^{-3} N·m^{-1},密度为 1.00 g·cm^3,水可完全润湿玻璃。计算:

(1) 毛细管内液面上升的高度;

(2) 要使管内外的液面相平,需对管内液面施加多大压力。

14.6　292.2 K 时,丁酸水溶液的表面张力可表示为 $\gamma = \gamma_0 - a\ln(1 + bc)$,式中 γ_0 为纯水的表面张力,a、b 均为常数。

(1) 求该溶液中丁酸的表面吸附量 Γ 与浓度 c 的关系式;

（2）若 $a = 0.0131\ \text{N} \cdot \text{m}^{-1}$，$b = 19.62\ \text{dm}^3 \cdot \text{mol}^{-1}$，计算 $c = 0.200\ \text{mol} \cdot \text{dm}^{-3}$ 时，丁酸的表面吸附量；

（3）计算丁酸溶液的饱和吸附量 Γ^∞。设此时表面层上丁酸呈单分子层吸附，紧密排列，计算丁酸分子的截面积。

14.7　373 K 时，水中若只有直径 $1 \times 10^{-6}\ \text{m}$ 的空气泡，要使这样的水沸腾需过热多少摄氏度？已知 373 K 时水的表面张力为 $5.89 \times 10^{-2}\ \text{N} \cdot \text{m}^{-1}$，水在 101.325 kPa 下的摩尔汽化热 $\Delta_{\text{vap}} H_{\text{m}} = 40.65\ \text{kJ} \cdot \text{mol}^{-1}$，水的密度 $= 958.4\ \text{kg} \cdot \text{m}^{-3}$。

14.8　已知，25 ℃时水 − 萘系统的接触角为 90°，水的表面张力为 $72 \times 10^{-3}\ \text{N} \cdot \text{m}^{-1}$，计算：

（1）单位面积的萘在水中的浸湿功 W_i；

（2）单位面积的水在萘上的黏湿功 W_a；

（3）单位面积的水在萘上的铺展系数 S。

14.9　有两块长 20 cm、宽 10 cm 的长方形清洁薄板，中间加入能够完全润湿薄板的液体，如下图所示，设圆柱形液面的曲率直径近似等于板间距离（2 mm），液体的表面张力为 $100\ \text{mN} \cdot \text{m}^{-1}$，计算拉开两块薄板所需要的力。

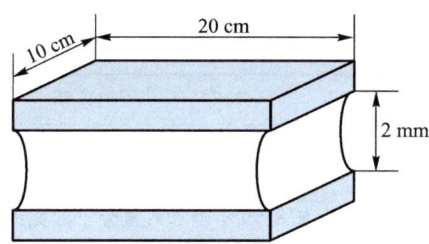

14.10　298 K，将一纯化后的含 1 mg 酶的水溶液，铺展在硫酸铵的水溶液上，铺展面积为 $0.5\ \text{m}^2$，测得其表面压为 $8.0 \times 10^{-4}\ \text{N} \cdot \text{m}^{-1}$，计算该蛋白酶的相对分子质量。

14.11　稀油酸钠水溶液的表面张力 γ 与浓度 c 呈线性关系：$\gamma = \gamma_0 - bc$，式中 γ_0 是纯水的表面张力，b 是常数。已知 298 K 时，纯水的表面张力为 $0.07214\ \text{N} \cdot \text{m}^{-1}$，测得该溶液表面吸附油酸钠的表面超额吸附量为 $4.33 \times 10^{-6}\ \text{mol} \cdot \text{m}^{-2}$，试计算该溶液的表面张力。

14.12　固体溶解于溶剂中，形成理想溶液，试证明固体的溶解度与颗粒尺寸之间的关系为

$$\ln \frac{c}{c_0} = \frac{2\gamma M}{\rho r R T}$$

式中，c 和 c_0 分别为小颗粒和大颗粒的溶解度；γ 为固 − 液界面张力；M 为固体的摩尔质量；ρ 为固体密度；r 为小颗粒的半径。

14.13　293 K 时，活性炭对水中 Cu^{2+} 的吸附量与溶液中乙酸铜的浓度 c 有如下数据，假如该吸附符合弗伦德利希模型，计算弗伦德利希公式中的 k 和 n。

$c/(10^{-3}\ \text{mol} \cdot \text{L}^{-1})$	2.34	14.56	41.03	88.62	177.69
$a/(10^{-3}\ \text{mol} \cdot \text{g}^{-1})$	0.208	0.618	1.075	1.50	2.08

14.14　CO_2 是温室气体的主要成分，可采用吸附剂捕获，然后通过升温减压脱附收集。吸附热是衡量吸附剂性能的主要指标之一，该值过小，不利于吸附，过大则脱附困难，能耗高。实验测得制备的某一吸附剂，在不同温度下，吸附 $10.0\ \text{cm}^3$（标准状况下）CO_2 的数据如下，计算 CO_2 在该吸附剂上的吸附热。

T/K	283	293	303	313	323
p/kPa	4.00	4.86	5.77	6.77	8.00

14.15 活性炭吸附 $CHCl_3$ 符合朗缪尔吸附等温式,273.15 K 时,测得一活性炭样品的饱和吸附量为 93.8 $dm^3 \cdot kg^{-1}$(已换算为标准状况下的体积),当 $CHCl_3$ 的分压力为 13.375 kPa 时,其平衡吸附量为 85.2 $dm^3 \cdot kg^{-1}$。试求:

(1) 朗缪尔吸附等温式中的 b 值;

(2) 氯仿分压为 13.375 kPa 时的覆盖度;

(3) 当 $CHCl_3$ 的分压力为 6.667 kPa 时的平衡吸附量。

14.16 在室温下,实验测得 2.0 g 生物炭与 100 mL 初始浓度为 1×10^{-4} $mol \cdot L^{-1}$ 的亚甲基蓝水溶液达到吸附平衡后,溶液中亚甲基蓝的浓度降至 0.4×10^{-4} $mol \cdot L^{-1}$。在其他条件不变的情况下,采用 4.0 g 生物炭重复上述实验,测得平衡后溶液中亚甲基蓝的浓度为 0.2×10^{-4} $mol \cdot L^{-1}$。亚甲基蓝的吸附符合朗缪尔方程,设亚甲基蓝分子的截面积为 0.65 nm^2,计算该生物炭的比表面积。

14.17 在 $-196 \ ℃$,采用 N_2 作为吸附质,在制备的 CuO(s) 上吸附的氮气在标准状况下的体积数据如下:

$p/(10^4 \ Pa)$	0.59	0.76	1.24	1.58	1.84	2.35
V/cm^3	35.05	35.27	38.54	40.28	41.63	44.27

已知在该温度下液氮的饱和蒸气压为 9.8899×10^4 Pa,氮分子的截面积为 0.1620 nm^2,CuO(s) 质量为 0.6020 g,计算 CuO(s) 的单层饱和吸附量及比表面积。

14.18 A 和 B 两种吸附质在同一均匀固体表面上发生竞争吸附,每个吸附分子吸附在一个吸附中心上,如果符合朗缪尔假设,试推证,当达到吸附平衡时,A 的表面覆盖度 θ_A 与 A、B 在气相中的平衡分压 p_A 和 p_B 之间的关系为 $\theta_A = (b_A p_A)/(1 + b_A p_A + b_B p_B)$(其中 b_A 和 b_B 分别为 A、B 在该表面的吸附平衡常数)。

14.19 根据朗缪尔吸附等温式,试讨论在下列两种情况下表面覆盖度 θ 与吸附质压力 p 的关系:(1) 压力很低或吸附较弱时;(2) 压力很高或吸附较强时。

14.20 在 373 K 时,HI 气体在 Pt 上分解为氢气和碘蒸气,假定表面反应是该反应的决速步骤,则在催化剂表面上,反应速率与 HI 在 Pt 上的吸附量成正比。试解答下列问题:

(1) 推导该反应的速率方程;

(2) 在高压下反应速率系数为 5.0×10^4 $Pa \cdot s^{-1}$,在低压反应速率系数为 50 s^{-1}。计算在 373 K,当反应速率为 2.5×10^4 $Pa \cdot s^{-1}$ 时 HI 气体的分压 $p(HI)$。

14.21 在研究 Pt 催化 NH_3 分解为 N_2 和 H_2 的反应中发现,反应速率与 NH_3 的压力成正比,H_2 在 Pt 表面为强吸附,反应速率和 N_2 压力无关。假定表面反应是决速步,推导该反应的速率方程。

第 14 章部分习题参考答案

第 15 章
电解作用与电极界面过程

由于化学热力学与化学动力学发展进程的差异,在 20 世纪 50 年代以前,平衡态的电化学即已形成比较系统和完备的知识体系。自 20 世纪 40 年代以来,电化学科学的主要发展方向是电极过程动力学。电极过程,顾名思义,是指在电极与电解质溶液的界面处进行的过程。其实际的研究对象,既包括在电解池和原电池工作时进行的电极界面过程,也包括金属与电解质溶液接触时的电化学腐蚀过程。

在本书上册第 9 章,讨论了可逆电池的充、放电过程,其中着重描述了可逆原电池的电动势、对应的可逆电极的电极电势及相关应用。可逆原电池或可逆电解池在工作时,相应的电流必须无限小,这时电极处于平衡状态,电极电势为平衡电极电势。而实际上,电池在放电或充电时,通过电极的电流有一定大小,并非无限小,此时电极处于非平衡状态,相应的电势为不可逆电极电势,它与可逆电极电势并不等同。以电解池为例,例如在 $T = 298.15$ K 和标准压力 $p^{\ominus}$ 条件下,以 Pt 作为阳极和阴极,电解硫酸溶液($m_{H^+} = 1$ mol $\cdot$ kg^{-1} , $\gamma_{H^+} = 1$)时,阳、阴两电极产物分别为 O_2 和 H_2。因为 $\phi_{H^+,O_2/H_2O}^{\ominus} = 1.23$ V, $\phi_{H^+/H_2}^{\ominus} = 0$ V,所以理论上,只要外加电压比 1.23 V 大一个无限小的值,电解即可持续地进行。然而,在实际电解时,要使两电极上连续不断地产生 O_2 和 H_2,外加电压需要达到大约 1.7 V,显然这比 1.23 V 大了很多。为什么呢? 主要是由于电极在非平衡条件下发生了极化,多消耗的电能主要用于克服电极的极化。而电极极化是电极界面的一种重要现象。

15.1 电极反应速率的表示

一、电极界面反应过程的一般步骤

电极极化现象与电极界面反应动力学是密切相关的。电极界面的反应是由多个物理和基元化学步骤构成的复杂过程。一般来说,包含如下几个步骤:

（1）反应物物种向电极界面的传递,此乃传质步骤;

（2）反应物物种在电极界面上吸附或发生解离吸附;

（3）电极界面吸附的物种进行得、失电子过程,生成产物,此乃电化学步骤;

（4）产物物种从电极界面脱附,或者在界面上发生复合、分解、歧化及其他化学变化;

（5）电极界面的产物形成新相(如固相沉积层),可称为"新相形成步骤";电极界面的产物传递至电解质溶液中,这也是传质步骤。

在有些情况下,电极界面反应过程更为复杂,甚至可能包含自催化反应。显然,在上述一系列步骤中,有些与多相催化反应的一般动力学规律类似,例如传质步骤;有的则属于电极反应过程的特殊规律,例如电化学步骤,即电极界面的电荷迁移反应,亦即电极界面的氧化或还原反应;有的步骤,乃是电极界面液层的化学转化,这则类似于溶液相(均相)反应动力学过程,其动力学规律也与之类似。

二、电极反应速率与电极上的电流密度

实际的电极反应过程是热力学的不可逆过程。它的特征是,(1)电极反应只有在电场中方能发生;(2)电极反应速率与电极电势密切相关。当然,电极反应速率还与电极附近溶液中参与反应的物种浓度、电极材料及电极表面状态有关。若将电极反应写为

$$Ox(氧化态) + ze^- \rightleftharpoons Red(还原态)$$

则电极表面的转化速率可表示为

$$\frac{d\xi}{dt} = -\frac{d(\Delta n_{Ox})}{dt} = \frac{d(\Delta n_{Red})}{dt} \tag{15.1}$$

根据法拉第定律,得

$$-\Delta n_{Ox} = \Delta n_{Red} = \frac{It}{zF}$$

将上式代入式(15.1),则

$$\frac{d\xi}{dt} = \frac{I}{zF} \tag{15.2}$$

若电极面积用 S 表示,则在单位电极表面上的转化速率即反应速率为

$$r = \frac{1}{S} \cdot \frac{d\xi}{dt} = \frac{1}{S} \cdot \frac{I}{zF} = \frac{j}{zF} \tag{15.3}$$

式中,j 为电极上的电流密度,其单位通常取 $A \cdot cm^{-2}$,表示每平方厘米的电极上通过的电流强度。对于某个给定的电极反应,电子转移的物质的量 z 是一定的,故式(15.3)表明,电极反应速率 r 可用电流密度 j 来描述。可将式(15.3)变换,写为

$$j = zFr \tag{15.4}$$

在实际的电极反应过程中,如果传质步骤进行得不够快,或者电化学步骤进行得比较缓慢,则会引起电极的显著极化。极化作用一方面使电池在发生电解时需要多消耗电能,另一方面又使电池在放电(即作为原电池)时对外提供电能的能力下降。电极极化与反应动力学的相关性显而易见。本章着重讨论在实际的电解过程中,电极的极化现象及电极反应的规律性,另外也讨论金属的电化学腐蚀与防腐方面的问题。

15.2　电解作用与分解电压

一、理论分解电压

在电池的外电路上连接一个外加电源,向两电极上提供电流,迫使两电极界面上连续不断地发生氧化或还原反应,这即是电解作用。

将温度 T 控制在 298.15 K,并使环境压力设法恒定在 $p^{\ominus}$,在盛有硫酸溶液($m_{H^+} = 1 \text{ mol} \cdot \text{kg}^{-1}$,$\gamma_{H^+} = 1$)的烧杯中安放两个 Pt 电极,如图 15.1 所示,两电极与外接电源按图中方式连接。其中,外电路上有可变电阻,V 是伏特表,A 是安培计。随着外加电压增加,阳极上产生 O_2,阴极上产生 H_2,当气体压力分别达到 $p^{\ominus}$ 时,它们便会连续不断地析出。此时,阳极的氢标还原电势 $\phi^{\ominus}_{H^+,O_2/H_2O} = 1.23 \text{ V}$,阴极的电势 $\phi^{\ominus}_{H^+/H_2} = 0 \text{ V}$,则该电解池在理想情况下的反电动势等于 1.23 V。换言之,理论上,只要在电解池的两电极间施加的电压比 1.23 V 大一个无限小的值,电解过程便可持续地进行。即任一电解池的理论分解电压 $E_{\text{理论分解}}$ 为

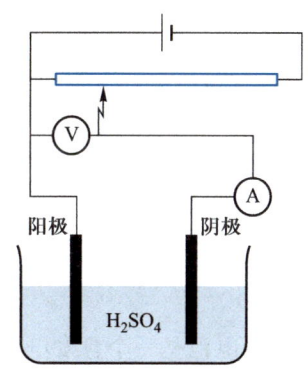

图 15.1　电解硫酸溶液的电解池

$$E_{\text{理论分解}} = \phi_{\text{阳},R} - \phi_{\text{阴},R} + dE = \phi_{\text{阳},R} - \phi_{\text{阴},R} \tag{15.5}$$

式中,$\phi_{\text{阳},R}$ 表示阳极的可逆电极电势;$\phi_{\text{阴},R}$ 表示阴极的可逆电极电势。

二、实际分解电压

实际上,要使图 15.1 所示的电解池中电极界面反应持续地进行,施加丁两电极间的最小电压须比理论分解电压大很多,这个最小电压即是实际分解电压。采用逐渐增加外加电压的方式,通过简单的实验测试,即可以绘制出电流 I 与电压 E 之间的关系曲线,然后由外推法获得实际分解电压。

　　如图 15.2 所示,刚开始时,外加电压很小,几乎无电流通过电极。此后,随电压增大,通过电极的电流略微增大。当外加电压增大至一定数值后,通过电极的电流显著增大,继续增大电压,则电流 I 与电压 E 之间呈正向线性关系。若将图中的直线部分外延至与横坐标相交,交点处的电压值,即是使电解连续不断地进行时所需的最小外加电压,称为"实际分解电压",简称分解电压,用 $E_{分解}$ 表示。

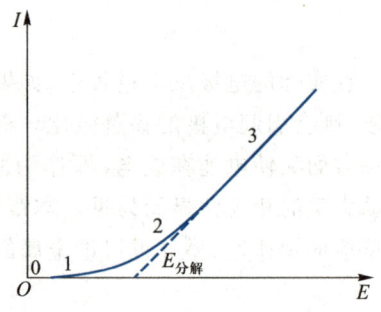

图 15.2　描述分解电压的 I-E 曲线

　　为什么电流 I 随电压 E 的变化曲线呈现出这样的特征呢? 在电解池中进行的反应为

阳极
$$H_2O(l) - 2e^- \longrightarrow 2H^+(a_{H^+}) + \frac{1}{2}O_2(g)$$

阴极
$$2H^+(a_{H^+}) + 2e^- \longrightarrow H_2(g)$$

总的电解反应
$$H_2O(l) =\!=\!= H_2(g) + \frac{1}{2}O_2(g)$$

　　电解反应产物与电解质溶液中的相应物种在两电极上分别构成氢电极和氧电极,从而形成如下原电池:

$$Pt(s) \mid H_2(p_{H_2}) \mid H_2SO_4(m) \mid O_2(p_{O_2}) \mid Pt(s)$$

对应的电池反应为

$$H_2(g) + \frac{1}{2}O_2(g) =\!=\!= H_2O(l)$$

显然,该原电池是一个自发电池,其电动势与电解时的外加电压相对抗,故称为反电动势。因此,在电解时,外加电压必须克服此反电动势,方能使电解过程持续地进行。

　　当刚开始施加电压时,因需要首先克服电路中导体的电阻,故电极上几乎没有电流通过,对应于图 15.2 曲线上的 0—1 段。此时,阳极界面没有 O_2 产生,阴极界面亦无 H_2 产生。

　　随着外加电压逐渐增加,两电极界面上分别产生 O_2 和 H_2,其压力也逐渐增大,相应的反电动势亦随之增高。在这一阶段,由于电极界面产生的气体压力低于环境的压力 $p^\ominus$,故 O_2 和 H_2 并不能够逸出。而且,气体有可能从界面慢慢地扩散至电解质溶液中,致使电极界面处气体压力降低而造成反电动势减小,其结果是,外加电压略高于反电动势,因而可有一定的电流通过电极,对应于图 15.2 曲线上的 1—2 段。电流通过电极,也使两电极上的 O_2 及 H_2 得以补充。

　　随外加电压继续增加,当阳、阴两电极上分别产生的 O_2、H_2 压力增大至与环境压力 $p^\ominus$ 相等时,气体便可持续地逸出,这时它们的压力维持不变,原电池的反电动势达到最大并保持恒定。根据欧姆定律,再增大外加电压,电流则随之呈线性上升,对应于 I-E 图线上的直线部分。将图中的直线进行外推处理,即可得到实际分解电压 $E_{分解}$。

三、实际分解电压与理论分解电压的差异及原因

前面已述及,实际分解电压与理论分解电压相差较大,前者的数值要比后者的大很多。

表 15.1 列出了以 Pt 为两电极,在几种碱性电解质和几种酸性电解质中电解水时的实际分解电压值。

表 15.1 电解水的分解电压($T = 298.15\ \text{K}, p = 101.325\ \text{kPa}$)

电解质	$E_{分解}/\text{V}$	电解质	$E_{分解}/\text{V}$
KOH	1.67	HNO_3	1.69
NaOH	1.69	H_2SO_4	1.67
$NH_3 \cdot H_2O$	1.74	H_3PO_4	1.70

我们知道,无论在表 15.1 所列的哪种电解质溶液中进行电解,阳极析出的都是 O_2,阴极析出的都是 H_2,即总的电解反应均是水分解产生 O_2 和 H_2。与该电解反应相对应的放电反应是 $H_2(g) + \frac{1}{2}O_2(g) \Longrightarrow H_2O(l)$,放电时可逆原电池的电动势均约为 1.23 V(注意:因 101.325 kPa 与标准压力 $p^{\ominus}$ 略有差异,而只有在 $T = 298.15$ K 和 $p = p^{\ominus}$ 时,可逆电动势方可精确为 1.23 V),即 $E_{理论分解} \approx 1.23$ V。然而,由表可见,其实际分解电压 $E_{分解}$ 均在 1.70 V 左右。

那么,这额外的电压是怎样造成的呢?究其原因,一部分因电阻(例如电池本身有内电阻)产生了电压降,而另一部分则与电极的极化密切相关,而且电极极化是主要因素。

实际分解电压 $E_{分解}$ 与理论分解电压 $E_{理论分解}$ 之间的关系可表示为

$$E_{分解} = E_{理论分解} + \Delta E_{不可逆} + IR$$

式中,$\Delta E_{不可逆}$ 是电极极化的结果。如果忽略电阻造成的电压降 IR,则

$$E_{分解} = E_{理论分解} + \Delta E_{不可逆}$$

因为 $E_{理论分解} = E_{可逆} = \phi_{阳,R} - \phi_{阴,R}$,所以

$$E_{分解} = E_{可逆} + \Delta E_{不可逆} \tag{15.6}$$

或

$$E_{分解} = (\phi_{阳,R} - \phi_{阴,R}) + \Delta E_{不可逆} \tag{15.7}$$

15.3 极化作用与超电势

一、电极极化现象与电极的超电势

1. 电极极化现象

当电极处于热力学平衡态时,电极上无净电流通过,或者净电流趋近于 0,这时,阳极的电极电势或阴极的电极电势均为平衡电极电势,亦即可逆电极电势,分别用 $\phi_{阳,R}$、$\phi_{阴,R}$ 表示,它们遵守电极电势的能斯特方程。此时的平衡必然是一种动态平衡,同一电极反应在两个方向上同时进行,只不过它们的速率相等亦即电流密度相等罢了。举个例子说明。如果使用惰性金属 $Pt(s)$ 作为两电极,电解质溶液是含 Fe^{2+} 和 Fe^{3+} 的溶液,则在同一电极界面处,溶液中氧化态物种 Fe^{3+} 要得到的电子从电极向溶液方向流动所引起的电流密度,用 j_{Red} 表示,称为"还原电流密度";相反的电子流动,即溶液中同一氧化还原电对中的还原态物种 Fe^{2+} 要失去的电子从溶液界面处向电极方向流动所引起的电流密度,用 j_{Ox} 表示,称为"氧化电流密度"。当电极处于平衡态时,这两个相反方向的电流密度相等,即 $j_{Red}^0 = j_{Ox}^0$。其中,上标"0"是电极处于平衡的意思。

当电极处于平衡态时,电极的电流密度称为"交换电流密度"。交换电流密度可以表征一个电极反应得失电子的能力,即电极反应进行的难易程度。这里,必须明确的是,交换电流密度是针对同一个电极反应而言的。显然,在电极处于平衡态时,电极的表观净电流密度必然为 0,换言之,在同一电极的平衡状态时,其还原电流密度与氧化电流密度之差值为 0。

当电极上有一定电流通过时,电极则偏离平衡态,电极电势亦偏离平衡电极电势。随着电流密度增大,电极偏离平衡态越来越远,电极的不可逆程度增大,电极电势与平衡电极电势相差则越大。电流通过电极时,电极电势偏离平衡电极电势的现象,即为电极极化。电极极化程度可用超电势来表征。

2. 电极超电势的定义

当有一定电流通过电极时的电极电势与平衡时的电极电势之差值的绝对值,即是电极的超电势,又称电极的过电位,用 η 表示。显然,超电势 η 总是正值。若用数学形式描述,则有

$$\eta_{阳} = \left| \phi_{阳,非平衡} - \phi_{阳,平衡} \right| = \left| \phi_{阳,IR} - \phi_{阳,R} \right|$$

$$\eta_{阴} = \left| \phi_{阴,非平衡} - \phi_{阴,平衡} \right| = \left| \phi_{阴,IR} - \phi_{阴,R} \right|$$

在后面的讨论中将得知,无论电解池还是原电池,其极化规律均为:阳极极化使电极电势

升高,阴极极化使电极电势降低。因此,上述公式可进一步写为

$$\eta_{阳} = \phi_{阳,IR} - \phi_{阳,R} \tag{15.8}$$

$$\eta_{阴} = \phi_{阴,R} - \phi_{阴,IR} \tag{15.9}$$

对于实际的电解过程,结合前面的式(15.7),即

$$E_{分解} = (\phi_{阳,R} - \phi_{阴,R}) + \Delta E_{不可逆}$$

式中,$\Delta E_{不可逆}$ 是由电极极化引起的阳极超电势与阴极超电势之和。所以

$$E_{分解} = (\phi_{阳,R} - \phi_{阴,R}) + \eta_{阳} + \eta_{阴} \tag{15.10}$$

或

$$E_{分解} = E_{理论分解} + \eta_{阳} + \eta_{阴} \tag{15.11}$$

$$E_{分解} = E_{可逆} + \eta_{阳} + \eta_{阴} \tag{15.12}$$

3. 超电势的弊与利

通常认为,超电势的存在是不利的,这主要是从能量转化和利用的角度考虑的。例如,在电解时,由于存在超电势,要使正离子在阴极界面发生还原反应,外加于阴极的电势须比可逆电极的电势更负一些;要使负离子或电中性物种在阳极界面发生氧化反应,外加于阳极的电势则须比可逆电极的电势更正一些。这意味着,当存在超电势时,电解就需要消耗更多的电能。

另外,超电势并非一无是处,有时也有利用价值。从本章后面的讨论可以得知,在电解过程中,当阴极上析出 H_2 时,其超电势比较大,而当析出金属时,超电势则较小。正因为如此,使某些本来比 H^+ 得电子能力弱的金属离子,能够优先于 H^+ 在阴极上发生还原反应。这一知识点在电镀工艺中可以发挥有益作用。

二、电极极化的类型及相应的超电势

根据电极极化产生的原因,可将极化分为不同类型:(1)浓差极化,(2)电化学极化,(3)电阻极化。相应的超电势分别为浓差超电势、电化学超电势和电阻超电势。其中,前两种极化是主要的,下面将着重阐述之。而电阻极化是当电流通过电极时,电极界面上形成一层氧化物薄膜或其他物质膜,由于对电流的阻碍而需要增加额外的电压。

1. 浓差极化

浓差极化是当电池在工作时,电极附近溶液浓度与溶液本体的浓度之间产生了差别所导致的。例如,当使用两个 Ag 电极电解浓度为 m 的 $AgNO_3$ 溶液时,电池可以表示为

$$Ag(s) \mid AgNO_3(m) \mid Ag(s)$$

阴极反应为

$$Ag^+ + e^- \longrightarrow Ag(s)$$

阳极反应为

$$Ag(s) - e^- \longrightarrow Ag^+$$

电解时,在阴极界面处,Ag^+发生还原反应生成 Ag,并沉积于阴极上,使阴极旁 Ag^+的浓度不断地降低。如果扩散过程较慢,即 Ag^+从溶液本体迁移至阴极附近进行补充的速率,赶不上 Ag^+还原并沉积到电极上的速率,则阴极附近 Ag^+的浓度 m_e 势必比溶液本体浓度 m 低,即

$$m_e < m$$

设活度因子为 1,则阴极实际的电极电势为

$$\phi_{阴,IR} = \phi^{\ominus}_{Ag^+/Ag} + \frac{RT}{F}\ln\frac{m_e}{m^{\ominus}}$$

而当电极处于平衡态,亦即无净电流通过电极时,阴极附近 Ag^+的浓度与溶液本体浓度 m 并无差别,则阴极的平衡电极电势为

$$\phi_{阴,平衡} = \phi_{阴,R} = \phi^{\ominus}_{Ag^+/Ag} + \frac{RT}{F}\ln\frac{m}{m^{\ominus}}$$

显然

$$\phi_{阴,IR} < \phi_{阴,平衡}$$

可见,在阴极上,浓差极化的结果使得阴极的电极电势变得比平衡时要小。

电解时,在阳极界面处,Ag 失去电子变成 Ag^+而进入阳极旁的电解质溶液,从而使阳极附近的电解质溶液中 Ag^+浓度不断地增大。如果 Ag^+从阳极附近迁移至溶液本体的速率,赶不上 Ag 氧化为 Ag^+而进入溶液的速率,则阳极附近 Ag^+的浓度 m_e 势必比溶液本体浓度 m 高,即

$$m_e > m$$

设活度因子为 1,则阳极实际的电极电势为

$$\phi_{阳,IR} = \phi^{\ominus}_{Ag^+/Ag} + \frac{RT}{F}\ln\frac{m_e}{m^{\ominus}}$$

而当阳极处于平衡态时,阳极附近 Ag^+的浓度与溶液本体浓度 m 并无差别,因此

$$\phi_{阳,平衡} = \phi_{阳,R} = \phi^{\ominus}_{Ag^+/Ag} + \frac{RT}{F}\ln\frac{m}{m^{\ominus}}$$

显然

$$\phi_{阳,IR} > \phi_{阳,平衡}$$

可见,在阳极上,浓差极化的结果使得阳极的电极电势变得比平衡时要大。

在上述 Ag 电极上浓差极化的结果,可以推广至其他任何电极。

在实验室的操作中,通常采用搅拌和加热方式消除浓差极化。但是,在工业规模的作

业中,搅拌或加热方式常常不能取得明显的效果。那如何消除工业生产中浓差极化的影响呢? 例如,在电镀工业中,可采用挂镀或滚镀方式解决这一问题。

2. 电化学极化

电化学极化又称活化极化。第 9 章在对电极电势进行说明时已得知,电极在平衡情况下,已有一定的带电程度,建立了相应的电极电势,即为平衡电极电势或可逆电极电势。当有电流通过电极时,电极界面处发生氧化或还原反应,电极偏离平衡态,如果电极界面的反应进行得不够快,即反应物物种不能及时在电极上释放电子或得到电极所供给的电子,就会使电极的带电程度发生改变而偏离平衡电极电势。简言之,当有电流通过电极时,由于电极反应进行的迟缓性致使电极带电程度与平衡时不同,电极电势与平衡电极电势发生偏离,这种现象便是电化学极化。相应的超电势称为电化学超电势。

例如,氯电极,当电极作阴极时,则

$$Cl^-(a_{Cl^-}) \mid Cl_2(p_{Cl_2}) \mid Pt(s)$$

电极反应为 $$Cl_2(p_{Cl_2}) + 2e^- \longrightarrow 2Cl^-(a_{Cl^-})$$

如果该还原过程进行得不够快,则当有电流通过电极时,到达阴极的电子就不能被及时地消耗掉,致使电极比平衡态时带有更多负电荷,因而电极电势比平衡电极电势低,即

$$\phi_{阴,IR} < \phi_{阴,平衡}$$

这一较低的电极电势又有利于反应物的活化,加速 Cl_2 还原变为 Cl^-。

当氯电极作阳极时,则

$$Pt(s) \mid Cl_2(p_{Cl_2}) \mid Cl^-(a_{Cl^-})$$

电极反应为 $$2Cl^-(a_{Cl^-}) - 2e^- \longrightarrow Cl_2(p_{Cl_2})$$

若该氧化过程进行得不够快,则当有电流通过电极时,Cl^- 便不能够及时地释放电子给电极,阳极上的缺电子程度必然比平衡态时要严重,造成电极带有更多正电荷,因而电极电势比平衡电极电势高,即

$$\phi_{阳,IR} > \phi_{阳,平衡}$$

这一较高的电势又有利于反应物的活化,加速 Cl^- 氧化变为 Cl_2。

在氯电极上电化学极化的结果,亦可推广至其他任何电极。

3. 浓差极化与电化学极化效应的一致性及超电势的表示

显然,电极发生电化学极化时与发生浓差极化时的效果是一致的。换言之,无论电化学极化还是浓差极化,均使阳极的电极电势比平衡电极电势 $\phi_{阳,平衡}$ 高,使阴极的电极电势比平衡电极电势 $\phi_{阴,平衡}$ 低。

单纯因浓差极化造成的电极电势与平衡电极电势之差值的绝对值,称为浓差超电势;单纯因电化学极化造成的电极电势与平衡电极电势之差值的绝对值,称为电化学超电势

或活化超电势。浓差超电势的大小是浓差极化程度的量度,而电化学超电势的大小是电化学极化程度的量度。

通常,电极极化是两种极化因素叠加的结果,因而电极的超电势是浓差超电势与电化学超电势二者之和,即

$$\eta_{阳} = \eta_{阳,浓差} + \eta_{阳,电化学}$$

$$\eta_{阴} = \eta_{阴,浓差} + \eta_{阴,电化学}$$

结合前面给出的电极超电势的定义式,可得

$$\eta_{阳} = \left| \phi_{阳,非平衡} - \phi_{阳,平衡} \right| = \phi_{阳,非平衡} - \phi_{阳,平衡} = \varphi_{阳,IR} - \phi_{阳,R}$$

$$\eta_{阴} = \left| \phi_{阴,非平衡} - \phi_{阴,平衡} \right| = \phi_{阴,平衡} - \phi_{阴,非平衡} = \phi_{阴,R} - \phi_{阴,IR}$$

这两个公式正是前面展示的式(15.8)和式(15.9)。

4. 电极的析出电势及实际分解电压的计算形式

因为超电势是绝对值,根据阳极和阴极极化的特征,可得

$$\phi_{阳,析出} = \phi_{阳,R} + \eta_{阳}$$

$$\phi_{阴,析出} = \phi_{阴,R} - \eta_{阴}$$

$$E_{分解} = \phi_{阳,析出} - \phi_{阴,析出} = (\phi_{阳,R} - \phi_{阴,R}) + \eta_{阳} + \eta_{阴}$$

三、超电势的测定和极化曲线

超电势是对单个电极而言的。所谓电极超电势,即是当有一定电流通过电极时的电极电势与平衡时的电极电势之差值的绝对值。电极的平衡电极电势值可以通过测定该电极与电极电势已知且稳定的参比电极所构成的可逆电池的电动势来获得。所以,要测定电极的超电势,实际主要就是测定在有电流通过电极时的电极电势值。通过测定在不同电流密度 j 时的电极电势值,可以获得电流密度与电极电势的关系曲线($j - \varphi$),这种曲线即是极化曲线。

1. 测试装置及说明

图 15.3 是测定电极超电势和极化曲线的实验装置示意图。因单个电极无法形成通电回路,所以须将待测电极与辅助电极一起组成电解池。调节外电路的电阻,即可改变通过电极的电流强度及电流密度。当电极上有电流通过时,电极电势即会偏离平衡电极电势。

单个电极的电极电势无法测定,因此须将待测电极与作为参比电极的甘汞电极组成原电池,用电位差计测定该原电池两极间的电势差。因甘汞电极的电极电势已知而且稳定,故可获得待测电极的电极电势。

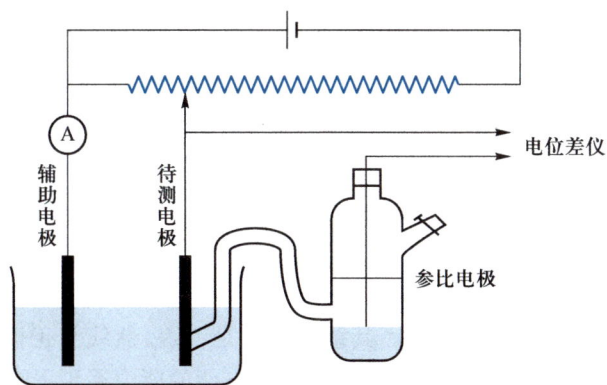

图 15.3 测定电极超电势和极化曲线的装置示意图

需要说明的是,通常在甘汞电极末端用直径 1 mm 的鲁金毛细管贴近待测电极,以降低溶液中的电势降。另外,测定时在电解池中进行剧烈搅拌,以消除浓差极化。显然,待测电极的超电势主要由电化学极化所导致。电化学极化是电极极化的本征因素。

每改变一次电流密度,当电极达到稳定状态后,可以得到一个待测电极的电势值,在获取一系列不同电流密度下对应的电极电势值后,即可绘制 $j - \varphi$ 曲线,此乃极化曲线。当然,无论电解池还是原电池,均可获得对应电池中两个电极的极化曲线。

2. 电解池中电极的极化曲线

如图 15.4(a)所示,横坐标表示电解池中电极的电极电势,纵坐标是电极的电流密度。我们知道,在电解池中,正极与阳极对应,负极与阴极对应,因此阳极的电势高于阴极。当 $j = 0$ 时,两电极均处于平衡态,即在横坐标上,$\phi_{阳,平衡}$(在图上简单标记为 $\phi_阳$)位于 $\phi_{阴,平衡}$(在图上简单标记为 $\phi_阴$)的右边。

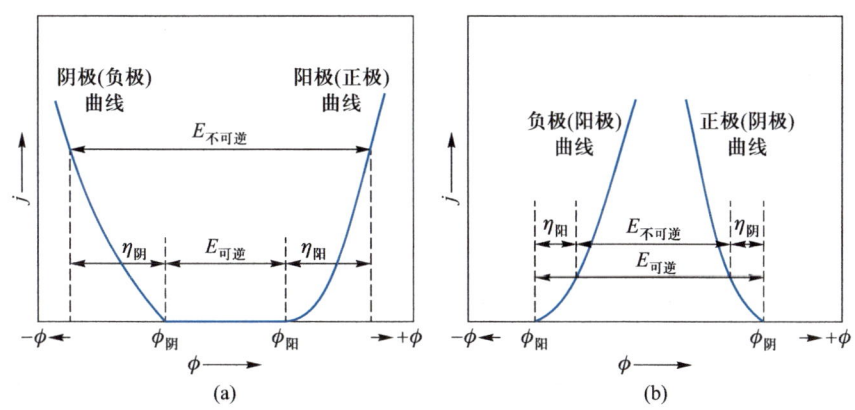

图 15.4 电解池(a)和原电池(b)中电极的极化曲线

在前面的讨论中已经得知,阳极极化电极电势升高,阴极极化电极电势降低。因此,阳极的电势随电流密度增加呈上升态势,阴极的电势随电流密度增加呈下降态势,如图

15.4(a)所示。换言之,随电流密度增加,电极极化程度增大,电极的超电势增加,$E_{分解}$即$(E_{可逆} + \eta_{阳} + \eta_{阴})$增大,电解时消耗的电能增多。

图 15.4(b)是原电池中电极的极化曲线。在原电池中,正极与阴极对应,负极与阳极对应,因此阴极的电极电势高于阳极。当 $j = 0$ 时,电极处于平衡态,即在横坐标上,$\phi_{阴,平衡}$(图中标记为 $\phi_阴$)位于 $\phi_{阳,平衡}$(图中标记为 $\phi_阳$)的右边。

原电池中电极的极化规律与电解池的是一致的,即阳极极化电极电势升高,阴极极化电极电势降低。因此,负极亦即阳极的电势随电流密度增加呈上升趋势,正极亦即阴极的电势随电流密度增加呈下降趋势,如图 15.4(b)所示。也就是说,随电流密度增加,电极极化程度增大,两电极的超电势增大。其结果必然是,负极曲线与正极曲线逐渐靠近,两电极间的电势差即 $E_{不可逆}$ 不断减小,电池对外提供电能的能力逐步下降。

四、去极化作用和去极化剂

由前面的讨论得知,从能量转换和利用的角度来看,无论电解池还是原电池,电极的极化作用都是不利的,因为电解时需要多消耗电能,而作为原电池时,其对外提供电能的本领下降。

为了减小电极的电化学极化程度,则需要提供适当的电极反应物质。相对于发生严重极化的物种,这类物质不仅能优先在电极上反应,更重要的是在电极上进行反应的活化能较小,电极反应速率较大,从而使电极上的电化学极化程度减小,这种作用即是去极化作用,外加的电极反应物质便是去极化剂。

实践表明,大多数气体物质参加的电极反应以及金属的电沉积过程均表现出明显的电化学极化特征。当电极上析出气体例如在阴极上析出 H_2 在阳极上析出 O_2 或 Cl_2 时,电化学极化尤为严重。

在电解时,为避免阴极上析出 H_2 而发生较严重的极化现象,常常加入某种比 H^+ 具有更正还原电势的阳离子,此时 H_2 在阴极上便不会析出,而优先发生该阳离子的还原反应,因为还原电势越大者,其在阴极上得到电子的能力越强。这种外加物种即是阴极去极化剂。同理,为避免在阳极上析出 O_2 或 Cl_2 而使电极发生较严重的极化现象,常常加入某种还原电势更负的阴离子或低价态过渡金属阳离子,此时在阳极上则优先发生该外加物种的氧化反应,因为还原电势越小者,其在阳极上越容易失去电子。该外加物种则是阳极去极化剂。

最简单的去极化剂,即是某种过渡金属不同价态的两种离子,如 Sn^{4+} 和 Sn^{2+}、Fe^{3+} 和 Fe^{2+} 等。它们的作用相当于一个氧化还原电极,具有较为恒定的电极电势,该电极电势值取决于两种离子活度的比值。例如,将 $SnCl_4$ 和 $SnCl_2$ 添加到水性电解质溶液中,电解时,$SnCl_4$ 作为阴极去极化剂,在阴极上优先发生的还原反应为

$$Sn^{4+}(a_{Sn^{4+}}) + 2e^- \longrightarrow Sn^{2+}(a_{Sn^{2+}})$$

$SnCl_2$ 作为阳极去极化剂,在阳极上优先发生的氧化反应为

$$\text{Sn}^{2+}(a_{\text{Sn}^{2+}}) - 2\text{e}^- \longrightarrow \text{Sn}^{4+}(a_{\text{Sn}^{4+}})$$

另一类去极化作用,虽然有 H^+ 参与,但是并无 H_2 产生,这样便可避免阴极发生严重的极化现象。例如,近年来国内外研究开发的电解硝基苯合成对氨基苯酚方法,合成过程在隔膜式电解槽中进行,阴极区的电解液由硝基苯、硫酸、水及助剂构成。在阴极上,硝基苯与 H^+ 直接电还原生成对氨基苯酚,而不副产 H_2,即

$$\text{C}_6\text{H}_5\text{NO}_2(a_1) + 4\text{H}^+(a_{\text{H}^+}) + 4\text{e}^- \longrightarrow \text{HOC}_6\text{H}_4\text{NH}_2(a_2) + \text{H}_2\text{O}(\text{l})$$

由于电极上无 H_2 产生,故可避免较严重的极化。这类去极化的例子并不少见,读者可查找并进行总结。

去极化作用和去极化剂在电化学工业中应用广泛。其中,在电镀过程中使用去极化剂,可以避免产生 H_2 以及严重的极化,一方面起到降低能耗的作用,另一方面可以有效避免在产生 H_2 时所引起的镀层表面疏松现象,从而提高镀层的质量。

另外,还有其他类型的去极化剂。例如,某些去极化剂具有催化功能,相当于催化剂,能够加快原来的电极反应的速率,从而减小电极的极化;某些去极化剂是表面活性剂,能够有效吸附在电极界面处,改变电极的界面性质,减小电子转移阻力,从而降低电极的极化。

五、电解池与原电池的共同点

本节介绍了电解池和原电池的电极极化规律,在第 9 章已经阐述过涉及电解池和原电池电极的一些基本性质。这里,有必要就电解池与原电池相应的一些共同点加以总结。

无论电解池还是原电池,均符合如下规则:(1)正极电势高,负极电势低;(2)阳极发生氧化反应,阴极发生还原反应;(3)在电池通电时,电解质溶液中的负离子向阳极定向移动,正离子向阴极定向移动;(4)阳极极化电极电势升高,阴极极化电极电势降低;(5)在阳极上电极电势低的物种优先反应,在阴极上电极电势高的物种优先反应;(6)在阴极上析出 H_2 时,超电势与电流密度的关系均符合 Tafel 经验关系式。

接下来,介绍氢超电势及 Tafel 经验关系式。

15.4 氢超电势的 Tafel 经验式及析氢反应的机制

一、Tafel 经验式

1. Tafel 经验式的提出

实验表明,对于有气体参与的电极反应,电极极化程度较高,即电极的超电势较大,尤

其当阴极析出 H_2 或者阳极析出 O_2 时,极化则更加显著。一般在剧烈搅拌条件下,实验室规模的浓差极化可以基本消除,阴极上析出氢的超电势或阳极上析出氧的超电势,通常即为电化学超电势。

瑞士有机化学家塔费尔(V. J. Tafel,1862—1918)在前人工作的基础上,深入并系统地开展了电化学阴极还原制备有机物的研究工作。1905年,塔费尔发表了有关 $H_2(g)$ 在阴极界面上进行电化学析出时电极极化方面的研究成果,提出一个方程式,即 Tafel 经验式,它描述的是氢超电势 η 与电流密度 j 之间的定量关系,具体为

$$\eta = a + b\lg[j/(A \cdot cm^{-1})] \tag{15.13}$$

式中,a 为在电流密度 $j = 1\ A \cdot cm^{-1}$ 时的超电势,与电极材料、电极表面状况、溶液组成及实验温度等密切相关,a 值大小可以表征在指定条件下析氢时电极的不可逆程度;b 称为 Tafel 斜率,b 值大小与实验温度 T 及参数 α 有关,α 为传递系数(或穿透因子),表示活化络合物能够分解形成产物的概率或分数,它与电子的转移密切相关。b 与 T、α 的关系可表示为

$$b = \frac{2.303RT}{\alpha F} \tag{15.14}$$

式(15.14)的由来在本章后面将予以说明。式中,F 是法拉第常数。

2. 几点说明

针对氢超电势及 Tafel 经验式,这里有必要进行如下说明。

(1)历史上,Tafel 经验式是对电极过程动力学最早的定量化描述。

(2)塔费尔虽然最早提出了 Tafel 经验式,但在当时他并不清楚其重大价值,也不明白其内在含义。后来从理论上导出了 Butler - Volmer 方程,能够对 Tafel 经验式中的 a 值和 b 值给予很好的诠释。

(3)按照 Tafel 经验式,当 $j \to 0$ 时,$\eta = -\infty$,而事实上,当 $j \to 0$ 时,电极处于平衡状态,η 应当是 0 而不是 $-\infty$。所以,当 $j \to 0$ 时,Tafel 经验式并不适用。当 $j \to 0$ 时,η 与 j 的定量关系应为

$$\eta = \sigma j$$

式中,σ 与式(15.13)中的常数 a 类似,σ 值大小与电极性质有关。

(4)当 O_2 等气体在阳极上析出时,相应超电势 η 与电流密度 j 之间亦有类似于 Tafel 经验式的形式。因此,Tafel 经验式具有一定的普遍意义,是有关不可逆电极过程的一个重要公式。

(5)通常温度升高,氢超电势降低。这是因为,一般而言,随着温度升高,电极反应速率增大,从而使电化学极化程度随之减小。当然,在搅拌不充分时,升高温度亦可使浓差极化程度减小。

(6)当 H_2 在金属 Sn、Pb、Cd、Hg、Zn 上析出时,相应的超电势很高;而在 Pt、Pd 等贵金属上析出时,相应的超电势较小;在金属 Au、Fe、Co、Cu、Ni 上析出时,超电势处于中等

水平。

表 15.2 展示的是在 3 种不同电流密度下 H_2 在不同金属电极上析出时的超电势值。显然,表中实验数据与(6)所描述的规律是一致的。

表 15.2 293.15 K 时 1 mol·dm⁻³ H_2SO_4 溶液中各金属阴极上的氢超电势

电极	在不同电流密度下相应电极上的氢超电势/V		
	0.01 A·cm⁻²	0.1 A·cm⁻²	0.5 A·cm⁻²
光亮 Pt	0.068	0.288	0.573
Au	0.390	0.588	0.770
Cu	0.594	0.801	1.166
Fe	0.557	0.818	1.256
Ni	0.747	1.048	1.208
Sn	1.077	1.223	1.238
Pb	1.090	1.179	1.235
Cd	1.134	1.216	1.246

(7)氢超电势的数值大小主要取决于 Tafel 经验式中的 a 值,换言之,H_2 在不同金属阴极上析出时,相应的 a 值可能有较大差别,而对于大多数金属,Tafel 经验式中的 b 值相差不大。

例如,分别以 Pt、Fe 和 Sn 作阴极,在 298.15 K 下电解 1.0 mol·dm⁻³ HCl 溶液,相应氢超电势的 Tafel 经验式中 a 值分别为 0.10 V、0.70 V 和 1.24 V,b 值则分别为 0.130 V、0.125 V 和 0.116 V。

这里需要特别注意的是,Pt 电极的 b 值与 a 值是相当的,甚至稍高于 a 值。此时,要降低电极极化程度和氢超电势,Tafel 斜率便成为矛盾的主要方面,换言之,降低 Tafel 斜率对降低电极的极化程度起着不容忽视的作用。显然,对于 Pt 电极,Tafel 线性关系的斜率具有重要意义。

从另一个角度来讲,在 a 值大致相等时,若能降低 Tafel 斜率,相当于抓住了矛盾的主要方面,由此可以降低电极的极化程度,这是值得我们重视的。

(8)毫无疑问,Tafel 斜率 b 值越小,随电流密度的增加,电极极化程度和超电势的增幅越小。在实际的电化学过程(例如电解水制氢)中,为了抑制超电势,同时又使电流密度维持在较高水平从而保证较大的电化学反应速率,则需要使用有效的电极催化剂,以降低 Tafel 斜率。

(9)基于 Tafel 经验式,在某一电极催化剂的作用下,当电流密度变化较快时,若 Tafel 斜率 b 值越小,则超电势的变化幅度也必然越小,结合下述第(10)点可知,从动力学的角度而言,电子转移速率也会越快,由此可表明该电极催化剂性能越好。

显然,(8)与(9)的说明是一致的。而且,从这种意义上讲,Tafel 斜率 b 值的大小,是评价电极材料及电极催化剂优劣的一个值得关注的指标。

（10）一般认为，Tafel 斜率 b 值取决于电极反应的机制。由于 Tafel 经验式由实验总结而得，故实验测得的 Tafel 斜率 b 只是一个表观数值，它与表观电子转移数相对应。大多数电化学反应包含多个电子转移步骤，所以传递系数 α 等于速控步的传递系数 α^* 与速控步之前的基元步骤的电子转移数 n 之和。因此，包含多个基元步骤的总包反应的 Tafel 斜率 b 的计算形式是基于式（15.14）的变种，即

$$b = \frac{2.303RT}{(\alpha^* + n)F}$$

当速控步涉及 1 个电子转移时，$\alpha^* = 0.5$，$b = \dfrac{2.303RT}{(0.5 + n)F}$。若 $n = 0$，即在速控步之前的步骤无电子转移，则 $b \approx 120\ \text{mV}$；若 $n = 1$，即在速控步之前的步骤，其电子转移数为 1，则 $b \approx 40\ \text{mV}$。

当速控步不涉及电子转移时，$\alpha^* = 0$，$b = \dfrac{2.303RT}{nF}$。若 $n = 1$，即在速控步之前的步骤，其电子转移数为 1，则 $b \approx 60\ \text{mV}$；若 $n = 2$，即在速控步之前的步骤，其电子转移数为 2，则 $b \approx 30\ \text{mV}$。

二、氢在阴极上的析出机制

关于 H^+ 在阴极上还原生成 H_2 的过程，当然遵从在 15.1 节中描述的电极界面反应过程的一般步骤。对于具体的反应机制，不同学派提出了不同的观点。总的来看，主要包括迟缓放电理论和复合理论两种。

对于电极界面反应过程，一般认为，其速控步为电化学反应步骤或随后进行的表面脱附步骤。

对于氢在阴极上的析出过程，其对应的电化学反应步骤分为两种情况：（1）当电解质是酸性或中性溶液时，则电极放电反应为

$$H_3O^+ + M + e^- \longrightarrow M\text{—}H + H_2O \tag{a}$$

该反应称为 Volmer 反应，其中 M 表示金属电极。（2）当电解质是碱性溶液时，因 H^+ 数量少，则在电极上直接放电的物种可能是 H_2O 分子，电极反应为

$$H_2O + M + e^- \longrightarrow M\text{—}H + OH^- \tag{b}$$

该反应亦称为 Volmer 反应。

表面脱附步骤主要有如下两种类型。一种是吸附在阴极表面的氢原子（M—H）与在阴极上放电的氢离子结合生成 H_2 并脱附，即

$$M\text{—}H + H_3O^+ + e^- \longrightarrow M + H_2 + H_2O \tag{c}$$

这是电化学脱附步骤，该反应称为 Heyrovsky 反应。另一种是吸附在阴极表面的两个氢

原子(M—H)结合为 H_2 并脱附,即

$$M—H + M—H \longrightarrow 2M + H_2 \qquad\qquad (d)$$

这是复合脱附步骤,该反应称为 Tafel 反应。

迟缓放电理论认为,反应(a)、(b)或(c)为速控步;复合放电理论则认为,(d)为速控步。不过,也有学者认为,电极表面上的电化学步骤和脱附步骤速率相近,反应属于联合控制。

由放电反应(a)或(b)作为速控步,而 M—H 的解吸以反应(d)方式完成,这种机制称为 Volmer – Tafel 机制。

由放电反应(a)作为速控步,而 M—H 的解吸以反应(c)方式完成,这种机制则称为 Volmer – Heyrovsky 机制。

放电反应(a)或(b)快速进行,而 M—H 的解吸过程以反应(d)方式进行且该反应为速控步,这种机制则称为 Tafel – 堀内寿郎机制。

放电反应(a)快速进行,而 M—H 的解吸过程以反应(c)方式进行,且该反应为速控步,这种机制则称为 Heyrovsky – 堀内寿郎机制。

其中,Volmer – Tafel 机制和 Volmer – Heyrovsky 机制与迟缓放电理论吻合;而 Tafel – 堀内寿郎机制和 Heyrovsky – 堀内寿郎机制与复合放电理论相吻合。

在不同金属电极上,因氢的超电势值不同,所以可能对应于不同的电极反应机制。一般来说,在具有高氢超电势的金属如 Sn、Pb、Cd、Hg、Zn 上,电极反应机制符合 Volmer – Tafel 机制或 Volmer – Heyrovsky 机制;在具有低氢超电势的金属如 Pt、Pd 上,电极反应机制则符合 Tafel – 堀内寿郎机制或 Heyrovsky – 堀内寿郎机制;在具有中等氢超电势的金属如 Fe、Co、Cu、Ni 上,电极反应机制较为复杂,电极上各步骤的速率可能相近,难以准确判定哪个步骤是真实的速控步,可以认为反应属于联合控制。

*三、Butler – Volmer 方程及其与 Tafel 经验式的比较

在 Tafel 经验式发表之后的相当长一段时间内,学界对此一直缺乏深入了解。直到 20 世纪三四十年代,巴特勒(J. A. V. Butler,英国人,1899—1977)和福尔默(M. Volmer,德国人,1885—1965)基于能斯特方程及化学动力学中的过渡态理论,导出了电极过程动力学的核心方程,即 Butler – Volmer 方程,方从理论上对 Tafel 经验式作出了解释。

本书对巴特勒和福尔默所采用的推证方式不作介绍。在这里,我们将分别从 Volmer – Tafel 机制和 Tafel – 堀内寿郎机制出发,采用简化的推证方式导出 Butler – Volmer 方程,并说明该方程与 Tafel 经验式的一致性。相关的推证过程实际上属于电化学极化动力学内容。

我们知道,电化学极化与电极界面电化学反应的迟缓性密切相关。电极界面的电化学反应的迟缓性引起电极表面带电程度的改变,电极表面的带电程度与电极电势紧密相关,而且也影响电化学反应的活化能。下面首先阐述电极反应活化能的问题。

1. 电极反应活化能

设电极反应为

$$M^{z+} + ze^- \rightleftharpoons M$$

其正向反应是还原反应,逆向反应是氧化反应。当阴极极化时,电极电势降低,电极表面负电荷(即电子)增多,这有利于还原反应,而不利于逆向的氧化反应。换言之,当阴极极化时,降低了还原反应的活化能,而增大了逆向的氧化反应的活化能。阴极上还原反应的活化能与超电势的关系为

$$E_{Red,a} = E_{Red,0} - \alpha zF\eta \tag{15.15}$$

上式右边第二项是因电极极化引起的活化能的变化。逆向的氧化反应活化能与超电势的关系为

$$E_{Ox,a} = E_{Ox,0} + \beta zF\eta \tag{15.16}$$

式中,$\alpha + \beta = 1$,证明过程省略。显然,α 和 β 均小于 1。$E_{Red,0}$ 和 $E_{Ox,0}$ 分别是当 $\eta = 0$ 即电极处于平衡态时还原反应和逆向的氧化反应的活化能。

2. 基于析氢反应的 Volmer – Tafel 机制推导 Butler – Volmer 方程

我们知道,在酸性溶液中,氢在阴极上析出时的 Volmer – Tafel 机制为

$$H^+ + M + e^- \longrightarrow M\text{—}H \qquad (慢反应)$$
$$M\text{—}H + M\text{—}H \rightleftharpoons 2M + H_2 \qquad (快平衡)$$

其中,前一步即电化学放电反应为速控步。根据速控步近似,得

$$r_{Red} = k[H^+]$$

应用阿伦尼乌斯经验方程,则

$$r_{Red} = A[H^+]\exp\left(-\frac{E_{Red,a}}{RT}\right) \tag{15.17}$$

式中,A 是阿伦尼乌斯经验方程中的指前因子。将式(15.15)代入式(15.17),得

$$r_{Red} = A[H^+]\exp\left(-\frac{E_{Red,0} - \alpha zF\eta}{RT}\right) \tag{15.18}$$

将式(15.18)代入本章 15.1 节的式(15.4),得

$$j_{Red} = zFA[H^+]\exp\left(-\frac{E_{Red,0} - \alpha zF\eta}{RT}\right)$$

因为 $z = 1$,所以上式可写为

$$j_{Red} = FA[\,H^+\,]\exp\left(-\frac{E_{Red,0}}{RT}\right)\exp\left(\frac{\alpha F \eta}{RT}\right) \qquad (15.19)$$

结合化学动力学基本知识和本章前面的交换电流密度概念,以及式(15.4),可将式(15.19)进一步写为

$$j_{Red} = j_{Red}^0 \exp\left(\frac{\alpha F \eta}{RT}\right) \qquad (15.20)$$

这是针对阴极上的正向过程,得到的电流密度与超电势之间的关系。同理,对于阴极上的逆向过程,可得

$$j_{Ox} = j_{Ox}^0 \exp\left(-\frac{\beta F \eta}{RT}\right) \qquad (15.21)$$

阴极上的净反应速率等于正向反应速率减去逆向反应速率,而电极反应速率可用相应的电流密度表示,即

$$j = j_{Red} - j_{Ox} = j_{Red}^0 \exp\left(\frac{\alpha F \eta}{RT}\right) - j_{Ox}^0 \exp\left(-\frac{\beta F \eta}{RT}\right)$$

前已述及,$\alpha + \beta = 1$。而且,在平衡时同一电极反应的两个相反方向的电流密度相等,即 $j_{Red}^0 = j_{Ox}^0$,可简单地用 j^0 表示之,即 j^0 为电极的交换电流密度。则上式经整理后,得

$$j = j^0 \exp\left(\frac{\alpha F \eta}{RT}\right) - j^0 \exp\left[-\frac{(1-\alpha)F\eta}{RT}\right] \qquad (15.22)$$

式(15.22)即是 Butler − Volmer 方程。当阴极极化程度很大时,电极上的还原电流密度 j_{Red} 远大于氧化电流密度 j_{Ox},即式(15.22)的右边第二项可以忽略,则

$$j = j^0 \exp\left(\frac{\alpha F \eta}{RT}\right) \qquad (15.23)$$

上式两边取常用对数,得

$$\eta = -\frac{2.303RT}{\alpha F}\lg j^0 + \frac{2.303RT}{\alpha F}\lg j \qquad (15.24)$$

式(15.24)是 Butler − Volmer 方程的另一种形式。

3. Butler − Volmer 方程与 Tafel 经验式的比较及说明

显然,式(15.24)与 Tafel 经验式具有相同的形式。两者相比较,可知

$$a = -\frac{2.303RT}{\alpha F}\lg j^0, \quad b = \frac{2.303RT}{\alpha F}$$

其中,后一个式子即是本节前面展示的式(15.14)。由上述结果可知,在不同金属阴极上发

生氢析出反应时,对应的 Tafel 经验式中 a 值之差异,主要是电极上交换电流密度 j^0 不同而造成的。

式中参数 α 是传递系数,或称穿透因子。α 是在针对过渡态理论进行相关讨论时引入的(参见本书 12.2 节"过渡态理论"中"穿透因子 α 及隧道效应"),其值为 0~1。若活化络合物与反应物相似,则传递系数 α 接近于 0;若活化络合物与产物相似,则传递系数 α 接近于 1。电化学实验表明,传递系数 α 常常约为 0.5。表 15.3 展示出在 298.15 K 时有关电极上的氢析出反应或其他还原反应的交换电流密度 j^0 和传递系数 α 的实验结果。可见,在不同金属电极上氢析出反应的交换电流密度 j^0 变化幅度很大,但传递系数 α 均约为 0.58。由此可以验证,当氢在 Pt、Ni、Pb 电极表面析出时,Tafel 经验式中的 a 值依次增大,对应的超电势 η 也必然依次升高。而且,在相同金属阴极上,氢析出时的超电势要大于发生其他电化学还原反应时的超电势。

表 15.3　298.15 K 时的交换电流密度 j^0 和传递系数 α 值

电极反应	电极材料	$j^0/(\text{A} \cdot \text{cm}^{-2})$	α
$H^+ + e^- \longrightarrow \frac{1}{2}H_2$	Pt	7.9×10^{-4}	
	Ni	6.3×10^{-6}	0.58
	Pb	5.0×10^{-12}	
$Fe^{2+} + e^- \longrightarrow Fe^{3+}$	Pt	2.5×10^{-3}	0.58

4. 基于 Tafel - 堀内寿郎机制进行推导

在酸性溶液中,氢在阴极上析出的 Tafel - 堀内寿郎机制为

$$H^+ + M + e^- \Longleftrightarrow M\text{—}H \qquad (\text{快平衡})$$
$$M\text{—}H + M\text{—}H \longrightarrow 2M + H_2 \quad (\text{慢反应})$$

其中,吸附在金属 M 上的氢原子的复合是速控步。根据速控步近似,得

$$r = ka_{M\text{—}H}^2$$

将上式与式(15.4)即 $j = zFr$ 联立,可得

$$j = zFr = zFka_{M\text{—}H}^2$$

显然,$z = 1$。令 $Fk = k'$,则

$$j = k'a_{M\text{—}H}^2 \tag{15.25}$$

电化学反应是快平衡步骤,即电极反应能够很快达到平衡,对应的电极电势的能斯特方程为

$$\phi_{H^+/M\text{—}H} = \phi_{H^+/M\text{—}H}^{\ominus} + \frac{RT}{F}\ln\frac{a_{H^+}}{a_{M\text{—}H}} \tag{15.26}$$

式(15.26)与式(15.25)联立,则得对应的实际电极电势(即不可逆电极电势)为

$$\phi_{H^+/M-H} = \phi^{\ominus}_{H^+/M-H} + \frac{RT}{F}\ln a_{H^+} - \frac{1}{2}\frac{RT}{F}\ln\frac{j}{k'}$$

基于超电势的定义及电极极化知识,在阴极上氢析出时的超电势为

$$\eta = \phi_{阴,R} - \phi^{\ominus}_{H^+/M-H} - \frac{RT}{F}\ln a_{H^+} - \frac{1}{2}\frac{RT}{F}\ln k' + \frac{1}{2}\frac{RT}{F}\ln j \tag{15.27}$$

写成常用对数的形式,则

$$\eta = \phi_{阴,R} - \phi^{\ominus}_{H^+/M-H} - \frac{2.303RT}{F}\lg a_{H^+} - \frac{2.303}{2}\frac{RT}{F}\lg k' + \frac{2.303}{2}\frac{RT}{F}\lg j \tag{15.28}$$

上式与 Tafel 经验式比较,则

$$a = \phi_{阴,R} - \phi^{\ominus}_{H^+/M-H} - \frac{2.303RT}{F}\lg a_{H^+} - \frac{2.303}{2}\frac{RT}{F}\lg k' \tag{15.29}$$

$$b = \frac{2.303}{2}\frac{RT}{F} \tag{15.30}$$

由式(15.29)可见,Tafel 经验式中的 a 值与电极材料、电极表面状态、电解质溶液浓度及实验温度关系密切,这与实际情况是一致的。

*15.5 浓差极化动力学及其在解析扫描伏安曲线方面的一些应用

15.4 节所涉及的在阴极上氢析出的各种反应机制中,均未考虑溶液相中的传质步骤,因而在基于 Volmer - Tafel 机制或 Tafel - 堀内寿郎机制推证 Butler - Volmer 方程时,并不考虑浓差极化效应。换言之,在推证时认为,电极界面处发生还原反应的物种浓度与溶液本体的浓度是近似相等的。当电流密度较低即电极反应速率较小时,这种近似不会产生明显的影响。然而,当电流密度较高即电极反应速率较大时,这种近似则不能成立。因为在此时,相比电极反应以及随后的表面转化步骤,电极界面附近参与电极反应的物种传质较慢,有可能成为整个过程的速控步,即反应机制有可能发生重大变化。电解质溶液相中传质过程的影响由此显而易见。

一、电解质溶液中的传质问题

在本章 15.1 节,叙述了电极界面过程的一般步骤,其中包括反应物物种向电极界面

的传递,即传质。当电流通过电极时,电解质溶液处于电场中,带有电荷的反应物物种(即离子)从溶液本体向电极界面附近的传质主要有电迁移和浓差扩散两种方式。因此,总的传质速率 $r_{传质}$ 是电迁移速率 $r_{电迁移}$ 与扩散速率 $r_{扩散}$ 之和,即

$$r_{传质} = r_{电迁移} + r_{扩散}$$

不过,在讨论电化学问题时,通常选择能够忽略电迁移影响的条件。为此,需要在电解液中加入大量不参与电极反应的支持电解质。这样,对于参与电极反应的离子,其电迁移传质贡献与其扩散传质贡献相比,便可忽略不计,即

$$r_{传质} \approx r_{扩散}$$

支持电解质的浓度一般在 $0.1\ \mathrm{mol \cdot dm^{-3}}$ 以上,支持电解质的正、负离子几乎承担了电解质溶液中电迁移的全部任务。

实际上,与电极界面过程的其他步骤相比,反应物物种的扩散传质往往进行得不够快,尤其在电化学工业中,由于搅拌及提升温度所起到的加速扩散的作用不甚明显,因此传质极易成为速率的控制步骤。显然,若能提高参与电极反应物物种的传质速率,便可提升生产效率。有学者估计,假设反应物物种与电极界面的每次碰撞均能引发电化学反应,则当反应物物种浓度为 $1\ \mathrm{mol \cdot dm^{-3}}$ 时,电极反应的最大电流密度可达 $10^5\ \mathrm{A \cdot cm^{-2}}$,然而,实际电化学生产过程的电流密度与此相差甚远,这说明电极界面的反应能力并没有得到充分的利用。

由于电极附近溶液相的传质进行缓慢,传质过程在很多时候便成为整个电极界面过程的速控步,因此使得其他一些较快的基元步骤动力学特征被掩盖。研究和讨论电极附近液相传质动力学的目的之一,在于探寻加快传质步骤的有效方式,借此消除因这一步骤进行得缓慢所带来的浓差极化等效应。

二、浓差极化动力学

1. 扩散电流与极限扩散电流

在前面已经得知,当在电解液中加入大量不参与电极反应的支持电解质时,则

$$r_{传质} \approx r_{扩散}$$

我们知道,浓差极化是参与电极界面电化学反应的物种的传质步骤缓慢引起的。此时,传质步骤是整个电极过程的速控步,因此可用传质速率代替电极反应速率 r,即

$$r = r_{传质} \approx r_{扩散}$$

依据多相反应速率的扩散理论,当扩散层的浓度梯度恒定时,则

$$r \approx r_{扩散} = D(c - c_e)/\delta \qquad (15.31)$$

式中,D 为参与电极反应的反应物物种在扩散层中的扩散系数;c 为溶液本体中反应物物种浓度;c_e 为电极界面附近的反应物物种浓度;δ 为扩散层厚度。将式(15.31)代入电极电流密度 j 与电极反应速率 r 之间的关系式即式(15.4),得

$$j = zFr = zFD(c - c_e)/\delta \tag{15.32}$$

因为电极反应速率由扩散传质步骤控制,所以上式中的电流密度 j 称为"扩散电流"。扩散电流与实验温度、搅拌条件、反应物物种的本性及浓度有关。当电极反应确定后,升高温度和剧烈搅拌均可使扩散层变薄,因而使扩散电流增加。

对于浓度梯度变化的情况,数学处理和表达均相对复杂,在此不再阐述。

当浓差极化发生后,如果再改变电极电势,则可改变电极反应速率。例如,若使阴极的电极电势更负,则可使阴极上的还原反应加快,这样可使阴极界面附近的反应物物种浓度 c_e 变得更低。当阴极的电势降低至某一数值后,扩散至阴极界面附近的反应物物种便会立即发生还原反应而消耗掉,因而可使 c_e 接近于 0,即 $(c - c_e) \approx c$。基于式(15.32)可知,此时扩散电流达到最大值,称为"极限扩散电流",用 j_{max} 表示,即

$$j_{max} = zFDc/\delta \tag{15.33}$$

显然,当达到极限扩散电流之后,再改变电极电势,并不能改变极限扩散电流的数值,除非电极反应发生了改变。

当固定温度和搅拌条件时,极限扩散电流 j_{max} 与本体溶液中电极反应物物种的浓度成正比,这便是极谱定量分析的理论依据。

极谱分析法不同于本节后面描述的伏安分析法。两者的区别在于其极化电极不同,前者以滴汞电极或其他表面能够周期性地更新的液体电极作为极化电极,后者则是以固体电极或表面静止的液体电极作为极化电极。

2. 浓差极化超电势与电流密度的关系

这里以金属离子 M^{z+} 在阴极上发生还原反应为例进行说明。

设电解质溶液中 M^{z+} 的浓度为 c。在一定电流密度下,阴极界面发生还原反应,假设电极发生浓差极化,当极化达稳定态时,反应物 M^{z+} 在电极界面附近的浓度为 c_e。显然,c_e 小于溶液本体的浓度 c。设活度因子为 1,则浓差极化超电势为

$$\eta_{阴,浓差} = \phi_{阴,R} - \phi_{阴,IR} = \phi_{M^{z+}/M}^{\ominus} + \frac{RT}{zF}\ln\frac{c}{c^{\ominus}} - \left(\phi_{M^{z+}/M}^{\ominus} + \frac{RT}{zF}\ln\frac{c_e}{c^{\ominus}} \right)$$

整理,得

$$\eta_{阴,浓差} = \frac{RT}{zF}\ln\frac{c}{c_e} \tag{15.34}$$

将前面得到的式(15.32)与式(15.33)联立并经整理后,得

$$\frac{c}{c_e} = \frac{j_{max}}{j_{max} - j}$$

将上式代入式(15.34),则

$$\eta_{阴,浓差} = \frac{RT}{zF} \ln \frac{j_{max}}{j_{max} - j} \qquad (15.35)$$

针对式(15.35),作如下两点说明:(1) 在前面的论述中已得知,扩散电流与实验温度、搅拌条件和电极反应物物种及浓度等密切相关。当固定温度、搅拌条件和溶液本体中电极反应物物种的浓度时,$\eta_{阴,浓差}$ 与 $\ln \dfrac{j_{max}}{j_{max} - j}$ 之间呈直线关系,其斜率为 $\dfrac{RT}{zF}$,可见由该直线的斜率即可获知电极反应对应的电子转移数目。(2) 将式(15.35)变换,得

$$\eta_{阴,浓差} = -\frac{RT}{zF} \ln \frac{j_{max} - j}{j_{max}} = -\frac{RT}{zF} \ln \left(1 - \frac{j}{j_{max}} \right)$$

当扩散电流 j 极低时,$\dfrac{j}{j_{max}}$ 必然很小,根据数学知识,则

$$\eta_{阴,浓差} = \frac{RT}{zF} \cdot \frac{j}{j_{max}}$$

可见,在扩散电流 j 很低的条件下,$\eta_{阴,浓差}$ 与 j 之间呈正线性相关。

三、电极极化动力学方程式在解析扫描伏安曲线方面的应用

在研究电极界面过程时,电势扫描是广泛采用的技术。这种技术通过在工作电极上施加一个随时间连续变化的电势,引起电解质溶液中相关物种在电极上发生氧化或还原反应。当然,在电极电势连续变化时,电极界面双电层中的电荷密度亦相应地发生变化,这意味着此时通过电极的电流并没有全部用于电极反应,其中一部分耗用在电极界面双电层的充电放电过程,相应的电流称为"电容电流",又称"充电电流"。

电势扫描方法主要通过对电解质溶液组分的分析及对反应速率的半定量分析,探究电化学反应的机制。电势扫描方式包括线性电势扫描和循环电势扫描两种,获得的相应扫描结果分别称为"线性伏安曲线"和"循环伏安曲线"。

图 15.5(a)是电势扫描法实验装置示意图。图 15.5(b)是在电极上施加的电势随时间变化示意图。这里,需要注意的是,在线性电势扫描法中,电势扫描只有一个方向,不过,电势扫描可以正向进行,也可以负向进行。

在循环电势扫描法中,如图 15.5(b)所示,当 $t = t_1$ 时,扫描电势达到最大 ϕ_{max},即三角波的顶点,然后改为反向扫描直至达到 ϕ_{min},之后又改变方向扫描至电势达最大值 ϕ_{max}。图中的 t_1 表示转换时间。

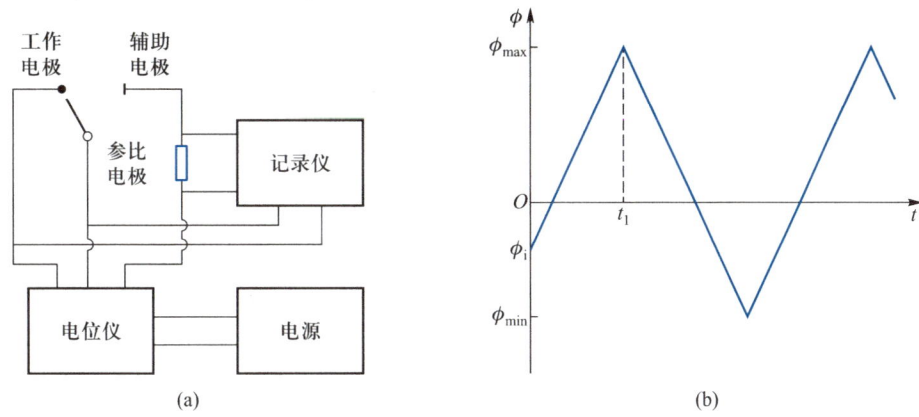

图 15.5　电势扫描法实验装置(a)及电势随时间变化(b)示意图

1. 线性伏安曲线

通过测量在工作电极上施加的电势随时间线性增加时的电流,然后绘制电流与电势之间的关系曲线,即为线性伏安曲线。对于电极反应: Ox(氧化态) + ze^- $\rightleftharpoons$ Red(还原态),图 15.6 展示出线性电势扫描法获得的典型实验结果。应当注意的是,图中横坐标量是 $-\phi$,也就是说,从左至右,在工作电极上施加的电势值越来越负(或者说越来越小)。

随着电势值变得越负,上述电极反应正向(还原反应)进行的速率增大,而逆向(氧化反应)的速率减小,即还原电流增大,氧化电流减小,而当施加的电势负至超越 $\phi_{阴,R}$ 后,由于产生

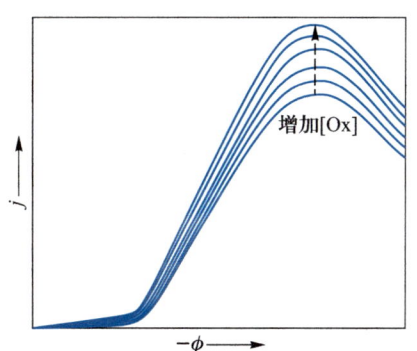

图 15.6　线性电势扫描法获得的
电流－电势曲线

了超电势 η,根据 Butler－Volmer 方程的变种形式[即式(15.23)]可知,电流随之呈指数上升态势,这便是图 15.6 中电流快速上升的原因。

基于式(15.23),当施加于电极的电势越来越负时,由于超电势 η 越来越大,理论上电流应当越来越大。然而,事实上,如图 15.6 所示,当电流达到最大值后又随电势继续变化而下降,这是由于还原反应中氧化态物种的严重消耗造成该反应物物种贫化。

由图 15.6 可见,当氧化态物种浓度[Ox]增加时,峰值电流随之增大,这是不难理解的。而且,实验结果表明,最大电流值与[Ox]成正比。基于此,可建立定量测定物质浓度的方法。

同时,实验发现,增加扫描速率也会使峰值电流增大,这是电极反应与扩散传质共同作用的结果。当电极附近溶液中的氧化态物种 Ox 被还原后,在物质扩散比较缓慢的条件下,可导致溶液本体与电极附近溶液之间(即扩散层)产生浓度梯度。在这种情况下,

扩散传质过程可能成为速控步。此时,浓度梯度越大,扩散越快,根据式(15.32)可知,电极的扩散电流密度亦越大。当快速扫描时,电极附近溶液的氧化态物种 Ox 因更快地发生还原反应而被消耗,导致扩散层浓度梯度更大,扩散更快,因此电极电流必然更大。

2. 循环伏安曲线

由前面的图 15.5(b)可见,循环电势扫描法的具体操作是,在时间 $0 \sim t_1$ 内,使电势 ϕ 不断地增加,当 $t = t_1$ 时,ϕ 达到最大值(ϕ_{max}),此时改变方向进行扫描直至电势 ϕ 达到最小值(ϕ_{min}),然后再改变方向扫描至电势 ϕ 再次达到最大值(ϕ_{max}),如此不断地进行,同时记录电流随扫描电势的变化关系。当然,扫描可以是单次的,也可以是多次反复扫描。概而言之,循环电势扫描法即是,在电极上施加的电势(即扫描电势)以三角波形呈现,并检测通过电极的电流。

图 15.7 展示出循环电势扫描法获得的典型实验结果,即循环伏安曲线。图中横坐标为 $-\phi$,表明在横坐标上从左至右,电势 ϕ 值越来越负(或者说越来越小),而从右到左,电势值则越来越正(或者说越来越大)。

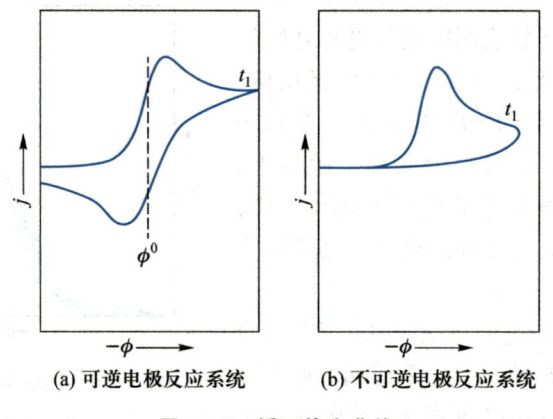

(a) 可逆电极反应系统　　　　(b) 不可逆电极反应系统

图 15.7　循环伏安曲线

对于可逆电极反应系统:Ox(氧化态) + ze^- $\rightleftharpoons$ Red(还原态),假设在实验开始时只有氧化态物种 Ox,没有还原态物种 Red。在图 15.7(a)所示的循环伏安曲线上,在时刻 t_1 之前的时间范围内电势均是向同一方向扫描的,即电势随时间变得越来越负,这部分伏安曲线的形状和解释与线性伏安曲线(图 15.6)一致。在时刻 t_1 之后,扫描反向进行,即在电极上施加的电势变得越来越正,这时电极的还原反应方向速率逐渐减小,而同一电极的氧化反应方向速率逐渐增大。我们知道,$j = j_{Red} - j_{Ox}$,所以在这一扫描区间内,净电流 j 的减小可归结为还原速率 j_{Red} 的减小和氧化速率 j_{Ox} 的增大。这表明,在前一个扫描区间内,电极界面发生还原反应所形成的还原态物种 Red,在后一个扫描区间内又被逐渐氧化为氧化态物种 Ox。在此区间内,当电流达到极值后又发生反转,其解释与前一个扫描区间内电流转向的解释类似,即由于氧化反应的快速进行导致还原态物种严重消耗而贫化。

我们知道,对于可逆电极反应系统,仅需较小的超电势,即可产生明显的电流。由图

15.7(a)可见,可逆电极反应系统的伏安曲线形状环绕氧化还原电对的标准电极电势 $\phi^\ominus$ 大体上是对称的,其正、反向扫描峰电流处的电势值环绕氧化还原电对的标准电极电势 $\phi^\ominus$ 亦是对称的,因而可据此大致估计对应氧化还原电对的标准电极电势 $\phi^\ominus$ 值。

相比,对于不可逆电极反应系统,则需要较大的超电势,方能产生明显的电流,而且伏安曲线的形状与可逆电极反应系统也不相同。如图 15.7(b)所示,在时刻 t_1 之前,其伏安曲线形状与可逆电极反应系统大体相同。但是,当反向扫描时,电流变小,是还原反应速率变慢的表现。因为要使氧化方向的反应变为主导,则需要一个能使电极电势显著地向正方向变化的足够大的超电势,然而,在这一反向扫描阶段,超电势并不很大,因此,氧化方向的反应速率也不显著,故电流方向亦不会改变。

综上可知,循环伏安曲线形状能够提供有关电极界面过程动力学的一些有用信息。但必须注意的是,伏安曲线的形状还与扫描快慢有很大关系。如果扫描太快,电极界面过程的一些细节有可能被掩盖。

15.6 电解时电极上的竞争反应

一、物种在电极上优先反应的原则

在电解时,施加于电解池的外加电压在由小到大的变化过程中,电解池的阳极电势逐渐升高,相应地,阴极电势逐渐降低。当电解池的外加电压增加至实际分解电压 $E_{分解}$ 时,电解过程便可持续地进行。然而,电解质溶液中所包含的阳离子(如金属离子)可能不止一种,同时其中的阴离子也可能不止一种,而且在以水为溶剂的电解液中必然存在 H^+ 和 OH^-。H^+ 和其他阳离子均有可能在阴极界面发生还原反应,OH^-、H_2O 分子和其他阴离子则均有可能在阳极界面发生氧化反应。那么究竟哪个物种优先在阴极界面发生反应,哪个物种优先在阳极界面发生反应呢?这里有一个基本原则,读者必须明确。即在阴极上,对应于还原电极电势较高的那个氧化还原电对,其氧化态物种优先发生还原反应,在阳极上,对应于还原电势较低的那个氧化还原电对,其还原态物种优先发生氧化反应。基于第9章的知识,对于一原则,读者应当不难理解。

二、金属在阴极上的析出

1. 阴极界面的竞争反应

当电解质是含有多种金属离子(M_1^{z+}、M_2^{z+} 等)的水溶液时,电解时溶液中这些金属离子及 H^+ 均趋向于阴极界面附近,它们按照其还原电极电势由高到低的顺序,先后进行电化学还原反应。因此,须首先分别计算它们的电极电势,方能判定其发生反应的先后顺序。在计算电极电势时需要考虑电极的超电势。其中,在阴极上析出金属时,超电势较小,常常忽略不计,但当析出 H_2 时,对应的超电势比较大,一般不可忽略。这里,举个例子进行说明。

例 15.1   在 298.15 K 和 $p^\ominus$ 时,以 Pt 作电极,电解含有 $AgNO_3$ 和 $Zn(NO_3)_2$ 的混合溶液。设溶液中 Ag^+ 和 Zn^{2+} 的活度均为1,试根据计算结果说明在阴极上首先发生反应的物种是什么。已知在 298.15 K 时,$\phi^\ominus_{Ag^+/Ag} = 0.799$ V,$\phi^\ominus_{Zn^{2+}/Zn} = -0.763$ V。

解:在阴极界面发生的是还原反应,有可能发生反应的物种包括 Ag^+、Zn^{2+} 及 H^+。这里,只考虑 H_2 析出时的超电势,而不考虑金属析出时的超电势。因为阴极极化,电极电势降低,所以当 H_2 析出时,其析出电势应当是其平衡电极电势减去超电势,故对应的析出电势为

$$\phi_{H^+/H_2} = \phi^\ominus_{H^+/H_2} + \frac{RT}{F}\ln a_{H^+} - \eta_{H_2}$$

$\phi^\ominus_{H^+/H_2} = 0$,将电解质溶液看作中性溶液时,$a_{H^+} = 10^{-7}$,则

$$\phi_{H^+/H_2} = \frac{8.314 \text{ J} \cdot \text{K}^{-1} \cdot \text{mol}^{-1} \times 298.15 \text{ K}}{96500 \text{ C} \cdot \text{mol}^{-1}} \times \ln 10^{-7} - \eta_{H_2}$$

整理后,得

$$\phi_{H^+/H_2} = -0.414 \text{ V} - \eta_{H_2}$$

两种金属的析出电势分别为

$$\phi_{Ag^+/Ag} = \phi^\ominus_{Ag^+/Ag} + \frac{RT}{F}\ln a_{Ag^+} = \phi^\ominus_{Ag^+/Ag} = 0.799 \text{ V}$$

$$\phi_{Zn^{2+}/Zn} = \phi^\ominus_{Zn^{2+}/Zn} + \frac{RT}{2F}\ln a_{Zn^{2+}} = \phi^\ominus_{Zn^{2+}/Zn} = -0.763 \text{ V}$$

三者比较可知,$\phi_{Ag^+/Ag}$ 最大,故在阴极上,Ag^+ 优先被还原而生成金属 Ag。

从解答过程可以看出,H_2 的析出超电势 η_{H_2} 并不能影响 Ag 的优先析出,不过 H_2 与 Zn 这两者哪个优先析出,则与 H_2 的超电势大小有密切关系。

2. 氢超电势的利用

从能量转化和能量利用的角度而言,氢超电势的存在并不是一种好的现象。但由于氢超电势的存在,可以使某些本来应该在 H^+ 之后才在阴极界面上发生还原反应的金属离子,也能够较 H^+ 优先发生反应。下面举一典型例子进行说明。

例 15.2   在 298.15 K 和 $p^\ominus$ 时,以金属 Cd 作电极,电解 $m = 1$ mol $\cdot$ kg^{-1} 的 $Cd(NO_3)_2$ 溶液。设溶液中各物种的活度因子 γ 均为1,试分析在阴极界面优先发生反应的物种是什么。已知 298.15 K 时,$\phi^\ominus_{Cd^{2+}/Cd} = -0.403$ V。

解： 当不考虑超电势时,假如将 $Cd(NO_3)_2$ 溶液看作中性溶液, $a_{H^+} = 10^{-7}$, 则根据能斯特方程, H^+ 的析出电势为

$$\phi_{H^+/H_2} = \phi_{H^+/H_2}^{\ominus} + \frac{RT}{F}\ln a_{H^+}$$

$$= 0 + \frac{8.314\ J \cdot K^{-1} \cdot mol^{-1} \times 298.15\ K}{96500\ C \cdot mol^{-1}} \times \ln 10^{-7} = -0.414\ V$$

因为 $\phi_{Cd^{2+}/Cd}^{\ominus} = -0.403\ V$, $a_{Cd^{2+}} = \dfrac{m_{Cd^{2+}}}{m^{\ominus}}\gamma_{Cd^{2+}} = 1$, 故 Cd^{2+} 的析出电势为

$$\phi_{Cd^{2+}/Cd} = \phi_{Cd^{2+}/Cd}^{\ominus} + \frac{RT}{2F}\ln a_{Cd^{2+}} = \phi_{Cd^{2+}/Cd}^{\ominus} = -0.403\ V$$

可见,在不考虑超电势时, ϕ_{H^+/H_2} 与 $\phi_{Cd^{2+}/Cd}$ 值几乎相同, H^+ 和 Cd^{2+} 应同时析出,而且溶液是酸性的,即 $a_{H^+} > 10^{-7}$, ϕ_{H^+/H_2} 的值应当比 $-0.414\ V$ 更大,也就是说, H^+ 有可能更容易析出。然而,实际上,当在 Cd 阴极上产生 H_2 时,会发生严重的极化,超电势很大, η_{H_2} 约为 0.5 V,导致 H^+ 的析出电势很负。故相较 Cd^{2+} 来说, H^+ 则不容易析出,即在阴极上优先发生 Cd^{2+} 被还原的反应。

3. 金属离子的分离

当电解质溶液中存在多种金属离子时,它们通常具有不同的析出电势。若要通过阴极电沉积方式将这些金属离子分离,则可通过控制外加电压,使各金属离子分步析出而达到目的。这种电沉积分离方式在冶金工业中的应用相当广泛。

要使某二价金属离子与其他金属离子有效地分离,那么它与其他金属离子之间的析出电势应至少相差 0.21 V;而要使某一价金属离子与其他金属离子有效地分离,则它与其他金属离子之间的析出电势应至少相差 0.42 V。这是一条客观原则。为什么?下面举一例来说明。

> **例 15.3** 在 298.15 K 时,设某电解质溶液中存在 Cu^{2+} 和 M^{2+} 两种金属离子,它们的浓度均约为 1 $mol \cdot dm^{-3}$。并假设,在电解时 Cu^{2+} 先在阴极析出,同时在阳极界面处发生氧化反应的物种和浓度均保持不变。当 Cu^{2+} 几乎析出完全时,外加电压大约需要增加多少伏?设活度因子等于1,即可以直接使用浓度代替活度。

解： 题上已假设,在电解过程中阳极上发生氧化反应的物种和浓度均不变,说明阳极的析出电势不变。在电解时,随着 Cu^{2+} 在阴极界面不断被还原,溶液中 Cu^{2+} 浓度不断降低, Cu^{2+} 的析出电势则不断减小。我们知道,电解时,实际分解电压为

$$E_{分解} = \phi_{阳,析出} - \phi_{阴,析出}$$

由此可见,随着电解过程的进行,分解电压必然增加。当 Cu^{2+} 浓度降至初始时 $[Cu^{2+}]$ 的 $\frac{1}{10}$ 时,则

$$\phi_{\text{阴,析出}} = \phi_{Cu^{2+}/Cu} = \phi_{Cu^{2+}/Cu}^{\ominus} + \frac{RT}{2F}\ln\frac{1}{10} \cdot \frac{[Cu^{2+}]}{c^{\ominus}}$$

$$\approx \phi_{Cu^{2+}/Cu}^{\ominus} + \frac{RT}{2F}\ln\frac{[Cu^{2+}]}{c^{\ominus}} - 0.03 \text{ V}$$

因为 $\phi_{\text{阳,析出}}$ 不变,所以当 Cu^{2+} 浓度降至初始时 $[Cu^{2+}]$ 的 $\frac{1}{10}$ 时,分解电压 $E_{\text{分解}}$ 需要增加约 0.03 V。

同理,当 Cu^{2+} 浓度降至初始时 $[Cu^{2+}]$ 的 $\frac{1}{100}$ 时,分解电压 $E_{\text{分解}}$ 则需要增加 2×0.03 V,即 0.06 V。

以此类推,当 Cu^{2+} 浓度降至初始时 $[Cu^{2+}]$ 的 10^{-7} 时,分解电压 $E_{\text{分解}}$ 则需要增加 7×0.03 V,即 0.21 V。而此时,Cu^{2+} 浓度的数量级为 10^{-7},单位是 $mol \cdot dm^{-3}$,可以认为 Cu^{2+} 已析出完全。这时,若阴极的电势降至与 $\phi_{M^{z+}/M}$ 相同,则 M^{z+} 开始在阴极析出,它的析出对 Cu^{2+} 的分离便没有影响。

读者可以对一价金属离子与其他金属离子的有效分离作出类似的计算和说明。

4. 合金的形成

如果电解质溶液中两种金属离子的析出电势相同,那么在电解时它们就同时在阴极上析出而形成合金,这是电解法制备合金的理论根据。

设电解质溶液中含有 M_1^{z+} 和 M_2^{z+} 两种金属离子,其活度分别为 a_1 和 a_2,相应的析出电势分别为 $\phi_{1,\text{析出}}$ 和 $\phi_{2,\text{析出}}$。电解时两种金属在阴极上同时析出形成合金的必要条件是

$$\phi_{1,\text{析出}} = \phi_{2,\text{析出}}$$

如果电解在平衡条件下进行,则金属离子的析出电势等于平衡电极电势,即

$$\phi_{1,\text{析出}} = \phi_1^{\ominus} + \frac{RT}{zF}\ln a_1$$

$$\phi_{2,\text{析出}} = \phi_2^{\ominus} + \frac{RT}{zF}\ln a_2$$

实际电解时,电极的电流密度较大,电极带电程度与平衡时不同,即电极会发生极化,析出电势必然偏离平衡电极电势,则

$$\phi_{1,\text{析出}} = \phi_1^{\ominus} + \frac{RT}{zF}\ln a_1 - \eta_1$$

$$\phi_{2,\text{析出}} = \phi_2^{\ominus} + \frac{RT}{zF}\ln a_2 - \eta_2$$

此时,要满足两种金属离子同时析出形成合金的条件即 $\phi_{1,\text{析出}} = \phi_{2,\text{析出}}$,则需要对两种离子的活度($a_1$ 和 a_2)、对应的标准电极电势($\phi_1^{\ominus}$ 和 $\phi_2^{\ominus}$)及超电势(η_1 和 η_2)进行衡量、选取。通常,金属在阴极电沉积时,其超电势均较小。这样,对于两种浓度相同的金属离子,可参考它们的标准电极电势 $\phi^{\ominus}$ 是否相近,估计两者能否同时在阴极沉积形成合金。

例如,Sn^{2+} 和 Pb^{2+},在 298.15 K 时它们的标准电极电势值分别为 $\phi_{Sn^{2+}/Sn}^{\ominus} = -0.136\ \text{V}$,$\phi_{Pb^{2+}/Pb}^{\ominus} = -0.126\ \text{V}$,两者相差不大,而它们在阴极析出时的超电势均很小,故只要作适当调节,使两者浓度略有差别,两者便可同时析出形成 Sn - Pb 合金。

再例如,要使溶液中的 Cu^{2+} 和 Zn^{2+} 在电解时在阴极上同时析出形成 Cu - Zn 合金,情况就复杂一些。因为它们的标准电极电势相差很大,在 298.15 K 时分别为 $\phi_{Cu^{2+}/Cu}^{\ominus} = 0.337\ \text{V}$,$\phi_{Zn^{2+}/Zn}^{\ominus} = -0.763\ \text{V}$。由此可知,相同浓度的两种离子,它们的电极电势相差约为 1.1 V,因而当浓度相当时,两者不可能同时析出形成 Cu - Zn 合金。然而,若在电解质溶液中加入 CN^-,由于两种金属离子与 CN^- 络合后分别形成了 $Cu(CN)_3^-$ 和 $Zn(CN)_4^{2-}$,它们相应的标准电极电势仅相差 0.345 V,再考虑两者的超电势不同,通过调节阴极的电流密度,同时调整温度及 CN^- 的浓度,则可使两者的析出电势十分接近。这样,便有望在阴极上通过电沉积方式获得 Cu - Zn 合金。

读者可能会问,直接配制 Cu^{2+} 浓度和 Zn^{2+} 浓度不同的混合溶液,使两者的析出电势相等,这样不是更为简单吗?这个问题表面上很尖锐、针对性很强,但如果读者通过能斯特方程计算一下相应的浓度,则该问题的答案便一目了然。

5. 典型例题

例 15.4 在 298.15 K 和 $p^{\ominus}$ 时,设溶液中,$a_{Fe^{2+}} = 1$,$a_{Zn^{2+}} = 1$,已知在 Fe 表面,氢的超电势 η_{H_2} 为 0.40 V。若采用电解方式使溶液中的离子在阴极上按 Fe^{2+}、H^+、Zn^{2+} 的次序先后析出,则溶液的 pH 最大不超过多少?在该最大 pH 的溶液中,当 H^+ 开始在阴极被还原时,Fe^{2+} 浓度为多少?已知在 298.15 K 时,$\phi_{Fe^{2+}/Fe}^{\ominus} = -0.440\ \text{V}$,$\phi_{Zn^{2+}/Zn}^{\ominus} = -0.763\ \text{V}$。

解: 要使阴极上离子的析出次序为 Fe^{2+}、H^+、Zn^{2+},则要求 H^+ 的析出电势大于 Zn^{2+} 的而小于 Fe^{2+} 的。当 H^+ 的析出电势大于 Zn^{2+} 的析出电势时,则

$$\phi_{H^+/H_2}^{\ominus} + \frac{RT}{F}\ln a_{H^+} - \eta_{H_2} > \phi_{Zn^{2+}/Zn}^{\ominus} + \frac{RT}{2F}\ln a_{Zn^{2+}}$$

因为 $\phi_{H^+/H_2}^{\ominus} = 0$,$\eta_{H_2} = 0.40\ \text{V}$,$\text{pH} = -\lg a_{H^+}$,$\phi_{Zn^{2+}/Zn}^{\ominus} = -0.763\ \text{V}$,$a_{Zn^{2+}} = 1$,$T = 298.15\ \text{K}$,$R = 8.314\ \text{J}\cdot\text{K}^{-1}\cdot\text{mol}^{-1}$,$F = 96500\ \text{C}\cdot\text{mol}^{-1}$,所以

$$-0.05915\text{pH} - 0.40 > -0.763$$

取等号时,则

$$-0.05915\mathrm{pH} - 0.40 = -0.763$$

解得

$$\mathrm{pH} = 6.14$$

这表明,要使 H^+ 先于 Zn^{2+} 析出,则要求 pH < 6.14。

当 H^+ 的析出电势小于 Fe^{2+} 的析出电势时,则可得

$$-0.05915\mathrm{pH} - 0.40 < -0.440$$

解此不等式,得 pH > 0.68,这即是使 Fe^{2+} 先于 H^+ 析出时的溶液 pH 条件。由此可知,使溶液中的离子在阴极上按 Fe^{2+}、H^+、Zn^{2+} 的次序先后析出,则 pH 应满足的条件为

$$0.68 < \mathrm{pH} < 6.14$$

即溶液的 pH 最大值为 6.14。

由前面的解答过程可知,当 pH = 6.14 时,$\phi_{阴,析出} = -0.763$ V。此时,使 Fe^{2+} 的析出电势等于 H^+ 的析出电势,即 -0.763 V,建立方程,便可求算 Fe^{2+} 的剩余浓度。即

$$\phi^{\ominus}_{\mathrm{Fe}^{2+}/\mathrm{Fe}} + \frac{RT}{2F}\ln a_{\mathrm{Fe}^{2+}} = -0.763$$

$$a_{\mathrm{Fe}^{2+}} = \frac{m_{\mathrm{Fe}^{2+}}}{m^{\ominus}} = 1.20 \times 10^{-11}$$

$$m_{\mathrm{Fe}^{2+}} = 1.20 \times 10^{-11}\ \mathrm{mol}\cdot\mathrm{kg}^{-1}$$

例 15.5　在 298.15 K 和 $p^{\ominus}$ 时,以 Cd 作电极,利用电解沉积方式分离溶液中的 Cd^{2+} 和 Zn^{2+}。已知原始溶液中 Cd^{2+} 和 Zn^{2+} 的浓度均为 $0.1\ \mathrm{mol}\cdot\mathrm{kg}^{-1}$,$\mathrm{H}_2$ 在金属 Cd 和 Zn 上的超电势分别为 0.48 V 和 0.70 V。试通过计算,分析在 298.15 K 时以电沉积方式分离溶液中 Cd^{2+} 和 Zn^{2+} 的效果。已知在 298.15 K 和 $p^{\ominus}$ 时,$\phi^{\ominus}_{\mathrm{Cd}^{2+}/\mathrm{Cd}} = -0.402$ V,$\phi^{\ominus}_{\mathrm{Zn}^{2+}/\mathrm{Zn}} = -0.763$ V。

解: 金属 Cd 和 Zn 析出时的超电势很小,通常可忽略。假设离子的活度因子均为 1。基于能斯特方程,根据标准电极电势 $\phi^{\ominus}_{\mathrm{Cd}^{2+}/\mathrm{Cd}}$ 和 $\phi^{\ominus}_{\mathrm{Zn}^{2+}/\mathrm{Zn}}$ 值,显然,当电解质溶液中 Cd^{2+} 和 Zn^{2+} 的浓度相同时,Cd^{2+} 的析出电势高于 Zn^{2+} 的析出电势。当 Cd^{2+} 和 Zn^{2+} 的浓度均为 $0.1\ \mathrm{mol}\cdot\mathrm{kg}^{-1}$ 时,它们的起始析出电势分别为

$$\phi_{\mathrm{Cd}^{2+}/\mathrm{Cd}} = \phi^{\ominus}_{\mathrm{Cd}^{2+}/\mathrm{Cd}} + \frac{RT}{2F}\ln\frac{m_{\mathrm{Cd}^{2+}}}{m^{\ominus}} = -0.402\ \mathrm{V} + \frac{RT}{2F}\ln 0.1 = -0.432\ \mathrm{V}$$

$$\phi_{\mathrm{Zn}^{2+}/\mathrm{Zn}} = \phi^{\ominus}_{\mathrm{Zn}^{2+}/\mathrm{Zn}} + \frac{RT}{2F}\ln\frac{m_{\mathrm{Zn}^{2+}}}{m^{\ominus}} = -0.763\ \mathrm{V} + \frac{RT}{2F}\ln 0.1 = -0.793\ \mathrm{V}$$

Cd^{2+} 与 Zn^{2+} 相比较,显然是 Cd^{2+} 先被还原而沉积在阴极上。

溶液中还含有 H^+,将溶液近似看作中性的,则 $\dfrac{m_{H^+}}{m^{\ominus}} \approx 10^{-7}$。$H^+$ 在 Cd 的起始析出电势为

$$\phi_{H^+/H_2} = \frac{RT}{F} \ln \frac{m_{H^+}}{m^{\ominus}} - \eta_{H_2} = \frac{RT}{F} \ln 10^{-7} - 0.48 \text{ V} = -0.89 \text{ V}$$

三者相比较,H^+ 的析出电势最低,故 H^+ 最后析出。这说明,H^+ 不会影响 Cd^{2+} 和 Zn^{2+} 的分离效果。

电解时,Cd^{2+} 先析出,Zn^{2+} 后析出。随着 Cd^{2+} 的不断析出,其在溶液中的浓度逐渐降低,电极电势也随之减小。当其电极电势减小至与 Zn^{2+} 的析出电势(-0.793 V)相等时,Zn^{2+} 方开始析出,设此时 Cd^{2+} 的剩余浓度为 $m_{Cd^{2+},剩余}$,则

$$-0.793 \text{ V} = \phi^{\ominus}_{Cd^{2+}/Cd} + \frac{RT}{2F} \ln \frac{m_{Cd^{2+},剩余}}{m^{\ominus}}$$

将 $\phi^{\ominus}_{Cd^{2+}/Cd} = -0.402$ V,$T = 298.15$ K,$R = 8.314$ J·K^{-1}·mol^{-1} 和 $F = 96500$ C·mol^{-1} 代入上述方程,得

$$m_{Cd^{2+},剩余} = 6.01 \times 10^{-14} \text{ mol} \cdot \text{kg}^{-1}$$

即当 Zn^{2+} 开始在电极上析出时,溶液中 Cd^{2+} 的剩余浓度已降低至 6.01×10^{-14} mol·kg^{-1},说明分离效果很好。

三、阳极界面的反应

众所周知,在阳极界面发生的反应是氧化反应。在本节开头,已经明确了在阳极上电极反应的竞争原则。即在阳极上,物种的还原电势越低,越优先发生反应。

在电解时,外加电压是由低到高逐渐增加的,相应地施加于阳极的电势亦是由低到高变化的,在此过程中阳极界面附近的各种离子则按照其析出电势由低到高的顺序进行氧化反应。不过,读者应注意以下三点:(1)如果阳极是惰性电极(如 Pt 电极),那么电解时阳极反应只能是 OH^-(或 H_2O)、Cl^-、Br^-、I^- 等被氧化生成 O_2、Cl_2、Br_2、I_2;(2)对于一般的含氧酸根离子,如 NO_3^-、SO_4^{2-}、PO_4^{3-} 等,由于其析出电势很高,一般不可能在阳极上发生反应,因此对于这些离子一般不需要考虑;(3)如果阳极是 Ag、Cu、Zn、Pb、Cd 等比较活泼的金属,则电解时阳极反应既有可能是 OH^-(或 H_2O)、Cl^- 等物种被氧化成 O_2、Cl_2 等,又有可能是金属电极本身被氧化为金属离子,哪个反应对应的氧化还原电对的电极电势低,则优先发生哪个反应。

例 15.6 在 $p^{\ominus}$ 和 298.15 K 时,以金属 Cd 作电极电解含 Cd^{2+} 的水溶液,设 $a_{Cd^{2+}} = 1$,溶液的 pH = 7。试分析在阳极上优先发生哪个反应?已知在 298.15 K 时,$\phi^{\ominus}_{Cd^{2+}/Cd} = -0.402$ V,$\phi^{\ominus}_{O_2,H_2O/OH^-} = 0.400$ V。

解：阳极上可能发生的反应包括：

$$Cd(s) - 2e^- \longrightarrow Cd^{2+}(a_{Cd^{2+}} = 1) \tag{1}$$

$$2OH^-(a_{OH^-}) - 2e^- \longrightarrow H_2O(l) + \frac{1}{2}O_2(p^\ominus) \tag{2}$$

或　　　　　$$H_2O(l) - 2e^- \longrightarrow 2H^+(a_{H^+}) + \frac{1}{2}O_2(p^\ominus) \tag{3}$$

当不考虑超电势时,(1) 和(2) 两个电极反应对应的析出电势分别为

$$\phi_{Cd^{2+}/Cd} = \phi_{Cd^{2+}/Cd}^\ominus = -0.402 \text{ V}$$

$$\phi_{O_2, H_2O/OH^-} = \phi_{O_2, H_2O/OH^-}^\ominus - \frac{RT}{2F}\ln a_{OH^-}^2 = 0.400 \text{ V} - \frac{RT}{F}\ln a_{OH^-}$$

$$= 0.400 \text{ V} - \frac{8.314 \text{ J} \cdot \text{K}^{-1} \cdot \text{mol}^{-1} \times 298.15 \text{ K}}{96500 \text{ C} \cdot \text{mol}^{-1}} \times \ln 10^{-7}$$

$$= 0.814 \text{ V}$$

需要指出的是,对于反应(2) 和(3),它们的电极电势值是一样的,故只要计算其中一个即可。关于这一点,读者可自行验证。

由上述计算结果可见,即使不考虑超电势,在阳极上发生 Cd 电极自身氧化的电极电势也比发生析氧反应的电极电势要低,即阳极首先发生的是 Cd 电极自身的氧化反应。

如果考虑超电势,相对于 Cd 电极本身的氧化反应,当阳极上发生析出 O_2 的反应时,由于电极发生较为严重的极化,电极电势升高幅度更加显著,那么此时在 Cd 阳极上,电极自身的氧化反应要比析出 O_2 的反应更加优先发生。

四、分解电压的计算

在前面的讨论中已经得知,实际分解电压等于阳极析出电势减去阴极析出电势,用数学形式表示,即

$$E_{\text{分解}} = \phi_{\text{阳,析出}} - \phi_{\text{阴,析出}}$$

其中,$\phi_{\text{阳,析出}} = \phi_{\text{阳,R}} + \eta_{\text{阳}}$,$\phi_{\text{阴,析出}} = \phi_{\text{阴,R}} - \eta_{\text{阴}}$。这里,结合阴极和阳极上电极反应优先发生的原则,通过具体例子,说明 $E_{\text{分解}}$ 的计算。

例 15.7　在 298.15 K 和 $p^\ominus$ 时,当电流密度为 0.1 A $\cdot$ cm^{-2} 时,$O_2(g)$ 和 $H_2(g)$ 在金属 Ag(s) 上的超电势分别为 0.98 V 和 0.87 V,现以金属 Ag 分别作阳极和阴极,电解 NaOH 溶液($m = 0.01$ mol $\cdot$ kg^{-1})。试判断在该条件下,分别在两个 Ag 电极上首先发生何种反应。此时,外加电压 $E_{\text{分解}}$ 为多少?设各离子的活度因子均为 1,已知在 298.15 K 时,$\phi_{Na^+/Na}^\ominus = -2.713$ V,$\phi_{O_2, H_2O/OH^-}^\ominus = 0.401$ V,$\phi_{Ag_2O, H_2O/Ag, OH^-}^\ominus = 0.344$ V。

解: 在阴极界面处,可能发生还原反应的物种包括 Na^+ 和 H^+,其中还原电势较高者首先反应。它们相应的析出电势分别为

$$\phi_{Na^+/Na} = \phi_{Na^+/Na}^{\ominus} + \frac{RT}{F} \ln a_{Na^+}$$

$$= -2.713 \text{ V} + \frac{8.314 \text{ J} \cdot \text{K}^{-1} \cdot \text{mol}^{-1} \times 298.15 \text{ K}}{96500 \text{ C} \cdot \text{mol}^{-1}} \times \ln 0.01$$

$$= -2.831 \text{ V}$$

$$\phi_{H^+/H_2} = \phi_{H^+/H_2}^{\ominus} + \frac{RT}{F} \ln a_{H^+} - \eta_{H_2}$$

$$= \frac{8.314 \text{ J} \cdot \text{K}^{-1} \cdot \text{mol}^{-1} \times 298.15 \text{ K}}{96500 \text{ C} \cdot \text{mol}^{-1}} \times \ln \frac{10^{-14}}{0.01} - 0.87 \text{ V}$$

$$= -1.58 \text{ V}$$

显然,$\phi_{H^+/H_2} > \phi_{Na^+/Na}$,故在阴极上首先发生析氢反应。

在阳极上可能发生的反应包括:(1) 析氧反应,(2) Ag 电极本身氧化生成 Ag_2O 的反应,即

(1) $2OH^-(a_{OH^-}) - 2e^- \longrightarrow H_2O(l) + \frac{1}{2}O_2(p^{\ominus})$

(2) $2Ag(s) + 2OH^-(a_{OH^-}) - 2e^- \longrightarrow Ag_2O(s) + H_2O(l)$

后一个反应一经发生,即形成 $OH^-(a_{OH^-}) \mid Ag_2O(s) \mid Ag(s)$ 电极。上述两个反应的电极电势分别为

$$\phi_{O_2, H_2O/OH^-} = \phi_{O_2, H_2O/OH^-}^{\ominus} - \frac{RT}{2F} \ln a_{OH^-}^2 + \eta_{O_2}$$

$$= 0.401 \text{ V} - \frac{8.314 \text{ J} \cdot \text{K}^{-1} \cdot \text{mol}^{-1} \times 298.15 \text{ K}}{96500 \text{ C} \cdot \text{mol}^{-1}} \times \ln 0.01 + 0.98 \text{ V}$$

$$= 1.499 \text{ V}$$

$$\phi_{Ag_2O, H_2O/Ag, OH^-} = \phi_{Ag_2O, H_2O/Ag, OH^-}^{\ominus} - \frac{RT}{2F} \ln a_{OH^-}^2$$

$$= 0.344 \text{ V} - \frac{8.314 \text{ J} \cdot \text{K}^{-1} \cdot \text{mol}^{-1} \times 298.15 \text{ K}}{96500 \text{ C} \cdot \text{mol}^{-1}} \times \ln 0.01$$

$$= 0.462 \text{ V}$$

$$\phi_{Ag_2O, H_2O/Ag, OH^-} < \phi_{O_2, H_2O/OH^-}$$

故阳极上首先发生 Ag 电极本身氧化生成 Ag_2O 的反应。

$$E_{\text{分解}} = \phi_{\text{阳,析出}} - \phi_{\text{阴,析出}} = \phi_{Ag_2O, H_2O/Ag, OH^-} - \phi_{H^+/H_2}$$
$$= 0.462 \text{ V} - (-1.58 \text{ V}) = 2.04 \text{ V}$$

例 15.8 在 $p^{\ominus}$、298.15 K 时,以 C(石墨)为阳极,Fe 为阴极,在电流密度 $j = 0.10$ A·cm^{-2}时电解 $m = 1.0$ mol·kg^{-1} 的 NaCl 水溶液。已知 $O_2(g)$ 在石墨上的超电势为 0.896 V,设 $Cl_2(g)$ 在石墨上的超电势可忽略。当在阴极上析氢时,其超电势的 Tafel 公式 $\left(\eta_{H_2} = a + b\ln\dfrac{j}{\text{A}\cdot\text{cm}^{-2}} \right)$ 中,$a = 0.73$ V,$b = 0.05$ V。设电解质溶液中各物种的活度因子均为 1。试判断两电极上首先发生的反应是什么,并计算实际的分解电压。

解: 查表 9.4 可知,在 298.15 K 时,$\phi^{\ominus}_{H^+, O_2/H_2O} = 1.23$ V,$\phi^{\ominus}_{Cl_2/Cl^-} = 1.36$ V,$\phi^{\ominus}_{Na^+/Na} = -2.71$ V。

在阴极上,可能发生还原反应的物种有 Na^+ 和 H^+,它们的电极电势分别为

$$\phi_{Na^+/Na} = \phi^{\ominus}_{Na^+/Na} + \frac{RT}{F}\ln a_{Na^+} = -2.71 \text{ V} + \frac{RT}{F}\ln 1 = -2.71 \text{ V}$$

$$\phi_{H^+/H_2} = \phi^{\ominus}_{H^+/H_2} + \frac{RT}{F}\ln a_{H^+} - \eta_{H_2} = \frac{RT}{F}\ln a_{H^+} - \left(a + b\ln\frac{j}{\text{A}\cdot\text{cm}^{-2}} \right)$$

$$= \frac{8.314 \text{J}\cdot\text{K}^{-1}\cdot\text{mol}^{-1}\times 298.15 \text{ K}}{96500 \text{ C}\cdot\text{mol}^{-1}} \times \ln 10^{-7} - (0.73 + 0.05\times\ln 0.10) \text{ V}$$

$$= -1.029 \text{ V}$$

$$\phi_{H^+/H_2} > \phi_{Na^+/Na}$$

故阴极上首先发生析氢反应,即 $2H^+(a_{H^+}) + 2e^- \longrightarrow H_2(g)$。

在阳极上,可能发生氧化反应的物种有 H_2O 和 Cl^-,相应的电极反应分别为

$$H_2O(l) - 2e^- \longrightarrow 2H^+(a_{H^+}) + \frac{1}{2}O_2(p^{\ominus})$$

$$2Cl^-(a_{Cl^-}) - 2e^- \longrightarrow Cl_2(p^{\ominus})$$

电极电势分别为

$$\phi_{H^+, O_2/H_2O} = \phi^{\ominus}_{H^+, O_2/H_2O} + \frac{RT}{2F}\ln a_{H^+}^2 + \eta_{O_2}$$

$$= 1.23 \text{ V} + \frac{8.314 \text{ J}\cdot\text{K}^{-1}\cdot\text{mol}^{-1}\times 298.15 \text{ K}}{96500 \text{ C}\cdot\text{mol}^{-1}} \times \ln 10^{-7} + 0.896 \text{ V}$$

$$= 1.712 \text{ V}$$

$$\phi_{Cl_2/Cl^-} = \phi_{Cl_2/Cl^-}^{\ominus} + \frac{RT}{2F} \ln \frac{1}{a_{Cl^-}^2}$$

$$= 1.36\ V + \left(-\frac{8.314 J \cdot K^{-1} \cdot mol^{-1} \times 298.15\ K}{96500 C \cdot mol^{-1}} \times \ln 1.0 \right) = 1.36\ V$$

$$\phi_{Cl_2/Cl^-} < \phi_{H^+, O_2/H_2O}$$

故阳极上首先发生 Cl^- 氧化生成 Cl_2 的反应。

实际的分解电压为

$$E_{分解} = \phi_{阳, 析出} - \phi_{阴, 析出} = \phi_{Cl_2/Cl^-} - \phi_{H^+/H_2}$$

$$= 1.36\ V - (-1.029\ V) = 2.389\ V$$

15.7 电解作用的其他应用——电解制备和电镀

我们知道,采用电解方式可使物质在阳极上发生氧化反应或在阴极上发生还原反应,这在工业上常用于电解制备。电解制备是电化学产业的主干部分。

在电解过程中,可以调控的因素主要包括电活性物质浓度、电极与电极材料、溶剂、支持电解质、外加电压、电流密度、搅拌状况和温度等。

一、无机物的电解制备

无机物的电解制备在电化学工业中居于重要地位,当然其发展历史也比较悠久,因而工艺和相关技术均较为成熟。

1. 氯碱工业

氯碱工业曾经是世界上规模最大的电化学工业,目前在规模上也依然具有优势。它通过电解饱和食盐水制备氢氧化钠,同时获取较高纯度的氯气和氢气,并以此为基础生产一系列应用广泛的化工产品或中间体。电解饱和食盐水制备 NaOH 的电极反应和总反应分别为

阳极 $\quad 2Cl^- - 2e^- \longrightarrow Cl_2(g)$

阴极 $\quad 2H_2O + 2e^- \longrightarrow 2OH^- + H_2(g)$

总反应 $\quad 2NaCl + 2H_2O \Longrightarrow 2NaOH + Cl_2(g) + H_2(g)$

对应的生产工艺主要有 3 种:离子交换膜法、隔膜法和水银电解池法。3 种生产工艺

各有特点,其中水银电解池法由于存在较大的安全风险,已逐步选用其他物质替代所使用的水银。实际上,离子交换膜法具有全面取代其他两种方法的趋势。

2. 电解制备 MnO_2

用电解方式制得的 MnO_2,通常称为"电解 MnO_2",它在电池工业中具有极为重要的应用价值。在这里,对电解制备 MnO_2 的电化学基础作简要描述。

因为 MnO_2 是阳极反应产物,所以在电解时,对阳极材料的选择有一定要求。在实际电解过程中,可选取 Pb 或 Pb 基合金、石墨、纯 Ti 等作为阳极。电解液采用 $MnSO_4$ 与 H_2SO_4 形成的混合溶液。若使用 Pb 作阳极,电解时的控制条件为:阳极电流密度 $500\ A \cdot m^{-2}$,槽电压 $3.0 \sim 3.5\ V$,温度 $293.15 \sim 298.15\ K$。阳极反应为

$$Mn^{2+} + 2H_2O - 2e^- \longrightarrow MnO_2 + 4H^+$$

需要注意的是,上述反应是阳极界面处多步反应的总结果。阴极反应为

$$2H^+ + 2e^- \longrightarrow H_2$$

总反应　　　　　　　$$Mn^{2+} + 2H_2O \Longrightarrow MnO_2 + 2H^+ + H_2$$

或　　　　　　　　$$MnSO_4 + 2H_2O \Longrightarrow MnO_2 + H_2SO_4 + H_2$$

电解 MnO_2 主要用于制造高品质的锌 – 锰电池,另外也常作为氧化剂用于精细化工生产和制药工业中。

此外,MnO_2 还可以通过成对电解法制备。成对电解法是指在同一电解池的阳极和阴极上同时得到各自的目的产物(这两种产物均是主产物),或者在同一电解池的两电极上同时获得同一种有用产物的电解制备技术。应用成对电解法,可以在同一电解池中获得 MnO_2(阳极产物)和金属 Mn(阴极产物)。

在有机物的电解制备中,成对电解法的应用则更为广泛。

3. 电解水制备洁净的 H_2 和 O_2

电解水制氢,是我们比较熟知的技术,一直以来都是学界研究的热点课题。

结合前面(15.4 节)的知识,我们知道,发生在阴极上的析氢反应,其反应机制中主要包括电化学步骤和脱附步骤,涉及的反应有 Volmer 反应、Heyrovsky 反应和 Tafel 反应。

发生在阳极上的析氧反应也是多步骤的反应。不过,在析氧反应过程中,涉及多个不同表面中间物种的吸附和脱附过程,由于比较复杂,在此不再详细描述。

需要说明的是,早在 20 世纪上半叶,电解碱性水制氢即已达到工业应用规模。然而,后来煤制氢技术、天然气转化制氢技术等的快速发展,使电解水制氢过程在成本上并不具有优势。目前,电解水制氢涉及的各种技术(包括电极催化剂)虽然相较以前有很大提高,成本亦在不断地降低,但是整个技术路线仍然处于实验室开发阶段。尽管如此,电解水制氢在解决可再生资源(如风能、太阳能等)转化为电能的滞纳问题从而降低碳排放方面,仍是一个良好的选择。

最近，一个令人振奋的消息是，我国深圳清华大学研究院研发的"单机 500 kW 直接电解海水制氢系统"已经开始示范运行。

除了上述介绍的几种情况外，无机物电解制备的典型例子还包括氯酸盐和高氯酸盐的制备、重铬酸盐的制备、高锰酸钾的制备和电解法制备双氧水等。

这里，需要说明的是，通常工业上的电解制备主要用于由一般化学方法无法获得的物质，或者使用一般化学方法制备比较困难，或者制备过程存在重大缺陷的物质。例如，工业上铝、镁的冶炼，铜、铅的精炼等，均采用电解方式进行。

二、有机物的电解制备

有机物的电解制备，又称有机物的电合成或有机电合成，是涉及电化学、有机合成和化学工程等内容的边缘学科。

有机电合成法的发展历史悠久。早在 19 世纪 30 年代，著名科学家法拉第开创性地进行了有机电合成实验，用电解醋酸钠水溶液的方式制取乙烷。1849 年，德国有机化学家科尔柏(A. W. H. Kolbe，1818—1884)通过电解脂肪酸盐水溶液的方式制得具有较长碳链的烃类化合物，这是有机化学发展史上的著名反应，后来被冠名为"科尔柏反应"，也是后来最早实现工业化应用的电有机合成过程。同一时期，科尔柏还创建了电化学合成的基本理论。之后，塔费尔系统地进行了电化学阴极还原制备有机物的研究工作，并对电解质溶液中 H^+ 在阴极上还原生成 $H_2(g)$ 时产生超电势的影响因素和变化的规律性进行了细致总结和提炼，得出著名的 Tafel 经验式。20 世纪 60 年代，美国孟山都(Monsanto)公司实现了电解还原丙烯腈制备己二腈的工业化，纳尔科(Nalco)化学公司实现了电合成四乙基铅的工业化，这两个事例推动现代有机电合成工业进入了蓬勃发展的时期。

关于有机电合成的分类。按照在电极界面处生成主产物的反应是氧化反应或是还原反应进行分类，可分为氧化型电合成反应和还原型电合成反应两类，相应地，可称为电氧化合成和电还原合成。不过，通常，有机电合成过程按如下方式分为 3 类。

(1) 直接的有机电合成过程，即合成过程直接在电极界面进行。例如，在阴极上，丙烯腈加氢还原制备己二腈，电极反应为

$$2CH_2 \!=\!\!=\!\!= CHCN(丙烯腈) + 2H^+ + 2e^- \longrightarrow CN(CH_2)_4CN(己二腈)$$

己二腈是生产尼龙 - 66 的原料。

再如，在阴极上，L - 胱氨酸(RSSR)加氢还原制备 L - 半胱氨酸(RSH)，电极反应为

$$RSSR + 2H^+ + 2e^- \longrightarrow 2RSH$$

我国电合成 L - 半胱氨酸在世界上具有较大影响，L - 半胱氨酸是我国重要的出口创汇产品。

(2) 间接有机电合成过程。反应物(或称底物)S 通过与传递电子的媒介 M 作用，生成目标产物 P，M 的氧化态与还原态物种再在电极上通过电化学过程相互转化。

首先，反应物 S 与媒介 M 的氧化态(或还原态)物种发生单纯的化学作用；然后，M 的

还原态物种与其氧化态物种在某一电极界面上发生电化学转化。显然,这种间接电合成过程,又包含如下两种情况:① S 与 M 的氧化态物种发生氧化还原作用,生成产物 P,该过程为单纯的化学过程,接下来,M 的还原态物种在阳极界面上被氧化为氧化态;② S 与 M 的还原态物种发生氧化还原作用,生成产物 P,M 的氧化态物种再在阴极上被还原为还原态。

以其中的①为例,可具体说明如下。首先,S 与媒介 M 的氧化态 M_{Ox} 经化学过程生成产物 P,此时媒介 M 的价态发生了变化,即由 M_{Ox} 变为 M_{Red}。之后,M_{Red} 在电解池的阳极界面处进行电化学氧化反应,再变为 M_{Ox},重新参与化学反应。依此循环进行。

以锰盐为电子传递媒介实现甲苯间接电氧化生产苯甲醛,是间接有机电合成的典型例子。

传递电子的媒介,可以是一种,也可以是两种,即双媒介。

(3)成对电解法。例如,乙醛酸的合成,在电解池的阳极上,通过乙二醛的电化学氧化生成乙醛酸,而在电解池的阴极上,通过草酸的电化学还原同时生成乙醛酸,从而实现在同一电解池的两个电极上获得同一产品。

三、电化学合成法的优势

电化学合成法尤其是有机电合成法是一个十分重要的研究和应用方向,具有广阔的应用前景。该方法具有许多突出的优势,列举如下。① 电化学合成主要通过调节电解池的工作电压来控制反应的方向,因而反应条件比较温和,在常温常压下即可完成。② 可通过在电解池中装配各种隔膜,使阳、阴两电极的产品分开,而不混在一起,这显然可以有效避免一般化学方法所面临的产品分离问题。③ 电子是电化学反应中直接参与反应的"试剂"之一,因为电子是洁净试剂,故可以有效降低对合成产品纯度的影响。④ 在多数情况下,当采用电解氧化或电解还原制备产品时,不用另外加入氧化剂或还原剂,因此可以减少污染。即使是需要额外加入电子传递媒介的间接电合成法,在反应过程中电子传递媒介也是循环使用的,与一般的化学合成法相比,污染亦是可控的。⑤ 在电化学反应系统的变化中,由于有非膨胀功即电功,因而可以使 $(\Delta G)_{T,p} > 0$ 的反应进行;⑥ 能够更好地选择所要得到的产品,尤其是在电极界面处生成活泼中间体的情况下,当该中间体尚未扩散时,亦即在其与本体溶液发生混合之前,可采用特定技术或手段设法将其取出。

四、电镀及电镀工业

所谓电镀,简言之,是指利用电解原理,将固体材料或部件作为电解装置的阴极,在其表面覆盖一薄层金属或合金的电沉积过程。通常,电镀分为单金属电镀、合金电镀、熔盐电镀和复合电镀等类型。

若通过肉眼观察镀层,电镀与化学镀往往难以区分。这里先概要地介绍一下化学镀。

广义上的化学镀,即是化学沉积。例如,借助银镜反应形成保温瓶内胆的均匀且光亮的表层,以及将铁皮浸在 $CuSO_4$ 溶液中通过置换反应在铁皮表面形成一层金属铜等,均是典型而且我们所熟悉的化学沉积例子。

然而,真正意义上的化学镀,是指在无外加电流条件下,借助合适的还原剂使镀液中的金属离子还原成金属并沉积在镀件表面的一种镀覆方式,又称无电解镀或自催化镀。相比电镀而言,化学镀是一项新技术。

在化学镀中,化学镀镍技术发展最快,工艺亦比较成熟,而且应用极为广泛。其主要应用领域包括汽车工业、模具和铸模工业、石油和化学工业、纺织机械工业、航空工业、电子工业、矿山机械工业等。例如,我国目前广泛采用的输油管道,其内壁表面即采用化学镀镍。

电镀技术历史悠久、工艺成熟,而且其原理简单、明晰,故本书对电镀的基本知识与传统应用不作介绍,仅介绍一些电镀的新近进展。

(1)塑料电镀。人类生活品的消耗很大,如果生活用品全部使用金属制造,需要消耗很多自然资源,而且成本较高。为了应对这些问题,使用塑料来代替金属已是大势所趋。同样,在机械制造行业,工程塑料被广泛地应用,并且展现出巨大优势。例如,在制造小轿车时,用塑料代替金属可以大幅减重,从而降低汽车运行时的能耗。然而,塑料本身没有金属光泽,看上去不够美观;塑料也不能够导电,因此不利于焊接。在塑料上电镀后,除了提升其美观度、装饰性和可加工性能外,还能有效改善其热稳定性和抗老化能力等。

在塑料上进行电镀操作前,需要进行一系列预处理,包括表面清洁、粗化以及其他表面处理,并用化学沉积法在塑料表面形成薄的金属导电层。之后在电解池中进行电镀操作。

(2)电镀鲜花。鲜花虽然艳丽芬芳,但不能长久保存。电镀鲜花,也需要进行一系列预处理。当完成电镀操作后,用清水漂洗干净。电镀后的鲜花能够长时间保持鲜艳。

(3)绿色电镀。对于很多传统的电镀工业,虽然其工艺比较成熟,但是污染严重,不符合可持续发展的理念。科技工作者正不断地努力,探索并应用清洁环保的电镀技术,例如无氰电镀工艺和取代镉和铬等元素的电镀工艺。比较典型的例子是,用锌合金取代镉镀层,用镍合金取代铬镀层。

15.8　金属的腐蚀与防腐

一、小引

金属的腐蚀随处可见,这是不争的事实。据统计,全球每年因腐蚀而报废的金属产品数量约占全年金属总产量的四分之一甚至三分之一。在我国,每年由金属腐蚀导致的经济损失估计在数百亿元乃至上千亿元。金属的腐蚀不仅造成巨大的经济损失,并且有可能因腐蚀致使盛装危险化学品的金属容器损坏而引发危险品的泄漏或渗漏,给人民生命财产安全及人类赖以生存的环境带来极大隐患。因此,研究金属的腐蚀与防腐具有重大现实意义,也是化学工作者的重要使命。

金属的腐蚀包括化学腐蚀和电化学腐蚀两大类。

当金属表面与介质之间单纯因化学作用而引起的腐蚀,即是化学腐蚀。当金属表面与介质接触时,因形成许多微电池(又称局部电池)而发生电化学作用所引起的腐蚀,即是电化学腐蚀。这些微电池在本质上是原电池。当发生电化学腐蚀时,与金属表面接触的介质必然是能够导电的,如潮湿空气、水及各种电解质溶液。

事实上,金属的腐蚀与防腐是涉及多个领域多个学科的复杂问题。读者可能会问,为什么要在电化学这个分支学科中讨论金属的腐蚀与防腐问题呢?这主要是因为,金属的大多数腐蚀是由电化学作用引起的,也就是说,金属的电化学腐蚀所造成的损失要比单纯的化学腐蚀严重得多;另外,在金属的各种防腐措施中,电化学防腐技术居于重要地位。本章主要根据前面介绍的电化学有关知识,简要解析电化学腐蚀现象及其发生的机制,并阐述各种防腐技术。

在进入下一节之前,先以金属 Fe 为例,说明如何判定一种金属是否发生了电化学腐蚀。

当金属 Fe 作为原电池的负极并与其他物种构成的正极以及电解质一起组成原电池时,Fe 即有可能发生电化学腐蚀。负极反应为

$$\text{Fe}(s) - 2e^- \longrightarrow \text{Fe}^{2+}(a_{\text{Fe}^{2+}})$$

电极反应的能斯特方程为

$$\phi_{\text{Fe}^{2+}/\text{Fe}} = \phi_{\text{Fe}^{2+}/\text{Fe}}^{\ominus} + \frac{RT}{2F}\ln a_{\text{Fe}^{2+}}$$

当 $a_{\text{Fe}^{2+}} \geqslant 10^{-6}$ 时,则认为 Fe 发生了腐蚀。在温度 $T = 298.15$ K 时,$\phi_{\text{Fe}^{2+}/\text{Fe}}^{\ominus} = -0.44$ V,取 $a_{\text{Fe}^{2+}} = 10^{-6}$,则计算可得

$$\phi_{\text{Fe}^{2+}/\text{Fe}} = -0.617 \text{ V}$$

因此,只要微电池的电动势 $E = \phi_+ - \phi_{\text{Fe}^{2+}/\text{Fe}} = \phi_+ + 0.617$ V > 0,即会发生电化学腐蚀。

需要说明的是,对于发生电化学腐蚀的金属材料,由于金属本身起着短路作用,因此尽管负极(即阳极)反应使金属材料遭到破坏,但是该电化学系统并不能够对外输出电能,引发腐蚀的氧化还原反应的化学能以热能形式散失。

二、金属电化学腐蚀的两种主要类型

金属发生腐蚀时,其周围环境可能是空气气氛,也可能其周围环境中并无充足的空气。当金属发生电化学腐蚀时,微电池(即原电池)的负极,亦即阳极,发生的反应必然是金属本身的氧化。以金属 Fe 的腐蚀为例,如果在一块铜板上有一些铁的铆钉,若有水汽

存在,或者该金属部件暴露于潮湿的空气中,则铆钉部位就特别容易锈蚀。因为,这时形成了相应的原电池,其中铁为负极,铜为正极。负极反应为

$$Fe(s) - 2e^- \longrightarrow Fe^{2+}(a_{Fe^{2+}})$$

按照原电池的正极(即阴极)发生的还原反应类型,可将电化学腐蚀分为析氢腐蚀和耗氧腐蚀两类。

1. 析氢腐蚀

当析出氢气的压力为 101.325 kPa(1 atm)时,其正极反应可写为

$$2H^+(a_{H^+}) + 2e^- \longrightarrow H_2 \quad (p = 1 \text{ atm})$$

若把 H_2 看作理想气体,则 $\dfrac{p_{H_2}}{p^\ominus} = \dfrac{101325 \text{ Pa}}{10^5 \text{ Pa}} = 1.013$,且 a_{H^+} 取 10^{-7},温度 $T = 298.15 \text{ K}$,按照电极反应的能斯特方程,可得

$$\phi_{H^+/H_2} = \frac{RT}{2F} \ln \frac{a_{H^+}^2}{a_{H_2}} = -0.414 \text{ V}$$

在上一节,已计算得知,当 $a_{Fe^{2+}} = 10^{-6}$ 时,负极的电极电势为 $\phi_{Fe^{2+}/Fe} = -0.617 \text{ V}$。因此,当 Fe 发生析氢腐蚀时,原电池的电动势为

$$E = \phi_{H^+/H_2} - \phi_{Fe^{2+}/Fe} = -0.414 \text{ V} - (-0.617 \text{ V}) = 0.203 \text{ V}$$

$E > 0$,可见将装有铁铆钉的铜板浸入水($a_{H^+} = 10^{-7}$)中,或者当该铜板直接与水汽接触时,铁铆钉即可发生电化学腐蚀。

2. 耗氧腐蚀

当装有铁铆钉的铜板与潮湿空气接触时,对应的正极反应为

$$\frac{1}{2}O_2(g) + 2H^+(a_{H^+}) + 2e^- \longrightarrow H_2O(l)$$

按照电极反应的能斯特方程,则

$$\phi_{H^+,O_2/H_2O} = \phi^\ominus_{H^+,O_2/H_2O} + \frac{RT}{2F} \ln \left(a_{O_2}^{\frac{1}{2}} \cdot a_{H^+}^2 \right)$$

在进行计算处理时,可将气体看作理想气体。因为在 $T = 298.15 \text{ K}$ 时,$\phi^\ominus_{H^+,O_2/H_2O} = 1.23 \text{ V}$,又因为在空气中,$p_{O_2} = 0.21 \times 101.325 \text{ kPa}$,则 $a_{O_2} = \dfrac{0.21 \times 101325 \text{ Pa}}{10^5 \text{ Pa}} = 0.213$,在水中,$a_{H^+} = 10^{-7}$,故可得

$$\phi_{H^+,O_2/H_2O} = 0.806 \text{ V}$$

因此,当 Fe 发生耗氧腐蚀时,原电池的电动势为

$$E = \phi_{H^+, O_2/H_2O} - \phi_{Fe^{2+}/Fe} = 0.806 \text{ V} - (-0.617 \text{ V}) = 1.423 \text{ V}$$

由此可见,耗氧腐蚀的趋势远大于析氢腐蚀。也就是说,当有氧气存在时,金属的腐蚀更为严重。例如,将一块均匀分布有铁铆钉的铜板完全浸在水中,让另一块具有同样品质和同样大小的铜板一半浸入水中、一半裸露在空气中,经过一段时间后,后一种情况的腐蚀程度要大于前一种情况。

需要指出的是,对于上述析氢腐蚀或耗氧腐蚀的描述,均是假定金属本身是纯净的,不含其他金属杂质,而且金属各部位的密度、力学性能等都是相同的。当发生电化学腐蚀时,电化学反应在整个金属表面或绝大部分金属表面以大致相同的速率进行,这样的腐蚀即为均匀腐蚀。事实上,金属或多或少都含有杂质,从这个角度来讲,金属是不均匀的。除此之外,还有许多引发金属与电解质溶液界面不均匀性的因素,例如金属构件在加工过程产生了内应力而造成不均匀性,因电解质溶液的浓度差别造成的局部不均匀性,等等。金属与电解质溶液界面的这类不均匀性是产生局部腐蚀的原因。孔蚀、晶间腐蚀等,都是典型的局部腐蚀。局部腐蚀的危害常常比均匀腐蚀的危害严重。例如,一根均匀腐蚀的金属管可以连续使用很长时间而无大碍,但是如果发生局部蚀穿,就只能报废。

*三、腐蚀电流

前已述及,金属的电化学腐蚀是由于金属与介质接触时形成了很多微电池。这些微电池本质上是原电池,又称腐蚀电池。腐蚀电池是自发的短路电池,对应的外电阻极其微小。当腐蚀电池及其外电路的总电阻趋于零时,对应的电流代表着腐蚀速率,称为腐蚀电流,用 I_c 表示。

腐蚀电流 I_c 可以由实验测得的正、负电极的极化曲线外推得到。测试装置与本章图 15.3 所示的装置类似,电解质溶液是当腐蚀时与金属正、负极接触的液态介质。不过,应当注意的是,此时外电路上连接有可变电阻和电流计,并无外接电源。测定时,对于正、负两个电极,均分别配备参比电极及电位差计,以同步测定正、负电极的电极电势。通过改变电池的外电阻大小,可改变流过电路的电流强度。以电流强度 I 为横坐标,电势 ϕ 为纵坐标,将对应于不同电流强度时,测得的两电极的电极电势标出,即可绘制出正、负两电极的极化曲线,如图 15.8 所示。开始时,外电阻为极大,电流为零,测得的正、负两电极的电势分别为平衡电极电势,即 $\phi_{+,R}$ 和 $\phi_{-,R}$。之后,随着外电阻减小,电流强度增大,两电极均发生极化并且极化程度越来越大,则 ϕ_+ 越来越小,而 ϕ_- 越来越大。由于电池的内阻不可能为零,故当外电阻趋近于零时,实验测得的最大电流为 I',此时 ϕ_+ 与 ϕ_- 并未重合。但是,此时的极化曲线均近似为直线,可将两条极化曲线外延至相交于 S 点,S 点所对应的电流即是腐蚀电流 I_c,它是理论上的最大电流,代表了腐蚀速率。S 点所对应的纵坐标的值 ϕ_c 即为腐蚀电势,在 S 点时,$\phi_+ = \phi_- = \phi_c$。

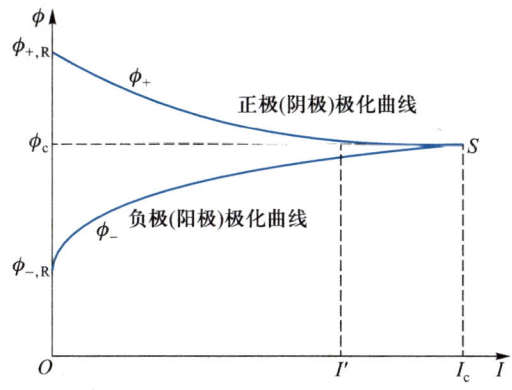

图 15.8　腐蚀电池的极化曲线与腐蚀电流

四、金属电化学腐蚀的影响因素

在前面已阐述了金属电化学腐蚀的两种主要机制。这里介绍影响金属电化学腐蚀的因素。概括起来,主要包括以下三个方面。

(1) 电极的极化性能。电极的极化性能与极化曲线的斜率绝对值有着较密切的关系。结合图 15.8 可知,电极的极化程度越小,则极化曲线的斜率越小;反之,电极的极化程度越大,则极化曲线的斜率绝对值越大。在腐蚀电池中,当其他条件相同时,若极化程度越小,则腐蚀电流 I_c 越大,腐蚀速率便越快。

(2) 结合图 15.8,显然,电极的平衡电极电势对腐蚀电流也有较大影响。当其他条件相同时,腐蚀电池两电极的平衡电极电势的差值越大,则腐蚀电流 I_c 越大,腐蚀速率也就越快。

(3) 氢在金属阴极上的超电势与腐蚀速率亦有关系。对于金属的析氢腐蚀,由于氢在不同金属上的超电势有差别,而且有时差别还比较大,因而氢在不同金属阴极上析出时,电极的极化程度则不同,相应地金属的腐蚀速率便有差别。例如,锌和铁这两种金属,由前面的阐述可知,氢在锌上的超电势大,而在铁上的超电势较小,换言之,当氢分别在锌和铁上通过电化学还原反应析出时,锌电极的极化程度要大于铁电极的极化程度。因此,如果金属在酸性溶液中发生析氢腐蚀,当腐蚀电池的阴极由锌构成时,其腐蚀电流较低,而当腐蚀电池的阴极由铁构成时,则腐蚀电流较高。

显然,因素(3)与因素(1)是紧密相关的。

五、金属的防腐

研究金属腐蚀现象和腐蚀机制的目的在于,弄清楚金属腐蚀的影响因素和金属腐蚀的规律性,以便人们探索能够防止金属腐蚀的措施,从而降低因腐蚀而造成的经济损失和社会影响。

经过长期和系统的研究和实践,人们总结出一系列用于金属防腐的有效方式。下面简要介绍。

1. 非金属保护层防护法

将非金属材料如油漆、玻璃、陶瓷、涂料、沥青、聚酯等涂覆在被保护的金属表面,使金属与水汽、酸性介质、空气等隔绝。

2. 金属保护层防护法

在被保护的金属表面覆盖一层抗腐蚀性能较好或者在特定环境中具有较强耐腐蚀性能的金属或合金,覆盖的方式主要包括电镀和化学镀两种。例如,Ni 镀层能抵抗大气、碱及某些酸的腐蚀。相应地,Ni 镀层包括电镀 Ni 和化学镀 Ni 两类。

与非金属保护层类似,金属保护层也是通过阻隔被保护的金属与腐蚀性气体或液体介质的直接接触而起到保护作用的。

按照防腐层的性质划分,金属保护层可分为阳极保护层和阴极保护层两类。阳极保护层是将电极电势较低的金属作为保护层,镀覆在被保护的金属表面,例如将金属 Zn 镀覆在金属 Fe 的表面,如果发生电化学腐蚀,则此时,金属 Zn 作为阳极被氧化,而金属 Fe 作为阴极受到保护。阴极保护层是将电极电势较高的金属作为保护层,镀覆在被保护的金属表面,例如将金属 Sn 镀覆在金属 Fe 的表面,当形成原电池时,金属 Sn 为阴极,被保护的金属 Fe 为阳极。

当保护层完好无损时,无论阳极保护层还是阴极保护层,它们的作用,并无原则上的差别,而且与非金属保护层的作用亦无原则上的差别。不过,一旦保护层破损,阳极保护层和阴极保护层的情况则完全不同。此时,破损的阴极保护层将促使被保护的金属遭受电化学腐蚀;但破损的阳极保护层能使被保护的金属避免发生电化学腐蚀,因为这时保护层金属作为原电池的阳极被氧化而腐蚀,被保护的金属作为原电池的阴极则不会发生腐蚀。

3. 电化保护

所谓电化保护,是指利用原电池的作用原理或者利用电解作用的原理,使被保护的金属免受腐蚀的保护措施,具体来说,主要包含如下三种方式。

(1)保护器保护法,又称牺牲阳极的保护法。这种方法是基于原电池的作用原理设计的。将电极电势较低的金属与被保护的金属连接在一起,当遇到水或电解质溶液时,可构成原电池。其中,电极电势较低的金属作为原电池的阳极(称为保护器)发生氧化反应而形成金属离子,被保护的金属作为原电池的阴极可以避免腐蚀。例如,轮船船体由金属铁建造而成,为避免轮船在海水中浸泡而发生腐蚀,可在船体上镶嵌锌块,由于 Zn 的电极电势低,而 Fe 的电极电势高,因此嵌入的锌块作为原电池的阳极逐渐被溶解形成离子,而船体作为原电池的阴极受到保护。每隔一段时间,再在船体上嵌入新的锌块,使船体长期得到保护。不过,应当注意的是,这种方式造成锌资源的严重浪费,正逐渐被其他防护方法所替代。

（2）阴极电保护。这种方法基于电解作用原理。将被保护的金属（如轮船船体）作为电解池的阴极，废弃的金属作为电解池的阳极，外加直流电，使被保护金属的电极电势处于较低水平而获得保护。因为，根据第9章绘制的电势－pH图可知，在电极电势较低的区域，是零价金属稳定存在的区域。

（3）阳极电保护。这种方法基于电解极化原理。外加直流电，使被保护的金属作为阳极（即电解池的正极）。因为在外加电流的条件下，阳极发生极化时，电极电势升高，导致金属发生"钝化"而得到保护。关于金属的"钝化"问题，将在本节后面予以介绍。

在小化肥（即碳酸氢铵）生产工厂，有一个碳化车间，其功能即是，通过用浓氨水吸收变换气中的 CO_2，生成碳酸氢铵。碳化塔的腐蚀现象比较严重。20世纪60年代开始，我国的小化肥厂普遍采用这种阳极电保护法，取得了较优的保护效果。

4. 加缓蚀剂保护

缓蚀剂，顾名思义，即是减缓腐蚀的添加剂，包括无机缓蚀剂和有机缓蚀剂，如聚硅酸盐、聚磷酸盐、铬酸盐、亚硝酸盐等无机盐类物质和有机磷酸盐、有机胺类、吡啶类、硫脲类等有机物质。

将少量的缓蚀剂（如千分之几乃至万分之几）添加到腐蚀性的介质中，即可改变介质的性质，大幅减缓金属腐蚀的速率。那么，缓蚀剂的作用机制是什么呢？概括地讲，缓蚀剂的作用机制是，通过减慢电极界面过程的速率，或者通过在金属界面处形成保护膜，来减缓或阻止金属的腐蚀。具体来说，缓蚀剂的防腐机制可分为形成沉淀膜、促进钝化和形成吸附膜等类型。

形成沉淀膜的缓蚀剂有聚硅酸盐、聚磷酸盐和有机磷酸盐等，它们通过与腐蚀生成物或环境中的 Mg^{2+}、Ca^{2+} 等形成沉淀膜，达到抑制腐蚀之目的。

铬酸盐和亚硝酸盐等，均是促进钝化型缓蚀剂，由于它们具有很强的氧化能力，可使金属材料表面钝化，从而阻止内部的金属继续发生腐蚀。需要指出的是，铬酸盐对环境有较大危害，目前已经很少使用。

形成吸附膜的缓蚀剂主要是有机物，这些物质在金属表面发生物理或化学吸附，形成多分子层或单分子层吸附膜，起到阻隔金属与腐蚀性介质之间直接接触的作用，从而抑制金属的腐蚀。

由于缓蚀剂的使用量很小，所以添加缓蚀剂是一种颇为经济的方法，而且这种方法应用起来也比较方便，故在金属防腐领域中最为常用。

六、金属钝化

1. 化学钝化

如果将铁丝浸在稀的 HNO_3 溶液中，铁丝很快会被腐蚀，同时放出氮氧化物气体，而且在一定浓度范围内,随 HNO_3 溶液浓度的增加,铁丝的溶解速率加快。但是,倘若将铁丝浸在浓的 HNO_3 溶液(> 65%)中,则观察到的现象是,在短时间放出氮氧化物气体后,铁的腐蚀便戛然停止。这时,若将铁丝取出,再浸在稀的 HNO_3 溶液中,铁丝也不会再被溶解。这种现象即是金属钝化,当然,它是一种化学钝化。

其他氧化剂如重铬酸钾、双氧水等,也能引发类似的化学钝化现象。采用电化学方法,也可使金属发生钝化,这种钝化便是电化学钝化。

2. 电化学钝化

将金属 Fe 浸在 H_2SO_4 溶液中,并与外接电源的正极相连,当外接电源向电极供给电流时,Fe 作为阳极发生极化。采取特定设备与措施,连续改变 Fe 的电极电势,同时观测通过电极的电流变化,得到具有如图 15.9 所示的阳极极化曲线。在图中曲线的 AB 段,电流 I 随电势 ϕ 的增加而增大,这是金属的正常溶解过程,是所谓的"活化区"。当到达 B 点后,电流突然降至很小,之后在 CD 段,随电势的增加,电流几乎不变,即在 CD 段,金属处于钝化状态,称为"钝化稳定区"。B 点对应的

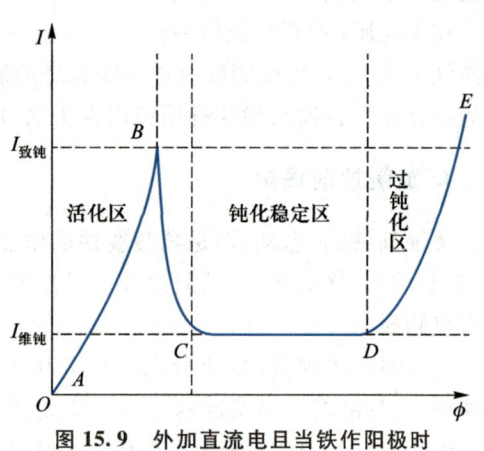

图 15.9   外加直流电且当铁作阳极时
铁在硫酸中的极化曲线

电流,称为"致钝电流";CD 段对应的电流,称为"维钝电流"。在 D 点之后,即在 DE 段,随电势的增加,电流又继续增加,这是由于在很高的电势时出现了新的电极反应(例如: $H_2O - 2e^- \longrightarrow \dfrac{1}{2}O_2 + 2H^+$ 或 $Fe^{3+} + 4H_2O - 3e^- \longrightarrow FeO_4^{2-} + 8H^+$ 等),这个区域是所谓的"过钝化区"。

3. 钝化机制

在电化学的发展进程中,曾提出过两种学说解释金属的钝化现象。这两种学说分别是成相膜理论和吸附理论。

① 成相膜理论。金属溶解时,在金属表面形成一层致密的、覆盖性能良好的固态产物。如果这些产物形成独立相,则称为"成相膜",它能使金属表面与溶液机械地分隔开,这样,金属的溶解速率便会大大降低,金属即由活化态转化为钝态。大多数钝化膜由金属氧化物构成。

② 吸附理论。吸附理论认为,金属的钝化并非膜的阻隔作用所导致,而是因为金属表面形成了氧或含氧粒子的吸附层,致使金属表面本身的反应能力降低。那么,究竟是哪一种含氧粒子的吸附引起了金属的钝化? 针对这一问题,不同学者有着不同的观点,有学者认为是 O^- ,也有学者认为是 OH^- ,不过,多数学者认为是氧原子。

主要知识点概述

(1) 电极界面过程是指在电极与电解质溶液的界面上进行的过程。其研究对象,既包括在电解池和原电池工作时进行的电极界面过程,也包括金属与电解质溶液接触时的电化学腐蚀过程。

(2) 电极界面的反应是由多个步骤构成的复杂过程。这些步骤主要包括:反应物向电极界面传递(传质步骤);反应物在电极界面上吸附或发生解离吸附;吸附在电极界面的物种得、失电子并生成产物(电化学步骤);产物从电极界面上脱附,或者在界面上发生复合、分解、歧化等化学变化;产物在电极界面上形成新相(如固相沉积层,称为"新相形成步骤")或者产物传递至电解质溶液本体(传质步骤)。

(3) 电极反应速率 r 可用电流密度 j 来描述,它们之间的关系可表示为

$$j = zFr$$

(4) 一切现实的电化学过程均是热力学不可逆过程。在实际电解时,须由外接电源提供一定大小的电压和电流,电解方能以一定速率进行。而只要有一定大小的电流通过电极,电极就会发生极化,电极即处于非平衡态,电极的电势与其处于平衡态时的电势不同。故而,需要首先弄清电解池的分解电压、电极的析出电势等概念。

(5) 电解池的理论分解电压为

$$E_{理论分解} = \phi_{阳,R} - \phi_{阴,R} + dE = \phi_{阳,R} - \phi_{阴,R}$$

实际上,要使电解池的电极界面反应持续进行,施加于两电极间的最小电压须比理论分解电压大很多,这个最小电压即是实际分解电压,用 $E_{分解}$ 表示。若不考虑电阻造成的电压降 IR,则实际分解电压与理论分解电压之间的关系为

$$E_{分解} = E_{理论分解} + \Delta E_{不可逆} \quad 或 \quad E_{分解} = (\phi_{阳,R} - \phi_{阴,R}) + \Delta E_{不可逆}$$

式中,$\Delta E_{不可逆} = \eta_{阳} + \eta_{阴}$,$\eta_{阳}$ 和 $\eta_{阴}$ 是由电极极化引起的电极的超电势。

电解池的实际分解电压可通过下式得到:

$$E_{分解} = \phi_{阳,析出} - \phi_{阴,析出}$$

在计算 $\phi_{阳,析出}$ 和 $\phi_{阴,析出}$ 时,需要考虑电极的超电势,即

$$\phi_{阳,析出} = \phi_{阳,R} + \eta_{阳}, \quad \phi_{阴,析出} = \phi_{阴,R} - \eta_{阴}$$

式中,$\phi_{阳,R}$ 和 $\phi_{阴,R}$ 均可使用能斯特方程计算获得。

(6) 根据电极极化产生的原因,可将极化分为两种主要类型:浓差极化和电化学极化。相应的超电势分别为浓差超电势和电化学超电势。浓差极化是当电池工作时,电极附近溶液浓度与溶液本体的浓度发生差别所导致的。当有电流通过电极时,因电极反应进行的迟缓性,使电极的带电程度与平衡时不同,从而使电极电势与平衡时的电极电势发生偏离,此乃电化学极化。

(7) 电极发生电化学极化与发生浓差极化时的效果是一致的。即阴极上两种极化的结果,均是使电极电势变得比平衡时的电极电势更低;阳极上两种极化的结果,均是使电极电势变得比平衡时的电极电势更高。

(8) 从能量转换和消耗的角度而言,无论电解池还是原电池,电极的极化都是不利的,因为电解时需要多消耗电能,而作为原电池时,其对外提供电能的本领降低。但是电极的超电势有时也是可以利用的。例如,电解过程中,当阴极上析出 H_2 时超电势较大,而当析出金属时超电势则较小,正是因为这一点,使某些本来在 H^+ 之后在阴极上被还原的金属离子也能优先在阴极上进行;再如,为防止金属发生腐

蚀,可外加直流电,使被保护的金属作为阳极,阳极极化而产生超电势,电极电势升高,被保护的金属即转化为钝态,从而避免遭受腐蚀。

(9) 从能量转换和消耗的角度来讲,因为电极的极化是不利的,所以为了减小电极的电化学极化程度,需要提供适当的电极反应物质。相对于发生严重极化的物种,这类物质不仅能优先在电极上反应,更重要的是在电极上进行反应的活化能较小,电极反应速率较大,可使电极的极化程度减小,这种作用即是去极化作用,外加的反应物质便是去极化剂。

另外,还有其他类型的去极化剂。例如,某些去极化剂具有催化功能,相当于催化剂,能够加快原来的电极反应,从而减小电极的极化;某些去极化剂是表面活性剂,能够有效吸附在电极界面处,改变电极的界面性质,减小电子转移阻力,从而降低电极的极化。

(10) 电解时,当在电解质溶液中存在多种可发生反应的物种时,读者必须明确,物种在电极上优先发生反应的基本原则:在阴极上,对应于还原电势较高的那个氧化还原对,其氧化态物种优先发生还原反应;在阳极上,对应于还原电势较低的那个氧化还原对,其还原态物种优先发生氧化反应。显然,应首先分别计算各氧化还原对的电极电势,方能判定各物质在对应电极上发生还原反应或氧化反应的先后顺序。当然,在计算电极电势时,需要考虑电极的超电势。

(11) 金属离子的分离及合金的形成是电解作用的两个重要应用。要使某二价金属离子与其他金属离子有效地分离,则它与其他金属离子之间的析出电势应至少相差 0.21 V;要使某一价金属离子与其他金属离子有效地分离,则它与其他金属离子之间的析出电势应至少相差 0.42 V。

如果电解质溶液中两种金属离子的析出电势相同,那么在电解时它们就能同时在阴极上析出并有可能形成合金,这是电解法制备合金的理论根据。要满足两种金属离子同时析出形成合金的条件即两种金属离子的析出电势相同,则需要对两种离子的活度 a、对应的标准电极电势 $\phi^{\ominus}$ 及超电势 η 进行衡量、选取。通常,金属在阴极上电沉积时,超电势均较小,所以对于两种浓度相同的金属离子,可参考它们的标准电极电势 $\phi^{\ominus}$ 是否相近,估计两者能否同时在阴极上沉积形成合金。如果两者的标准电极电势 $\phi^{\ominus}$ 相差较大,则需要采取特殊措施,以满足"析出电势相同"这个条件。

(12) 有机物的电解制备,又称有机电合成,是涉及电化学、有机合成和化学工程等内容的边缘学科。有机电合成是电解作用的重要应用,具有广阔的发展和应用前景。有机电合成方法具有许多显著优势。

(13) 一般来说,当电极上产生气体时,其超电势较大,而当电极上发生金属的沉积或金属的溶解时,超电势较小。

当在阴极上析出氢气时,其超电势 η 与电流密度 j 之间的关系符合 Tafel 经验式:$\eta = a + b\lg[j/(A \cdot cm^{-1})]$。其中,$a$ 值与电极材料、电极表面状况、溶液组成及实验温度等密切相关;b 称为 Tafel 斜率,b 值大小与实验温度 T 及传递系数 α 有关,即 $b = \dfrac{2.303RT}{\alpha F}$。

历史上,Tafel 经验式是对电极过程动力学最早的定量化描述,在有关不可逆电极过程的发展进程中起到重要作用。后来得到的 Butler - Volmer 方程是电极过程动力学的核心方程,能从理论上对 Tafel 经验式予以解释。

从 Tafel 经验式可知,Tafel 斜率 b 越小,随电流密度的增加,电极极化程度和超电势越小。在实际的电化学过程(例如电解水制氢)中,为了降低超电势,同时又使电流密度维持在较高程度从而保证较大的电化学反应速率,则需要使用有效的电极催化剂,以降低 Tafel 斜率。从这个意义上讲,Tafel 斜率 b 的大小,是评价电极材料及电极催化剂优劣的一个值得关注的指标。

对于 Pt 电极,其 b 值与 a 值相当,甚至稍高于 a 值。要使电极极化程度和氢超电势处于较低水平,则 Tafel 斜率 b 值越小越有利。因此,对于 Pt 基电极催化剂而言,Tafel 斜率具有重要意义。

（14）关于 H^+ 在阴极上还原生成 H_2 的过程,它当然遵从在(2)中描述的电极界面反应过程的一般步骤。涉及具体的反应机制时,不同学派提出了不同的观点。总的来看,主要包括迟缓放电理论和复合理论两种。然而,也有学者认为,电极表面上的电化学步骤和脱附步骤速率相近,反应属联合控制。

（15）本章简要介绍了线性电势扫描法和循环电势扫描法。采用 Butler - Volmer 方程的合适形式,结合电极过程中的传质动力学等知识,对线性电势扫描法和循环电势扫描法所获得的典型实验结果进行了合理的解析。基于线性伏安曲线上"最大电流值与氧化态物种浓度成正比"这一结果,可建立定量测定物质浓度的方法。循环伏安曲线形状能够提供有关电极界面过程动力学的一些有用信息。

（16）无论电解池还是原电池,均符合如下规则:正极电势高,负极电势低;阳极发生氧化反应,阴极发生还原反应;在电池通电时,负离子向阳极作定向移动,正离子向阴极定向移动;阳极极化电极电势升高,阴极极化电极电势降低;在阳极上电极电势低的物种优先反应,在阴极上电极电势高的物种优先反应;在阴极上析出 H_2 时,超电势与电流密度的关系均遵从 Tafel 经验关系式。

（17）金属腐蚀包括化学腐蚀和电化学腐蚀两大类。当金属表面与介质接触时,因形成微电池而发生电化学作用所引起的腐蚀,即是电化学腐蚀。金属的大多数腐蚀都由电化学作用引起。按照微电池的正极发生的还原反应类型,可将电化学腐蚀分为析氢腐蚀和耗氧腐蚀两类。耗氧腐蚀的趋势比析氢腐蚀的趋势大得多。

金属的腐蚀破坏形式有多种。概括而言,可分为均匀腐蚀和局部腐蚀两大类。当发生均匀电化学腐蚀时,电化学反应在整个金属表面或绝大部分金属表面以大致相同的速率进行。金属与电解质溶液界面的各种不均匀性是产生局部腐蚀的原因。局部腐蚀的危害要比均匀腐蚀的危害严重。

腐蚀电流代表着腐蚀速率。腐蚀电流 I_c 可由实验测得腐蚀电池的正、负电极的极化曲线外推得到。

金属防腐的有效措施主要有(a) 非金属防护层方法;(b) 金属防护层方法;(c) 电化保护法,主要包括保护器保护法(原电池原理),阴极电保护法(电解作用原理)和阳极电保护(电解极化原理);(d) 加缓蚀剂保护法。其中,方法(d)既方便又经济,是常用的防腐措施。

科学问题

习题

15.1　在 298 K 和标准压力 $p^\ominus$ 下,试写出下述各电解池在两电极上发生的反应,并计算各电解池的理论分解电压。

（1）$Pt(s) \mid HBr(0.05\ mol \cdot kg^{-1}, \gamma_\pm = 0.86) \mid Pt(s)$

（2）$Pt(s) \mid NaOH(1.0\ mol \cdot kg^{-1}, \gamma_\pm = 0.68) \mid Pt(s)$

(3) $Ag(s) \mid AgNO_3(0.5\ mol \cdot kg^{-1}, \gamma_{\pm} = 0.526) \parallel AgNO_3(0.01\ mol \cdot kg^{-1}, \gamma_{\pm} = 0.902) \mid Ag(s)$

15.2　在 25 ℃时,某电解液中,Ag^+ 活度为 0.05,Fe^{2+} 活度为 0.01,Cd^{2+} 活度为 0.1,Ni^{2+} 活度为 0.1,pH = 3,已知 $H_2(g)$ 在 Ag、Fe、Cd、Ni 上的超电势分别为 0.20 V、0.18 V、0.30 V、0.24 V。

(1) 当外加电压由小到大逐渐变化时,在阴极上将发生怎样的变化?

(2) 当阴极上刚析出 $H_2(g)$ 时,电解液中各金属离子的活度分别为多少?各氧化还原对的标准电极电势通过查表 9.4 获得。

15.3　在 298 K 时,用金属 Zn 电极做阴极,电解 $ZnSO_4$ 溶液($a_{\pm} = 1$)。已知 $H_2(g)$ 在金属 Zn 上的超电势为 0.7 V,问在常压下进行电解时,阴极上首先析出何种物质?计算时,氧化还原对的标准电极电势值通过查表 9.4 获得。

15.4　在 298 K 时,当使用 Pt 电极且电流密度为 50 A·m^{-2}时电解 $a_{H^+} = 1$ 的酸性水溶液,试计算其分解电压值。假设 $\eta_{H_2} = 0$ V,$\eta_{O_2} = 0.487$ V。计算时,氧化还原对的标准电极电势值通过查表 9.4 获得。

15.5　在 298 K 和 $p^{\ominus}$ 时,使用 Pt 电极电解含有 Fe^{2+} 和 Zn^{2+} 的溶液,其中,$m_{Fe^{2+}} = m_{Zn^{2+}} = 1.00\ mol \cdot kg^{-1}$,$m_{H^+} = m_{OH^-} = 10^{-7}\ mol \cdot kg^{-1}$。设氢气在 Pt、Fe、Zn 上的超电势分别为 0.29 V、0.7 V 和 0.4 V。试确定 H^+、Fe^{2+}、Zn^{2+} 这 3 种离子在阴极上的析出顺序。设各离子的活度因子均为 1。计算时,氧化还原对的标准电极电势值通过查表 9.4 获得。

15.6　在 298 K 和 $p^{\ominus}$ 时,外加直流电,电解 H_2SO_4 水溶液($m = 0.10\ mol \cdot kg^{-1}$,$\gamma_{\pm} = 0.265$),$H_2SO_4$ 按一级电离处理。电解时,以 Pb(s) 作阴极,甘汞电极作阳极。当阴极上开始有 $H_2(g)$ 析出时,实验测得其分解电压为 1.0685 V。试求 $H_2(g)$ 在 Pb(s) 阴极上的超电势。已知,甘汞电极的可逆电极电势(氢标)为 0.270 V,且阳极的超电势为 0 V。

15.7　在 298 K 和 $p^{\ominus}$ 时,以 Pt 作阴极和阳极,电解 $SnCl_2$ 水溶液,由于 $H_2(g)$ 有超电势,故在阴极上先析出金属 Sn(s)。在阳极上优先析出的是 $O_2(g)$。已知,在电解液中 $a_{H^+} = 0.01$,$a_{Sn^{2+}} = 0.1$;$O_2(g)$ 在阳极上析出时的超电势为 0.5 V。

(1) 分别写出两电极的反应,并计算实际分解电压 $E_{分解}$;

(2) 假设 $H_2(g)$ 在阴极上析出时的超电势为 0.5 V,则当开始有 $H_2(g)$ 析出时,电解液中剩余的 Sn^{2+} 的活度 $a_{Sn^{2+}}$ 为多少?计算时,氧化还原对的标准电极电势值通过查表 9.4 获得。

15.8　在 25 ℃时,某种电解质溶液中含有 $1.00\ mol \cdot kg^{-1}$ 的 Cu^{2+} 和 $0.01\ mol \cdot kg^{-1}$ 的 Ag^+,如果不考虑溶液中 H^+ 的析出,并忽略金属析出时的超电势。

(1) 分别计算两种金属离子的析出电势;

(2) 如果用电沉积的方法将这两种金属离子分离,试讨论其分离效果。假设各金属离子的活度因子均看作 1。在 25 ℃时,各氧化还原对的标准电极电势值通过查表 9.4 获得。

15.9　在 25 ℃和 $p^{\ominus}$ 时,以铜作阴极和阳极,电解 $CuSO_4$ 和 $ZnSO_4$ 的混合溶液,其中 $m_{Cu^{2+}} = m_{Zn^{2+}} = 0.1\ mol \cdot kg^{-1}$。当电流密度 $j = 0.01\ A \cdot cm^{-2}$ 时,$H_2(g)$ 在阴极上析出时的超电势为 0.584 V,而 Zn(s) 和 Cu(s) 析出时的超电势均可忽略,电解时在阳极上析出的是 $O_2(g)$。

(1) 当外加电压由小到大逐渐变化时,在阴极上所析出物质的顺序是什么?

(2) 当阴极上开始析出 Zn(s) 时,电解液中剩余的 Cu^{2+} 浓度为多少?电解时设法将电解质溶液维持在 pH = 7.0,并且假定各离子的活度因子均为 1。已知在 25 ℃时,$\phi^{\ominus}_{Zn^{2+}/Zn} = -0.7628$ V,$\phi^{\ominus}_{Cu^{2+}/Cu} = 0.3402$ V。

15.10　在 25 ℃和 $p^{\ominus}$ 时,以石墨作阴极,电解 $CuCl_2$ 的水溶液($m_{CuCl_2} = 1.0\ mol \cdot kg^{-1}$,pH = 4.0)。已知在阴极上,析出 $H_2(g)$ 时的超电势为 0.10 V,析出 Cu(s) 时的超电势可忽略。试问在阴极上哪个物

种优先析出。设各离子的活度因子均为 1，$\phi^{\ominus}_{Cu^{2+}/Cu} = 0.3402$ V。

15.11　在 25 ℃和 $p^{\ominus}$ 时，以 Cu(s)作电极电解 $CuSO_4$ 的水溶液（$m_{CuSO_4} = 0.5$ mol·kg^{-1}，pH = 7.0）。已知 $H_2(g)$ 在 Cu(s)上的超电势为 0.230 V，试求当阴极上开始析出 $H_2(g)$ 时，溶液中剩余的 Cu^{2+} 浓度。设各离子的活度因子均为 1，在 25 ℃时，$\phi^{\ominus}_{Cu^{2+}/Cu} = 0.3402$ V。

15.12　设有电流强度 $I = 300$ A 的电流通过镀 Zn 的电镀槽，若在面积为 7.00 m^2 的金属板的两面均镀上一层厚度为 0.01 mm 的均匀 Zn 层，试求需通电多长时间。设电流效率为 75.0%，查表得知金属 Zn 的密度为 7.1 g·cm^{-3}。已知 Zn 的相对原子量为 65.38，法拉第常数 F 取 96500 C·mol^{-1}。

15.13　当电流通过下述各电解池时，指出有哪些物质生成或者消失，并写出对应的电极反应和电池反应。

（1）以 C 作阳极，Fe 作阴极，电解 NaCl 溶液；

（2）以 Ag 作阳极，AgCl(s)｜Ag(s)作阴极，电解 NaCl 溶液；

（3）以锌汞齐作阳极，Hg_2SO_4(s)｜Hg(l)作阴极，电解 $ZnSO_4$ 溶液；

（4）以金属 Pt 作阳极和阴极，电解 K_2SO_4 溶液。

15.14　在 298 K 和 $p^{\ominus}$ 时，某电解液中含有 H^+ 和 Zn^{2+}，设两者的活度因子均为 1。现以 Zn(s)作阴极进行电解，要使 Zn^{2+} 的浓度降至 10^{-7} mol·kg^{-1} 时才允许 $H_2(g)$ 开始析出，试问需要如何控制溶液的 pH？已知 $H_2(g)$ 在 Zn(s)上的超电势为 0.7 V，氧化还原对的标准电极电势值通过查表 9.4 获得。

15.15　当以 Pt(s)作电极电解 $ZnCl_2$ 水溶液（pH = 7）时，试讨论两电极反应及总反应是怎样的？当两电极改用 Zn(s)电极时，电极反应和总反应又是怎样的？并讨论两者的分解电压情况。已知在阳极上，$O_2(g)$ 的超电势远大于 $Cl_2(g)$ 的超电势。

15.16　在 298 K 和 $p^{\ominus}$ 时，以惰性金属作阳极，Zn(s)作阴极，电解 $ZnSO_4$ 的水溶液（$m_{ZnSO_4} = 0.1$ mol·kg^{-1}，pH = 7.0）。要使 $H_2(g)$ 不与 Zn(s)同时析出，电流密度 j 应控制在何种条件？已知在 Zn(s)电极上 $H_2(g)$ 析出时的 Tafel 经验式为：$\eta/V = 0.72 + 0.116\lg[j/(A·cm^{-2})]$。已知 298 K 时，$\phi^{\ominus}_{Zn^{2+}/Zn} = -0.763$ V。

15.17　在 298 K 和 $p^{\ominus}$ 时，以 Fe(s)作阴极电解 KOH 水溶液（$m = 1.0$ mol·kg^{-1}），在单位面积的 Fe(s)电极表面上每小时电解析出 100 mg·cm^{-2} 的 $H_2(g)$，试求此时 $H_2(g)$ 在阴极上的析出电势。已知在 Tafel 经验式 $\eta = a + b\lg[j/(A·cm^{-2})]$ 中，$a = 0.76$ V，$b = 0.11$ V。

15.18　在 298 K 和 $p^{\ominus}$ 时，设某水溶液中溶有 KI、KBr、KCl 3 种电解质组分，其浓度均为 0.1 mol·kg^{-1}。现将该溶液装入插有金属 Pt(s)电极的素瓷烧杯内，再将此烧杯放入装有 Zn(s)电极并盛有大量 $ZnCl_2$ 水溶液（$m = 0.1$ mol·kg^{-1}）的较大容器内，若忽略液体接界电势，并忽略电极极化所引起的超电势，试求下述各种情况所需施加的分解电压。假定各离子的活度因子均为 1。

（1）析出 99% 的碘；

（2）析出 Br_2，使 Br^- 的浓度降低至 0.0001 mol·kg^{-1}；

（3）析出 Cl_2，使 Cl^- 的浓度降低至 0.0001 mol·kg^{-1}。氧化还原对的标准电极电势值可通过查表 9.4 获得。

15.19　在 298 K 时，以 Hg(l)作阴极，电解稀 H_2SO_4 溶液，测得阴极电流密度 j 与超电势 η 的对应关系如下：

η/V	0.60	0.65	0.73	0.79	0.84	0.89	0.93	0.96
$j/(10^{-7}\ A·cm^{-2})$	2.9	6.3	28	100	250	630	1650	3330

（1）写出阴极反应式；

（2）以 $\eta - \lg j$ 作图，求 Tafel 经验式中的常数 a 和 b；

（3）求传递系数 α 及交换电流密度 j^0 值。

15.20　金属的电化学腐蚀是当金属与潮湿空气或液态电解质接触时形成了许多微电池（其本质上是原电池），金属作为这些原电池的阳极而被氧化。在酸性或碱性环境中，原电池的阴极可能发生如下几种还原作用：

酸性环境：
$$2H_3O^+(l) + 2e^- \rightleftharpoons 2H_2O(l) + H_2(p^\ominus)$$
$$O_2(p^\ominus) + 4H^+(a_{H^+}) + 4e^- \rightleftharpoons 2H_2O(l)$$

碱性环境：
$$O_2(p^\ominus) + 2H_2O(l) + 4e^- \rightleftharpoons 4OH^-(a_{OH^-})$$

金属腐蚀，则要求金属表面附近形成的该金属离子的活度应至少为 10^{-6}。现有 Au、Ag、Cu、Fe、Pb 和 Al 六种金属，试回答其中哪些金属在下述 pH 条件下将会被腐蚀：pH = 1；pH = 14；pH = 6；pH = 8。解答时，所需氧化还原对的标准电极电势值通过查表 9.4 获得。设所有离子的活度因子均为 1。

第 15 章部分习题参考答案

第 16 章
能源电化学系统

能源问题关系国计民生。能量的存储和转化对提高能源的利用效率和优化能源结构具有重要意义,而利用电化学原理工作的装置或器件可以实现对能量的高效存储和转化。虽然能源电化学的概念提出较晚,但是能源电化学一直随着电化学的发展而发展。

化学电池是能够实现化学能与电能之间单向或双向转化的装置,即一次电池和二次电池。除此之外,燃料电池(又称连续电池)可以通过化学反应将各类燃料及氧化剂的化学能转化为电能,避免了气体做功环节,理论上具有极高的能量转换效率,因此一直被人们广泛关注并深入研究,目前部分类型的燃料电池已经在如太空探索、交通运输、并网发电和深海潜航等领域得到了实际应用。近年来,一种功率密度和循环寿命远高于二次化学电池的新型电化学储能装置,即超级电容器(包括法拉第型和非法拉第型),得到了广泛的发展和应用。其与传统的物理电容器有着显著差别。超级电容器结合了传统电容器与化学电池的优点,既具有一定的能量密度,又可以实现较高的功率输出,因而能够满足特定的需求。

16.1 一些基本术语

为了更好地把握电池方面的知识,这里有必要针对与实用电池的构成、电池的性能和电池的不利行为等相关的一些术语进行简要介绍。

集流体 在电池内部用于负载电化学活性物质和汇集电流,其既需要满足一定的化学与电化学稳定性要求,同时也应具有一定的机械强度和较高的电导率。例如,在铅酸电池中,正、负极集流体(常称板栅)为含钙的铅合金。

隔膜 一般为惰性多孔膜,浸于电解液中,一方面用于隔离电池正、负极,避免短路,另一方面满足溶液中离子的迁移。例如,在铅酸电池中,目前常用玻璃纤维隔膜。

电池电压。通常指电池的工作电压,与电池的电动势不同,其大小与电池类型、放电电流和剩余电荷量有关。

电池容量 指单体电池在一定放电条件下,放电至终止电压时所放出的电荷量。电池容量用"C"表示,其单位是安时($A \cdot h$)或毫安时($mA \cdot h$)。显然,电池容量并非定值,它与电池中活性物质数量、放电电流大小和放电的截止电压等因素密切相关。

电池容量是表示电池性能的重要指标之一。在实践中,常用比容量来衡量电池的容量性能。

比容量 有质量比容量和体积比容量两种表示形式,分别指单位质量或单位体积的电池正、负极材料在规定条件下充放电所提供的容量,单位为 $mA \cdot h \cdot g^{-1}$、$A \cdot h \cdot kg^{-1}$ 或 $mA \cdot h \cdot mL^{-1}$、$A \cdot h \cdot L^{-1}$。比容量由正、负极材料本身的性质决定,提升正负极材料的比容量可以直接提升电池的容量。

质量比容量能够间接地反映活性物质的利用率,而体积比容量可以间接地反映电池的结构特征。

比能量 又称能量密度,指单位质量或单位体积的电池充满电后,在规定条件下所释放的能量,其单位是 $W \cdot h \cdot kg^{-1}$ 或 $W \cdot h \cdot L^{-1}$。

能量密度是电池性能的重要指标,其大小主要由电池类型决定,提升电池的比能量具有重要意义。

比功率 用于评价电池放电过程中的做功能力,较高的比功率意味着电池具有较高的放电能力,其单位为 $W \cdot kg^{-1}$。

充放电曲线 指电池充、放电过程中电池电压随时间或充放电容量的变化曲线,充放电曲线主要由电池类型决定,其变化可反映电池性能、健康状况等重要信息。

电池库仑效率 也称放电效率,指电池的放电容量与同一循环过程中的充电容量之比,通常用百分数表示。

库仑效率是衡量电池循环可逆性的重要指标,它能够直观地反映电池容量在充、放电过程中的损失状况。库仑效率越高,则电池容量在每一个充、放电循环中的损失越小,其潜在寿命便越长。例如,在一个循环中,若库仑效率为99%,则经过100圈的循环后,电池容量保持率仅为 36.6%($0.99^{100} = 36.6\%$)。这意味着,电池容量会快速衰减。提高电池的库仑效率,则可以增加电池的循环使用寿命。

充放电倍率(充放电时率) 指电池充放电时所使用的电流相对于电池容量的大小,表示为

$$充放电倍率 = \frac{充放电电流}{额定容量}$$

$$充放电时率 = \frac{额定容量}{充放电电流}$$

如以 1 A 的电流对容量为 1 $A \cdot h$ 的电池充放电,倍率为 1 倍率(1 C,1 小时率),以 2 A 的电流充放电,倍率为 2 C(0.5 小时率)。通常电池在高倍率充放电时表现出来的容量显著降低。

自放电 指携带一定电荷量的电池在搁置时,电荷量随时间逐渐减少的现象,通常由电极与电解液的副反应引起。

　　过充(放)电　指二次电池在充满电(或放电至截止电压)后继续充电(或放电),此时将引发电极与电解液发生副反应,影响电池寿命,甚至发生危险。在无保护的串联电池中容易发生过充电(或过放电)。

　　电池寿命　通常指在规定的充放电条件下,电池衰减至规定容量时所经历的充放电循环次数。影响电池寿命的因素较多,如充放电倍率、工作温度、震动等。

　　电池安全性　指电池在各种滥用条件下所表现出来的性能,如过充(放)电、挤压、针刺、短路、高温等。

16.2　一次电池

　　一次电池是指一次性使用的一类电池,它们或由于电池反应本身不可逆,或由于其他因素的限制,电池反应很难逆向进行。即放电以后不能用充电的方式使其复原,电池放完电以后便被遗弃,只供一次性使用,故称为一次电池。

　　一次电池的应用历史很长,是人们最为熟悉的轻便能源。1866 年,法国工程师乔治·勒克朗谢(G. Leclanché,1838—1882)发明了以氯化铵为电解液的锌二氧化锰电池,这是世界上第一个实用的一次电池,其改进型电池迄今仍在大规模生产和使用。

　　一次电池之所以经久不衰,主要因为其自身独有的特点。它以荷电态的形式出厂,并以荷电态的形式储存、运输、销售。使用简单方便,即买即用,无须等待,也不需要复杂的操作,更不需要随身携带充电器并依赖电网充电。特别适用于在野外使用的电器设备,应急备用的电子器具及旅行使用的便携式电器,如应急照明灯、报警器等,这是一次电池难以被弃用的主要原因。较长的存储寿命、较高的安全性和稳定性及相对低廉的价格,也是其获得广泛应用的重要原因。

　　一次电池主要有锌锰电池(又称碳性电池或碳锌电池)、碱性锌锰电池、锂锰电池、锂亚电池(全名为锂亚硫酰氯电池)、锌银电池、锌空气电池、锂铁电池等。下面仅选取几种典型的一次电池进行介绍。

一、锌锰电池

　　锌二氧化锰电池,简称锌锰电池,它使用锌(Zn)作为负极,以碳棒涂覆有二氧化锰(MnO_2)的材料作为正极,其中正极的活性物质是 MnO_2。电解质溶液采用中性的氯化铵(NH_4Cl)、氯化锌($ZnCl_2$)水溶液或 KOH 水溶液等。由于电解质溶液与淀粉等形成凝胶状,甚至进一步地被吸附在载体上而呈现不流动状态,故又称锌锰干电池。

　　基于电解液的不同,锌锰电池分为中性锌锰电池和碱性锌锰电池两类。使用氯化铵、氯化锌或两者的混合水溶液作为电解液的,为中性锌锰电池;而使用氢氧化钾水溶液或其他碱性物质的溶液为电解液的,则称为碱性锌锰电池。中性锌锰电池依据所使用的主要电解质,可分为氯化铵型和氯化锌型电池。氯化铵型电池以氯化铵作为电解质的主要组分,而氯化锌型电池则以氯化锌作为电解质的主要组分。此外,按照电池所采用的隔离层类别,锌锰电池可以分为糊式电池和板式电池。若按照外形来划分,锌锰电池主要有圆柱形和非圆柱形电池两种类型。

锌锰电池的优点在于其使用方便,原料来源丰富且价格低廉。这种电池能够以中等电流密度放电,并且具有较长的存储寿命。然而,锌锰电池也有一些缺点,如不能承受大电流放电,而且在储存时自放电率较高。

1. 传统锌锰电池

传统锌锰电池又称勒克朗谢电池,其表示式为

$$Zn \mid 电解液:NH_4Cl, ZnCl_2 \mid MnO_2 \mid C(石墨)$$

正极活性物质是天然 MnO_2,质量分数为 70%~75%,电池隔膜是淀粉浆糊隔离层。电解液是 NH_4Cl 和 $ZnCl_2$ 的水溶液,负极是 Zn,实用的电池通常加工成筒状,称为锌筒。这种类型的电池称为"糊式锌锰电池",其电解液是不能够流动的。因为电解液主要由 NH_4Cl 构成,只含有少量的 $ZnCl_2$,故亦称"NH_4Cl 型电池"。它的性能较差,R20 型电池的体积比能量仅为 $0.08 \ W \cdot h \cdot mL^{-1}$。

电池的两电极反应分别为

负极 $\qquad Zn + 2NH_4Cl - 2e^- \longrightarrow Zn(NH_3)_2Cl_2 + 2H^+$

正极 $\qquad 2MnO_2 + 2H^+ + 2e^- \longrightarrow 2MnOOH$

电池反应式为 $\quad Zn + 2NH_4Cl + 2MnO_2 \longrightarrow Zn(NH_3)_2Cl_2 + 2MnOOH$

2. 改进型锌锰电池

改进型锌锰电池与前面所述的勒克朗谢电池相比,在结构上并无太大差别。主要改进在于,将正极活性物质由天然 MnO_2 替换成电解 MnO_2(质量分数为 91%~93%)。这种改进显著提升了电池的放电性能,使电池的放电时间增至原来电池的 1.5~2 倍。具体地,R20 型电池的体积比能量由原来的 $0.08 \ W \cdot h \cdot mL^{-1}$ 提升为 $0.12 \ W \cdot h \cdot mL^{-1}$。

3. 高功率纸板型锌锰电池

纸板型锌锰电池的表示式为

$$Zn \mid 电解液:ZnCl_2, NH_4Cl \mid MnO_2 \mid C(石墨)$$

这类电池又称高氯化锌型纸板电池,是从 20 世纪 70 年代开始工业化生产的。它采用纸板浆层隔膜,而非传统的纸板糊层隔膜。以电解 MnO_2 为正极活性物质,电解液以 $ZnCl_2$ 为主体,外加少量 NH_4Cl(4%~6%)的水溶液。该类电池在放电性能和防漏性方面具有显著优势,放电时间比前面所述的改进型锌锰电池约提高了一倍,而且能够支持大电流连续放电。纸板 R20 型电池的体积比能量可达 $0.15 \ W \cdot h \cdot mL^{-1}$。

电池的负极反应为

$$4Zn - 8e^- \longrightarrow 4Zn^{2+}$$

$$4Zn^{2+} + H_2O + 8OH^- + ZnCl_2 \longrightarrow ZnCl_2 \cdot 4ZnO \cdot 5H_2O$$

正极反应为

$$8MnO_2 + 8H_2O + 8e^- \longrightarrow 8MnOOH + 8OH^-$$

电池反应式为

$$4Zn + ZnCl_2 + 8MnO_2 + 9H_2O \longrightarrow ZnCl_2 \cdot 4ZnO \cdot 5H_2O + 8MnOOH$$

二、碱性锌锰电池

1. 碱性锌锰电池概述

显然,碱性锌锰电池也属于锌锰电池的子类。不过,由于碱性锌锰电池具有显著的优势,在此单独进行介绍。碱性锌锰电池可表示为

$$Zn \mid 电解液:KOH \mid MnO_2 \mid C(石墨)$$

早在 1882 年,德国科学家勒尤赤斯(G. Leuchs)即对碱性锌锰电池进行了研究。不过,碱性锌锰电池的大规模工业化生产直到 20 世纪 60 年代才开始。电池的正极材料是 MnO_2,负极并非普通锌粉,而是汞齐化锌粉,电解液是浓的 KOH 水溶液。电池反应及电池结构与前面所述的锌锰电池有所差别。其放电性能优于前述各种锌锰电池,放电时间是同类糊式电池的 5~7 倍,其 R20 型电池的体积比能量可达 $0.21\ W \cdot h \cdot mL^{-1}$,并且也可以制成二次电池。

电池的负极反应为

$$Zn + 2OH^- - 2e^- \longrightarrow ZnO + H_2O$$

正极反应为

$$2MnO_2 + 2H_2O + 2e^- \longrightarrow 2MnOOH + 2OH^-$$

电池反应式为

$$Zn + 2MnO_2 + H_2O \longrightarrow ZnO + 2MnOOH$$

当使用金属 Zn 作负极时,在碱性锌锰电池中,锌电极极易发生析氢反应而腐蚀。为了减缓锌电极的腐蚀,可在锌电极中添加汞,使锌表面汞齐化,以提高氢的析出超电势。一般来说,在锌锰电池中,汞的添加量为锌粉的 6%~10%。但由于汞对环境有严重污染并危及人类的健康,各国正逐步减少或禁止在碱性锌锰电池中添加汞。

2. 二氧化锰电极

锌锰电池的正极是 MnO_2。电池在放电时,MnO_2 发生还原反应,生成低价态的锰化

合物。目前,MnO_2 阴极(即正极)还原反应机制主要有质子 - 电子机制,两相机制(MnO_2 和 Mn_2O_3 两固相),二价锰离子机制和锌黑机制(ZnO、Mn_2O_3)。虽然没有一个统一的观点,但大多学者倾向于质子 - 电子机制。在碱性电池中,MnO_2 的阴极还原过程包含 MnO_2 还原为三价锰化合物即水锰石 $MnOOH$,以及 $MnOOH$ 还原为 $Mn(OH)_2$ 两个步骤。

MnO_2 还原为 $MnOOH$ 过程。从质子 - 电子机制出发,首先,MnO_2 还原为 $MnOOH$。这一过程又包含初级过程和次级过程。电池放电时,阴极发生的还原反应在电极界面上进行,溶液中的质子进入 MnO_2 晶格中参与反应,而从外电路获得电子的同时,将 MnO_2 还原为 $MnOOH$。这一过程称为 MnO_2 还原的一次过程,也称初级过程。反应产物 $MnOOH$ 在电极界面上的积累阻隔了 MnO_2 与溶液之间的进一步接触,从而阻碍了反应的持续进行。为了使反应继续进行,必须使 $MnOOH$ 从电极上转移走。这一过程称为 MnO_2 还原的二次过程,也称次级过程。

虽然生成的三价锰化合物($MnOOH$)是固态物质,但是质子来源于溶液,因此初级过程的反应必须在固 - 液界面处进行。这意味着固 - 液界面的面积越大,电极反应进行的速率越快。为了提高电极反应速率,通常将 MnO_2 电极制成多孔电极,以尽可能增大电极与溶液之间的固 - 液界面面积。

初级过程的产物,$MnOOH$,可以通过两种方式从电极表面转移:一种是歧化反应,另一种是固相中的质子扩散。在歧化过程中,$MnOOH$ 进一步反应,生成更高价态和更低价态的锰物种。

固相中质子 H^+ 的扩散也是 $MnOOH$ 转移的重要机制之一,质子在固相中的扩散可促进反应的持续进行。$MnOOH$ 首先产生在 MnO_2 表面,因此界面处的质子浓度高,而内部的质子浓度低,即存在着质子浓度梯度。这种浓度梯度促使质子在 MnO_2 晶格中向内部进行扩散。这种扩散即为固相中的质子扩散。随着质子从表面层中的 O^{2-} 处向内部的 O^{2-} 处转移,内部的 O^{2-} 形成了 OH^-。由于电场的作用,原来电极表面层 OH^- 处 Mn^{3+} 上的束缚电子跃迁到了电极内部的 OH^- 附近的 Mn^{4+},使其还原为 Mn^{3+},这相当于表面层中的 $MnOOH$ 向内部转移,使电极表层的电化学反应得以继续进行。显然,$MnOOH$ 在固相中的转移是依赖质子在固相中的扩散来实现的。

从前面的阐述可知,MnO_2 电极上还原反应的初级过程反应式可写为

$$2MnO_2 + 2H^+ + 2e^- \longrightarrow 2MnOOH$$

次级过程的反应式可写为

$$2MnOOH + 2H^+ \longrightarrow MnO_2 + Mn^{2+} + 2H_2O$$

当然,H^+ 活度 $a_{H^+} = \dfrac{10^{-14}}{a_{OH^-}}$。因此,初级反应与次级反应相加后,得到的净反应式为

$$MnO_2 + 4H^+ + 2e^- \longrightarrow Mn^{2+} + 2H_2O$$

$MnOOH$ 还原为 $Mn(OH)_2$ 过程。显然,$MnOOH$ 还原为 $Mn(OH)_2$ 是一个多相反应,具体经历以下 3 个步骤:

$$MnOOH + H_2O + OH^- \longrightarrow Mn(OH)_4^-$$

$$Mn(OH)_4^- + e^- \longrightarrow Mn(OH)_4^{2-}$$

$$Mn(OH)_4^{2-} \longrightarrow Mn(OH)_2 + 2OH^-$$

总反应式为

$$MnOOH + H_2O + e^- \longrightarrow Mn(OH)_2 + OH^-$$

3. 锌电极

锌电极作为负极时具有较负的电极电势,在大电流放电时超电势(或称过电位)较小,极化程度较低,而且在电解质溶液中表现稳定。由于锌资源丰富且价格低廉,因此锌是一种较为理想的负极材料。锌电极主要有锌筒、片状锌和锌合金粉三种类型。锌粉包括无汞锌粉和汞齐化锌粉,而无汞锌粉又可分为有铅和无铅两种。

对于传统的锌锰电池及其改进型锌锰电池,锌负极通常很活泼,即使在大电流密度下放电时亦不会出现明显的极化现象。锌阳极的反应为

$$Zn - 2e^- \longrightarrow Zn^{2+}$$

$$Zn^{2+} + 2NH_4Cl \longrightarrow Zn(NH_3)_2Cl_2 + 2H^+$$

电池在储存或放电过程中,阴极(正极)发生析氢反应,导致 H^+ 浓度逐渐降低,电解液的 pH 不断升高。

对于碱性锌锰电池,锌阳极的腐蚀是一个值得关注的问题。当然,在锌电极中添加汞使锌电极表面汞齐化,是有效降低锌电极腐蚀速率的重要方式。

在碱性锌锰电池中,电解质溶液为浓的 KOH 或 NaOH 溶液,锌阳极的溶解反应为

$$Zn + 4OH^- - 2e^- \longrightarrow ZnO_2^{2-} + 2H_2O$$

当大电流放电时,锌电极表面溶液层中锌酸盐的浓度迅速上升,达到饱和时,氧化锌会快速沉积在电极表面。这种混有 Zn、$Zn(OH)_2$ 等物质的氧化锌覆盖膜使传质过程变得困难,从而阻碍阳极反应的发生,导致钝化现象产生。钝化会降低锌电极的利用率,进而使电池容量下降。为了防止钝化,可以采取的措施包括控制电流密度和改善物质的传质条件。

锌的化学性质较为活泼。在碱性溶液中,锌电极在热力学上是不稳定的,极易自溶解并析出氢气,即发生所谓的"析氢腐蚀"。锌电极在碱性溶液中的析氢腐蚀速率比在中性溶液中的大得多。锌电极发生析氢腐蚀,会造成显著的电池自放电,极大地影响电池性能。因此,常常通过添加缓蚀剂的方式来降低碱性锌锰电池中锌电极的析氢腐蚀速率,以提高或改善电池的性能。

汞曾是最有效的缓释剂。然而,由于汞的毒性和环境污染问题,需要寻找其他缓蚀剂来代替汞。从电化学的角度考虑,要实现锌锰电池的无汞化,必须选择析氢超电势高且无严重污染的金属来取代汞,或者在电解液中加入能够抑制析氢但不影响锌负极性能的缓蚀剂。电解液中可添加的缓蚀剂包括金属缓蚀剂、无机缓蚀剂和有机缓蚀剂等。

金属缓蚀剂主要有锡、铋、铟和铊。当然,铊是剧毒品,应当排除在外。即可以在锌粉中加入锡、铋、铟等,以降低锌电极上的析氢腐蚀速率。

无机缓蚀剂主要包括金属氧化物和金属氢氧化物,如氧化铅、氧化镉、三氧化二铟、三氧化二铋、氢氧化铟等。

有机缓蚀剂通常是非离子型表面活性剂。下列物质可以作为有机缓蚀剂或有机缓蚀剂的成分:聚氧乙烯类有机物、聚乙二醇衍生物、芳烃衍生物、胺类、亚乙基二醇类、含磷有机物、多元醇类等。

*三、锌银电池

锌银电池实际上是一种简称,其负极是锌,正极是氧化银,故可称锌氧化银电池。其电解质是 KOH 溶液,因此是一种碱性电池。虽然它可以充电,但由于其循环寿命较短,充放电次数仅为 100~150 次,故通常被视为一次性电池。与碱性锌锰电池相比,锌银电池具有比能量高、放电电压平稳、自放电率低因而存储寿命长、使用温度范围宽、耐机械振动和耐重负荷性能好等优点。锌银电池的主要缺点是,由于使用了贵金属银的氧化物而使其成本较高。此外,锌银电池中的锌阳极容易变形和下沉,在充电过程中易生成枝晶而导致电池短路。

锌银一次电池目前主要应用于手表、计算器等低能耗设备中。

锌银电池的表示式为

$$Zn \mid 电解液:KOH \mid Ag_2O \mid C(石墨)$$

可能发生的负极反应有

$$Zn + 2OH^- - 2e^- \longrightarrow Zn(OH)_2$$

$$Zn + 4OH^- - 2e^- \longrightarrow ZnO_2^{2-} + 2H_2O$$

实际上,锌银电池的正极材料包括 3 种价态的氧化物:一价(Ag_2O)、二价(AgO,Ag_2O_2)和三价(Ag_2O_3)。商业上广泛应用的是 Ag_2O,其正极反应式为

$$Ag_2O + H_2O + 2e^- \longrightarrow 2Ag + 2OH^-$$

锌银电池的反应式可写为

$$Zn + Ag_2O \longrightarrow ZnO + 2Ag$$

理论上,Ag_2O 的质量比容量为 231 mA·h·g^{-1},但由于其电导率低,在制作电池时须通过加入石墨以降低内阻。然而,石墨的加入会降低电池的振实密度和 Ag_2O 含量,因而降低锌银电池的实际比容量。

就锌阳极反应过程而言,锌银电池与碱性锌锰电池基本相同。这即意味着,锌银电池的锌电极同样容易在碱性电解液中发生析氢腐蚀。因此,需要添加缓蚀剂来降低锌电极在碱性电池中的析氢腐蚀速率,以提升电池的性能。一些在碱性锌锰电池中使用的锌电

极缓蚀剂也可以应用于锌银电池。

四、锌空气电池

1. 锌空气电池的基本概况

锌空气一次电池是一种使用活性炭吸附空气中的氧或以纯氧作为正极活性物质,以锌作为负极,NH_4Cl 或 KOH 水溶液作为电解液的原电池,简称锌空电池或锌氧电池。通常,以银作为正极的导电材料。锌空气电池包括中性和碱性两个类型。锌空气电池的开路电压为 1.4~1.5 V,工作电压为 0.9~1.3 V。电池的能量与正极的表面积成正比。

大功率锌空气电池的发展,主要得益于 20 世纪 60 年代常温燃料电池的氧电极研究工作的快速发展。

2. 碱性锌空气电池的电极反应和电池反应

碱性锌空气电池的表示式可简写为

$$Zn \mid 电解液:KOH \mid O_2 \mid C(活性炭) \mid Ag$$

其负极反应为

$$Zn + 4OH^- - 2e^- \longrightarrow Zn(OH)_4^{2-}$$

$$Zn(OH)_4^{2-} \longrightarrow ZnO + H_2O + 2OH^-$$

负极反应可简化为

$$Zn + 2OH^- - 2e^- \longrightarrow ZnO + H_2O$$

正极反应为

$$\frac{1}{2}O_2 + H_2O + 2e^- \longrightarrow 2OH^-$$

电池反应式为

$$Zn + \frac{1}{2}O_2 \longrightarrow ZnO$$

3. 锌空气电池的优势和缺陷

锌空气电池的主要优点包括(1)能量密度高,其理论质量比能量可达 1350 $W \cdot h \cdot kg^{-1}$;(2)安全性能好,在较大电流密度时其工作电压依然保持平稳;(3)制备工艺简单,因而成本低廉;(4)可以直接利用大气中的氧,故而在使用成本方面亦具有优势;(5)不含有害物质,对环境比较友好。

锌空气电池的一个重大缺陷是其充电过程缓慢,故锌空气目前主要作为一次电池使用。锌空气二次电池正处于研发阶段,是目前的一个研究热点。当前,锌空气电池的再生主要通过更换锌电极的极板和更新电解液来完成,从这个角度而言,锌空气电池亦可看作一种燃料电池,称为锌空气燃料电池。

漏液腐蚀是锌空气电池的又一缺陷。对于碱性锌空气电池,其电解质是高浓度的 KOH 溶液,一旦发生渗漏,强腐蚀性的 KOH 可能会腐蚀电池的各种附件,而且这种腐蚀在很多情况下是不可修复的。另外,由于电池上有小孔(便于氧气不断地进入阴极),而且电池在激活使用后的存放时间很短,所以锌空气电池较易发生电池漏液。在使用锌空气电池的场合,应经常检查电池状况,并及时更换耗尽的电池。

*五、锂电池

1. 锂电池概况

锂电池是一类以金属锂或锂合金为负极材料的化学电源的总称,亦称锂金属电池。其电解液是非水电解液。与传统电池相比,锂电池具有下述优点。(1) 电压高。随着正极活性物质的不同,其单体电池的工作电压最高可达 3.9 V,远高于传统电池(大约 1.5 V)。(2) 比能量大,它比传统锌电池的比能量高 2~4 倍。(3) 比功率大,而且放电平稳。(4) 工作温度范围宽,可在 −40~70 ℃ 的温度范围内进行放电。由于电解液是非水电解液,冰点一般较低,这使得大多数锂电池的低温性能比较优异。(5) 放电电压平稳。(6) 自放电率低,储存期较长。在非水溶液中,锂电极表面形成一层钝化膜,可有效阻止锂电极在电解液中进一步溶解,因而锂电池的储存期较长。

同时,锂电池存在下述缺点。(1) 价格高。锂本身的价格高于传统的锌锰电池中的锌。另外,由于锂电池的组装必须在极其干燥的环境下进行,组装操作系统要求高,造价也高,这必然导致锂电池的成本增加。(2) 电池安全性较低。当锂电池进行较大电流放电时,在短路、过放电和高温情况下可能发生爆炸,引发较严重的安全事故。(3) 放电电流较小。由于锂的高化学活性,为避免其与含有活泼氢的溶剂发生剧烈反应生成氢气并放出大量的热,故需要使用非水的无机或有机溶剂作为电解液的溶剂。然而,非水电解液的电导率较低,导致锂电池在没有特殊结构设计的前提下,无法进行如传统电池一样的大电流放电。(4) 产生电压滞后现象。由于电极表面容易生成一层致密的钝化膜,因此当锂电池在低温环境下以较大电流放电时,可能出现输出电压急剧下降的现象,直至放电过程进行到一定阶段时方可慢慢恢复,这一过程称为电压滞后。

2. 锂 – 二氧化锰电池

锂 – 二氧化锰电池,以金属锂为负极、MnO_2 为正极,以 $LiClO_4$ 溶解在体积比为 1∶1 的 1,2 – 二甲氧基乙烷(简写为 DME)和碳酸丙烯酯(简写为 PC)的混合溶剂中所形成的溶液为电解液。放电时,锂负极发生氧化反应,生成的 Li^+ 进入正极材料 MnO_2 的晶格,

MnO_2 被还原,生成 $LiMnO_2$。MnO_2 有 3 种常见的晶体结构,分别为 α-MnO_2、β-MnO_2 和 γ-MnO_2。其中,β-MnO_2 与 γ-MnO_2 混合相的性能相对较好,而单相的 α-MnO_2、β-MnO_2 和 γ-MnO_2 性能较差。

锂-二氧化锰电池表示式为

$$Li \mid 电解液:LiClO_4 + DME + PC \mid MnO_2$$

其负极反应为

$$Li - e^- \longrightarrow Li^+$$

正极反应为

$$MnO_2 + Li^+ + e^- \longrightarrow LiMnO_2$$

电池反应式为

$$MnO_2 + Li \longrightarrow LiMnO_2$$

3. 锂-二氧化硫电池

与锂-二氧化锰电池类似,锂-二氧化硫电池也是采用有机物作为电解液溶剂的锂电池。电解液是 LiBr 溶解在乙腈(记为 ACN)和碳酸丙烯酯(PC)的混合溶剂中所形成的溶液,正极材料 SO_2 亦溶解于电解液中。

锂-二氧化硫电池是锂金属电池中性能最优的电池,其质量比能量、体积比能量和储存性能均较好,而且低温性能良好。然而,由于 SO_2 在常温下为气态,因此任何可能导致电池升温的因素都可能引发电池内部压力上升,从而造成安全隐患。为避免安全事故,通常在锂-二氧化硫电池的壳体上设计有排气阀。

锂-二氧化硫电池的负极反应为

$$2Li - 2e^- \longrightarrow 2Li^+$$

其正极反应为

$$2SO_2 + 2Li^+ + 2e^- \longrightarrow Li_2S_2O_4$$

电池反应式为

$$2SO_2 + 2Li \longrightarrow Li_2S_2O_4$$

4. 锂-亚硫酰氯电池

锂-亚硫酰氯电池的正极材料是碳载 $SOCl_2$。电解液的溶剂也是 $SOCl_2$,而电解质为 $LiAlCl_4$。放电时,锂负极发生氧化反应,生成 Li^+ 并进入电解液,碳负载的 $SOCl_2$ 分子发生还原反应,生成 $LiCl$、SO_2 和 S。

锂-亚硫酰氯电池的负极反应为

$$4Li - 4e^- \longrightarrow 4Li^+$$

其正极反应为

$$2SOCl_2 + 4Li^+ + 4e^- \longrightarrow 4LiCl + SO_2 + S$$

电池反应式为

$$2SOCl_2 + 4Li \longrightarrow 4LiCl + SO_2 + S$$

锂 - 亚硫酰氯电池具有特殊的组成及构造,即 $SOCl_2$ 既是正极材料,亦是电解液的溶剂,因而使正、负极活性物质直接接触成为可能。为什么要采用这种特殊的构造呢?这是因为,在 $SOCl_2$ 溶剂中,锂负极会在其表面形成一层致密的钝化膜,起着类似于隔膜的有效作用,这样能够阻隔 $SOCl_2$ 与锂负极的直接接触。然而,也正是这层钝化膜的存在,导致电压滞后现象的发生。而且,工作温度的升高和放置时间的延长都会加剧电压滞后现象。此外,由于反应生成了固体物质 LiCl 和 S,这些物质会沉积在正极表面,覆盖碳载体的表面和并阻塞其孔道,造成正极钝化,因而会导致电池寿命缩短。

5. 锂 - 硫化铁电池

锂 - 硫化铁电池的正极活性材料是铁的硫化物,电解液由高纯度的有机溶剂与锂盐组成。FeS 和 FeS_2 均可作为正极活性材料。其中,Li - FeS_2 电池具有较高的电压和含硫量,反应时会在锂负极表面形成一层钝化膜,因此电池寿命比较长。而 Li - FeS 电池的氧化还原反应简单,具有单一的电压平台,工作电压较为稳定。

Li - FeS 电池的负极反应为

$$2Li \longrightarrow 2Li^+ + 2e^-$$

其正极反应为

$$FeS + 2e^- \longrightarrow Fe + S^{2-}$$

电池反应式为

$$FeS + 2Li \longrightarrow Fe + Li_2S$$

当以 FeS_2 为正极材料时,电极反应及电池反应式与上述类似。读者可试着写出。

16.3   二次电池

二次电池是指在放电后可以再次充电并反复使用的电池。这类电池实际上是通过放电和充电过程实现化学能与电能之间的相互转化和能量存储的装置。充电时,电能转化为化学能并存储在电池中。而当电池放电时,化学能又转化为电能,供耗电设备使用。二次电池主要包括铅酸电池、镍镉电池、镍氢电池、锌银二次电池、锂离子电池和钠离子电池等。

一、铅酸电池

1859 年,法国科学家普兰特(G. Planté,1834 – 1889)发明了铅酸电池。作为第一个商业化的二次电池,铅酸电池在生产规模和应用上一直占据主导地位,在电池工业的发展进程中发挥了重要作用。

单体铅酸电池的标称电压(即额定电压)为 2.0 V,质量比能量为 35~45 W·h·kg^{-1},体积比能量为 70~90 W·h·L^{-1}。

铅酸电池历史悠久,技术成熟,具有价格低廉,性能可靠,大电流充、放电性能好及允许组成任何规模的电池组等诸多优势。然而,铅酸电池也有如下一些不足:能量效率低(约为 75%)、质量或体积比能量相对较低、存在过热危险、使用具有强腐蚀性的硫酸作电解液等。

1. 铅酸电池的表示及其电化学反应

铅酸电池以海绵状金属 Pb 为负极,以涂有 PbO$_2$ 的铅板为正极,其中 PbO$_2$ 是正极活性物质。其电解液为 H$_2$SO$_4$ 水溶液。电池表示式可写为

$$Pb \mid PbSO_4 \mid 电解液:H_2SO_4 \mid PbSO_4 \mid PbO_2 \mid Pb$$

其负极反应为

$$Pb + HSO_4^- - 2e^- \Longrightarrow PbSO_4 + H^+$$

正极反应为

$$PbO_2 + HSO_4^- + 3H^+ + 2e^- \Longrightarrow PbSO_4 + 2H_2O$$

电池反应式为

$$Pb + PbO_2 + 2HSO_4^- + 2H^+ \Longrightarrow 2PbSO_4 + 2H_2O$$

电池在放电时,PbO$_2$ 正极周围的 H$^+$ 被消耗,pH 升高,而 Pb 负极周围由于有 H$^+$ 产生,其 pH 降低。从电池反应式可知,电池放电时,电解液本体的酸度下降,pH 升高。电池在充、放电时,电解液中的 HSO$_4^-$、SO$_4^{2-}$ 均发生定向迁移。充、放电反应过程本质上决定了正、负极活性物质的利用率有限。PbO$_2$ 正极的电极电势为

$$\phi_{PbO_2/PbSO_4} = \phi_{PbO_2/PbSO_4}^{\ominus} + \frac{RT}{2F}\ln\frac{a_{HSO_4^-} \cdot a_{H^+}^3}{a_{H_2O}^2} = 1.655 \text{ V} + \frac{RT}{2F}\ln\frac{a_{HSO_4^-} \cdot a_{H^+}^3}{a_{H_2O}^2}$$

Pb 负极的电极电势为

$$\phi_{PbSO_4/Pb} = \phi_{PbSO_4/Pb}^{\ominus} + \frac{RT}{2F}\ln\frac{a_{H^+}}{a_{HSO_4^-}} = -0.36 \text{ V} + \frac{RT}{2F}\ln\frac{a_{H^+}}{a_{HSO_4^-}}$$

两式相减可得铅酸电池的电动势 E，即

$$E = \phi_{PbO_2/PbSO_4}^{\ominus} - \phi_{PbSO_4/Pb}^{\ominus} + \frac{RT}{2F}\ln\frac{a_{HSO_4^-}\cdot a_{H^+}^3}{a_{H_2O}^2} - \frac{RT}{2F}\ln\frac{a_{H^+}}{a_{HSO_4^-}}$$

$$= 2.015\ V + \frac{RT}{2F}\ln\frac{a_{HSO_4^-}^2\cdot a_{H^+}^2}{a_{H_2O}^2}$$

$$= 2.015\ V + \frac{RT}{F}\ln\frac{a_{HSO_4^-}\cdot a_{H^+}}{a_{H_2O}}$$

由此可知，铅酸电池的电动势 E 随着 HSO_4^- 的活度和酸度的增大而增大。

2. 板栅（集流体）

铅酸电池的集流体也称板栅，起着活性材料的载体和汇集电流的作用。板栅应该具备以下条件：① 价格低廉；② 电导率高，以保证电流的均匀分布；③ 耐腐蚀性能好，以保证电池具有较长的循环使用寿命；④ 与活性物质之间的接触性良好，以减小电化学阻抗；⑤ 良好的机械强度。

铅酸电池板栅的主要成分是铅。为了避免纯铅的硬度太低而导致铸造加工困难的问题，可在其中加入合金元素以提高和改善板栅的力学性能。目前广泛使用的合金板栅是铅锑合金和铅钙合金。它们均具有较高的硬度、抗拉强度和良好的延展性能。

3. 隔板

隔板（即隔膜）的作用是将正、负电极分隔开，防止电池短路。它与硫酸电解液直接接触，因此需要具备强的耐酸性和耐腐蚀性，而且应当具有低电阻率、高孔隙率，并使离子拥有高迁移率等特点，同时还应有一定的机械强度。铅酸电池的隔板主要有木隔板、微孔硬橡胶隔板、聚氯乙烯塑料隔板、聚烯烃树脂微孔隔板、玻璃纸浆复合隔板、玻璃纤维隔板等。

4. 铅负极

关于铅酸电池的正、负极反应机制，可以归纳为涉及可溶性中间产物生成的溶解 – 沉积机制以及固相反应机制两种类型。这里，首先阐述铅负极的反应机制。

铅负极的溶解 – 沉积机制。在放电过程中，Pb 氧化生成可溶性的 Pb^{2+}，当浓度到达一定值时，Pb^{2+} 与 HSO_4^- 或 SO_4^{2-} 结合生成 $PbSO_4$ 沉淀，该沉淀物沉积在铅电极表面。而在充电过程中，变化过程正好相反，即 $PbSO_4$ 解离为可溶性 Pb^{2+}，随后 Pb^{2+} 得到 2 个电子沉积在电极表面，从而恢复为 Pb。放电时，Pb 电极的变化过程可以表示为

$$Pb \xrightarrow{\text{氧化、溶解}} Pb^{2+}$$

$$Pb^{2+} + HSO_4^- \xrightarrow{\text{沉淀、沉积}} PbSO_4 + H^+$$

铅负极的固相反应机制。该反应机制认为,在放电过程中,并无可溶性 Pb^{2+} 的生成,HSO_4^- 直接与 Pb 电极碰撞,生成固相 $PbSO_4$ 物种。随后,$PbSO_4$ 向电极表面蔓延,直至 Pb 电极表面被 $PbSO_4$ 所覆盖。其电化学变化过程可表示为

$$Pb + HSO_4^- - 2e^- \longrightarrow PbSO_4 + H^+$$

在充电过程中,$PbSO_4$ 经历溶解和可溶性 Pb^{2+} 的还原两个步骤,即

$$PbSO_4 \xrightarrow{溶解} Pb^{2+} \xrightarrow{还原} Pb$$

从前面的叙述已知,铅酸电池的缺陷之一是,其循环使用寿命较短,说明电池存在容量衰减问题,这是不能够回避的。铅负极的容量衰减机制主要包括三种。① 负极硫酸盐化。Pb 负极在一定条件下会在电极表面生成一层坚硬的 $PbSO_4$ 结晶,从而产生钝化效应。即使在充电过程中,这些 $PbSO_4$ 亦无法转化为海绵状的 Pb,导致电池容量下降。② 枝晶产生。产生的枝晶可能刺穿隔膜,引发电池内部的短路。③ 自放电反应。在酸性条件下,Pb 负极可以置换溶液中的 H^+,发生析氢反应,从而导致 Pb 负极的自放电。同时,溶解在电解液中的氧或者正极在充电过程中产生的氧气亦可与 Pb 负极发生反应,最终生成 $PbSO_4$。为了抑制负极的自放电现象,可以在负极活性物质和负极集流体上选择加入添加剂,以阻止或减缓析氢反应。

5. 二氧化铅正极

放电时二氧化铅正极的溶解－沉积机制。该机制认为,在放电时,PbO_2 经过两步化学变化(水解和电离)后,生成四价态的铅物种 $[PbO(OH)^+]$,该离子在 PbO_2 电极表面被电化学还原为 Pb^{2+},Pb^{2+} 进入溶液中,与 SO_4^{2-} 结合生成 $PbSO_4$ 沉淀,并沉积在 PbO_2 电极表面。此变化过程可以表示为

$$PbO_2 \xrightarrow{水解} PbO(OH)_2 \xrightarrow{电离} PbO(OH)^+ \xrightarrow{电化学还原} Pb^{2+} \xrightarrow{沉淀} PbSO_4$$

放电时二氧化铅正极的固相反应机制。该机制认为,经过固相还原过程生成 PbO_x $(1.3 < x < 1.6)$,这一中间物种在 H_2SO_4 电解液中发生歧化反应,生成 $PbSO_4$。此变化过程可以表示为

$$PbO_2 \xrightarrow{电化学还原} PbO_x \xrightarrow{歧化、沉淀} PbO_2 + PbSO_4$$

充电时二氧化铅电极的溶解－沉积机制。对应的变化过程可表示为

$$PbSO_4 \xrightarrow{溶解} Pb^{2+} \xrightarrow{扩散} Pb^{2+}(PbO_2 表面) \xrightarrow{电化学氧化} Pb^{4+} \xrightarrow{水解}$$

$$Pb(OH)_4 \xrightarrow{脱水} PbO(OH)_2 \xrightarrow{脱水} PbO_2$$

充电时二氧化铅电极的固相反应机制。对应的变化过程可表示为

$$PbSO_4 \xrightarrow{电化学氧化} PbO_2$$

下面,阐述二氧化铅正极的容量衰减原因,主要包括以下三种。

(1)自放电反应。正极的平衡电势高于氧气析出电势,因此在 PbO_2 正极界面上,H_2O 有被氧化的趋势,该氧化过程为

$$H_2O - 2e^- \longrightarrow 2H^+ + \frac{1}{2}O_2$$

还原过程为

$$PbO_2 + 2HSO_4^- + 4H^+ + 2e^- \longrightarrow PbSO_4 + H_2SO_4 + 2H_2O$$

净反应为

$$PbO_2 + 2HSO_4^- + 2H^+ \longrightarrow PbSO_4 + H_2SO_4 + \frac{1}{2}O_2 + H_2O$$

若 PbO_2 与合金集流体(板栅)互相接触时,则会形成一个亚稳态界面,界面两侧的物质会构成一个氧化还原对,即 PbO_2/Pb,存在发生氧化还原反应的趋势,即

$$Pb + PbO_2 \longrightarrow 2PbO$$

此反应不仅会消耗正极活性材料 PbO_2,也会造成板栅的腐蚀。

(2)正极的硫酸盐化。正极的放电产物 $PbSO_4$ 在充电过程中很难完全被氧化成 PbO_2,这就造成了在正极表面上 $PbSO_4$ 不断积累并形成大颗粒。这是因为小颗粒的表面曲率大,即曲面半径小,结合第 14 章的知识,小颗粒的溶解度大,因而 $PbSO_4$ 小颗粒在大颗粒表面溶解并发生熟化过程,导致 PbO_2 正极表面硫酸盐化,电池内阻增加。

(3)正极活性材料 PbO_2 的脱落。在反复地充、放电过程中,PbO_2 及其放电产物 $PbSO_4$ 由于密度之间的差异,接触性逐渐降低,部分 PbO_2 发生脱落,造成容量的衰减。

6. CDF 现象

所谓 CDF(Coup de Fouet)现象,是指电池在恒流充、放电过程中的起始阶段,超电势急剧增大后又慢慢减小的现象。铅酸电池中的 PbO_2 正极和 Pb 负极,以及电池电压均可表现 CDF 现象。

有人认为,CDF 行为主要与电极表面微结构在充、放电过程中的变化有关。具体而言,电池搁置时间越长,CDF 行为越明显,而在电池充满电后立即放电的情况下则并不会出现 CDF 现象,表明 CDF 现象与搁置时间内电极表面结构的自身重构有关。在搁置过程中,活性物质的微结构经重构后,电池再进行充电或者放电时需要一个活化的过程。另外,其原因可以部分地归结为在电极活性物质颗粒中电解液的物质传递存在一段迟滞时间,因为在搁置过程中存在活性物质颗粒中微孔关闭的情况,在充、放电过程中,这些关闭的微孔又重新开放,从而引发 CDF 行为。

7. 电解液的改性

为了防止电极的硫酸盐化,减少或避免电极和板栅的腐蚀以及水的挥发,降低容量衰

减,提高电池的综合性能,需要在铅酸电池的电解液(硫酸水溶液)中加入添加剂。添加剂可以减轻或避免电极的硫酸盐化,也可以起到提高电池板栅的耐腐蚀能力。例如,在电解液中加入适量磷酸,能有效减缓正极材料从板栅上的脱落,并可有效抑制电极的硫酸盐化,从而提高电池的循环寿命。

另一种对电解液改性的方式是采用胶体电解质。例如,硅溶胶在聚合时形成的网络结构能包裹大量的硫酸溶液。SiO_2 的存在可在 Pb 负极表面生成与 $PbSO_4$ 形貌相近的 $PbSiO_3$,使 $PbSO_4$ 膜的连续性降低,孔隙率增大,电解液通过该膜的阻力减小,提高 Pb 负极内部的活性材料的利用率,从而提升电池容量。

*二、可充碱性锌锰电池

可充碱性锌锰电池与碱性锌锰一次电池的工作原理基本相同,但可充碱性锌锰电池具有可充放性。碱性锌锰电池的可充性基于正极材料 MnO_2 在放电过程中转变为三价锰的氧化物晶相。若在放电过程中产生二价锰,可能会生成可溶性物质,这将导致材料体积膨胀和发生不可逆变化。为了保持电池的可充性,通常可以采用控制正极放电深度的方式。同时,对于锌负极,也需要避免锌枝晶的产生,以免电池发生短路。

可充碱性锌锰电池的充放电制度对其电化学性能和寿命均有重要影响。若发生过充电,正极会析出氧气并将 MnO_2 氧化成为高锰酸根离子,进而腐蚀锌电极。因此,应将充电电压控制在 1.75 V 以下。同时,碱性电解液(KOH)的浓度对该类电池的性能亦会产生重要影响。放电过程中产生的 MnOOH,在浓度为 1 mol·L^{-1} 的电解液中溶解度很小,该放电产物 MnOOH 在充电时易于再被氧化为 MnO_2。然而,当溶液浓度较大时,MnOOH 则会溶解并形成 $Mn(OH)_4^-$,若进一步形成氢氧化物沉淀,将导致反应变得几乎不可逆,从而在充电时无法再被氧化成 MnO_2。

1. 可充碱性锌锰电池的反应机制

电池的负极反应为

$$Zn + 2OH^- - 2e^- \rightleftharpoons ZnO + H_2O$$

正极反应(第一电子放电反应)为

$$2MnO_2 + 2H_2O + 2e^- \rightleftharpoons 2MnOOH + 2OH^-$$

电池反应式为

$$Zn + 2MnO_2 + H_2O \rightleftharpoons ZnO + 2MnOOH$$

其中,MnO_2 的还原机制主要为质子扩散机制。具体地,在放电初始阶段,水分子解离生成的质子 H$^+$ 进入 MnO_2 晶格,与其中的氧形成—O—H,同时电子 e$^-$ 被 Mn 捕获,在颗粒表面形成 MnOOH – MnO_2 内界面。在浓度梯度和电场梯度的共同作用下,质子 H$^+$ 和电子 e$^-$ 两者均伴随着内界面向颗粒内部移动。由于电子 e$^-$ 的量子效应显著,传输速率快,因此 H^+ 的移动成为速控步。

第一电子放电反应产物 MnOOH 进一步发生还原反应,其化学反应式(第二电子放电反应)为

$$MnOOH + H_2O + e^- \Longrightarrow Mn(OH)_2 + OH^-$$

实验表明,第一电子放电反应过程的容量随着充、放电循环的进行而快速衰减,而第二电子放电反应的发生导致 $Mn(OH)_2$ 沉淀的生成,且其很难再被氧化为 MnO_2,使得反应的可逆性大大降低。若将放电容量控制在第一电子放电反应的三分之一,则可充碱性锌锰电池的容量可以循环 50~100 次。

2. MnO_2 电极改性

可充碱性锌锰电池的可逆性和循环性能均表现不佳,这主要归结于在放电过程中 MnOOH 可部分地生成电化学惰性的黑锰矿相 Mn_3O_4,该物相随着充、放电循环的次数增加,含量不断提高,相应地活性物质减少,电池内阻升高。可以通过对电极进行改性处理,以达到提升电池电化学性能之目的。主要的改性处理措施是,对其进行杂原子掺杂处理,以减轻 MnO_2 相变引起的严重结构退化,增强其结构稳定性以及反应可逆性。改性添加物一般为含钠、钴、银、铈等离子的化合物,可以通过物理、化学或电化学等方式进行掺杂。

需要进行如下说明:① 可充碱性锌锰电池对充电的要求很高,需要在充满后立即断电。② 电池容量随着充、放电循环次数的增加会迅速衰减;③ 电池须在控制放电荷量的前提下使用;④ 电池性能不如其他二次电池。

*三、镍镉电池

自 1899 年瑞典科学家尤格尔(W. Jungner,1869—1924)发明镍镉电池至今,经历了三个发展阶段,即泡沫电极镍镉电池阶段、镍纤维式电极镍镉电池阶段和快充式镍镉电池阶段。

镍镉电池具有使用寿命长(循环可达 500 次以上),放电电压稳定,大电流充、放电性能稳定,工作温度范围宽,耐过充电和过放电能力强,力学性能(耐冲击和震动)好等优点。但它也存在一些缺陷,其中有的属于重大缺陷,如价格较高、二次污染严重、电流效率和能量效率不佳等。

应当指出的是,镍镉电池具有记忆效应。也就是说,在使用过程中,如果电荷量没有全部放完就开始充电,待下次再放电时,电池便不能放出全部电荷量。例如,当电池只放出 80% 的电荷量后就开始充电,待充满电后,电池也就仅能放出 80% 的电荷量。显然,记忆效应也是镍镉电池的一个重要缺陷。

1. 镍镉电池表示式及电极反应和电池反应

镍镉电池是一类碱性电池。负极为金属镉(Cd),正极为碱式氧化镍(NiOOH),电解

液是 KOH 或 NaOH 水溶液。镍镉电池表示式为

$$Cd \mid 电解液:KOH \mid NiOOH$$

电池的负极反应为

$$Cd + 2OH^- - 2e^- \rightleftharpoons Cd(OH)_2$$

正极反应为

$$2NiOOH + 2H_2O + 2e^- \rightleftharpoons 2Ni(OH)_2 + 2OH^-$$

电池反应式为

$$Cd + 2NiOOH + 2H_2O \rightleftharpoons Cd(OH)_2 + 2Ni(OH)_2$$

2. 镉负极

相对于碱式氧化镍(NiOOH)正极,Cd 负极的充、放电反应机制相对简单,放电过程一般认为属于溶解 – 沉积机制。具体地,Cd 与碱性电解液中的 OH^- 结合生成可溶性的 $Cd(OH)_3^-$,然后以 $Cd(OH)_2$ 的形式沉积在电极上,即

$$Cd + 3OH^- - 2e^- \xrightarrow{溶解} Cd(OH)_3^- \xrightarrow{沉积} Cd(OH)_2 + OH^-$$

放电产物 $Cd(OH)_2$ 呈疏松多孔状,基本不会妨碍离子迁移,因此电极内部的活性物质可以继续发生反应,即活性物质的利用率高。然而,随着循环次数的增加,Cd 负极氧化的中间产物 $Cd(OH)_3^-$ 在电极附近积累而引起 Cd 负极的超电势增大,并且放电产物 $Cd(OH)_2$ 可能会进一步脱水生成 CdO,因而导致 Cd 负极发生钝化。为了抑制 Cd 负极钝化,提高镍镉电池的循环使用寿命,可采用加入表面活性剂、引入金属元素或其化合物等方式达到目的。

3. 碱式氧化镍正极

在放电过程中,NiOOH 的还原是通过其晶格中的电子和质子缺陷的转移,在电极/电解液界面上实现的。在充电过程中,随着电极电势的升高,表面层中的 OH^- 浓度不断下降,直至在极限情况下,电极表层的 NiOOH 几乎完全被氧化为 NiO_2,即

$$NiOOH + OH^- - e^- \longrightarrow NiO_2 + H_2O$$

氧化产物 NiO_2 掺杂在 NiOOH 的晶格中或吸附在 NiOOH 表面上,此时电极电势足以使溶液中的 OH^- 被氧化而析出 O_2,即

$$4OH^- - 4e^- \longrightarrow 2H_2O + O_2$$

随着 O_2 的积累,电池的内压不断升高,电池进入过充电状态,导致电压突然增大。

也有人认为,O_2 的析出是充电过程中 NiO_2 分解 H_2O 所致,而在此过程中,NiO_2 被还原为 NiOOH,即

$$4NiO_2 + 2H_2O \longrightarrow 4NiOOH + O_2$$

所生成的 O_2 穿过隔膜,与 Cd 负极发生反应生成 $Cd(OH)_2$,使负极总是处于充电不充分的状态。显然,在这种情况下,既可以消耗 O_2,也可以抑制 H_2 的产生,从而使电池的内压维持在较低水平。

为了提高和改善镍镉电池的碱式氧化镍的电化学性能,可以在制备过程中加入一些合适的添加剂,如碱金属、碱土金属和过渡金属等的氢氧化物,依靠这些添加剂之间的互补作用,可以有效增加正极的放电深度,提高充电效率,并延长使用寿命。

4. 镍镉电池的产品类型

基于电池的结构,镍镉电池可以分为极板盒式电池、无极板盒式电池、双极板电极叠层式电池。基于电池的封口情况,可以分为敞口式、密封式和全密封式电池。基于制造工艺的不同,可以分为烧结式、电沉积式、发泡式和黏结式电池等。

四、镍氢电池

镍氢电池,又称金属氢化物–镍电池,是镍镉电池的替代型电池,其发明者是沃弗辛斯基(S. Ovshinsky,美国人,1922—2012)。镍氢电池的容量比镍镉电池高 40% 以上。同时,镍氢电池具有能大电流放电,比能量和功率密度高,无记忆效应,对环境友好(无镉污染),可快速充、放电,循环使用寿命长等优点。其单体电池的工作电压为 1.2 V,能量密度是镍镉电池的 1.5 倍以上,循环次数可超过 1000 次,工作温度范围为 $-40 \sim 55$ ℃。

1. 镍氢电池表示式及电极反应和电池反应

镍氢电池以储氢合金 MH(或称金属氢化物,如 $LaNi_5H_6$)作为负极,氢氧化镍和碱式氧化镍 $[Ni(OH)_2/NiOOH]$ 作为正极,电解液是 KOH 水溶液,其浓度一般为 6 mol L^{-1}。其中,储氢合金中的 M 具备较高的捕氢能力。在一定的压力和温度下,它可以促进 H_2 分子解离成 H 原子,并将这些 H 原子捕获,储存在合金内部的原子间隙,形成金属氢化物 MH。这一过程会释放大量热量,又能促使 MH 发生分解,释放的 H 原子再结合生成 H_2 分子。这两个过程在电池中同时进行,呈现动态平衡。

镍氢电池可表示为

$$M \mid MH \mid 电解液:KOH(6 \ mol \cdot L^{-1}) \mid Ni(OH)_2 \mid NiOOH \mid Ni$$

其中,正极(即右端)的金属 Ni 是导电物质。

先阐述负极上的反应。

在放电时,MH 内部的 H 原子通过扩散到达电极表面,形成吸附态 H 原子,随后发生放电及复合反应,即

$$MH_{ad} + OH^- - e^- \longrightarrow M + H_2O$$

在充电时,电极界面的 H_2O 分子在金属 M 的催化作用下被还原成 H 原子(充电初期阶段)。这些 H 原子随后吸附在储氢合金 M 上,形成吸附态的 H 原子(MH_{ad})。吸附态的 H 原子进一步扩散进入合金内部的晶格间,形成某一相的固溶体(记为 α 相固溶体,即 α-MH_{ad})。随着合金中吸附态 H 原子的数量增加,H 原子与储氢合金 M 之间可形成另一相的固溶体(记为 β 相固溶体,即 β-MH_{ad})。电极反应为

$$M + H_2O + e^- \longrightarrow MH_{ad} + OH^-$$

$$MH_{ad} \longrightarrow \alpha\text{-}MH_{ad}$$

$$\alpha\text{-}MH_{ad} \longrightarrow \beta\text{-}MH_{ad}$$

其中,第一步为电化学反应步骤。

值得注意的是,H 原子在合金中的迁移速率相对缓慢,其扩散系数通常为 $10^{-8} \sim 10^{-7}$ $cm^2 \cdot s^{-1}$。因此,H 原子在合金中的迁移是整个电极反应过程的速控步。

当吸附态 H 原子数量增加到一定程度时,会发生化学脱附并形成 H_2 分子,反应式为

$$2MH_{ad} \longrightarrow 2M + H_2$$

或

$$MH_{ad} + H_2O + e^- \longrightarrow M + H_2 + OH^-$$

下面阐述正极上的反应。

在放电时,正极上的 NiOOH 被还原为 $Ni(OH)_2$,即

$$NiOOH + H_2O + e^- \longrightarrow Ni(OH)_2 + OH^-$$

当电极上的 NiOOH 全部被还原为 $Ni(OH)_2$ 时,则进入过放电状态。此时,H_2O 分子在电极上被还原为 H_2,即

$$2H_2O + 2e^- \longrightarrow H_2 + 2OH^-$$

在充电时,电极上的 $Ni(OH)_2$ 被氧化成 NiOOH,即

$$Ni(OH)_2 + OH^- - e^- \longrightarrow NiOOH + H_2O$$

当电极上的 $Ni(OH)_2$ 全部被氧化成 NiOOH 时,则进入过充电状态。在这种情况下,碱性电解液中的 OH^- 在电极上被氧化,生成 O_2,即

$$2OH^- - 2e^- \longrightarrow \frac{1}{2}O_2 + H_2O$$

生成的 O_2 会穿过隔膜扩散至负极并被还原成 OH^-,即

$$H_2O + \frac{1}{2}O_2 + 2e^- \longrightarrow 2OH^-$$

另外,O_2 也有可能与 MH 负极中的 H 复合生成 H_2O,即

$$\frac{1}{2}O_2 + 2MH \longrightarrow H_2O + 2M$$

关于电池反应,分两种情况进行阐述。

第一种情况是正常的放、充电过程。对应于这种情况,负极的正、逆向反应为

$$MH + OH^- - e^- \rightleftharpoons M + H_2O$$

正极的正、逆向反应为

$$NiOOH + H_2O + e^- \rightleftharpoons Ni(OH)_2 + OH^-$$

所以,电池的正、逆向反应为

$$MH + NiOOH \rightleftharpoons Ni(OH)_2 + M$$

很容易知道,在正常的放、充电情况下,镍氢电池的正、逆向反应均是固相转变过程,既不产生任何可溶性金属离子,也不消耗或生成电解液的物种。

第二种情况是过放电、过充电过程。这种情况下,负极的过放电反应(耗氢反应)为

$$H_2 + 2OH^- - 2e^- \longrightarrow 2H_2O$$

负极的过充电反应(耗氧反应)为

$$H_2O + \frac{1}{2}O_2 + 2e^- \longrightarrow 2OH^-$$

正极的过放电反应(析氢反应)为

$$2H_2O + 2e^- \longrightarrow H_2 + 2OH^-$$

正极的过充电反应(析氧反应)为

$$2OH^- - 2e^- \longrightarrow \frac{1}{2}O_2 + H_2O$$

由此可见,在过放电或过充电时,电解液中的 OH^- 和 H_2O 分子分别在两电极界面上参与反应,总的反应为零。

不过,在过充电情况下,电池内部气体发生复合反应,即正极上析出的 O_2 穿过隔膜到达负极表面,并与负极的 H 反应,生成 H_2O。

对于镍氢电池,其负极的设计是容量过剩的,正极的设计则是限容的。在过充电时,负极周围的 H_2O 分子被还原成为 MH_{ad},而不是 H_2 分子析出,因此即使过充电,电池的内压一般不会升高太多。

当电池过放电时,正极析出的 H_2 穿过隔膜到达负极表面,可以与储氢合金结合。此时,MH 负极则有可能析出 O_2,促使储氢合金氧化。

2. 储氢合金负极

储氢合金负极由储氢合金和泡沫镍或镍箔骨架(即镍基集流体)两部分组成。制作

时,将储氢合金与黏结剂混合成膏状,并涂覆到集流体上。储氢合金包括稀土系(AB_5 型,如镧镍合金)、锆系(AB_2 型)、钛系(AB 型)和镁系(A_2B 型)等。

AB_5 型稀土系储氢合金具有六方晶系结构。其中,A 可以是一种或多种稀土元素,具有很强的与 H 原子结合生成稀土金属氢化物的能力。而 B 则可以是金属 Ni 和少量 Co、Al、Mn、Fe、Zn 等不具备与 H 原子结合生成氢化物能力的金属元素。$LaNi_5$ 是典型的稀土系储氢合金,其氢化反应可表示为

$$LaNi_5 + 3H_2 \Longleftrightarrow LaNi_5H_6$$

该反应的吸氢量约为 1.4%(质量分数)。在室温条件下,$LaNi_5H_6$ 分解释放氢反应的平衡压力为 0.2 MPa,分解热为 30.1 $kJ \cdot mol^{-1}$。因此,它适合在室温环境下进行电化学反应。

AB_2 型锆系储氢合金,又称 Laves 相储氢合金,以 ZrV_2、$ZrCr_2$、$ZrMn_2$ 等为代表,典型的结构是六方 C14 型和立方 C15 型。锆系储氢合金具有活化快、储氢量高、循环使用寿命长、动力学性能好等优点。

在 AB 型钛系储氢合金中,TiFe 合金与 AB_5 型镧镍合金的储氢能力相当,且因其对应元素 Ti 和 Fe 在自然界储量丰富,故而其价格较镧镍合金便宜,但存在活化较为困难,易中毒,氢化物不稳定,室温氢平台过低等缺点。

A_2B 型镁系储氢合金的典型代表是 Mg_2Ni,其成本低廉,且储氢量高,但其循环性能较差,而且在室温条件下其吸氢产物释放氢反应的平衡压力过低,因此需要在高温条件(> 250 ℃)下方能进行电化学反应。实验表明,可以用金属 V、Fe、Cr、Co、Cu 等元素部分取代 Ni 来改善其性能。

3. 储氢合金的储氢机制

储氢合金的储氢过程主要包括以下步骤:

(1)H_2 与合金表面接触并吸附,即

$$H_2 \longrightarrow H_2(ad)$$

吸附速率取决于材料表面特性和比表面积之大小。

(2)吸附态的 H_2 分子解离形成 H 原子,并化学吸附在合金表面,即

$$H_2(ad) \longrightarrow 2H_{ad}$$

其速率取决于材料及其表面状态。

(3)吸附态 H 原子与合金反应,在吸氢初期形成某一固溶体(称为 α 相金属氢化物),即

$$M + xH_{ad} \longrightarrow MH_x(\alpha)$$

(4)随着系统中 H_2 压力的增加,α 相金属氢化物中的 H 原子浓度增加。当 α 相金属氢化物中的 H 原子达到某一临界值时,开始在合金表面形成另一金属氢化物相(称为 β 相金属氢化物),此时 α 相金属氢化物与 β 相金属氢化物共存。随着 H 原子向合金内

部扩散,β 相金属氢化物也逐步向内部延伸,形成数量可观的 β 相金属氢化物。这一过程表示为

$$MH_x(\alpha) + (y - x)H_{ad} \longrightarrow MH_y(\beta)$$

这一过程的快慢取决于 H 原子在合金中的扩散速率和 H 原子的浓度梯度。我们知道,H 原子在储氢合金中的扩散系数很小($10^{-8} \sim 10^{-7}$ cm$^2 \cdot$ s^{-1}),所以这一过程是储氢过程的速控步。

4. 镍正极

通常,镍正极的活性物质包括 Ni(OH)$_2$ 和 NiOOH。然而,由于 NiOOH 的稳定性较差,因此镍正极的活性物质主要以 Ni(OH)$_2$ 呈现。基于传统晶体学的理论,Ni(OH)$_2$ 有 α-Ni(OH)$_2$ 和 β-Ni(OH)$_2$ 两种基本晶形,而 NiOOH 有 β-NiOOH 和 γ-NiOOH 两种基本晶形。一般来说,通过合成,得到的是 β-Ni(OH)$_2$。而且,β-Ni(OH)$_2$ 的电化学活性高于 α-Ni(OH)$_2$ 的电化学活性。在正常充、放电时,活性物质在 β-Ni(OH)$_2$ 与 β-NiOOH 之间转变,在过充电时,则会生成 γ-NiOOH,γ-NiOOH 在放电时转变为 α-Ni(OH)$_2$,α-Ni(OH)$_2$ 极不稳定,在碱液中陈化时又很快转变为 β-Ni(OH)$_2$。

镍正极通常以泡沫镍作为导电骨架,制作时将高密度的 Ni(OH)$_2$ 粉末涂覆在泡沫镍上,或者在泡沫镍上通过原位生长方式,形成 Ni(OH)$_2$ 颗粒。

5. 镍氢电池的容量衰减机制

经过多次循环后,镍氢电池发生容量衰减,电池性能下降,这是内部和外部两种因素共同作用的结果。内部因素包括正极、负极和隔膜性能的衰退,而外部因素则与工作温度和充、放电深度有关。

(1) **负极衰减机制**。储氢合金负极性能的衰减主要归结为活性材料在充、放电过程中因体积大幅度变化而引发的粉化,以及因电极副反应产生氧气引发负极金属的氧化(称为粉化 - 氧化机制)。AB$_5$ 型 LaNi$_5$ 合金是镍氢电池负极材料的典型代表,因此对其改性研究亦较为深入。目前主要采用其他稀土元素如 Nd、Ce、Pr 等部分取代其中的 La 来提高 AB$_5$ 合金的抗粉化和抗氧化性能,达到延长电池循环使用寿命之目的,并能够在一定程度上降低合金的成本。同时,可以对 AB$_5$ 型合金的 B 侧的化学组成进行优化,例如使用 Co、Al、Mn、Fe、Zn 等元素部分取代 Ni,除了抑制合金的体积变化外,还可以降低合金的平衡氢压。

不过,经过改性的 AB$_5$ 型 LaNi$_5$ 合金的性能依然会发生衰减,其机制仍可主要地归结为材料的氧化和粉化。因为在出现过充电情况时,析出的 O$_2$ 在负极表面得不到及时的复合,使气体聚集,从而造成电池内压升高。O$_2$ 的存在会加快合金的氧化和腐蚀,进一步阻碍 O$_2$ 在负极表面的复合并降低负极的放电容量。同时,储氢合金在吸氢后也会发生较大的体积膨胀,材料内部应力增加,使合金晶粒产生裂纹,发生氢脆现象。这继而导致活性材料的颗粒破碎和粉化,从而降低其吸氢能力。

(2) **正极衰减机制**。从前面的叙述已经知道,NiOOH 有 β-NiOOH 和 γ-NiOOH 两种

晶形,而 $Ni(OH)_2$ 有 $\alpha-Ni(OH)_2$ 和 $\beta-Ni(OH)_2$ 两种晶形。正极性能衰减的主要原因是 $\beta-NiOOH$ 在快充和过充电情况下会部分转变成 $\gamma-NiOOH$。$\gamma-NiOOH$(理论密度为 $3.79\ g\cdot cm^{-3}$)的体积要比 $\beta-NiOOH$(理论密度为 $4.68\ g\cdot cm^{-3}$)的体积大 23.5%。而在放电过程中,$\gamma-NiOOH$ 转变为 $\alpha-Ni(OH)_2$(理论密度为 $2.82\ g\cdot cm^{-3}$),体积增加约 34.4%。因此,随着充、放电的连续进行,频繁的较大体积变化会导致电极活性材料的颗粒破碎、粉化,并从集流体上脱落。另外,由于受到电极电势的限制,在放电过程中部分 $\gamma-NiOOH$ 不能完全转变为 $\alpha-Ni(OH)_2$,从而导致 $\gamma-NiOOH$ 的不断积累,降低电池反应的可逆性。

此外,负极的腐蚀也会对正极的性能产生影响。储氢合金中的活泼性元素,如 Mn、Al 等,在腐蚀后会沉积在正极材料表面,使正极变得较为惰性,电极反应的可逆性降低,导致放电容量下降。

（3）**电解液和隔膜的影响**。在充、放电过程中,电解液中 OH^- 会参与电极的氧化或还原反应,致使电极附近的 OH^- 浓度不断发生变化。这不可避免地引起电极极化现象。随着电极极化不断加剧,必然使充电时外加电压不断升高,放电时对外提供电能的能力不断降低,电池性能不断下降。此外,储氢合金负极中的某些稀土元素,如 La、Nd、Ce、Pr 等,其性质不稳定,容易被腐蚀而生成氢氧化物,导致 KOH 浓度降低,影响电池容量。同时,H_2O 溶剂也有可能形成结晶水,被范德华力或氢键所束缚,导致电解液浓度升高,从而影响电化学反应。对于隔膜,充、放电过程中保液能力和吸液速率的变化,以及因电化学反应中温度升高引发的隔膜分解,都是导致镍氢电池电化学性能衰减的原因。

五、锌银二次电池

1. 锌银二次电池概述

1941 年,法国科学家安德烈（H. G. André,1896—1967）发明了第一个实用的锌银电池系统。锌银电池的理论比能量可达 $300\ W\cdot h\cdot kg^{-1}$,是能量密度最高的水溶液电池之一。在前面已经介绍过锌银一次电池。由于锌银电池可以充电,故亦可制成二次电池使用。这里,以过氧化银（Ag_2O_2）及金属 Ag 作为正极所构成的锌银二次电池为例进行说明。电池的负极是锌粉,电解液是浓的 KOH 溶液。电池的表示式为

$$Zn \mid 电解液:KOH \mid Ag_2O_2 \mid Ag$$

在放电时,其负极反应为

$$Zn + 2OH^- - 2e^- \longrightarrow Zn(OH)_2$$

正极反应为

$$\frac{1}{2}Ag_2O_2 + H_2O + 2e^- \longrightarrow Ag + 2OH^-$$

电池反应式为

$$Zn + \frac{1}{2}Ag_2O_2 + H_2O \longrightarrow Zn(OH)_2 + Ag$$

锌银电池是一种高能电池。它具有环境友好、比能量和放电效率高、放电电压平稳、自放电率较低、力学性能良好等优点,但也存在成本高、寿命较短、低温性能差和耐过充电性能不佳等缺点。

锌银电池主要用于航天和军事领域。

2. 过氧化银正极的反应机制及银迁移现象

在放电时,锌银电池的正极首先生成导电性较差的 Ag_2O(导电性差是相对于金属银而言),即

$$Ag_2O_2 + H_2O + 2e^- \longrightarrow Ag_2O + 2OH^-$$

该反应的标准电极电势 $\varphi^\ominus = 0.604$ V。随后,生成的 Ag_2O 继续发生还原反应生成金属 Ag,反应式为

$$Ag_2O + H_2O + 2e^- \longrightarrow 2Ag + 2OH^-$$

该反应的标准电极电势 $\varphi^\ominus = 0.342$ V。

值得注意的是,正极存在银迁移现象。具体而言,在第一步还原反应时生成的 Ag_2O 粒子的溶解度较高,其溶解产物会向负极迁移,在与隔膜接触时,可将隔膜氧化,而自身则被还原为 Ag 颗粒,沉积在隔膜上,使隔膜变成电子导体而造成电池短路。过充电、升温和电解液浓度增加均会加速这种银迁移过程。

六、锂离子电池

1. 锂离子电池概述

与金属锂作为负极材料的锂金属电池不同,锂离子电池是以可供锂离子(Li^+)嵌入的化合物作为正极材料,以可脱出 Li^+ 的物质作为负极材料的电池的总称。锂离子电池的充、放电过程,是正极 Li^+ 的脱出、嵌入过程,同时是负极 Li^+ 的嵌入、脱出过程,而且伴随着与 Li^+ 具有相同物质的量的电子的转移。在充、放电过程中,Li^+ 在正、负极之间不断地进行脱出－嵌入、嵌入－脱出,来回往复,因此也被形象地称为"摇椅式电池"(见图 16.1)。一般锂离子电池负极的集流体是铜箔,正极的集流体是铝箔。

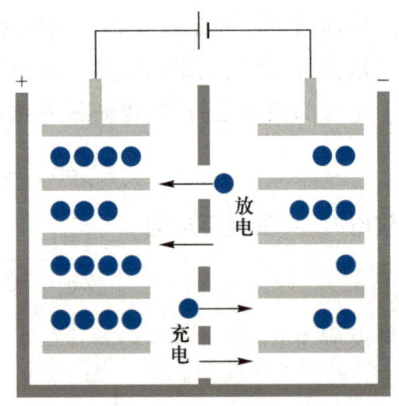

图 16.1 锂离子电池示意图

在锂离子电池中,正极材料至关重要,是锂离子电池当年获得突破并在后来被广泛应用的关键因素。正极材料在锂离子电池的材料成本中占比也最高。1980年,美国科学家古迪纳夫(J. B. Goodenough,1922—2023)致力于锂离子电池正极材料钴酸锂(LiCoO$_2$)的研究,1997年他又发明了磷酸铁锂(LiFePO$_4$),磷酸铁锂是目前锂离子电池中广泛应用的正极材料。2019年古迪纳夫荣获诺贝尔化学奖。

锂离子电池具有其他二次电池无法比拟的优点。例如:① 其单体电池的工作电压高达 3.7~3.8 V,比镍镉电池和镍氢电池高得多。② 质量轻,能量密度大,在相同能量条件下,锂离子电池的质量仅是铅酸电池的三分之一甚至更低。③ 体积小,体积比能量大,在相同能量条件下,锂离子电池的体积仅是铅酸电池的二分之一甚至更低。④ 无记忆效应。⑤ 可快速充放电。

然而,锂离子电池亦存在一些缺陷,主要包括以下六方面。① 安全性问题。锂离子电池内部采用易燃的有机溶剂型电解液,而锂又非常活泼,因此在过充、短路、针刺、挤压或高温等条件下,存在起火甚至爆炸的风险。此外,电池内部的热失控也是安全问题的主要根源之一。② 低温性能较差。锂离子电池在低温环境下,电解液的导电性能不佳,导致电池的容量和性能下降。③ 成本和价格高。锂离子电池的正极材料,如 LiCoO$_2$、LiFePO$_4$ 等,价格较高,导致电池的整体成本较高。④ 不耐受过充电和过放电。过充电和过放电都会影响电池性能,缩短电池寿命。⑤ 能量密度限度问题。尽管锂离子电池的能量密度颇高,但与某些其他类型的电池(如固态电池)相比,其能量密度仍有提升空间。⑥ 环保问题。在环保方面,虽然锂离子电池相对于一些传统电池(如铅酸电池等)有很大改观,但仍然存在不足之处。例如,在锂离子电池制造过程中可能产生有害物质,废旧电池的回收和处理亦比较麻烦。

2. 锂离子电池的表示及电极反应和电池反应

锂离子电池本质上是浓差电池,即 Li$^+$ 在富锂态电极和贫锂态电极之间来回穿梭和脱出 – 嵌入。以 LiMO$_2$(M = Mn、Co 等)正极、石墨负极和电解液(LiPF$_6$ + DMC + EC)构成的锂离子电池为例进行说明,其中 DMC 是碳酸二甲酯,EC 是碳酸乙烯酯,DMC 和 EC 均作溶剂。充电时,Li$^+$ 从正极的 LiMO$_2$ 晶体中脱出,通过电解液穿过隔膜,到达石墨负极,并嵌入石墨层中,形成锂 – 碳化合物。放电时,Li$^+$ 从石墨层间脱出,穿过电解液,到达正极,与贫锂态的 Li$_x$MO$_2$ 一起发生还原反应并嵌入其晶格中。电池表示式为

$$\text{Li}_x\text{C}_6 \mid \text{电解液} : \text{LiPF}_6 + \text{DMC} + \text{EC} \mid \text{LiMO}_2$$

负极反应为

$$6\text{C} + x\text{Li}^+ + xe^- \underset{\text{放电}}{\overset{\text{充电}}{\rightleftharpoons}} \text{Li}_x\text{C}_6$$

正极反应为

$$\text{LiMO}_2 \underset{\text{放电}}{\overset{\text{充电}}{\rightleftharpoons}} \text{Li}_{1-x}\text{MO}_2 + x\text{Li}^+ + xe^-$$

电池反应式为

$$LiMO_2 + 6C \underset{放电}{\overset{充电}{\rightleftharpoons}} Li_{1-x}MO_2 + Li_xC_6$$

充电时,$LiMO_2$ 正极(即阳极)中的金属元素 M 发生氧化反应,释放出的电子由外电路迁移到负极,负极(即阴极)上的石墨捕获 Li^+ 和电子,发生还原反应;放电时,负极(即阳极)释放的电子由外电路迁移到正极(即阴极),贫锂态的 $Li_{1-x}MO_2$ 捕获 Li^+ 和电子,发生还原反应。因此,Li^+ 和电子的迁移是同时进行的。

3. 锂离子电池的负极材料

锂离子电池负极材料应具备以下特点。① 氧化还原电势适中。太高则会牺牲电池的输出电压和能量密度;太低则会接近金属锂的析出/沉积电势,诱使锂枝晶的产生,造成安全隐患。② 允许较多的 Li^+ 进行嵌入与脱出,以保证较高的能量密度。③ 在充、放电过程中体积变化有限,避免应力太大而产生活性物质的粉化和容量衰减。④ 具有较高的电导率,以保证较快的反应动力学和较小的极化。⑤ 能够与电解液反应形成稳定的且离子导电性高的固体电解质界面(solid electrolyte interphase)膜,简写为 SEI 膜。负极材料根据反应机制可以是嵌入型材料、合金型材料和转化型材料。目前,商业化锂离子电池的负极主要是以石墨为代表的嵌入型碳基材料。

嵌入型负极材料。对于嵌入型锂离子电池负极材料,其电极反应主要通过 Li^+ 在材料层间进行嵌入 - 脱出的机制进行。以嵌入型碳基材料为例,反应可以表示为

$$6C + xLi^+ + xe^- \underset{放电}{\overset{充电}{\rightleftharpoons}} Li_xC_6$$

常见的嵌入型碳基材料主要有石墨、硬碳和软碳。硬碳是指难以石墨化的碳,即使烧结温度高于 2500 ℃ 亦难以石墨化,仍是无序结构的无定形碳。例如,将具有特殊结构的交联树脂在高温下热分解可得硬碳。常见的硬碳包括有机聚合物热解碳和炭黑等。软碳是指烧结温度高于 2500 ℃ 时可以石墨化的碳。常见的软碳有焦炭、碳纤维和石墨化中间相碳微珠等。

石墨的电导率高,结晶度优良,嵌锂电势低(0.01~0.02 V),理论比容量可达 372 mA·h·g^{-1}。硬碳和软碳都是无定形碳,具有比较大的层间距,允许 Li^+ 在材料层间自由穿梭,反应可逆性和活性较高,但是缺乏有序堆叠的层结构。应当指出的是,硬碳在反应过程中表现出较大的电压滞后和不可逆容量,要实现高效的充、放电反应,则需要对其进行结构改性和表面修饰。

目前,主要使用的负极材料是天然石墨和人造石墨。相比较,天然石墨成本较低。经过改性的天然石墨,可以进行 500~1000 次循环。典型的人造石墨是前面所述的石墨化中间相碳微珠,简写为 MCMB,它是一种软碳。MCMB 的制造成本较高。MCMB 的外表面均为石墨化结构的边缘面,反应活性均匀,易于形成稳定的 SEI 膜,因而展现出优良的电化学性能。

钛基材料,如 $Li_4Ti_5O_{12}$,也是常见的嵌入型负极材料,它们在充、放电过程中能够保持稳定的晶体结构,只发生非常有限的体积变化,故又称零应变材料,这使得材料具有较优的循环稳定性,相应地,构建的电池也具有较长的使用寿命。但是,钛基负极材料的电子导电性较低,因而限制了其实用化的进程。这是其缺点之一。

合金型负极材料。合金型锂离子电池负极材料,是指充电时 Li^+ 还原生成的 Li 与单质 M 之间发生合金化反应形成的 M 基材料 Li_xM,反应过程可以表示为

$$M + xLi^+ + xe^- \xrightarrow{\text{充电}} Li_xM$$

其中,M 可为 Si、Sn、Sb、Bi、Ge、In。一般来说,合金化反应会造成严重的体积膨胀,导致材料颗粒的粉化或破裂,直至从集流体上脱落,最终造成电池容量的衰减。另外,由于较大的体积变化,会造成电极表面的稳定性变差,即无法形成稳定的 SEI 膜。在反复充、放电过程中,新鲜的活性材料反复暴露,SEI 膜不断地破裂和生成,持续消耗电解液,影响电池的循环使用寿命。

转化型负极材料。转化型锂离子电池负极材料可在 Li^+ 嵌入过程中发生相变。这类材料通常以 MX 来表示,其中 M 代表金属,如 V、Mn、Fe、Co、Ni、Cu 等,X 为 O、S、Se、Te、P、N 等元素。在充电过程中,MX 与 Li^+ 反应,生成对应的金属单质(M)和锂化物(如 Li_2O、Li_2S、Li_2Se 等),反应过程可以表示为

$$MX + xLi^+ + xe^- \xrightarrow{\text{充电}} M + Li_xX$$

如果 M 为 Si、Sn、Sb、Bi、Ge、In 等金属或非金属,则在充电过程中生成的单质 M 可与 Li^+ 进一步发生反应,生成对应的 M 基锂合金。这一过程虽然能提高电池的理论容量,但同时也伴随着剧烈的体积变化。这种体积变化在充、放电循环过程中不断累积,导致材料结构破坏和电极粉化,从而严重影响电池的循环稳定性。

目前,为了缓解合金型和转化型锂离子电池负极材料在充、放电过程中因体积变化而导致的循环稳定性下降问题,可以采用如下三种改性策略。① 实现材料结构的纳米化,以减小锂离子的扩散距离,并缓解体积膨胀带来的应力。② 对导电层进行包覆。通过引入高导电性物质,提高材料的电子传输能力,并对体积变化起到一定程度的缓冲作用。③ 设计和构建特殊的材料结构。例如,通过构建多孔结构或核壳结构,以提供额外的空间,适应充、放电过程中的体积变化。

4. 锂离子电池的正极材料

锂离子电池正极材料应具备以下特点:① 具有较高的氧化还原电势,以保证电池具有较高的工作电压。② 允许较多的 Li^+ 进行嵌入与脱出,以保证较高的能量密度。③ 在充、放电过程中产生的体积变化有限,反应可逆性好。④ 具有较高电导率,以确保较快的反应动力学和较小的极化。⑤ 电化学反应活性高,使反应过程中仅有较小的极化。

目前,正极材料主要有层状钴酸锂、尖晶石型锰酸锂、聚阴离子类材料和镍钴锰三元材料等。

钴酸锂。钴酸锂（$LiCoO_2$）是最早实现商业化的锂离子电池正极材料，从结构上划分，可分为层状、尖晶石和岩盐三种形式，其中应用最为广泛的是层状 $LiCoO_2$。层状 $LiCoO_2$ 属于六方晶系，呈现理想的 $\alpha-NaFeO_2$ 层状结构。在充、放电过程中，Li^+ 能够在键合作用较强的层间可逆地脱出、嵌入，不会引发显著的体积变化，而且离子迁移率较高，充放电平台平稳。$LiCoO_2$ 的理论比容量为 $274\ mA \cdot h \cdot g^{-1}$。然而，当 Li^+ 脱出量超过 50% 时，$LiCoO_2$ 的结构从六方晶系不可逆地转变为三方晶系，再进一步转变为单斜晶系。此外，Co 在有机溶剂中可以发生溶出，导致活性材料损失。因此，实际容量通常只有理论容量的一半左右。同时，在充、放电过程中，六方晶系会经历从有序到无序的转变，这会阻碍 Li^+ 在材料中的扩散，并引发材料的粉化，从而导致循环稳定性降低和容量衰减。

锰酸锂。立方尖晶石型锰酸锂（$LiMn_2O_4$）的理论比容量为 $148\ mA \cdot h \cdot g^{-1}$。尽管其理论比容量相对较低，但其实际的电化学性能与 $LiCoO_2$ 相近，而且价格相对低廉，对环境友好，回收工艺亦较为简单。

聚阴离子类材料。这里，聚阴离子类材料主要是指由四面体阴离子结构单元 XO_4（其中 X = S、P 等元素）及八面体结构单元 MO_6（其中 M 表示过渡金属元素）通过共边或共角连接形成的一系列碱金属的盐类化合物的总称。四面体或八面体单元之间靠强的共价键连接成三维网状结构。在大多数聚阴离子化合物中，三维立体的强 X—O—M 键能够确保在氧化还原过程中维持材料结构的稳定，也能够避免在充电时晶格中氧的析出，因而在碱金属离子如 Li^+ 的脱出、嵌入过程中，聚阴离子化合物通常展现出比前两类金属氧化物更低程度的结构重排，这使得该类正极材料具有循环使用寿命长、热稳定性好和安全性高等优点。另外，可以通过改变 X—O—M 中的 M 元素或 X 元素，产生不同强度的诱导效应，导致 M—O 键的离子共价特性改变，从而改变 M 的氧化还原电势。即使是相同的 X 元素和 M 元素，在不同的晶体结构环境中，M 的氧化还原电势亦不相同。换言之，选取不同的化学元素配置可对聚阴离子类正极材料的充放电电势平台进行调控，以设计和制得充放电平台适合应用要求的正极材料。目前，研究最为广泛的是具有橄榄石结构的磷酸盐 $LiMPO_4$ 和钠超离子导体（NASICON）$Li_3M_2(PO_4)_3$ 型化合物，其中 M 为 Fe、Co、Ni、Mn、Ti、V 等金属元素。

$LiFePO_4$ 是研究最为深入的橄榄石结构正极材料。$LiFePO_4$ 具有价格低廉、环保无毒、安全性能好、功率密度高、循环稳定性和热稳定性优良等突出优势。$LiFePO_4$ 的理论比容量为 $170\ mA \cdot h \cdot g^{-1}$，充放电平台为 3.5 V 左右，对应于 $LiFePO_4$ 与 $FePO_4$ 之间的转化过程。由于 $LiFePO_4$ 晶体结构中的八面体 FeO_6 被四面体 PO_4 阻隔，无法形成连续的网络，因而降低了其导电性。而晶格中的六方密集堆积方式也只能为 Li^+ 提供有限的迁移通道。因此，$LiFePO_4$ 的电导率和离子扩散系数均较低。为了提高 $LiFePO_4$ 的电导率，可采用材料结构的纳米化、导电层包覆、杂原子掺杂和特殊结构构筑等方式进行改性。

镍钴锰三元材料。该三元材料是指镍钴锰酸锂化合物，简写为 NCM。NCM 由 $LiNiO_2$ 改性而来，可以看作由 $LiNiO_2$、$LiCoO_2$ 和 $LiMnO_2$ 按照一定比例而形成的固溶体。NCM 综合了 $LiNiO_2$ 的高比容量、$LiCoO_2$ 的良好稳定性和 $LiMnO_2$ 的低成本等优点，是动力电池和大规模储能装置中具有发展前景的正极材料。

在 NCM 中,由于 Ni、Co、Mn 的配比不同,因而可具有不同的电化学性能。对于 $LiNi_{1/3}Co_{1/3}Mn_{1/3}O_2$(NCM111),其中 Ni、Co、Mn 的价态分别是 +2、+3 和 +4,Co^{3+} 的存在能改善电子的电导。当脱锂量为 $0 \leqslant x \leqslant 1/3$ 时,对应于 Ni^{2+} 氧化为 Ni^{3+} 的反应;当脱锂量为 $1/3 < x \leqslant 2/3$ 时,对应于 Co^{3+} 氧化为 Co^{4+} 的反应;Mn^{4+} 在整个充电过程中不参与氧化还原反应,但 Mn^{4+} 的存在能稳定结构。NCM111 的理论比容量为 278 $mA \cdot h \cdot g^{-1}$,工作电压为 3.8 V 左右。

虽然 NCM 具有高能量密度,但其热稳定性能较差。而且,NCM 存在一些能够影响其电化学性能的微观结构上的缺点,主要概括如下:(1)阳离子混排。(2)表面结构的不利影响。经若干次循环后,其表面形成一层惰化层(主要为 NiO),这不仅影响活性物质参与反应,惰化层本身亦可与电解液发生副反应,导致其循环性能下降。另外,由于 NCM 中有 Ni 元素,因而能够吸收空气中的 H_2O 和 CO_2,它们也可与表面 Li 元素发生反应,生成 LiOH 和 Li_2CO_3,进一步影响其电化学性能。(3)初级粒子的结构畸变。(4)多级结构中存在应力。

针对上述缺陷,相应的改性方式主要集中在具有浓度梯度结构的构筑,导电层包覆和杂原子掺杂等方面。

除了以上 4 类材料外,可以用作锂离子电池正极材料的还有钒基金属氧化物、富锂锰基材料和其他聚阴离子型材料如焦磷酸盐、氟磷酸盐、正硅酸盐等。

5. 锂离子电池的电解液

锂离子电池的电解液由锂盐、溶剂和添加剂构成。

锂盐。锂离子电池电解液中的锂盐需要满足以下条件。① 在溶剂中的溶解度高、缔合度低、容易解离,以保证电解液具有良好导电性。② 解离产物有利于形成稳定的 SEI 膜。③ 锂盐本身及其解离产物对环境友好。

目前广泛应用于锂离子电池的电解质包括高氯酸锂($LiClO_4$)和六氟磷酸锂($LiPF_6$),除此之外还有四氟硼酸锂($LiBF_4$)、三氟甲基磺酸锂($LiCF_3SO_3$,简写为 LiTF)、双氟磺酰亚胺锂[$LiN(SO_2F)_2$,简写为 LiFSI]、双(三氟甲基磺酰基)亚胺锂[$LiN(CF_3SO_2)_2$,简写为 LiTFSI]等。其中,$LiClO_4$ 和 $LiPF_6$ 分别是最早实现商业化和商业化应用最多的锂盐。$LiPF_6$ 由于阴离子的缔合度低而具有较高的电导率,但是对 H_2O 非常敏感,极易生成 HF,因此对制备和纯化处理工艺要求较高。有机电解质,如 LiTF、LiFSI、LiTFSI 等,虽然易于形成稳定的 SEI 膜,但是存在容易腐蚀集流体,工作电压略低等问题。

溶剂。锂离子电池电解液中的溶剂需要满足以下条件:(1)化学稳定性好。在电化学过程中不与电池的活性物质发生反应。(2)介电常数较高,以保证锂盐有足够高的溶解度。(3)黏度低,使电解液中的锂离子更容易迁移。(4)沸点高(> 150 ℃),熔点低(< 40 ℃),即有比较宽的液程,以确保锂离子电池可以在较宽的温度范围内工作。(5)安全性能好,即溶剂无毒无害且具有高的闪点。(6)成本较低。

可用于锂离子电池电解液的有机溶剂主要包括碳酸酯类、醚类、羧酸酯类和腈类等。锂离子电池广泛使用的是碳酸酯类溶剂,主要有环状碳酸酯和链状碳酸酯两类。环状碳酸酯溶剂主要有碳酸乙烯酯(简写为 EC)和碳酸丙烯酯(简写为 PC),而链状碳酸酯溶剂主要包括碳酸二甲酯(简写为 DMC)、碳酸二乙酯(简写为 DEC)和碳酸甲乙酯(简写为 EMC)。链状碳酸酯溶剂具有较低的黏度,较低的介电常数和较低的沸点,环状碳酸酯有利于形成有效和稳定的 SEI 膜,其沸点较高,介电常数较高,黏度也比较高。因此,往往将链状碳酸酯和环状碳酸酯这两种溶剂按照一定的比例形成混合溶剂使用。醚类溶剂具有黏度低的优点,但其化学活泼性高,易分解,故不适合单独作为锂离子电池的溶剂,常常作为电解液的辅助溶剂和添加剂。

添加剂。电解液添加剂起着改善界面特性、提高电解液导电性能的作用。电解液添加剂应具备与电解液互溶性良好、优化效果好、使用量低和使用方便等特点。若从添加剂的作用功能进行分类,锂离子电池电解液添加剂可以分为成膜添加剂、导电添加剂、阻燃添加剂、过充保护添加剂等。

其中,常用的是成膜添加剂。其主要作用是,在首次放电过程中,能够诱导电解液在电极界面形成具有高稳定性和高 Li^+ 迁移率的 SEI 膜,以有效阻止溶剂分子进入电极材料层间,从而避免因内部界面反应导致容量衰减和稳定性下降等问题。常用的锂离子电池成膜添加剂主要有碳酸亚乙烯酯(简写为 VC)、氟代碳酸乙烯酯(简写为 FEC)和亚硫酸乙烯酯(简写为 ES)。

*七、钠离子电池

1. 钠离子电池概述

历史上,在锂离子电池受到关注的同时,人们已注意到钠离子电池。但是,相对于锂离子电池,钠离子较大的离子半径和迟缓的反应动力学一直是其发展的主要挑战。不过,自 2010 年以来,钠离子电池在电极材料、关键表征技术、性能衰减及其改善等方面的研究工作取得了显著进展,为其商业化发展奠定了基础。

钠离子电池自身或者在其制备和应用方面具有如下优势。

(1)钠资源极其丰富,分布广泛,成本低廉,而且钠的获取方式亦十分简单。

(2)钠资源可再生利用,即钠离子电池的制造和应用具有可持续性。

(3)尽管钠离子(Na^+)的离子半径较大,但在低浓度的电解液中具有较高的离子导电性。

(4)Na^+ 的溶剂化能较低,因而 Na^+ 比 Li^+ 更容易去溶剂化,界面反应动力学性能好。

(5)钠与铝箔不会发生合金化,因而正、负极集流体均可使用价格较低的铝箔,这不仅能够降低钠离子电池的成本,而且可以在铝箔两面分别涂置正、负极材料,以提高能量密度和单体电池的电压。

(6)与锂离子电池相比,其安全性能较好。

(7)高、低温性能优异。

然而,目前钠离子电池的难点在于寻找稳定的钠离子电池负极材料。我们知道,锂离子电池的负极材料石墨,易与锂离子结合,形成 LiC_6 型化合物,但是石墨能够容纳的 Na^+ 数量却十分有限。

我国在钠离子电池领域技术领先。2024 年,国内首个大容量钠离子电池储能电站(十兆瓦时级)已在广西南宁建成并投入使用。

2. 钠离子电池的电极反应和电池反应

钠离子电池的反应机制与锂离子电池的反应机制十分相似,电池的负极和正极在充、放电时,也是"摇椅式"地进行 Na^+ 的嵌入－脱出和脱出－嵌入。因此,典型的钠离子电池表示式与锂离子电池类似,在此不再赘述。

以 $NaMO_2$ 正极(M 为金属元素)与石墨负极组成的钠离子电池为例,其负极反应为

$$6C + xNa^+ + xe^- \xrightarrow[\text{放电}]{\text{充电}} Na_xC_6$$

实际上,钠在石墨中的嵌入量十分有限,与锂元素并不能够相提并论。这里仅是为了方便和直观,才这样书写负极反应,电池反应亦照此书写。

其正极反应为

$$NaMO_2 \xrightarrow[\text{放电}]{\text{充电}} Na_{1-x}MO_2 + xNa^+ + xe^-$$

电池反应式为

$$NaMO_2 + 6C \xrightarrow[\text{放电}]{\text{充电}} Na_{1-x}MO_2 + Na_xC_6$$

3. 钠离子电池的负极材料

钠离子电池的负极材料应具备以下特点:(1)在高于钠的析出电势的前提下,其氧化还原电势尽可能低,以使电池具有高的输出电压和能量密度,同时又能够避免由于钠枝晶的产生引起安全隐患。(2)允许较多的 Na^+ 进行嵌入与脱出,以保证高的能量密度。(3)在充、放电过程中体积变化有限,避免应力太大而使电极材料颗粒粉化和容量衰减。(4)具有较高的离子和电子电导率,以确保较快的反应动力学和较小的极化。(5)能够与电解液发生反应形成稳定且离子导电性较强的 SEI 膜。

钠离子电池负极材料与锂离子电池的负极材料十分相似,主要包括嵌入型材料、合金型材料和转化型材料。其中,合金型和转化型材料与锂离子电池相应的负极材料重合度较高。因此,在这里,只针对反应机制或材料种类与锂离子电池差别较大的负极材料进行重点阐述。

嵌入型碳基负极材料。在嵌入型碳基负极材料中,无定形碳呈现不规则的碳层排列,而且具有较大层间距,有利于 Na^+ 的嵌入、脱出,是研究和应用最多的一类碳基材料。软碳和硬碳都属于无定形碳,但具有不同的储钠机制。

石墨是目前应用广泛的锂离子电池负极材料,然而其储钠性能并不理想,仅可使少量

的 Na^+ 嵌入石墨层中,形成 NaC_{64}。鉴于比 Na^+ 半径更大的碱金属离子如 K^+、Rb^+ 和 Cs^+ 等,在石墨中均有较高的容量,因此,石墨在钠离子电池中的表现不佳并不能单单地归因于 Na^+ 的半径。理论计算表明,Na^+ 嵌入石墨过程的吉布斯自由能变化值 $\Delta G > 0$,这说明 Na^+ 难以与石墨形成稳定的插层化合物 NaC_x。

实验表明,Na^+ 与醚类溶剂络合,可以共同嵌入石墨层间,形成插层化合物。以二乙二醇二甲基醚(简写为 DEGDME)溶剂为例,其过程可以表示为

$$Na^+(DEGDME)_n + xC + e^- \Longrightarrow Na(DEGDME)_n C_x$$

其中,$n = 1,2$;$x = 16 \sim 22$。当 $x = 20$ 时,石墨的理论比容量为 $111.7 \ mA \cdot h \cdot g^{-1}$。醚类溶剂与 Na^+ 的共嵌入,使石墨作为钠离子电池负极材料成为可能。但值得注意的是,溶剂分子与 Na^+ 的共嵌入现象只发生在以醚类作溶剂的电解液的电池系统中,而且这种共嵌入作用较为有限,并未充分提升石墨的储钠性能。

除了无定形碳外,石墨烯和碳纳米管也表现出一定的储钠性能。但两者均只有少量的碳层堆积,Na^+ 的嵌入量有限。不过,其比表面积较大,因此亦展现出较高的吸附容量。

嵌入型钛基负极材料。除了前面涉及的作为锂离子电池负极材料的 $Li_4Ti_5O_{12}$ 外,其他形式的钛基氧化物或磷酸盐,如 $Na_2Ti_3O_7$、$Na_{0.66}[Li_{0.22}Ti_{0.78}]O_2$、$Na_{0.6}[Cr_{0.6}Ti_{0.4}]O_2$、$NaTiOPO_4$、$NaTi_2(PO_4)_3$ 等,也属于嵌入型负极材料。但这些材料的导电性不佳,需加入大量的导电剂才能保证其电化学性能,而这种处理又势必导致其体积比容量和体积比能量降低。

有机负极材料。相较于无机材料,有机负极材料种类繁多,选择空间较大,而且具有一定的灵活性。可以通过调节活性基团的数量实现多电子反应,提升比容量,也可以通过引入吸电子基团或者给电子基团来调节氧化还原电势,还可以通过引入长链烷基降低其溶解度。同时,由于有机负极材料在结构上具有韧性,有利于具有较大半径的 Na^+ 的迁移。但有机负极材料也存在着不容忽视的缺陷,如电导率低、容易在有机电解液中溶解等,这些均是影响其循环性能的不利因素。

常见有机负极材料主要有羰基化合物(如对苯二甲酸二钠、对醌类化合物等)和席夫碱类化合物。这类材料存在共轭结构,含有孤对电子的基团。共轭结构有利于电子的传递和电荷的离域化,可以稳定发生电化学反应后的分子结构,而孤对电子可以提供较高的反应活性。例如,当苯醌或共轭羰基发生还原反应时,首先得到电子,生成自由基负离子,结合 Na^+ 之后得到电子生成另一价态的阴离子,继而再与 Na^+ 结合。氧化过程是还原反应的逆过程,即为羰基的烯醇化反应的逆反应。

4. 钠离子电池的正极材料

钠离子电池正极材料主要包括氧化物类、聚阴离子类、普鲁士蓝类和有机类。其中氧化物类和聚阴离子类与锂离子电池相应的正极材料极为相似。但两种电池系统中过渡金属离子的氧化还原电势不同,离子迁移和反应动力学性质亦不尽相同,因此呈现的电化学性能也必然存在一定差异。这里,只针对普鲁士蓝类和有机类正极材料进行阐述。

普鲁士蓝类正极材料。普鲁士蓝类正极材料的化学通式为 $A_xM_1[M_2(CN)_6]_{1-y}\cdot$ $\square_y\cdot nH_2O(0\leqslant x\leqslant 2,0\leqslant y<1)$。其中，A 为碱金属离子($Na^+$、$K^+$等)；$M_1$ 和 M_2 为过渡金属(Fe、Mn、Co、Ni、Cu、Zn、Cr 等)离子，且 M_1 与 N 配位，M_2 与 C 配位；$\square$为$[M_2(CN)_6]$的空位。由于铁氰化物前驱体便宜、结构稳定，因此对于普鲁士蓝类材料的研究主要集中在铁氰化物 $A_xM_1[Fe(CN)_6]_{1-y}\cdot\square_y\cdot nH_2O$ 上。根据过渡金属 M_1 离子的不同，铁氰化物有 $A_xFe[Fe(CN)_6]$、$A_xMn[Fe(CN)_6]$、$A_xCo[Fe(CN)_6]$、$A_xCu[Fe(CN)_6]$等。铁氰化物具有如下一些独特的优势：(1) 开放的三维骨架网络有利于 Na^+ 的快速迁移，且结构稳定，可保证铁氰化物具有较高循环稳定性；(2) Fe 对 C 原子存在反馈 π 键，金属离子 $M_1^{3+/2+}(M_1\neq Fe)$ 对 $Fe^{3+/2+}$ 具有诱导效应，能确保 Fe^{3+}/Fe^{2+} 氧化还原电对具有较高的工作电势($2.7\sim3.8$ V vs. Na^+/Na)；(3) M_1^{3+}/M_1^{2+} 和 Fe^{3+}/Fe^{2+} 两个氧化还原电对可以分别驱动 Na^+ 的脱、嵌反应；(4) 具有较低的活度积常数，因此可以作为水系钠离子电池的正极材料。

但是，铁氰化物中空位的存在减少了反应活性中心，降低了晶格中 Na^+ 的含量，导致材料的比容量下降。同时，空位的存在使晶格中水的含量增加，不仅占据了部分 Na^+ 的嵌入位点，而且部分结晶水会脱出并溶解于电解液中，引起容量衰减。此外，空位还会部分地破坏晶格的完整度，在 Na^+ 的脱嵌过程中有可能造成晶格扭曲和结构坍塌，导致材料的循环稳定性下降。

有机类正极材料。从反应过程中电荷变化的情况而言，可将有机电极材料划分为 p 型、n 型和双极型。p 型材料的氧化还原反应发生在电中性分子与对应的正电离子之间，其平衡电极电势一般较高。n 型材料的氧化还原反应发生在电中性分子与对应的负电离子之间。p 型材料通常作为电池的正极材料，而 n 型材料则依据其电势的高低可作为电池的正极材料，也可作为电池的负极材料。

若以 p 型有机物作钠离子电池的正极，而以 n 型有机物作电池的负极，则在充电过程中，p 型有机物失去电子，电解液中的阴离子迁移至有机链段内部进行电荷平衡，放电过程则相反。在充电过程中，作为负极材料的 n 型有机物得到电子，电解液中的阳离子(即 Na^+ 离子)迁移至有机链段内部以维持电中性，放电过程则相反。基于能斯特方程，电极的氧化还原电势与氧化还原电对的浓度密切相关，充电过程中，作为正极材料的 p 型有机物，其氧化态的浓度增加，电极电势升高，而放电过程则相反。

在正极上，p 型有机物的反应机制(正向为充电，逆向为放电)为

$$P + A^- - e^- \Longrightarrow P^+A^-$$

其中，P 表示 p 型有机物；A^- 表示电解液中的离子，如 ClO_4^-、PF_6^-、$TFSI^-$ 等。其中，$TFSI^-$ 是双(三氟甲基磺酰基)亚胺钠电离所得到的阴离子。

在负极上，n 型有机物的反应机制(正向为充电，逆向为放电)为

$$N + Na^+ + e^- \Longrightarrow Na^+N^-$$

其中，N 表示 n 型有机物。

电池反应式(正向为充电，逆向为放电)为

$$P + A^- + N + Na^+ \Longrightarrow P^+A^- + Na^+N^-$$

目前已知的可以作为钠离子电池电极材料的有机物主要有导电聚合物(如聚乙炔、聚苯胺、聚吡咯、聚噻吩及其衍生物等)和共轭羰基类化合物(如醌类有机物和酸酐类有机物等)。

5. 钠离子电池的电解液

钠盐电解质。钠离子电池电解液中的钠盐电解质主要选择具有较大体积的阴离子,且阴、阳离子之间缔合作用较弱的无机或有机物,以确保它们在溶剂中有较好的溶解性,并具有良好的导电性。目前,钠离子电池的无机电解质主要包括高氯酸钠($NaClO_4$)、六氟磷酸钠($NaPF_6$)、六氟砷酸钠($NaAsF_6$);有机电解质主要包括三氟甲基磺酸钠($NaCF_3SO_3$,简写为 NaTF)、双氟磺酰亚胺钠[$NaN(SO_2F)_2$,简写为 NaFSI]、双(三氟甲基磺酰基)亚胺钠[$NaN(CF_3SO_2)_2$,简写为 NaTFSI]等。值得注意的是,有机电解质的阴离子在较低电势下可与铝发生反应,使铝箔集流体发生腐蚀与溶解。

溶剂。钠离子电池电解液的溶剂与锂离子电池电解液所用的溶剂有很高的重合度,但在选择时应注意具体电池系统的特殊要求。需要特别注意的是,Na^+ 容易发生溶剂化,这对 Na^+ 的迁移和在电极表面上的反应会有影响。钠离子电池电解液多使用混合溶剂,Na^+ 在其中先与一种溶剂分子相互作用,即发生溶剂化。一般来说,具有较高介电常数的溶剂分子优先与 Na^+ 发生溶剂化,这可以降低 Na^+ 与阴离子之间的缔合度。而处于外部的溶剂分子则是介电常数较低的,且这类溶剂具有较低的黏度和较高的电导率。

需要指出的是,醚类溶剂虽然在高电压下容易在钠离子电池正极界面被氧化,但是此类溶剂黏度小,对负极材料的兼容性比较高,更易在负极表面形成一薄层均匀致密的 SEI 膜,从而可有效抑制钠枝晶的产生,而且能促进 Na^+ 的传导。

*八、锂硫电池

若要从元素周期表中任选两种单质组成高能电池,相信每个化学工作者都会选取锂和硫。锂硫电池是一种具有很大商业化潜力的可充电锂电池,具有超高的理论比能量($2600\ W \cdot h \cdot kg^{-1}$)和理论比容量($1675\ mA \cdot h \cdot g^{-1}$)。

除了高能量密度外,锂硫电池自身或者在其制备及应用方面还具有如下优势或特点。

(1)硫资源丰富,具有成本效益,而且其开采和使用过程中对环境污染比较小。

(2)能够满足低电压电子产品的需求。

(3)适合作为轻便、柔性便携式或可穿戴电子设备的电源。

(4)适合作电动汽车和无人机等的动力电池。

1. 锂硫电池的电极反应和电池反应

锂硫电池以金属锂作为负极,单质硫及硫化物作为正极活性物质。电池在放电、充电过程中,通过 S—S 键的断裂和生成,实现化学能与电能之间的相互转化。在电化学过程中,金属锂、单质硫和硫化锂之间发生氧化还原反应。放电时,电池的正极发生单质硫的还原反应,同时负极发生金属锂的溶解过程。而在充电时,正极则进行 Li_2S 的电化学分解,负极进行金属锂的沉积。

在电池充、放电时,负极反应表示为

$$16Li^+ + 16e^- \underset{放电}{\overset{充电}{\rightleftharpoons}} 16Li$$

单质硫在自然界中通常以 S_8 形式存在,因此正极反应可表示为

$$8Li_2S \underset{放电}{\overset{充电}{\rightleftharpoons}} S_8 + 16Li^+ + 16e^-$$

电池反应式为

$$8Li_2S \underset{放电}{\overset{充电}{\rightleftharpoons}} 16Li + S_8$$

2. 锂硫电池的放电平台及穿梭效应

一般,在醚类电解液系统中,锂硫电池的放电曲线呈现两个明显的放电平台。第一个平台位于 2.4~2.1 V,对应于单质硫向可溶于电解液的长链多硫化物的转变,具体转变过程为 $S_8 \longrightarrow Li_2S_8 \longrightarrow Li_2S_6 \longrightarrow Li_2S_4$,可贡献 418 mA·h·g^{-1} 的比容量。而第二个平台则出现在 2.1~1.8 V,它涉及长链多硫化物 Li_2S_4 向难溶于电解液的短链硫化物的转化,变化过程为 $Li_2S_4 \longrightarrow Li_2S_2 \longrightarrow Li_2S$,这个阶段可贡献高达 1255 mA·h·g^{-1} 的比容量。充电时的反应是放电时的逆过程,但其中涉及的中间产物并不完全相同。

长链多硫化锂中间体(Li_2S_8、Li_2S_6 和 Li_2S_4)能溶于电解液中,并能透过隔膜迁移至负极,与金属锂发生反应生成短链的硫化锂(Li_2S_2 和 Li_2S)。这种"穿梭效应"会导致正极中的电活性物质遭受严重损失,成为影响锂硫电池电化学性能的重要不利因素。此外,单质硫及其最终放电产物 Li_2S_n($1 \leqslant n \leqslant 2$)的导电性均较差,因而可引发较大的电化学极化和电池阻抗。在充、放电循环过程中,硫正极还会反复发生体积变化,导致正极材料粉化,并从集流体上脱落。

为了克服锂硫电池的穿梭效应,可以采用正极功能化、隔膜改性和电解质优化等策略。其中,活性硫中间体的限域设计(即空间抑制和化学锚定)是改善硫正极容量和循环稳定性的重要方式。

3. 锂硫电池的正极材料

从前面的阐述可以知道,以单质硫作为正极材料时会发生穿梭效应,而穿梭效应可导致较严重的后果。为了有效抑制多硫化钾的穿梭效应和锂硫电池的自放电现象,可以通过物理约束和化学成键方式将硫与硫宿主材料进行复合,以实现对多硫化物的锚定。可以进行复合的硫宿主材料需要满足以下三个要求:(1)具有良好的导电性,以确保快速的电子传输;(2)允许单质硫在宿主材料中均匀分散,以确保正极活性物质的高利用率;

(3) 具有抑制多硫化物过度溶解的能力。能够作为硫宿主材料的有碳基材料(石墨烯、碳纳米管、活性炭等)、导电聚合物(聚吡咯、聚噻吩、聚苯胺等)、金属氧化物、金属硫化物和金属氮化物等。

在上述硫宿主材料中,某些碳基材料具有导电性能好、反应活性位点丰富等突出优点。二维、三维及多级结构的碳材料,凭借其独特的微观/介观孔道、内部缺陷及大的比表面积为硫的复合提供了理想的平台。这不仅可以缩短物质的传输路径,提升电子传导效率,还可通过物理包裹和化学吸附的方式,在一定程度上将单质硫固定在宿主材料内部。这种固定作用可有效抑制多硫化物的过度溶解和穿梭效应,从而改善锂硫电池的循环稳定性和其他电化学性能。

电子型导电聚合物分子内具有离域 π 电子共轭结构,可以有效吸附多硫化锂的中间体,从而抑制其过度溶解并提高正极材料的利用率。而且,聚合物中含有部分电化学活性基团,它们不仅可以参与电化学反应并因此贡献额外的容量,还能提升锂硫电池的能量密度。另外,聚合物的树突状和多孔状的特殊结构可以缓解正极材料的结构变化和多硫化物的聚合,从而稳定电极结构,改善循环性能。

有些金属氧化物或金属硫化物、金属氮化物等,具有高的电子导电性。它们同时也具有强的化学吸附或化学键合作用,因此是单质硫的有效宿主材料。此外,这些金属化合物均具有化学极性,这可使它们与多硫化锂之间产生较强的化学亲和作用,从而有效改善锂硫电池的电化学性能。

4. 锂硫电池的锂负极

金属锂负极虽然具有理论比容量高($3860 \ mA \cdot h \cdot g^{-1}$)和标准电极电势低($-3.05 \ V$)的优点,但是其自身的缺陷也较多,例如,(1) 锂枝晶的形成,(2) 与电解液和多硫化锂之间发生副反应,(3) 形成不稳定的 SEI 膜,(4) 在溶解、沉积过程中体积发生变化,等等。

针对锂枝晶生成问题,可以采取两种策略进行改进。一是将金属锂熔融于三维多孔导电基底中,这样可以确保在电化学过程中其溶解和沉积的均匀性;二是在锂负极表面进行阳极保护处理,即通过物理或化学手段增强其稳定性。对于多硫化锂与金属锂之间的化学作用,可采用在电解液中添加特定添加剂的方式减轻其影响。在放电过程中,这种添加剂能在锂负极表面原位形成保护层,阻止锂负极与多硫化锂发生反应,从而可有效减缓甚至避免多硫化锂的穿梭现象带来的不利后果。此外,直接在锂负极表面涂覆一层保护层,如石墨层、Li_3N、Al_2O_3 等,也能显著提升其化学稳定性。

5. 锂硫电池的电解液

针对在充、放电时多硫化锂中间体易于溶于电解液的问题(即多硫化锂的过度溶解问题),选取合适可靠的电解液乃是锂硫电池实现高性能的关键措施。商品化的碳酸酯类溶剂由于能与多硫化锂中间产物发生化学反应,无法直接应用于锂硫电池。相比之下,醚类溶剂因对多硫化锂具有一定的溶解能力而更适合应用于锂硫电池。对于醚类溶剂,具有—CH_2CH_2O—重复结构单元的链状醚类溶剂具有与锂离子良好的络合能力。然而,短链醚虽然电导率高，但对穿梭效应的抑制作用有限。长链醚溶剂在溶解多硫化锂后会导致黏度增大，阻碍离子的迁移并降低电导率。而小分子环状醚与锂离子络合能力较弱，可以保证较低的黏度。因此，锂硫电池通常选用链状醚和小分子环状醚的混合溶剂。为了进一步提升锂硫电池的性能，通常在电解液中配置高浓度的锂盐，引入氟化共溶剂、溶剂化离子液体及具有特殊功能的添加剂。这些措施能够有效抑制多硫化锂的过度溶解和 Li_2S 的沉积，从而提高材料的利用率和电池的整体性能。

6. 锂硫电池的隔膜

对于锂硫电池，为了有效抑制穿梭效应，需要对传统聚烯烃隔膜进行功能化改造或采用其他先进材质。例如，选取全氟磺酸聚合物（Nafion‒Li）和金属有机骨架（MOFs）等隔膜材质，均可有效改善电池性能。对于聚烯烃隔膜的功能化表面改性，可以采用碳基材料如石墨烯、碳纳米管等进行涂覆。这些涂层材料的孔结构有助于增强与多硫化锂中间体的相互作用，从而获得空间限域的效果，以有效抑制穿梭效应。此外，可用于聚烯烃隔膜的改性并具有较好效果的还包括一些非碳基材料，如黑磷、Al_2O_3 等。

*九、锂空气电池

锂空气电池，是以金属锂为负极、以空气中的氧气作为正极活性物质的电池。由于它的正极主要采用多孔碳材料，质量很轻，并且氧气直接从环境中获取，无须在电池内部储存，因而与锂离子电池相比，锂空气电池具有特别高的能量密度。理论上，氧气作为正极反应物不受限制，该电池的容量仅仅取决于锂电极，因此锂空气电池的理论比能量可高达 $5.21\ kW \cdot h \cdot kg^{-1}$（包括氧气质量）或 $11.14\ kW \cdot h \cdot kg^{-1}$（不包括氧气质量）。相对于其他类型的金属空气电池，如钠空气电池（理论比能量为 $1.677\ kW \cdot h \cdot kg^{-1}$，包括氧气质量）、镁空气电池（$2.789\ kW \cdot h \cdot kg^{-1}$，包括氧气质量）、锌空气电池（$1.090\ kW \cdot h \cdot kg^{-1}$，包括氧气质量），显然，锂空气电池具有十分突出的优势。

1. 锂空气电池的电极反应、电池反应及正极反应机制

基于电解液的不同，可将锂空气电池划分为有机系（非水系）电池、水系电池、有机‒水混合系电池和全固态电池等类型。下面的阐述针对的是有机系（非水系）锂空气电池。

锂空气电池以金属锂为负极，多孔碳为正极材料，通过金属锂与 O_2 之间的氧化还原反应实现化学能与电能之间的相互转化。在充、放电过程中，多孔碳正极上分别发生 O_2 析出反应（oxygen evolution reaction，简写为 OER）和 O_2 还原反应（oxygen reduction reaction，简写为 ORR），分别对应于 Li_2O_2 的分解和生成。同时，锂金属负极上分别发生锂的沉积和溶解过程。因此，正极反应可表示为

$$Li_2O_2 \underset{\text{放电}}{\overset{\text{充电}}{\rightleftharpoons}} 2Li^+ + 2e^- + O_2$$

负极反应为

$$2Li^+ + 2e^- \underset{\text{放电}}{\overset{\text{充电}}{\rightleftharpoons}} 2Li$$

电池反应式为

$$Li_2O_2 \underset{\text{放电}}{\overset{\text{充电}}{\rightleftharpoons}} 2Li + O_2$$

锂空气电池放电产物 Li_2O_2 的带隙较宽(4.9 eV),电导率低,其在电池中的形成和分解均比较困难,易导致正极发生钝化和较大的充、放电极化(> 1.0 V)。为了改善锂空气电池的电化学性能,可采用引入缺陷和杂原子掺杂等策略来实现。

正极 ORR 过程。 在锂空气电池中,正极放电产物 Li_2O_2 的形成机制主要包括溶剂机制和表面机制两种。

放电时,O_2 首先在正极被还原而生成锂氧化物中间体 LiO_2,即超氧化锂,LiO_2 不稳定,会很快转变为 Li_2O_2。一般来说,在高给体数溶剂和低电流放电条件下,溶解于电解液中的溶剂化中间体 LiO_2 在电极表面获得电子或通过歧化反应转变为 Li_2O_2,随后 Li_2O_2 在正极表面成核并生长成结晶度较高的圆片状颗粒,此乃溶剂机制。相反,在低给体数溶剂和高电流放电条件下,Li_2O_2 的形成则按照如下路径进行:$Li^+ + O_2 + e^- \longrightarrow LiO_2$(吸附在电极表面)$+ Li^+ + e^- \longrightarrow Li_2O_2$。最终,在正极表面形成一层结晶度较低的 Li_2O_2 薄膜,此即表面机制。这种结晶度较低的 Li_2O_2 薄膜易于阻塞正极多孔碳的孔道,导致较低的放电容量。

对于中间体 LiO_2 转变为 Li_2O_2 的过程,主要有如下两种观点:① $LiO_2 + LiO_2 \longrightarrow Li_2O_2 + O_2$(歧化反应);② $Li^+ + e^- + LiO_2 \longrightarrow Li_2O_2$(电化学还原反应)。

正极 OER 过程。 在锂空气电池中,正极放电产物 Li_2O_2 的氧化过程主要包括直接氧化和分步氧化两种机制。直接氧化是指 Li_2O_2 直接发生一步两电子氧化反应生成 Li^+ 和 O_2,即 $Li_2O_2 - 2e^- \longrightarrow 2Li^+ + O_2$。分步氧化机制则认为,在超电势较小($< 400$ mV)的充电阶段,Li_2O_2 首先发生表面脱锂歧化反应,转化成 LiO_2,然后 LiO_2 失去电子,变为 Li^+ 和 O_2;随着超电势的增大,在 $400 \sim 1200$ mV 范围内,主要发生体相 Li_2O_2 的氧化分解过程。

2. 锂空气电池的正极材料

由于在电化学过程中,多孔碳正极上发生 ORR 或 OER 反应,并伴随 Li_2O_2 及 LiO_2 等物质的生成或分解,因此正极材料需具有丰富的孔道结构以支持 O_2 的容纳与扩散,同时还需具备合适的 ORR 和 OER 活性,并保持稳定(即不与活性物质如 Li_2O_2、LiO_2 和 O_2^- 等发生反应)。

碳基材料有较高的电导率,且具有多孔结构及一定的 ORR 催化活性,但其 OER 活性较差,因此在 Li_2O_2 的氧化过程中,电池电压偏高,容易导致电解液和正极材料的分解或发生其他化学变化。目前所应用的碳基材料主要包括碳纳米管、碳纳米纤维、石墨烯、多孔碳材料等。这些材料中的官能团和缺陷结构对催化性能具有一定的提升作用。为了缓解锂空气电池充、放电的超电势过大问题,可以在碳基材料上负载一些其他类型的物质,如贵金属和过渡金属氧化物等,以提高正极材料的电化学性能。

锂空气电池通常采用固相催化剂来促进正极的 ORR 和 OER 反应,但由于固相催化剂与固相 Li_2O_2 之间的接触性较差,导致电荷传递受阻,因而又发明了液相催化剂。液相催化剂可直接溶解在电解液中,能显著提高与锂氧化合物的接触性,有效促进正极产物 Li_2O_2 的生成或分解反应,大大降低极化程度。在充电过程中,液相催化剂也被称为氧化还原媒介(RM)。RM 在正极发生氧化反应,生成的 RM^+,与放电产物 Li_2O_2 发生化学反应,使其分解为 Li^+ 和 O_2,同时自身被还原,再变成 RM,即

$$2RM \longrightarrow 2RM^+ + 2e^-$$

$$Li_2O_2 + 2RM^+ \longrightarrow 2Li^+ + O_2 + 2RM$$

这样,RM 又可以继续参与反应。这与本书 15 章 15.7 节介绍的间接有机电合成方法在原理上是一脉相承的。

适合作为 RM 的物质需满足如下要求:① 在锂空气电池的电解液中具有优良的溶解性;② 具备可逆的氧化还原反应能力;③ 具有良好的稳定性。

3. 锂空气电池的锂负极

在锂空气电池中,金属锂负极也常常面临锂枝晶的生成问题,这不仅造成使用上的安全隐患,而且影响电池的性能。此外,由于金属锂的高化学活泼性,它较易与电解液(包括锂盐和溶剂)及溶解在其中的 LiO_2 和 O_2 等发生副反应,导致一些副产物的生成。这些副产物不仅消耗负极材料,还使电池的内阻增加,从而影响锂空气电池的性能和使用寿命。为解决上述问题,可采用类似于锂硫电池中对锂负极的处理方法,即通过涂覆保护膜、原位生成钝化膜等措施来保护锂空气电池的负极。

4. 锂空气电池的电解液

由于锂空气电池涉及 ORR 和 OER 反应,伴随 Li_2O_2 的生成和分解,为确保电池的高性能,电解液需具备如下特性:① 在含氧状态时具有高的电化学稳定性,不与锂负极发生反应,也不与正极的 Li_2O_2、LiO_2、O_2^- 等发生反应;② 对 O_2 具有良好的溶解能力和快速扩散性能;③ 低挥发性和高沸点;④ 在充、放电循环时,Li_2O_2 的分解和生成具有高度的可逆性。

溶剂。碳酸酯类溶剂在锂空气电池中并不稳定,容易受到 O_2^- 的攻击而分解,在正极界面生成难溶的 Li_2CO_3 及甲酸锂、乙酸锂、丙烯碳酸锂等副产物。因此,当使用碳酸酯类溶剂时,锂空气电池的正极放电产物主要是 Li_2CO_3 而非 Li_2O_2。相比,醚类溶剂对 Li_2O_2、LiO_2 和 O_2^- 均表现出较高的化学稳定性,能够保证 Li_2O_2 的可逆电化学反应。另外,长链的醚类溶剂,其挥发性较小,更适合应用于锂空气电池,其中,四乙二醇二甲醚(简写为 TEGDME)是目前应用极为广泛的醚类溶剂。除此之外,二甲基甲酰胺(简写为 DMF)、二

甲基亚砜(简写为 DMSO)、乙基甲基砜(简写为 EMS)、乙腈和离子液体等化学性质稳定的溶剂也可应用于锂空气电池。

锂盐电解质。可作为锂空气电池电解液的锂盐须在醚类和其他化学稳定性高的溶剂中具有大的溶解度,同时还要具有较好的化学稳定性,即不与 Li_2O_2、LiO_2 和 O_2^- 等活性物质发生反应。目前,锂空气电池体系中常用的锂盐包括六氟磷酸锂($LiPF_6$)、高氯酸锂($LiClO_4$)、双三氟甲基磺酰亚胺锂($LiTFSI$)、双草酸硼酸锂(简写为 LiBOB)及三氟甲基磺酸锂($LiTF$)等。

另外,通过在电解液中加入一些添加剂,可以促进形成均匀且稳定的 SEI 膜,或者增大 Li_2O_2 和 O_2 的溶解度等。

16.4 燃料电池

燃料电池(fuel cell,简写为 FC)是一种通过电化学反应过程直接将储存在燃料和氧化剂中的化学能转换成电能的装置。

然而,燃料电池的结构与常规电池并不相同,即燃料电池不属于传统意义上的"电池"。常规电池(如一次电池或二次电池)的容量有限,当其中的活性物质被消耗完后,就不能作为电源使用了,对于二次电池,需要充电使其中的活性物质复原后,方可再使用。燃料电池中的活性物质(即燃料和氧化剂)储存于电池的外部,通过连续不断地供给活性物质,即能使电池持续地工作,犹如燃油发电机,可称为"化学发电机"。对于传统电池,常用电池容量表示其性能,相对应,燃料电池则常用输出功率表示。

燃料电池的能量转换效率不受卡诺原理的限制,因此其具有能量转换效率极高的优势。燃料电池的理论能量转换效率等于 100%,实际的转换效率比热机发电机高得多。

一、燃料电池的发展历史

我们知道,若将两个 Pt 电极插入稀硫酸中,当与外接电源连通后,两个 Pt 电极上分别有氢气和氧气产生,这即是电解水过程。1838 年,英国科学家格罗夫(W. R. Grove,1811—1896)突发奇想,电解水这一过程是否可以倒过来? 于是,他将两个 Pt 电极插入另一盛有稀硫酸的烧杯中,并分别给两个电极上供给氢气和氧气,实验显示,该装置可以产生一定电压。若将仅联有外加电阻和检流计的外电路接通,则检流计显示有一定电流。

如果将若干个上述这样的装置串联起来,在各装置的两电极上分别供给氢气和氧气,则可以产生更高的电压,这便是历史上第一个燃料电池装置,或者认为它是燃料电池的雏形,在当时称为"气体伏打电池"。该气体电池可以对外提供电能,用于电解硫酸而产生氢气和氧气,如图 16.2 所示。

燃料电池究竟是谁首先发现的? 尽管这一问题在学界存在着争议,但是几乎可以肯定的是,格罗夫发明了第一个可正常工作的燃料电池原型。不过,他并不是提出"燃料电

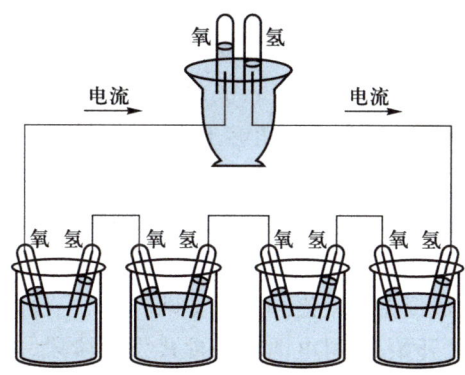

图 16.2 串联的气体电池对外提供电能用于电解硫酸的装置示意图

池"概念的学者。

"燃料电池"一词是由英国科学家蒙德(L. Mond,1839—1909)和朗格尔(C. Langer,1857—1931)于 1889 年在对气体电池的描述中创造的。他们通过增大电极的表面积至 700 m^2,在 0.73 V 的电压下获得了 2~3 A 的电流,但由于电池存在价格昂贵、重复性差、性能易衰减等问题,故在当时难以获得实际的应用。蒙德和朗格尔还创造性地提出了三相界面(triple phase boundary,简写为 TPB)概念。所谓三相界面,是指反应气体、电解液和电极催化剂三相密切接触的场所。他们明确指出,增加 TPB 场所,则可有效提升燃料电池的效率。

1894 年,有物理化学之父之称的奥斯特瓦尔德基于热力学理论证明,燃料的低温电化学氧化优于其高温燃烧,并明确指出,热机效率受卡诺原理限制,但是燃料电池的效率不受卡诺原理的限制。这意味着在理论上,燃料电池的效率可达 100%。

不过,奥斯特瓦尔德并未考虑燃料电池动力学方面的问题,如燃料的电化学反应是否切实可行,以及反应进行的效率如何等。

燃料电池的雏形有了,但如何构建直接进行燃料的电化学氧化反应的实用装置是一大难题。换言之,要实现燃料电池的商业化,需要克服很多技术方面的问题,而按照当时的科技水平,这些技术问题当中有相当一部分是无法解决的。而且,从 19 世纪末开始,随着矿物燃料提炼技术的提升及防爆添加剂的发现,从石油资源获得的汽油、柴油等已能够满足当时工业生产、交通运输和人们日常生活的需求,因此有关燃料电池的研究热度大大降低。不过,仍有部分科技工作者在矢志不渝地进行着这方面的研究工作。

关于以煤作燃料的燃料电池的研究,20 世纪初,瑞士科学家鲍尔(E. Bauer)等人发现,只有在高温条件才可以使煤快速充分燃烧从而进行煤的电化学氧化过程。因此,他们在最初的研究工作中以熔融碳酸盐作为电解质。但是,熔融碳酸盐本身具有腐蚀性,而且在高温条件下燃料电池的稳定性差,这给当时的研究工作带来挑战。经过鲍尔等人的不懈努力,在 20 世纪 30 年代又发明了固态氧化物燃料电池(solid state fuel cell,简写为 SOFC)。这类电池的电解质是固态氧化物,存在价格昂贵、化学稳定性差、离子电导率低等缺点。

1932 年,英国剑桥大学年轻的工程师贝肯(F. T. Bacon,1904—1992)对蒙德 - 朗格尔电池进行修改,将铂电极更换为廉价的镍网,同时将硫酸电解质更换为碱性电解质 KOH,并申请了关于碱性燃料电池(alkaline fuel cell,简写为 AFC)的专利,这种电池装置称为 Bacon 电池。1959 年,他制造出了第一台能够工作的燃料电池,是包含 40 个单电池的电池堆系统(由多个电池相串联所组成的电池组即是电池堆),输出功率约为 5 kW,可为电焊机等进行供电,并能保证电焊机正常工作。在同一时期,美国 A - C 公司制造了第一台功率为 15 kW 的燃料电池(是包含 1008 个单电池的电池堆系统)为动力的汽车。这些研究为燃料电池的快速发展提供了理论和实践基础。

从 20 世纪五六十年代开始,燃料电池进入现代发展阶段,并在太空探索方面发挥了重要作用。当时,通用电气公司的科研人员提出,磺化聚苯乙烯离子交换膜可以作为燃料电池的电解质。后来,他们制造出质子交换膜燃料电池(proton exchange membrane fuel cell,简写为 PEMFC),并将其作为航天器的动力源,应用于美国"双子座计划"的第五次飞行任务,这实际是开启了燃料电池的首次商业化应用。

20 世纪 60 年代,普拉特·惠特尼公司(Pratt & Whitney)获得了 Bacon 电池的专利使用权,并对其进行改造。为使电池减重,在改造时采用高浓度(85%)的氢氧化钾溶液,最终发明了 P & W 燃料电池。这种电池的使用寿命比质子交换膜燃料电池长很多,因此在阿波罗号航天飞机上,采用了 P & W 燃料电池。

虽然燃料电池在太空应用方面发展较快,但电池本身价格昂贵,而且批量化生产比较困难。因此,燃料电池在地面交通工具上的应用呈现出相对滞后的局面。

20 世纪 70 年代,全球石油危机加剧,世界各国加大对燃料电池的研究和开发支持力度,各国科研机构致力于解决燃料电池大规模商业化进程中的重要科学、技术难题及相关问题,如探究新型电极和电解质材料,研究最佳的燃料供给途径,在如何降低电池制造成本方面下功夫,等等。通过努力,许多国家先后建造了输出功率为数十千瓦、数百千瓦乃至兆瓦级的燃料电池电站。20 世纪 80 年代中期,人们认识到,燃料电池除了可以提高发电效率外,还可以作为中型或小型独立电源使用,其商业化需求逐步扩大。再加上 21 世纪以来石油等不可再生能源日趋枯竭及严重的环境污染问题,燃料电池的关注度持续提升,人们对燃料电池的期望也越来越高。目前,燃料电池已在许多领域实现了商业化应用。

二、燃料电池发电的基本原理

在本质上,燃料电池的发电原理与化学电源是一样的。这里,以"格罗夫的气体电池"为例进行说明。该气体电池实际是一种酸性燃料电池。电极提供电子转移场所,阳极催化燃料如 H_2 的氧化反应,阴极催化氧化剂 O_2 的还原反应;导电离子在电解质内定向迁移;电子通过外电路做功,并构成通电回路,对外提供电能。

燃料电池最简单的原理解释,即是氢气被氧化燃烧,其化学反应式为

$$2H_2 + O_2 \longrightarrow 2H_2O \tag{16.1}$$

其中,能量主要以电能形式释放。在酸性燃料电池中,阳极界面的氢气被氧化,释放出电子并产生 H^+,即

$$2H_2 \longrightarrow 4H^+ + 4e^- \tag{16.2}$$

在阴极界面,氧气获得电极上的电子,并与电解质中的 H^+ 发生反应生成水,即

$$O_2 + 4e^- + 4H^+ \longrightarrow 2H_2O \tag{16.3}$$

燃料电池的电池反应见式(16.1),电池以电能的形式释放能量,其工作原理如图 16.3 所示。要保持电池系统的平衡,两个氢分子需要消耗一个氧分子。

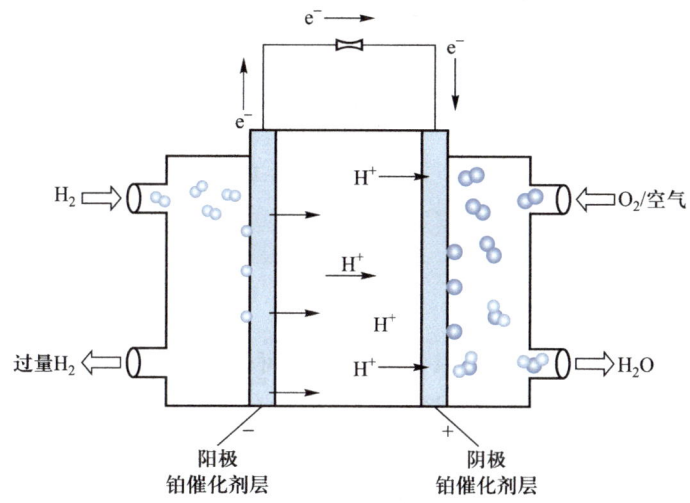

图 16.3 酸性燃料电池的工作原理

为了使两电极的反应持续不断地进行,必须让阳极产生的电子通过外电路到达阴极。与此同时,阳极产生的 H^+ 也需经过电解质溶液迁移至阴极,因此酸性溶液便是合适的电解质溶液。此外,某些离子交换膜,如聚合物膜,因带有可移动的 H^+,因而亦可以用作燃料电池的电解质,由这种膜作为电解质所构成的燃料电池通常称为质子交换膜燃料电池(PEMFC)。在后面的燃料电池分类中将详细介绍该种类型的电池。

对于碱性燃料电池(AFC),其电池反应与酸性燃料电池一样,但是两电池的阴极和阳极界面反应不同。在碱性电解质溶液中,氢氧根 OH^- 是参与反应的离子和导电离子。在阳极界面处,H_2 与 OH^- 反应,释放出电子,并生成水,即

$$2H_2 + 4OH^- \longrightarrow 4H_2O + 4e^- \tag{16.4}$$

在阴极界面处,O_2 获得电极的电子,并与电解质溶液中的水发生反应,生成新的 OH^-,即

$$O_2 + 4e^- + 2H_2O \longrightarrow 4OH^- \tag{16.5}$$

其电池反应式必然与式(16.1)是一致的。其工作原理如图 16.4 所示。

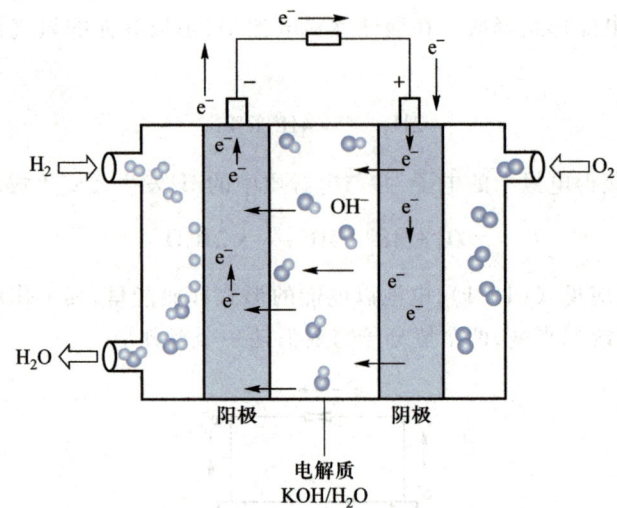

图 16.4   碱性燃料电池的工作原理

*三、燃料电池的分类

燃料电池的分类方法有多种。根据工作温度,可以分为低温型燃料电池、中温型燃料电池和高温型燃料电池;根据燃料的聚集状态,可以分为气态燃料电池和液态燃料电池;根据电解质的不同(见表 16.1),可以分为碱性燃料电池(AFC)、质子交换膜燃料电池(PEMFC)、磷酸燃料电池(phosphoric acid fuel cell,简写为 PAFC)、熔融碳酸盐燃料电池(molten carbonate fuel cell,简写为 MCFC)、固体氧化物燃料电池(SOFC)等。此外,由于直接甲醇燃料电池(direct methanol fuel cell,简写为 DMFC)的重要性,虽然它是质子交换膜燃料电池中的一种,但是人们常常将其单独列为一类。

表 16.1   基于电解质对燃料电池进行分类及各类电池的特征

电池种类	碱性燃料电池	质子交换膜燃料电池	直接甲醇燃料电池	磷酸燃料电池	熔融碳酸盐燃料电池	固态氧化物燃料电池
电解质	KOH	PEM	PEM	H_3PO_4	$Li_2CO_3 - K_2CO_3$	如 YSZ 固溶体
燃料	氢气	氢气	甲醇	改质氢气(来自天然气、甲醇等)	天然气、甲醇、汽油等	天然气、甲醇、石油等
导电离子	OH^-	H^+	H^+	H^+	CO_3^{2-}	O^{2-}
操作温度 ℃	50~200	室温~80	室温~100	约 220	高温	高温
质量比功率 $W \cdot kg^{-1}$	35~105	300~1000	1~10	100~220	30~40	10~20

续表

大致寿命/h	10000	5000	1000	15000	15000	7000
主要优点	启动快	空气可作为氧化剂,固体电解质,室温工作、启动快	空气可作为氧化剂,室温工作,启动快	对 CO_2 不敏感,成本相对较低	可用空气作为氧化剂,可选择的燃料范围较宽	可用空气作为氧化剂,可选择的燃料范围较宽
主要缺点	需纯氧,成本高,不能有 CO_2	对 CO 敏感	效率低,寿命短	对 CO 敏感	工作温度高	工作温度高

1. 质子交换膜燃料电池

前已述及,质子交换膜燃料电池(PEMFC)是通用公司首先发明的,当时被用作航天器的动力源。它的电解质是含有可移动质子的固体聚合物,其工作原理及电极反应和电池反应与格罗夫气体电池的一致。质子交换膜燃料电池的应用较为广泛,既可用作便携式电源,又可用作交通运输工具的动力电池,还可在电站热电联供系统中发挥作用。图 16.5 展示了质子交换膜燃料电池的主要组件,下面分别对每个组件进行简要介绍。

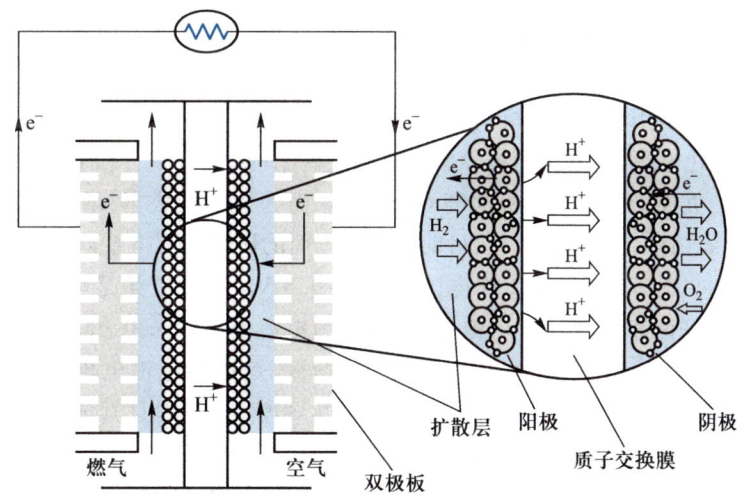

图 16.5　质子交换膜燃料电池示意图

质子交换膜是离子交换膜的一种。在燃料电池中,质子交换膜主要用于传导质子,因此亦称为质子导电膜。此外,在 PEMFC 中,质子交换膜还可以将阳极的燃料(氢气、甲醇等)与阴极的氧化剂(空气或氧气)分隔开,以防止它们在两极之间互串。PEMFC 的性能和使用寿命与质子交换膜 PEM 的性能有紧密关系。目前,在 PEMFC 中应用最为广泛的质子交换膜是全氟磺酸膜,主要由杜邦化学公司和陶氏化学公司生产。其分子结构式如图 16.6 所示。后来,又相继发明了几种类似的全氟磺酸质子交换膜。虽然全氟磺酸质子

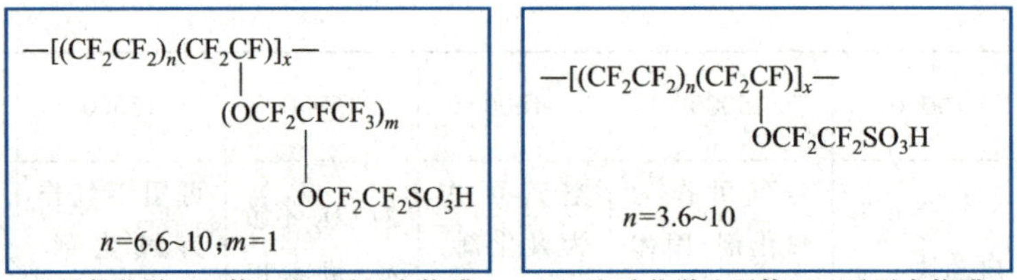

$$-[(CF_2CF_2)_n(CF_2CF)]_x-$$
$$(OCF_2CFCF_3)_m$$
$$|$$
$$OCF_2CF_2SO_3H$$
$$n=6.6\sim10; m=1$$

$$-[(CF_2CF_2)_n(CF_2CF)]_x-$$
$$|$$
$$OCF_2CF_2SO_3H$$
$$n=3.6\sim10$$

(a) 杜邦化学公司的Nafion质子交换膜　　(b) 陶氏化学公司的XUS质子交换膜

图 16.6　质子交换膜的分子结构式

交换膜具有电导率高、化学稳定性好、机械强度高等优势,但是在实际应用方面,也存在溶胀、价格昂贵、甲醇渗透率高等问题或缺陷。因此,有关含氟聚合物质子交换膜、非氟聚合物质子交换膜、有机-无机复合质子交换膜等方面的研究及改性研究目前依然比较活跃。

在 PEMFC 中,阳极和阴极的多孔气体扩散层(gas diffusion layer,简写为 GDL)的主要作用是,传输气体、支撑电极、收集电流、排出反应生成的水等。为了改善气体和水的传输,气体扩散层的材料通常是经疏水处理后的碳基材料。基于气体扩散层的制作工艺及材料来源,气体扩散层成品大体分为 4 种:碳纤维纸、碳纤维布、无纺布和炭黑纸。

阳极和阴极,亦是催化剂层,位于质子交换膜和气体扩散层之间,是氢气及氧气发生反应的部位。在质子交换膜燃料电池中,具有理想催化活性的金属是铂。我们知道,铂是贵金属,资源稀缺,价格很高。在燃料电池发展的初期,$1\ cm^2$ 电极负载的铂高达 28 mg,由于成本高昂,严重限制了燃料电池的商业化应用。为了降低成本,必然要降低铂的负载量。随着各方面技术的不断进步,铂的负载量后来大幅度降低至 $0.2\ mg \cdot cm^{-2}$ 及以下,同时燃料电池的性能获得明显提升,这极大地改善了电池的商业化应用前景。即便如此,为使其获得更加广泛的使用认可,改进催化剂的性能和寿命仍是人们关注的焦点。相对于氢气在阳极界面的氧化过程,氧气在阴极界面的还原过程比较缓慢。为了加快阴极界面的反应,阴极催化剂的铂负载量需要比阳极的高 6~10 倍。而为了降低成本,增大电池的商业化应用潜力,可对金属铂催化剂进行改性,目前有关这方面的研究已取得系列重要进展。

当一节燃料电池工作时,其工作电压为 0.6~0.8 V。而要产生足够大的电压,则需要将许多节电池串联起来构成一个电池组,通常称为电池堆(fuel cell stacks),简称为电堆。

双极板(bipolar plate,简写为 BPP),亦称流场板,是燃料电池电堆的核心组件之一,它的体积和质量在燃料电池电堆中占比很大,可达 80% 左右,而且其成本较高,可达燃料电池电堆总成本的 15% 左右。双极板具有多种功能,它不仅是各单体电池及整个电堆的骨架和基础,起着连接和支撑作用,而且又能为还原剂、氧化剂和冷却剂提供传输通道,同时还具有收集和传导电流的作用。

双极板的基本功能及要求归结如下:① 阻隔燃料和氧化剂,这要求其具有良好的气密性;② 排出反应生成的水和热,这要求其导热性好、疏水性高、热容小;③ 收集和传导电流,这要求其电导率高;④ 化学上比较稳定,这要求其耐腐蚀性强;⑤ 使用寿命较长,这要求其抗冲击和抗弯曲性能好;⑥ 质量小;⑦ 成本低,制造工艺简单。

目前常用的双极板材料主要有石墨、金属、复合材料等。

质子交换膜燃料电池的工作温度较低(< 80 ℃),属于低温型燃料电池,因此电池中

的氢燃料经电氧化反应后生成的水通常以液体形式存在。前已述及,目前应用最为广泛的质子交换膜是全氟磺酸型电解质膜,这类膜必须有足够的水才能确保其自身展现高导电性,特别是在较大电流密度(约 $1\ A\cdot cm^{-2}$)时,较高水含量则尤为重要。当燃料电池中的含水量达到饱和时,质子交换膜的导电性较高,有利于提高电池的工作效率。然而,当燃料电池中的水含量过高时,质子交换膜会发生溶胀,引发电解质产生物理应力,破坏电解质和催化剂层,给电池的性能带来负面影响。因此,燃料电池中须有合理的水管理系统,以平衡其中水的形成和排出,并确保水在电池内部的均匀性,既保证电池的充分润湿同时又不会发生水淹。燃料电池在产生电能的同时,也产生热能,因此电池的冷却措施必然是不能缺失的。电池冷却一般通过加入冷却剂来实现,可将水或乙二醇等冷却剂注入电池的集成冷却器中以控制其内部温度。

2. 碱性燃料电池

从前面的阐述可知,碱性燃料电池(AFC)是世界上第一种被成功制造并进行商业化应用的实用燃料电池。碱性燃料电池的工作原理亦已在前面进行过介绍。碱性燃料电池的工作温度一般在 $50\sim200\ ℃$,也归属于低温型燃料电池。相对于质子交换膜燃料电池,碱性燃料电池的催化剂材料价格低廉,来源广泛。高分散的廉价金属镍在氢气电氧化方面展现出良好的催化性能,同时它也是甲醇电氧化反应的合适催化剂,而高分散的金属银和金在氧气电还原反应中具有优良的催化性能。另外,不同种类的功能化碳材料及尖晶石型和钙钛矿型金属氧化物等亦可以有效地催化氧气电还原反应的发生。应当指出的是,在碱性燃料电池中,氧气的电还原反应速率很快,这也意味着氧电极的电极电势更高,因此可以获得更高的电池电压。

碱性燃料电池的电解质是强碱性溶液,例如氢氧化钾(KOH)和氢氧化钠(NaOH)溶液,浓度一般为 $30\%\sim45\%$。其工作方式主要包括循环和静态两种类型,如图 16.7 所示。碱性电解质溶液很容易与空气中的 CO_2 发生反应并产生碳酸盐,这种碳酸盐在水溶液中的溶解度较低,易于沉积于电极上,造成电极微孔堵塞,使催化剂中毒,而且引起电解液黏度增大,降低扩散速率和极限电流。相较于 KOH 和 NaOH 溶液,碳酸盐在水溶液中的电导率较低,这会增大燃料电池的电阻极化,降低电池的输出功率,同时这一反应导致 OH^- 的浓度降低,干扰电化学反应动力学。因此,由 CO_2 引发的这一系列负面作用是制约碱性燃料电池商业化应用的关键因素。由于 K_2CO_3 在水中的溶解度稍高于 Na_2CO_3,所以通常选取 KOH 溶液作为碱性燃料电池的电解液。为降低 CO_2 的不利影响,可以采取一些合适的措施,如化学吸收法、电化学法、电解液循环法、升高温度法等。此外,还可以采用固体碱性电解质膜(AEM)代替 KOH 电解质溶液的方式来避免 CO_2 的负面效应。固体碱性电解质膜是一种阴离子聚合物材料,与质子交换膜燃料电池中的质子交换膜类似,可以使 OH^- 在其中迁移,同时又不会与 CO_2 反应形成碳酸盐沉淀物。这种阴离子交换膜燃料电池(AEMFC)有着与质子交换膜燃料电池相似的优点,可以装配气体扩散电极(gas diffusion electrode,简写为 GDE)和双极板,而且双极板不易受到腐蚀。为了降低电池的整体重量和价格,可以使用轻薄易制备的配件。然而,目前阴离子交换膜燃料电池(AEMFC)

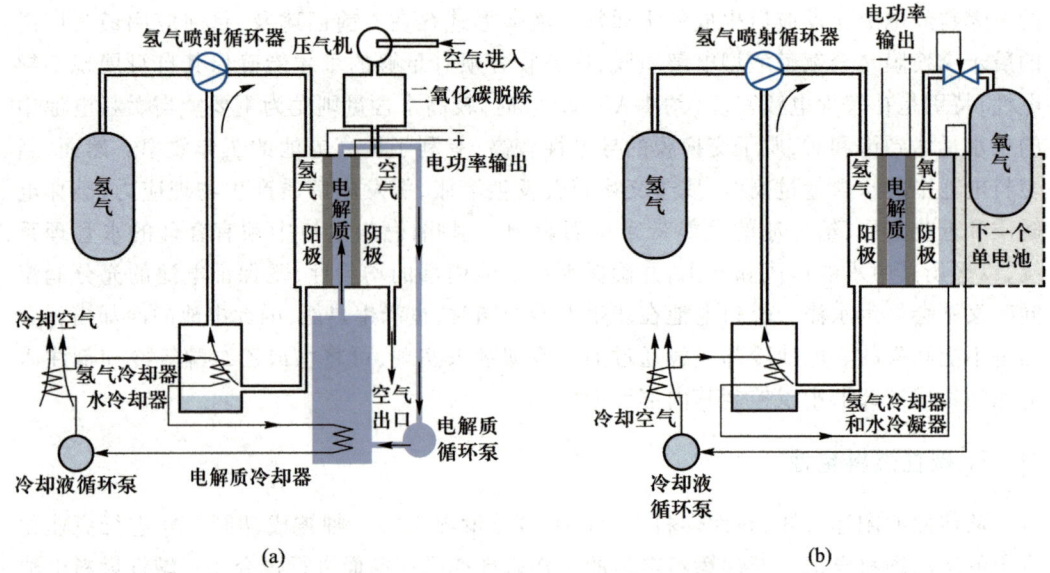

图 16.7　具有循环(a)和静态(b)电解质溶液的 AFC 示意图

仍处于研究和开发阶段,虽然在实验室中已经构建并测试了单电池系统,但是千瓦级电池堆的构建尚处于试验阶段。

　　需要指出的是,气体扩散电极即 GDE,是一种结合了固体、液体和气体界面并支持液相与气相之间电化学反应的导电催化剂的电极。气体扩散电极主要应用于燃料电池。

3. 熔融碳酸盐燃料电池

　　熔融碳酸盐燃料电池(MCFC)是一种高温燃料电池,工作温度在 $600 \sim 700 \, ℃$,属于第二代燃料电池。它具有效率高、噪音低、无污染、使用的燃料多样化(氢气、城市煤气、天然气和生物燃料等)、余热可以回收利用和构建电池所用的材料价格低廉等优点,其工作原理如图 16.8 所示。在熔融碳酸盐燃料电池中,不需要使用贵金属催化剂,金属镍和氧化镍分别是电池阳极和阴极的良好催化剂。

　　熔融碳酸盐燃料电池中的电解质(熔融碳酸盐混合物)通常有两种。一种是碳酸钾和碳酸锂的混合物,另一种是碳酸钠和碳酸锂的混合物。这些碳酸盐混合后在 $600 \sim 700 \, ℃$ 的高温条件下通常以熔融状态存在,其中的碳酸根离子(CO_3^{2-})及 Li^+ 、K^+ 、Na^+ 可以自由移动,具有较高的电导率。下面以氢气作阳极燃料为例,阐述电池的电极反应及总反应式。

　　在熔融碳酸盐燃料电池的阳极界面,氢气可以与迁移过来的 CO_3^{2-} 发生反应,形成 CO_2 和水,并释放出电子,即

$$CO_3^{2-} + H_2 \longrightarrow H_2O + CO_2 + 2e^- \tag{16.6}$$

而在阴极界面,氧气获得从阳极传输过来的电子,并与 CO_2 结合,生成 CO_3^{2-} ,即

$$CO_2 + \frac{1}{2}O_2 + 2e^- \longrightarrow CO_3^{2-} \tag{16.7}$$

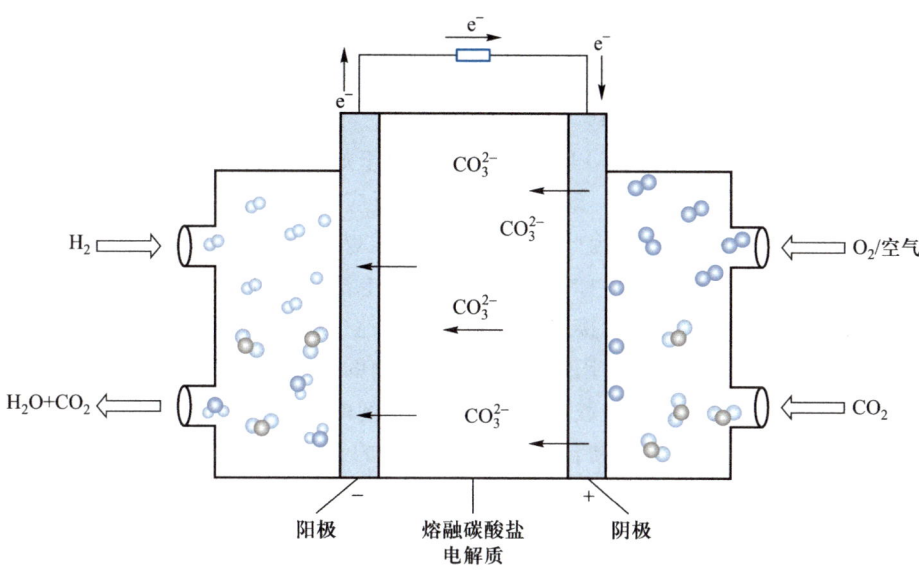

图 16.8　熔融碳酸盐燃料电池的工作原理

总反应式为

$$H_2 + \frac{1}{2}O_2 \longrightarrow H_2O \tag{16.8}$$

从上面的叙述可以看出,熔融碳酸盐燃料电池与前两种燃料电池不同,在阴极反应中,氧气必须与 CO_2 发生作用形成 CO_3^{2-},CO_3^{2-} 穿过电解质迁移至阳极,在阳极界面与氢气反应再生成 CO_2,而生成的 CO_2 可以从外部循环至阴极继续进行反应,从而实现 CO_2 的循环利用,但这种循环是一个相对复杂的过程。为使这一循环过程得以简化,可以将阳极产生的废气通入燃烧器中,将氢气或其他的燃料气体转化为 CO_2 和水,再将其通入阴极与新鲜空气混合。另一种策略是,利用膜装置对阳极产生的废气进行分离处理,并将分离得到的 CO_2 通入阴极进气口。此外,在能够随时提供气体的情况下,也可以从外部直接引入 CO_2。

在熔融碳酸盐燃料电池中,不仅可以使用氢气作为燃料,还可以使用一氧化碳(CO)作燃料。我们知道,水蒸气与炽热的焦炭反应可以获得 CO 和 H_2 的混合气——水煤气,这是一个非常成熟的工艺过程。显然,应用电化学技术可以间接地利用煤炭资源。不过,纯 CO 的电化学氧化过程很难进行,需要在反应气中同时通入水蒸气,这时会发生变换反应,即

$$CO + H_2O \longrightarrow H_2 + CO_2 \tag{16.9}$$

由于上述反应很容易发生,因此可以认为,以 CO 为燃料的电池,实质上是 CO 通过变换反应产生了氢气,而氢气又快速地发生电化学氧化反应。尽管后来有人提出,纯净的 CO 在阳极可以发生如下电氧化反应:

$$CO + CO_3^{2-} \longrightarrow 2CO_2 + 2e^- \tag{16.10}$$

但是其反应速率很低,仅是纯氢气氧化反应速率的 1/20 左右。这说明在该类燃料电池中,CO 的氧化过程经历了式(16.9)的反应。

此外,烃类化合物(如甲烷等)也常作为燃料用于熔融碳酸盐燃料电池,但是它们直接发生电氧化反应的速率很低,一般是将经过重整反应后所产生的氢气作为电池的燃料。而重整反应是一个强吸热过程,因此重整过程可以在燃料电池内部利用电池发电时所伴生的热来完成。这种燃料电池可称为内部重整燃料电池。内部重整燃料电池又分为直接内部重整燃料电池(DIRFC)和间接内部重整燃料电池(IIRFC)两类。直接内部重整燃料电池通过将重整反应催化剂嵌入阳极室,利用阳极侧的双极板通道实现直接内部重整;而间接内部重整燃料电池则通过将载有重整反应催化剂的重整板插入单个燃料电池之间来实现。此外,还可以将两种方法结合起来,提高电池的工作效率。显而易知,内部重整燃料电池不需要额外添加外部重整器等相关设备,这不仅可以降低电池的成本,减少传质和传热,而且重整过程产生的氢气可以很快被氧化,进而提高电池本身的工作效率。但是,这类电池的结构相对复杂,存在催化剂使用寿命不足等问题。

4. 固体氧化物燃料电池

固体氧化物燃料电池(SOFC)的电解质是由金属氧化物构成的固体陶瓷材料,它实际是由金属氧化物所形成的固溶体。目前商业化的固体陶瓷材料大多为 YSZ,即 Y_2O_3 稳定的 ZrO_2,其中的 Y_2O_3 是少量的,而 ZrO_2 是大量的。换言之,YSZ 是由 Y_2O_3 部分取代 ZrO_2 后所形成的固溶体。由于其中的 Y 是三价,Zr 是四价,所以 YSZ 中必然存在着氧空位,而其他位置处的 O^{2-} 可以填补这种氧空位,即 O^{2-} 是其中的导电离子。固体氧化物燃料电池的工作温度较高,在 600~1000 ℃,属于高温型燃料电池,可看作第三代燃料电池。高温条件使得这类电池在非铂催化剂作用下即具有较高的反应速率。对应的阴极材料大多为 $La_{1-x}Sr_xMnO_3$(即锶掺杂的 $LaMnO_3$),阳极材料大多为镍与 YSZ 的混合物,连接材料为 $LaCrO_3$。此外,固体氧化物燃料电池所产生的废气温度很高,蕴含极高的热能。这种热能可以通过热电联供,以及驱动汽轮机等多种形式被有效利用,由此可以提升电池整体的能量利用效率。其中,热电联供时最大效率可达 80%。下面阐述这类电池的工作原理。

如图 16.9 所示,固体氧化物燃料电池的阴极界面发生氧气还原反应,产生氧离子(O^{2-}),即

$$O_2 + 4e^- \longrightarrow 2O^{2-} \tag{16.11}$$

反应产生的 O^{2-} 通过固体电解质到达阳极界面,与阳极的燃料发生反应,生成与燃料燃烧过程一样的产物,同时释放电子。下面给出几种典型的阳极反应:

$$H_2(g) + O^{2-} - 2e^- \longrightarrow H_2O(g) \tag{16.12}$$

$$CO(g) + O^{2-} - 2e^- \longrightarrow CO_2(g) \tag{16.13}$$

$$CH_4 + 4O^{2-} - 8e^- \longrightarrow 2H_2O(g) + CO_2 \tag{16.14}$$

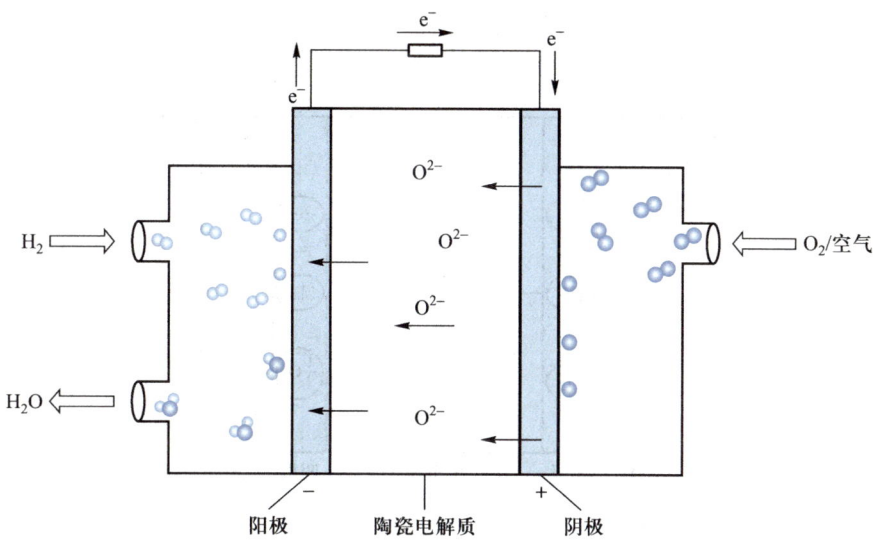

e^- 　　e^-

e^-

O^{2-}

O^{2-}

O^{2-}

O^{2-}

H_2

H_2O

$O_2/$空气

　　　　－　　　　　　　　　　　＋
阳极　　陶瓷电解质　　阴极

图 16.9　固体氧化物燃料电池的工作原理

固体氧化物燃料电池具有多种优势,主要表现在以下 7 个方面。(1) 能量转化效率高。(2) 无须使用贵金属材料。(3) 可选择的燃料种类较多。因为阳极上的镍可以作为内部重整催化剂,所以可以使用包括碳氢化合物在内的很多种燃料。(4) 电池堆的组合方式简单,无须配置 CO_2 循环系统。(5) 对 CO 的容纳力强,CO 可以被电氧化为 CO_2,并产生电能。(6) 可以长期稳定地提供电能和热能。(7) 系统中无液体成分,可以有效避免腐蚀及电解质流失等问题的发生。这些优点使固体氧化物燃料电池特别适合在小型或独立工作场所使用,也适合在偏远地区应用。但是,固体氧化物燃料电池也存在一些不足,例如对电极、固体电解质材料、连接材料、密封材料等的要求很高;由于工作温度高,致使启动和关机时间较长,系统温度变化较慢。此外,这类电池需要配备额外设备,如空气和燃料预热器、热交换器等,方能构建成完整的系统,其中的冷却系统比低温燃料电池要复杂。这些缺陷制约了电池在快速应急场合的应用。

5. 磷酸燃料电池

磷酸燃料电池(PAFC)属于中温型燃料电池,其工作温度在 220 ℃ 左右。由于温度不是太高,故电池电极需要使用贵金属(如 Pt)催化剂,方能获得较大的反应速率。与质子交换膜燃料电池类似,贵金属 Pt 催化剂易发生 CO 中毒,因此这类使用 Pt 催化剂的电池均需要相对复杂的燃料处理系统,以使燃料中 CO 的浓度降至理想水平。磷酸燃料电池的工作原理与质子交换膜燃料电池和格罗夫气体电池的工作原理类似,如图 16.10 所示。在电池运行时,其阳极界面的氢气失去电子形成 H^+,电子通过外电路到达阴极,H^+ 则通过磷酸溶液迁移至阴极区域,氧气在阴极界面得到电子并与电解质溶液中的 H^+ 反应生成水,同时对外提供电能。磷酸燃料电池的电极反应式与质子交换膜燃料电池和格罗夫气体电池的一致,在此不再赘述。

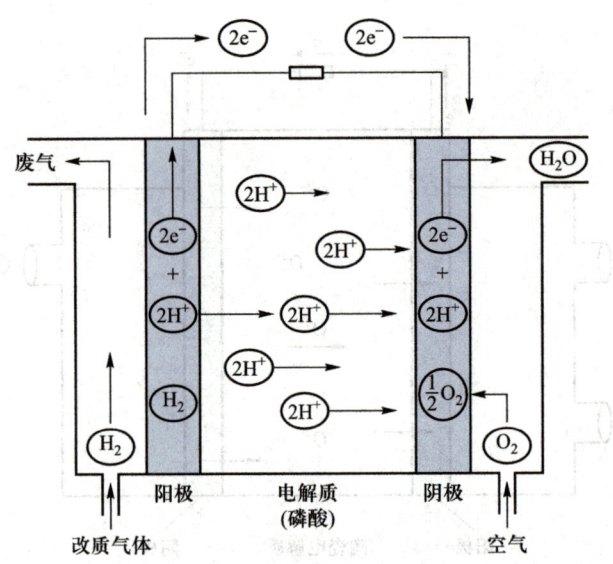

图 16.10   磷酸燃料电池的工作原理

磷酸燃料电池的电解质为磷酸(H_3PO_4),其浓度为 98%~99%。磷酸具有良好的热稳定性及化学和电化学稳定性,在高于 150 ℃ 的条件下才开始挥发,而且挥发度很低,可以满足燃料电池电解质的要求。此外,磷酸电解质与碱性电解质溶液不同,前者不会因为燃料或氧化剂中微量 CO_2 的存在而使电解质发生变质问题,因而可以在磷酸燃料电池中使用含有 CO_2 的煤基改质气体。然而,在电池工作过程中,磷酸电解质可能发生流失,这将直接影响燃料电池的工作性能。磷酸电解质主要通过两种途径流失:(1) 在高温条件下,磷酸被蒸发后随反应气体流失;(2) 燃料电池中的双极板会吸收磷酸。为了解决磷酸流失问题,可以将磷酸吸附在多孔载体的毛细孔中,其中多孔载体通常是聚四氟乙烯黏合的碳化硅材料。

在电极催化剂方面,磷酸燃料电池的发展得益于碳材料的开发与应用,其中最具代表性的就是铂催化剂的载体炭黑。

表 16.2 中列出了磷酸燃料电池组成材料的质量要求及代表性材料。

表 16.2   磷酸燃料电池组成材料的质量要求及代表性材料

组成材料		性能考察要素或性能要求	代表性材料
电解质载体		耐酸性及酸的保持性好	聚四氟乙烯黏合的碳化硅
电解质		高纯度	接近 100% 的磷酸
催化层	催化剂	高活性,长期稳定性	碳载铂
	疏水剂	对磷酸保持疏水	聚四氟乙烯
电极支撑材料		透气性、电子导电性、机械强度、热传导性和耐腐蚀性等优良	碳纤维
双极板		致密性、电子传导性、机械强度和耐腐蚀性优良	复合碳板

一般认为,磷酸燃料电池属于第一代燃料电池。目前,磷酸燃料电池已实现商业化的广泛应用。它既可建造成大型发电系统,也可用于医院、银行、居民区的供电,还可应用于计算设备和电动汽车。尽管磷酸燃料电池技术相对于其他类型的燃料电池已经较为成熟,但仍有许多问题需要解决,如制造成本高、电池功率密度低、使用寿命短等。为此,仍需继续开发活性高、稳定性好的催化剂,同时应进一步优化电池系统。

6. 直接甲醇燃料电池

直接甲醇燃料电池(DMFC)是直接液体燃料电池(DLFC)中技术较为成熟的一种,可以在某些低功率电子产品(如手机、便携式计算机)中使用。在直接液体燃料电池中,电解质大多为质子交换膜,因此直接甲醇燃料电池与质子交换膜燃料电池密切相关。表16.3列出了包括 DMFC 在内的多种直接液体燃料电池在常温常压下的一些重要性能。为便于比较,表中也列出了以氢气为燃料的质子交换膜燃料电池(PEMFC)的相应性能。

表 16.3　直接液体燃料电池在常温常压下的一些重要性能

燃料电池	燃料	标准电压/V	理论能量密度/$(W \cdot h \cdot mL^{-1})$	最高效率/%
PEMFC	氢气	1.23	1.55(70 MPa 下)	83
DMFC	甲醇	1.21	4.33	97
DEFC	乙醇	1.15	5.80	97
DEGFC	乙二醇	1.15	5.85	99
DPFC	丙醇	1.13	7.35	97

对于以氢气为燃料的质子交换膜燃料电池(PEMFC),氢气在储存和运输方面存在安全风险,这是制约 PEMFC 大规模商业化应用的一个重要因素。

甲醇(CH_3OH)是最简单的醇类化合物,在常温常压下呈液态形式。甲醇较易获得,与氢气相比,亦便于携带和储存,而且其能量密度与汽油相差不大,若直接以甲醇代替氢气作为燃料,有助于实现质子交换膜燃料电池在小功率便携式电子产品(如手机等)中的应用。然而,在直接甲醇燃料电池(DMFC)的阳极上,催化效率较低,而且甲醇易于透过电解质膜到达阴极,并污染阴极,导致阴极性能衰退,同时造成燃料的浪费,因而降低电池整体工作效率。可见,开发能够大幅度降低甲醇渗透率的质子交换膜是一项迫切的任务。

直接甲醇燃料电池的电解质膜根据传导离子的不同可以分为两种,即质子交换膜(PEM)和阴离子电解质膜(AEM),它们分别传导 H^+ 和 OH^-。由这两种电解质膜组成的燃料电池的工作原理如图 16.11 所示,其中 GDL 表示气体扩散层。

直接甲醇燃料电池工作时的总反应式为

$$CH_3OH + \frac{3}{2}O_2 \longrightarrow 2H_2O + CO_2 \tag{16.15}$$

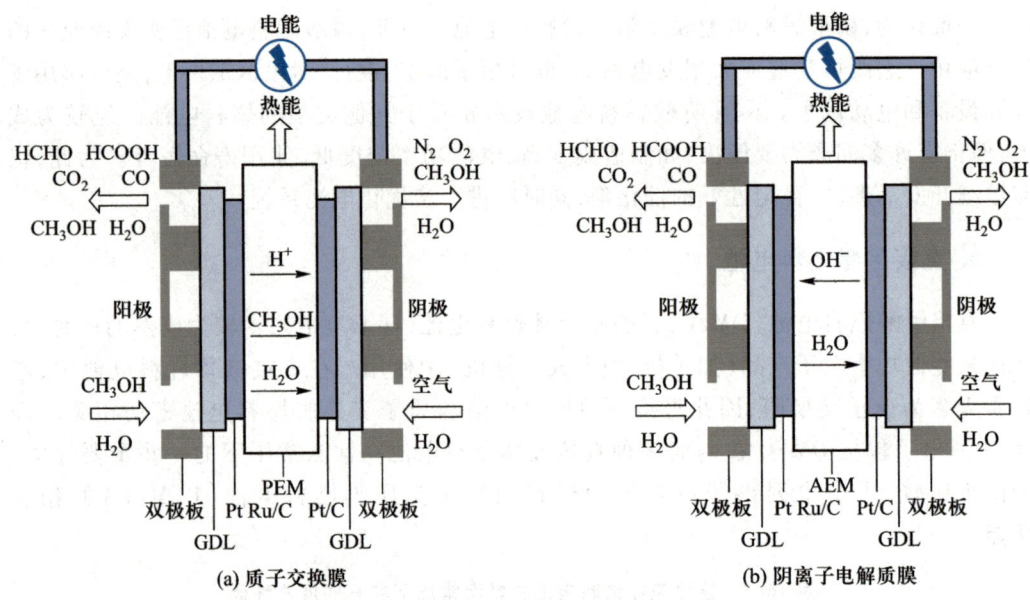

图 16.11   直接甲醇燃料电池的工作原理图

直接甲醇燃料电池中甲醇的电氧化过程与质子交换膜燃料电池中氢气的直接电氧化过程并不相同。比较而言,甲醇电氧化过程颇为复杂。

*16.5   超级电容器

一、超级电容器及其特性

超级电容器(supercapacitor)又称电化学电容器(electrochemical capacitor)。作为一种储能设备,超级电容器展现出高功率特性与高稳定性。因具有快速释放能量的突出特征,超级电容器可应用于电力系统中,以补偿电压的突然上升或下降,这有助于使电力系统恢复稳定,降低电力传输波动对敏感负载的影响。此外,作为一种新兴的功率补偿和储能装置,超级电容器可以弥补当前可再生能源和分布式发电系统中蓄电池的不足,在电子产品、分布式发电系统、车用能源等方面应用前景广阔。

超级电容器的基本原理与传统的电容器有一定类似性,但又有显著差异。传统电容器的工作原理基于电场的形成,而超级电容器的工作原理基于双电层的形成。超级电容器与传统电容器均可以快速存储与释放能量,但是,与传统电容器相比,超级电容器的电容和能量密度要高很多,这可归因于较薄的电介质和较大比表面积的电极材料。

超级电容器的电荷储存机制与电池不同。前者包含静电的、非法拉第的过程。超级电容器在充、放电时不存在缓慢的化学变化和相变,因此,它比同体积的电池具有更快的充、放电速率和更低的能量密度。超级电容器是一种介于传统电容器与电池之间的储能器件。超级电容器具有许多优势,它结合了传统电容器与电池的优点。具体罗列如下。

（1）与化学电池相比,其具有极快的充、放电速率。其充、放电过程是物理过程或快速可逆的化学过程,在几十秒至数分钟内即可完成。

（2）与化学电池相比,其具有长的循环使用寿命。超级电容器具有极好的循环稳定性,在其充、放电过程中的电化学反应具有良好的可逆性,且不包含物质的相变。因此,在使用过程中不会出现类似于电池中活性物质的晶形转变、脱落、枝晶穿透隔膜等严重危及器件使用寿命的现象。其理论循环寿命为无穷大,可进行几乎无限次循环。

（3）与化学电池相比,其具有高的功率密度。超级电容器的功率密度可高达 10 kW·kg^{-1},远超过一般的化学电池,其能够在极短的时间内释放大量能量,因此适用于需要快速启动或需要瞬间提供高能量的高功率设备。

（4）与传统电容器相比,其具有高的比能量。传统电容器的能量密度极小,通常低于0.1 W·h·kg^{-1},而超级电容器的能量密度甚至可达每千克几十瓦时,几乎能与化学电池相媲美。

（5）与化学电池相比,其具有较高的库仑效率。超级电容器在其稳定的工作电压窗口范围内的充电和放电过程是可逆的,库仑效率最高甚至可达 98% 及以上。另外,每个循环期间的能量损失相对较小。

（6）具有较宽的工作温度范围。超级电容器在充、放电过程中发生的电荷转移大部分都在电极表面上进行,所以随温度的降低,电容衰减非常小,即超级电容器展现出较宽的使用温度范围（− 40~70 ℃）。目前,化学电池在 − 20 ℃时,其容量通常会发生急剧衰减,而超级电容器即使在 − 40 ℃时仍然可以正常工作。

（7）免维护。大多数可充电电池在放置一段时间后,会因为自放电或者遭受电解液腐蚀而失效。然而,超级电容器在放置一段时间后虽然也会因为自放电导致工作电压降低,但经过充电后,其电容仍可接近于其原始状态,因此能够避免在长期使用中维护器件。

（8）安全环保。产品原材料的生产、使用、储存及产品拆解过程均没有污染,亦不存在安全风险,是理想的绿色环保能源储存装置。

总之,超级电容器因其具有高的功率密度、快的充电速率和长的循环使用寿命等优势,成为当前颇具发展前景的储能装置。通过合理的设计,超级电容器可呈现多样化的功能,既可以作为独立供能元件,又可以与电池互补构成一个混合储能系统。

二、电容器的发展简史

电容器在电能储存方面的应用甚至比电池的发明还要早一些。18 世纪中叶,荷兰莱顿大学的学者用瓶内外都贴有银箔的玻璃瓶组成了早期的电容器。1957 年,通用电气公司的科学家发现,接近电池比容量的电化学电容器可以作为储能元件,并申请了第一个由高比面积碳材料作为电极材料的电化学电容器专利。1968 年,美国俄亥俄州标准石油公司基于碳材料发明了双电层电容器。1971 年,人们制造出第一个可以商用的电化学电容器,自此电化学电容器进入了商业化阶段。后来,由于在电化学电容器中引入了赝电容电极材料,明显提高了其能量密度。那时,电化学电容器便被正式称为超级电容器。在1978—1980年间,日本的电气公司、松下公司等企业逐步开始生产商标化的超级电容器,超级电容器随之步入大规模产业化阶段。随后,美国得克萨斯大学奥斯汀分校制作了一种可以在1 ms内完成充电的新型超级电容器;新加坡国立大学研制出具有储能隔膜的超级电容器,这种超级电容器无需电解液,能有效避免漏液现象,而且可以使制造成本降低,并能存储更多的能量。20世纪90年代,松下公司研制出大容量电容器,当时命名为"金电容器",这种电容器由活性炭电极和有机电解液构成。自2000年以来,随着对大功率、高可靠性和高安全性储能装置需求期望的不断提高,与超级电容器相关的研究工作亦迅速增加。

我国在超级电容器的研发方面取得了令人瞩目的成就。例如在2015年,我国科技工作者成功制得"零应变结构"的碳基复合材料,基于该材料制造出具有国际领先水平的超高比能量($21\ \mathrm{W\cdot h\cdot kg^{-1}}$)的超级电容器,并实现了批量生产。

应当指出的是,在利用电化学机制存储电能装置的发展过程中,除了"超级电容器"这种名称外,曾使用过多种不同的名字来称谓这类装置,如动电电容器、金电容器、双电层电容器、准电容器、赝电容器等。不过,随着时间的推移,人们逐渐倾向于使用"电化学电容器"这种更为科学且专业的术语。

三、表征电容器或超级电容器性能的一些基本物理量

电容器并不是以化学形式储能的设备,而是一个由两个平行电极组成的可以在静电场储能的元件。在电容器两极之间施加电势差可以使其中的正、负电荷向相反极性的电极迁移,从而实现电容器的充电。在充电过程中,连接在电路中的电容器在短时间内可以看作一个电压源。

电容器的性能可以用电容 C 来描述。电容是电容器单个极板上所具有的电荷量 Q 与两极之同的电势差 V 之比值,即

$$C = \frac{Q}{V} \tag{16.16}$$

电容的单位为法拉(F)。在平板电容器中,电容 C 与极板的面积 A 和电介质的介电常数(ε_0 和 ε_r)成正比,与电极间的距离 d 成反比,即

$$C = \frac{\varepsilon_0 \varepsilon_r A}{d} \tag{16.17}$$

式中,ε_0 表示真空的介电常数;ε_r 为两电极之间电介质材料(如电解液等)的相对介电常数。因此,电容器的电容与电极的面积、电极间的距离、所用电介质材料的性质密切相关。

目前,超级电容器的性能除了可以用电容表示外,还可以用一些特定指标进行描述。这些指标主要有额定电压(单位为 V)、额定电流(单位为 A)、最大存储能量(单位为 J 或

W·h)、能量密度(单位为 W·h·kg^{-1}或 W·h·L^{-1})、功率密度(单位为 kW·kg^{-1}或 kW·L^{-1})、等效串联电阻(单位为 Ω)、漏电流(单位为 A)、循环寿命和使用寿命等。其中,能量密度和功率密度是两个重要指标。能量密度又称比能量,是指单位质量或单位体积的超级电容器所能供给的能量。功率密度又称比功率,是指单位质量或单位体积的超级电容器在匹配负荷下产生电/热效应各半时的放电功率,用于表征超级电容器所能承受电流的能力。

电容器储存的能量 E 与其电容成正比,即

$$E = \frac{1}{2}CV^2 \tag{16.18}$$

电容器的功率 P 与其内部的集流体、电极材料、电介质或电解质、隔膜等组件的电阻密切相关。将这些组件的电阻值合并,可以统称为等效串联电阻(ESR)。这会产生一个电压降,影响其在放电时的最大电压,从而限制其最大能量和功率。电容器的最大功率 P_{max} 可以表示为

$$P_{max} = \frac{V^2}{4ESR} \tag{16.19}$$

需要说明的是,对于比较好的电容器,尽管其阻抗值比等效串联电阻值小,但是实际所释放的最大功率仍比计算出的 P_{max} 要小。

四、超级电容器的分类

超级电容器又称电化学电容器,除此之外,还有许多类似的名称,这在前面已经述及。这种情况使读者易于产生思维上的混乱。应当注意的是,不同的名称可能代表着不同类型的电容器。但是,电容器的命名有时根据制造商或品牌的不同会有所差异,或者存在一些地域上的偏好,因此,仅靠电容器名称很难准确地判断电容器的种类及储能机制。随着超级电容器应用的不断扩展,对统一的分类和分类系统的需求变得日益重要和迫切。根据储能机制的不同对超级电容器进行划分,是目前较为常用的分类方式。主要包括 3 类:双电层电容器、法拉第赝电容器、混合型电容器。

1. 双电层电容器

双电层电容器是利用电极与电解液之间形成的界面双电层来存储能量的。双电层的概念最早是由亥姆霍兹于 1879 年提出的,在本书第 9 章 9.2 节有所述及。双电层电容器的储能机制与传统电容器的储能机制大体一致,即通过电荷分离的方式。传统电容器的电极通常是二维平板材料,并未强调其比表面积,而双电层电容器的电极则是具有大比表面积的多孔材料。这种大比表面积材料具有丰富的孔结构,能够储存更多的电荷,因而双电层电容器的电容值更高,储存能量值更大。此外,双电层电容器中电极与电解液之间的双电层较薄,这也可有效提高其电容值和储存能量值。

双电层电容器的结构如图16.12(a)所示。由图可见,正、负电极分别浸入电解液中,两电极之间借助隔膜隔开,这与电池结构类似。在充电状态时,电解液中的阴、阳离子分别向双电层电容器的正、负电极发生移动,随后在电极与电解液的界面处形成两个双电层。由于每个电极与电解液界面均可以组成一个电容器,所以整个系统可以看作由两个电容器串联而构成,其等效电路图如图16.12(b)所示。如果双电层电容器的两个电极完全相同,即为对称型电容器,那么整个电容器的电容可以通过下式计算得到,即

$$\frac{1}{C_{cell}} = \frac{1}{C_+} + \frac{1}{C_-}$$ (16.20)

式中,C_+和C_-分别表示上述电容器的正、负极的电容。假设在对称型电容器中,正、负极电容相等,即$C_+ = C_- = C_e$,那么整个电容器的电容C_{cell}则是单个电极电容C_e的一半,用数学形式表示,则为

$$C_{cell} = \frac{C_e}{2}$$ (16.21)

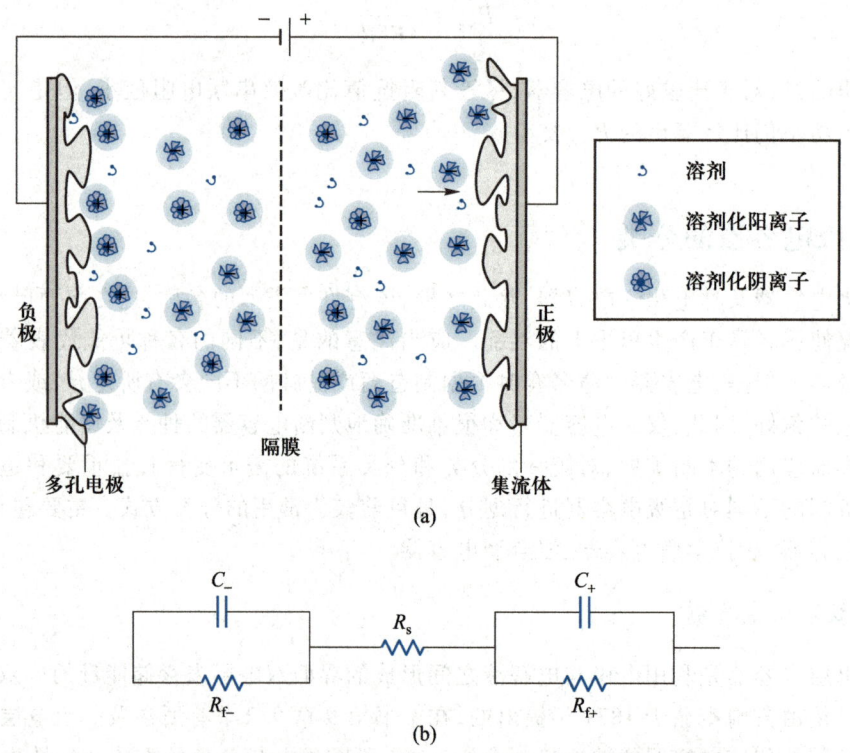

图 16.12 在充电状态下双电层电容器的结构示意图(a)及等效电路图(b)

因此,在比较双电层电容器的电容值时,需要仔细了解这些电容值表示的是整个电容器的电容还是单个电极的电容。此外,文献中常用比容量表示碳电极的性能,故比较质量比容量或体积比容量是十分有必要的。电极的质量比容量C_e的计算式为

$$C_e = \frac{2C_{cell}}{m_e} \qquad (16.22)$$

式中, m_e 为单个电极活性物质的质量, 单位为 g; C_e 的单位为 $F \cdot g^{-1}$。若电容器中只有一种活性物质, 那么将由式 (16.22) 得到的 C_e 除以 4, 就可以求得整个电容器的质量比容量。此外, 还可用单位面积的比容量来描述电极的性能, 可以称为标准比容量, 其数学表示式为

$$C(\mu F \cdot cm^{-2}) = \frac{C_e(F \cdot g^{-1})}{S(m^2 \cdot g^{-1})} \times 10^2 \qquad (16.23)$$

式中, S 为电极材料的比表面积。一般情况下, 碳材料的比容量值在 $10 \sim 30 \ \mu F \cdot cm^{-2}$。

双电层电容器的性能主要受电解液和电极材料的影响。这里, 仅对碳电极材料作简单介绍。

碳材料的化学稳定性好, 电导率较高, 成本低廉, 其原材料分布亦较为广泛, 在双电层电容器中有着重要和广泛的作用。例如, 它既可以作为电子传输催化剂, 也可以作为活性物质支撑材料, 还可以作为导电添加剂。碳基电容器的工作性能与碳电极的物理化学性质密切相关。目前, 应用于双电层电容器中的碳材料种类比较丰富, 主要包括活性炭、碳纳米管、模板碳、碳化物衍生碳、炭黑、气凝胶碳、石墨烯等。其中, 气凝胶碳是一种轻质、多孔、非晶态且呈块体的纳米碳材料, 它具有连续的三维网状结构, 可以在纳米尺度进行剪裁, 其孔隙率达 $80\% \sim 98\%$。表 16.4 中列出了部分常见碳电极材料的性质。表中, 水系、有机系和离子液体系分别表示, 当电解液分别为水溶液型、有机溶液型和离子液体型时所对应的水系、有机系和离子液体型超级电容器。

表 16.4 常见碳电极材料的性质

电极材料	比表面积/($m^2 \cdot g^{-1}$)	电容 C/($F \cdot g^{-1}$)		
		水系	有机系	离子液体系
活性炭	$1000 \sim 3000$	$200 \sim 400$	$100 \sim 150$	$100 \sim 150$
碳纳米管	$120 \sim 500$	$20 \sim 180$	$20 \sim 80$	$20 \sim 45$
模板碳	$500 \sim 2500$	$120 \sim 350$	$120 \sim 135$	150
碳化物衍生碳	$1000 \sim 1600$	—	$100 \sim 140$	$100 \sim 150$
炭黑	$250 \sim 2000$	< 300	—	—
气凝胶碳	$400 \sim 1000$	$40 \sim 200$	< 160	—

2. 法拉第赝电容器

法拉第赝电容器也称法拉第准电容器, 简称为赝电容器, 它与双电层电容器不同。其机制是, 活性物质在电极表面或体相的二维或准二维空间进行欠电位沉积, 或发生高度可逆的氧化还原反应, 或发生离子嵌入活性材料的孔或层间结构的过程, 从而产生法拉第

电容。

欠电位沉积。又称低电位沉积,是指某种金属离子可在比其可逆氧化还原电势正的电势时吸附在另一基体上并形成单层金属层的过程。例如,利用欠电位沉积可以在 Au 电极表面形成一层金属 Pb。

氧化还原赝电容。赝电容由氧化还原反应产生。即在反应过程中,电解质溶液中的离子首先吸附在电极与电解质溶液界面处,然后在界面处产生可逆且快速的电荷转移。

嵌入式赝电容。当电解质离子嵌入层状电极材料层间或多孔电极材料的孔内时,伴随着法拉第电荷转移但晶相不发生变化。而且,电极材料表面的电流与扫描速率成正比,容量几乎不随充电时间发生变化,由法拉第反应产生的峰值电势并不会随着电压扫描速率的改变而发生明显的偏移。

赝电容的电荷储存机制类似于电池,在某种程度上可以认为,嵌入赝电容是锂离子电池与电容器之间的"过渡"行为。它与锂离子电池的最大区别在于,在整个插层过程中,电极材料的晶体结构没有任何改变。换言之,锂离子电池的锂物种嵌入在电极材料内部,反应受到离子在固相中扩散的限制,而赝电容储能于电极界面(包括孔道界面和层间界面),对应的离子扩散属于表面扩散或液相中的扩散,速率要比在固相中大得多。

此外,双电层吸附也会在赝电容电极材料与电解液界面处形成,只是贡献的电容值比较小。与双电层电容器相比,由法拉第反应贡献的赝电容具有更高的能量密度,但在一定程度上受到活性物质的数量和表面积的限制。与电池型电极材料和双电层电极材料相比,虽然赝电容电极材料具有很大的优势,但赝电容电极材料在反应过程中的法拉第反应速率要比双电层的静电吸附慢,并且受到化学价态变化的可逆性(即氧化还原活性物质发生化学变化的可逆性)限制,所构成的电容器,其功率密度和循环寿命均不如双电层电容器好。

目前,常见的赝电容电极材料有过渡金属氧化物、导电聚合物和杂原子掺杂的碳材料。其中,过渡金属氧化物(如 RuO_2、MnO_2、NiO、Co_3O_4 等)是一类重要而且使用广泛的赝电容型电极材料,具有比容量高、热稳定性能良好及制备简单等优点。其中,RuO_2 能够在保持高功率密度的条件下提供高的能量密度,是较为理想的过渡金属氧化物赝电容电极材料。然而,RuO_2 存在资源稀缺、成本高昂、毒性较大等缺点,目前仅在特殊领域使用。

导电聚合物是一类有机高分子材料,具有导电性能好、比表面积大、化学稳定性和机械稳定性良好等优点,因而是一种高性能的赝电容电极材料。导电聚合物主要包括聚苯胺(PANI)、聚吡咯(PPy)、聚噻吩(PT)、聚 3,4 - 乙烯二氧噻吩(PEDOT)和聚 3 - 甲基噻吩(PMT)等。导电聚合物由于发生掺杂/去掺杂(嵌入/脱出)效应,电极材料本身会发生膨胀、收缩等体积变化,致使电极材料产生裂缝或破裂,其机械结构无法保持稳定,电极性能因而发生严重下降。为了提高导电聚合物的电化学性能尤其是循环稳定性,通常采用以下方式进行改性:(1) 对导电聚合物进行适量的掺杂,或使导电聚合物进行一定程度的交联;(2) 通过合理设计,提高电极结构的稳定性;(3) 将导电聚合物与高稳定性的碳材料或其他无机材料进行复合。

杂原子掺杂的碳材料。杂原子掺杂能够调变体积,或者对碳的表面性能进行优化,从而降低电解质离子扩散至多孔碳结构的阻力,提高离子传输速率。目前,应用较为广泛的杂原子主要有 N、O、B、P、S 等,通过不同的杂原子掺杂,或者采用不同的双杂原子或者三杂原子掺杂,可以改善碳材料的结构,其性能亦可获得有效的改进。N 原子是最常见的杂原子,其半径较小,而且电负性比 C 大。与 N 不同的是,S 掺杂属于 n 型掺杂,S 原子具有与 C 原子相似的电负性,S 与 C 之间形成的共价键不会发生极化。通过提高碳材料的电子导电性和比容量,可以在一定程度上改善其电化学性能。然而,掺杂的杂原子的含量并非越高越有利于电容器电化学性能的提高,例如,B 原子的含量过高会在一定程度上降低碳材料的热导率。设计合适的杂原子掺杂及掺杂比例对提高含杂原子的碳材料性能具有重要意义。

除此之外,一些新材料正日益受到关注,如 MXenes 和金属－有机框架材料(MOFs)。MXenes 是一类新型二维过渡金属碳化物、氮化物或碳氮化物材料,由于其拥有大的比表面积,能够提供丰富的氧化还原反应位点,同时又展现出超大层间距,允许离子进行高度可逆的嵌入和脱出过程,因而具有巨大的能量存储和转换潜力。对于 MOFs,可以设计并合成允许反应物物种快速地插入和脱出的材料,从而提高电化学功率性能,或者通过改善三维中空多孔结构,从而提供大量反应位点,达到提高系统的储能能力之目的。可以预见,设计和构建合适的 MOFs 来提高电导率和循环稳定性,是未来储能领域的重要研究方向。

3. 混合型超级电容器

混合型超级电容器是由电极的储能机制来定义的,即混合型电容器的两个电极具有两种不同的电荷存储机制。电极的电荷存储过程主要包括离子在电极与电解质界面的吸附和解吸、金属纳米粒子的可逆表面氧化还原反应、可逆的离子插层和脱插层等。根据构成电容器的电极种类,混合型超级电容器可以分为以下三种类型。

(1) 由分别具有双电层电容特征的电极和赝电容特征的电极组成的电容器,或者由两种不同类型赝电容的电极组成的电容器。由相同存储电荷机制的双电层电容器电极材料作为两个电极,或者由赝材料作为两个电极所构成的电容器,但两电极的表面性质不同或者质量不同等,亦属于此种类型。

(2) 电容器的一极采用传统二次电池型电极,另一极采用电容型电极(双电层电容型电极或赝电容型电极)。在进行充、放电的过程中,电解液的正、负离子分别向两极移动,在电容型电极上进行吸附或脱附,而在电池型电极上进行氧化或还原反应。

(3) 由电解电容器的一个电极和超级电容器的一个电极组成,此类电容器又称为电池型混合超级电容器。

一般而言,混合型超级电容器的两极分别采用具有高能量密度的"电池型"活性物质材料和具有高功率密度的"电容型"材料,便可使组装的器件兼备二者的优势,实现"双高"特性。匹配合适的电极可以提高器件的电压,使混合型电容器的工作电压窗口和能量密度均能达到最佳。

五、超级电容器的电解液

电解液是影响超级电容器的工作电压窗口、功率密度、能量密度等性能指标的重要因素。因此,也可以按照电解液类型(水溶液型、有机电解液型和离子液体型)将电容器分为水系超级电容器、有机系超级电容器和离子液体超级电容器。

水系超级电容器的电解液有碱性、酸性和中性溶液,如 KOH、H_2SO_4 和 Na_2SO_4 的水溶液。这类电解液的主要优势是价格低廉、导电性好、制备容易等。

通常,使用水溶液型电解质制造的储能器件难以具有长的循环寿命,因为大多数普通的集电器材料在与碱性及酸性电解质溶液接触时会遭受腐蚀。

由于受水分子分解的电化学电压窗口值的制约,大多数水系超级电容器的电压在 1.0~1.2 V,因此该类超级电容器的能量密度通常在 $2~W \cdot h \cdot kg^{-1}$ 以下。

为了提升电容器器件的工作电压和能量密度,有机电解液应运而生。不过应当指出的是,有机电解液的成本通常要比无机物电解液高得多。有机电解液的开发和利用,能够较为有效地克服水系超级电容器在能量方面的瓶颈问题。相较于水系超级电容器,有机系超级电容器具有高的工作电压,而电容器工作电压的平方与其能量成正比,因此具有高电压的有机电解液型超级电容器必然具有高能量密度。另外,当单个电容器具有较高工作电压时,可以减少串联电容器的数量,从而抵消有机电解液的高成本,并因此能降低总电压,平衡电路的负担。

有机系超级电容器的电解液通常由有机溶剂与可溶性导电盐组成。常用的有机溶剂包括碳酸二乙酯(DEC)、碳酸丙烯酯(PC)、乙腈(ACN)、碳酸二甲酯(DMC)、碳酸乙烯酯(EC)和碳酸甲乙酯(EMC)等。常用的有机电解质盐主要包括四乙基四氟硼酸铵和三乙基甲基四氟硼酸铵。由于这些盐的结构对称性较差,具有较低的晶格能,因而具有较高的溶解度。因为有机电解液中存在体积较大的有机离子,因此它比与水系电解液的电阻率大(即电导率低)。另外,由于有机离子体积较大,也就对电极材料有特殊要求,例如需要电极材料具有大孔径的孔与之匹配。此外,与水系电容器相比,有机电解液型超级电容器的功率密度较低。

有必要指出的是,有机电解质具有吸湿性,对水分很敏感,因此需要在无水无氧环境下制备和使用。

离子液体具有高的电化学稳定性和良好的热稳定性,并能根据特定需求设计其组成。作为储能装置的液体电解质,离子液体可以有效改善超级电容器的一些性能,如电压窗口和工作温度范围等。当以离子液体作为电解液时,电化学器件的工作电压可达 3.5~4.5 V,有时甚至高达 6 V。

但离子液体存在成本高、黏度大、室温下离子的电导率较低等缺点,这制约了离子液体作为电解质的应用。

尽管如此,离子液体作为电解质的优势仍是不可否认的。当前,基于离子液体作为电解液的超级电容器已受到广泛关注。

六、固态超级电容器

若依据电解质所存在的状态不同对超级电容器进行分类,则可分为液态超级电容器和固态超级电容器两大类。对于液态超级电容器,包括水系电解质型、离子液体电解质型和有机电解质型,这在前面已经述及。虽然液态超级电容器的研究及应用相对广泛,但考虑到电解液本身是液体,可能导致泄漏和难以封装等问题,并不能够满足便携式电子设备、可穿戴电子设备等的使用需求。因此,基于固态电解质的超级电容器便引起了人们的极大关注。

固态电解质是具有离子导电性的固体或类固体材料,其电导率一般较低。对于小型储能器件,固态电解质可以有效避免或者缓解电解质泄漏及内部短路等问题。同时,固态电解质也可用作离子导电介质及隔膜。如今,用于超级电容器的大多数固态电解质是聚合物电解质。固态电解质通常是将添加剂(如酸类、盐类、碱类物质和离子液体等)与聚合物基质混合而制得。常见的有 PVA/H_2SO_4、PVA/H_3PO_4、$PVA/LiCl$、PVA/KOH 等固态凝胶电解质,其中 PVA 表示聚乙烯醇。这些电解质在电容器中不仅展现出与水系电解质相近的性能,而且具备良好的机械柔韧性,有望在柔性超级电容器领域得到广泛应用。

目前,尽管超级电容器取得了长足的进步,但人们仍应高度关注该领域内具有挑战性的科学和技术问题。只有聚精会神,紧盯关键问题,甘坐冷板凳,乐于奉献,不懈努力,方能取得重大技术突破,为我国在能源方面的可持续发展作出实实在在的贡献。

主要知识点概述

(1)一次电池的种类繁多。目前比较常用的是碱性锌锰电池、锌空气电池和锌银电池。

(2)碱性锌锰电池的正极材料是 MnO_2,负极是锌,电解液是浓的 KOH 水溶液。其放电性能优于传统的锌锰电池,但同样存在材料浪费和环境污染方面的问题。

对于碱性锌锰电池而言,锌阳极的腐蚀是一个值得关注的问题。当然,在锌电极中添加汞使锌电极表面汞齐化,是有效降低锌电极腐蚀速率的一种方式。不过,汞是剧毒物质,探寻无汞防腐蚀措施乃是一个努力的方向。

(3)碱性锌空气一次电池是使用活性炭吸附空气中的氧作为正极活性物质,锌作为负极,KOH 水溶液作为电解液的原电池,简称锌空电池或锌氧电池。通常使用银作为正极的导电材料。

锌空气电池的主要优点包括:能量密度高;安全性能好,在较大电流密度时其工作电压仍然保持平稳;制备工艺简单,因而成本低廉;由于直接使用大气中的氧,在使用成本方面亦具有较大优势;不含有害物质,对环境友好;锌材料利用率高。

漏液腐蚀及锌电极的析氢腐蚀是锌空气电池的重要缺陷。

(4)锌银电池是以锌作负极,氧化银作正极,以 KOH 溶液为电解液的电池,也称锌氧化银电池。

虽然它可以充电,但由于其循环使用寿命较短,故通常被视为一次性电池。与碱性锌锰电池相比,锌银电池具有比能量高、放电电压平稳、自放电率低、存储寿命长、使用温度范围宽、耐机械振动和耐重负荷性能好等优点。锌银电池的主要缺点是:由于使用了贵金属银的氧化物而使其成本较高;锌阳极容易变形和下沉,在充电过程中易生成枝晶而导致电池短路。另外,锌银电池的锌电极会在碱性电解液中发生析氢腐蚀。

(5) 常见的二次电池有铅酸电池、镍镉电池、镍氢电池、锌银电池、锂离子电池、钠离子电池。

(6) 铅酸电池以海绵状金属 Pb 为负极,以涂有 PbO_2 的铅板为正极,其中 PbO_2 是正极活性物质。其电解液为 H_2SO_4 水溶液。电池表示式为

$$Pb \mid PbSO_4 \mid 电解液:H_2SO_4 \mid PbSO_4 \mid PbO_2 \mid Pb$$

铅酸电池历史悠久、技术成熟,具有价格低廉,性能可靠,大电流充、放电性能好,以及允许组成任何规模的电池组等诸多优势。但同时,铅酸电池存在能量效率低,质量或体积比能量较低,存在过热危险,使用具有强腐蚀性的硫酸作电解液等缺陷。目前,对铅酸电池的改进主要集中在减重和电解液改性这两个方面。

(7) 镍氢电池又称金属氢化物 – 镍电池,是镍镉电池的替代型电池。镍氢电池以储氢合金 MH(或称金属氢化物,如 $LaNi_5H_6$)作为负极,氢氧化镍和碱式氧化镍[$Ni(OH)_2/NiOOH$]作为正极,电解液是 KOH 水溶液。其中,储氢合金中的 M 具备较高的捕氢能力。它可以促进 H_2 分子解离成 H 原子,并将这些 H 原子捕获,储存在合金内部的原子间隙,形成金属氢化物 MH。同时,释放出大量热,可使 MH 发生分解,释放的 H 原子再结合生成 H_2 分子。这两个过程在电池中同时进行,呈现一个动态平衡状态。

镍氢电池表示式为

$$M \mid MH \mid 电解液:KOH(6\ mol \cdot L^{-1}) \mid Ni(OH)_2 \mid NiOOH \mid Ni$$

其中,正极的金属 Ni 是导电物质。

镍氢电池具有① 能够大电流放电,功率密度高;② 无记忆效应;③ 对环境友好;④ 可快速充放电;⑤ 循环使用寿命长等优点。提高镍氢电池电化学性能的关键在于,制备性能优异的储氢材料。镍氢电池主要应用于电动汽车和智能电网。

(8) 锂离子电池是以可供锂离子(Li^+)嵌入的化合物作为正极材料,以可脱出 Li^+ 的物质作为负极材料的电池的总称。锂离子电池的充、放电过程,是正极 Li^+ 的脱出、嵌入过程,同时是负极 Li^+ 的嵌入、脱出过程,而且伴随着与 Li^+ 具有相等物质的量的电子转移。在充、放电过程中,Li^+ 在正、负极之间不断地进行脱 – 嵌,来回往复,因此被形象地称为"摇椅式电池"。

目前商业化使用的锂离子电池,其正极材料主要包括层状钴酸锂、尖晶石锰酸锂、聚阴离子类材料(如具有正交橄榄石晶体结构的磷酸铁锂);其负极材料主要是以石墨为代表的嵌入型碳基材料及嵌入型 $Li_4Ti_5O_{12}$,碳基材料主要有石墨、硬碳和软碳等。

以 $LiCoO_2$ 正极、石墨负极和电解液($LiPF_6 + DMC + EC$)构成的锂离子电池表示式为

$$Li_xC_6 \mid 电解液:LiPF_6 + DMC + EC \mid LiCoO_2$$

其中 DMC 是碳酸二甲酯,EC 是碳酸乙烯酯,DMC 和 EC 均为溶剂。其负极反应为

$$6C + xLi^+ + xe^- \underset{放电}{\overset{充电}{\rightleftharpoons}} Li_xC_6$$

正极反应为

$$LiCoO_2 \underset{放电}{\overset{充电}{\rightleftharpoons}} Li_{1-x}CoO_2 + xLi^+ + xe^-$$

电池反应式为

$$LiCoO_2 + 6C \underset{\text{放电}}{\overset{\text{充电}}{\rightleftharpoons}} Li_{1-x}CoO_2 + Li_xC_6$$

锂离子电池的优点包括:① 其单体电池的工作电压高达 3.7~3.8 V,比镍镉电池和镍氢电池高得多;② 质量轻,能量密度大,在相同能量条件下,锂离子电池的质量仅是铅酸电池的三分之一甚至更低;③ 体积小,体积比能量大;④ 无记忆效应;⑤ 可快速充放电。

锂离子电池也存在如下一些明显的缺陷:① 安全性问题。锂离子电池内部采用易燃的有机溶剂型电解液,而锂又非常活泼,因此在过充、短路、针刺、挤压或高温等条件下,存在起火甚至爆炸的风险。② 低温性能较差。③ 成本和价格高。④ 不耐受过充电和过放电。⑤ 尽管锂离子电池的能量密度颇高,但与某些其他类型的电池(如固态电池)相比,其能量密度仍有提升空间。

(9) 燃料电池(FC)是一种等温地将储存在燃料和氧化剂中的化学能直接转变为电能的化学单元。

虽然也称为电池,但是燃料电池无论是在结构上还是在管理方式上,都与常规电池(一次电池或二次电池)有着本质差别。

燃料电池具有复杂的系统,活性物质独立地置于电池的外部。只要连续供给燃料和氧化剂,就可以像传统的汽油机一样连续工作,与普通热机发电机颇为类似。而常规电池的容量有限,一旦电池内的活性物质消耗完就不能再用了,二次电池必须充电后才能继续使用。

(10) 燃料电池的突出优势可以归结为两点。第一,能够大大提高能量的转化效率。燃料电池的能量转换效率不受卡诺原理的限制,其理论能量转换效率等于 100%,实际的转换效率要比热机发电机高很多。第二,燃料电池是生产清洁能源的重要装置。燃料电池的电化学反应产物主要是水和二氧化碳,它们均对人体没有任何危害。如果能够大规模并廉价地获得氢气,则以氢作燃料的燃料电池在进行工作时,其产物只有水,对人类健康及人类赖以生存的环境则没有任何负面影响。

(11) 根据电解质的不同,可以将燃料电池划分为质子交换膜燃料电池(PEMFC)、碱性燃料电池(AFC)、熔融碳酸盐燃料电池(MCFC)、固体氧化物燃料电池(SOFC)、磷酸燃料电池(PAFC)等。

(12) PEMFC 以金属 Pt 为电极催化剂,以纯度极高的 H_2 为燃料,以质子交换膜作为电解质。显然,CO 是催化剂的毒物。当以天然气等富含碳氧化合物的气体或液体作原料时,重整、变换及脱除微量 CO 的过程必须在电池外部完成,这是一个比较复杂的过程。电池本身工作温度较低(< 80 ℃),氢燃料经电氧化反应后生成的水通常以液体形态存在,可以为全氟磺酸型电解质膜提供足够的水分,以确保电解质膜具有高导电性。然而,当燃料电池中的水量过高时,质子交换膜会发生溶胀,给电池的性能带来负面影响。因此,PEMFC 须有高效的水管理系统。

(13) 超级电容器是介于传统电容器与电池之间的一种储能器件。超级电容器的基本原理与传统的电容器有一些类似性,但又有显著差异。传统电容器的工作原理基于电场的形成,而超级电容器的工作原理基于双电层的形成。超级电容器与传统电容器均可以快速存储与释放能量,但是,与传统电容器相比,超级电容器的电容和能量密度要高很多。

超级电容器结合了传统电容器与化学电池的优点,既具有一定的能量密度,又可以实现较高的功率输出,因而能够满足特定的需求。

(14) 根据储能机制不同进行划分,超级电容器主要包括 3 类:双电层电容器、法拉第赝电容器、混合型电容器。其中,法拉第赝电容的产生机制主要包括:表面欠电位沉积机制、界面氧化还原反应机制、电解质离子嵌入机制。

混合型超级电容器的两极分别采用具有高能量密度的"电池型"活性物质材料和具有高功率密度的"电容型"材料,可使组装的器件兼备二者的优势,实现"双高"特性,即高能量密度(电池特征)和高功率密度(电容器特征)。

科学问题

习题

16.1 以 Ni(s) 为电极、KOH 水溶液为电解质的可逆氢、氧燃料电池,在 298 K 和标准压力 $p^{\ominus}$ 时稳定地连续工作,试解答下列问题:

(1) 写出该电池的表示式、电极反应和电池反应;

(2) 求算一个 100 W(1 W = 3.6 kJ·h^{-1}) 的电池,每分钟需要供给 298 K,100 kPa 压力的 $H_2(g)$ 的体积。已知该电池反应每消耗 1 mol $H_2(g)$ 时的 $\Delta_r G_m^{\ominus} = -237.1$ kJ·mol^{-1}。

(3) 计算该电池的电动势为多少。

16.2 (1) 在 298 K 和标准压力时,将反应 $CO(p^{\ominus}) + \frac{1}{2}O_2(g) \Longrightarrow CO_2(p^{\ominus})$ 安排成燃料电池,计算该电池的热效率($\Delta_r G_m^{\ominus}/\Delta_r H_m^{\ominus}$)。已知该反应的 $\Delta_r G_m^{\ominus} = -257.11$ kJ·mol^{-1}, $\Delta_r H_m^{\ominus} = -283.0$ kJ·mol^{-1}。

(2) 若将反应放出的热量利用卡诺热机做功,设高温热源为 1000 K,低温热源为 300 K,计算所做的功,并计算该功占燃料电池所做功的分数。

16.3 一个电容器带电荷量为 Q 时,两极板间电压为 V,若使其带电荷量增加 4.0×10^{-7}C 时,它两极板间的电势差增加 20 V,则它的电容为多少?

16.4 一平行板电容器接在 12 V 的直流电源上,电容 $C = 3.0 \times 10^{-10}$ F,两极板间距离 $d = 1.20 \times 10^{-3}$ m,设重力加速度 $g = 10$ m·s^{-2}。试解答下列问题:

(1) 该电容器所带电荷量是多少?

(2) 若板间有一带电微粒,其质量为 $m = 2.0 \times 10^{-3}$ kg,恰在板间处于静止状态,则该微粒带电荷量是多少?

第 16 章部分习题参考答案

第17章
胶体分散系统

17.1　引论

在很多教材和专著上，将胶体分散系统与表界面物理化学放在一起进行介绍。那么，什么是胶体？它与表界面物理化学是什么关系呢？

"胶体"概念是英国科学家格雷姆（T. Graham, 1805—1869）于 1861 年提出的。他在探究物质在水溶液中的扩散性质以及观察它们是否能够通过半透膜时发现，有些物质，如无机盐、蔗糖和甘油等，在水中扩散很快，易于透过半透膜；而另一些物质，如蛋白质、明胶和硅胶类水合氧化物等，扩散很慢，不能透过半透膜。前者能够形成晶态，可将其称为晶体物质；后者则不易形成晶态，常呈胶状，于是便将其称为胶体。

后来的实践表明，这种对"胶体"的定义，并没有准确地表述其特征，因为呈现胶状的胶体在合适的条件下可以转化成晶态，而晶体物质也可以转变为胶体。20 世纪初，奥地利科学家席格蒙弟（R. Zsigmondy, 1865—1929）发明了超显微镜，能直观地观察胶体粒子的运动。在此基础上，方逐渐对胶体系统有了比较清晰的了解。即胶体是物质以一定分散程度存在的一种状态，类似于物质的三态（气态、液态和固态），但不是一类特殊类型的物质。对胶体系统作出的科学定义是，半径在 1～100 nm 的粒子分散于另一物质（通常称该物质为分散介质）中所形成的高度分散系统。应当注意的是，这里采用了粒子半径，而未使用粒子的质量或粒子中的原子数来定义胶体粒子的大小，所以在以后若不特别说明，所指胶体粒子都是球状的。当然，胶体粒子也可以呈其他特殊形状，如带状、长杆状等。

显然，胶体粒子的尺寸范围与纳米粒子的高度重合。纳米粒子是指直径在 1～100 nm 的粒子。比胶体粒子更小的质点（典型的是原子簇）归属于化学的其他分支，比胶体粒子大的质点则通常属于化学学科以外的内容（但应当注意的是，一些特殊的系统，如乳状液、悬浮液等也属于化学学科研究的对象）。胶体化学所研究的内容与物理学、材料科学、生物学等交叉重叠,它注重的是质点的尺寸,而非化学组成、物理状态等。

当然,在中学阶段我们就已经知道,胶体系统虽然属于高度分散系统,但它不同于一般的溶液系统。

胶体与表界面物理化学所涉及的均是多相系统。对于胶体,如氢氧化铁胶体,碘化银胶体等,胶体粒子是固相,分散介质是液相。其中,"表面"一词是指相界面的化学含义,而非严格的几何含义。若纯粹从几何学角度而言,表面有面积但无厚度。而从化学角度而言,表面(或界面)则是一个过渡区域,在该区域内从其中一相过渡到另一个性质不同的相。

对于一定质量或一定体积的固体或液体物质,分割得越细小,则物质的表面积越大。这在第 14 章已有具体说明。胶体粒子的半径在 1~100 nm,即胶体属于典型的纳米系统。因此,通常的胶体系统必然具有巨大的相界面,呈现多相不均匀性,或称超微不均匀性。胶体系统因包含巨大的相界面,因而其表面自由能很高,即胶体系统是热力学的不稳定系统,胶体粒子具有自动聚结成大粒子的趋势。

17.2   分散系统分类

所谓分散系统,是指一种物质以一定尺寸分散于另一种物质中所形成的系统。其中,被分散的物质称为分散相(dispersed phase),而起到分散作用的物质称为分散介质(dispersed medium)。根据分散相粒子的大小,分散系统可以划分为分子(或离子)分散系统、胶体分散系统和粗分散系统。如表 17.1 所示,分子(或离子)分散系统(即溶液系统)是指以分子或离子作为分散相粒子的热力学稳定系统,分散相粒子的半径小于 1 nm,系统不存在相界面,是均相系统。胶体分散系统(简称为胶体)是以半径为 1~100 nm 的粒子作为分散相粒子所形成的分散系统。胶体系统存在着巨大的相界面,是一种热力学的不稳定系统。粗分散系统的分散相粒子半径大于 100 nm,在热力学上当然也是不稳定的。

表 17.1   分散系统的分类

分散系统	分散相粒子半径	特性
分子分散系统	<1 nm	均相,稳定,透明
胶体分散系统	1~100 nm	透明,多相,在普通显微镜下观察不到,但在超显微镜下可观察到
粗分散系统	> 100 nm	混浊,易沉降,在普通显微镜下即可观察到

按照分散相和分散介质的聚集状态,可以对胶体分散系统进行再分类,具体如下(同时,见表 17.2)。

以气体为分散介质所形成的胶体称为气溶胶(aerosol)。当分散相为固体时,形成的

表 17.2　按照聚集状态对胶体分散系统分类

分散介质	分散相	分散系统名称	实例
气	气	—	—
	液	气溶胶,是液气分散系统	雾
	固	气溶胶,是固气分散系统	烟,尘
液	气	液溶胶,是气液分散系统	泡沫
	液	液溶胶,是液液分散系统	牛奶,石油原油
	固	液溶胶,是固液分散系统	金溶胶,油漆
固	气	固溶胶,是气固分散系统	泡沫塑料
	液	固溶胶,是液固分散系统	珍珠,豆腐
	固	固溶胶,是固固分散系统	不互溶合金,有色玻璃

溶胶可称为固气溶胶,如烟、含尘埃的空气等;而当分散相为液体时,形成的溶胶可称为液气溶胶,如雾、潮湿空气等。霾是一种由大量烟、尘等微粒悬浮在空气中形成的混浊现象,其具体成因目前尚不完全明晰。从气象学的角度来看,雾与霾的主要区别在于其水分含量。水分含量在 90% 以上的称为雾,而水分含量低于 80% 的则称为霾。霾的核心物质是空气中悬浮的灰尘颗粒,这些颗粒在气象学中称为气溶胶颗粒。

应当指出的是,有时将分散相粒子半径在 100~1000 nm 的分散系统也纳入胶体的范畴。由此,常将含 PM2.5 的大气看作一种气溶胶,它属于固气溶胶。对于乳状液,其分散相质点的半径亦大于 100 nm,严格来讲属于粗分散系统,但是也常常列入胶体的范围进行研究。

PM2.5 是指大气中直径小于或等于 2.5 μm 的颗粒物,亦称可入肺颗粒物。虽然 PM2.5 只是大气成分中含量很少的组分,但它对空气质量和能见度等具有不容忽视的影响。PM2.5 尺寸小,比表面积大,富含大量的有毒、有害物质,而且在大气中停留时间长、输送距离远,因而对人体健康和大气环境质量影响颇大。显而易知,监测和控制 PM2.5 是一项具有重要意义的实际工作。

需要注意的是,在气溶胶中,并不存在气气溶胶,因为系统所包含的所有气体均能完全均匀地混合,形成的是单一均相系统,亦是热力学上的稳定系统。

以液体为分散介质所形成的胶体称为液溶胶(lyosol)。当分散相为气体时,形成的溶胶可称为气液溶胶,如泡沫(foam);当分散相为液体时,形成的溶胶可称为液液溶胶,也称为乳状液(emulsion),如牛奶、石油原油等;当分散相为固体时,形成的溶胶可称为固液溶胶,如金溶胶、氢氧化铁溶胶,油漆等。

以固体为分散介质所形成的胶体称为固溶胶(solid sol)。当分散相为气体时,形成的溶胶可称为气固溶胶,如泡沫塑料等;当分散相为液体时,形成的溶胶可称为液固溶胶,例如珍珠、豆腐等;当分散相为固体时,形成的溶胶可称为固固溶胶,如完全不互溶的合金、有色玻璃等。

当然,本书主要围绕固液溶胶和液液溶胶进行阐述。

这里,需要说明的是,过去曾将大分子溶液定义为亲液溶胶,这是因为大分子的质点半径落在胶体粒子的范围之内,而且大分子对分散介质又是亲和的。而我们所熟悉的溶胶[如 $Fe(OH)_3$ 溶胶和 AgI 溶胶等]则称为憎液溶胶。现今,已将亲液溶胶改称为大(高)分子溶液,憎液溶胶则简称为溶胶。若分散介质是水,则称为水溶胶。

只有典型的憎液溶胶方能表现出溶胶的特性。溶胶的基本特性是特有的分散程度、多相不均匀性和热力学不稳定性(或称易聚结不稳定性)。相对照,大分子溶液是单相均匀系统,而且是热力学上的稳定系统。

17.3　溶胶的动力性质

溶胶中胶体粒子的运动与溶液中溶质分子的运动相似,即胶粒在溶胶系统中不断地做无规则的运动。胶体粒子的运动受到其尺寸大小的影响,颗粒越大,运动强度越小。胶粒在热运动过程中呈现布朗运动、扩散、渗透压等现象,以及在重力场作用下展现沉降和沉降平衡现象,这些统称为溶胶的动力学性质。

一、布朗运动

1827 年,英国植物学家布朗(R. Brown,1773—1858)用显微镜观察悬浮在水面上的花粉时,发现花粉颗粒在不停地做无规则运动。这种悬浮粒子的无规则运动称为布朗运动。从本质上讲,悬浮粒子的布朗运动是由分散介质分子的无规则运动引起的。分散介质分子不停地进行着无序运动,并随机撞击悬浮颗粒。当悬浮颗粒尺寸相对较小的时候,它受到的各个方向的作用力是不能抵消的。当某一瞬间、某一个方向的力相对较强时,悬浮粒子会向该方向运动,而在另外一个瞬间又会向其他方向移动,从而导致粒子的无规则折线运动,即布朗运动。图17.1 展示了布朗运动所呈现的不规则的折线运动路径。当颗粒尺寸较大时,它受到各个方向上的分散介质分子的撞击概率相当,合力近似为零。一般来说,当粒子直径大于5 μm 时,粒子的布朗运动便会消失。

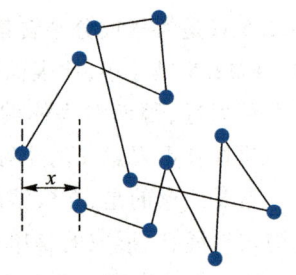

图 17.1　布朗运动示意图

1903 年,由于超显微镜的诞生,人们可以直观地观察胶体粒子的运动,并由此发现,胶粒同样存在布朗运动。而且,通过大量的观测工作得出结论:粒子越小,布朗运动越激烈,且胶粒布朗运动的激烈程度随温度的升高而增强。

1905 年,爱因斯坦在研究粒子的布朗运动过程时,确立了粒子半径(r)、介质黏度(η)、温度(T)、粒子运动时间(t)与粒子在 x 方向上的平均位移($\bar{x}$)之间的关系,提出了爱因斯坦-布朗运动公式,即

$$\bar{x} = \sqrt{\frac{RT}{L} \cdot \frac{t}{3\pi\eta r}} \tag{17.1}$$

式中，R 为摩尔气体常数；L 为阿伏伽德罗常数。

二、扩散与渗透

当存在浓度梯度时，胶体粒子与溶液中的溶质分子一样，也会因为布朗运动（即热运动），自发地从高浓度向低浓度方向移动，这个过程称为扩散。溶胶粒子在扩散过程中会使浓度梯度逐渐降低并消失，直到系统浓度变得均一。布朗运动是扩散现象的微观本质，而扩散是布朗运动的宏观表现。

如图 17.2 所示，若胶体粒子大小均一，假设在 $CDFE$ 的矩形区域中，某一截面 AB 两侧的胶体浓度不同，且 $c_1 > c_2$，那么就会发生胶体粒子从 c_1 区域向 c_2 区域的扩散，则穿过 AB 截面的物质的量为 n 的胶体粒子的扩散速率为 $\frac{\mathrm{d}n}{\mathrm{d}t}$，它与浓度梯度 $\frac{\mathrm{d}c}{\mathrm{d}x}$、$AB$ 截面的面积 A 成正比，即

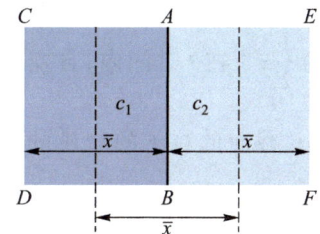

图 17.2 胶粒的扩散

$$\frac{\mathrm{d}n}{\mathrm{d}t} = -DA\frac{\mathrm{d}c}{\mathrm{d}x} \tag{17.2}$$

式（17.2）即是菲克第一定律（Fick's first law）。由于扩散是从浓度较高处向着浓度较低处进行，故在扩散方向上，$\frac{\mathrm{d}c}{\mathrm{d}x}$ 的值为负。所以，式中存在一个负号。比例系数 D 称为扩散系数，其物理意义是，在单位浓度梯度时，单位时间内通过单位截面积的物质的量。

菲克第一定律描述的是浓度梯度保持不变的理想情况。但实际情况是，浓度梯度会沿着扩散过程进行的方向而发生变化。仍如图 17.2 所示，设 AB 和 EF 之间距离为 $\mathrm{d}x$，在单位时间内由左向右进入 AB 面的扩散量为 $-DA\frac{\mathrm{d}c}{\mathrm{d}x}$，离开 EF 面的扩散量则为 $-DA\left[\frac{\mathrm{d}c}{\mathrm{d}x} + \frac{\mathrm{d}}{\mathrm{d}x}\left(\frac{\mathrm{d}c}{\mathrm{d}x}\right)\mathrm{d}x\right]$。单位时间内在 $ABFE$ 体积内，粒子净增加的量为

$$-DA\frac{\mathrm{d}c}{\mathrm{d}x} - \left\{-DA\left[\frac{\mathrm{d}c}{\mathrm{d}x} + \frac{\mathrm{d}}{\mathrm{d}x}\left(\frac{\mathrm{d}c}{\mathrm{d}x}\right)\mathrm{d}x\right]\right\} = DA\left[\frac{\mathrm{d}}{\mathrm{d}x}\left(\frac{\mathrm{d}c}{\mathrm{d}x}\right)\mathrm{d}x\right]$$

因此，单位体积内粒子数量随时间的变化率可以表示为

$$\frac{\mathrm{d}c}{\mathrm{d}t} = \frac{DA\left[\frac{\mathrm{d}}{\mathrm{d}x}\left(\frac{\mathrm{d}c}{\mathrm{d}x}\right)\mathrm{d}x\right]}{A \cdot \mathrm{d}x} = D\frac{\mathrm{d}^2c}{\mathrm{d}x^2} \tag{17.3}$$

式(17.3)即是菲克第二定律(Fick's second law)。若考虑扩散系数 D 受浓度的影响,则菲克第二定律可以表示为

$$\frac{\mathrm{d}c}{\mathrm{d}t} = \frac{\mathrm{d}}{\mathrm{d}x}\left(D\frac{\mathrm{d}c}{\mathrm{d}x} \right) \tag{17.4}$$

式(17.4)是菲克第二定律表示式的普遍形式。

假如,图 17.2 所示的截面积为单位面积,且只考虑粒子在 x 轴方向上的位移,设 $\bar{x}$ 为时间 t 内在 x 轴方向上的平均位移。CD 面和 EF 面与 AB 面之间的距离均为 $\bar{x}$,其中 $CDBA$ 区域和 $ABFE$ 区域内溶胶的平均浓度分别为 c_1 和 c_2,且 $c_1 > c_2$。在 AB 面的两侧可以找出浓度为 c_1 和 c_2 的截面,用虚线表示。由于浓度分布是连续的,所以两条虚线所示的截面正好分别位于 CD 与 AB 面以及 AB 与 EF 面的正中间,距离 AB 截面的长度均为 $\frac{1}{2}\bar{x}$。在 t 时间内,自左向右通过 AB 截面的粒子的物质的量为 $\frac{1}{2}\bar{x}c_1$,自右向左通过 AB 截面的粒子的物质的量为 $\frac{1}{2}\bar{x}c_2$,则自左向右通过 AB 截面的粒子的净物质的量为

$$\frac{1}{2}\bar{x}c_1 - \frac{1}{2}\bar{x}c_2 = \frac{1}{2}\bar{x}(c_1 - c_2)$$

在一定温度时,通过 AB 截面的粒子,其扩散的物质的量与浓度梯度$\left(\text{设 } \bar{x} \text{ 很小,可以}\right.$ 近似为$\left.\frac{\mathrm{d}c}{\mathrm{d}x} \approx \frac{c_1 - c_2}{\bar{x}}\right)$及扩散时间 t 成正比,这一关系可以表示为 $D\frac{c_1 - c_2}{\bar{x}}t$,即

$$\frac{1}{2}\bar{x}(c_1 - c_2) = D\frac{c_1 - c_2}{\bar{x}}t$$

所以

$$D = \frac{\bar{x}^2}{2t} \tag{17.5}$$

式(17.5)即是爱因斯坦-布朗位移方程。

将爱因斯坦-布朗运动公式[即式(17.1)]代入式(17.5),则有

$$D = \frac{\bar{x}^2}{2t} = \frac{\dfrac{RT}{L} \cdot \dfrac{t}{3\pi\eta r}}{2t}$$

整理后,得

$$D = \frac{RT}{L} \cdot \frac{1}{6\pi\eta r} \tag{17.6}$$

显然,可以依据布朗运动的实验值,通过式(17.5)求得胶粒的扩散系数 D,进而通过式

(17.6)求得胶粒的半径 r。同时，还可以依据胶粒的密度 ρ，进一步求得胶粒的摩尔质量 M，即

$$M = \frac{4}{3}\pi r^3 \rho L$$

爱因斯坦认为，扩散过程与渗透压(π)存在密切的关系。假如，在图17.2中的 AB 位置处安放一个半透膜，胶体粒子由于体积大，自然不能透过半透膜，而膜两侧的溶胶浓度有差别，这个浓度差产生渗透压差(π)，可以使分散介质分子从浓度 c_2 区域穿过半透膜向浓度 c_1 区域渗透。我们可以通过稀溶液的渗透压公式来计算溶胶的渗透压，即

$$\pi = \frac{n}{V}RT = cRT$$

式中，n 为体积为 V 的溶胶中所含胶团的物质的量。关于"胶团"概念及胶团结构，将在17.4节具体介绍。

由于憎液溶胶不稳定，其配制的浓度不能大，故渗透压很不显著，即渗透压很难测准。但是，对于大分子溶液，由于它是热力学上的稳定系统，可以配制的浓度相对较大，因此可以通过渗透压方法比较准确地测定大分子的摩尔质量。

例 17.1 设某金溶胶的浓度为 $2\ g\cdot dm^{-3}$，分散介质的黏度为 $0.001\ Pa\cdot s$，金的密度为 $1.93\times10^4\ kg\cdot m^{-3}$，已知金溶胶的胶粒呈球形，胶粒的半径为 $1.3\ nm$。试求算金溶胶在 298 K 时(1) 扩散系数；(2) 布朗运动在 x 方向上移动 0.5 mm 所需的时间；(3) 渗透压。

解：(1)基于式(17.6)计算溶胶的扩散系数 D，即

$$D = \frac{RT}{L}\cdot\frac{1}{6\pi\eta r}$$

$$= \frac{8.314\ J\cdot K^{-1}\cdot mol^{-1}\times298\ K}{6.022\times10^{23}\ mol^{-1}\times6\times3.14\times0.001\ Pa\cdot s\times1.3\times10^{-9}\ m}$$

$$= 1.680\times10^{-10}\ m^2\cdot s^{-1}$$

(2) 基于爱因斯坦-布朗位移方程，即式(17.5)，得

$$t = \frac{\overline{x}^2}{2D} = \frac{(0.5\times10^{-3}\ m)^2}{2\times1.680\times10^{-10}\ m^2\cdot s^{-1}} = 744\ s$$

(3) 将 $2\ g\cdot dm^{-3}$ 转换为物质的量浓度，即

$$c = \frac{m}{VM} = \frac{m}{V\times\frac{4}{3}\pi r^3 \rho L}$$

$$= \frac{2 \text{ kg}}{1 \text{ m}^3 \times \frac{4}{3} \times 3.14 \times (1.3 \times 10^{-9} \text{ m})^3 \times 1.93 \times 10^4 \text{ kg} \cdot \text{m}^{-3} \times 6.022 \times 10^{23} \text{ mol}^{-1}}$$

$$= 0.0187 \text{ mol} \cdot \text{m}^{-3}$$

渗透压为

$$\pi = cRT = 0.0187 \text{ mol} \cdot \text{m}^{-3} \times 8.314 \text{ J} \cdot \text{K}^{-1} \cdot \text{mol}^{-1} \times 298 \text{ K} = 46.33 \text{ Pa}$$

三、沉降及沉降平衡

胶体粒子不仅存在扩散作用,同时还会受到自身重力的作用而下沉,这种现象称为沉降。扩散作用使得溶胶中的胶体粒子浓度趋向均匀,而重力作用则使粒子浓度趋向于不同。当这两种方向相反的作用力大小相等时,粒子的分布达到平衡,形成一定的浓度梯度,这种平衡称为沉降平衡。

当达到沉降平衡时,单位体积内的胶体粒子数目随高度分布的状况可以应用高度分布定律来表示。如图 17.3 所示,设在截面积为 A 的圆形容器中盛有溶胶,且胶体粒子是半径为 r 的球形粒子,设介质和粒子的密度分别为 $\rho_{介质}$ 和 $\rho_{粒子}$,在高度 x_1 和 x_2 处,单位体积内的胶体粒子数分别为 N_1 和 N_2,则在厚度为 $\text{d}x$ 的微小层(设单位体积中粒子个数为 N)内使粒子下降的重力为

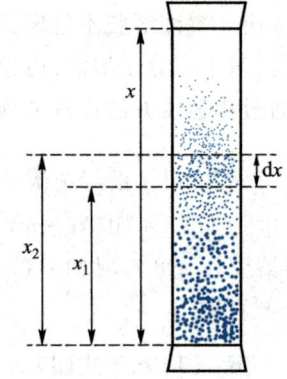

图 17.3　胶粒的沉降平衡

$$N A \text{d}x \cdot \frac{4}{3} \pi r^3 (\rho_{粒子} - \rho_{介质}) g$$

式中,g 为重力加速度。在该微小层 $\text{d}x$ 内,粒子受到的与重力方向相反的扩散力为 $(-A\text{d}\pi)$,其中的负号表示扩散力与重力方向相反。应用稀溶液渗透压公式,即 $\pi = cRT$,则扩散力可以表示为

$$- A\text{d}\pi = - ART\text{d}c = - ART\frac{\text{d}N}{L}$$

当达到沉降平衡时,重力与扩散力相等,即

$$-RT\frac{\text{d}N}{L} = N\text{d}x \cdot \frac{4}{3} \pi r^3 (\rho_{粒子} - \rho_{介质}) g$$

通过对上式进行定积分,则得

$$RT\ln\frac{N_2}{N_1} = - \frac{4}{3} \pi r^3 (\rho_{粒子} - \rho_{介质}) gL(x_2 - x_1)$$

或写为

$$\frac{N_2}{N_1} = \exp\left\{\frac{1}{RT}\left[-\frac{4}{3}\pi r^3(\rho_{粒子}-\rho_{介质})gL(x_2-x_1)\right]\right\} \tag{17.7}$$

上式即是胶体粒子的高度分布公式。

显而易知,上述公式与气体随高度分布的公式完全相同,这表明胶体粒子的布朗运动与气体分子的热运动在本质上是相同的。由高度分布公式可知,粒子的质量越大,其平衡浓度随着高度的降低也越大。

在高度分散系中,粒子沉降缓慢,往往需要很长的时间才能达到沉降平衡。例如,对于半径为 10 nm 的金溶胶粒子,下降 1 cm 所需要的时间为 29 天。然而,可以通过施加离心力促使其快速沉降下来。1923 年,瑞典科学家斯维德伯格(T. Svedberg,1884—1971)发明并制造了超离心机,用于研究胶体分散系。1926 年,斯维德伯格因此获得诺贝尔化学奖。

在超离心力场中,当沉降达到平衡时,扩散力与超离心力的大小相等,方向相反,因此

$$RT\frac{\mathrm{d}N}{L} = N\mathrm{d}x \cdot \frac{4}{3}\pi r^3(\rho_{粒子}-\rho_{介质})\omega^2 x$$

式中,ω 为超离心机的旋转角速度;x 为旋转轴到溶胶中的某一位置的距离。$\omega = 2\pi n$,n 为转速。通过对上式进行定积分,可得

$$RT\ln\frac{N_2}{N_1} = \frac{4}{3}\pi r^3(\rho_{粒子}-\rho_{介质})\omega^2 L\frac{1}{2}(x_2^2-x_1^2)$$

由于胶粒的摩尔质量 $M = \frac{4}{3}\pi r^3\rho_{粒子}L$,则有

$$2RT\ln\frac{c_2}{c_1} = M\left(1-\frac{\rho_{介质}}{\rho_{粒子}}\right)\omega^2(x_2^2-x_1^2)$$

$$M = \frac{2RT\ln\dfrac{c_2}{c_1}}{\left(1-\dfrac{\rho_{介质}}{\rho_{粒子}}\right)\omega^2(x_2^2-x_1^2)} \tag{17.8}$$

由上式可知,借助在超离心力场中的沉降平衡,可以测定胶粒的摩尔质量。

此外,通过测定沉降速率,可以求得球形胶粒的半径。粒子在分散介质中沉降时,受到重力和摩擦力的共同作用。当这两个方向相反的力大小相等时,粒子则以恒定速度下降。沉降时所受的阻力为 $f\dfrac{\mathrm{d}x}{\mathrm{d}t}$,其中 f 为摩擦系数,$\dfrac{\mathrm{d}x}{\mathrm{d}t}$ 为沉降速率。根据斯托克斯(Stokes)定律,球形粒子的摩擦系数 $f = 6\pi\eta r$,则在重力场中,当胶粒以恒定速度沉降时,有

$$6\pi\eta r\frac{\mathrm{d}x}{\mathrm{d}t} = \frac{4}{3}\pi r^3(\rho_{粒子} - \rho_{介质})g$$

$$r = \sqrt{\frac{9}{2}\frac{\eta\dfrac{\mathrm{d}x}{\mathrm{d}t}}{(\rho_{介质})g}} \tag{17.9}$$

基于式(17.9),可以通过测定胶粒在重力场中的沉降速率 $\dfrac{\mathrm{d}x}{\mathrm{d}t}$,求得胶粒的半径 r。反之,若已知胶粒的半径 r,则可通过测定胶粒在一定时间内在重力场中下降的距离,获得分散系统的黏度 η。

例 17.2 已知某球形溶胶粒子的半径 $r = 6.25 \times 10^{-8}$ m,在 25 ℃时,溶胶在圆柱形容器内达到沉降平衡。使用席格蒙弟发明的超显微镜在两个不同高度处观测,测得 $\Delta x = 4.4 \times 10^{-5}$ m,在不同高度 x_1 和 x_2 处(注:$x_2 > x_1$),每立方米中胶粒的数目分别为 $N_1 = 9.9 \times 10^8$ 个和 $N_2 = 1.35 \times 10^8$ 个。已知水的密度 $\rho_{介质} = 1.0 \times 10^3$ kg·m^{-3},胶粒的密度 $\rho_{粒子} = 1.932 \times 10^4$ kg·m^{-3}。试根据这些观测结果计算阿伏伽德罗常数 L。

解: 在前面,得到了胶体粒子的高度分布公式,即

$$RT\ln\frac{N_2}{N_1} = -\frac{4}{3}\pi r^3(\rho_{粒子} - \rho_{介质})gL(x_2 - x_1)$$

上式变换,得

$$L = -\ln\frac{N_2}{N_1}\left[\frac{RT}{\dfrac{4}{3}\pi r^3(\rho_{粒子} - \rho_{介质})(x_2 - x_1)g}\right]$$

$x_2 - x_1 = \Delta x$,球形胶粒的体积用 V 表示,$V = \dfrac{4}{3}\pi r^3$,则上式继续变换为

$$L = -\ln\frac{N_2}{N_1}\left[\frac{RT}{V(\rho_{粒子} - \rho_{介质})\Delta xg}\right]$$

$$V = \frac{4}{3}\pi r^3 = \frac{4}{3} \times 3.14 \times (6.25 \times 10^{-8})^3\ \mathrm{m}^3 = 1.023 \times 10^{-21}\ \mathrm{m}^3$$

将 $R = 8.314$ J·K^{-1}·mol^{-1} = 8.314 m^2·kg·s^{-2}·K^{-1}·mol^{-1},g = 9.80 m·s^{-2},$V = 1.023 \times 10^{-21}$ m^3 和题中给出的 Δx、N_1、N_2、$\rho_{介质}$、$\rho_{粒子}$ 等值,以及 $T = 298.15$ K 代入上述 L 的计算式,可得

$$L = 6.11 \times 10^{23}\ \mathrm{mol}^{-1}$$

17.4 溶胶的电学性质

一、胶粒和胶团结构

1. 形成憎液溶胶的条件

形成憎液溶胶有两个必要条件,一是分散相的溶解度要足够小,二是须有稳定剂存在,否则胶粒易聚结而聚沉。这种稳定剂即是少量的电解质。

2. 胶粒和胶团的形成及结构表示

纳米级的胶体粒子虽然由大量的分子、离子构成,但因胶粒的尺寸较小,呈高度分散状态,所以具有很大的表面积。这会导致胶体粒子表面吸附离子而荷电。这里,以 $AgNO_3$ 与 KI 发生复分解反应制备 AgI 胶体为例说明。在制备过程中,先由一定量的难溶产物 AgI 分子形成胶核,即 $(AgI)_m$,然后 $(AgI)_m$ 胶核表面吸附某种离子而带电荷。需要注意的是,胶核吸附离子是有选择性的。其选择吸附原则是,优先吸附与胶核中具有相同元素的离子。如果在制备时,反应物 KI 过量,则过量的 KI 即为溶胶系统的稳定剂。这时,$(AgI)_m$ 胶核优先吸附稳定剂中的 I^-,使胶核表面带负电荷,其结构可以表示为 $(AgI)_m nI^-$,其中 m 为胶核中 AgI 分子的数目,而 n 是胶核上吸附的 I^- 离子数目。在静电引力作用下,带正电荷的 K^+ 被吸附在 $(AgI)_m \cdot nI^-$ 的周围。不过,应当明确的是,仅有一部分 K^+ 紧密地吸附在表面,形成紧密层,而另一部分 K^+ 则分布于相距较远的扩散层。这个由 $(AgI)_m \cdot nI^-$ 紧密吸附 K^+ 所组成的带电集团,$[(AgI)_m \cdot nI^- \cdot (n-x)K^+]^{x-}$,即为胶粒。连同扩散层中的 K^+ 所组成的集团,即 $[(AgI)_m \cdot nI^- \cdot (n-x)K^+]^{x-} \cdot xK^+$,则称为胶团,胶团是电中性的。在胶体系统中,胶粒带电,而且胶粒是独立运动单位。与离子类似,胶粒和胶团也会发生溶剂化。

如果在制备过程中,$AgNO_3$ 过量,则过量的 $AgNO_3$ 即是溶胶系统的稳定剂。在这种情况下,$(AgI)_m$ 胶核将优先吸附稳定剂中的 Ag^+ 而使胶粒带正电荷。胶粒和胶团的结构式分别为 $[(AgI)_m \cdot nAg^+ \cdot (n-x)NO_3^-]^{x+}$ 和 $[(AgI)_m \cdot nAg^+ \cdot (n-x)NO_3^-]^{x+} \cdot xNO_3^-$(见图 17.4)。

二、电动现象

在外加电场的作用下,带电粒子或介质发生定向移动,这一现象称为分散系统的电动现象(electrokinetic phenomenon)。

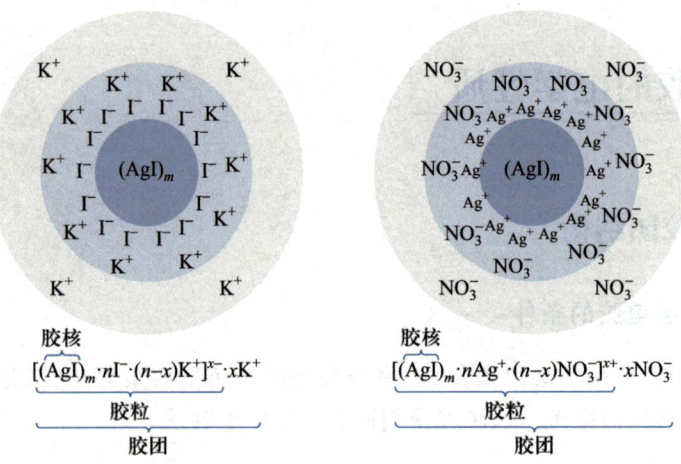

图 17.4　KI 过量和 AgNO₃ 过量时所得 AgI 胶团结构示意图

1. 胶粒带电的本质原因

胶体粒子带电的主要原因有如下 4 个方面。(1) 吸附,这已在上一小节中结合具体例子进行了阐述。不过,应当说明的是,如果系统中不存在与胶核中元素相同的离子,那么在胶核表面一般优先吸附水化能力较弱的负离子,使胶粒带负电荷,例如天然溶胶通常均是负电溶胶。(2) 同晶取代。例如,蒙脱石是层状铝硅酸盐矿物,它的层骨架由两层硅氧四面体和一层夹于其间的铝氧(氢氧)八面体构成,其硅氧四面体中的 Si^{4+} 常被 Al^{3+} 取代,铝氧八面体中的 Al^{3+} 被 Mg^{2+} 等低态价阳离子取代,这使层状骨架带负电荷。为了保持电中性,层间会吸附阳离子(如 H^+ 和 Na^+)。蒙脱石在水介质中能分散成胶态并解离,使蒙脱石粒子表面荷负电。(3) 解离。对于易于发生解离的大分子,解离是胶粒荷电的主要因素。例如蛋白质分子,带有许多羧基和氨基,在 pH 较高的溶液中,解离生成 P—COO⁻ 而带负电荷;在 pH 较低的溶液中,则生成 P—NH₃⁺ 而带正电荷。在某一特定的 pH 时,生成的 P—COO⁻ 和 P—NH₃⁺ 数量相等,其净电荷为零,该 pH 则为蛋白质的等电点。(4) 溶解量不均衡。离子键型难溶固体在形成溶胶时,由于正、负离子的溶解量不同,使胶粒带电荷。例如,将 AgI 分散于水中制成溶胶时,由于 Ag^+ 较小,活动能力强,它比 I^- 更容易脱离晶格而进入液相,致使胶粒带负电荷。

2. 电泳

带有电荷的胶粒在电场的作用下发生定向迁移,这一现象称为电泳(electrophoresis)。图 17.5 所示为界面移动电泳装置(通常称界面移动电泳仪)。在实验时,首先通过漏斗向标有精密刻度的 U 形管中注入含有胶粒的液态分散系统。然后,通过底部的旋塞调整 U 形管两侧液面,使其刚好与两侧旋塞的上方平齐,之后完全关闭三个旋塞。接下来,在 U 形管两侧注入等高的分散介质或其他辅助溶液。将电极插入其中后通电,并随即打开 U 形管两侧的旋塞。观测溶胶分散系统与分散介质之间界面的移动方向,并测定电泳进行的速率,以判断溶胶系统中胶粒所带电荷的符号并确定电动电势。关于电动电势概念,将在 17.5 节介绍。

为了观测方便,通常在分散系统中加入显色剂,使溶胶系统与分散介质之间的界面保持清晰。当然,对于无色溶胶系统,亦可借助光学方法监测界面的移动情况。若在分散系统中加入电解质,则会减弱甚至阻止胶体粒子的电泳现象。而且,电解质的加入还可能改变胶粒的带电符号。除了外加电解质的种类、pH、离子强度之外,分散系统中带电胶粒的大小、形状、荷电数目,以及电场强度和温度等因素均有可能对电泳产生影响。

必须清楚的是,电泳实验的首要目的是分离,并不是测定电泳速度。

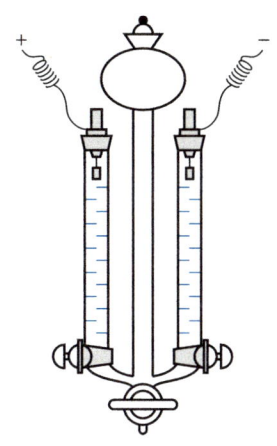

图 17.5　界面移动电泳装置

除了上面介绍的界面移动电泳仪之外,测定电泳的仪器或技术还包括梯塞留斯电泳仪、显微电泳仪和区域电泳等。其中,区域电泳,或称区带电泳,主要包括纸上电泳、凝胶圆盘电泳、板上电泳等。区域电泳在生物化学中常用于分离和鉴别氨基酸和蛋白质。区域电泳实验简便、易行,样品用量少,分离效率高,是分析和分离蛋白质的基本方法。血清中各个组分由于相对分子质量的差异,具有不同的迁移速度,因此在进行区域电泳时,会呈现出不同的移动次序,在通电结束时,不同的组分则会固定在距离起点不同的位置处。可见,生物分离是电泳技术的一个极其重要的应用方向。

1937 年,瑞典科学家梯塞留斯(A. W. K. Tiselius,1902—1971)利用精密电泳技术将血清蛋白分离为白蛋白、α-球蛋白、β-球蛋白、γ-球蛋白,并证明抗体活性主要存在于 γ-球蛋白中,即具有抗体活性的免疫球蛋白主要是 γ-球蛋白。今天,人类健康水平的提高和寿命的延长,与梯塞留斯卓有成效的研究工作是分不开的。1948 年,为表彰梯塞留斯对电泳现象和吸附作用的分析,特别是对血清蛋白复杂性质的发现,授予了他诺贝尔化学奖。

3. 电渗

电渗(electroosmosis)也是电动现象之一。与荷电的胶体粒子在电场中定向移动的电泳现象不同,电渗所描述的是,在外加电场的作用下,带电荷介质通过多孔膜或半径为 1~10 nm 的毛细管时作定向移动的现象。图 17.6 所示为电渗实验装置。其中,多孔膜可以选用滤纸、玻璃或棉花等物质,也可以采用氧化铝、碳酸钡、AgI 等物质。如果多孔膜吸附阴离子,则液相介质带正电荷,在电场作用下向阴极作定向移动;反之,若多孔膜吸附阳离子,则带负电荷的液相介质向着阳极作定向移动。外加电解质对电渗速度影响显著,随着外加电解质浓度的增加,电渗速度减小,甚至会改变液体介质的电渗方向。电渗技术的实际应用有很多,如海水淡化、溶胶净化、染料的干燥等。

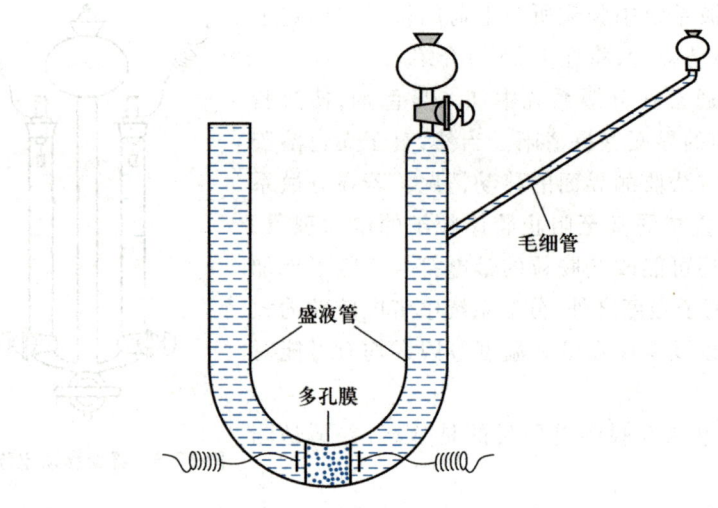

图 17.6   电渗实验装置

4. 沉降电势和流动电势

在重力场作用下,带电的胶体粒子在分散介质中快速沉降时,使底层与顶部的粒子浓度具有较大差别,从而产生电势差,这乃是沉降电势(sedimentation potential)。在贮油罐中,油内的水滴因重力场作用而沉降,会形成很高的电势差,存在引发事故的风险。为了消除这种风险,通常需要在油中加入有机电解质,以增加介质电导,降低沉降电势。

由于固体管壁会吸附某种离子,使固体表面带电荷,液相中带反号电荷的离子从固-液界面到液相本体有一个分布梯度。如图 17.7 所示,当外力作用于液相,使液相的扩散层流动时,液体介质相对于固体表面流动而产生的电势差,即为流动电势(streaming potential)。当流速很快时,则有可能产生电火花。因此,在使用管道输送石油原油或者其他有机化工原料时,需要使管道接地,并加入油溶性电解质(其作用是增加介质的电导),以避免因流动电势可能引发严重后果。

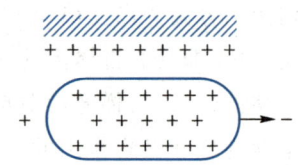

图 17.7   流动电势示意图

17.5   双电层理论和 ζ 电势

一、小引

当固体与液体接触时,可以选择性地吸附液相中的某种离子,或者离子键形固体分子中因两种离子的溶解量不同,致使某种离子易于进入液相,这会造成固、液两相分别带有不同符号的电荷,在界面处形成双电层结构。早在1879年,亥姆霍兹曾提出平板型模型。后来,古伊和查普曼于1910年和1913年分别修正了平板型模型,并提出扩散双电层模型,或称古伊–查普曼模型。1924年,施特恩提出Stern模型,又称Stern双电层模型。下面逐一简要介绍这几种模型。

二、平板型模型

亥姆霍兹认为,固体表面的电荷与溶液中的反号离子构成平行的两层,类似于一个平板型电容器,称为双电层(electric double layer)。双电层的厚度用δ表示,如图17.8所示。固体表面与液相内部的总电势差即等于热力学电势φ_0,在双电层内,φ_0呈直线下降。对于溶胶系统,在电场作用下,带电胶粒(固相)和分散介质中的反号离子分别向相反方向定向运动。

然而,这个模型过于简化,由于离子具有热运动,现实中,电荷分布不可能呈现理想的平板电容器型。另外,该模型没有涉及电动电势ζ,当然也就无法解释外加电解质对电动电势ζ的影响。

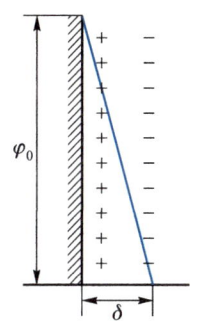

图17.8 亥姆霍兹平板型模型

三、扩散双电层模型

古伊和查普曼对平板型模型进行了的修正。他们认为双电层由紧密层和扩散层构成。具体而言,由于正、负离子之间的静电吸引和热运动两种效应的共同作用,液相中只有一部分反号离子会紧密地排列在固体表面附近,这些反号离子距离固体表面有一到两个离子的厚度,这一层称为紧密层;而其余的反号离子则按一定的浓度梯度从紧密层开始直至全部分布于液相本体,离子的分布可以用玻尔兹曼公式表示,这部分反号离子则构成扩散层。可见,扩散双电层由紧密层和扩散层两部分构成。

对于溶胶系统,当在电场作用下发生电动现象时,胶粒发生移动的界面(即切动面)为AB面(见图17.9)。切动面与液相内部的电势差即是电动电势,或称ζ电势。

扩散双电层模型恰当地反映了反号离子在扩散层中的分布态势及相应电势的变化情况,在今天看来,这依然是没有问题的。然而,扩散双电层模型的缺陷在于:(1)把离子看作点电荷,没有考虑离子的溶剂化效应;(2)没有考虑固体表面上的特性吸附(specific adsorption)。

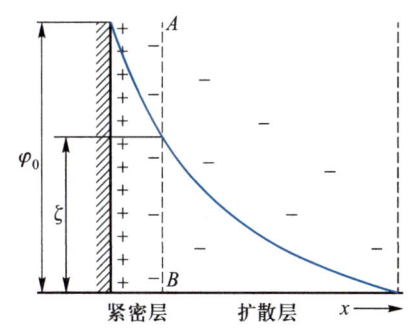

图17.9 扩散双电层模型

四、Stern 模型

施特恩对扩散双电层模型做了进一步的修正。施特恩认为,吸附在固体表面的紧密层大约具有一个分子层的厚度,又称为 Stern 层。这种吸附相当于朗缪尔单分子层吸附,即特性吸附。在紧密层中,由反号离子电性中心构成的平面称为 Stern 平面。由于离子的溶剂化作用,在电场中,当胶粒发生定向移动时,紧密层会结合一定数量的溶剂分子一起移动。因此,其切动面由比 Stern 层略微偏右的曲线表示,可称为滑动面(或滑移面,shear surface)。从固体表面到 Stern 平面,电势从 φ_0 直线下降为 φ_δ,带有溶剂化层的滑动面与液体本体之间的电势差即为 ζ 电势,见图 17.10。

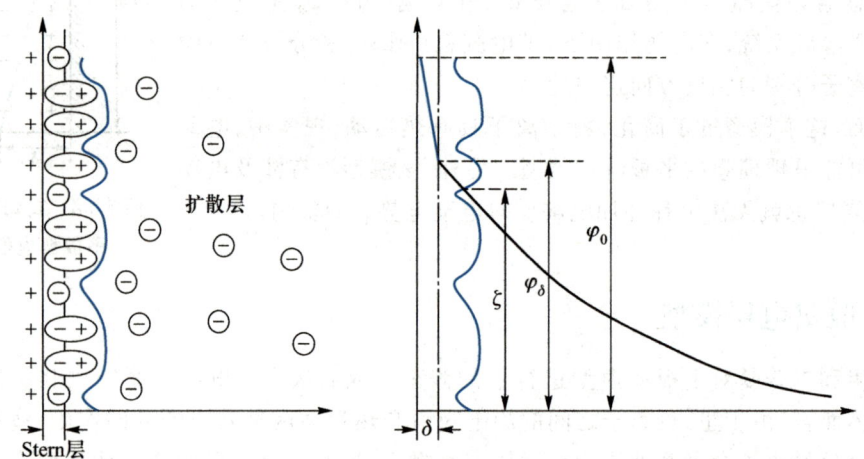

图 17.10   扩散双电层的 stern 模型

五、ζ 电势

1. ζ 电势及其意义

在电场中,当带电胶粒作定向移动时,其切动面与液体本体之间的电势差称为 ζ 电势(zeta potential),或称电动电势(electrokinetic potential)。前已述及,在扩散双电层模型中,切动面 AB 与液体本体之间的电势差,即为 ζ 电势;而在 Stern 模型中,带有溶剂化层的滑动面与液体本体之间的电势差,则为 ζ 电势。因为 ζ 电势只有在带电质点发生移动时才展现,因此它又被称作电动电势。

实际上,ζ 电势是衡量溶胶稳定性的物理量。当胶粒的 ζ 电势降低时,胶粒即会变得不稳定而趋向于发生聚沉。

ζ 电势不同于热力学电势。热力学电势数值 φ_0 主要取决于液相中总体上与固体成平衡的离子浓度,即只与被吸附的离子或被电离下去的离子的活度有关,与其他离子存在与否及其浓度并无关系。ζ 电势通常总低于热力学电势 φ_0,外加电解质可以使 ζ 电势减小甚至改变符号。如图 17.11(a)所示,δ 表示固体表面所束缚的溶剂化层的厚度,而 d 表示没有外加电解质时双电层的厚度,这个厚度受电解质的价数、电解质浓度、温度等因素的影响。

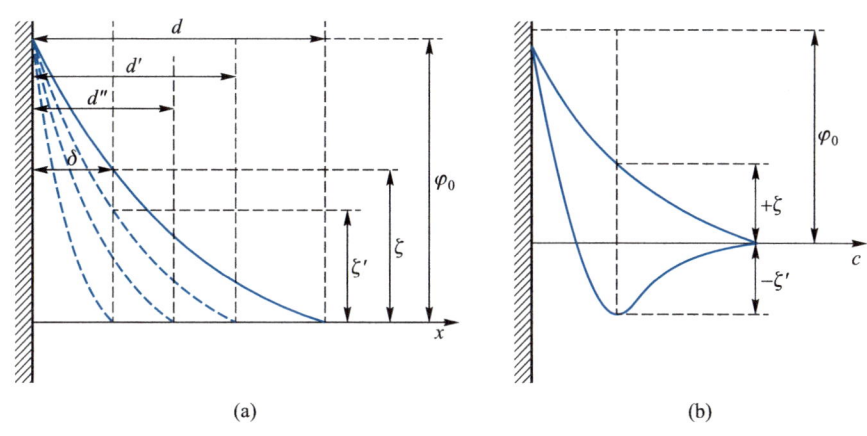

(a)   (b)

图 17.11   外加电解质对 ζ 电势的影响

随着外加电解质浓度的增加,与固体表面离子符号相反的离子逐渐进入溶剂化层,导致双电层厚度变薄(从 d 变为 d',d'',$\cdots$),ζ 电势亦随之下降(从 ζ 变为 ζ',$\cdots$)。当双电层被压缩到与溶剂化层重合时,ζ 电势可降低至零。如果外加电解质中的异电性离子价数较高或吸附性较强,溶剂化层可能会吸附过多的异电性离子,从而使 ζ 电势改变符号。图 17.11(b)展示了 ζ 电势改变符号前后双电层的电势变化情况。

基于扩散双电层模型和 ζ 电势,可以直观地说明电泳效应。如图 17.12 所示,胶粒表面与扩散层中的其余异电性离子(即阳离子)之间的电势差即是 ζ 电势。在外加电场的作用下,胶粒(带负电荷)与扩散层中的其余异电性离子(即阳离子)向着相反方向作定向移动,便产生了电泳效应。电泳时,胶粒的移动速度 v 与胶粒的形状、电荷及外加电场的电场强度、ζ 电势等有关,亦与分散介质的介电常数和黏度有关。

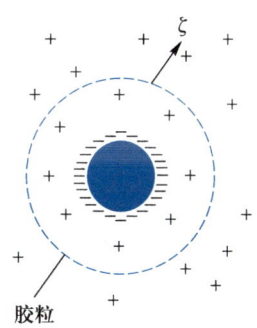

图 17.12   胶粒表面双电层结构示意图

2. ζ 电势计算

基于双电层模型,由电学理论可以导出胶粒的 ζ 电势与胶粒电泳速率 v 之间的关系,即

$$\zeta = \frac{K\pi\eta v}{E\varepsilon} \tag{17.10}$$

式中,E 为电场的电势梯度;ε 为介质的介电常数;η 为介质黏度;K 为常数。K 值与胶粒形状密切相关,对于球状胶粒,$K = 6$;对于棒状胶粒,$K = 4$。在利用式(17.10)计算 ζ 电势时,须乘以一个与单位换算有关的因子,该因子等于 9×10^9,即

$$\zeta = 9 \times 10^9 \times \frac{K\pi\eta v}{E\varepsilon_r} \tag{17.11}$$

应当注意的是,式(17.11)中的 ε_r 为相对介电常数,是量纲为 1 的量。

> **例 17.3**   在进行 As_2S_3 溶胶的电泳实验时,外加电压为 210 V,两电极间的距离为 0.385 m,通电时间为 36 分 12 秒,溶胶界面向正极移动的距离为 0.032 m,介质的相对介电常数为 81.1,介质的黏度为 0.00103 Pa·s。设胶粒为棒状的。试判断 As_2S_3 溶胶胶粒所带电性,并计算胶粒的 ζ 电势。(注:1 Pa·s = 1 kg·m^{-1}·s^{-1}。)

解: 由题可知,在外加电场作用下,溶胶界面向正极发生定向移动,由此可判定 As_2S_3 溶胶胶粒带负电荷。

因为胶粒形状为棒状,故 $K = 4$,基于式(17.11),得

$$\zeta = 9 \times 10^9 \times \frac{K\pi\eta v}{E\varepsilon_r} = 9 \times 10^9 \times \frac{4 \times 3.14 \times 0.00103 \text{ Pa·s} \times \dfrac{0.032 \text{ m}}{2172 \text{ s}}}{\dfrac{210 \text{ V}}{0.385 \text{ m}} \times 81.1}$$

$$= 0.0388 \text{ V} = 38.8 \text{ mV}$$

17.6   溶胶的稳定性和聚沉作用

一、溶胶的稳定性概述

我们知道,溶胶是一个热力学不稳定系统,胶粒之间存在着聚结的趋势,因为这能够降低溶胶系统的自由能。

然而,胶粒的尺寸并不是太大,故胶粒具有较为剧烈的布朗运动,这使其在重力场中又不易沉降,即溶胶又表现出动力稳定性。另外,剧烈的布朗运动也增加了胶粒相互碰撞并聚集成大粒子的可能性。因此,稳定的溶胶应同时保持动力学稳定性和抗聚结稳定性。

溶胶的抗聚结稳定性不仅与布朗运动有关,还与胶粒的 ζ 电势密切相关。当胶粒相距较远时,它们之间的相互作用以吸引为主,当胶粒由远到近相互靠近,使它们的双电层发生部分交叠时,则产生静电排斥作用,导致胶粒又相互远离,这样即可维持溶胶的稳定。可见,胶粒所具有的 ζ 电势是溶胶保持稳定性的重要因素。

前面已指出,与离子类似,胶粒也会发生溶剂化,而胶粒表面的溶剂化层对溶胶的稳定性亦有重要影响。胶粒表面因吸附某种离子而带电荷,胶粒表面的离子均是溶剂化的,这样便在胶粒周围形成了一个溶剂化膜。溶剂化膜中的溶剂分子倾向于定向排列。当胶粒彼此靠近时,溶剂化膜受到挤压而发生变形,但由于定向排列的趋势,它会试图恢复到

原来的排列状态,即溶剂化膜具有弹性,这种弹性成为胶粒相互靠近时的一种阻力。同时,溶剂化膜中的溶剂具有较高的黏度,这也为胶粒相互靠近增添了阻力。

二、影响溶胶聚沉的因素

外加电解质、溶胶的浓度、温度及胶体系统间的相互作用均会对溶胶的稳定性产生影响。其中,有关电解质的影响研究比较充分。关于溶胶浓度的影响,一般情况下,浓度增加,胶粒碰撞的机会增加,溶胶更易于发生聚沉。关于温度的影响,温度升高,粒子碰撞频率增加,碰撞强度也会增大,同样使溶胶易于发生聚沉。下面主要就电解质的影响进行细致的阐述,同时对不同溶胶系统之间相互作用的影响亦作简要描述。

1. 外加电解质对于溶胶聚沉作用的影响

外加电解质对溶胶的稳定性影响很大,或者说,溶胶对外加电解质十分敏感。结合前面的阐述可知,外加电解质主要通过影响胶粒的带电状况,使胶粒的 ζ 电势降低,从而使胶粒变得不稳定而发生聚沉。

通常采用聚沉值(coagulation value)表示电解质的聚沉能力。其定义是,为使一定量的溶胶在一定时间内完全聚沉所需电解质的最小浓度。电解质的聚沉能力是聚沉值的倒数。聚沉值越大的电解质,其聚沉能力越小;而聚沉值越小的电解质,其聚沉能力越大。

由表 17.3 可知,对于同一溶胶,外加电解质中与胶粒带相反电荷的离子(即反号离子)的价数越低,其聚沉值越大,相应地,聚沉能力越小;反之,外加电解质的反号离子价数越高,聚沉值越小,相应地,聚沉能力则越大。

表 17.3 不同电解质对溶胶的聚沉值

单位: $mmol \cdot dm^{-3}$

As_2S_3 (负溶胶)		AgI (负溶胶)		$Fe(OH)_3$ (正溶胶)	
NaCl	51	$NaNO_3$	140	NaCl	9.25
KCl	49.5	KNO_3	136	KCl	9.0
KNO_3	50	$RbNO_3$	126	KBr	12.5
KAc	110	$\frac{1}{2}K_2SO_4$	23	KI	16
$MgCl_2$	0.72	$Mg(NO_3)_2$	2.60	$MgSO_4$	0.22
$MgSO_4$	0.81	$Pb(NO_3)_2$	2.43		
$AlCl_3$	0.093	$Al(NO_3)_3$	0.067		
$\frac{1}{2}Al_2(SO_4)_3$	0.096	$La(NO_3)_3$	0.069		
$Al(NO_3)_3$	0.095	$Ce(NO_3)_3$	0.069		

外加电解质对溶胶系统聚沉作用的影响,遵循如下规律。

（1）电解质的聚沉值和聚沉能力主要取决于与胶粒带相反电荷的电解质离子的价数。对于给定溶胶,当异电性离子为一、二、三价时,其聚沉值的比例约为 $100 : 1.6 : 0.14$,相当于 $\left(\dfrac{1}{1}\right)^6 : \left(\dfrac{1}{2}\right)^6 : \left(\dfrac{1}{3}\right)^6$。这表明,聚沉值与异电性离子价数的 6 次方成反比,一般称为舒尔茨-哈迪规则。

（2）价数相同的反号离子,其聚沉能力也有差别。例如,不同的一价阳离子所对应的硝酸盐（或硝酸）,其对负电性溶胶的聚沉能力由大到小的顺序为

$$H^+ > Cs^+ > Rb^+ > NH_4^+ > K^+ > Na^+ > Li^+$$

不同的一价阴离子所对应的钾盐,对正电性溶胶的聚沉能力由大到小的顺序为

$$F^- > Cl^- > Br^- > NO_3^- > I^- > SCN^-$$

这种按聚沉能力大小排列的同价阳离子或阴离子的次序称为感胶离子序。

（3）有机物类的反号离子通常具有较强的聚沉能力,这有可能与它们具有优异的吸附能力有关。

（4）电解质的聚沉作用是正、负离子作用的总和。当与胶粒带相反电荷的离子是同一种离子时,通常,相同电性离子的价数越高,则该电解质的聚沉能力越小。例如,对于带负电荷的亚铁氰化铜溶胶,KNO_3、K_2SO_4 和 $K_4[Fe(CN)_6]$ 的聚沉值分别为 $28.7\ mol \cdot m^{-3}$、$47.5\ mol \cdot m^{-3}$ 和 $260.0\ mol \cdot m^{-3}$。另外,同电性离子价数相同的有机盐要比无机盐的聚沉值大,即有机盐的聚沉能力相对较小。例如,对于带负电荷的亚铁氰化铜溶胶,$K_2C_4H_4O_6$ 的聚沉值为 $95.0\ mol \cdot m^{-3}$,而 K_2SO_4 的聚沉值为 $47.5\ mol \cdot m^{-3}$。

（5）不规则聚沉。当作为聚沉剂的电解质中含有高价反号离子或有机反号离子时,可能发生不规则聚沉,即在溶胶中加入少量的电解质可以使溶胶聚沉,当电解质浓度稍高时,沉淀则重新分散形成溶胶,并使胶粒所带电荷的符号发生改变。如果电解质的浓度继续升高,则可以使新形成的溶胶再次聚沉。

通常认为,不规则聚沉是胶粒对高价反号离子或有机反号离子的强烈吸附所导致。当电解质浓度达到聚沉值时,此时 ζ 电势降至零附近,溶胶发生聚沉。当电解质浓度再增加时,胶粒会吸附高价反号离子或有机反号离子而重新带电荷,溶胶又重新稳定,显然,此时胶粒所带电荷与原来相反。当电解质浓度继续增加时,由于胶粒表面对高价或有机离子吸附达到饱和,胶粒则不会随电解质浓度的增加而继续保持稳定。

2. 胶体之间的相互作用

读者不难理解,如果将带相反电荷的溶胶［例如,带正电荷的 $Fe(OH)_3$ 溶胶和带负电荷的 Sb_2S_3 溶胶］相互混合,则会引起溶胶聚沉。然而,与加入电解质的情况不同,只有当两种溶胶的用量恰好使它们所带电荷的量相等时,才能完全聚沉,否则会发生不完全聚沉,甚至不发生任何聚沉。

3. 大分子化合物对溶胶的稳定作用和絮凝作用

前已述及,大分子溶液可以看作一种亲液溶胶。如果在憎液溶胶中加入某些大分子溶液时,根据加入量的不同,则会出现两种不同的结果。

(1) 大分子化合物对溶胶的稳定作用。当加入的大分子溶液的量足够多时,它会保护溶胶不发生聚沉,这种作用即是大分子化合物对溶胶的保护作用,又称空间稳定性。其原因是,加入大分子的数量大,使大分子化合物将一个个的胶粒包围起来,形成保护膜,避免了胶粒之间及胶粒与电解质离子之间的接触。而且,受到大分子保护的溶胶系统显示出一些亲液溶胶的特性。

通常使用金值来衡量大分子溶液对金溶胶的保护能力。金值定义是,为保护 10 cm³ 的 0.006% 金溶胶,使之在加入 1 cm³ 的 10% NaCl 溶液后不发生聚沉,所需加入大分子保护剂的最小质量。金值通常以毫克(mg)表示,金值越小,表明大分子保护剂的保护能力越强,或者说对溶胶的稳定作用越强。

(2) 大分子化合物对溶胶的絮凝作用。当加入少量大分子溶液时,会促使溶胶迅速聚沉,形成的沉淀呈疏松的棉絮状,这种现象通常称为絮凝作用。产生絮凝作用的大分子化合物称为絮凝剂。其原因是,加入的大分子的数量不足,憎液溶胶的胶粒会黏附在大分子链上,大分子实际上起着桥联作用,将胶粒联系在一起,或者说,憎液溶胶的胶粒将大分子包围起来了,使胶粒更容易发生聚沉。

大分子对溶胶的絮凝作用与电解质的聚沉作用有着较大差别。由电解质引起的聚沉过程比较缓慢,所得到的沉淀颗粒较为紧密而且体积小,这是电解质压缩了溶胶粒子的扩散双电层结构所导致的。而由大分子化合物所引起的絮凝作用,其特征是,沉淀迅速、彻底,所得沉淀物疏松,而且便于过滤,絮凝剂用量少等。

絮凝作用具有重要的实际应用价值。例如,在对 SiO₂ 溶胶进行定量分析时,为了提高准确性,在 SiO₂ 溶胶中加入少量明胶,能够促使溶胶发生快速、彻底的聚沉,这十分有利于随后的过滤操作,可以有效地减少过滤时物质的损失。

三、胶体稳定性的 DLVO 理论简介

胶体系统具有自发降低其较大的相界面和自由能的趋势,容易发生聚沉,因此在热力学上被视为不稳定系统。然而,胶体粒子由于具有相对较小的粒径,因而又呈现较强的布朗运动,这有助于阻止溶胶在重力场中的聚沉。尽管存在这种动力学稳定性,但普遍的认知是,热力学不稳定性的影响相对较大。热力学上的不稳定性会导致胶粒聚结而变大,溶胶因而发生聚沉。在这种情况下倘若再谈溶胶的动力学稳定性,便没有任何实际意义。

20 世纪 40 年代,苏联学者杰里亚金(B. V. Derjaguin)、兰多(L. Landau)与荷兰学者弗卫(E. J. W. Verwey)、奥弗毕克(J. T. G. Overbeek)针对胶体系统的热力学不稳定性,分别提出各种形状的胶粒在不同情况下的相互吸引能与双电层排斥能的计算方法。这些学

者处理问题的方式与得出的结论基本相同,因此通常将他们的理论共称为 DLVO 理论,4
个字母取自于 4 位学者姓名的首字母。

胶体粒子之间存在吸引力和排斥力,这两
种作用力分别促使胶粒聚结和阻止其聚结。因
此,胶体稳定性取决于这两种相反作用力的相
对大小,而这两种作用力的大小均与粒子之间
的距离有关。如图 17.13 所示,当粒子间相距很
远时,粒子间不存在相互作用;当相距较远时,
则以吸引作用为主,即引力势能(用 V_a 表示)大
于斥力势能(用 V_b 表示),总势能($V_a + V_b$)为负
值;当粒子间相互接近时,则斥力势能 V_b 大于引

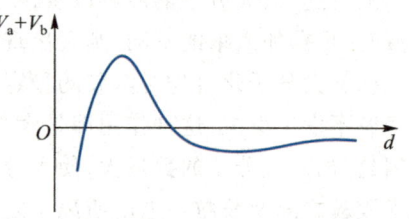

图 17.13   粒子间相互作用势能与
其距离的关系曲线

力势能 V_a,总势能($V_a + V_b$)为正值,而且随着粒子间距离进一步减小出现峰值,这个峰值
称为势能垒。势能垒的大小在胶体稳定性方面十分关键,胶粒发生聚结时必须越过这个
势能垒,方能进一步靠近。如果势能垒很小,粒子的热运动便能克服它而发生聚结,即胶
体呈现聚结不稳定性。如果势能垒很大,粒子的热运动则不足以克服它,粒子也就不能聚
结,即胶体保持相对稳定。

DLVO 理论提供了计算胶粒之间斥力势能和引力势能的方法,为评估溶胶系统的稳
定性提供了定量依据。同时,揭示了聚沉值与异电性离子电价之间的关系,并从理论上阐
明了舒尔茨-哈迪规则。从 DLVO 理论得到的以水为介质时计算电解质聚沉值的定量关
系式为

$$\text{聚沉值} = \text{常数} \times \frac{\varepsilon^3 (kT)^5 \gamma_0^4}{A^2 z^6}$$

式中,ε 是介质的介电常数;k 是玻尔兹曼常数;γ_0 是与施特恩电势有关的函数;A 是哈梅
克常量;z 是电解质中反号离子的电荷(或价数)。

17.7   溶胶的光学性质

当提及溶胶的光学性质时,读者便会立刻想到丁铎尔效应。那么丁铎尔效应能否从
本质上给予说明? 丁铎尔现象背后的本质因素又能否进行定量描述呢? 在本节中将回答
这些问题。

一、丁铎尔效应和瑞利公式

1. 丁铎尔效应与光散射现象

当一束光通过溶胶时,从侧面可以观察到一个发光的圆锥体,这便是丁铎尔效应。

丁铎尔效应实际上是胶体分散系统对入射光散射的结果。其他分散系统虽然也会产生散射光,但远不如溶胶显著。因此,丁铎尔效应即成为分辨溶胶与分子溶液最简便的方法,如图 17.14 所示。

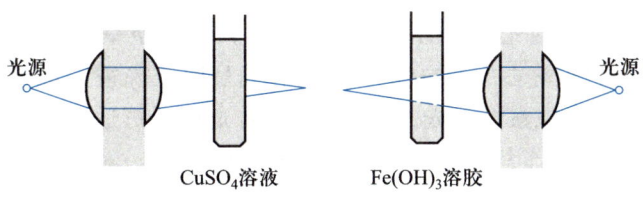

光源　　　　　CuSO₄溶液　　Fe(OH)₃溶胶　　　　光源

图 17.14　丁铎尔效应

丁铎尔效应的另一个特点是,从不同方向观察照射到溶胶产生的光柱时,其颜色不同。例如,对于 AgBr 溶胶,当从光线透过的方向观察时,呈现淡红色,而从与光线垂直的方位观察时,则呈淡蓝色。

当光束照射到分散系统时,一部分光线会自由通过,而另一部分光线,或被吸收,或被反射,或发生散射。当可见光光束照射粗分散系统时,由于分散相粒子太大,大大超过入射光的波长(可见光的波长在 400~750 nm),主要发生反射和折射现象,故系统呈现出混浊的外观。而当可见光照射胶体系统时,由于胶粒的尺寸小于入射光的波长,则主要发生散射现象,因此可以产生丁铎尔效应。当可见光照射分子溶液时,因分散相粒子的尺寸远小于可见光波长,理论上可以产生大量散射光。但是,由于溶液分散系统非常均一,散射光会因相互干涉而几乎完全抵消,因此并不能看到明显的散射光。

2. 光散射现象的本质和瑞利散射公式

众所周知,光是电磁波。当照射到分子溶液或溶胶系统时,分子、离子或胶粒中的电子排布发生位移,产生偶极子。这些偶极子向各个方向发射与入射光频率相同的光,这便是光的散射。分子溶液因为其高度的均一性,这些散射光相互干涉而彼此抵消,所以几乎看不到散射光。相比之下,溶胶是一个多相不均匀系统,胶粒和介质分子上产生的散射光并不能够抵消,因而呈现较强的散射现象。如果溶胶对可见光中的某一特定波长的光有较强的选择性吸收,那么在透过的光中该波长段将会变弱,这时透射光将呈现出该波长光的补色。例如,红色的金溶胶对 500~600 nm 波长的绿光有较强的吸收,当光透过金溶胶后,其颜色为绿色的补色,即呈现出红色。

历史上,英国物理学家瑞利(R. J. S. Rayleigh,1842—1919)最早从理论上研究了光散射现象。1871 年,他在大量研究工作的基础上,给出了散射光强度的计算公式,即

$$I = \frac{9\pi^2 v V^2}{2\lambda^4 R^2} \left(\frac{n_1^2 - n_2^2}{n_1^2 + 2n_2^2} \right)^2 (1 + \cos^2\theta) I_0 \qquad (17.12)$$

式(17.12)即是瑞利公式,适用于粒子半径小于 47 nm 的系统。式中,λ 为入射光波长;I_0 为入射光强度;θ 为散射角;R 为散射距离;v 为单位体积内的粒子数;V 为单个粒子的体

积；n_1 和 n_2 分别为分散相和分散介质的折射率。

　　根据瑞利公式，可以得出如下结论。（1）散射光的强度与入射光波长的四次方成反比。入射光的波长越短，散射光强度越大，散射现象越显著。因此，在可见光中，蓝色光和紫色光的散射作用较强。例如，当用白色光照射硫或乳香溶胶系统时，从侧面观察到的散射光呈现蓝紫色，而透过的光则呈现橙色。再如，晴朗的天空呈现蓝色，而在早晨或傍晚时分，当朝着太阳升起或落去的方向观察时，会看到晨曦或晚霞呈红色。这意味着波长较短的光源更适合用于观察散射光，而波长较长的光源则更适合用于观察透射光。例如，在雾天，车辆行驶时，车灯规定为黄色。我们知道，雾是一种气溶胶，交通上的这种规定即是基于黄色光的散射作用弱而透射作用强。再如，在测定多糖、蛋白质等物质的旋光度时，通常采用散射作用较弱的黄色光（钠光）作为光源。（2）散射光强度与分散相的粒子体积的平方成正比，即分散相粒子体积越大，散射光强度越大。（3）分散相与分散介质的折射率相差越大，散射光强度越大，散射作用也越显著。例如，粒径相近的蛋白质溶胶和硫溶胶相比，硫溶胶的散射作用较为显著。（4）散射光强度与单位体积中的粒子数成正比。

　　利用上述结论（2）和（3），可以很好地解释为什么分子溶液无明显的丁铎尔效应。对于分子溶液，一方面其分散相（溶质）粒子很小，另一方面，溶质一般具有较厚的溶剂化层，使分散相和分散介质的折射率变得差别不大，所以分子溶液的散射光相当微弱，一般很难观察到。

　　瑞利公式对于非金属溶胶系统的适用性较好。但是，对于金属溶胶，由于有较强的光吸收作用，则比较复杂。

3. 乳光计原理

　　除了单位体积中的粒子数（即浓度）和粒子的体积外，当其他条件都固定时，瑞利公式可以写为

$$I = KvV^2$$

当使用单位体积内胶粒的质量（用 c 表示，单位是 $kg \cdot dm^{-3}$）代替 v 时，即 $v = \dfrac{c}{V\rho}$，代入上式，可得

$$I = \frac{KcV}{\rho}$$

式中，ρ 为胶粒的密度，单位为 $kg \cdot dm^{-3}$。设粒子为球形，将 $V = \dfrac{4}{3}\pi r^3$ 代入上式，因为除浓度 c 和粒子半径 r 外，其他的量都一定，故经整理后，可得

$$I = K'cr^3$$

若两种溶胶的浓度相同，而球形胶粒的半径不同，则

$$\frac{I_1}{I_2} = \frac{r_1^3}{r_2^3} \tag{17.13}$$

若球形胶粒的半径相同,而溶胶浓度不同,则

$$\frac{I_1}{I_2} = \frac{c_1}{c_2} \tag{17.14}$$

如果已知一种溶胶的散射光强度和胶粒半径(或浓度),通过测定未知溶胶的散射光强度,就可以获知未知溶胶的胶粒半径(或浓度),这便是乳光计的工作原理。

乳光计与比色计的原理具有类似性,但不同之处是,乳光计的光源从侧面照射溶胶,因此测定的是散射光的强度。

*二、超微显微镜及其应用

1. 超显微镜的作用和意义

普通显微镜的分辨率有限,不能够分辨半径在 100 nm 以下的粒子,因此无法应用于研究胶体系统。席格蒙弟发明的超显微镜具有更高的分辨率,能够观察半径为 5~150 nm 的粒子。不过,应当指出的是,超显微镜并不是直接观察胶粒本身,而是观察胶粒发出的散射光光点。其原理类似于利用普通显微镜观察丁铎尔效应。具体地,采用很强的入射光从侧面照射溶胶,并在黑暗背景下进行观察。超显微镜是目前研究溶胶极为有效的工具之一,它在胶体化学的发展过程中曾起到重要作用,它的发明者席格蒙弟因此荣获 1925 年诺贝尔化学奖。

通过超显微镜可以获得如下有用信息。(1)可以粗略地确定球形胶粒的平均半径,读者可根据前面的知识思考如何确定。不过,应当明确的是,若要较为准确地确定胶体粒子的大小,则须借助电子显微镜。(2)间接推测胶粒的形状。例如,球形粒子不闪光,而不对称的粒子在向光面变化时则会出现闪光现象。若粒子形状不对称,当大的一面向光时,光点会显得更亮;而当小的一面向光时,光点则会变暗。这便是闪光现象。然而,要准确地确定胶粒的形状,也须借助电子显微镜。(3)判断胶体粒子的均一性。根据乳光计原理,假设是球形胶粒,胶粒半径不同,则散射光的强度也不同,所以通过观察胶粒发出的散射光光点,便可大致判断胶粒是否均一。(4)通过观测胶粒的布朗运动,可以测定在时间 t 内粒子在 x 方向上的平均位移($\bar{x}$)等。

2. 两种典型的超显微镜

(1)狭缝式超显微镜。如图 17.15 所示,光束从碳弧光源射出,经过一个可调狭缝,再由透镜会聚,并从侧面照射到盛有溶胶的样品池中。通过超显微镜的目镜,可以观察胶粒的散射光。

(2)装有心形聚光器的超显微镜。如图 17.16 所示,这种超显微镜装配有一个心形

部件,其上面完全涂黑。当入射光进入配有心形部件的腔体后,并不能直接射入目镜,而是在腔壁上经历多次反射,最后从侧面会聚于盛有胶体样品的样品池。通过超显微镜的目镜,可以观察胶粒发出的散射光。

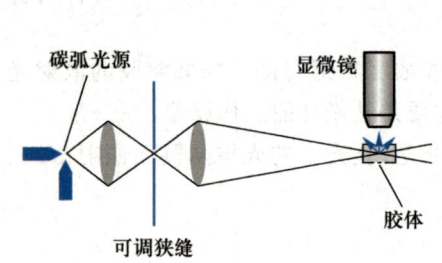

图 17.15　狭缝式超显微镜示意图

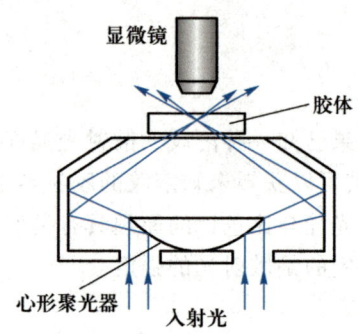

图 17.16　装有心形聚光器的超显微镜示意图

17.8　溶胶的制备和净化

一、溶胶的制备

为了制得符合要求的稳定溶胶,必须确保分散相粒子的大小落在胶体分散系统的范围之内,并且需要加入适量的稳定剂。稳定剂即是少量电解质。溶胶的制备方法主要有分散法和凝聚法两大类。采用机械或化学方法使固体粒子变小的制备方法即是分散法,而使分子或离子聚集成胶粒的方法则是凝聚法。通常,将由这两种方法直接制得的粒子称为原级粒子。然而,根据具体的制备条件,这些粒子可能会进一步聚集成更大的次级粒子。一般而言,所制备的胶体系统中,其胶粒大小并不均一,因此胶体是一个多级分散系统。

1. 分散法

这里介绍的分散法包括研磨法、胶溶法、超声分散法、电弧法。

(1)研磨法。这种方法适用于脆而易碎的物质,对于柔韧性的物质,必须先经过硬化处理后方能研磨。研磨需要使用胶体磨,胶体磨的形式多种多样,其研磨分散能力因构造和转速的不同而有所不同。图 17.17 展示的是一种典型的盘式胶体磨。其中,A 为空心转轴,与磨盘 B 相连,在工作时向某一方向旋转,而磨盘 C 向相反方向旋转。假设该胶体磨的转速为 10000~20000 r·min^{-1},若将分散

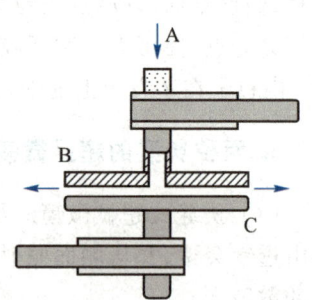

图 17.17　盘式胶体磨示意图

相、分散介质和稳定剂从空心转轴 A 处加入,而从 B 盘与 C 盘的狭缝中飞出,利用两盘之间的应切力可将固体粉碎,由此获得尺寸约为 1000 nm 的粒子。

(2)胶溶法。胶溶法亦称解胶法,是指在加入适量电解质作稳定剂的前提下,将新鲜的凝聚胶粒重新分散于介质中形成溶胶的过程。加入的稳定剂又称胶溶剂。在选择胶溶剂时,应基于胶核所能吸附的离子。此方法常常应用于化学凝聚法制备溶胶的过程。为了去除化学凝聚法所形成的过量电解质副产物,先将胶粒进行过滤和洗涤,然后再尽快分散于含有胶溶剂的介质中,形成溶胶。例如:

$$Fe(OH)_3(新鲜沉淀) \xrightarrow{\text{加 } FeCl_3} Fe(OH)_3(溶胶)$$

$$AgBr(新鲜沉淀) \xrightarrow{\text{加 } AgNO_3 \text{ 或 } KBr} AgBr(溶胶)$$

(3)超声波分散法。这种方法目前主要用于制备乳状液。如图 17.18 所示,将两种互不相溶的液体(分别作为分散相和分散介质)放置于样品管中。样品管固定于变压器油浴中。当在两个电极上通入高频电流时,位于电极中间的石英片发生机械振荡,可使样品管中的两种液体混合均匀,形成乳状液。

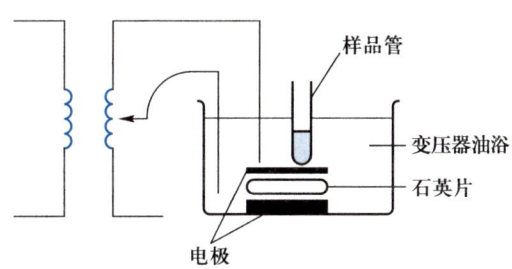

图 17.18 超声波分散装置示意图

(4)电弧法。电弧法主要用于制备金、银、铂等贵金属溶胶。制备过程包括分散和凝聚两个步骤。首先,将贵金属制成两个电极并浸没于盛有水的水盘中,同时将水盘置于冷浴中。为了获得稳定的溶胶,须在水中加入适量的 NaOH 作为稳定剂。制备时,在两电极之间施加约 100 V 的直流电,并调整两电极间的距离以产生电火花。在此过程中,金属在电极表面发生蒸发,这是分散过程。随后,金属蒸气迅即被水冷却并凝聚成胶粒,由此可获得稳定的贵金属的水溶胶。

2. 凝聚法

凝聚法包括化学凝聚法和物理凝聚法两大类。

(1)化学凝聚法。利用各种化学反应使生成物达到过饱和状态,进而使初生成的难溶物微粒结合形成胶粒,并在少量稳定剂的存在下形成稳定的溶胶。这种稳定剂通常是某一过量的反应物。

例如,通过复分解反应制备硫化砷溶胶,通过氧化还原反应制备金溶胶,通过水解反应制备氢氧化铁溶胶,以及通过氧化还原反应制备硫溶胶等。典型化学凝聚法制备相应

溶胶的反应式为

$$AgNO_3(稀) + KI(稀) \longrightarrow KNO_3 + AgI(溶胶)$$

$$FeCl_3 + 3H_2O(热) \longrightarrow Fe(OH)_3(溶胶) + 3HCl$$

$$2H_2S + SO_2 \longrightarrow 2H_2O + 3S(溶胶)$$

$$Na_2S_2O_3 + 2HCl \longrightarrow 2NaCl + H_2O + SO_2 + S(溶胶)$$

对于每个反应,其中某一反应物是过量的。由于胶粒表面吸附了具有溶剂化层的反应物离子,溶胶变得稳定。然而,如果离子浓度过高,反而导致溶胶发生聚沉。例如,当 H_2S 气体通入 $CdCl_2$ 溶液时,会析出 CdS 沉淀,但不会形成溶胶。这是因为反应过程中生成的大量强电解质 HCl,会破坏 CdS 溶胶的稳定性。在这种情况下,要获得稳定的溶胶,则需要快速采取必要措施,去除多余的电解质。

（2）物理凝聚法。通过蒸气骤冷、更换溶剂等物理过程可以使难溶物微粒结合成胶粒。例如,将汞蒸气通入冷水中即可形成汞的水溶胶,在该过程中生成的少量氧化物可以起到稳定剂的作用。采用蒸气凝聚法还可以制备碱金属的苯溶胶,其装置如图 17.19 所示。

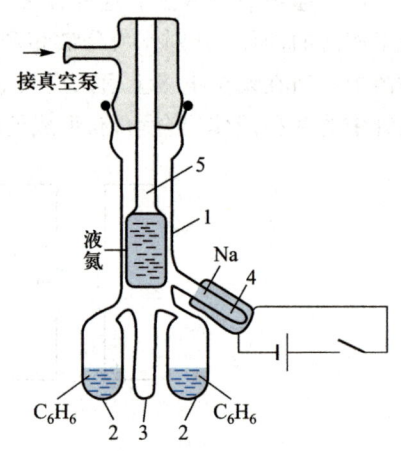

图 17.19　蒸气骤冷法制备碱金属的苯溶胶实验装置

具体操作是,首先将系统抽真空,然后适当加热管 2（盛放苯）和管 4（盛放金属钠）,使钠和苯的蒸气同时在盛有液氮的管 5 外壁凝聚。除去管 5 中的液氮后,凝聚在管 5 外壁上的金属钠和苯一起融化,可在管 3 中形成钠的苯溶胶。

基于物质在两种不同溶剂中溶解度的显著差异,也可以制备溶胶。这种方法称为更换溶剂法。不过,应当注意的是,这两种溶剂必须能够完全互溶。例如,松香易溶于乙醇而难溶于水,因此将松香的乙醇溶液滴入水中即可以制得松香的水溶胶。

二、溶胶的净化

在利用化学凝聚法制备溶胶的过程中,常生成多余的电解质,如在制备 $Fe(OH)_3$ 溶胶时生成大量的 HCl。少量电解质可以作为溶胶的稳定剂,但是过多的电解质,则使溶胶变得不稳定,容易引起聚沉,因此必须除去。除去溶胶中多余电解质的过程,即是溶胶的净化。净化的方法主要有渗析法和超过滤法。

1. 渗析法

将需要净化的溶胶放置于由羊皮纸或动物膀胱膜等半透膜制成的容器内,并将该半透膜容器置于纯溶剂中。利用膜内、外的浓度差,多余的电解质离子会不断地向膜外渗透。通过经常更换溶剂,便可以净化半透膜容器内的溶胶。为了加快渗析速度,可以将盛有溶胶的半透膜容器不断地旋转。此外,为了进一步提高渗析速度,可以在盛有溶胶的半透膜两侧外加一电场,使多余的电解质离子向相应的电极作定向移动。这种渗析法称为电渗析法。如果溶剂能够不断地自动更换,则可以进一步提高净化速度。

2. 超过滤法

使用半透膜作为过滤膜,通过加压或吸滤方式,在压差作用下迅速分离胶粒与含有电解质杂质的介质,这种过滤方式即是超过滤法。随后,将留在半透膜上的胶粒迅即用含有稳定剂的介质重新分散,即可得到净化后的稳定溶胶。为了加快过滤速度,可以在半透膜两侧安装电极并施加一定电压,使电渗析和超过滤合并进行。这种方式称为电超过滤法,它可以降低超过滤的压力,并高效去除多余的电解质。

*三、溶胶的形成条件和老化机制

溶胶的形成过程包含两个阶段,即晶核的形成和晶体的生长。如果晶核生成速率很慢,而晶体生长速率很快,则会得到粒度较大的胶粒,甚至系统可能产生沉淀;相反,如果晶核生成速率很快,而晶体生长速率很慢或者接近停止,则会得到高分散度的溶胶。

晶核形成过程的速率取决于晶核形成和其进一步生长两方面的因素。当从溶液中析出固体时,有一个前提条件,即溶质的浓度必须超过其平衡浓度(溶解度),此时晶核形成的速率可以表示为

$$v_1 = k \frac{Q-c}{c} \tag{17.15}$$

式中,c 为平衡浓度;Q 为过饱和浓度。晶体长大的速率可以表示为

$$v_2 = DA \frac{Q-c}{\delta} \tag{17.16}$$

式中,D 为溶质扩散系数;A 为晶核的表面积;δ 是扩散过程中溶质粒子移动的距离。

若要得到分散度很高的溶胶,则须控制晶核形成速率 v_1 和晶体长大速率 v_2,使 v_2 很小甚至接近于零。

当 $\frac{Q-c}{c}$ 的值很大时,生成大量晶核后,$(Q-c)$ 值急剧下降,从而使 v_2 迅速降低,这种情况显然有利于形成溶胶。当 $\frac{Q-c}{c}$ 的值较小时,生成的晶核数量较少,$(Q-c)$ 值降幅较小,v_2 则较大,这有利于晶体生长,并形成大块沉淀。当 $\frac{Q-c}{c}$ 的值很小时,生成的晶核

数量也很少,这说明溶液浓度高出平衡浓度并不多,因此晶体生长也十分缓慢,这亦有利于形成溶胶。

新制得的溶胶通常含有较高浓度的电解质。其中,仅有一小部分电解质起着溶胶系统稳定剂的作用,这一小部分电解质的离子须吸附于胶粒表面,而大部分电解质离子的存在则会影响溶胶的稳定性,甚至使形成的溶胶发生聚沉,因此需要通过超过滤和渗析等技术对新制得的溶胶进行净化。然而,即便是经过净化的溶胶,其胶粒尺寸也会随着时间的推移而逐渐增大,最终形成沉淀。这个过程通常称为溶胶的老化,它是热力学上的自发过程。

固体的溶解度与颗粒大小有关。固体颗粒的溶解度(或平衡浓度)与颗粒半径之间的关系服从开尔文公式,即

$$\ln \frac{c_2}{c_1} = \frac{M}{RT} \cdot \frac{2\gamma}{\rho} \left(\frac{1}{r_2} - \frac{1}{r_1} \right) \tag{17.17}$$

通常,溶胶中的胶粒大小并不是均一的。基于开尔文公式可知,较小颗粒对应的饱和浓度大于较大颗粒对应的饱和浓度。这必然导致较小的颗粒逐渐溶解,而较大的颗粒继续增大。这一过程持续进行,直至所有小颗粒完全溶解。而当大颗粒增大至一定程度时便会形成沉淀。这即是溶胶老化的机制。

*四、均分散胶体的制备及应用

在严格控制的条件下,有可能获得形状相同、尺寸相近的分散相颗粒,这样的系统称为均分散系统或单分散系统。当粒子尺寸处于胶体粒子范围内时,该均分散系统称为均分散胶体。在自然界中,常见的均分散胶体系统主要有蛋白质、烟草斑纹病毒等。早在20世纪初,科学工作者即已意识到均分散系统的重要性。1910年,佩瑞英(J. B. Perrin,法国人,1870—1942)使用大小均一的藤黄粒子作为悬浮体,验证了爱因斯坦关于胶粒布朗运动理论的正确性。

理论上,任何物质都可以通过控制晶核长大速率来获得均分散胶体系统。在晶核形成后,为了抑制晶核的生长,可以通过控制反应物的浓度、温度、pH,以及通过添加特定物质的方式,来确保胶体系统中的胶粒尺寸均一。制备均分散胶体系统的方法主要有沉淀法、气溶胶反应法、微乳液法、相转移法、多组分阳离子法和粒子"包封法"等。

均分散系统在理论上和实践中均有重要价值,具体如下:① 验证基本理论。扩散定律、散射公式、爱因斯坦-布朗运动公式等许多涉及基本理论的定律和公式的验证,需要借助胶粒形状和尺寸均一的系统来进行实验。② 形状和尺寸均匀的颗粒可作为基准物质,用作标准或测定特定仪器的常数。③ 均分散粒子是磁记录、感光、计算机技术等领域中的理想材料。④ 均分散纳米粒子是许多化学过程中的高效催化剂。⑤ 制备特种陶瓷。特种陶瓷是通过尺寸在胶体范围内的均分散颗粒制得的具有特殊物理化学性质的新型陶瓷。

17.9　乳状液

一、乳状液及其类型

一种液体以微小液滴的形式分散于另一种与其不互溶的液体中所构成的分散系统即为乳状液(emulsion)。通常,一种液体是水或水溶液,而另一种液体是与之不互溶的有机液体,一般统称为"油"。当"油"分散于水中时,称为水包油型乳状液(oil-in-water emulsion),以"油/水(或 O/W)"表示之。相反,当"水"分散于油中时,则称为油包水型乳状液(water-in-oil emulsion),以"水/油(或 W/O)"表示之。我们所熟悉的乳状液有牛奶、杀虫用水乳剂、石油原油等。

在乳状液中,被分散的相称为内相,它是不连续的;而作为分散介质的相称为外相,它是连续的。通过不同的制备方法,可以得到大小不同的内相液珠。由于这些液珠对光的吸收、反射、散射等的不同,所组成的乳状液可呈现不同的外观,由此可以初步判断内相及内相液珠大小。若两种乳状液在外观上无法区分,则可通过稀释法、染色法和电导法来确定乳状液的类型。

例如,在应用稀释法时,因为牛奶可以用水稀释,故可以判断牛奶是以水为外相的 O/W 型乳状液。

当使用电导法时,则以水为外相的 O/W 型乳状液具有较好的导电性能,而以油为外相的 W/O 型乳状液的导电性能很差。

如果将少量的油溶性染料(如苏丹红)加入乳状液后,若整个系统呈现红色,即可判定是以油为外相的 W/O 型乳状液;如果将水溶性染料(如亚甲基蓝)加入 W/O 型乳状液后,则可观察到系统呈现星星点点的蓝色。这种方法即是染色法。

二、乳化剂及乳化剂起稳定作用的机制

乳状液常常不稳定,在静置足够长时间后就会分层。为了形成稳定的乳状液,常常需要添加第三种组分,即是乳化剂。目前,大多数实用的乳化剂通常是人工合成的表面活性剂,包括离子型和非离子型两类。乳化剂可以使通过机械分散得到的液珠较难发生相互聚集。乳化剂起稳定作用的理论观点主要有如下几种。

(1)界面能量降低说。乳状液具有很大的相界面,乳化剂在油-水界面上定向排列,可以大幅度降低界面能量。

(2)界面膜观点。乳化剂分子在油-水界面处形成具有一定机械强度的膜,这种膜不易破裂,使乳状液保持稳定。

(3)形成双电层及双电层之间排斥作用的观点。当乳化剂是离子型表面活性剂时,

因吸附作用,分散相液滴界面即呈现双电层结构,液滴与液滴的双电层之间具有排斥作用,使分散相液滴不易聚集。

乳化剂是决定乳状液类型的关键因素,主要表现在如下三个方面。

(1)乳化剂界面张力的影响。乳化剂可以在油相与水相之间聚集并形成膜,这个膜可视为一个新相,因此产生了两个界面张力,一个是膜与油相之间的界面张力 $\gamma_{膜-油}$,另一个是膜与水相之间的界面张力 $\gamma_{膜-水}$。若 $\gamma_{膜-油} > \gamma_{膜-水}$,则形成 O/W 型乳状液,因为这样可以减少膜-油界面的面积;若 $\gamma_{膜-油} < \gamma_{膜-水}$,则形成 W/O 型乳状液,因为这样可以减少膜-水界面的面积。

(2)乳化剂分子构型的影响。乳化剂分子的稳定化作用与其分子构型密切相关。例如,一价金属皂倾向于形成 O/W 型乳状液,而二价金属皂则倾向于形成 W/O 型乳状液。如图 17.20 所示,可将乳化剂看作两端大小不同的楔子。要使楔子排列整齐而且稳定,截面小的一端须指向呈球状的分散相液滴,而截面大的一端则须指向连续的分散介质。由于二价金属皂的空间构型,其亲油性的非极性部分截面较大,因而形成 W/O 型乳状液。

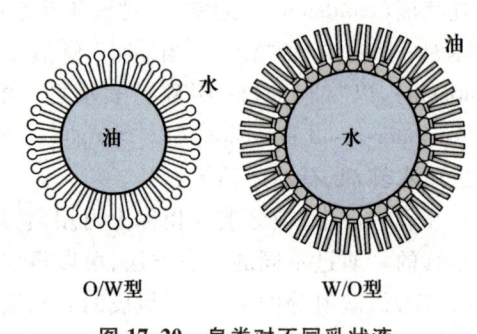

图 17.20　皂类对不同乳状液
稳定作用的示意图

(3)乳化剂溶解度的影响。在一定温度下,当乳化剂在水相与油相中的溶解度之比值(亦即分配系数)较大时,易于形成 O/W 型乳状液,且该比值越大,O/W 型乳状液越稳定。反之,则易于形成 W/O 型乳状液。

三、乳状液的不稳定性

乳状液是热力学上的不稳定系统,常常展现出分层、变型和破乳等不稳定现象。

1. 分层

由于油、水两相的密度差异,会形成相体积分数不相等的两个乳状液层。分层通常是破乳的前兆。例如牛奶的分层现象,上层是奶油,乳脂含量约为 35%,而下面是水层,乳脂含量仅为 8%。

2. 变型

乳状液由 O/W 型转变为 W/O 型(或反之)的现象称为变型。影响乳状液变型的因素主要包括① 乳化剂的改变;② 两相体积比的调整;③ 温度的变化;④ 外加电解质等。关于乳化剂的影响,实际在前面已有阐述,这里主要说明后面 3 个影响因素。

对于许多乳状液,分散相体积占总体积的 74% 以下是稳定的,若不断加入分散相物质使其体积分数超过 74% 时,分散相则变成分散介质,乳状液即会发生变型。

当改变温度时,乳化剂分子的亲水性和亲油性可能发生改变。对于离子型乳化剂,当温度升高时,其水化增强,因而亲水性增强,亲油性降低,非离子型乳化剂与之相反。这种亲水亲油性能的改变,会影响形成乳状液的类型。因此,温度改变可能引起乳状液变型。例如,以离子型皂作乳化剂所形成的苯和水的乳状液,在高温下是 O/W 型,降低温度时,则可转变为 W/O 型。

在乳状液中加入电解质会导致其变型。例如,以油酸钠作乳化剂所形成的苯和水的乳状液是 O/W 型,在加入 $0.5 \text{ mol} \cdot \text{dm}^{-3}$ NaCl 溶液时则转变为 W/O 型。这是因为当电解质浓度很大时,油酸钠的解离度大大下降,亲水性亦随之降低,导致乳状液变型。

3. 破乳

破乳与分层不同,破乳是使两种液体完全分离的过程。破乳过程分为两步: ① 絮凝,是指分散相的液珠聚集成团;② 聚结,是指团中的各液珠相互合并,形成大液珠,并聚沉和分离。

破乳方法主要包括物理方法和化学方法两大类。

物理破乳主要包括静电破乳、加热破乳和过滤破乳。其中,静电破乳是常用方法。原油脱水采用的就是静电破乳方法。在电场中,液珠质点会定向排列,当电压升至一定值时,水滴瞬间聚集,由此可将以游离状态或乳化液状态伴随在原油中的水分除去。

化学破乳则是通过加入破乳剂的方式来实现的。破乳剂对乳化膜具有很强的溶解能力,能够通过溶解作用引起乳化膜破裂。相较于乳化剂,破乳剂具有更高的表面活性。当它被分散到油-水界面时,能够将乳化剂排挤掉,而自身重新构成一个新的、易于破裂的界面膜。

17.10 凝胶

一、什么是凝胶

凝胶是介于液态与固态之间的一种分散系统。在一定条件下,使溶胶粒子或大分子溶质相互连接成网络状骨架结构,而分散介质填充于其间,形成不流动的半固体状态系统,即称为凝胶(gel)或冻胶(jelly)。由溶胶转变为凝胶的过程称为胶凝(gelation)。新制备的凝胶通常含有大量的液体,其液体含量超过 95%。如果这种液体是水,则称凝胶为水凝胶(hydrogel)。水凝胶经过脱水后,则形成干凝胶(xerogel)。

二、凝胶分类

凝胶可以根据分散相粒子的性质(弹性或刚性)及形成凝胶结构时粒子间联结的强

度划分为弹性凝胶和刚性凝胶。

1. 弹性凝胶

通常,弹性凝胶由柔性的线型大分子构成,具有弹性特征。分散介质(即溶剂)的脱除和吸收具有可逆性,因此这类凝胶亦称为可逆凝胶。例如,明胶在脱水后形成以分散相为骨架的干凝胶,如果再将其放入水中加热时,网状结构会吸收水分并重新变为水凝胶。

2. 刚性凝胶

刚性凝胶在吸收或脱除分散介质后,其骨架结构基本保持不变,体积也不发生明显变化。刚性凝胶脱除分散介质成为干凝胶后,一般不能再吸收分散介质重新变为凝胶,因此也称刚性凝胶为不可逆凝胶。

三、凝胶的性质及应用

1. 溶胀作用

溶胀作用是指弹性干凝胶在吸收液体后导致自身体积膨胀的现象。溶胀分为有限溶胀和无限溶胀两种类型。对于有限溶胀,凝胶在吸收一定量液体后,体积膨胀,但是仍能维持其网状结构,并不发生解体。相反,无限溶胀的现象和结果是,凝胶持续吸收液体,直至其网络结构破裂和解体,最终完全溶解。

凝胶对液体的吸收是有选择性的。例如,明胶可以吸收水而溶胀,但不能吸收苯而溶胀。

从热力学的角度来看,因溶胀是放热过程,故其溶胀程度随温度的升高而降低。考虑到升高温度后,系统体积膨胀,而且其网络骨架强度减弱,结构易于遭受破坏,因此有时升温能使有限溶胀转化为无限溶胀。例如,明胶在冷水中表现为有限溶胀,但当温度升高后,它会转变为无限溶胀,最终成为明胶溶液。实质上,有限溶胀可以看作凝胶溶解的前导阶段,溶胀的凝胶是一种富含液体的弹性冻胶。相应地,无限溶胀则是溶解的质变阶段,这时凝胶转变为高分子溶液。

在凝胶溶胀过程中,会产生一定的压力,可称为溶胀压。在古代,我国劳动人民发明的湿木裂石方法,实际上就是利用了这种溶胀压的类似原理。

2. 离浆现象

当溶胶胶凝后,在放置过程中,凝胶性质会持续发生变化,这种现象称为老化。离浆现象是指凝胶在基本不改变其原始形状的前提下,自动而缓慢地分离出其中所包含的一部分液体,使得构成凝胶网络的颗粒相互收缩并靠近,排列更为有序。离浆现象亦称脱液收缩。无论是刚性凝胶还是弹性凝胶,都会发生离浆现象。在日常生活中,西瓜在夏天放置一段时间后,一部分液体会流出,这便是离浆现象的一种直观表现。

3. 触变现象

某些凝胶[如 $Fe(OH)_3$、油漆、涂料、泥浆等]在外加机械力作用下,其稠度会降低,凝胶液化为溶胶,而当静止片刻后,其稠度又会升高,即又恢复至原来的凝胶状态。这种凝胶与溶胶之间的等温可逆互变过程即是触变过程。这种一触即变的性质称为"触变性"。触变现象与溶胶粒子的形状密切相关,当胶粒呈带状或丝状时,则胶体系统的流动性较差,容易产生触变现象。在一定温度下,触变现象可以表示为

$$凝胶 \xrightleftharpoons[\text{静止(发生胶凝作用)}]{\text{摇动(发生触变作用)}} 溶胶$$

触变现象的产生是因为胶粒之间仅有弱的范德华作用力,凝胶在受到外力作用时,其网状结构极易遭受破坏,带状或丝状粒子互相离散,系统展现出流动性。然而,当外力撤销后,这些离散的粒子又会重新交联形成网状结构。

4. 吸附作用

非弹性凝胶(即刚性凝胶)因其多孔结构而具有较大的比表面积,因而显示出较强的吸附能力。与此相反,弹性凝胶在干燥过程中,大分子链段会收缩并形成无孔的紧密结构,因此几乎不具备吸附能力。

5. 筛分作用

凝胶骨架空隙对大分子具有筛分作用。基于这种筛分作用,20 世纪 60 年代建立了凝胶色谱法,又称分子排阻色谱法,这种方法对大分子物质具有很好的分离效果。许多半透膜,如火棉胶膜、醋酸纤维膜等,都由凝胶或干凝胶制成。这些膜对某些物质的渗析作用正是利用了凝胶骨架空隙对大分子的筛分特性。

6. 里塞更环现象

凝胶内部的液体不能自由流动,故在凝胶中发生反应时,不会出现对流现象。但是,凝胶与液体相似,亦可作为扩散及化学反应的介质。如果反应过程中产生沉淀,这些沉淀物基本上会停留在原位,难以发生移动,因而会呈现一种特殊现象,即形成里塞更(Liesegang)环。例如,当在盛有明胶凝胶的容器中加入 $K_2Cr_2O_7$ 溶液后,便得到稀的凝胶,再在容器中心滴加少量的 $AgNO_3$ 溶液。放置几天后,可以发现,深红色 $Ag_2Cr_2O_7$ 沉淀以同心环形式呈现,如图 17.21 所示。如果反应器是试管,那么从上到下会呈现出环状的 $Ag_2Cr_2O_7$ 沉淀;若反应器是表面皿,$Ag_2Cr_2O_7$ 沉淀则会以同心环的形状由内向外扩展。

这种里塞更环分布的形成,是扩散和过饱和作用的共同结果。以表面皿作为反应容器为例,当 $AgNO_3$ 溶液从中心向外扩散时,遇到从外向里扩散的 $K_2Cr_2O_7$,当两者的产物 $Ag_2Cr_2O_7$ 达到过饱和状态时,便析出 $Ag_2Cr_2O_7$ 沉淀。在形成第一圈 $Ag_2Cr_2O_7$ 沉淀后,由于浓度不足,便会形成空白区。当浓度再次足够时,即会析出第二圈 $Ag_2Cr_2O_7$ 沉淀,接着

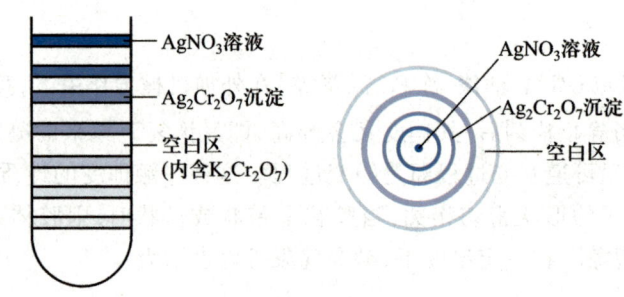

图 17.21 里塞更环

又出现空白区,以此类推。随着距离中心位置逐渐变远,里塞更环间距增加,环亦变得模糊且宽度扩大。

里塞更环不仅存在于凝胶系统中,也存在于无对流系统和多孔介质的毛细管中。在自然界,亦存在类似的现象,如树木的年轮及天然矿物中的玛瑙和宝石等。

*17.11 量子点——胶体化学发展进程中的里程碑

一、小引

众所周知,纳米粒子是指尺寸在 1~100 nm 的粒子。显然,纳米粒子的大小与胶体粒子的大小是高度重合的。纳米粒子在制备上亦与胶体的制备方式具有类似性。因此,纳米材料的发展实际上可以追溯到格雷姆提出"胶体"概念时的 1861 年。但是,在当时乃至之后相当长的时间内,人们只是将尺寸在 1~100 nm 范围内的粒子系统当作从宏观到微观的过渡系统进行研究,而并未意识到这些探索可以揭示物质世界的一个全新层次,即如今已渗透到方方面面的"纳米世界"。1959 年,美国物理学家费曼(R. P. Feynman, 1918—1988)曾提出制备纳米粒子的设想,并预言"当人们能够操纵细微物体的排列时,将会获得极为丰富的新的物质性质"。如今,这一预言在实践中已得到充分验证。

按照纳米材料的定义,纳米材料基本单元的尺寸大小至少需要在一个维度上达到 1~100 nm 范围的要求。基于纳米材料基本单元的结构,可将其分为如下 4 类。

(1)零维材料,指其基本单元的三维尺度均在要求的范围,我们通常所说的纳米颗粒(或称纳米粒子)即是零维纳米材料;

(2)一维材料,指其基本单元中有两个维度在纳米尺寸的规定范围,如纳米线、纳米棒和纳米管;

(3)二维材料,指其基本单元中有一维在纳米尺度,如多层膜、超薄膜和超晶格纳米材料;

(4)三维材料,指包含上述纳米基本单元的块体材料,如纳米陶瓷等。

与微观层面的原子、分子及宏观层面的块状物质相比,纳米材料在物质结构和性质上展现出许多独特的效应,如表面效应、小尺寸效应、量子限域效应及宏观量子隧道效应等。这些效应使纳米材料在光学、磁学、力学、热学、电学和化学等方面可能展现出巨大变化。

二、量子点

什么是量子点?从本质上讲,量子点是一种准零维的半导体纳米材料,其3个维度的尺寸都在100 nm以下,外观恰似一个极小的点状物,其内部电子的能量在3个维度上均是量子化的。量子点亦称半导体纳米晶。

通常,量子点是指球状量子点。不过,量子点也可以呈其他几何形状,如立方体、四面体等,相应地称为立方量子点、四面体量子点等。

对于量子点,若按材料组成划分,则可分为元素半导体量子点、化合物半导体量子点和异质结量子点;若按其尺寸大小划分,则可分为强约束型量子点(尺寸小于激子玻尔半径)、弱约束型量子点(尺寸大于激子玻尔半径)和中等约束型量子点(尺寸与激子玻尔半径相近)。显然,对于强约束型量子点,其量子限域效应更为显著。

1. 量子点的发现及制备方式

量子点的发展可以追溯到20世纪70年代。当时,为了解决全球能源危机问题,开发出半导体与液体之间的结合面,实际上是利用纳米晶体颗粒所具有的极小尺寸,使表面原子数与体相原子数的比值急剧增加,从而产生显著的表面能。

1980年,苏联科学家埃基莫夫(A. I. Ekimov)等人发现,对于掺杂在玻璃中的半导体微晶(晶粒尺寸在纳米范围),当晶粒尺寸大小不一时,会导致吸收边发生移动,从而形成不同颜色的掺杂玻璃。同一时期,人们可以在水溶液中制得CdS胶体。1981年,贝尔实验室科学家布阮斯(L. E. Brus)等人发现,不同大小的CdS颗粒可以产生不同颜色的光。1983年,布阮斯更为深入的研究工作表明,随着CdS胶粒大小的改变,其激子(即电子-空穴对)能量亦随之发生变化,于是他首次提出了"胶体量子点(colloidal quantum dot)"概念。

1986年,布阮斯课题组开创了胶体量子点的金属有机化学合成方式,这种方式通常称为化学溶液生长法。20世纪90年代初,麻省理工学院科学家榜迪(M. G. Bawendi)等人借鉴金属有机化学气相沉积方法,在较高温度时,以二甲基镉为镉源,在有机配位溶剂中,制得高质量的CdS、CdSe和CdTe量子点。在此基础上,人们又发展了许多制备胶体量子点的具体方法,而且大多数半导体材料均可采用此类方式制得量子点。值得一提的是,2001年我国学者彭笑刚等以稳定易得的氧化物或羧酸盐为前驱体,合成了高荧光产率的CdS、CdSe和CdTe量子点,而且提供了安全低毒的绿色工艺路线。

除了化学溶液生长法之外,制备量子点的方法还有外延生长法、电场约束法等。下面,仅简要介绍外延生长法,其他制备方式在此不再一一介绍,有兴趣的读者可查阅相关文献。

外延生长法是指在一种衬底上生长出新的结晶,如果结晶粒子足够小,即为量子点。显而易知,这种方法可以使量子点生长在另一半导体上,因而易与半导体器件结合。另外由于不存在有机配体,外延量子点的电荷传输效率要比胶体量子点高,能级亦比胶体量子点更易于调控。不过,由于外延生长法一般需要高真空甚至超高真空条件,因此其制备成本较高。

2. 量子点的应用

量子点是一类半导体纳米粒子,具有丰富的物理化学性质,有望在许多前沿和实用领域获得颇有意义的应用,因此 2023 年诺贝尔化学奖颁发给了对量子点的发现与合成作出贡献的 3 位科学家,即榜迪、布软斯和埃基莫夫。

量子点具有高效稳定的发光特性,因此是一类重要的荧光标记材料,在生物检测和医学成像领域发挥着重要作用。

量子点具有激发光谱宽、发射半峰宽较窄和发光色彩可调的特性,因此成为新一代显示器的发光材料。其中,一项代表性的应用便是,将量子点良好的光致发光性能与 GaN 基蓝光 LED 相结合,可以有效提升液晶显示的色彩性能和显示亮度。

此外,量子点在太阳能电池、光催化、量子光源等领域的应用研究方面也已取得明显的进展。

17.12　大分子溶液的黏度及黏度法测定大分子的摩尔质量

一、引论

1. 大分子的简要概述

大分子,又称聚合物或高分子化合物,是指由大量重复单元通过化学键连接而形成的化合物。大分子有天然的,也有人工合成的。天然大分子在自然界中广泛存在,如纤维素、淀粉、蛋白质、天然橡胶等。通常,天然大分子具有可再生、可生物降解、无毒、生物安全性能优良等特点。人工合成的大分子,如合成纤维、合成塑料和合成橡胶等,它们已成为现代物质文明社会不可或缺的组成部分。

通常,大分子的相对分子质量大于 10^4,这是德国化学家斯陶丁格(H. Staudinger, 1881—1965)在界定大分子时明确提出的。相对分子质量高是大分子化合物的基本特征,也是大分子与小分子在物理性质上存在较大差异的根源。大分子溶液的黏度远高于同浓度小分子溶液的黏度,大分子的溶解性能则不及小分子的溶解性。

2. 大分子溶液黏度测定的意义

学习和掌握大分子溶液黏度的相关知识,并在实践中测定大分子溶液的黏度,可以帮助读者了解大分子溶液中溶质的大小和形状,以及大分子质点与介质间的相互作用等。

大分子溶液的黏度与大分子的大小、形状有关,也与大分子和介质间的相互作用有关,还与系统的温度、浓度有关。当大分子溶液系统(大分子－溶剂系统)以及温度确定之后,其黏度便仅与大分子的大小及浓度有关。

大分子溶液的黏度有多种表示方法。其中,特性黏度是最能反映溶质分子本性的一种物理量。由于它是外推至无限稀释时溶液的性质,已消除了大分子之间相互作用的影响,而且能够表示在无限稀释溶液中,单位浓度的大分子溶液黏度变化的分数。或者说,特性黏度能够表示在浓度趋近于零时单个大分子对溶液黏度的贡献。使用黏度法测量大分子的摩尔质量具有方法简单、测量准确的特点。下面先介绍黏度的各种表示方法,再介绍黏度法测试大分子的平均摩尔质量。

二、黏度的几种表示方法

设大分子溶液的黏度为 η,纯溶剂的黏度为 η_0,两者的不同组合,则可以得到不同类型黏度的表示。

(1)相对黏度,以 η_r 表示。其定义是,$\eta_r = \dfrac{\eta}{\eta_0}$,表示溶液黏度是溶剂黏度的倍数,是量纲为 1 的量。

(2)增比黏度,以 η_{sp} 表示。其定义是,$\eta_{sp} = \dfrac{\eta - \eta_0}{\eta_0} = \eta_r - 1$,表示相较溶剂黏度,溶液黏度所增加的分数,显然也是量纲为 1 的量。

(3)比浓黏度,以 $\dfrac{\eta_{sp}}{c}$ 表示,其中 c 是大分子溶液的浓度。将 η_{sp} 的表示式代入,可得

$$\frac{\eta_{sp}}{c} = \frac{1}{c} \frac{\eta - \eta_0}{\eta_0} = \frac{\eta_r - 1}{c}$$

比浓黏度 $\dfrac{\eta_{sp}}{c}$ 表示单位浓度的增比黏度,即单位浓度的大分子溶质对黏度的贡献。其单位是浓度单位的倒数。

(4)特性黏度,以 $[\eta]$ 表示。其定义是,$[\eta] = \lim\limits_{c \to 0} \dfrac{\eta_{sp}}{c}$。因 $\eta_{sp} = \eta_r - 1$,所以 $\eta_r = 1 + \eta_{sp}$,故

$$\frac{\ln \eta_r}{c} = \frac{\ln(1 + \eta_{sp})}{c} \tag{17.18}$$

将等式右边按级数展开,则

$$\frac{\ln(1+\eta_{sp})}{c} = \frac{\eta_{sp}}{c}\left(1 - \frac{1}{2}\eta_{sp} + \frac{1}{3}\eta_{sp}^2 - \cdots\right)$$

当 $c \to 0$ 时,η_{sp} 值非常小,可略去关于 η_{sp} 的高次项,结合式(17.16),则有

$$\lim_{c \to 0}\frac{\ln\eta_r}{c} = \lim_{c \to 0}\frac{\eta_{sp}}{c}$$

再结合 $[\eta]$ 的定义式,则得

$$[\eta] = \lim_{c \to 0}\frac{\eta_{sp}}{c} = \lim_{c \to 0}\frac{\ln\eta_r}{c} \tag{17.19}$$

$[\eta]$ 表示溶液在无限稀释时的比浓黏度。其物理意义是在 $c \to 0$ 时单个大分子对溶液黏度的贡献。$[\eta]$ 值不随浓度而改变,只与大分子在溶液中的结构、形态和分子质量大小有关,故常以 $[\eta]$ 值表示大分子溶液的黏度。

三、黏度法测定大分子的平均摩尔质量

对于某种大分子(无论是人工合成的还是天然形成的),其中的每个分子大小可能并不一样,即聚合度并不相同,因此大分子的摩尔质量只能是一个平均值。

采用黏度法测定大分子的平均摩尔质量时,首先配制多个稀的大分子溶液,使用黏度计分别测得纯溶剂的黏度 η_0 以及不同浓度的大分子溶液黏度 η,计算相对黏度 η_r 和增比黏度 η_{sp}。以 $\frac{\eta_{sp}}{c}$ 对浓度 c 作图,得到一条直线,以 $\frac{\ln\eta_r}{c}$ 对浓度 c 作图,得到另一条直线。应当指出的是,这两条直线的截距是相等的。如图 17.22 所示,将两条直线外推至与纵坐标轴相交,两个交点亦必然是重合的。交点处的纵坐标值,即是大分子溶液的特性黏度 $[\eta]$ 值。

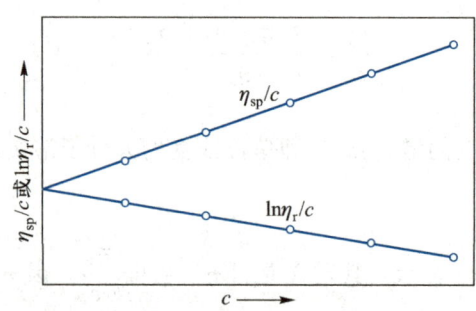

图 17.22 大分子溶液黏度与浓度的关系

大分子溶液的特性黏度 $[\eta]$ 值与大分子化合物的平均摩尔质量之间的经验性定量关

系为

$$[\eta] = KM_\eta^\alpha \tag{17.20}$$

式中,K 和 α 均是与大分子物质种类、溶剂和温度有关的经验常数,它们基于实验确定,但有表可查。M_η 表示由黏度法测定获得的摩尔质量。在定温条件下,α 值主要取决于大分子化合物溶解于溶剂后所呈现的形态。若是球状,α 约为 1;若是刚性棒状,α 约为 2;若是柔性线团状,α 通常为 0.5~1.0。当然,大分子化合物在溶液中的形态与所使用的溶剂密切相关。当使用良溶剂时,大分子较为松弛,$\alpha > 0.5$;在不良溶剂中,大分子则呈无规线团卷曲状,α 接近于 0.5。

这里简要介绍一下良溶剂与不良溶剂的差别。良溶剂与大分子链的作用强,使大分子溶解于溶剂后呈舒展状,不易发生聚结;不良溶剂与大分子链的作用弱,因而大分子链节之间具有较强的内聚力,大分子易于自动卷曲。

17.13 大分子溶液的渗透压及大分子电解质溶液的唐南平衡

一、不带电大分子溶液的渗透压

对于一般的小分子稀溶液,计算其渗透压可以直接应用范托夫渗透压公式,即

$$\pi = c_B RT \tag{17.21}$$

式中,c_B 是溶质的物质的量浓度。如果溶质的摩尔质量为 M,并改用质量浓度 $\dfrac{m}{V}$ 代替 c_B,则 $c_B = \dfrac{m}{V}\dfrac{1}{M}$,代入式(17.21),得

$$\pi = \frac{m}{V}\frac{1}{M}RT \tag{17.22}$$

大分子由许多链段构成。一般认为,大分子溶解后,形成了偏离理想稀溶液的系统。对于相同浓度的大分子溶液和一般的小分子溶液,前者的渗透压大于后者的渗透压。1945 年,在范托夫渗透压公式的基础上,有学者进行了修正,使范托夫公式能够更精确地反映大分子溶液的渗透压。该修正形式为

$$\pi = RT\left[\frac{m}{V}\frac{1}{M} + A\left(\frac{m}{V}\right)^2\right] \tag{17.23}$$

或写为

$$\frac{\pi}{\dfrac{m}{V}} = \frac{RT}{M} + RTA\,\frac{m}{V}\tag{17.24}$$

二、大分子电解质的渗透平衡

1. 唐南平衡的概念和唐南效应

在大分子电解质溶液中,通常含有少量的小分子电解质杂质,即便杂质含量很低,但是如按离子数目来计量,数值亦是很大的。

在一个半透膜两边,一边盛放大分子电解质的水溶液,另一边盛放纯水。大分子离子体积庞大,不能透过半透膜,而解离的小离子和杂质电解质离子(亦是小离子)及水分子均可以透过半透膜。

半透膜的两边,各是不同的液相,因此膜的两边都须各自维持其电中性。这样,当渗透达到平衡时,即使是同种小离子,在膜两边的浓度也不均等,这种渗透平衡即是唐南平衡。离子在膜两边的不均等分布会导致额外的渗透压,影响大分子化合物摩尔质量的测定,这种效应称为唐南效应。显然,为了不影响大分子化合物摩尔质量的测定,必须设法消除唐南效应。

理论上,小分子电解质稀溶液的理想渗透平衡,也属于唐南平衡。只不过,仅让溶剂分子透过而不让电解质离子透过的实用半透膜实际很难寻找到,因此通常情况下使用渗透压方法测定小分子电解质的摩尔质量并不现实。

2. 唐南平衡的第一种情况

假设开始时,在半透膜左侧盛放大分子电解质(如蛋白质钠盐 NaP)的稀溶液,浓度为 c_1,半透膜右侧盛放纯水,膜两侧的液体体积均为单位体积。膜左侧电解质的钠盐 NaP 解离成 Na^+ 和 P^-,浓度均为 c_1,其中 P^- 是大分子离子,不能透过半透膜,而 Na^+ 可以透过半透膜。如图 17.23 所示,在平衡过程中,设有 x mol 的 Na^+ 和等量的 OH^-(由水的解离产生)从膜左侧渗透至膜右侧,而在膜左侧留下 x mol 的 H^+、$\dfrac{K_w}{x}$mol 的 OH^- 和 $(c_1 - x)$ mol 的 Na^+。即在平衡时,各离子的浓度为

$$[Na^+]_{左} = c_1 - x,\quad [OH^-]_{左} = \frac{K_w}{x},\quad [H^+]_{左} = x$$

$$[P^-]_{左} = c_1,\quad [Na^+]_{右} = x,\quad [OH^-]_{右} = x$$

膜平衡时,组分在膜两侧的化学势相等,这是膜平衡(或相平衡)条件。即

$$\mu_{NaOH,左} = \mu_{NaOH,右}$$

基于第 6 章对电解质化学势的表示[即式(6.105)],并将各物质的活度因子均看作 1,得

$$[Na^+]_左 \cdot [OH^-]_左 = [Na^+]_右 \cdot [OH^-]_右$$

将各平衡浓度代入,得

$$(c_1 - x) \frac{K_w}{x} = x^2$$

或

$$x^3 = (c_1 - x) K_w$$

通常情况下,$x \ll c_1$,即 x 可忽略不计,故上式可简化为

$$x = \sqrt[3]{c_1 K_w} \tag{17.25}$$

若大分子电解质浓度 c_1 已知,则利用式(17.25)可计算出膜两侧的 H^+ 或 OH^- 浓度,由此可得出膜两侧溶液的 pH。由图 17.23,显然可知,膜平衡后,膜右侧呈碱性,膜左侧呈酸性,由此可以解释生物体细胞膜内外酸碱性不同这种现象。

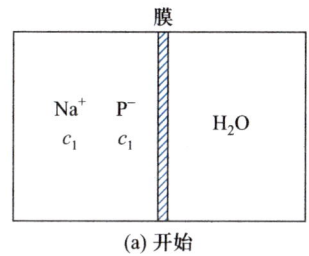 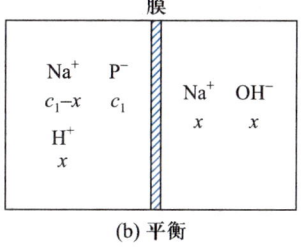

图 17.23　大分子电解质溶液渗透平衡的第一种情况

不过,在这里我们着重关注的是,唐南效应对蛋白质离子摩尔质量测定的影响。

显然,在达到膜平衡时,各种小离子(Na^+、OH^- 和 H^+)在膜两侧的浓度并不相等,这种平衡是典型的唐南平衡。渗透压是膜两侧的质点数不同而引起的,故

$$\pi = \left\{ \left[c_1 + (c_1 - x) + x + \frac{K_w}{x} \right]_左 - (x + x)_右 \right\} RT$$

上式经整理,得

$$\pi = \left(2c_1 - 2x + \frac{K_w}{x} \right) RT$$

由于 x 和 $\dfrac{K_w}{x}$ 均很小,可忽略,故上式可简化为

$$\pi = 2c_1 RT \tag{17.26}$$

由此可知,在唐南平衡条件下,测得的蛋白质离子的摩尔质量很小,仅约为其应有值的 $\frac{1}{2}$。这种影响即是典型的唐南效应。

3. 唐南平衡的第二种情况

这种情况是,在半透膜的左侧盛放浓度为 c_1 的蛋白质钠盐(NaP)的水溶液,在右侧液相中加入小分子钠盐(如 NaCl),其浓度为 c_2,如图 17.24 所示,而且左、右两侧溶液的体积均为单位体积。当达到渗透平衡时,有相同数量的 Na^+ 和 Cl^-(用 x 表示)从右侧进入左侧,x 显然亦是转移的浓度。即在平衡时,半透膜左、右两侧各离子的浓度为

$$[Na^+]_{左} = (c_1 + x), \quad [P^-]_{左} = c_1,$$

$$[Cl^-]_{左} = x,$$

$$[Na^+]_{右} = c_2 - x, \quad [Cl^-]_{右} = (c_2 - x)$$

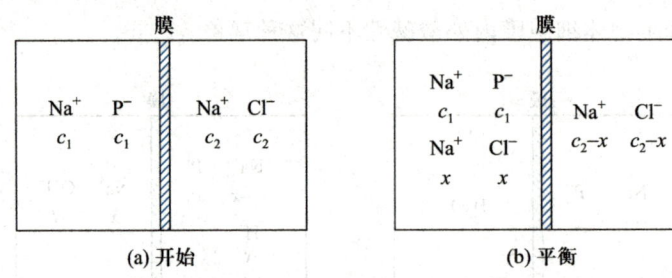

图 17.24　大分子电解质溶液渗透平衡的第二种情况

虽然在渗透达平衡时,半透膜两侧 NaCl 组分的浓度并不相等,但是膜两侧 NaCl 的化学势必然相等,这是膜平衡(或相平衡)的条件。即

$$\mu_{NaCl,左} = \mu_{NaCl,右}$$

基于第 6 章对电解质化学势的表示[即式(6.105)],并将各物质的活度因子均看作 1,得

$$[Na^+]_{左} \cdot [Cl^-]_{左} = [Na^+]_{右} \cdot [Cl^-]_{右}$$
$$(c_1 + x)x = (c_2 - x)(c_2 - x)$$

解上述方程,可得

$$x = \frac{c_2^2}{c_1 + 2c_2} \tag{17.27}$$

上式表示半透膜右侧的小分子电解质进入膜左侧的数量,其值取决于膜两侧大分子电解质和小分子电解质的初始浓度。

渗透压由膜两边的质点数不同而引起,所以

$$\pi = \left\{ \left[(c_1 + x) + c_1 + x \right]_{左} - \left[(c_2 - x) + (c_2 - x) \right]_{右} \right\} RT$$

上式经整理,得

$$\pi = 2(c_1 - c_2 + 2x)RT \tag{17.28}$$

将式(17.28)与式(17.27)联立,并经整理后,得

$$\pi = 2c_1 \frac{c_1 + c_2}{c_1 + 2c_2} RT \tag{17.29}$$

式(17.29)即是在含有 1 - 1 价型大分子电解质的半透膜系统中渗透压的计算公式。

基于式(17.29),如果右侧为纯溶剂,即 $c_2 = 0$,则有

$$\pi = 2c_1 RT$$

上式即是在前面针对唐南平衡的第一种情况时所得到的式(17.26)。显然,这种情况展现出明显的唐南效应,严重影响蛋白质离子摩尔质量的测定。

如果半透膜右侧加入的小分子电解质数量很大,即 $c_2 \gg c_1$,则基于式(17.29),可得

$$\pi = c_1 RT$$

由此可见,当外加足量的小分子电解质时,即可消除唐南效应的影响。这时,使用渗透压法测得的大分子摩尔质量则比较准确。

> **例 17.4**　在 25 ℃时,在半透膜的左侧盛放浓度 $c_1 = 0.01\ \mathrm{mol \cdot dm^{-3}}$ 的大分子电解质 NaP 的水溶液,在半透膜右侧盛放浓度 $c_2 = 0.02\ \mathrm{mol \cdot dm^{-3}}$ 的 NaCl 水溶液,最终达到渗透平衡后。试求:
> (1) 达到平衡后,膜两边各离子的浓度;
> (2) 溶液的渗透压 π。

解:(1)该渗透平衡是唐南平衡。在平衡时,设通过半透膜从右侧到达左侧的 $\mathrm{Na^+}$ 和 $\mathrm{Cl^-}$ 浓度为 $x(\mathrm{mol \cdot dm^{-3}})$。基于式(17.27),即

$$x = \frac{c_2^2}{c_1 + 2c_2}$$

将题中给出的 c_1 和 c_2 的值代入上式,则

$$x = \frac{(0.02\ \mathrm{mol \cdot dm^{-3}})^2}{0.01\ \mathrm{mol \cdot dm^{-3}} + 2 \times 0.02\ \mathrm{mol \cdot dm^{-3}}} = 0.008\ \mathrm{mol \cdot dm^{-3}}$$

平衡时,膜两边各离子的浓度为

$$[\mathrm{P^-}]_{左侧} = c_1 = 0.01\ \mathrm{mol \cdot dm^{-3}}$$

$$[\mathrm{Na^+}]_{左侧} = c_1 + x$$

$$= 0.01\ \mathrm{mol \cdot dm^{-3}} + 0.008\ \mathrm{mol \cdot dm^{-3}}$$

$$= 0.018\ \mathrm{mol \cdot dm^{-3}}$$

$$[\,Cl^-\,]_{左侧} = 0.008\ mol \cdot dm^{-3}$$

$$[\,Na^+\,]_{右侧} = [\,Cl^-\,]_{右侧} = c_2 - x$$

$$= 0.02\ mol \cdot dm^{-3} - 0.008\ mol \cdot dm^{-3}$$

$$= 0.012\ mol \cdot dm^{-3}$$

（2）根据式（17.29），即

$$\pi = 2c_1 \frac{c_1 + c_2}{c_1 + 2c_2} RT$$

将 $c_1 = 0.01 \times 10^3\ mol \cdot m^{-3}$、$c_2 = 0.02 \times 10^3\ mol \cdot m^{-3}$、$R = 8.314\ J \cdot K^{-1} \cdot mol^{-1}$ 和 $T = 298.15\ K$ 代入其中，得

$$\pi = 2.98 \times 10^4\ Pa$$

主要知识点概述

（1）胶体是以半径为 1~100 nm 的分散相粒子分散于介质中所形成的分散系统。依照定义，过去曾将胶体分为两大类，即憎液胶体和亲液胶体。亲液胶体是指大分子物质分散在溶剂中所形成的系统，大分子体积较大，其尺寸已落在胶体粒子的范围内。而实际上，亲液溶胶是一种均相的热力学可逆和稳定系统，现今已将其称为大分子溶液，同时将憎液胶体简称为胶体。

（2）胶体的基本特性是，特有的分散程度；多相不均匀性；易聚结的不稳定性。

（3）胶体的制备方法主要有分散法和凝聚法两大类。分散法主要包括研磨法、胶溶法、超声分散法和电弧法；而凝聚法包括化学凝聚法和物理凝聚法。

溶胶净化的主要目的是去除化学凝聚法制备溶胶时所伴生的多余电解质。净化方法主要包括渗析法和超过滤法。在外加电场作用下，则升级为电渗析和电超过滤法。

（4）形成溶胶的必要条件是：① 分散相的溶解度要足够小；② 要有稳定剂存在，这种稳定剂即是少量的电解质。关于②，实质上就是使胶粒吸附电解质离子而带电荷。胶粒/分散介质相对运动的边沿与液体本体之间的电势差（即 ζ 电势），是溶胶保持稳定的重要因素。

胶体粒子带电的主要原因有吸附、同晶取代及溶解量不均衡。

（5）以 $AgNO_3$ 与 KI 发生复分解反应制备 AgI 胶体为例，当胶核以吸附离子的方式形成带电胶粒时，胶粒和胶团的结构式如下。

当 $AgNO_3$ 过量时，$AgNO_3$ 即为 AgI 胶体的稳定剂，胶核吸附 Ag^+ 使胶粒带正电荷，则胶粒结构式为

$$[\,(AgI)_m \cdot nAg^+ \cdot (n-x)NO_3^-\,]^{x+}$$

胶团是电中性的，其结构式为

$$[\,(AgI)_m \cdot nAg^+ \cdot (n-x)NO_3^-\,]^{x+} \cdot xNO_3^-$$

当 KI 过量时，KI 即为 AgI 胶体的稳定剂，胶核吸附 I^- 而使胶粒带负电荷，则胶粒和胶团的结构式分别为

$$\left[\,(\,\mathrm{AgI}\,)_m\cdot n\mathrm{I}^-\cdot(\,n-x\,)\mathrm{K}^+\,\right]^{x-}, \quad \left[\,(\,\mathrm{AgI}\,)_m\cdot n\mathrm{I}^-\cdot(\,n-x\,)\mathrm{K}^+\,\right]^{x-}\cdot x\mathrm{K}^+$$

（6）胶粒的布朗运动可以直接通过超显微镜进行观测。布朗运动是分散介质分子以不同大小、不同方向的力对胶体粒子不断撞击所产生的，由于所受的力不平衡，胶粒则以不同速度向着不同方向持续地作不规则的运动。这即是胶粒布朗运动产生的本质原因。随着粒子体积增大，撞击次数会增加，各个方向的作用力彼此抵消的概率增大。当粒子尺寸增加到一定程度时，布朗运动便会消失。

（7）爱因斯坦-布朗运动公式为

$$\bar{x} = \sqrt{\frac{RT}{L}\cdot\frac{t}{3\pi\eta r}}$$

基于胶粒的扩散定律，可得爱因斯坦-布朗位移方程为

$$D = \frac{\bar{x}^2}{2t}$$

溶胶的渗透压可借助范托夫渗透压公式计算。然而，为使溶胶稳定，其浓度只能配制得很低，因此溶胶的渗透压很不显著，一般较难测定。

当胶体系统达到沉降平衡时，单位体积内的胶粒数目随高度分布的规律与气体随高度分布的规律相同。胶体粒子的高度分布公式为

$$RT\ln\frac{N_2}{N_1} = -\frac{4}{3}\pi r^3(\rho_{粒子}-\rho_{介质})gL(x_2-x_1)$$

对于胶体而言，在重力场中，胶粒实际上沉降很慢，通常需要很长的时间才能达到沉降平衡。可以借助超离心机，促使胶粒快速沉降下来。在超离心力场中，当沉降达到平衡时，则有

$$RT\ln\frac{N_2}{N_1} = \frac{4}{3}\pi r^3(\rho_{粒子}-\rho_{介质})\omega^2 L\frac{1}{2}(x_2^2-x_1^2)$$

经过变换，可进一步得到胶粒的摩尔质量 M 的表示形式为

$$M = \frac{2RT\ln\dfrac{c_2}{c_1}}{\left(1-\dfrac{\rho_{介质}}{\rho_{粒子}}\right)\omega^2(x_2^2-x_1^2)}$$

（8）由于胶粒带电荷，而分散介质带有相反电荷，所以在外加电场作用下，胶粒和介质分别向相反方向作定向移动。胶粒的这种定向移动称为电泳。进行电泳的仪器（或技术）有界面移动电泳仪、梯塞留斯电泳仪、显微电泳仪和区域电泳技术。其中，区域电泳有纸上电泳、凝胶圆盘电泳、板上电泳等。区域电泳具有实验简便、易行，样品用量少，分离效率高等优点，是分离和分析蛋白质的基本方法。

在外加电场作用下，带电介质通过多孔膜或半径为 $1 \sim 10$ nm 的毛细管时进行定向移动的现象，称为电渗。电渗技术的实际应用包括海水淡化、溶胶净化、染料干燥等。

（9）扩散双电层模型认为，双电层由紧密层和扩散层构成。由于正、负离子之间的静电吸引和离子热运动的共同作用，液相中只有一部分反号离子会紧密地排列在固体表面附近，形成紧密层；而其余的反号离子则按一定的浓度梯度分布于液相本体中，这部分反号离子构成扩散层。对于溶胶系统，当在电场作用下发生电动现象时，胶粒发生移动的界面（即切动面）与液相内部的电势差即是电动电势，也称 ζ 电势。

扩散双电层模型恰当地反映了反号离子在扩散层中的分布态势及相应电势的变化情况。但是，扩

散双电层模型的缺陷是① 把离子看作点电荷,没有考虑离子的溶剂化效应;② 没有考虑固体表面上的特性吸附。

施特恩双电层模型是在扩散双电层模型基础上的一种修正形式。该模型认为,吸附在固体表面的紧密层大约是一个分子层厚度,称为 Stern 层,相当于朗缪尔单分子层吸附,即特性吸附。在紧密层中,由反号离子电性中心构成的平面称为 Stern 平面。由于离子的溶剂化作用,在电场中,当胶粒发生定向移动时,紧密层会结合一定数量的溶剂分子一起移动。因此,其切动面由比 Stern 层略微偏右的曲线表示,称为滑动面。对于施特恩双电层模型,带有溶剂化层的滑动面与液体本体之间的电势差即为 ζ 电势。

ζ 电势是衡量溶胶稳定性的物理量。随着外加电解质浓度的增加,与固体表面离子符号相反的离子逐渐进入溶剂化层,可导致双电层厚度变薄。当双电层被压缩到与溶剂化层重合时,ζ 电势可降低至零。当胶粒的 ζ 电势降低时,胶粒变得不稳定而趋向于发生聚沉。

(10) 外加电解质对溶胶稳定性影响很大。外加电解质主要通过影响胶粒的带电状况,使胶粒的 ζ 电势降低,从而使胶粒变得不稳定而发生聚沉。

通常采用聚沉值来表示电解质的聚沉能力。聚沉值是指为使一定量的溶胶在一定时间内完全聚沉所需电解质的最小浓度。电解质的聚沉能力是聚沉值的倒数。聚沉值越大的电解质,其聚沉能力越小;而聚沉值越小的电解质,其聚沉能力越大。

电解质的聚沉值和聚沉能力主要取决于与胶粒带相反电荷的电解质离子的价数。对于给定溶胶,当异电性离子为一、二、三价时,其聚沉值的比例为 $\left(\dfrac{1}{1}\right)^6 : \left(\dfrac{1}{2}\right)^6 : \left(\dfrac{1}{3}\right)^6$,即聚沉值与异电性离子价数的六次方成反比,这一规律称为舒尔茨-哈迪规则。

具有有机反号离子的电解质通常具有较强的聚沉能力。

当与胶粒带相反电荷的离子是同一种离子时,通常,相同电性离子的价数越高,则该电解质的聚沉能力越小。

当作为聚沉剂的电解质中含有高价反号离子或有机反号离子时,则有可能发生不规则聚沉。

(11) 如果在溶胶中加入某些大分子溶液时,根据加入量的不同,则会出现两种不同的结果。当加入大分子溶液的量足够多时,它会保护溶胶不发生聚沉,这种作用即是大分子化合物对溶胶的保护作用,又称空间稳定性。而当加入少量大分子溶液时,则会促使溶胶迅速聚沉,形成的沉淀呈疏松的棉絮状,这种现象称为絮凝作用。产生絮凝作用的大分子化合物称为絮凝剂。

(12) 丁铎尔效应是溶胶系统对光的散射作用结果。表达光散射强度的定量关系是瑞利公式。超显微镜是研究溶胶系统极为有效的工具。不过,超显微镜并不是直接观察胶粒本身,而是观察胶粒发出的散射光光点。

(13) 乳状液分为两类:一类是 O/W 型,即以水为连续相(或称外相)以有机物为不连续相(或称内相)所形成的系统;另一类是 W/O 型,即以有机物为外相以水为内相所形成的系统。乳状液类型通过稀释法、染色法或电导法来确定。

为了形成稳定的乳状液,常需添加第三种组分,这种组分即是乳化剂。目前,大多数实用的乳化剂是人工合成的表面活性剂,包括离子型和非离子型两大类。乳化剂亦是决定乳状液类型的关键因素。

(14) 凝胶是介于液态与固态之间的一种分散系统。由溶胶转变为凝胶的过程称为胶凝。凝胶可以根据分散相粒子的性质(弹性或刚性)及形成凝胶结构时粒子间联结的强度划分为弹性凝胶和刚性凝胶。

凝胶具有一系列有趣或者有用的性质,如溶胀作用、离浆现象、触变现象、吸附作用、筛分作用、里塞更环现象等。

（15）纳米粒子是指尺寸在 1~100 nm 的粒子。纳米粒子的尺寸与胶体粒子的尺寸高度重合。纳米粒子在制备上亦与胶体的制备方式具有类似性。

基于纳米材料基本单元的结构，可将纳米材料分为 4 类：零维、一维、二维和三维材料。我们通常所说的纳米颗粒即是零维纳米材料；一维材料包括纳米线、纳米棒和纳米管；二维材料有多层膜、超薄膜和超晶格材料等；纳米陶瓷则是三维材料。

与微观层面的原子、分子及宏观层面的块状物质相比，纳米材料在物质结构和性质上具有许多独特之处，如表面效应、小尺寸效应、量子限域效应及宏观量子隧道效应等。

（16）量子点是一种准零维的半导体纳米材料，其 3 个维度的尺寸都在 100 nm 以下，外观恰似一个极小的点状物，其内部电子的能量在 3 个维度上均是量子化的。量子点除了具有纳米材料所展现的效应外，还具有优异的光学性能。

（17）大分子溶液的黏度有多种表示。其中，特性黏度是最能反映溶质分子本性的物理量。由于它是外推到无限稀释时溶液的性质，已消除了大分子之间相互作用的影响，而且能够表征在浓度趋近于零时单个大分子对溶液黏度的贡献。黏度法测量大分子的摩尔质量具有方法简单、测量准确等特点。

（18）在大分子电解质溶液中，通常含有小分子电解质杂质。当渗透达到平衡时，即使是同种小离子，在膜两边的浓度也不均等，大分子电解质溶液的这种渗透平衡即是唐南平衡。离子在膜两边的不均等分布会导致额外的渗透压，影响大分子摩尔质量的测定，这种效应称为唐南效应。

为了不影响大分子摩尔质量的测定，必须设法消除唐南效应。当外加足量的小分子电解质时，即可基本消除唐南效应的影响，此时测得的大分子摩尔质量比较准确。

科学问题

习题

17.1　法国科学家佩瑞英在研究以橡胶作分散相所组成的分散系统时，通过观测分散相粒子的布朗运动，得到如下粒子的平均位移随时间变化的实验数据：

t/s	30	60	90	120
$\bar{x}^2/cm^2$	50.2×10^{-8}	113.5×10^{-8}	128.0×10^{-8}	144.0×10^{-8}

设粒子为球状的，已知半径为 2.12×10^{-5} cm，实验温度为 17 ℃，在此温度时，介质黏度 η 为 1.1×10^{-2} g·cm^{-1}·s^{-1}。据此求算阿伏伽德罗常数 L。

17.2 在碱性溶液中,用 HCHO 还原 $HAuCl_4$ 以制备金溶胶,反应可表示为

$$HAuCl_4 + 5NaOH \longrightarrow NaAuO_2 + 4NaCl + 3H_2O$$

$$2NaAuO_2 + 3HCHO + NaOH \longrightarrow 2Au + 3HCOONa + 2H_2O$$

此处 $NaAuO_2$ 是稳定剂,试写出胶团结构式。并标出胶核、胶粒和胶团。

17.3 某溶胶的黏度 $\eta = 1 \times 10^{-3}$ $kg \cdot m^{-1} \cdot s^{-1}$,其粒子的密度近似为 1×10^3 $kg \cdot m^{-3}$,已知在 1 s 内粒子在 x 轴方向的平均位移为 1.4×10^{-5} m,试计算:

(1) 298 K 时胶体的扩散系数 D;

(2) 胶粒的平均直径 d;

(3) 胶团的摩尔质量 M。

17.4 0 ℃时,体积为 1 dm^3,质量分数为 7.64×10^{-3} 的 As_2S_3 溶胶,假设胶粒是球形的,其半径 $r = 1 \times 10^{-8}$ m,密度 $\rho = 2.8 \times 10^3$ $kg \cdot m^{-3}$,试求该 As_2S_3 溶胶系统的渗透压。

17.5 20 ℃时,汞溶胶在某高度处一定体积内的粒子数为 386 个,在比此高度高出 1×10^{-4} m 处的相同体积内的粒子数为 193 个。已知汞的密度为 13.6×10^3 $kg \cdot m^{-3}$,介质的密度为 1.0×10^3 $kg \cdot m^{-3}$。设胶粒为球形的,试求其平均直径。

17.6 某聚合物摩尔质量为 50 $kg \cdot mol^{-1}$,比容(即 $1/\rho_{粒子}$)为 0.8 $dm^3 \cdot kg^{-1}$,溶解于某一溶剂中,形成溶液的密度是 1.011 $kg \cdot dm^{-3}$,将溶液置于超离心池中并转动,转速 15000 min^{-1}。计算在 6.75 cm 处与在 7.50 cm 处的浓度比值,已知实验温度为 310 K。

17.7 球形血红花青分子在水中的沉降系数 $\left(沉降系数为 \dfrac{\dfrac{dx}{dt}}{g},其中 g 是重力加速度 \right)$ 是 1.74×10^{-12} s,其密度为 1350 $kg \cdot m^{-3}$,试计算血红花青分子的半径和它的摩尔质量,已知水的黏度是 0.001 $Pa \cdot s$。

17.8 在内直径为 0.02 m 的管中盛油,使直径为 1.588×10^{-3} m 的钢球从其中落下,下降 0.15 m 需 16.7 s。已知油和钢球的密度分别为 960 $kg \cdot m^{-3}$ 和 7650 $kg \cdot m^{-3}$,试计算在实验温度时油的黏度。

17.9 连通器的中间有一个由 AgCl 构成的多孔塞,塞中细孔与容器中充满 0.02 $mol \cdot L^{-1}$ NaCl 溶液,在多孔塞双侧插入两个电极,并通直流电,则溶液将向何方流动?当用 0.2 $mol \cdot L^{-1}$ NaCl 溶液代替 0.02 $mol \cdot L^{-1}$ NaCl 溶液后,溶液在相同的电压下,流速变快还是变慢?若用 $AgNO_3$ 溶液代替 NaCl 溶液,溶液又将如何流动?

17.10 在稀的砷酸溶液中通入 H_2S 制备 As_2S_3 溶胶,稳定剂是 H_2S。试解答下述问题:

(1) 写出该胶团的结构,并指明胶粒的电泳方向;

(2) 电解质 NaCl、$MgSO_4$、$MgCl_2$ 对该胶体的聚沉能力,哪个最强?

17.11 对带负电荷的 AgI 溶胶,KCl 的聚沉值为 0.14 $mol \cdot dm^{-3}$。则 K_2SO_4、$MgCl_2$、$LaCl_3$ 的聚沉值分别约为多少?

17.12 在三个烧瓶中分别盛装 0.02 dm^3 的 $Fe(OH)_3$ 溶胶,并分别加入 NaCl、Na_2SO_4 和 Na_3PO_4 溶液使其聚沉,至少需要加入电解质的数量分别为 (a) 1.0 $mol \cdot dm^{-3}$ 的 NaCl 0.021 dm^3,(b) 0.005 $mol \cdot dm^{-3}$ 的 Na_2SO_4 0.125 dm^3,(c) 0.0033 $mol \, dm^{-3}$ 的 Na_3PO_4 7.4×10^{-3} dm^3。

(1) 试计算各电解质的聚沉值和它们的聚沉能力之比;

(2) 判断胶粒带什么电荷。

17.13 298.15 K 时,以聚苯乙烯的甲苯溶液为对象,测得该溶液的特性黏度值 $[\eta] = 0.0523$ $m^3 \cdot kg^{-1}$。已知 298.15 K 时该系统的 K 和 α 的值分别为 $K = 2.72 \times 10^{-3}$ $m^3 \cdot kg^{-1}$ 和 $\alpha = 0.62$,试求大分子聚苯乙

烯的平均摩尔质量。

17.14　298.2 K 时,测得相对分子质量为 1.52×10^4 的天然橡胶在甲苯中的特性黏度值$[\eta] = 0.0317$ $m^3 \cdot kg^{-1}$;相对分子质量为 6.69×10^5 的天然橡胶在甲苯中的特性黏度值$[\eta] = 0.400$ $m^3 \cdot kg^{-1}$。

(1) 试求算 298.2 K 时,在天然橡胶的甲苯溶液系统中,经验公式$[\eta] = KM_\eta^\alpha$ 中的 K 值和 α 值;

(2) 在 298.2 K 时,测得另一天然橡胶样品在甲苯中的特性黏度值$[\eta] = 0.200$ $m^3 \cdot kg^{-1}$,试求该天然橡胶的黏均相对分子质量。

17.15　两个等体积的 0.200 $mol \cdot dm^{-3}$ NaCl 水溶液被一半透膜隔开,将摩尔质量为 55.0 $kg \cdot mol^{-1}$ 的大分子 Na_6P 置于膜的左边,其浓度为 0.050 $kg \cdot dm^{-3}$,试求当膜平衡时,两边 Na^+ 和 Cl^- 的浓度。

17.16　298 K 时,在半透膜的一边盛放浓度为 0.100 $mol \cdot dm^{-3}$ 的大分子 RCl,RCl 能全部解离,但 R^+ 因为体积大而不能透过半透膜,而在半透膜的另一边盛放浓度为 0.500 $mol \cdot dm^{-3}$ 的 NaCl 溶液。试计算:

(1) 膜两边达平衡后,各种离子的浓度;

(2) 渗透压。

第 17 章部分习题参考答案

主要参考资料

1. 傅献彩,侯文华. 物理化学. 6 版. 北京:高等教育出版社,2022.

2. 傅献彩,沈文霞,姚天扬,等. 物理化学. 5 版. 北京:高等教育出版社,2005.

3. 朱志昂,阮文娟,郭东升. 物理化学. 7 版. 北京:科学出版社,2023.

4. 朱志昂. 近代物理化学. 3 版. 北京:科学出版社,2004.

5. Hu Y. Physical Chemistry. 北京:高等教育出版社,2013.

6. Atkins P,Paula J,Keeler J. 物理化学. 11 版. 侯文华,等译. 北京:高等教育出版社,2021.

7. 印永嘉,奚正楷,张树永. 物理化学简明教程. 5 版. 北京:高等教育出版社,2023.

8. 沈文霞,王喜章,许波连. 物理化学核心教程. 3 版. 北京:科学出版社,2016.

9. 韩德刚,高执棣,高盘良. 物理化学. 2 版. 北京:高等教育出版社,2009.

10. 许越. 化学反应动力学. 北京:化学工业出版社,2005.

11. 赵新生. 化学反应理论导论. 北京:北京大学出版社,2003.

12. 查全性. 电极过程动力学导论. 3 版. 北京:科学出版社,2002.

13. 胡英. 物理化学参考. 北京:高等教育出版社,2003.

14. 朱传征,许海涵. 物理化学. 北京:科学出版社,2000.

15. 上海师范大学,河北师范大学,华中师范大学,等. 物理化学. 3 版. 北京:高等教育出版社,1991.

16. 侯新朴,李三鸣. 物理化学. 6 版. 北京:人民卫生出版社,2007.

17. 周鲁. 物理化学教程. 4 版. 北京:科学出版社,2017.

18. 孙德坤,沈文霞,姚天扬,等. 物理化学学习指导. 北京:高等教育出版社,2007.

19. 印永嘉,王雪琳,奚正楷. 物理化学简明教程例题与习题. 2 版. 北京:高等教育出版社,2009.

20. 阮文娟. 物理化学课程导读. 北京:科学出版社,2016.

21. 天津大学物理化学教研室. 物理化学. 7 版. 北京:高等教育出版社,2024.

22. 蔡炳新. 基础物理化学. 北京:科学出版社,2001.

23. 陈启元,刘士军. 物理化学. 北京:科学出版社,2012.

24. 张玉军,闫向阳,杨喜平,等. 物理化学. 2 版. 北京:化学工业出版社,2014.

25. 杨辉,卢文庆. 应用电化学. 北京:科学出版社,2001.

26. Espenson J H. Chemical Kinetics and Reaction Mechanisms. New York:McGraw-Hill Book Company,1981.

27. 徐光宪,王祥云. 物质结构. 2 版. 北京:高等教育出版社,1987.

28. 江元生. 结构化学. 北京:高等教育出版社,1997.

29. 吴越. 催化化学. 北京:科学出版社,1995.

30. 徐如人,庞文琴,霍启升,等. 分子筛与多孔材料化学. 2 版. 北京:科学出版社,2023.

31. 陈诵英,孙予罕,丁云杰,等. 吸附与催化. 郑州:河南科技出版社,2001.

32. 朱庆山,黄文来,周素红,等. 压汞法和气体吸附法测定固体材料孔径分布和孔隙度　第 2 部分　气体吸附法分析介孔和大孔. 中华人民共和国国家标准. GB/T21650. 2—2008. 2008.

33. 陈军,陶占良. 化学电源:原理、技术与应用. 2 版. 北京:化学工业出版社,2022.

34. 程新群. 化学电源. 2 版. 北京:化学工业出版社,2019.

35. 马季军. 化学电源技术. 2 版. 北京:科学出版社,2020.

36. 陆天虹. 能源电化学. 北京:化学工业出版社,2014.

37. 管从胜,杜爱玲,杨玉国. 高能化学电源. 北京:化学工业出版社,2005.

38. 邓远富,叶建山,崔志明. 电化学与电池储能. 北京:科学出版社,2023.

39. 李福军. 二次电池科学与技术. 北京:科学出版社,2021.

40. 胡勇胜,陆雅翔,陈立泉. 钠离子电池科学与技术. 北京:科学出版社,2022.

41. 伊廷锋,谢颖. 锂离子电池电极材料. 北京:化学工业出版社,2019.

42. 冯传启,王石泉,吴慧敏. 锂离子电池材料合成与应用. 北京:科学出版社,2017.

43. 丁玉龙,来小康,陈海生. 储能技术及应用. 北京:化学工业出版社,2018.

44. Dicks A L,Rand D A J. 燃料电池系统解析. 3 版. 张新丰,张智明,译. 北京:机械工业出版社,2021.

45. 陈鑫,赖南君. 燃料电池催化剂——结构设计与作用机制. 北京:化学工业出版社,2021.

46. Bagotsky V S. 燃料电池:问题与对策. 孙公权,王素力,姜鲁华,译. 北京:人民邮电出版社,2011.

47. 章俊良,蒋峰景. 燃料电池:原理·关键材料和技术. 上海:上海交通大学出版社,2014.

48. 肖钢. 燃料电池技术. 北京:电子工业出版社,2009.

49. 王凯,李立伟,黄一诺. 超级电容器及其在储能系统中的应用. 北京:机械工业出版社,2020.

50. Miller J M. 超级电容器的应用. 韩晓娟,李建林,田春光,译. 北京:机械工业出版社,2014.

51. Miller J M. 超级电容器:建模、特性及应用. 韩晓娟,李建林,田春光,译. 北京:机械工业出版社,2018.

52. Béguin F,Frąckowiak E. 超级电容器:材料、系统及应用. 张治安,等译. 北京:机械工业出版社,2014.

53. 高颖,邬冰. 电化学基础. 北京:化学工业出版社,2004.

54. 陈唯. 界面胶体动力学研究. 北京:科学出版社,2021.

55. 赵继华,方建. 胶体与界面化学. 北京:化学工业出版社,2020.

56. 崔正刚. 表面活性剂、胶体与界面化学基础. 2 版. 北京:化学工业出版社,2019.

57. 李东祥,赵继宽. 胶体与界面化学. 北京:高等教育出版社,2019.

58. 刘洪国,孙德军,郝京诚. 新编胶体与界面化学. 北京:化学工业出版社,2016.

59. 吴奇. 大分子溶液. 北京:高等教育出版社,2021.

60. 倪星元,姚兰芳,沈军,等. 纳米材料制备与技术. 北京:化学工业出版社,2008.

61. 程成,程潇羽. 量子点纳米光子学及应用. 北京:科学出版社,2017.

62. Hiemenz P C. 胶体与表面化学原理. 周祖康,马季铭,译. 北京:北京大学出版社,1986.

63. 罗渝然. 怎样理解负活化能. 曲阜师院学报(自然科学版),1982(3):57.

64. 陈纪岳. 一级连续反应的倍时法处理. 化学通报,1991(3):47.

65. 吕日昌. 分子束及它在分子反应动力学中的应用. 化学通报,1980(9):23.

66. 罗渝然,高盘良. 化学动力学进入微观层次. 化学通报,1986(8):56.

67. 罗渝然,高盘良. 态-态反应的动态特征. 化学通报,1986(9):58.

68. Cheng L S,Yang R T. Predicting isotherms in micropores for different molecules and temperatures from a known isotherm by improved Horvath－Kawazoe equations. Adsorption, 1995,1:187.

69. Barrett E P,Joyner L G,Halenda P P. The determination of pore volume and area distributions in porous substances. I. Computations from nitrogen isotherms. J Am Chem Soc, 1951,73:373.

70. Coasne B,Grosman A,Ortega C,et al. Adsorption in noninterconnected pores open at one or at both ends:a reconsideration of the origin of the hysteresis phenomenon. Phys Rev Lett,2002,88(25):256102.

71. Lowell S,Shields J E,Thomas M A,et al. Characterization of porous solids and powders:surface area,pore size and density. Particle Technol,2004,16(9):1620.

72. Thommes M,Smarsly B,Groenewolt M,et al. Adsorption hysteresis of nitrogen and argon in pore networks and characterization of novel micro－ and mesoporous silica. Langmuir, 2006,22:756.

73. Thommes M,Kaneko K,Neimark A V,et al. Physisorption of gases with special

reference to the evaluation of surface area and pore size distribution （IUPAC Technical Report）. Pure Appl Chem,2015,87:1051.

74. Guidelli R,Compton R G,Feliu J M,et al. Defining the transfer coefficient in electro-chemistry:An assessment （IUPAC Technical Report）. Pure Appl Chem,2014,86(2):245.

读者意见反馈

为收集对教材的意见建议，进一步完善教材编写并做好服务工作，读者可将对本教材的意见建议通过如下渠道反馈至我社。

咨询电话　400-810-0598

反馈邮箱　hepsci@pub.hep.cn

通信地址　北京市朝阳区惠新东街 4 号富盛大厦 1 座

　　　　　高等教育出版社理科事业部

邮政编码　100029